中国科协"十三五"规划
专题研究

中国科学技术协会　编

·北　京·

图书在版编目（CIP）数据

中国科协"十三五"规划专题研究/中国科学技术协会编 . —北京：中国科学技术出版社，2016.4
ISBN 978 - 7 - 5046 - 7127 - 1

Ⅰ．①中… Ⅱ．①中… Ⅲ．①中国科学技术协会—工作—研究 Ⅳ．①G322.25

中国版本图书馆 CIP 数据核字（2016）第 069282 号

策划编辑	徐扬科	
责任编辑	许　倩	
责任校对	凌红霞　何士如	
责任印制	张建农	
封面设计	中文天地	

出　　版	中国科学技术出版社	
发　　行	科学普及出版社发行部	
地　　址	北京市海淀区中关村南大街 16 号	
邮　　编	100081	
发行电话	010 - 62103130	
传　　真	010 - 62179148	
投稿电话	010 - 62176522	
网　　址	http://www.cspbooks.com.cn	

开　　本	889 毫米×1194 毫米　1/16	
字　　数	970 千字	
印　　张	34.75	
版　　次	2016 年 4 月第 1 版	
印　　次	2016 年 4 月第 1 次印刷	
印　　刷	北京长宁印刷有限公司	

书　　号	ISBN 978 - 7 - 5046 - 7127 - 1/G·714	
定　　价	120.00 元	

《中国科协"十三五"规划专题研究》

编审组

组　　长　王延祜

成　　员　罗　晖　郭　哲　王康友　周文标　顾　斌

研究组

组　　长　罗　晖

成　　员　王进展　范　唯　苏小军　钱　岩　陈　剑　郑浩峻

徐　强　颜　实　秦久怡　陈　玲　刘　艳　汪宏林

姚振清　宫　飞　赵崇海　胡富梅　闫　伟　张　伟

周　峰　王国强　张　锋　袁　洁　李正伟　沈　静

李　娟　孙小莉

出版说明

  2014 年 7 月，中国科协事业发展"十三五"规划研究与编制工作正式启动。规划研究以专题研究的形式，通过社会公开招投标和委托研究等方式，分前期研究、A 系列专题研究和 B 系列专题研究开展。A 系列专题研究是由中国科协机关部门牵头，依托科协各直属单位开展的，研究包括 58 个子课题。B 系列专题研究是依托社会科研力量开展的，其中前期研究立项课题 40 个，B 系列专题研究子课题 14 个。整个研究工作历时一年多，共有包括中国科协直属单位、全国学会、地方科协，国务院发展研究中心、财政部财政科学研究所等科研机构，国家行政学院、中国科学技术大学等高等院校，北京市长城企业战略研究所等专业机构在内的 63 个单位参与研究，形成了 112 篇、100 多万字的研究报告。研究成果为中国科协"十三五"规划编制工作的顺利进行奠定了坚实的理论基础，提供了重要的实证资料。

  为促进研究成果更好地为各级科协工作服务，更好地实现社会共享，我们根据新时期中国科协事业发展的重要方向，结合不同阶段专题研究的思路框架，对研究报告加以汇总整理，精选出 66 篇优秀研究成果，按照科协事业发展的形势与任务、学会改革和能力建设、现代科普体系建设、国家科技智库建设、科技工作者之家建设、服务创新驱动发展平台建设、科协组织体系建设、民间科技人文交流机制建设、科协事业保障条件和基础设施建设等发展主题进行分类汇编，予以出版，供各方面参考。

  需要说明的是，本书对各研究报告仅做了简单的精简编辑，尽量遵循报告的原始思路，保持报告的基本观点。我们希望在不同观点的碰撞中，带来关于科协事业发展的新启发、新思路。

  在本书出版发行之际，对一年多来参与并支持中国科协"十三五"规划研究工作的各个单位、研究人员和工作人员表示衷心的感谢。

编 者

2016 年 1 月

目　录

上篇　A 系列专题研究

科协事业发展的形势与任务

学会改革和能力建设

现代科普体系建设

国家科技智库建设

科技工作者之家建设

服务创新驱动发展平台建设

科协组织体系建设

民间科技人文交流机制建设

科协事业保障条件和基础设施建设

下篇　B系列专题研究

科协事业发展战略研究

学会改革和能力建设

现代科普体系建设

国家科技智库建设

科技工作者之家建设

服务创新驱动发展平台建设

科协组织体系建设

民间科技人文交流机制建设

科协事业保障条件和基础设施建设

上　篇

A系列专题研究

科协事业发展的
形势与任务

"十二五"科协事业发展评估和总结

中国科协创新战略研究院课题组

一、"十二五"规划总体目标的实现程度及实施成效

（一）促进经济发展方式转变效果明显

开展农村科技服务，推动企业技术创新，加强决策咨询，参与社会建设和管理，利用海外科技资源等重点任务进展较快，与"十一五"相比效果更加明显。

——落实《中共中央关于加强和改进党的群团工作的意见》、实施创新驱动助力工程。围绕全面深化改革的战略部署，瞄准创新驱动发展、科技体制改革、政府职能转变、社会管理创新的重大需求，坚持以服务发展为目的，以改革创新为主线，以科技工作者为核心，以学会为载体，促进形成上下协同、联动互动、特色鲜明、服务大局的工作体系。为地方区域经济发展提供咨询建议，帮助地方解决重大战略中的关键技术问题，建立产学研联合创新平台，促进科技成果和专利技术推广应用，承建示范区有关科技攻关项目。

——开展创新评估试点工作，逐步形成系统完整、科学规范的创新评估工作体系。在"十二五"期间，成立中国科协创新评估指导委员会、创新评估专家遴选与报告审查委员会、创新评估专家委员会、创新评估办公室、筹建中国科协创新战略研究院，并指导地方科协牵头组建地方科协创新评估组织体系、开展创新评估工作，按照公开透明、客观中立、责权一致、科学高效的原则，充分发挥科技社团在国家科技战略、规划、布局、政策等方面的第三方评估功能，加快建设中国特色创新评估制度。

——实施学会创新和服务能力提升工程，发挥社会组织在全社会创新中的重要作用。支持指导学会有序承接政府转移职能，坚持政府主导、科协主动、规则公开、严格监督，探索形成转移的有效途径和成熟模式，前瞻性地建立完善职能转移后的长效运营机制和监管机制，学会做到能问责、能负责、接得住、接得好。深化协同创新作用，促进科技与经济融合；深化学术引领作用，推动未来科技发展；深化决策咨询作用，助力科技战略设计规划；深化人才培养举荐作用，激发科技工作者创新活力。

——加强科普信息化建设，大力提升我国科学传播能力，切实提高国家科普公共服务水平。面对公众多元化、个性化的科普需求，把握轻重缓急，选择合适的科普内容、表达形式和传播方式。建立完善审核把关机制，调动科技界发出权威声音，为公众解疑释惑。听取多方面意见，汇集民智民意，在项目实施过程中贡献智慧、加强指导，使科普信息化建设沿着健康、科学的轨道发展。中国科协与百度公司在中国科技馆签署科普信息化建设战略合作框架协议，与腾讯公司签署"互联网＋科普"合作框架协议，充分发挥双方优势，结合中国科协的丰富科普资源和上述公司的强大技术力量，敏锐感知市场信息和公众需求，激发科普受众的需求和潜需求，创作精品科普资源，积极推进科普信息化建设。

——助力社会主义新农村建设力度不断加大，长效机制初步形成。依托"科普惠农兴村计划"，提高农民科学素质，充分发挥农技协、农函大在新型农村科技社会化服务体系构建中的作用。2015年

"基层科普行动计划"在全国评选奖补 962 个农村专业技术协会，386 个农村科普示范基地，558 名农村科普带头人，5 个少数民族科普工作队和 500 个科普示范社区。"十二五"中期就超过了"十一五"期间表彰奖励规模。制定追踪、培训、宣传等一系列规章制度，推动项目的地方配套措施，加强信息化和网络化管理，科普惠农兴村计划实施长效机制初步形成，有力地促进了农村经济发展与农业技术创新。启动"全国百名科技专家宁夏行"科技服务活动，来自全国各地的科技专家为宁夏农业现代化发展建言献策。

——深入开展"讲理想、比贡献"及院士专家企业行等活动，推进企业技术创新成效显著。把开展"讲理想、比贡献"、建立院士专家工作站作为重要抓手，充分发挥企业科协在企业技术创新中的作用。"十二五"期间，全国参与"讲理想、比贡献"的企业达 5.6 万个，比"十一五"末平均增长 18%，参与科技工作者累计 391 万人次，比"十一五"平均增长 46.6%。深入开展"知识产权巡讲"活动，组织全国学会和地方科协开展科技信息服务试点工作，组织创新方法培训。

——形成科技工作者参与决策咨询的有效机制，科技决策咨询能力大幅提升。全面深入实施《中国科协关于加强决策咨询工作推进国家级科技思想库建设的若干意见》，印发《关于加强国家级科技思想库建设试点工作的指导意见》，实施学会决策咨询项目，初步形成 17 个省级科协、6 个副省级城市科协、3 个地市级科协及 40 个全国学会的多层级、跨区域、跨学科的科协系统决策咨询体系，成效显著。召开全国学会决策咨询高端沙龙，为科技工作者的个体智慧凝聚上升为有组织的集体智慧、扩大中国科协国家级科技思想库的影响力、国家科技发展建言献策。三年内向中央、国务院有关领导报送《科技工作者建议》《科技界情况》，其中 80 期得到习近平、李克强等中央领导同志批示。浙江、江西、湖北、上海、天津等地方科协的决策咨询工作成果丰硕，党政主要领导同志多次做出重要批示。

——充分发挥党领导下人民团体的作用，积极参与社会建设和管理。启动实施学会能力提升计划，中央财政每年安排 1 亿元专项资金，连续三年稳定支持中国力学学会等 45 个成绩突出的科技社团，引领作用初步显现。中国农学会等 9 个学会开展了科技成果评价，中国消防协会等 17 个学会开展了科技人才评价，中国营养学会等 20 个学会参与了行业标准的制定，中国力学学会等 32 个学会开展了科技奖励方面的实践。广东省科协所属 56 个学会承接了 248 项政府转移职能或委托的科技服务，吉林省科协获得了评审轻工、化工、机械、电子、纺织、医药工程专业高级工程师和工程师的授权，海南省科协承担全省科学研究序列初、中级的评审工作。

——引进海外高层次科技人才，参与国家经济社会建设成效明显。深入实施"海外智力为国服务行动计划"，促进地方经济发展；联系海外科技团体，推动海外科技人才离岸创业。海外科技人员参与为国服务活动人数 809 人次，年增长率接近 70%，远远超出《中国科协事业发展"十二五"规划》增速 10% 的要求。各级科协和两级学会促成海外科技人员参与科技合作项目 453 项。李源潮同志对《关于"海外智力为国服务行动计划"在促进地方经济发展中发挥作用情况的调研报告》做出批示，对"海智计划"实施的成绩给予充分肯定。

（二）学术交流质量和水平进一步提升

学术会议和科技期刊是学术交流的两种主要方式，期刊国际化程度、学术会议品牌影响力及论文质量与"十一五"末相比均有一定的提升。

——科技期刊的质量水平进一步提升，国际化进程加快。深入实施精品科技期刊工程，评出精品科技期刊工程项目 92 项，资助金额 1056 万元。实施科技期刊培育计划，评出培育项目 77 项，资助金额 1235 万元。实施中国科协科技期刊国际影响力提升计划，评出优秀国际科技期刊 35 个，3 年累计资助金额 9000 万元。针对英文科技期刊建设，会同财政部、教育部、国家新闻出版广电总局、中国科学院和中国工程院实施周期为三年的中国科技期刊国际影响力提升计划，累计支持金额达到 6100 万元。

——大力促进学科发展，形成各具特色、不同功能的学术研究和活动品牌。发挥科学共同体在学术建制建设和学术生态建设中的重要作用，81 个全国学会和有关单位承担学科发展研究任务，近万名科学家和专家参与，共组织开展79个学科发展研究、12个学科史研究，完成学科发展研究报告分报告98卷，学科发展综合卷3卷，共计2500万字。中国科协年会主题系列活动品牌效应显著，自2011年起，分别在天津、河北、贵州举办三届中国科协年会，年会的定位、主题、内容、模式等紧随国家发展战略的调整、科技进步趋势的变化，实效性增强，科技工作者对各分会的满意度从2010年的87.10%提高到2013年的98.10%。围绕引领学术热点、创新交流方式、营造良好环境，形成中国科技论坛、青年科学家论坛、新观点新学说学术沙龙等学术交流活动品牌。

——学术会议日益繁荣，国际化程度大幅度提高。各级科协和两级学会广泛开展形式多样的学术交流活动。

（三）全民科学素质工作成效显著

《全民科学素质行动计划纲要（2006—2010—2020年）》实施，农民、社区居民和未成年人科学素质行动，主题科普活动，科普基础设施建设等各项任务总体运行情况良好，成效显著。我国公民具备科学素质的比例达到6.2%。

——认真履行纲要实施工作职责，公民科学素质共建共享长效机制不断完善。围绕2015年实现我国公民具备基本科学素质比例超过5%的目标，启动建立公民科学素质建设共建机制工作，截至目前，已与山东、江苏等16个省（自治区、直辖市）及新疆生产建设兵团签订了共建协议。中组部、人力资源和社会保障部等有关重点任务牵头部门会同责任部门按照任务分工，已将职责落实到位，将有关任务纳入工作规划和计划。各地党委政府高度重视全民科学素质纲要实施工作，除海南省外，全国30个省份、新疆生产建设兵团和全国绝大多数地（市、州）、县（市、区）都成立了不同形式的全民科学素质纲要实施工作机构，建立了相应的工作制度。

——不断加大科普基础设施建设力度，保障条件进一步完善。持续加大公民科学素质建设投入，中央和各地的全民科学素质实施工作经费均有明显增长。科普基础设施服务覆盖范围不断扩大，全国科技馆数量增至357座，较"十一五"时期的235座增长近52%。目前，全国31个省（直辖市、自治区），有30个已经至少拥有一座省级或省会城市科技馆。充分发挥科技馆在提高公民科学素质中的重要作用，对常设展厅面积1000平方米以上、具有相当科普公共服务能力、具备免费开放条件的各级科技馆，陆续实现免费开放。全国"科普大篷车"保有量突破607辆，较"十一五"时期的381辆增加了59%。全国科普教育基地总数已达1048个，较"十一五"期间的650个增加了61%，其中，省级科普教育基地总数达2383个，较"十一五"期间的1463个也有大幅提高。各地科普宣传栏、科普活动室、农家书屋、青少年科学工作室、农村中学科技馆等基础设施建设稳步发展。启动实施"社区科普益民计划"，中央财政安排资金1亿元，对全国500个科普示范社区进行奖补，推动社区科普基础设施建设。

——深入开展群众性主题科普活动，社会参与面不断扩大。依托全国科普日、科技活动周、文化科技卫生"三下乡"、食品安全周、安全生产月、大学生千乡万村环保科普行动、气象防灾减灾宣传志愿者中国行、健康中国行等活动，提高《全民科学素质行动计划纲要（2006—2010—2020年）》实施工作的影响力。全国科普日期间，全国各地共开展活动1万余项，每年参与群众都超过1亿人次，习近平总书记等中央领导同志与首都群众一起参加全国科普日北京主场活动，并作重要讲话。全国科技活动周始终突出科技成果惠及百姓的主题，每年参与群众上亿人次。各级科协及两级学会共举办科普宣讲活动43万多次，比"十一五"末期平均增长19.4%，受众人数近2.89亿人次，比"十一五"末期平均增长69%。

——稳步推进重点人群科学素质行动，公民科学素质进一步提升。针对未成年人、农民、城镇劳动者、领导干部和公务员、社区居民五类人群，实施科学素质行动。开展各类农业科技培训活动，两年培训人数2730万人次，超过"十一五"期间2400余万人次的总数。广泛开展各类青少年科技竞赛活动，创新科普教育形式，与中国载人航天工程办公室和教育部共同主办"神舟十号"航天员太空授课活动，全国6000余万名师生同步收看，直接参与青少年载人航天系列科普活动的青少年超过50万人次。

（四）促进科技人才成长措施更加有力

反映科技工作者状况和诉求、表彰奖励宣传优秀科技人才、营造科技人才健康成长的良好社会环境是衡量科技工作者满意程度的重要内容，与"十一五"相比各项措施更加有力，效果更加明显。

——建立和开通各种平台和渠道，反映科技工作者的意见和建议更加及时准确。畅通与科技工作者联系的渠道，建立科技工作者状况调查站点体系，初步形成布局合理、动态调整、两级联动、规范科学的654个站点调查体系。全国科技创新大会和党的十八大后，及时组织科技工作者反响情况调查，参与人数超过13000人。加强信息化平台建设，建立科技工作者状况调查平台、中国科协八大代表服务平台等网络联系通道。

——加强科协表彰奖励体系建设，科技人才表彰奖励活动积极活跃。中国科协设立表彰和奖励科技人才奖项8个，奖金金额累计4560万元，比"十一五"时期增加了2476.9万元，增幅达119%。全国学会和地方科协设立的各类科技奖项已成为我国科技奖励体系中不可或缺的一部分。

——大力加强科学道德和学风建设，学术生态环境不断改善。积极支持和推动在研究生中开展的科学道德和学风建设宣讲教育，"十二五"期间，全国多所高校的高年级本科生、研究生以及新入职高校教师和青年科技工作者接受了宣讲教育。开展钱学森系列宣传活动，组织实施"共和国的脊梁——科学大师名校宣传工程"。《马兰花开》等话剧、音乐剧和歌剧生动展现钱学森、李四光、陈景润、邓稼先、郭永怀、竺可桢、茅以升、王选、罗阳等9位科学大师和科技界民族英雄热爱祖国、无私奉献、求真务实、团结协作、淡泊名利的高尚情操和卓越品格。对"全国科协系统先进集体和先进工作者"荣誉称号获得者和部分"全国优秀科技工作者"获奖者的事迹进行宣传。通过与央视《大家》栏目等主流媒体合作，全方位宣传在科技创新和普及方面做出突出贡献的优秀科技工作者和创新团队。深入实施老科学家学术成长资料采集工程，2013年12月15日，在国家博物馆举办了"科技梦·中国梦——中国现代科学家主题展"。

（五）科技开放与交流水平迈向新的台阶

有效利用国际科技资源，拓展国际、港澳台民间科技交流与合作渠道，提升我国科技界的国际影响力等重点任务稳步推动，与"十一五"相比，成效更为显著。

——有效利用国际科技资源，民间科技合作与交流主要代表的作用不断加强。开辟我国工程师国际化道路，推进工程师资格国际互认工作取得突破性进展，中国科协2013年，顺利成为《华盛顿协议》正式成员。积极支持全国学会在华举办国际组织重要会议，成功举办第17次国际生物物理大会等大型国际会议。主动参与、承办和发起国际科学计划，成功主办2011年灾害风险国际大会。发挥"窗口单位"作用，向中组部人才局推荐海外高层次人才12人次，其中4人入选"千人计划"。

——加强国际及港澳台地区科技文化交流，服务国家外交大局的作用不断加强。继续以联合国咨商专项为抓手，鼓励全国学会组织专家积极参与国际民间交流工作。2012年联合国互联网治理大会上，积极协助政府相关部门利用国际科技资源，树立中国正面形象，受到国务院的肯定。做好国际科学理事会、世界工程组织联合会等重要国际组织的各项工作，深化与发达、周边及发展中国家科技组织的交流与合作。

——实施国际科技组织事务专项，我国国际民间科技交流队伍不断壮大。大力支持全国学会参与国际科技组织活动，支持我国科学家在国际民间科技组织中任职，资助467名任职及相关后备专家出国参加国际组织的重要活动。

（六）自身建设能力进一步增强

学会及基层组织、科协文化和信息化等软硬件基础能力建设目标任务完成情况良好，科协组织自身建设能力较"十一五"进一步提升。

——加快学会能力提升和重大科普基础设施建设力度，科协组织思想和物质基础更加牢固。启动实施学会能力提升专项，中央财政安排1亿元专项资金，设立"优秀科技社团"和"优秀国际科技期刊"奖项，以奖促建，进一步促进学会和期刊的发展。北京、上海、山东、福建等部分地方科协也启动了学会能力提升计划。实施"党建强会计划"，全国学会共有党组织104个，覆盖120个学会办事机构，覆盖学会数量占所属全国学会总数的63.8%，覆盖率比三年前提高26%，初步形成中国科协所属学会党建工作机制。启动国家科学中心基础设施建设，构建以服务创新驱动发展战略为核心，以科学传播为主线，以科学文化交流为依托的国家大型文化基础设施。

——依托"科普惠农兴村计划"和"讲理想、比贡献"活动，不断扩大科协组织的覆盖面。"科普惠农兴村计划"促进了农村专业技术协会（简称农技协）的发展，其总数达到113068个，比"十一五"末期增加9920个。"讲理想、比贡献"活动推动了企业科协的发展，企业科协总数达到20968个，增加3389个。

——推进文化建家活动，加强信息化建设，科协组织软实力不断增强。实施"弘扬科学道德，践行'三个倡导'奋力实现中国梦"的宣讲教育活动，凝集科技工作者共识；依托《中华英才》"科协领军人物谱"栏目，宣传成就突出的科协主席和科协工作者，推广中国科协标识，树立科协系统先进典型；启动中国科协会史研究，编写《亲历科协岁月》，传承科协文化；推动《科协文化建设纲要》的制定实施，建立健全科协系统干部教育培训体系。进一步完善科协系统信息化协作共享机制，建立中国科协网与31个省、自治区、直辖市科协和160多个全国学会的信息报送体系。不断加强信息资源开发能力建设，将互联网接入宽带扩容至180兆，数据存储空间比"十一五"期间增加了3倍。

二、规划实施所产生的影响

"十二五"规划实施以来，中国科协事业快速发展，在促进经济发展方式转变、推动学术交流繁荣发展、提升全民科学素质、促进科技人才成长、提升科技开放与交流水平、加强自身能力建设等方面取得了显著成效。指导性、前瞻性、全局性、实践性是一部规划的基本功能。从这几个基本功能看，预期的战略影响已初步显现。

（一）对科协组织发挥了凝聚共识、集中力量、指导实践的重要作用

科协组织是群众性的社会组织，规划的实施对科协组织起到了凝聚共识、集中力量、指导实践的重要作用。

一是规划的实施使科协组织的整体意识进一步增强。本次评估，有126个全国学会、29个省级科协提交了《规划》实施情况自评报告，超出了约50个学会和22个省级科协的预期目标，有90%的参评全国学会和省级科协把规划的有关任务纳入了年度工作计划。

二是规划的实施使科协组织的一体化程度进一步加深。规划实施中，重点任务和重点项目的地方科协参与率达88.41%。全国学会参与全国科普日、中国科协年会、中国科协会员日的数量也有大幅提升，80多个全国学会建立了学术年会制度，40多个学会参与了学会决策咨询项目，平均每年30多个学会参与全国科普日。

三是规划的实施对一些任务的完成起到了重要的引领作用。如在规划引领下，学会能力提升专项、科技期刊国际化、学会承接政府转移职能、国家科学传播中心等基础工程建设、科学道德与学风建设宣传、老科学家学术成长资料采集、工程师国际互认、青少年航天系列科普活动、学会党建等工作任务都在不同程度上取得了创新和突破。

（二）对国家发展大局发挥了基础支撑、中介服务、直接参与的重要作用

科协组织是国家创新体系的重要组织部分，规划的实施使科协组织在国家科技创新基础条件、科

技咨询中介服务、政府转移职能承接等方面发挥了重要作用。

一是有力推动了《全民科学素质行动计划纲要（2006—2010—2020 年）》的实施，使公民科学素质进一步提升。中国科协与全国一半以上省（自治区、直辖市）签订共建协议。进一步推动了全国科普基础设施的改善，启动国家科学传播中心建设，努力为加强我国科技创新在科技人力资源保障和物质文化基础建设做出贡献。

二是围绕促进经济社会发展方式加快转变，做了大量工作，取得了一定成效。全面深入实施科普惠农兴村计划，推动科普惠农兴村的长效机制初步形成。加强国家思想库建设，促进科技决策咨询长效机制的形成。"讲理想、比贡献"活动、院士专家工作站成为科协服务企业创新的两个重要抓手。利用中国科协年会，组织专家学者为地方经济社会发展服务，成效显著。第十五届年会，形成签约项目 504 项，项目金额 790 余亿元，促成技术成果转化 355 项，合作解决技术难题 158 项。

三是全国各学会主动直接参与社会管理、广泛开展社会服务。启动实施学会能力提升计划，推动学会承接政府转移职能，推动科技行政体制改革，受到党中央、国务院的高度关注，习近平、李克强、刘延东、李源潮等中央领导同志做出了重要批示，要求发挥好学会组织的独特作用，有序承接政府有关职能。

（三）对科技工作者发挥了桥梁纽带、引导服务、营造氛围的积极作用

科协组织是党领导下的人民团体，是党和政府联系科技工作者的桥梁和纽带，为科技工作者服务是科协的根本宗旨，规划的实施加强了全面为科技工作者服务的力度。

一是反映了科技工作者的诉求。各级科协及两级学会反映科技工作者建议 7.7 万条，比"十一五"末期增长 8%。

二是加大了对科技人才培训和奖励的力度。各种培训、奖项覆盖青年科技人才、优秀科技人才、海外科技人才、女性科技人才以及老科学家等全部科技人才领域。针对科技工作者共举办各类培训 67293 次，结业人数达 776 万人次。2011 年，表彰奖励科技工作者 11.7 万人次，比"十一五"末期增长 30%，2012 年表彰奖励人数继续上升至 12.6 万人次。

三是科研环境得到一定程度的改善。两年来，为营造良好的科研氛围，举办了全国"弘扬科学道德、践行'三个倡导'奋力实现中国梦"、高校"科学道德和学风建设"等宣讲教育活动，实施了老科学家学术成长资料采集工程，启动了科学大师名校宣传工程。

（四）对科技开放与交流发挥了深化联系、服务大局、提升能力的独特影响

科协组织是我国进行国际民间科技交流的主要代表，"十二五"规划的实施使科协以其独特的地位，在国家的对外科技开放与对外交流战略中，发挥着独特的作用。

一是与国际及港澳台的科技文化交流日益增多。两级学会共举办国际学术会议 3138 次，与港澳台科技文化交流 475 次，成功举办第 17 次国际生物物理大会等大型国际会议。

二是我国科学家国际话语权和影响力不断增强。两年来，共有 37 人代表中国科技界当选为重要国际科技组织负责人，有 15 位专家当选或连任国际科技组织主席等重要职务。

三是学术交流国际化进程不断加快。学术会议国际化程度得到大幅提高，科技期刊国际影响力更加突出，科技人才实现了从"引进来"向"走出去"的转变。

三、问题与挑战

从评估情况看，虽然主要目标实现程度良好，重点任务和重点项目实施进展顺利，但在实施过程中，也出现了一些问题和新的形势变化带来的挑战。

（一）高校科协和街道科协数量减少，企业科协数量偏少，使科协组织实施创新驱动发展战略的作用难以充分发挥

评估发现，有些领域的科协组织数量较"十一五"末期出现减少的趋势，如高等院校科协574个，减少150个；街道科协（社区科协）8235个，减少2194个；乡镇科协31227个，减少868个。高校科协和街道科协数量减少，不利于科协组织创新驱动发展战略的实施，阻碍科协组织在国家新型城镇化发展中发挥更大的作用。另外，企业科协数量偏低。目前，全国有4200万个企业，建立科协的数量仅有20968个，所占比例不到万分之五，在中小微企业中，建立科协的比例就更低，这一现象严重地阻碍了科协组织的人才、信息等方面的优势在企业的发挥。

（二）学会学术建设工作格局和内容发生了重大变化，规划中有关任务内容不再适应当前的形势

"十二五"期间，学会参与社会管理和公共服务的能力，及学术交流的影响力不断提升，但学会面临进一步承接政府转移职能、全面提升参与社会管理和向社会提供公开服务能力的新形势和新要求。这就使规划中有关学会学术建设的相关内容，如"参与社会建设和公共服务"、"打造精品科技期刊"、"学会建设"等有了新的内涵。规划原有目标任务已经发生变化，急需要补充调整。

（三）科学道德诚信体系建设推动力度不大，难以从根本上改善当前学术生态环境

诚信体系和学风建设已经成为我国科技创新体系建设的关键之举，从实施结果看，在制度层面加强科学道德和学风建设的力度与"十二五"规划提出的任务要求仍存在着一定的差距。推动科研诚信立法、科学道德诚信建设课题研究、建立学术不端行为独立调查机制等任务，在启动和深入实施方面存在问题，不能从根本上改善我国学术生态环境。

（四）学术交流和科学技术普及方式滞后，难以适应当前新媒体的快速发展态势

学术交流的主要方式仍然是传统传媒和现场会议。学术会议点播、网络会议、在线学术交流和期刊数字化平台建设力度不大，与新媒体的快速发展和世界出版业规模化、群体化的趋势不太相称。全民科学素质工作传播手段滞后于公众的需要。目前我国网民规模达5.91亿，互联网普及率达44.1%，公众通过网络获得科技信息的占到26%以上，搜索引擎、即时通讯等工具已成为公众获取科技信息的主要渠道。但是互联网科普内容缺乏，原创性和新颖性不足，同质化、失准失真现象严重，传播方式缺乏吸引力和特色。

（五）社区科普缺乏实效，推进速度过慢，难以跟上新城镇居民的快速增长和对科学文化的实际需求

社区城镇化的速度较快，人的城镇化速度较慢，二者存在错位现象。新城镇居民大量出现，街道科协数量日益减少，地市级科普基础设施推进速度不快，社区科普资源开发与共享机制还没有形成，使城镇科普、社区科普面临着新的挑战。"十二五"规划对"社区科普益民计划"项目提出"在全国评选表彰近万个社区科普益民先进单位"的要求，但目前，结合工作实际，每年只表彰500个科普示范社区，这与规划的工作任务要求尚存在较大差距。

（六）规划实施缺乏约束力和有关监测数据的支撑，影响规划的实施效果和科学性的充分发挥

中国科协系统在许多下发的文件和通知中，很少把规划作为部署任务的依据，在规划实施中也没有形成有效的数据收集和监测系统，以致一些地方科协仍没有把规划列入党委和政府重要议事日程，大量的全国学会也还没有制定与规划配套的落实措施，建立相应的评估机制和激励机制。从总体上看，"十二五"规划虽然在战略指导性上有较大的改进，但仍然缺乏科学规划的内核。

四、对策与建议

为全面贯彻落实党的十八届三中、四中和五中全会精神，充分发挥科协组织在全面深化科技行政体制改革、加快承接政府转移职能、实施创新驱动发展战略、建立公共文化服务体系等方面的作用，针对当前科协组织面临的新形势和规划实施中存在的问题，提出以下几点建议。

（一）加快推动企业科协、高校科协组织的建设，尽快建立科技信息、人才信息及服务平台网络体系

进一步加强科协组织建设，推动建立中国科协、地方科协、全国学会和基层科协四位一体的科技服务信息网络体系，加快推动企业科协、高校科协组织建设，充分发挥企业科协、高校科协组织的"人才中介""信息中介""转化中介"作用，大力推动产学研相结合，完善国家创新体系。

（二）合理布局学会学术建设工作格局，对规划专项内容进行补充调整

建立以"学会能力提升专项"为基础，突出中国科协年会的学术性、科技期刊的国际性、中国科技论坛的前沿性、学会参与社会管理和服务的社会性新的工作格局，对规划的内容做出适当的补充与调整，设立学会参与社会管理、开展社会服务特别专项，及时研究补充这些重点任务的新内涵。

（三）加快科学道德诚信体系建设，建立多部门学术不端调查协调机制

深入开展科学道德诚信建设课题研究，加快科学道德诚信体系建设。在中国科协设立科研诚信办公室，建立由多部门组成的学术不端独立调查机制，推动科研诚信立法，推动全国学会设立科研诚信制度、科技期刊学术诚信制度。

（四）利用新媒体手段创新学术交流形式，加大科学技术普及网站建设

扩大在线学术交流，加强期刊数字化平台建设，利用先进通信手段开展学术交流。加大科普短信、科普影视等在手机、公交电视等移动终端平台的传播力度，推动网络科普，加大科普网站建设，鼓励原创、新颖的科普内容上传网络。与手机运营商合作，利用手机报、手机短信进行科学传播。

（五）加强社区科普基础设施建设，增强科普内容的实效性

进一步加大加快实施"社区科普益民计划"，实施科普助力城镇化国家计划。把科普纳入社区公共文化服务体系，以提高广大农村富余劳动力和即将进城务工人群的科学素质为核心，以社区居民的实际需求为导向，增强科普的实效性。把社区科普组织建设和阵地建设作为推进城镇化建设的重要内容，支持建立和完善社区科普工作领导小组，增强政府向社区科普组织购买科普公共服务的力度。

（六）实行项目跟踪管理制度，建立推动规划实施的创效机制

建立以"十二五"规划内容为核心的项目库，针对形势变化和实际需要，做到对规划内容的及时调整，增强规划实施的效率。设立常设工作办公室和评估中心，建立以规划任务内容为统一口径的统计制度。定期考评科协组织规划实施情况，增强规划的约束力。

（课题组成员：王国强　周寂沫　张　丽　吕科伟　张明妍　黄园浙　戴　宏）

"十三五"国际国内环境变化对科协事业发展的影响研究

中国科协创新战略研究院课题组

"十三五"是我国经济社会发展非常重要的关键时期,全面建设小康社会、全面深化改革、全面推进依法治国、全面从严治党将迈出新的步伐。同时,随着经济发展进入新常态,经济发展将越来越依靠科技进步,培育新的增长点将越来越依靠科技创新。这些大的背景为科协工作提供了更加广阔的舞台,也对中国科协"十三五"规划提出了特殊的、新的更高要求。

一、党和国家的要求对科协工作的影响

作为党和政府联系科技工作者的桥梁纽带,科协必须坚定不移地走中国特色社会主义群团发展道路,落实好党和国家对科协工作的要求。

《中共中央关于加强和改进党的群团工作的意见》对加强群团自身建设提出了重要要求,是"十三五"期间科协事业发展的准则。科协是科技工作者的群众组织,是党领导下的人民团体,是党和政府联系科技工作者的桥梁和纽带。"十三五"时期应充分认识新形势下做好科协工作的重要性和紧迫性,全面提高水平,切实解决问题,加强自身组织建设、作风建设和能力建设。

中央《关于加强中国特色新型智库建设的意见》要求中国科协等率先开展高水平科技创新智库建设试点。"十三五"期间,科协应认真落实党中央关于中国特色新型智库建设的部署,发挥好科协组织在科技战略、规划、布局、政策等方面的决策咨询作用,加大科技创新智库建设力度,努力成为创新引领、国家倚重、社会信任、国际知名的高端科技创新智库。围绕科技发展重大问题以及国家重大产业发展和区域发展战略,深入调查研究,提出有价值的对策建议。

有关承接政府转移职能等文件对科协开拓新的工作领域提出新的要求。李克强总理在国务院常务会议上突出强调要用第三方评估促进政府管理方式改革创新。中发〔2012〕6号文件明确提出要"发挥科技社团在科技评价中的作用。"杨晶同志在向十二届全国人大常委会第十次会议作《国务院关于深化行政审批制度改革加快政府职能转变工作情况的报告》时明确提出开展中国科协所属学会有序承接政府转移职能的试点,强调加快推行政府向社会力量购买服务制度,努力形成公共服务提供新机制。《中国科协所属学会有序承接政府转移职能扩大试点工作实施方案》要求,要围绕服务改革需要,以科技评估、工程技术领域职业资格认定、技术标准研制、国家科技奖励推荐等适宜学会承接的科技类公共服务职能的整体或部分转接为重点,加强制度和机制建设,完善可负责、可问责的职能转接机制,强化效果监督和评估,尽快形成可复制可推广的经验模式。中国科协应充分发挥独立第三方作用,联合其他部门单位和社会力量,共同推进国家科技评估制度建设,积极开展第三方创新评估,提高科学性、权威性,服务科学决策。

二、新一轮科技革命和产业变革对科协工作的挑战

当前，全球新一轮科技革命和产业变革正在孕育兴起，以科技创新为核心的综合国力竞争日趋激烈，科技和产业正处在深刻变革中。要在国际竞争中夺得战略制高点，科技创新的新突破及其迅速转化成的新业态成为新的增长点。

以互联网为核心的智能社会形态促使科协工作方式转变。以创新为基础，知识人才密集，高端制造与现代服务业相融合，创新与创业一体化为特点的新产业，如：新一代移动互联网产业、服务机器人产业、个性化智能制造业等新业态，将迅速成长为引领世界经济的新增长极，在互联网基础上人类开始进入智能大互联时代。李克强总理在 2015 年政府工作报告中提出，要实施"中国制造 2025"，要实现创新驱动、智能转型，在特征上是从信息互联网逐步走向智能化物联网、智能能源互联网、智能交通互联网、智能制造互联网。科协应研究并准确把握这些趋势，在工作方式上注重互联、共享、协同。

实施创新驱动发展战略要求进一步激发科技工作者的积极性。我国经济发展进入新常态，要重视把科技社团作为国家创新体系的重要组成部分，提高科学技术的创新力，发挥科技工作者作为先进生产力开拓者和先进文化传播者的作用。科协事业发展必须紧紧抓住党和政府联系科技工作者的桥梁纽带这个核心和关键，充分发挥科协群团组织优势，调动激发广大科技工作者的创新创业热情和创造活力，推动科技力量和资源的集成，推进协同创新，加速科技成果转化，助力经济转型升级。

科技创新支撑社会经济发展的工作抓手应进一步加强。习近平总书记 2014 年 3 月在全国"两会"上与政协科技、科协界委员座谈时指出，要坚定不移走中国特色自主创新道路，增强创新自信。目前，提高我国经济发展质量和效益，保障粮食、信息、国防安全，解决群众日常生活难题，促进环境保护、能源资源开发和高效清洁利用，是科技创新引领支撑经济社会发展的重点方向。科协应据此继续推进国家级科技思想库建设，学会能力提升计划、科技期刊国际影响力提升计划和海智计划等服务创新驱动发展的重要抓手。2014 年，中国科协印发并实施了《中国科协关于实施创新驱动助力工程的意见》，"十三五"期间，要继续发挥所属全国学会的组织和人才优势，围绕增强自主创新能力，通过创新驱动助力工程的示范带动，引导学会在企业创新发展转型升级中主动作为，在地方经济建设主战场发挥生力军作用。

三、全面深化改革为创新和拓展科协工作提供了新机遇

党的十八届三中、四中和五中全会的召开为创新和拓展科协工作提供了新机遇。科技工作者具有推动改革的进步性和积极性，是最容易凝聚共识、调动积极性的一个群体。科协组织应进一步明确推进和服务改革的职责、任务和要求，引导广大科技工作者支持改革、投身改革、参与改革，在推进全面深化改革中展现优势、发挥作用。同时，科协事业发展要服从改革大局、服务改革大局，抓住新一轮改革发展机遇，实现创新和拓展。

在深化科技体制改革方面，要抓住创新人才发展体制机制的新机遇，激发科技工作者的创新创造活力。要抓好企业专家工作站、"讲理想、比贡献"等的建设，推动科技工作者深入基层、服务企业，到经济社会发展主战场创新创业，使科技创新的成果更多转化为现实生产力。深入开展科技工作者状况调查，全面反映科技工作者对人才评价、人才流动、人才使用、资源配置、项目评审、权益保护、科研成果转化、收益分配等方面的意见建议，推动科技和人才发展体制机制改革创新，用改革红利、人才红利、创新红利激发科技工作者创新力。

在深化行政体制改革方面，要抓住加快转变政府职能的新机遇，拓展科协组织社会化服务职能。要按照习近平总书记、李克强总理等中央领导同志要求，加强与政府部门的沟通协商，推进学会承接

政府职能转移在先行试点基础上稳妥有序推进。进一步明确科协自身改革发展的思路和举措，积极推动各类学会管理体制、运行机制和监管机制的改革创新，探索形成能负责、能问责的机制，为承接政府转移职能奠定坚实基础，为更好发挥学会作用提供体制机制保障。

在培育和践行社会主义核心价值观方面，注重弘扬科学精神、树立社会新风。针对社会上科学理性不足、道德失范、价值错位等现象，科协组织应推动实施全民科学素质行动，弘扬科学精神，反对愚昧迷信，积聚社会文明进步的正能量。深化科学道德和学风建设宣讲教育，广泛宣传有突出贡献的科学家和基层科技工作者先进事迹，引导科技工作者在培育和践行社会主义核心价值观中作表率。

四、经济形势变化对科协工作提出了新要求

当前和今后一段时期，世界多极化、经济全球化深入发展，和平发展、互利共赢成为全球共识。"十三五"时期是我国经济社会发展的重要战略机遇期，形势内涵也有所变化。长期积累的问题和发展中的新问题对科协工作提出了新的要求。

（一）要结合国内外经济形势变化，明确科协"十三五"期间的工作目标

目前，国际经济形势呈现以下几个特点：一是世界经济高速增长已告一段落。全球经济的结构性调整仍在不断深化，新经济增长点的培育仍有待时日，世界经济将在较长一段时间内保持中低速增长态势。受此影响，全球贸易增速也将长期保持较低水平。二是全球产业调整出现新趋势。在全球经济再平衡和产业格局再调整的背景下，各国资源要素禀赋优势和全球供需结构正在发生深刻变化。三是国际贸易投资规则迎来新转变。全球经济结构调整的不断深入，使全球化规则建设的重点由原有规则的修复转向新规则的构建，这一点尤其体现在世界贸易和投资规则的转变上。四是全球能源供求呈现新格局。"十三五"时期，世界经济低速增长、全球气候变化、及日益增强的新兴大国传统粗放型发展模式造成的资源能源约束，将对世界能源消耗增长构成有效制约，并推动能源需求更多由传统化石燃料向清洁能源转变。

中国的经济发展将转入中高速的"新常态"。创新驱动发展是经济新常态下的核心战略。科协"十三五"事业发展要紧密结合国内外经济形势变化的大背景，尤其是围绕和服务国家的总体目标和战略需求，与国家经济、社会、科技发展的总体规划密切衔接，服务于全面建成小康社会等国家"十三五规划"的总目标，体现到2020年进入创新型国家的战略目标要求。

（二）要围绕创新驱动发展，积极进军科技创新和经济建设主战场

一是我国经济总量日益增大，增速有所放缓。2014年，中国经济总量首次历史性地突破10万亿美元大关，与美国并成全球仅有的两个超越10万亿美元规模级别的经济体。经过长时间的高速增长后，我国经济开始进入中速稳定增长的新时期，对"十三五"经济发展大局将产生一定程度的影响。

二是传统要素红利减弱。我国开始进入老龄化社会，老年人口数量达到1.94亿。劳动力成本上升，资源环境约束加剧。传统依靠能源、资源和资本增长促进经济增长的模式将因人口红利趋于消失而减速。随着中国等传统制造业大国劳动力、资源成本上升，劳动力密集型产业出现向东南亚、南亚等劳动力成本更低地区转移的趋势，推动这些国家在全球和区域产业链位势的新一轮调整，从而提升区域专业化分工和融合水平。世界发达经济体开始重视实体经济，推动制造业回归并通过先进制造业、工业4.0等计划，重塑其在高端制造业方面的优势。制造业已经成为拉动此轮发达经济体经济复苏的重要动力，未来发达经济体"再工业化"趋势将进一步确立。

此外，在世界经济增长乏力的情况下，各国普遍把鼓励新能源、生物技术等产业作为新的经济增长点重点培育，全球新兴产业加速发展。

针对目前世界经济形势及中国实际，习近平总书记指出，必须让创新成为驱动发展的新引擎。中

央书记处在听取中国科协工作汇报时,对中国科协要深入把握经济发展新常态,着力提升服务创新驱动发展的能力提出了明确要求。中国科协按照中央书记处的指示,在八届七次全委会议上,提出了科协工作"两个进军"的目标,即进军经济建设主战场、进军科技创新的前沿,努力成为国家创新体系中的重要力量,在提高自主创新能力和创新驱动转型升级、培育新增长点方面更加奋发有为。这是科协工作进军科技创新和经济建设主战场的重要信号。科协"十三五"事业发展必须积极响应,在引领科技工作者进入科技创新和转型升级主战场方面勇于担当,奋发有为。

(课题组成员:黄园淅 王国强)

"十三五"科协事业发展的总体思路、发展目标、重点任务研究

中国科协计划财务部课题组

一、科协"十三五"事业发展的新要求

"十二五"期间，中国科协高举中国特色社会主义伟大旗帜，深入贯彻党的十八大和十八届三中、四中全会精神和习近平总书记系列重要讲话精神，根据中国科协"八大"的总体部署，团结凝聚广大科技工作者，在继承中发展，在落实中提升，在进军经济建设和科技创新主战场、推动学会学术繁荣发展、提升公民科学素质、服务科技人才成长成才、提升科技开放与交流水平、加强自身能力建设等方面取得了显著成效。"十二五"时期科协事业发展的总体经验，对中国科协"十三五"规划的制定和实施提出了新的要求。

第一，要全面审视和把握科协事业发展定位和方向。党中央把科技创新摆在国家发展全局的核心地位，对加强自主创新、深化科技体制改革、加强科技人才队伍建设提出了新的更高要求，全社会对科技创新空前重视，这赋予了科协工作更加重大的历史使命。同时，经济科技体制的深刻变革和科技工作格局新的变化，社会组织参与社会治理体系的作用更加凸显，对科协转变职能、提升能力提出了迫切要求，广大科技工作者对科协的服务也提出了新的期待。科协"十三五"事业发展规划需要通盘考虑国家发展战略的大局，找准定位、理清思路，力争在国家改革发展布局中谋得一席之地。

第二，要细化分解并适时调整目标任务，促进科协事业科学发展。科协"十二五"规划描绘了事业发展的蓝图，但部分重点领域重点任务缺少具体分解实施要求，规划落地实施有一定的随意性，个别目标任务难以落实。随着国家经济社会发展形势的深刻变革，对科协事业发展提出了许多实时性、应急性的要求，这就需要在谋划"十三五"发展规划时，要对整体规划任务进行目标分解，与制定更具操作性的部门或行业规划结合起来，进一步调整补充新的规划内容，以踏石留印、抓铁有痕的精神将规划任务落到实处，确保规划最终见到实效。

第三，要提出可量化可考核的约束性指标。"十二五"规划实施过程中，科协系统各部门尚未将规划作为部署工作任务的重要依据，也未能形成有效的数据收集和监测系统。许多地方科协没有将规划列入党委和政府重要议事日程，很多全国学会同样没有制定与规划配套的落实措施，没有建立相应的评估机制和激励机制。从总体上看，"十二五"规划虽然在战略指导性上有根本性的突破，但仍然缺乏科学规划的内核。

二、以"四个全面"为指导，科协"十三五"事业发展面临新的形势与任务

"十三五"时期，是我国协调推进"四个全面"建设的重要发展期，是新常态下建设创新型国家、实施创新驱动发展战略的攻坚改革期，也是科协事业创新转型、改革发展的历史机遇期。作为党

联系科技工作者的桥梁和纽带，党中央、国务院对科协工作有新的更高要求，广大科技工作者有新的更迫切期望，国家经济建设和科技创新主战场为科协提供了新的更广阔空间，中国科协要以强烈的使命感和紧迫的责任感，深入贯彻落实习近平总书记系列重要讲话精神，全面落实中央对科协工作的总要求，承前启后、继往开来，坚持在落实中提升，在继承中发展，按"四个全面"战略顶层设计，统筹推进，开拓进取，不断提升科协工作的新境界，为实施创新驱动发展战略、实现"两个百年"的奋斗目标做出新的更大贡献。

"四个全面"是以习近平为总书记的党中央站在时代发展和战略全局的高度治国理政的总方略，也是"十三五"时期各项事业改革发展的基本遵循。中国科协事业发展必须以"四个全面"为统领，明确工作大局，找准发展方向，深化内部改革，推动转型创新，提升服务能力，促进经济社会发展。

（一）全面建成小康社会为科协事业发展指明方向和目标

全面建成小康社会，是全国人民的共同目标和共同事业，需要全体人民特别是广大科技工作者的劳动、创造和奉献，共同实现两个一百年的奋斗目标。科技工作者是先进生产力的创造者，是科技创新创业的主力军。作为科技工作者的群众组织，党和政府联系科技工作者的桥梁和纽带，中国科协要进一步组织引导科技工作者自觉践行社会主义核心价值观，牢固树立"三个自信"，不断增强党在科技界的执政基础。充分发挥科技群团组织优势，立足协同创新驱动，瞄准世界科技前沿，调动激发广大科技工作者的创新创业热情和创造活力，组织开展高水平学术交流和核心关键技术攻关，促进产学研用金相结合和创新要素向市场集聚，支持帮助科技工作者开展科技创业和科技服务，加速科技成果转化，助力经济转型升级。要发挥政府和社会优势，调动各方资源和力量，利用信息化手段，依靠广大科技工作者和科普工作者，努力为广大人民群众提供快速便捷高效的科普公共服务，不断提升全民科学素质和创新意识，增强劳动者的创业就业能力，营造大众创业、万众创新良好社会氛围。"十三五"时期，随着"一带一路"战略的全面实施，我国积极参与全球科技治理，大力拓展民间国际科技交流合作，为科协组织在更广阔的领域开展民间国际科技交流合作提供了新的发展机遇和更高的要求，迫切需要科协组织积极发挥民间科技交流优势，团结世界主要国家和各周边国家的科技组织，为我国的科技外交事业添砖加瓦。

（二）全面深化改革为科协事业发展提供转型动力和源泉

全面深化改革是全面建成小康社会的原动力和根本保障，要从科技体制改革和经济社会领域改革两个方面同步发力，改革国家科技创新战略规划和资源配置体制机制，避免分散和"孤岛"现象，加强完善科技评价激励制度，处理好政府和市场的关系，推动健全科技成果转移转化机制，推动科技和经济社会发展深度融合，其核心是加快实现从要素驱动向创新驱动的动力转换，创造更加公平正义的社会环境，使改革发展成果更多更公平惠及全体人民。在全面深化改革中，作为中国特色社会主义科技社团，中国科协要紧紧抓住党和政府联系科技工作者的桥梁纽带这个核心和关键，在国家经济建设和科技创新主战场主动作为，充分发挥科技社团作为国家创新体系重要组成部分的作用，充分发挥科技工作者先进生产力开拓者和先进文化传播者的作用，为我国科技经济持续健康发展注入强大创新动力。创新驱动实质是人才驱动，科技创新，人才为本。要善于发现人才、培养人才、举荐人才，充分利用学会组织优势，及早发现优秀青年科技人才，培养行业领军人物和科学大师，建立和完善"不拘一格荐人才"的制度体系，为实现全面深化改革奠定人才基础。"十三五"是全面深化科技体制改革的关键时期，中国科协要积极参与，主动建言献策，围绕科技、人才与经济深度融合，认真做好与科技社团和科技人员关联的战略谋划和顶层设计，改革完善科协在科技治理体系中的协同创新运行和管理模式，全面推进院士制度改革、国家级科技创新智库建设、承接政府职能转移、第三方创新评估制度、科技资源开放共享和科技成果转移转化，助力形成科学、公平、竞争的科研和成果转化环境，进一步激发和释放全社会特别是科技工作者的创新动力与活力，为大众创业、万众创新提供坚实的科技支撑和人才支撑。要积极争取国际民间科技话语权，参与并引导全球创新交融、标准制定、资源配置和人才交流，成为国际科技组织和科技规则的积极参与者、影响者和主导者。

（三）全面依法治国对科协事业发展提出法治和规范要求

全面依法治国为全面建成小康社会、全面深化改革提供有利的法制环境。社会的公平正义，科技领域的风清气正，都离不开严谨、公开、透明、健全的法律法规保护，科协要紧紧围绕科技治理体系和治理能力现代化，认真研究科技创新体制建设，明确科技社团、科技人员在政府转移职能、经济社会发展中的定位，提出相应政策诉求和措施建议，逐步形成以保障科技工作者权益和促进科技创新激发活力的系统完备、科学规范、运行有效的科技创新制度体系，提高科技领域法治水平，激发全国科协组织、学会组织和科技工作者的创新活力。要不断完善科协组织的权力制约和监督机制，以法治思维和法治方式推进科协治理。深入开展科研诚信制度和科学伦理、科研道德和学风建设，营造良好的学术风气和科研环境，让优良科研道德在科技工作者中蔚然成风，引导广大科技人员恪守诚信，遵纪守法。继续推进提升学会服务能力，大力推动学会建立健全现代法人治理结构和运行机制，指导推动所属学会健全规范章程和职能，自主治理、自主运行、自主发展，依法依章程办事。

（四）全面从严治党对科协事业发展提出组织机制创新要求

全面从严治党是全面建成小康社会的组织保障，是我国科技事业健康发展、深入实施创新驱动发展战略的重要支撑。科协作为党领导下的人民团体，必须按照全面从严治党的要求，坚决贯彻《中共中央关于加强和改进党的群团工作的意见》，适应党的中心任务和基层工作、群众工作需要，改进组织机构、管理模式、运行机制，充分体现政治性群众性特点，加强科协在农村、高校、"两新"组织中的基层组织建设，建立与地方科协基层组织、基层科协组织之间的有效联系、沟通和联动，联合科研院所、高校、企业等创新资源，广泛协同各方力量，形成各级、各类科协组织的上下联动、协同合作的新的体制机制，提高组织协同服务能力。不断强化和突出党和政府联系科技工作者的桥梁纽带作用，杜绝机关化、贵族化、娱乐化倾向，深入开展"建家交友"活动，坚持依法依章程独立自主开展工作，把广大科技工作者更加紧密地团结起来、更加广泛地动员起来、更加有效地组织起来。要全面落实党风廉政建设主体责任和监督责任，加强科协和学会基层党组织建设，充分发挥各级党组织在工作开拓和组织建设中的政治核心和战斗堡垒作用，在广大科技工作者和党员干部中大力弘扬求真、务实、创新、为民的科技价值观，为实施创新驱动发展战略、全面建成小康社会建功立业。

三、科协事业"十三五"发展目标

（一）围绕创新驱动发展需求，全面进入科技创新和经济建设主战场

——服务创新驱动发展战略和经济结构转型升级。参与构建国家创新体系平台，充分发挥科协组织在推动技术创新中的服务和协调功能；发挥科协及所属学会人才智力优势，依托院士工作站、海智计划、人才托举计划等项目建立科技人才联盟；建设社会化、网络化的科技中介服务体系，发挥学会在科技中介服务中的重要作用，开展学会科技中介服务工作试点，发挥示范带动作用；做好顶层设计，围绕本地区转型发展的热点难点，找准助力的需求，发挥各级学会和学会联盟的支撑引领作用。整合学会人才、技术资源，建立互联互通的科技成果信息服务平台，引导学会创新资源融入产业链，促进产学研用有效对接。

——推动企业成为技术创新主体。深入开展群众性技术创新活动，深化"讲理想、比创新、比贡献"活动内涵，创新活动载体和形式，扩大活动影响和范围，不断激发广大科技人员的创新激情和创造活力。推动地方科协、全国学会联合企业建设专家工作站，重点在高新技术企业、高新技术产业园

区、经济开发区、产业集群等培育一批示范性专家工作站，形成一套有利于吸引高端人才创新创业的激励保障机制，发挥专家的技术引领作用，帮助企业培育科技创新团队，集聚创新资源，突破关键技术制约，推动产学研紧密合作。依托企业科协建立企业创新联盟，整合企业自主创新能力，建设各具特色和优势的区域企业创新体系。聚焦科技成果的转化应用，充分发挥科协组织在科技与经济紧密结合中的黏合剂作用，建立企业科协与学会的合作，加快科技成果向现实生产力转化的步伐。

——构建中国特色科技创新智库，在国家科技制度建设方面强化新的优势。准确把握经济新常态下动力转换和创新驱动的关键环节，在科技战略、规划、布局、政策等方面为党和政府出谋划策。推动中国科协创新评估工作体系进一步完善，科技评估相关大数据系统建设。决策咨询工作体系基本建立，中国科协科技咨询制度进一步完善。

——推进科技治理体系和治理能力现代化。发挥科协组织作为党和政府参谋、助手的作用，拓宽参与民主协商的渠道，与党委和政府有关部门建立定期沟通机制，围绕科技相关重大问题，积极开展界别协商和专题协商，探索开展人民团体协商，把科技工作者的个体智慧凝聚上升为有组织的集体智慧，为推进决策科学化、民主化贡献力量。围绕政府职能转变、科技体制改革、社会治理创新需求，指导学会积极稳妥有序承接政府转移职能，努力拓展社会服务领域，深入探索承接政府转移职能的有效途径和成熟模式，建立符合公共服务特点的运行机制和监管机制，树立一批"能负责、可问责"的先进典型，推动承接政府转移职能工作进入常态化、规范化、制度化的轨道，做到政府放心、社会认可、科技工作者满意。

——推动农业现代化和城镇化发展。积极参与农技推广社会化服务，将农技协纳入基层农技推广体系建设范畴，充分利用农技协的专家资源、技术资源等智力优势，加强与当地农业部门的沟通协调，主动承接社会化农技推广服务工作。进一步加大实施科普惠农兴村计划力度，调整扩大以奖代补的对象和范围，加强科普惠农示范辐射带动作用，支持受表彰的先进集体和先进个人发挥示范带头作用。集成各类农村科普资源，建立健全农村科普服务网络，普及农村实用技术，增强农民科技创业和脱贫致富能力。

（二）深化学会治理改革和创新能力建设，突出发挥学会主体作用

——提高学会创新与服务能力。加大对学会的投入和支持，以实施学会创新与服务能力提升专项为抓手，通过以奖代补、以奖促建等方式，着力提升学会服务创新、服务社会与政府、服务科技工作者、服务自身发展的能力，打造一批国际影响力大、凝聚力高、公信力强的示范性学会，形成一流学会集群，推动好学会增多、强学会更强，特色鲜明，活力提升，学会在国家治理体系和治理能力现代化中的地位和作用不断凸显，为推动国家创新体系建设和社会治理创新做出积极贡献。

——发挥学术交流在协同创新中的引领作用。支持指导学会开展学术交流示范活动，围绕弘扬科学精神、营造学术争鸣氛围、激发创新思维，推进学科知识理论体系原始创新，搭建不同形式、不同层次的学术交流平台。进一步提高学术交流质量和实效，打造中国科协主办的品牌学术活动，重点支持中国科协年会、青年科学家论坛、新观点新学说学术沙龙、夏季科学展和世界机器人大会等，支持学会举办综合交叉、前沿高端、科技界关注的重点学术问题、区域性专题等示范性学术活动。

——支持指导学会提升学会期刊质量和水平。面向科技经济发展需要，大力发挥学会办刊的学术和专业优势特长，重点支持学会期刊开展学术质量提升、数字化建设、集群化建设、期刊出版人才培育等工作，搭建和完善推动科技期刊发展的基础建设平台和服务机制，打造一批在本学科和专业领域内有较强影响力和专业辐射力的精品科技期刊，把科技期刊建成促进科技知识生产传播的重要渠道、促进学术交流的重要平台和促进学术生态建设的苗圃花坛。

——加快学会职业化社会化进程。大力推动学会建立健全现代法人治理结构和运行机制，指导推动所属学会健全规范章程和职能，自主治理、自主运行、自主发展，依法依章程办事。指导学会加大完善事业发展基础，支持学会在职业化运营、会员发展、分支机构管理等方面的基础管理机制建设。

支持学会建立职业化的学会管理团队，聘用业务精、能力强的秘书长和管理团队，开展人员队伍职业化、专职化建设。研究制定全国学会科技评价专业资质认证标准，引导学会加强科技服务特别是科技评价能力建设。组织修订中国科协组织通则，制定科技社团登记条件、章程范本、评估标准、年检规范建议案，大力培育、发展、吸纳优秀学会，特别是对国家创新驱动发展有重要意义的新兴学科、交叉学科、重点学科的相关学会。

（三）以科普信息化为龙头，推动公民科学素质建设实现跨越式发展

——深入实施全民科学素质行动计划纲要。履行《全民科学素质行动计划纲要（2006—2010—2020年）》实施工作牵头部门职责，继续推动党委和政府将公民科学素质建设目标和重点任务纳入相应工作规划、计划和政府业绩考核范围，在组织、队伍、经费、设施等各方面给予保障，建立实施激励机制，对做出突出贡献的集体和个人给予表彰。进一步推动科普公共服务体系均等化，形成社会化科普工作新格局。开展公众科学素养调查工作，进一步完善调查指标体系和调查方法，提高调查质量和水平，定期发布公众科学素质发展报告。实现到2020年我国公民具备基本科学素质比例达到10%的目标，营造大众创业、万众创新的良好社会氛围。

——加强科普信息化建设，创新科普传播手段和方式。进一步推动科普信息化工程建设，统筹协调各方力量，融合配置社会资源，建立完善科普信息服务平台和服务机制，提供精准的科普服务产品，引导和牵动我国科普信息化建设水平的快速提升。积极推动传统科普媒体与新兴媒体在内容、渠道、平台、经营、管理等方面的深度融合，实现包括纸质出版、互联网平台、手机平台、手持阅读器等终端在内的多渠道全媒体传播。塑造我国科普信息化建设的品牌"科普中国"，研究制定科普信息化标准规范，加大科普信息产品研发与推荐评介，建立完善科学传播舆情实时监测、快速反应、绩效评价等机制。广泛动员社会参与，激发社会机构、企业参与科普信息化建设的积极性，进一步建立完善大联合大协作的科普公共服务机制。

——加强科普基础设施建设，建成中国特色现代科技馆体系。推广免费开放条件下科技馆的运行管理模式取得的经验，提升科技馆功能与管理水平。发挥好已建成开放科技馆的作用，创新展品设计和特色活动策划，丰富科技馆活动内容，吸引更多中小学生到科技馆开展科学实践活动。组织开展中国流动科技馆巡展和科普大篷车配发，提升农村边远地区科普服务能力和水平。创新全国科普教育基地的服务和管理模式，加强科普教育基地信息化和传播能力建设，组织新一批全国科普教育基地认定命名工作，开展全国科普教育基地考核评估，支持建立全国科普教育基地联盟。推动教育、科研、企业优质科普资源开发开放，深化公共场所展教功能，形成优质科普资源开发开放的有效模式和经验。

——实现主题科普活动由节日化向常态化转变。紧紧围绕提高公民科学素质的主题，以需求为导向，线上与线下相结合，组织开展群众性、社会性、经常性的科普活动，服务创新驱动发展战略，推动形成万众创新的生动局面。围绕社会广泛关注的热点、焦点问题，及时、不定期地在主流媒体和移动端等新媒体上为公众解疑释惑，提高公众的科学认知水平和科学生活能力，提高科普知识的传播频率和效果。开展青少年科技教育活动，精心组织实施青少年科技创新大赛、"明天小小科学家"奖励活动、青少年机器人竞赛、全国中学生学科奥赛等活动，着力培养和提升青少年科学兴趣与创造性思维，进一步加大青少年科技创新人才选拔和培养力度。围绕城镇社区居民智慧生活新需求，发挥好社区科普大学、科普示范社区、科普活动站等的功能，开展丰富多彩的社区科普活动。

——推动科普人才队伍建设。培养和造就一支规模适度、结构优化、素质优良的科普人才队伍，到2020年，科普人才总量比2010年翻一番，整体素质明显提高，结构明显优化，地区布局、行业布局趋于合理。建设形成一批科普人才培养和培训基地，建立健全有利于科普人才队伍建设和发展的体制与机制。加强科学传播专业教育，培养科普专门人才，推动在高校开设科学传播专业和相关课程，利用MOOC等网络教育和线下培训等多种方式，加大科普人才培训培养力度。筹建成立中国科普志愿者协会，建立完善科普志愿服务机制。

（四）激发科技人员创新活力，建立完善科技人员激励机制和服务体系

——关心、举荐、宣传科技工作者。建立经常化制度化规范化的科技工作者状况调查制度，多层次、多方位、多渠道地开展调查研究，及时了解和准确把握科技工作者的思想、工作状况，反映他们的共性合理诉求，推动解决科技工作者最关心最直接最现实的共性利益问题。表彰举荐和宣传优秀科技工作者，开展全国优秀科技工作者奖、中国青年科技奖等奖项评选活动，支持全国学会、地方科协开展行业性、区域性科技表彰活动。通过评选表彰工作，进一步树立优秀科技工作者的良好形象，提高社会影响力，促进科技工作者健康成长。

——构建科技人员服务体系。探索建立多元化的科技人员服务体系，制定出台相应的激励政策，支持和鼓励有关主管部门、企业、科研院所、社会组织等积极主动为其提供适时、实用的服务。创新服务方式，不断满足科技人员的多样化需求，使服务内容确有实效。加大经费投入，为科技人员服务体系建设提供强有力的资金、物质保障。

——加强学术道德建设。大力开展科学道德和学风建设宣讲，培育优秀科学文化，养成优良学风。在科技人员中广泛开展学术诚信教育实践活动，呼吁科研人员加强自律，维护学者和学术尊严。建章立制，进一步建立和完善科学的评价机制和评价体系，建立完善人员聘任制度和人才评价机制，建立完善学术监督和制约机制，建立完善学术道德奖励和惩处制度，为开展学术道德建设和养成良好学风提供基础保障。

（五）拓展对外民间科技合作，在推进国际创新合作方面发挥独特优势

——积极参与国际民间科技组织。围绕"一带一路"战略实施，积极参与全球科技治理体系，团结世界主要国家和各周边国家的科技组织，服务国家外交大局。发挥科协作为联合国经济和社会理事会咨商地位和在国际科学理事会、世界工程组织联合会、世界科学工作者联合会等重要组织中的话语权和影响力，加强与美国、欧盟、日本和周边国家科技组织的交流与合作，发挥国际民间科技外交作用。

——参与并引导全球创新交融、标准制定、资源配置和人才交流，争取国际民间科技话语权。履行中国科协作为全国工程师制度改革领导小组副组长单位的职责，推进工程师资格国际互认的交流与合作，鼓励和支持全国学会积极承担国家相关专业领域工程教育认证和工程师资格评定工作。

——引进一批世界级科技专家来华交流合作，推荐更多的中国科学家担任国际科技组织领导职务，争取一批高水平重要国际科技会议在华召开。发挥海智计划的平台作用，推进海外人才离岸创业基地建设。推进海外人才离岸创业基地建设，拓宽海外优秀人才来华创新创业的渠道，吸引动员更多海外优秀人才和团队来华创新创业。

——贯彻落实中央关于加强港澳台工作的精神，以学术交流为纽带，巩固和发展海峡两岸暨港澳的科技交流与合作，继续举办好当代杰出华人科学家公开讲座、香港工程师院士论坛、两岸科学传播论坛、两岸大学生辩论赛、大学生暑期实习、青少年科学营等活动。

（六）加强协同创新服务能力，建设具有中国特色的社会主义科技社团

——健全完善党委领导的体制机制。贯彻《中共中央关于加强和改进党的群团工作的意见》，积极争取党委和政府关心重视科协工作，加强对科协组织的领导和指导。定期向党委和政府汇报工作，在经费、人员、政策等方面积极争取支持。及时向分管领导汇报阶段性工作，推动解决科协事业发展遇到的困难和问题，为科协开展工作积极创造良好外部环境。进一步加强党对科协的领导，建立健全党委领导、政府支持的体制机制。

——加强科协组织体系建设。推动县级党委和政府确保县级科协有独立机构建制和人员编制，支持县级科协组织依法依章程开展工作，将上级科协组织开展的活动向县级科协组织延伸，为县级科协

开展工作提供支持和帮助。按照中央关于科协工作"六个哪里"的要求，联合有关部门统筹推进企业、园区、高校科协组织建设和农村专业技术协会建设，加强乡镇街道、农村社区科普组织建设，建成全国科协基层组织网，不断强化和突出党和政府联系科技工作者的桥梁纽带作用。

——加强科协干部队伍建设。坚持党管干部原则，优化各级科协组织领导班子结构，增强活力。加强党建工作，深入开展作风建设，促使科协内部治理取得明显成效。关心、培养科协干部成长成才，优化科协干部考核奖惩机制和交流机制，积极推动科协系统与党政部门、企事业单位之间干部双向交流。加大科协干部培训力度，不断提高干部谋事干事的能力和水平。

——建成国家科技传播中心，成为国家级公共科学文化服务的重要基础设施，成为弘扬科学精神、展介科技成就、建设科学文化、创新网络科普服务、建立跨部门国际科技交流的高端综合服务平台。

四、中国科协"十三五"规划重点项目

围绕中国科协"十三五"发展目标，整合科协现有财政项目，形成中国科协事业发展"十三五"规划"6＋X"重点项目，其中部门重点项目6个：创新驱动助力工程、学会创新与服务能力提升工程、全民科学素质行动计划纲要实施工程、国际民间科技交流计划、建设科技工作者之家计划、现代科技社团创新发展计划；X为中央转移支付和基本建设项目：基层科普行动计划和国家科学传播中心建设工程等。

（一）创新驱动助力工程

发挥科协及所属学会人才智力优势，在科技战略、规划、布局、政策等方面为党和政府出谋划策；指导学会积极稳妥有序承接政府转移职能；围绕区域转型发展的热点难点和重大科技需求，动员各级学会组织开展核心关键技术攻关、科技咨询，转化科技成果，建立产学研协同创新平台，开展新型农村农技推广体系建设，打造大众创业、万众创新良好社会氛围，助力我国经济转型升级。

（1）国家级科技创新智库建设。围绕科技发展重大问题以及国家重大产业发展和区域发展战略，深入调查研究，提出有价值的对策建议，每年各级科协向党和政府提出决策咨询建议5万项，其中得到各级领导批示2万项以上。

（2）承接政府转移职能专项。以科技评估、工程技术领域职业资格认定、技术标准研制、国家科技奖励推荐等适宜学会承接的科技类公共服务职能的整体或部分转接为重点，争取实现"十三五"期间科协所属学会全面接受政府转移职能。

（3）建设第三方创新评估制度。加强自身评估能力建设，开展科技和产业变革重大领域的发展状况评估、高端科技人才生存状况的评估、重点科研基地发展创新力评价等第三方创新评估。

（4）协同创新驱动示范市（区）和科技创新助力共同体建设。建立完善协同创新科技资源配置体制机制，加强在科技资源配置上统筹协调，促进人才、技术和资金等创新要素顺畅流动，在全国30%的地级市建设学会助力创新示范区，在全国推动设立1000个协同创新共同体。

（5）企业科技服务专项。组织全国学会开展国内外行业关键专利信息加工，开展科技信息转化应用服务；组织"讲理想、比创新、比贡献"活动；组织地方科协开展科技信息推广应用、培训、专家辅导，应用成果跟踪培育等，推动科技信息在企业的转化效率；开展院士工作站建设与企会协作计划等。

（6）新型农村农技推广与应用服务体系建设工程（农技协2.0版）。支持农村专业技术协会纳入基层农技推广与应用服务体系建设，充分利用农技协的专家资源、技术资源等智力优势，加强与当地农业部门的沟通协调，主动承接社会化农技推广服务工作。

（7）基本科研业务费。属于中央财政专项，主要用于稳定支持中央级公益类科研院所开展符合公益职能定位、代表学科发展方向、体现前瞻布局的自主选题研究工作。

（二）学会创新与服务能力提升工程

深化学会能力与机制建设，拓展创新和服务职能，以奖代补、以奖促建，持续稳定支持创新驱动助力、学科发展引领、精品科技期刊等品牌工作，为国家科技创新和经济建设提供智力与技术支撑。

（1）科技社团改革与评估专项。支持科技社团聘用业务精、能力强的秘书长和管理团队，开展人员队伍职业化、专职化建设。

（2）学术交流示范工程。支持学会营造学术争鸣氛围、激发创新思维，推进学科知识理论体系原始创新，搭建不同形式、不同层次的学术交流平台，进一步提高学术交流质量和实效，重点支持青年科学家论坛、新观点新学说学术沙龙等品牌活动。

（3）学科发展引领与资源整合集成工程。关注、适应科技的新变化和社会的新需求，持续开展学科发展研究，准确把握学科发展态势和规律，深度解析重大科学问题，为明确科技发展的重点领域和突破方向、优化学科布局和科技资源配置、抢占科技发展制高点提出决策建议，支撑和引导国家发展战略，定期出版学科发展报告系列图书。

（4）精品科技期刊工程。重点支持期刊开展学术质量提升、数字化建设、集群化建设、期刊出版人才培育等工作，打造100个在本学科和专业领域内有较强影响力和专业辐射力的精品科技期刊。

（5）中国科技期刊国际影响力提升计划。打造若干个具有较强国际影响力和专业辐射力的顶级科技期刊，聘请国际顶级科学家担任期刊主编、副主编；建立高水平的编委队伍和审稿人队伍；组织优质稿源；提高期刊学术引证指标，大幅提高SCI等国际主流检索系统学科排名。

（6）中国科协年会。以"大科普、学科交叉、为举办地服务"为定位，通过学科交叉、专业交叉、人员交叉，搭建学术交流平台，搭建专家学者与举办地政府与相关企业交流的平台，为政府决策咨询建言献策，促进举办地科技、经济社会发展。

（7）灾害危害综合研究计划。凝聚各国自然科学、社会经济、卫生和工程技术专家，开展灾害危害综合研究计划的学术交流、课题研究、网站建设工作。

（三）全民科学素质行动计划纲要实施工程

推动科普信息化建设，建成"四位一体"的中国特色科技馆体系，推动科普资源开发与开放、推动科普人才建设和科普产业发展，形成良好的科普环境和氛围。

（1）全民科学素质行动计划。履行《全民科学素质行动计划纲要（2006—2010—2020年）》实施工作牵头部门职责，推动党委和政府将公民科学素质建设目标和重点任务纳入相应工作规划和计划；开展公民科学素质调查工作，定期发布公众科学素质发展报告；支持有关社会组织和企事业单位开展科普活动，推动形成社会化科普工作新格局。

（2）科普信息化建设工程。通过建立网络科普大超市、搭建网络科普互动空间、开展科普精准推送服务等方式，完善科普信息服务平台和服务机制；充分运用互联网和先进信息技术，推动科普产品的深度研发、立体传播和广泛应用，积极用网、占网、建网，促进科技知识在网络和现实生活中广泛传播，使通过线上获取科技信息的社会公众的比例超过50%。

（3）青少年科技创新行动计划。继续举办全国青少年科技竞赛活动、青少年科学体验系列活动、青少年高校科学营等。

（4）现代科技馆体系建设项目。用实体馆带动流动馆、数字馆建设水平并促进共享，推进实体馆、流动馆、科普大篷车、数字科技馆相结合的中国特色现代科技馆体系初步建成。

（5）科普资源开发开放计划。通过政府购买等多种方式，向社会购买科普资源，鼓励高校、企业等社会机构积极面向公众提供适宜的科研场所开放服务。

（6）主题科普宣传活动。以青少年、农民、城镇社区居民等为重点人群，开展群众性、社会性、经常性的科普活动。围绕社会广泛关注的热点、焦点问题，及时、不定期地在主流媒体和移动端等新媒体上进行解答，为公众解疑释惑，提高公众的科学认知水平和科学生活能力；围绕智慧生活、科学饮食、健康卫生、节能环保等，开展丰富多彩的社区科普活动。

（7）科普市场能力建设。发挥市场的引导、优化和调节作用，培育科普产品创意策划、制作开发、推广服务类企业，发展区域性特色科普产业集群、扶持骨干龙头科普企业、培育科普产业新兴市场。

（8）科普人才队伍建设。充分调动科技工作者和社会各方面开展科普工作的积极性，利用在线教育、职业继续教育和现场交流等多种方式开展科普专职人员的培训，不断提升其专业水平和业务能力。

（四）国际民间科技交流计划

推动民间国际科技外交，参与并引导全球创新交融、标准制定、资源配置和人才交流，争取国际民间科技话语权，为我国的科技外交事业添砖加瓦。

（1）民间国际科技外交。积极加入国际科学理事会、世界工程组织联合会、世界科学工作者联合会等重要国际科技组织等有影响、有实力的国际民间科技组织，参与联合国经济和社会理事会咨商工作，举办边会，设立展台，发布报告，宣传中国科学技术的新成就，提高我国科学界的国际地位和影响力。

（2）国际工程师资格互认。履行中国科协作为全国工程师制度改革领导小组副组长单位的职责，推进工程师资格国际互认的交流与合作，鼓励和支持全国学会积极承担国家相关专业领域工程教育认证和工程师资格评定工作。

（3）中国科学家参与国际组织计划。为科学家参与国际科技组织重要活动提供支撑，建设一支掌握政策、业务精湛、精通外语、善于交往的科学家国际交流队伍，参与国际科技组织的决策和管理，在国际科技组织中发挥重要作用。

（4）海外人才离岸创业工程。计划建设50个海外人才离岸创业基地，更好地搭建海外人才发挥才能的综合性平台。

（5）国际科技交流与合作。围绕"一带一路"建设，加强与国际科技社团的科技合作与交流。加强同美国科促会、英国皇家学会、日本科学技术振兴机构和欧盟国家有关科技组织的交流与合作，大力推动民间国际科技外交，争取国际民间科技话语权。

（6）海峡两岸暨港澳科技交流与合作。以学术交流为纽带，加强港澳台地区各专业领域的对口科技交流和青少年科普交流活动，围绕有共同兴趣的学术领域进行交流与合作，举办海峡两岸科学传播论坛、青少年科学营、海峡两岸大学生辩论赛、台湾大学生暑期实习等活动，提升两岸科技交流的层次和水平。

（五）建设科技工作者之家计划

进一步发挥党和政府与科技工作者之间的桥梁和纽带的作用，掌握科技工作者的状况，维护科技工作者的合法权益，营造适合科技工作者健康成长的良好环境。

（1）两院院士推荐专项。按照两院院士章程和院士增选工作的规定，中国科协成立院士候选人推荐的组织机构，制定有关制度和程序，客观公正地做好中国科学院和中国工程院院士初选工作。

（2）青年人才托举工程。实施青年科技拔尖人才举荐工程，完善科技人才举荐、奖励、激发科技人才创新创业活力体制机制。

（3）老科学家学术成长资料采集工程。五年完成2000名老科学家的资料采集工作，包括75岁以上两院院士的资料采集。

（4）科学大师名校宣传工程。开展"共和国的脊梁——科学大师名校宣传"会演活动，资助高校剧目排演和公演；创作科学大师大型专题片，分省举办中国现代科学家主题展览巡展。

（5）科技人才奖励体系建设。开展全国优秀科技工作者奖、中国青年科技奖等奖项评选活动，支持全国学会、地方科协开展行业性、区域性科技表彰活动。通过评选表彰工作，进一步建立完善对科技人才的奖励体系。

（6）科技人物宣传计划。大力宣传在创新科学技术和普及科学技术方面做出突出贡献的优秀科技工作者，重点宣传中青年优秀科技工作者、基层一线科技工作者和全国优秀科技工作者。

（7）科技人员服务体系建设工程。加大经费投入，建立多元化的科技人员服务体系，支持和鼓励有关主管部门、企业、科研院所、社会组织等积极主动为科技人员提供适时、实用的服务，不断满足科技人员的多样化需求，使服务内容确有实效。

（8）科学道德和学风建设工程。在科技人员中广泛开展学术诚信教育实践活动，使其充分认识学术道德建设和学风建设对增强自主创新能力、促进学术繁荣发展具有不可忽视的重要作用；呼吁科研人员加强自律，维护学者和学术尊严；动员科技工作者践行社会主义核心价值观。

（9）海外智力为国服务行动计划。组织海内外专家开展专项调研和建言献策，根据地方需求组织国际应用技术论坛，支持地方海智工作基地开展引才引智工作，组织海外科技团体和科技人员开展多种形式为国服务活动，为国家和地方社会经济建设服务。

（六）现代科技社团创新发展计划

科协依法依章程独立自主开展工作，把广大科技工作者紧密地团结在党和政府周围；加强科协基层组织建设，不断强化和突出党和政府联系科技工作者的桥梁纽带作用。

（1）中国科协科学治理体系建设。做好政协科协界委员和科学家的服务工作，组织政协科协界委员开展调研、考察，做好科协全委会、常委会和专委会委员开展调研和日常工作。

（2）中国科协代表服务体系建设。通过走访慰问看望科协代表，运用科技手段加强与代表的日常联络，每年资助五分之一的代表自主开展课题研究，组织代表培训等。

（3）县级科协和科协基层组织能力建设。推动县级党委和政府确保县级科协有独立机构建制和人员编制，支持县级科协组织依法依章程开展工作，提供基本条件保障；加强科协在农村、高校、"两新"组织中的基层组织建设，建成全国科协基层组织网。

（4）中国科协内控制度建设。贯彻落实《行政事业单位内部控制规范》，组织、指导机关各事业单位进行风险评估，完善内部控制机制，制定制度，完善机构，组织培训，开展检查等工作。

（5）科协系统办公信息化建设工程。继续做好中国科协内外网络及服务平台的建设、运维、安全保障等工作，开展中国科协应用系统开发和维护工作，做好中国科协重点网站的内容建设等。

（6）科协系统干部人才成长计划。加强对科协系统干部的培训学习，推动加大科协系统与党政部门、企事业单位之间干部双向交流力度，调动科协干部谋事干事的积极性。

（七）中央转移支付和重大基本建设项目

实施基层科普行动计划和建成国家科学传播中心。

（1）基层科普行动计划。一是加大科普惠农兴村计划实施力度，调整扩大以奖代补的对象和范围，加强科普惠农示范辐射带动作用，5年累计表彰奖励5万多个先进单位和个人，辐射带动的农户不少于1亿户（占全国农户总数的40％）。二是实施社区科普益民行动计划，5年累计表彰1万多个全国、省级优秀社区。

（2）国家科学传播中心建设项目。建成国家科学传播中心，建设科普传播创意研发、传播内容生产、网络科普传播等基础支撑平台，建成弘扬科学精神、推动科技成果转化示范工程，成为国家级科学文化公共服务平台。

（课题组成员：顾　斌　刘　艳　张　锋　周　峰　赵彬烁　龚　谨）

"十三五"科协事业发展目标研究

中国科普研究所课题组

党的十八届三中、四中全会明确全面深化改革的总目标，提出实施创新驱动发展战略，把科技创新摆在国家发展全局的核心位置。强调要激发社会组织活力，发挥社会组织在全社会创新中的重要作用。"十三五"时期是全面建成小康社会最后冲刺的五年，也是全面深化改革要取得决定性成果的五年。面对机遇和挑战，中国科协作为中国科技工作者的群众组织，作为中国共产党领导下的人民团体，作为党和政府联系科学技术工作者的桥梁和纽带，如何团结带领广大科技工作者在实施创新驱动发展战略中发挥引领作用，在探索中国特色自主创新道路上奋发有为，在深化科技体制改革中勇作先锋，从而在实现中国梦的宏伟事业中肩负起历史使命是"十三五"期间需要重点解决的问题。

一、中国科协事业发展目标回顾

（一）中国科协事业"十一五"发展目标

《中国科学技术协会事业发展规划纲要（2007—2011年）》提出，科协工作要以能力建设为基础，搭建服务平台，提高服务水平，增强服务能力，努力把科协组织建设成为适应社会主义市场经济体制、符合科技团体发展规律、对科技工作者具有较强凝聚力、充满生机和活力的"科技工作者之家"，并实现以下主要发展目标：

——进一步促进科学技术的繁荣和发展。学术交流的质量水平明显提高，对推动自主创新的作用显著增强；学会改革取得重要进展，学会的学术权威性、会员凝聚力、社会公信力、社会服务能力和经济实力明显提高；中国科技团体和科学家在国际科技组织的影响力显著增强。

——进一步促进科学技术的普及和推广。努力完成《全民科学素质行动计划纲要（2006—2010—2020年）》赋予科协组织的各项任务；科协系统成为科普资源开发中心、集散中心和服务中心。

——进一步促进科学技术与经济社会发展相结合。企业"讲理想、比贡献"活动的覆盖范围不断扩大，企业技术创新能力得到增强；培养的有知识、懂技术、会经营的新型农民数量明显增加，科技服务"三农"的能力和水平显著提高；科技工作者参与国家科技决策咨询和法规制定的有效机制初步建立，决策咨询水平明显提高。

——进一步促进科学技术人才的成长和提高。扩大举荐优秀人才规模，宣传表彰奖励优秀科技工作者活动的力度明显加大；建设科技人才库，科技人才服务体系初步建成；维护科技工作者权益的组织和保障体系更加完善；学术道德建设和学风建设进一步加强。

围绕以上目标，"十一五"时期，中国科协以邓小平理论和"三个代表"重要思想为指导，深入贯彻落实科学发展观，按照党的十七大和十七届三中、四中、五中全会精神和胡锦涛总书记在纪念中国科协成立50周年大会上的重要讲话要求，充分发挥党和政府联系科技工作者的桥梁和纽带作用，认真落实中央重大决策部署，明确提出为经济社会发展服务、为提高全民科学素质服务、为科技工作者服务、加强自身建设的工作定位，"搭建平台、资源共享"的工作思路，"大联合、大协作"的工作方式和"围绕中心、服务大局，深入基层、务求实效"的工作要求，推动发布《全民科学素质行动计划纲要（2006—2010—2020年)》，会同中组部等部门联合下发《关于动员和组织广大科技工作者为建设创新型国家作出新贡献的若干意见》，制定出台加强科普工作、学会工作、企业科协工作和人才工作的系列文件，各项工作取得重要进展（见表1）。

表1 "十一五"时期中国科协事业发展测度

一级指标	二级指标	"十一五"成效
促进科学技术的繁荣和发展	（1）学术交流的质量与水平明显提高 （2）中国科学家在国际民间科技组织的影响力显著增强	（1）举办国内学术会议7.3万场，参会人次960余万 （2）加入240余个民间国际科技组织，317位科学家担任民间国际科技组织各类职务 （3）在华举办国际学术会议4800余次，与会国外科学家22万余人次
科学技术的普及和推广取得重要进展	（1）全民科学素质工作深入开展 （2）科普资源、设施等建设取得重要进展	（1）2010年，中国公民具备基本科学素质的比例达到3.27% （2）截至2010年，科协系统主管的建筑面积8000平方米以上的科技馆达到21个
促进科学技术与经济社会发展的进一步融合	（1）促进企业提升技术创新能力的工作取得重要成效 （2）科技服务"三农"的能力和水平显著提高 （3）决策咨询水平明显提高	（1）全国共开展"讲、比"活动18.1万项，参与科技工作者780万人次 （2）建立院士专家工作站667个 （3）中央财政累计拨付"科普惠农兴村计划"专项资金7.5亿元，表彰先进单位和个人4659个，带动农户2145万户。各级地方财政投入资金累计近5亿元，表彰先进单位和个人3.7万余个 （4）科协系统提供决策咨询报告2.2万余篇，7400篇获得批示
服务科学技术人才成长成效显著	（1）举荐人才、宣传表彰科技工作者的工作力度进一步加强 （2）初步建成科技人才服务体系 （3）维护科技工作者权益的组织和保障体系更加完善 （4）学术道德建设和学风建设进一步加强	（1）反映科技工作者建议15.6万项 （2）受理科技工作者来信来访14万件 （3）向科技工作者提供法律、政策帮助7.3万次 （4）表彰科技工作者28.3万人次 （5）截至2010年底，共有企业科协1.7万余个，个人会员310万；高校科协700余个，个人会员54万；街道科协1万余个，个人会员56万；乡镇科协3.2万余个，个人会员183万；农村专业技术协会10余万个，个人会员1200余万人

（二）中国科协事业"十二五"发展目标

"十二五"时期，中国科协事业又迎来新的辉煌，《中国科学技术协会事业发展"十二五"规划》提出，"十二五"时期科协事业发展的主要目标是：

——对经济社会发展的贡献更加突出。作为党领导下的人民团体的政治自觉性更加牢固，代表广大科技工作者参政议政能力明显增强，参与社会建设和管理的作用更加突出，科技决策咨询能力显著提高，推进企业技术创新和助力社会主义新农村建设取得新进展。

——学术交流质量和实效显著增强。学术生态环境进一步优化，交流的形式和机制不断创新，学术会议和期刊质量明显提高，产生一大批有重大影响的学术论文，使学术交流更加有利于通过技术创新加快经济发展方式转变，更加有利于攻克科技前沿问题，提高科技整体水平，更加有利于中国科技界融入国际科技界，提升国际地位。

——全民科学素质水平大幅提升。科普资源共建共享机制逐步完善，优秀科普作品不断涌现，科普基础设施和科普人才队伍的建设得到显著加强，热点、焦点科技问题得到迅速回应，广大人民群众多样化多层次的科普服务需求得到不断满足，到 2015 年我国公民具备基本科学素养比例从 3.27% 提高到 5%。

——科技工作者对科协组织的满意度明显提高。作为科技工作者群众组织的特色更加突出，与科技工作者的联系更加紧密，为科技工作者提供优质高效服务的渠道进一步拓展、内容更加丰富、方式不断创新，优秀科技人才脱颖而出的环境进一步改善，科技工作者的合法权益得到有效维护，科技工作者之家的社会形象更加鲜明。

——科技开放与交流水平不断提高。中国科协作为民间国际科技合作与交流的主要代表的作用逐步加强，利用国际科技资源的能力和水平进一步提高，我国科技工作的国际地位明显提高，基本形成覆盖面广、重点突出、相互协调的国际民间科技交流新格局；同港澳台科技界的交流更加广泛，形成一系列有影响的重点活动。

——自身能力切实增强。党建工作进一步加强，科协组织建设进一步优化，基层组织覆盖面进一步扩大，干部队伍素质和能力不断提高，学习型组织建设达到新水平，工作条件逐步改善，科学管理水平不断提升。

"十二五"时期，中央对科技工作、科协工作做出一系列重要指示，习近平总书记对科技工作做出了重要论述，对科协组织服务创新型国家建设、服务创新驱动发展战略指明了方向，是组织和开展好科协各项工作的重要行动指南。中国科协积极谋划、狠抓落实，按照学术交流、科学普及、人才工作、决策咨询、组织建设"五位一体"的工作布局，在继承中创新，在创新中发展，各项工作取得了大的进展（见表 2）。

表 2　"十二五"时期中国科协事业发展测度

一级指标	二级指标	"十二五"成效
对经济社会发展的贡献更加突出	(1) 科技决策咨询能力显著提高 (2) 推进企业技术创新工作取得新进展 (3) 助力社会主义新农村建设取得新进展	(1) 提供决策咨询报告 3.8 万篇，获上级领导批示报告 1.2 万篇 (2) 开展"讲、比"活动企业数 11.6 万个（次），参与科技工作者 780 万人次 (3) 建立专家工作站 4200 个 (4) 中央财政科普惠农兴村奖补资金达 90 亿元，表彰先进单位和个人 5505 个，带动农户 1886 万户；各级地方财政累计投入科普惠农兴村奖补资金 59.5 亿元
学术交流质量和实效显著增强	(1) 学术会议交流实效增强 (2) 科技期刊发展成效显著	(1) 举办国内学术会议 9.5 万场，参会人次 1402 万 (2) 主办科技期刊发表论文 255 万篇，主办英文学术期刊发表论文 4 万多篇
全民科学素质大幅提升	(1) 科普基础设施建设显著增强 (2) 广大民众的科普服务需求得到不断满足	(1) 截至 2014 年，科协主管的科技馆达 410 个，建筑面积 8000 平方米以上的 65 个 (2) 科普大篷车 808 辆，行驶里程 1966 万千米 (3) 举办科普宣讲活动 146 万次，受众 10 多亿人次

续表

一级指标	二级指标	"十二五"成效
服务科技工作者的能力明显提高	(1) 为科技工作者提供优质服务能力的显著提高 (2) 维护科技工作者合法权益的工作深入开展	(1) 反映科技工作者建议 13.6 万条,获上级领导批示的建议 3.4 万条 (2) 开展科学道德与学风建设宣讲活动 790 场次 (3) 举办继续教育培训班 8.5 万场次,培训人数 1057 万人次 (4) 宣传科技工作者 13.2 万人次 (5) 表彰奖励科技工作者 48 万人次
科技开放与交流水平显著提高	(1) 利用国际科技资源的能力和水平进一步提高 (2) 我国科技工作者的国际地位得到明显提高 (3) 同港澳台科技界的交流更加广泛	(1) 举办境内国际学术会议 7338 次,参加人数 154 万人次,参会境外专家近 18 万人次 (2) 举办港澳台地区学术会议 1576 次,参加人数近 20 万人次 (3) 参加港澳台地区科技活动人数 38623 人次,接待港澳台地区专家学者 27795 人次
自身能力建设切实增强	(1) 科协组织建设进一步优化 (2) 基层组织覆盖面进一步扩大	(1) 企业科协 21931 个,个人会员 350 万人 (2) 高等院校科协 703 个,个人会员 76 万人 (3) 街道科协(社区科协)11179 个,个人会员 67 万人 (4) 乡镇科协 30236 个,个人会员 212 万人 (5) 农技协 110442 个,个人会员 1466 万人

(三)"十二五"时期中国科协事业发展的趋势分析

"十二五"时期,"科协事业十二五发展规划"的重点任务实施进展顺利,重点项目积极稳步推进,促进经济发展方式转变效果明显,学术交流实效进一步增强,公民科学素质不断提升,科技工作者的满意度显著提高,科技开放与交流水平迈向新台阶,自身能力切实加强。

1. 提供决策咨询

决策咨询是科协组织的重要职能之一,发挥了科协的人才与智力的优势,是科协组织服务于经济社会发展的重要方式之一。为了定量表征科协组织"十二五"期间提供决策咨询的情况,特选取以下几个指标来进行定量对比分析:

一是提供决策报告数量。自 2012 年以来,科协组织提供决策咨询报告的数量总体上来看是呈缓慢上升的趋势,说明各级科协组织在服务决策咨询中发挥着越来越大的作用,决策咨询报告能否得到上级领导的批示,这是决策咨询报告能否起到作用的一个重要标志。从现有数据来看,决策咨询报告得到批示的量还不够大,需提升决策咨询的水平与能力(如图 1)。

二是举办决策咨询活动次数。各地科协组织每年举办决策咨询活动的次数波动性较强,2014 年开展活动次数最多(如图 2)。

三是科技评价次数。由于学会承接政府职能转移等因素的影响,科协组织在科技评价方面越来越活跃,说明各级科协组织具有开展这方面工作的能力。尤其是 2013 年以来科技评价工作明显提升,主要集中在科技人才评价方面,其中专业技术职称评定是一项重要内容,在 2014 年有了很大提升(如图 3)。

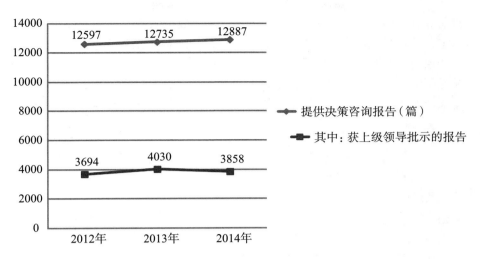

图1　2012—2014年提供决策咨询报告数量

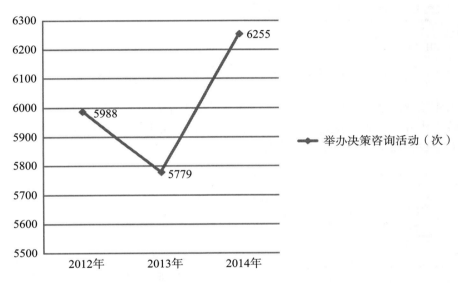

图2　2012—2014年举办决策咨询活动次数

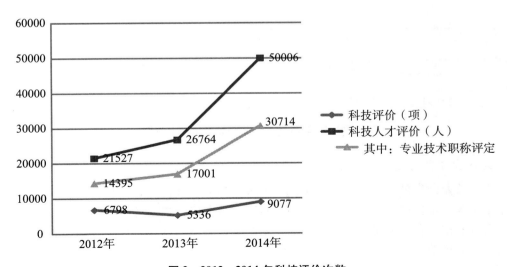

图3　2012—2014年科技评价次数

四是"讲理想、比贡献"活动次数。从 2011 年以来的数据来看（如图 4），开展"讲、比"活动的企业数基本稳定，总体呈缓慢上升趋势。"讲、比"活动中被采纳的合理化建议呈波缓慢上升的趋势，且总量不多。说明，"讲、比"活动对于企业的吸引力，这几年并没有显著提高，而且被采纳的合理化建议情况说明活动的成效不显著。这说明，"讲、比"活动开展至今，社会环境已经发生了很大变化，社会需求也发生了重要变化，需要"讲、比"活动要创新机制，提升自身影响力与实效。

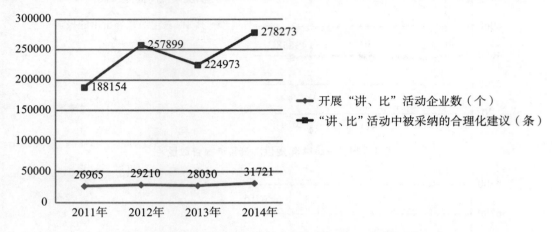

图 4　2011—2014 年开展"讲、比"活动企业及采纳建议情况

五是专家工作站及进站专家数量。专家工作站是科技工作者服务于地方经济社会发展的重要机制创新，是将科技工作者与市场联系起来的重要方式。自 2012 年以来，专家工作站的数量呈缓慢上升的趋势，进站专家数也在呈比较平稳的上升态势（如图 5）。

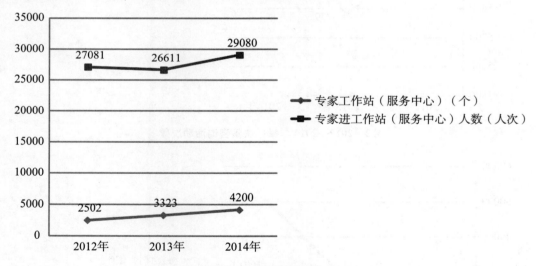

图 5　2012—2014 年专家工作站及进站专家情况

2. 推动学术交流繁荣发展

推动学术交流繁荣发展是科协学会学术工作的重要内容。在此，选取以下指标来衡量工作进展状况：国内学术会议，境内国际学术会议，港澳台地区学术会议，主办科技期刊种数。

从表 3 可以看出，各级科协组织主办的国内学术会议、境内国际会议以及港澳台地区学术会议的数量以及会议的规模等基本平稳。

表3　举办学术会议统计表

指标名称	计量单位	2011 年	2012 年	2013 年	2014 年
国内学术会议	次	18 332	27 157	24 341	24 399
参加人数	人次		3 961 335	3 658 489	3 900 758
其中：企业科技工作者	人次		756 395	726 220	800 705
交流论文	篇		868 597	804 722	787 444
境内国际学术会议	次	1 499	2 026	1 951	1 853
参加人数	人次		406 238	395 524	432 818
其中：企业科技工作者	人次		99 876	112 161	133 769
境外专家学者	人次		38 785	47 949	42 681
交流论文	篇		113 735	110 523	106 680
港澳台地区学术会议	次	385	403	401	392
参加人数	人次		45 204	56 262	53 737
其中：企业科技工作者	人次		7 563	10 605	11 883
交流论文	篇		12 183	12 528	12 585

主办科技期刊的种数相对平稳，总体呈略微下降趋势（如图6）。

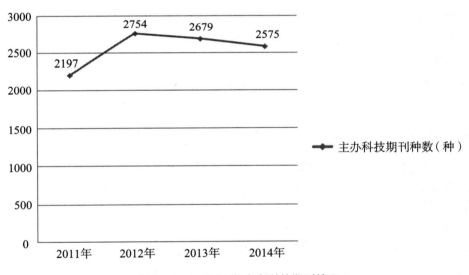

图6　2011—2014 年主办科技期刊情况

3. 提升全民科学素质

《全民科学素质行动计划纲要（2006—2010—2020 年）》颁布实施以来，全民科学素质工作逐渐成为各级科协的核心工作之一。以科普活动为主的科普工作和科普场馆建设是提升全民科学素质工作的重要抓手，在此，通过以下几个指标予以测度和体现。

一是举办科普宣讲活动。组织开展科普宣讲活动是科协组织开展科普工作的传统动作，近几年的统计数据显示（如图7、表4），举办科普宣讲活动依然保持着较为强劲的势头，是各级科协所热衷的工作。值得思考的是，在当前信息化的社会环境中，在传统活动之外，充分利用信息化的手段开展科普活动，是各级科协提高科普工作成效的重要方面。

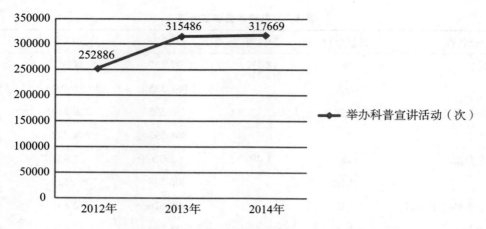

图7 2012—2014年举办科普宣讲活动情况

表4 科普活动统计表

指标名称	计量单位	2011年	2012年	2013年	2014年
举办科普宣讲活动	次		252 886	315 486	388 619
宣讲活动受众人数	人次		172 092 233	202 520 000	317 624 299
播放科技广播、影视节目	分钟	6 264 064	8 236 547	10 428 780	11 548 661
其中：电台电视台播放科技节目	分钟	3 108 919	3 830 399	3 717 300	3 895 431
举办实用技术培训	次	212 221	242 880	355 657	261 181
实用技术培训人数	人次	34 979 433	36 393 121	55 090 000	33 024 748
推广新技术、新品种	项	40 804	52 678	55 536	69 328
参加活动科技人员总数	人次	2 080 081	3 736 078	3 325 378	3 911 630
其中：专家人数	人次	421 435	470 864	151 140	451 017
参加活动的学会、协会、研究会	个次	92 573	112 040	118 564	119 891

二是科技馆建设。科技馆的总量基本平稳，建筑面积在8000平方米以上的科技馆的数量有所增加（如图8）。科技馆参观人数呈上升趋势（如图9），平均来看，每个科技馆每天的参观人数在200多人，基本达到了科技馆发挥科普作用的目标。

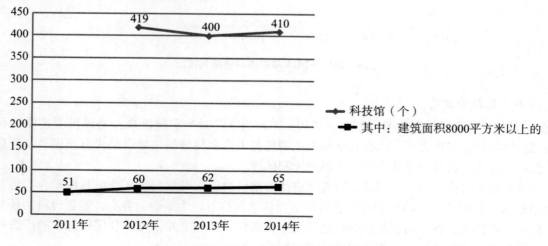

图8 2011—2014年科技馆数量

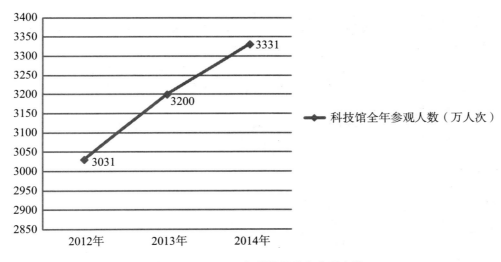

图9　2012—2014年科技馆全年参观人数

三是社区益民计划表彰的示范社区数。社区益民计划与科普惠农工程是近年来两个重要的科普工程，从2012年以来的数据来看，这两个工程进展顺利。以科普惠农为例，这几年科普惠农奖补资金稳步上升，受表彰的先进单位和个人所带动的农户数逐步增加，表明工程取得了比较好的效果（如图10、表5）。

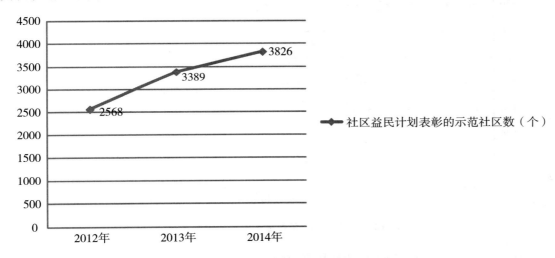

图10　2012—2014年社区益民计划表彰的示范社区数

表5　科普惠农兴村工作统计表

指标名称	计量单位	2012 年	2013 年	2014 年
科普惠农兴村奖补资金	元	483 064 501	513 045 000	505 204 168
科普惠农兴村表彰的先进单位和个人	个/人	12 176	10 230	9 775
带动农户数	户	4 396 539	4 440 000	14 697 498

4. 提升科技开放与交流水平

开展民间科技外交，是科协的主要职能之一，如何提高"引进来、走出去"的水平，提高对外科技合作的实效，是科协开展民间科技外交的关键。基于此，特选取以下几个指标来表征对外科技开放与交流工作的成效：加入国际民间科技组织，任职专家数；参加国际科学计划；促成科技合作项目，引进优质科技资源。

如图 11 所示，我国科技工作者加入国际民间科技组织以及在其中任职专家数近几年基本平稳。

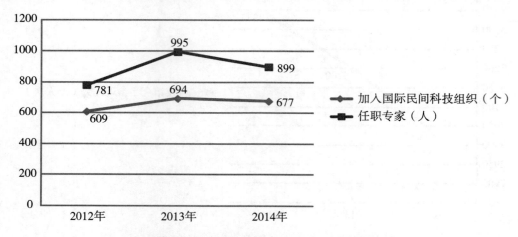

图 11 2012—2014 年加入国际民间科技组织及任职专家情况

参加国际科学计划总体呈上升趋势（如图 12），说明我国对外科技交流越来越深入。

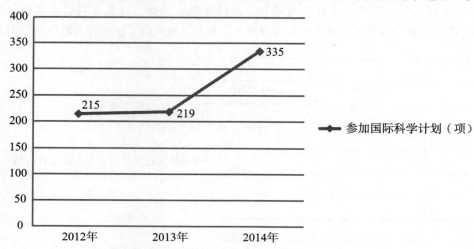

图 12 2012—2014 年参加国际科学计划情况

促成科技合作项目，尤其是引进优质科技资源的数量，是表征对外科技交流深度的重要指标。近几年来，促成科技合作项目以及引进优质科技资源都有大幅提升（如图 13）。

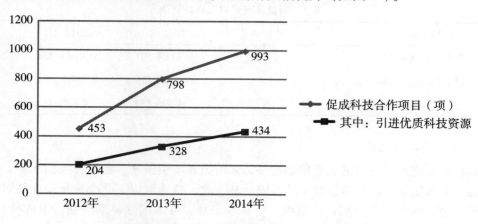

图 13 2012—2014 年促成科技合作项目情况

5. 为科技工作者服务

科协组织作为科技工作者之家，为科技工作者提供优质服务，是其主要工作之一。为科技工作者服务的测度主要采用以下指标：引进海外高层次人才；反映科技工作者建议，其中获上级领导批示的建议数量；表彰奖励科技工作者人数。

近几年来，随着我国科研环境的改善，以及引进人才力度的加大，引进海外高层次人才的数量出现了很大的增幅（如图14）。表明，各级科协越来越重视引进海外高层次人才这项工作。

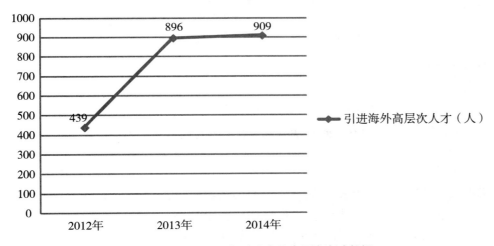

图14　2012—2014年引进海外高层次人才数据

科协组织作为科技工作者的团体，为科技工作者服务是其主要任务之一。反映科技工作者建议是为科技工作者服务的重要方面，2012年以来，反映科技工作者建议呈下滑趋势，获上级领导批示的报告数量也连续下滑（如图15）。说明，科协组织在为科技工作者服务方面的能力还需进一步提升，找准为科技工作者服务的点，提供更加贴心的服务。

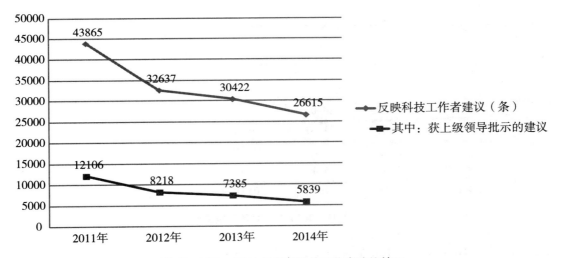

图15　2011—2014年反映科技工作者建议情况

表彰奖励科技工作者人数这几年基本平稳，略微下降（如图16）。

35

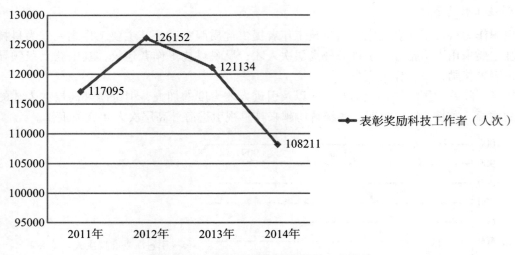

图 16　2011—2014 年表彰奖励科技工作者情况

6. 基层组织建设

科协基层组织，是科协组织的腿。加强科协基层组织建设，一直以来都在强调，但效果并不显著。本研究选取以下指标来测度基层组织工作进展：企业科协；高等院校科协；街道科协；乡镇科协；农技协；学会个人会员；学会团体会员。通过对 2011—2014 年度的数据统计（如图 17）可以看出，科协基层组织建设总体来看困难比较大，基层科协组织发展比较缓慢，科协基层组织建设缺乏强有力的刺激手段。

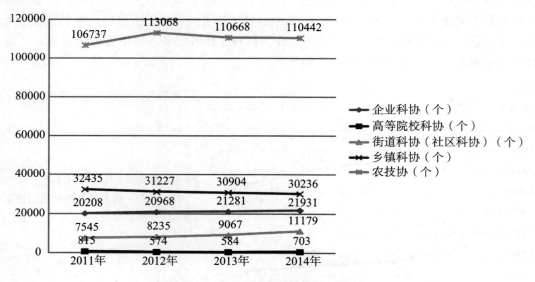

图 17　2011—2014 年科协基层组织情况

学会个人会员与团体会员总体呈连续上升趋势（如图 18、图 19）。

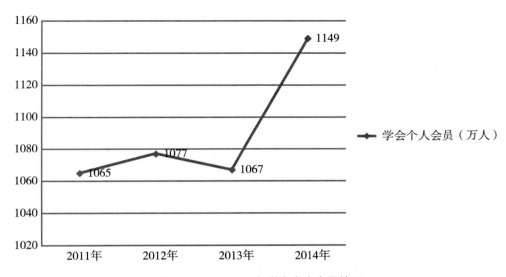

图18　2011—2014年学会个人会员情况

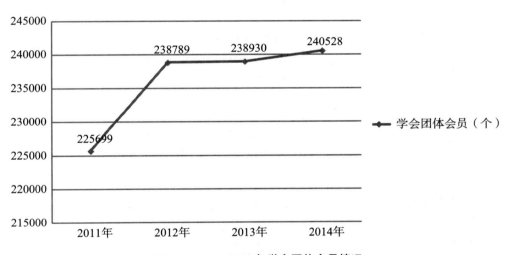

图19　2011—2014年学会团体会员情况

综合以上数据对比分析，可以看出，中国科协组织在服务创新、承接政府转移职能等方面已初步表现出一些能力，但还需进一步提升决策咨询、科技评价等方面的能力建设。在传统动作中，科普活动等基本保持平稳增长，"讲、比"活动等的成效需进一步提升。在一些传统的难点问题上，如基层科协组织建设，发展依然缓慢，没有找到很好的突破口。另外，反映科技工作者建议等科协组织的主要工作，成效不显著，数量连年下滑。

二、国际上可供参考的指标体系

（一）美国科工指标

美国国家科学基金会（NSF）自1993年起应国会要求，每两年发布一次《科学与工程指标》报告（Science & Engineering Indicators），专题向总统和国会报告美国的科学和工程发展水平，并与其他国家和地区进行综合比较。该报告把科学和工程教育等领域的内容指标化，形成评价指标体系，为美国保持科技创新、提升竞争力提供决策参考。2014年美国科学与工程指标见表6。

表 6 2014 年美国科学与工程指标

一级指标	二级指标	三级指标
中小学教育	（1）中小学学生学业成就 （2）公立学校的支出 （3）具有高中毕业证的人	（1）四年级数学、科学学业表现及精通程度 （2）八年级数学、科学学业表现及精通程度 （3）公立中小学的支出、教师薪资 （4）25~44 岁人群中具有高等教育及以上教育水平的人等
高等教育	（1）科学与技术领域授予的证书 （2）获得高等教育证书的人 （3）支持高等教育的资源	（1）每 1000 人（18~24 岁）获得科学、工程和技术专科学历 （2）每 1000 人（18~24 岁）获得本科学历 （3）每 1000 人（18~24 岁）获得科学和工程领域的本科学历 （4）每 1000 人（18~24 岁）获得自然科学和工程领域的本科学历等
劳动力	（1）具有高等教育证书的劳动力 （2）科学和技术领域的劳动力	（1）具有本科学历的劳动力 （2）科学和工程职业在所有职业中所占比例 （3）工程师所占比例 （4）计算机专业人才所占比例等
研发投入	（1）研发活动的水平 （2）公共机构对研发活动的支持	（1）研发占 GDP 比例 （2）GDP 每 100 万美元中国家机构研发支出 （3）每个被雇佣劳动力国家机构研发支出等
研发产出	（1）人力资本产出 （2）基于研究的产出	（1）每 1000 个科学和工程博士拥有者的学术科学和工程论文产出 （2）每 1000 个科学和工程博士学位拥有者所授予的学术专利 （3）每 1000 个科学和工程职业者所授予的专利等
经济中的科学和技术	（1）高科技企业活动 （2）早期、高风险资本投资	（1）高科技企业所占比例 （2）高科技企业就业 （3）每 1000 美元 GDP 中风险资本支出等

（二）欧洲晴雨表指标

1. 欧洲晴雨表的定位

欧洲晴雨表（Eurobarometer），是由欧盟委员会建立的一个专门项目，通过定期开展调查，提供欧盟成员国民众对于本国、欧盟和欧洲经济共同体重大事件和问题的意见调查报告。欧洲晴雨表调查是跨国性的调查，具有明显的纵向调查特征，从 2004 年起欧洲晴雨表调查由 TNS（特恩斯市场研究公司）负责。调查周期为半年，一年开展两次，其中"标准调查"是该项目的主体，在 1974—2014 年间共开展了 82 次民意调查，发布了 82 期"欧洲晴雨表标准"（Eurobarometer Standard，EB）。随着欧盟在发展过程中历史性的扩大，该项调查所包含的区域范围不断扩展，目前已成为全世界规模最大的民意调查项目，调查报告成为追踪和分析欧盟成员国民众社会态度及趋势的有效测量工具，也是各国和地区政府决策、政府合作的重要依据。

2. 欧洲晴雨表对科技与社会关系的调查

欧洲晴雨表的调查范围涉及欧洲公民意识、欧盟扩张、社会形势、卫生、文化、信息科技、环境、欧元和防务等方面的内容，此外，在一定时间内受关注度较高或较突出的社会话题也会成为当年晴雨表调查的重要内容。

一般来说，欧洲晴雨表涉及欧洲政治组织评价、欧洲经济形势评价、欧洲突出关注问题评价、欧盟成员国身份评价等四个方面。在历年的调查中，关于欧洲经济形势和欧洲突出关注问题的评价均会包含对科学、技术、自然、环境与社会关系的公众态度调查，每年这方面的调查主题随着欧洲区域性和国家性发展形势的变化而有所不同。欧盟经济的发展态势、产业结构的变化、区域合作的发展、社会形态的变化在多方面体现了科学发展、技术进步、自然环境变化的特点，对大环境与科技主题之间关系的民意调查，反映了一定发展时期科技与社会、科技与公民的关系，同时为新时期的科技发展提供纵向的历史经验与政策依据。

3. "欧洲晴雨表标准"中的科技评价指标

"欧洲晴雨表标准"的评价指标体系主要由三级指标构成，对欧洲政治组织、突出问题、经济形势、公民身份的评价构成了一级评价指标。在各一级评价指标下，对评价内容进行具体化的主题设定，形成二级评价指标。二级指标的实际测量通过量化的一系列调查问题进行体现，细化的问题测量是欧洲晴雨表调查的主要载体，构成了三级指标，最终的调查结果通过三级指标得以体现，在此基础上形成"欧洲晴雨表标准"报告。

"欧洲晴雨表标准"一级指标中的欧洲经济形势评价和欧洲突出关注问题评价都涉及了科技评价的相关指标。在欧洲经济形势评价下的科技评价二级指标主要包括：媒体技术评价、信息网络技术评价、科研创新评价、工业与新经济评价、教育发展评价 5 个方面的指标。欧洲突出关注问题评价包含了：教育改革问题评价、气候环境问题评价、能源问题评价、信息安全问题评价、区域技术合作评价 5 个二级指标。各二级指标下，分别量化出具体的评价问题以反映欧盟民众的态度特点（见表 7），从而体现欧洲科技与经济、科技与环境、科技与教育、科技与公民间的关系。

表 7　欧洲晴雨表标准中的科技评价指标

一级指标	二级指标	三级指标
欧洲经济形势评价	（1）媒体技术评价	（1）传统媒体应用评价 （2）新媒体技术应用评价
	（2）信息网络技术评价	（1）电子经济发展评价 （2）移动通讯发展评价 （3）数据保护问题评价 （4）网络建设评价 （5）互联网经济评价
	（3）科研创新评价	（1）科研发展投入评价 （2）创新产品转化评价
	（4）工业与新经济评价	（1）新能源经济评价 （2）工业企业精神评价 （3）工业新技术评价 （4）工业经济贡献评价 （5）产业产品多样化评价
	（5）教育发展评价	（1）高等教育人才培养评价 （2）基础教育人才培养评价

续表

一级指标	二级指标	三级指标
	（1）教育改革问题评价	（1）教育体制问题评价 （2）提高教育质量问题评价
	（2）气候环境问题评价	（1）环境保护问题评价 （2）气候变化问题评价 （3）温室气体减排评价
欧洲突出关注问题评价	（3）能源问题评价	（1）能源供应与消费问题评价 （2）再生绿色能源利用评价
	（4）信息安全评价	公民个人信息保护问题评价
	（5）区域技术合作评价	（1）全球化问题评价 （2）跨国技术合作评价

（三）《弗拉斯卡蒂手册》对 R&D 统计的指标

1.《弗拉斯卡蒂手册》的定位

科技指标作为反映科技与经济发展的指示器和晴雨表，越来越受到研究人员和管理者的重视。因此，科技指标研究的基础性工作——科技统计显得尤为重要。实施科技统计必须依据统一的标准和规范。经济合作与发展组织（OECD）编撰的《弗拉斯卡蒂手册》，首次确定了科技统计中对 R&D 调查的规范和标准，系统地论述了 R&D 活动的基本定义和基本准则、统计范围、调查方法与程序，为各种分类提供了详尽说明，还给出了统计调查的案例。《弗拉斯卡蒂手册》目前不仅仅是 OECD 成员国进行 R&D 调查的标准，通过 OECD、联合国教科文组织（UNESCO）、欧盟（EU）和许多区域性组织共同的倡导，它也已经成为世界范围内进行 R&D 调查的标准。

2.《弗拉斯卡蒂手册》对 R&D 的统计调查

《弗拉斯卡蒂手册》对 R&D 活动进行了精确的定义，并将 R&D 活动分为三种活动：基础研究、应用研究、试验发展。并提出了区分 R&D 活动和科技领域的其他活动的基本准则：R&D 活动应具有明显的创新成分，能够解决科学或技术的不确定性，即对那些即使是具备了相关领域的知识和技术的人来说也并不容易解决的问题。《弗拉斯卡蒂手册》还对产业、软件开发、社会科学和人文科学以及服务活动中 R&D 的识别进行了介绍。

对于统计对象的分类，《弗拉斯卡蒂手册》提供了两种进行 R&D 统计时常用的分类方法：机构分类法和功能分类法。机构分类法重点关注实施机构或资助机构的特性，所有这些机构的 R&D 资源都将按其主要活动逐一划分到某一类别或某一子类中；功能分类法主要考察各机构所实施的 R&D 活动的性质，目的是依据实施单位 R&D 活动自身的特征，将 R&D 资源划分为到一个或若干个功能类别之中。

对 R&D 活动的测度，《弗拉斯卡蒂手册》手册主要论述了 R&D 投入的测度。测度 R&D 活动的投入，主要侧重于 R&D 人员和 R&D 经费两方面的测度。对 R&D 人员的测度，是测度直接投入到 R&D 活动中的人力资源，主要统计 R&D 人员总量、特征分组和全时工作当量；对 R&D 经费的测度，是测度开展相关 R&D 活动（包括间接的辅助活动）的总成本，一般指的是研发活动经费支出统计。按照《弗拉斯卡蒂手册》给出的建议，研发活动经费可分为内部经费和外部经费。区分"内"、"外"的关键在于经费的去向，而非经费的来源。

3. 《弗拉斯卡蒂手册》中的 R&D 统计指标

《弗拉斯卡蒂手册》中对 R&D 的统计，主要是对于 R&D 人员和 R&D 经费两方面的测度。

（1）R&D 人员测度。R&D 人员的分类，最常用的是按职业分类和按正式资格的水平分类。按职业分类可将 R&D 人员分为：研究人员、技术人员和同等人员以及其他辅助人员；按正式资格水平分类，可将 R&D 人员分为大学博士学位持用者、博士以下大学学位的持有者、其他第三层次教育文凭的持有者、其他中学后非高等教育文凭的持有者、中学教育文凭持有者、其他资格。R&D 人员的统计数据主要涉及以下方面：人员总数、全时工作当量以及其他特征，如：性别、年龄、薪金水平、国籍、教育背景等。

（2）R&D 经费测度。R&D 经费的基本测度是"内部经费"，另一个测度是"外部经费"。内部经费指在特定的一段时间内，某一统计单位或经济部门内实施 R&D 活动的全部经费。外部经费指一个单位、机构或部门报告的，在特定时期内为实施 R&D 活动已支付或者承诺支付给另一单位、机构或部门的费用总和。

R&D 经费测度的主要信息包括：①日常支出：由劳动力成本（包括全年的工资、薪金以及所有相关费用和福利等）和其他日常支出构成；②资本支出：指统计单位 R&D 项目中用在固定资产方面的年度总经费，如：土地与建筑物、仪器与设备、计算机软件等；③R&D 资金流：R&D 活动涉及资源在单位之间、机构之间和部门之间的明显的转移，R&D 资金流的统计就是追踪 R&D 资金的流动。

三、"十三五"科协事业发展战略主线

高举中国特色社会主义伟大旗帜，以马克思列宁主义、毛泽东思想、邓小平理论、"三个代表"重要思想、科学发展观为指导，深入贯彻习近平总书记系列重要讲话精神，紧紧围绕创新驱动发展战略主线，坚持在落实中提升，在继承中发展，把承接政府转移职能作为重点方向，把全国学会建设作为主体工作，把提升科学素质作为战略重点，把基层组织建设作为重要基础，把信息化建设作为根本保障，团结带领广大科技工作者致力于促进科学技术繁荣和发展，致力于促进科学技术普及和推广，致力于促进科技人才成长和提高，更好地加强自身建设，为深入实施创新驱动发展战略、加快建设创新型国家、奋力实现中华民族伟大复兴的中国梦贡献智慧和力量。

四、中国科协事业"十三五"发展目标与指标

"十三五"时期，中国科协紧紧围绕创新驱动发展战略主线，坚持在落实中提升，在继承中发展。按现有状况进行测算，"十三五"时期各项工作具体目标如下：

一是服务创新驱动发展成效显著。发挥人才智力优势，全面进入科技创新和经济建设主战场。在区域创新体系建设、协同创新共同体建设、促进科技成果转化效率的提升等方面取得重要进展。

主要指标：

到 2020 年，各级科协和两级学会：

（1）在全国 30% 的地级市建设学会助力创新示范区，引导学会发挥人才、智力优势，服务区域经济社会发展。

（2）创建 1000 个创新创业服务中心，推动万众创新，大众创业。（创新创业服务中心是由各级科协、两级学会推荐有关专家来提供咨询服务。）

（3）在全国推动设立 1000 个协同创新共同体，打造具有国际竞争力的创新产业集群。（协同创新共同体是指以学会为主体，联系相关企业，组建创新共同体，由学会组织专家与企业进行交流，解决企业的重大关键技术问题，提升成果转化效率，提升企业的创新能力。）

（4）建成专家工作站 10000 个，进站开展服务的专家达 10 万人次。

二是提升自主创新能力作用明显。科技资源的开放共享和高效利用水平得到显著提高；学科领域集成创新和学术水平显著提升；科技期刊影响力和竞争力大幅提升。

主要指标：

到 2020 年，各级科协和两级学会：

（1）主办科技期刊 4000 种，其中英文学术期刊 200 种。

（2）打造 300 种具有较强国际影响力和专业辐射力的精品科技期刊，被美国《科学引文索引》（SCI）或美国《工程索引》（EI）收录。

（3）每年举办国内学术会议 4 万次。

（4）成立 30 个全国学会联盟，促进资源的共享，促进学科领域集成创新。（全国学会联盟，是由不同全国学会按领域类别成立的交流体系，打通不同学会之间的隔阂，共同利用相关资源，组织有关专家，共同开展重大问题研究。）

三是公民科学素质水平实现大幅提高。深入实施《全民科学素质行动计划纲要（2006—2010—2020 年)》，科普信息化水平得到明显提高，初步建成中国特色科技馆体系，研究开发公民科学素质读本，引导全民科学学习，深入开展青少年科技创新活动，繁荣科普创作，公民科学素质水平得到大幅提升。

主要指标：

（1）到 2020 年，我国公民具备基本科学素质的比例超过 10%。

（2）经科普机构权威认定的可在线获取的科普内容资源总量超过 500TB。

（3）通过线上获取科技信息的社会公众的比例超过 50%。

（4）中国特色科技馆体系初步建成，其中科协主管的各类科技馆超过 800 个，流动科技馆巡展 3 万次，科普大篷车达到 2000 辆。

（5）各类科普基础设施覆盖 80% 的全国公众。

（6）中央财政科普经费投入达到人均 3 元。

四是在加强科技人才队伍建设方面取得积极成效。通过人才举荐、表彰、维护科技人员权益等加强为科技人员服务的能力；通过引导带领广大科技工作者践行社会主义核心价值观，开展科技人物宣传等促进科研环境进一步改善。

主要指标：

到 2020 年，各级科协和两级学会：

（1）开展继续教育培训班 21000 场次/年。

（2）反映科技工作者建议 5 万条/年，35% 得到上级领导的批示。

（3）表彰奖励科技工作者 15 万人次/年。

（4）每年开展技术创新方法培训班 1000 场次。

（5）举办科学道德与学风建设宣讲活动 1500 场次/年。

（6）宣传科技工作者 10 万人/年。

五是构建中国特色科技智库。中国科协创新评估工作体系进一步完善，科技评估相关大数据系统建立；决策咨询工作体系基本建立，中国科协科技咨询制度进一步完善，决策咨询水平进一步提高。

主要指标：

到 2020 年，各级科协和两级学会：

（1）提供决策咨询报告 20000 篇/年，其中 40% 获上级领导批示。

（2）举办决策咨询活动 15000 次/年。

（3）开展科技评价评估 20000 项/年。

六是科协组织改革发展能力明显提高。稳妥推进学会承接政府转移职能，提升学会在国家治理体系和治理能力现代化中的地位和作用；提高学会服务会员的能力，形成影响力、凝聚力、公信力和创造力强，国内领先、国际知名的示范性学会集群。党建工作进一步加强，作风建设成效显著。科技社团治理体系现代化取得进展，科协组织体系进一步加强，人才队伍结构优化，建成全国科协基层组织网络。科协事业发展条件保障明显改善，基础平台建设取得重大突破。

主要指标：

（1）建成50个影响力、凝聚力、公信力和创造力强，国内领先、国际知名的示范学会。

（2）建成基层组织网，其中，企业科协4万个，高校科协1500个，街道科协2万个，乡镇科协4万个，农技协20万个。

（3）国有大中型企业90%建立企业科协，全国重点大学90%建立高校科协。

（4）中国科协所属全国学会和委托管理全国学会个人会员达500万人，团体会员达8万个。

七是提升对外民间科技合作交流水平。提升"海智计划"水平，建设一批海外人才离岸创业基地。加强国际学术交流，推荐一批优秀人才到国际科技组织任职，不断提升我国科技界的国际地位和影响力。

主要指标：

到2020年，各级科协和两级学会：

（1）建成50个海外人才离岸创业基地。

（2）在国际民间科技组织任职专家达1500人。

（3）参加国际科学计划达800项。

（4）在华举办国际学术会议达2500次/年，30%的会议论文被《科技会议录索引》（CPCI－S）检索。

（5）促成科技合作项目3500项/年，其中引进优质科技资源1500项/年。

八是基础平台建设取得重大突破。建成国家科技传播中心，成为创新型国家标志性工程；建成学术资源数据库，为提升自主创新能力提供支撑；建成科技创新智库大数据信息平台，服务党和国家科技决策能力提升，有效推进国家科技评估制度建设，完善国家科技制度；建成中国科学家博物馆，成为宣传共和国脊梁的最佳场所。

五、"十三五"科协事业发展重点任务

围绕科协事业发展目标，主要开展以下重点任务：

（1）服务创新驱动发展战略。实施学会创新驱动助力工程，推动建设创新协同体，完善区域创新体系；推动农业科技协同创新，服务现代农业发展；充分发挥企业科协的作用，推动产学研协同创新；充分发挥高校科协的作用，促进科技成果转化；引进海外智力服务创新驱动发展。

（2）在提升自主创新能力方面发挥更大作用。提升学会在国家治理体系和治理能力现代化中的地位和作用；促进科技资源的开放共享和高效利用；推进学科领域集成创新和学术水平提升；提高科技期刊影响力和竞争力；提高学会服务会员的能力；加强科技期刊科学传播功能。

（3）全民科学素质建设。实施科普信息化建设，开展科普信息化发展指数的监测评估。中国特色科技馆体系初步建成，各类科普基础设施覆盖全体国民。

（4）加强科技人才队伍建设。在人才举荐、表彰、创造事业发展舞台、激发科技人才创新创业活力、维护科技人员权益等方面力度进一步加大，推荐形成一批青年拔尖人才队伍。在引导带领广大科技工作者践行社会主义核心价值观，开展科技人物宣传等方面进一步增强。在推动科学道德和学风建设，保障学术民主，形成爱国奉献、淡泊名利、勇于创新、团结协作的良好科研环境方面得到进一步改善。

（5）构建中国特色科技智库，在国家科技制度建设方面强化新的优势。建设中国科协决策咨询工作体系，提高决策咨询的水平；加快建设中国科协国家级思想库；进一步完善科技工作者调查站点体系；建立国家科技评估制度，组织实施相关评估工作。

（6）深化科协组织治理体系改革，在强化科协组织体系方面打开崭新局面。学会承接政府转移职能稳妥推进，学会在国家治理体系和治理能力现代化中的地位和作用明显提升；学会服务会员的能力明显提高，形成一批影响力、凝聚力、公信力和创造力强，国内领先、国际知名的示范性学会集群。科技工作者对科协的认同感归属感切实增强，科技工作者之家亲和力、凝聚力明显改善；党建工作进一步加强，作风建设成效显著，科技社团治理体系现代化取得进展。

（7）探索完善组织服务体系，在科协组织机制建设方面要有新突破。学会、高校、企业、社区、农技协、高新园区的人才、技术资源进一步整合，建成全国科协基层组织网络；基层科协参与科技协同创新的体制机制进一步完善；农技协服务农业现代化建设的水平显著提升。科协组织体系进一步加强，人才队伍结构优化，基层科协服务创新的作用进一步发挥，推动科技成果转化的能力进一步增强。

（8）服务国家外交工作大局，在推进国际创新合作方面发挥独特优势。"海智计划"水平进一步提升，建设一批海外人才离岸创业基地。国际学术交流进一步加强，引进一批世界级科技专家来华交流合作。推荐一批优秀人才到国际科技组织任职，争取一批高水平重要国际科技会议在华召开，我国科技界的国际地位和影响力得到大力提升。

（9）加强重大工程建设，在基础条件平台建设方面迈上崭新台阶。建成国家科技传播中心，成为创新型国家标志性工程；建成学术资源数据库，为提升自主创新能力提供支撑；建成科技创新智库大数据信息平台，服务党和国家科技决策能力提升，有效推进国家科技评估制度建设，完善国家科技制度；建成中国科学家博物馆，弘扬老科学家科学精神。

（课题组成员：朱洪启　罗　晖　陈　玲　张　锋）

学会改革和能力建设

"十三五"学会创新与服务能力提升研究

中国科协学会学术部课题组

一、"十三五"面临的新形势和新要求

党的十八大以来,以习近平同志为总书记的党中央提出了"四个全面"的战略布局,做出了实施创新驱动发展战略等一系列重大战略部署。这为科技类社会组织提供了更加广阔的舞台,也对提升学会能力,以及学会在国家治理体系和治理能力现代化中的地位和作用提出了特殊的、新的更高要求。

(一)学会在推动全社会创新活动中的作用更加凸显

当前,全球新一轮科技革命和产业变革正在孕育兴起,以科技创新为核心的综合国力竞争日趋激烈。我国经济发展进入新常态,加快实现从要素驱动向创新驱动的动力转换,培育和发展新的经济增长点,迫切需要把科学技术作为第一生产力的作用充分发挥出来,把科技工作者作为先进生产力开拓者和先进文化传播者的作用充分发挥出来,把科技社团作为国家创新体系重要组成部分的作用充分发挥出来。实施创新驱动发展战略,引领经济发展新常态,必须紧紧抓住党和政府联系科技工作者的桥梁纽带这个核心和关键,充分发挥科协群团组织优势,调动激发广大科技工作者的创新创业热情和创造活力,推动科技力量和资源的集成,推进协同创新,加速科技成果转化,助力经济转型升级。

(二)学会简政放权和社会公共服务的更重要载体

根据改革部署,国务院及各级政府将在今后一段时间陆续取消和下放一批行政审批事项,由下一级政府或具有相关专业背景的行业协会、学会等社会团体来承接这些政府职能。这就意味着,在这次改革过程中,社会组织将成为政府放权和实施社会服务职能的重要载体,承担着输送政府职能重要的"传送带"角色。

(三)学会服务科学决策、民主决策的能力和水平要求进一步提升

中央对科学决策、民主决策提出了更高的要求。一方面,需要积极加强科技创新智库建设,认真落实党中央关于中国特色新型智库建设的部署,围绕科技发展重大问题以及国家重大产业发展和区域发展重大问题,发挥好科技类社会组织在科技战略、规划、布局、政策等方面的决策咨询作用,努力成为创新引领、国家倚重、社会信任、国际知名的高端科技创新智库。另一方面,需要与党委和政府有关部门建立定期沟通机制,加强决策之前和决策实施之中的协商。探索开展人民团体协商,把科技工作者的个体智慧凝聚上升为有组织的集体智慧,为推进决策科学化、民主化贡献力量,推动国家治理体系和治理能力现代化。

二、学会创新和服务能力提升的总体思路和原则

（一）提升学会创新和服务能力是服务全面深化改革大局的迫切需要

面对新的机遇和挑战，学会迫切需要主动适应科技经济社会发展新形势，进一步增强责任感、使命感和危机感，进一步强化职能、改进作风，进一步提升服务创新、服务社会与政府、服务科技工作者、服务自身发展的能力，以服务国家战略需求为导向，以改革创新为加速器，团结带领广大科技工作者发扬不懈创新的科学精神，聚焦国家战略需求，为提高我国自主创新能力，为推动科技进步、经济发展和优化国家决策做出更大贡献。

1. 深化协同创新作用，促进科技与经济融合

围绕行业共性问题和关键技术，结合地方实际需求，发挥学会跨部门、跨行业、跨学科、跨地域优势，联合科研院所、高校、企业等创新资源，广泛协同各方力量，积极建设开放包容的专业学会群和技术创新联盟，组织科技成果、科技项目和专业人才对接，促进研究机构与企业之间知识流动与技术转移，拓宽科技成果转化应用渠道，推动技术成果与产业发展深度融合，服务企业技术创新主体地位，助力企业提升自主创新能力。

2. 深化学术引领作用，推动未来科技发展

针对科技发展中的资源分散、重复、碎片化等问题和"孤岛"现象，推动学会发挥资源集成和信息共享作用以及横向联合优势，利用互联网、新媒体等现代信息技术手段，推动科技主体和科技资源互联互通，大幅提高科研效率和效果，加快科技进步和创新能力的提高。

3. 深化决策咨询作用，助力科技战略设计规划

紧紧围绕科技创新和经济发展中的战略性、前瞻性、基础性和行业共性问题开展调研咨询，把科技工作者个体智慧上升凝聚为集体智慧和组织智慧，在科技事业发展战略规划、国家重大项目设计以及科技资源分配等方面，实现学会由参与向融入和局部主导转变，成为第三方咨询与评价的重要力量，以科学咨询支撑科学决策，以科学决策引领科学发展。

4. 深化人才培养举荐作用，激发科技工作者创新活力

发挥学会培养孵化作用，推动学会成为领军人才"传帮带"平台。发挥学会发现举荐作用，进一步提升人才评价的科学性、公正性，推动学会成为青年科技工作者的"伯乐"。建设良好科技人才成长生态，倡导科学道德和优良学风，使学会成为优秀成果荟萃和优秀人才成长的净土沃土。准确反映科技工作者的意愿和诉求，切实维护科技工作者权益。

（二）指导思想与基本原则

1. 明确定位，科学发展

学会要坚持把服务全面深化改革大局作为根本出发点和落脚点，把创新和服务能力提升作为主体工作和重要基础，把服务和依靠科技工作者作为事业之本，把党和政府认可、科技工作者满意、社会公众支持作为检验成效的标准。

2. 改革创新，完善机制

以实现制度机制创新、形成可复制可推广的模式为重要目的，着力完善能负责的运行机制、能问责的约束机制、受监督的公开制度和有实效的服务机制，依法治会、照章办会，推动学会改革创新规范化、法制化。

3. 稳妥有序，统筹规划

与党和国家重大战略部署相衔接，广泛凝聚与政府部门和社会的共识，明确学会改革创新的总体设计和前瞻规划，强化对学会的分类指导，有序推进改革进程，确保程序严密、运行规范、责权分明、制约有效。

4. 联合协作，示范引领

坚持大联合、大协作的工作方针，发挥科协及其所属学会的组织优势，强化优秀学会的典型示范和引领带动作用，推动优势互补、资源整合与信息共享，促进形成上下协同、联动互动、特色鲜明、服务大局的工作体系。

（三）总体目标

围绕服务全面深化改革大局的总体要求，以学会创新和服务能力提升工程为依托，协同全国学会、地方科协及其所属学会，着力提升学会服务创新、服务社会与政府、服务科技工作者、服务自身发展的能力，形成一流学会集群，推动好学会增多、强学会更强，学会服务大局的重要作用不断凸显，社会影响广泛，示范效应显著，特色鲜明，活力提升，为推动国家创新体系建设和社会治理创新做出积极贡献。

——到2017年，重点建设一批优秀学会，促进学会勇于和善于改革创新，增强学会综合发展实力；

——到2020年，形成影响力、凝聚力、公信力和创造力强，国内领先、国际知名的示范性学会集群，成为服务创新驱动发展的重要引擎，激发科技创新的重要源头。

三、学会创新和服务能力提升的重点任务

（一）着力实施学会创新和服务能力提升工程

优化整合项目，稳步扩大规模，以奖代补、以奖促建，持续稳定支持。一是以学会综合能力建设为基础，发挥优秀学会群的"火车头"牵引带动作用；二是支持创新驱动助力、学术交流示范、学科发展引领与资源整合集成、承接政府转移职能、精品科技期刊、青年人才托举、学会发展基础培育等7项重点和品牌工作，形成"1+7"的工作格局，为国家科技创新和经济建设提供智力与技术支撑。

（二）提升学会在国家治理体系和治理能力现代化中的地位和作用

推动学术生态环境进一步优化，对经济社会发展的贡献更加突出，学会社会化公共服务职能进一步拓展，学会改革创新取得重大突破，学会的桥梁纽带作用进一步加强。

（三）提升学科领域集成创新和学术水平

1. 重塑学会的公信力、号召力、凝聚力、行动力，将学会建设成学科共同体的核心

适当增加专职人员比例，打造精干、高效、稳定的学会日常运营管理团队。健全完善学会各项规章制度和监督机制，增强学会理事会的沟通强度和频度。探索建立新的、更经常性的定期学术活动传统（如比照皇家学会的周会制度建立月度或季度性学术报告会传统）。增进会员间的联系紧密度，提升会员对学会的归属感。为会员提供法律援助、政策咨询等帮助，切实帮助会员解决问题，提高学会威望。设立滚动支持项目，轮流向符合条件的会员机构提供支持，尤其应向较难获得其他科研资助的不发达地区的小学科点，以及刚步入学术领域的青年研究人员倾斜。

2. 增强学会的学术功能和能力

设立学会学术委员会，专门承担学科的各种学术评议（包括由政府转移的部分学术评议职能），以及对学科发展等重大学术问题做出判断。建立会士（FELLOW）制度，授予本学科高水平研究人员"会士"的荣誉资格，以示学会对其学术成就的肯定，并作为学会彰显自身学术态度、学术判断的窗口。设立直属于学会的专职和兼职研究岗位，学会及各专委会实行首席科学家制度，聘任首席科学家。

3. 促进学科人才流动和人才、教育资源共享

建立鼓励和促进科研人员的跨机构流动与合作的机制，如通过设立流动人才基金、合作基金，鼓励和促进会员单位设立科研流动岗、跨机构研究中心等，增进机构间的人员交流。在构建学会专属研究实体的过程中有意识地强化人员的跨机构性，增强兼职研究人员的机构多样性。依托学会专属研究实体设置一些流动性岗位，作为科研人员跨机构流动过程中的中转站，减轻科研人员跨机构流动的后顾之忧。促进教育资源共享，如：组织学会平台上的跨机构学科人才培训项目，促进、推动和协助联系会员单位之间的研究生课程资源共享，研究生与青年科研人员的跨机构进修和实习。

4. 加强机构间交流合作

主导或参与构建会员机构间馆藏文献的互借平台。为最新科研成果提供快速发布与查询通道（参照美国的 arXiv. org）。建立学科硬件资源共享联盟，对已开放其硬件资源的会员单位进行资源登记，并为有使用需求的单位提供资源的查询及联系协调服务。为资源共享提供相关的制度保障，如：参与相关规则的协商、制定与协调，订立资源共享公约，促进建立硬件资源共享长效制度，协助科研机构规避现行制度下的制度风险。建立学会界面上的学科合作研究平台，比如以学会专属科研实体为核心组织跨机构合作，又如以学会为依托组织跨机构课题组参与国家课题或横向课题申报。利用课题资助、论文发表等方面执行适当的倾斜政策，鼓励跨机构合作研究。执行向西部和落后地区倾斜的政策，要求先进学术机构在申请合作平台项目时必须配置来自西部和落后地区的合作单位，或吸收来自这些单位的成员参与课题研究，促进学科的区域均衡发展。促进国内科研机构和科研人员对国际学术交流机会的共享，如：由学会主导邀请国外高水平专家来华访问、讲学；承办或主办在华举行的国际学术会议；以举办开放性的学术交流活动为条件，资助会员单位邀请国外专家来华或举办国际性学术会议，特别是鼓励多个会员单位联合申请。

5. 推进产学研合作

设立产学研合作信息发布和交换平台，特别是定期发布本学科的最新研究成果和研究动态，供有需求的企业查询。构建跨学科、跨界别的学科集群创新商讨机制：由一至两个学会为主导，吸收产业界及政界人士参与，建立定期的学科集群创新商讨机制，确定并发布学科集群创新的发展趋势、前沿领域，确定分阶段的、具体的学科集群创新目标。参与搭建专利、技术共享和转化平台；以中间参与者的形式介入产学研合作洽谈，协助双方达成合作意向，维护双方利益。

6. 汇聚学科意见和会员诉求，打造学科联系社会与政府的窗口

完善和落实会员大会、学会理事会，以及同行评议制度，坚持民主原则与学术标准，并建立多种形式的会员意见征询、汇集渠道（如设立制度性的政策制度研讨会，或在年会中设立专门的政策研讨环节，听取本学科科研工作者对相关科研政策、科技成果转化政策方面的意见建议），确保学会发表的政策诉求方面的意见建议能够符合大多数会员的观点和利益；确保学会发布的学术观点的科学性、严谨性、权威性、共识性。建立学会传媒中心或传媒办公室（参照英国科学媒介中心模式），代表学会与媒体沟通，发布学科学术消息、参与本学科相关的公众话题的讨论（如转基因、对二甲苯等），为有需要的媒体或类似机构推荐研究领域对口、学术资质过硬的咨询专家。作为学会传媒中心的配套设施，建立学科专家数据库与专家学术资质评估与推荐系统，打造一支学术水平过硬、能够代表学科形象、善于参与公众交流的"公共科学家"队伍。依托学会掌握的专家资源、学术资源，举办多种科学传播活动（如学科成果展览、前沿讲座、公开科普实验等），传播科学精神、树立良好的学科形象。

（四）以中国科协创新云建设为核心，形成以学会为纽带的科技资源开放共享和高效利用平台

1. 加快中国科协创新云建设，打造最值得科技工作者信赖的科技信息门户

发挥学会领域专业优势，广泛集中国内外科技信息资源，建立便捷、友好门户界面，实现科技工作者的一站式信息获取功能，打造科技工作者首选的信息获取工具。在统一规划下，参与科技创新云建设的成员学会首先分别建立或完善基于自身所属领域的信息平台，再实现各信息平台间的互联互通，最终实现一站式获取功能。

2. 在科技信息资源领域，建立中国科协所属学会科技期刊大集群

在中国目前的 4900 余种科技期刊中，中国科协所属全国学会主办 1000 余种，占全部期刊的 21%。尤其在高质量期刊之列，中国科协所属全国学会主办的期刊优势更加明显，以国内 147 种 SCI 收录期刊为例，全国学会共主办 74 种，占全部 SCI 收录期刊的 50%。为此，期刊集群领域无疑是学会在科技资源共享领域的有力突破口。

作为中国科技创新云的重要组成部分，将首先以学科或行业领域分别建立各自领域期刊集群。在集群建立相对成熟后，建立领域集群间的互联互通，谋求集团式发展，届时将有望成为世界上规模最大的期刊（全文）资源平台。

3. 在科技物力资源领域，建立具有评议机制和大数据分析能力的仪器设备共享平台

由学会群力建设，仪器设备共享平台拟借鉴"众筹"模式，发挥各全国学会会员的积极性进行建设。借助广大会员的力量，平台不仅可以覆盖科技工作者从事科研工作需要的大、中、小型仪器设备，更可以让使用者随时将对该仪器设备的使用意见、使用心得、操作要领进行分享。

4. 在科技人力资源领域，建立基于同行认可与推荐的人才交流平台

基于"同行评价和推荐"的人才交流平台将更能展示学会特色和权威性，因而更能得到科技工作者、高校、科研单位和企业的认可，促进科技人力资源的共享与高校利用。

5. 在科普和继续教育领域，建立科普与继续教育资源的共建共享平台

拟建立该平台，鼓励各学会间资源共建共享，并鼓励学会以外的各单位或个人参与共建共享工作，使之成为门类完整，内容丰富的科普与继续教育资源平台。

（五）打造高质量、高影响力与高竞争力的中国科协科技期刊

"十三五"期间，重点实施 1 个重大计划——中国科技期刊影响力提升计划，重点构建 1 个激励体系——中国科协科技期刊论文遴选激励体系，建设 3 项重点工程——数字出版与知识服务工程、国际科技期刊交流与合作工程和科技期刊智库建设工程。到"十三五"末期，建成中英文科技期刊协调发展、代表我国科技期刊发展水平的优秀期刊集群，服务创新驱动发展的重要科技文献信息库，学科完备、功能强大、资源丰富的科技期刊云平台，同时，中国科协成为我国科技期刊发展的重要智库和推动力量。

中国科协英文科技期刊数量在目前的 86 种的基础上增加 20%～30%，其中 80% 进入 Web of Science 等国际主流评价系统，并且有部分期刊达到国际一流水平。建设 10 个学科期刊群和 1 个科技期刊发布平台并运行状态良好。开展年度期刊论文评选活动，引导优秀论文向中国科协科技期刊集聚。建设推动我国科技期刊发展的智库——中国科技期刊发展研究虚拟中心，推动中国科协开展科技

期刊理论研究和技术研发，为我国科技期刊发展提供智力服务。强化与中国科技期刊发展相关的基础能力建设，为科技期刊创造有利条件和发展环境。

1. 以奖促建推动中英文科技期刊协调发展

通过以奖促建的方式，实施中国科技期刊影响力提升计划，激发科技期刊自身发展活力，推动中英文科技期刊协调可持续发展。

2. 加快适应科技期刊发展需求的技术与平台的研发与应用

通过技术的应用和平台的研发，推动科技期刊及其论文成果得到更快速、更广泛和更有效的传播，提高编辑出版的效率和效能，拉近科研成果产出到媒体发布的距离。

3. 创新"互联网＋科技期刊"出版模式推动科技信息与成果传播

树立互联网思维，敢于并善于利用新媒体等各种新的手段，积极利用互联网、移动互联网、社交网络等传播渠道，扩大期刊和论文的受众群体，增强其被检索、被发现、被下载、被阅读、被引用、被应用的机会，创新"互联网＋科技期刊"出版模式。

4. 推动数字出版与开放获取新业态的政策与应用

加快数字出版新技术在期刊出版中的试验和推广，跟踪开放获取这一新的出版模式与趋势，提高科技期刊和论文的显示度和传播力。

5. 建立学者和学术共同体参与办刊的动力机制

增强学者的社会责任，争取国内学者和学术界对本土期刊的认可，吸引一流学者向本土期刊投稿。

6. 强化编辑出版人才的培养与队伍能力提升

进一步加强科技期刊领军人才和骨干编辑人才的引进和培养，强化编辑人员的学习能力，特别是新技术、新媒体、新平台的使用能力。

7. 推动建立期刊发展和学术发展的良好学术生态

明确科技期刊和期刊编辑所承担的社会责任和历史使命，恪守学术道德规范和编辑职业伦理，加强学术规范和制度建设，以国际先进的审稿制度和流程为参考，建立一整套有关科技期刊质量控制和流程规范的制度体系，优化审稿制度，规范审稿流程。

8. 推进中国科协科技期刊基础设施建设

建设基于大数据和互联网的科技期刊云平台，面向科技支撑提供知识服务，实现文献层面的知识整合与管理。

9. 强化科技期刊的科学传播功能

以"学术类科技期刊对研究成果进行文字修饰—科技期刊媒体发布平台—媒体从业人员进行信息过滤—大众媒体发布"的运转模式，将最新科研成果以普适形式的信息作为大众媒体的信息来源，一方面促进科技期刊进一步做好科学传播工作，另一方面可以提升中国科协自身服务科技界的形象和影响力。

（六）强化学会服务会员的体制机制

1. 建立完善宏观政策环境

降低成立新学会的门槛，引入"一业多会"的组织形式和竞争机制。逐步取消学会的挂靠体制，使学会成为真正的社会组织。设立基于会员管理的支持项目，开展基于会员管理的专题理论交流活动。建立健全会员意见征集制度和会员信息反馈制度。探讨并逐步建立全国学会服务会员的评价标准。

2. 完善学会以会员服务为导向的制度机制

依法办会、民主办会，组织并开好会员（代表）大会，确立会员的主体地位；落实好理事会（常务理事会）制度，发挥好理事的作用。

3. 做好会员的管理和服务

重视会员发展，调整好各自的会员发展战略，关注重点人群，不盲目追求会员数量。会员的管理应借助计算机及互联网的应用，以降低管理的时间成本和经费成本，应用网络化的个人会员管理系统是一条有利途径。

4. 立足主业和核心业务服务会员

做好学术交流，搭建高水平的交流平台，形成有国内、国际影响力的品牌学术会议，进而增强学会的凝聚力。办好期刊，使期刊成为领域内的标志。承接或承担政府转移的职能工作，整合资源、锻炼队伍、树立权威。开展好科技奖励、表彰和人才举荐，促进人才成长。积极开展培训与继续教育，增强学会的凝聚力。开展好科技咨询和企业服务，发挥会员积极性，加强会员与学会之间的深层次联系。

5. 建立会员诚信、自律制度，维护会员和科技工作者的合法权益

6. 强化新技术手段的应用

在"互联网＋"的大趋势下，加强全国学会的网站建设，将学会网站建设成为及时反映学会真实面貌、活动状况、密切联系会员和广大科技工作者的平台。完善全国学会个人会员管理系统，并成为学会联系会员、服务会员的基础平台。

（课题组成员：宋　军　刘兴平　范　唯　王晓彬）

"十三五"时期提升科技类社会组织在国家治理体系和治理能力现代化中的地位和作用研究

中国科协学会学术部课题组

一、科技类社会组织在国家治理体系和治理能力现代化中的地位

尽管国家治理体系和治理能力现代化是 2013 年在中央文件上首次提出的概念，但就科技类社会组织在国家治理体系和治理能力现代化中的作用而言，却不是全新的内容，在中国科协历任领导均有相关论述。邓楠同志在 2007 年全国学会工作会议的讲话里就指出，新时期学会工作的重要使命有两个方面，一是学会是国家创新体系的重要组成部分，二是学会是推动社会和谐发展的重要力量。

推进国家治理体系和治理能力现代化是要按照党中央、国务院要求，加强部门协同，需要调动全社会广泛参与，汇聚共识、形成合力。因此理解如何提升科技类社会组织在国家治理体系和治理能力现代化中的地位和作用，仅仅从学会的使命出发是不够的，还需要在国家层面考虑其特有的政治属性、社会属性和科技属性。

（一）学会的政治属性、社会属性和科技属性

学会的政治属性主要体现在党和广大科技工作者之间的"桥梁""纽带"作用。主要包括三个层面的含义：一是学会依照法律和章程独立开展工作，二是组织科技工作者贯彻党的方针路线，三是表达和维护科技工作者的利益，实行自我管理、自我服务、自我教育、自我监督。

学会的社会属性主要体现在社会治理层面。社会团体在社会治理领域的职能主要来自三个立足：立足会员——规范会员行为，促进行业自律；立足公众——提供公共服务，促进资源整合配置；立足政府和其他团体——促进利益协商与对话，参与公共决策。

学会的科技属性主要体现在 2012 年创新大会所明确的"充分发挥科技社团在推动全社会创新活动中的作用"上。需要充分发挥科技社团组织优势、人才优势以及协调作用，结合科技体制改革的重点工作，推动全社会创新活动的不断深入。

（二）学会在国家治理体系和治理能力现代化中的功能定位

一是开展学术交流，促进行业自律。全国学会作为科技工作者的组织，通过学术交流、学术出版、学科建设、科技奖励和科技评价、国际交流等发挥其在科学共同体内部的社会管理职能，规范科技工作者行为，形成行业自律，已经越来越成为科技界的一种共识，并且受到重视。

二是发挥人才智力优势，促进决策科学化。学会具有人才荟萃、智力密集、资源整合优势，是第三方咨询与评价的重要力量，围绕科技创新和经济发展中与科技有关的战略性、前瞻性、基础性和行

业共性问题，通过各种形式的决策咨询、政策评价以及科技公共服务，越来越深入地参与到与专业领域相关的社会公共事务决策和行业发展中，在服务改革大局的同时，也承担起科学共同体应有的社会责任。

三是加强协同，促进科技与经济融合。在现阶段创新需求和创新供给之间渠道不畅的情况下，学会可以有效发挥中介、协调的功能，联合科研院所、高校、企业等创新资源，促进创新主体的知识流动、人才流动和有机互动，开展信息服务和技术服务，推进科技成果转化，推动技术成果与产业发展深度融合，助力企业提升自主创新能力。

二、"十二五"主要进展

"十二五"以来，随着学会能力提升专项、有序推进学会承接政府转移职能、创新驱动助力工程等工作的不断推进，以改革促发展，通过体制机制创新开拓学会工作新局面已经成为各学会的自觉行动和内在要求，全国学会的自身能力不断提高，社会影响稳步提升，在创新型国家建设和社会管理创新中发挥着重要的作用。

（一）成绩和经验

根据学会在国家治理体系和治理能力现代化中的功能定位，相关成绩和经验主要体现在以下三个方面：

1. 搭建学术交流平台，学术引领作用显著

一是学术交流质量明显提高。近年来，学会紧密围绕学科发展的前瞻性、战略性、基础性问题和重点、新兴行业发展紧迫需求，搭建不同形式、不同层次的学术交流平台，满足不同层次科技工作者的需求。

2013 年中国科协所属 200 个全国学会举办国内学术会议 3762 次，比 2010 年增加 12.2%。2013 年国内学术会议参加人次达到 98.0 万，比 2010 年增长 62.5%；平均每次会议参会人数从 180 人增加到 241 人，增长 33.9%。国内学术会议上参会者的论文提交比例提高，交流论文总篇数从 267166 篇增加到 308029 篇，增长 15.3%。在中国科协支持下，学会积极开展综合交叉类、高端前沿类、学术服务类学术交流活动，打造在线学术交流平台，开辟学术网站或专题网页，以视频、在线讲座、学术博客等方式开展在线学术交流，促进学术交流形式与机制创新。

二是科技期刊学术水平国内领先，国际影响力持续提升。截至 2013 年 8 月底，中国科协及其所属全国学会主办的科技期刊达 1056 种，占 4953 种全国科技期刊的 21.3%，比 2010 年增加 77 种。中国科协科技期刊中有 472 种入选《中文核心期刊要目总览》（2001 年版），其中有 63 种期刊位于学科排名第一的位置，占全部学科类目的 47.4%；483 种期刊被中国科学引文数据库（CSCD）（2011—2012 年目录）收录；679 种期刊被中国科技信息研究所发布的《2013 年版中国科技期刊引证报告（核心版）》（CJCR）收录，且在其 113 个学科分类中，分别有 84、70、82 种期刊名列总被引频次、影响因子、综合评价总分学科排名第一，表明中国科协科技期刊在国内期刊中表现突出，在多个学科占据领先地位。

科技期刊国际化建设加强，国际影响力持续提升。目前英文科技期刊数量已增加到 86 种。在取得调查数据的 479 种期刊中，有 235 种期刊编委构成中有国际编委，占 49.1%；72 种中国科协英文科技期刊编委中，有 71 种期刊有国际编委。在被 Web of Science 收录的 74 种中国科协科技期刊中，有 21 种期刊的论文来源国家数超过 20 个，有 28 种期刊的论文被引用国家数超过 20 个，已成为真正意义上的国际化期刊。

三是学科发展的引领作用整体增强。面向学科前沿和行业社会热点，中国科协协同所属学会广泛

开展学科发展研究，形成以"学科发展报告"为核心的创新引领体系。截至 2015 年已经统一编辑出版系列学科发展报告 186 卷，发行 37 余万册，先后有 1.2 万名专家学者参与学科发展研讨，6000 余位专家执笔撰写学科发展报告。其中，在学会能力提升专项 45 个获奖学会中，开展学科发展前瞻性预测与顶层设计研究的学会数量比 2011 年增长了 30.8%，项目总量达到 200 项，比 2011 年翻了一番。三年来累计发布 53 个重点学科发展报告，梳理国内外学科最新进展、重大突破和发展方向；发布汽车技术、家居装饰等 20 余个行业分析报告，准确反映行业发展最新动向，深度剖析产业关注问题，提供极具指导意义的前瞻和预研，受到科技界以及社会和市场的热烈欢迎。

四是奖励、举荐优秀人才，促进科技进步。从各学会的社会科技设奖情况看，参与评选的单位团体越来越多，奖项设立更加规范化，奖项认可度提升。中华医学会设立的中华医学科技奖、中国林学会的梁希科学技术奖、中国电机工程学会等设立的中国电力科技奖等奖项已成为相关行业最高奖。近年来，中国科协所属全国学会在国家奖励办登记备案的奖项不断增长，至 2013 年已达 93 项，有 12 个学会成为国家奖直接推荐单位，占所有国家奖励直推单位的 9%。10 年来已成功推荐国家奖励 200 项以上，获得国家奖比率达 29%。其中中国电机工程学会推荐的优秀成果已经连续 6 年、共获得 7 项国家奖励一等奖及以上级别的奖励，2012 年推荐的"特高压交流输电关键技术、成套设备及工程应用"项目获得国家科技进步特等奖。

2. 加强科技思想库建设，有效服务科技和经济社会发展

一是为政府部门重大决策提供咨询建议。围绕政府部门关心的重大问题，学会积极开展决策咨询、政策研究，服务政府决策和产业发展。其中，在学会能力提升专项 45 个获奖学会中，三年来共参与法律法规文件、修改制度的件数达到 158 件，累计向政府提供政策性建议 1003 项，被政府采纳 318 项。2014 年，45 个学会决策咨询总次数为 370 次，平均每个学会比 2011 年增长 125%。

二是服务科学发展和行业需求。近年来，学会围绕学科发展中的重大前沿问题、相关专业领域的共性关键技术以及科技发展的社会影响等问题，积极举办小型高端前沿专题论坛，深入研讨交流，提出学科发展方向和重点难点问题，对学科发展的基本趋势和潜在突破口作出判断，提出建议，提供公共服务。学会组织科技工作者主动承接科学论证、项目评估、行业标准制定等任务，参与重大工程项目、行业技术标准的咨询研究和决策论证。如：当前学会开展的标准化工作已从传统的工业领域扩展应用到现代农业、服务业以及社会管理和公共服务等各个领域。三年来，学会能力提升专项 45 个获奖学会共参与制订标准和技术规范 1408 个，共开展了 71 项国际标准与技术规范研制。2011 年，20 个学会共制订 209 个标准和技术规范；2014 年，增加到 32 个学会开展标准和技术规范制订工作，共制订 349 个标准和规范。

3. 加强企会合作，助力地方区域经济发展作用初见成效

一是推动科技成果和创新要素向企业的集聚作用凸显。为解决产业经济发展中的不均衡问题，提升整个行业的技术水平，学会利用其智力资源、人脉资源，通过建立院士工作站、提供信息、人才服务，积极为企业创新发展建言献策、牵线搭桥。部分学会立足应用性强的学科，通过与大中型企业合作建立技术创新示范基地、产品展示中心、人才培养基地等方式，推广行业关键共性技术，培养企业急需技术人才，推动科技成果和创新要素向企业集聚。

二是助力基层和区域经济发展。为地方政府提供决策咨询，积极与地方政府深度合作，搭建服务地方发展、有专业特色的服务平台，围绕推动区域产业发展需求，提供面向市场的多样化服务。如：中国城市规划学会为国家绿色生态城区示范区申报、地方城市规划和生态建设提供技术咨询，为广西贵港城市规划工作提供公益援助，为澳门新城区总体规划提供多次技术咨询服务。中国纺织工程学会等 4 家全国学会与宁波市联合建立产学研协同创新机制的学会服务站（专家工作站），协助打造区域"智高点"。

（二）问题和困难

1. 问题

就科技类社会组织在国家治理体系和治理能力现代化中的地位和作用而言，当前存在的主要问题主要反映在行业自律的作用有待加强和在促进科技与经济融合方面还需进一步深入两个方面。

当前我国学术界存在学术生态失衡，缺乏学术自律、学术交流成效不高、学术评价功利化和行政化、学术不端行为等问题。作为科技工作者的专业组织，学会存在着行使科学共同体内部社会管理职能弱化的问题。这就需要学会在未来进一步加强本专业领域的行为规范建设，加强对其成员行为的约束，使科学的道德规范和职业伦理精神成为各成员参与科学活动的内在要求，发挥学术团体的自律功能，引导广大科技工作者加强自我约束、自我管理。

此外，学会在促进科技与经济融合方面的作用还有待进一步深入。当前，企会合作还主要停留在技术服务和人才支持上，深层次的协同创新并不多见，公共服务职能还需要进一步拓展，学会在创新主体之间的协同作用还未充分发挥，协同作用的深度有待进一步提升。

2. 困难

当前存在的困难主要体现在学会发展的外部环境和内部的自身建设两个方面。

一是制约学会发展的外部环境亟待优化。出于历史和制度惯性的原因，学会目前的组织体制和运行机制仍然带有浓厚的计划经济体制下的烙印，目前制约学会发展的外部环境没有根本性改变。

——法律地位不明确。我国关于社会团体的立法工作落后于社会发展和改革进程的需要，科技社团的法律地位未能确立，缺乏规范和管理社团的法律依据，科技社团的主要任务和职能不明确。目前国家现行社团登记管理制度存在政策的法律性质不明确、配套政策的不完善等问题，在一定程度上限制了学会的发展。

——科技社团的财政、税收制度有待完善。当前政府部门授权或委托学会从事的服务工作普遍没有纳入政府采购范围，对学会从事服务进行收费的规定也不符合实际支出成本，学会等开展大量评价工作需自筹经费维持。现有财政制度不允许将政府委托社会组织开展服务的项目款直接拨到体制外的非预算单位，一些学会等受有关部门委托开展工程教育认证时没有拨款，只能到指定单位报销，影响学会工作的开展。从对学会的财政支持方面，中央财政支持力度和持续性不足。同时，亟须建立一套针对非营利组织的完整和规范的税收管理制度。

——学会承接政府职能的相关保障政策缺位。学会在法律层面的功能和角色不明确，在相关组织的职责、任务安排上与行业协会、政府事业单位界定不清。前期承接工作多是非竞争委托，缺少竞争择优机制和绩效评价标准。委托内容转移范围不明确，不能充分发挥学会优势。委托程序没有细化的原则和规程，随意性较大，法律效力不足。此外，由于交流和反馈机制不够畅通，学会的实际需求未能充分表达。

二是学会的自身建设有待进一步加强。

——学会的人才资源优势发挥面临困难。由于在组织关系上处于松散状态，如何发挥学会的人才资源优势，在政府决策咨询和社会咨询服务方面发挥积极作用，如何把潜在人才资源真正转化为现实的人才优势，就成为学会必须加以解决的重要问题。

——学会在占有和分配资源方面的弱势地位，使得学会的运行经费严重不足，从而制约了学会工作的开展。在社会捐赠的激励政策和制度安排仍然存在缺位的情况下，学会能否寻求有效的经营方式和途径以提高其经济实力仍然是一个亟待解决的问题。

——全国学会在学术交流、学术出版以及专业联系等方面的主渠道作用面临挑战。由于科研院所、高等学校、企业乃至政府部门和其他社会团体都在组织开展这些活动，从而使学会的"主渠道"地位和作用面临挑战。如何提高学会凝聚力，发挥"主渠道"作用成为一个必须认真面对的问题。

三、"十三五"总体思路和主要目标

（一）总体思路

坚持以邓小平理论和"三个代表"重要思想为指导，坚持以科学发展观为统领，围绕"四个全面"战略布局，深入实施创新驱动发展战略，按照"三服务一加强"的工作定位和"大联合、大协作"的工作方式，以实施学术交流示范工程、创新驱动助力工程、有序承接政府转移职能为重点，以提升学会创新和服务能力为抓手，以学会治理机制改革为突破口，强化党和政府联系科技工作者的桥梁纽带作用，努力实现学会在服务科技创新、学科引领、经济发展、政府与社会、科技人才等方面取得突破性进展，为建设创新型国家和全面建成小康社会做出更大贡献。

（二）主要目标

今后五年主要目标是：

——学术生态环境进一步优化。学术交流质量和实效显著增强，交流形式和机制不断创新，学会活跃学术思想、启迪创新思维、促进知识生产、推出原创成果的重要作用得到进一步发挥，科技人才成长和创新的环境得到进一步优化。

——对经济社会发展的贡献更加突出。代表广大科技工作者参政议政能力明显增强，参与社会建设和管理的作用更加突出，科技决策咨询能力显著提高，推进企业技术创新取得新进展。

——学会社会化公共服务职能进一步拓展。与政府部门协作得到进一步强化，更多学会参与提供社会化服务，服务水平显著提高，建立能负责、能问责的符合公共服务特点的运行机制，做到政府放心、社会认可、自身有活力。

——学会改革创新取得重大突破。着重体制机制改革，探索契合学会发展真正需要的服务内容，着力解决阻碍发展的瓶颈问题，形成影响力、凝聚力、公信力和创造力强，国内领先、国际知名的示范性学会集群。

——学会的桥梁纽带作用进一步提升。党和政府同科技工作者之间的双向沟通渠道得到进一步拓展，为科技工作者提供优质高效服务的渠道更加通畅、内容更加丰富、方式不断创新，科技工作者的合法权益得到有效维护，科技工作者之家的社会形象更加鲜明，做到让党放心，让科技工作者满意。

四、"十三五"战略重点和重大举措

根据今后五年国民经济建设和社会发展的需要，加强制度建设和机制创新，继续推进一项试点和六个工程，部署四项重点任务。

一项试点：学会有序承接政府转移职能扩大试点。

六个工程：创新驱动助力工程、学术交流示范工程、学科发展引领与资源整合集成工程、精品科技期刊工程、青年人才托举工程、学会创新和服务能力提升工程。

四项重点任务：

（1）开展学术交流，优化学术生态环境。围绕深化科技体制改革，不断创新学术交流的形式和机制，构建自由、开放的学术交流环境，激发各类人才创造活力，营造良好的学术生态。

（2）整合智力资源，丰富科技公共服务。围绕科技创新和经济发展中与科技有关的战略性、前瞻性、基础性和行业共性问题，加大工作力度和组织体系建设，通过各种形式的决策咨询、政策评价以及科技公共服务供给，参与与专业领域相关的社会公共事务决策和行业发展，服务改革大局。

（3）加强统筹协调，服务经济社会发展。深入落实创新驱动发展战略，联合科研院所、高校、企业等创新资源，通过创新驱动助力工程的示范带动，引导学会在企业创新发展转型升级中主动作为，促进创新主体的知识流动、人才流动和有机互动，推进科技成果转化，推动技术成果与产业发展深度融合，服务经济社会发展。

（4）突破发展瓶颈，打造现代科技社团。以学会有序承接政府转移职能扩大试点和学会创新和服务能力提升工程为重点，引导学会开展体制机制创新，实施学会发展基础培育工程，积极开展学会在挂靠机构改革、职业化运营、会员服务、分支机构管理等方面的改革与完善，推进学会治理方式改革，探索现代科技社团成长模式。

五、条件保障和组织实施

（一）政策扶持

一是促进学会法律主体的确立。建议出台社团管理的相关法律，明确社会团体的法律地位、职能范围、管理方式，明晰各类社会团体的权责边界；进一步理顺学会管理体制，推动学会与部门脱钩，争取将学会改革与事业单位改革相衔接。

二是争取国家财税政策的支持，在税收优惠、财政支持政策等方面为学会的自主发展提供恰当的政策支持。

三是完善学会承接政府转移职能的相关保障政策，强化政策的细化与落实。

（二）经费投入

加大政府和社会投入，发挥财政资金的主导作用，为提升科技类社会组织在国家治理体系和治理能力现代化中的地位和作用提供必要的经费支撑。

一是加大学会开展学会交流、推动学科发展、推进科技期刊质量建设的支持力度，激励学会整合学术资源。

二是推动学会主动融入以企业为主体、市场为导向、产学研相结合的技术创新体系构建中，助力地方经济转型升级。

三是加大学会社会化服务支持力度，积极稳妥推进学会有序承接政府转移职能，重点支持学会开展决策咨询、科技评价、科技奖励、技术标准规范制定、专业技术人员职业水平评价和继续教育培训、技术鉴定、专业机构水平评价、科学普及等方面工作，不断提升社会影响力和公信力。

四是加强学会在职业化运营、会员服务、分支机构管理等方面的基础管理机制建设，支持学会开展人员队伍职业化、专职化建设，推动重点学会综合能力的提升，培育其成为具有学术权威性和独立性的现代科技社团。

（三）条件建设

加强对学会开展科技评价工作条件平台建设等科技公共服务基础性工作的资助力度，完善科技公共服务供给的规范化、制度化建设，促进学会建立健全科技评价信息化平台、专家库、成果库等并完善相关管理制度，切实发挥在科技评价活动中的第三方作用。

（四）监督评估

加强对学会工作和能力的日常监测，通过表彰推荐、政策优惠、监督评估、奖优汰劣等方式逐步引导学会不断提升组织管理能力和服务能力，不断提升科技类社会组织在国家治理体系和治理能力现代化中的地位和作用。

（课题组成员：杜　鹏　缪　航　徐　强）

"十三五"学会服务会员的体制机制研究

中国科协学会服务中心课题组

一、中国科协 – 民政部推进的科技类学会改革创新试点项目

(一) 会员管理服务专项

中国化学会等 7 个学会成为会员管理服务专项试点单位。他们在发展会员，实现会员发展服务信息化和网络化，以及建立会员基层组织和联络员制度方面各有建树。中国化学会的驻地方代表处、中国水产学会的高校学生会员工作站、中国营养学会的会员之家制度等，逐步拓宽了学会与基层会员的联系渠道。7 个试点学会的会员总数两年间增加了 15%，缴纳会费的会员比例由 8.8% 增加到 40.7%，大大超过了全国学会 12.2% 的平均水平。中国植物生理与植物分子生物学学会、中国宇航学会积极推进会员管理服务信息化平台建设，会员数量和质量也有较大幅度提高，无论对会员还是科技工作者，学会吸引力和凝聚力都在大幅提高。

(二) 学会办事机构建设专项

中国力学学会等 11 个学会成为学会办事机构建设专项试点单位。他们以能力建设为中心，以提高服务质量为手段，以满足服务对象需求为出发点，立足自身实际，在促进办事机构人才队伍建设、推进专职队伍职业化、专业化、社会化方面稳步推进。中国标准化协会、中国力学学会、中国茶叶学会等实行以竞争和流动为核心的动态人事管理办法，建立开放、竞争与流动相结合的用人新机制，推行全员招聘制和岗位竞聘制，形成因岗选人、竞争上岗、优化组合、能进能出新格局，工作效率极大提高。中国机械工程学会将 ISO9000 质量管理体系引入学会办事机构和分支机构的日常运营管理，增强了学会专职人员的质量意识和过程管理控制意识；学会总部还带动了 4 个分会进入学会质量管理体系考核，带动了广东省机械工程学会通过第三方质量管理体系认证，带动了海南、上海、山西、新疆、甘肃等省区市机械工程学会启动质量管理体系认证，提高了规范化建设和服务水平。中国农业工程学会制定了 25 项制度/工作流程，在其理事会问卷调查中，理事们普遍认为与学会秘书处的沟通顺畅显著提高，对办事机构工作效率和质量的满意率占回收问卷的 96.1%。中国自然资源学会等启动了学会工作志愿者工作，探索专职人员与志愿者相结合的办事机构建设模式，建立了志愿者管理办法，开通了中国自然资源学会志愿者网站。中国粮油学会、中华中医药学会、中国药学会等加强了专职人员队伍建设，搭建了集信息发布、学会期刊投稿采编、学会刊物论文及会议论文浏览和下载、会员在线注册服务、学术会议管理、研究成果交流等为一体的网络平台，增强了秘书处与会员互动能力。

(三) 承接社会职能专项

中国流行色协会等 12 个学会成为承接社会职能专项试点单位。这些学会发挥会员智力密集、人

才荟萃的组织优势，承担社会职能。中国消防协会、中国流行色协会、中国照明学会、中国农学会等主动争取政府部门的支持，开拓职业资格认证工作新领域，开展了职业资格认证和标准制定工作，共将消防员、色彩搭配设计师、照明设计师等6个新职业纳入国家职业分类体系，制定职业标准11个，批准或设立了25个职业技能鉴定站，培训考核数千人。中国金属学会、中国环境科学学会等5个学会发挥客观公正、智力密集的优势，开展了行业科技成果或技术评价30项，筹建了一批评估机构。中国图书馆学会、中国针灸学会等开展技术标准或规范的制定和推广，在评估专家库建设、评估机构建设、制度建设、基地建设等方面成效显著，为科技社团开展科技评价工作探索了新途径。

（四）组织体制改革专项

中国计算机学会、中国生物医学工程学会等学会成为组织体制改革专项试点单位。这些学会推进民主治理结构改革，尝试变革挂靠体制，将一家挂靠改为多家支持，探索建立民主选举、民主监督、民主管理的现代科技社团模式。中国航空学会、中国地球物理学会、中国煤炭学会、中华预防医学会等分别在试行差额选举、秘书长考核评价、分支机构管理等方面获取了宝贵经验。中国计算机学会推行民主选举制度，会员代表大会的会员代表按照选区民主推选产生，学会理事会、常务理事会和负责人实行自愿申报、竞选演说和差额选举，副理事长差额比达50%。有试点学会推行设立了司库、监事或会员委员会等内部监督机构，监督学会财务和日常决策，实现财务和重大决策公开透明，实现学会自律。中国生物医学工程学会、中国计算机学会等推进理事长制度和会员代表常任制、三理事长制和会员委员会制度，中国计算机学会实行会员代表提案制度，推进会员参与民主管理。这些民主改革措施激发了会员参与学会的热情，如中国生物医学工程学会一年就增加个人会员3000名。

二、中国科协对学会服务会员的推进和引导机制

中国科协对推进学会建设的总体要求是：以全国学会创新和服务能力提升工程为抓手，以学会治理机制改革为突破口，以创新驱动助力工程、承接政府转移职能工程为重点，在落实中提升、在继承中发展，形成"1+7"的工作新格局，支持全国学会在服务科技创新、学科引领、经济发展、政府与社会、科技人才等方面改革突破，推动全国学会在科技创新和经济建设主战场更加奋发有为。

尚勇书记在2015年1月8日中国科协第八届全国委员会第七次会议的总结讲话中强调，当前科协事业发展面临十分难得、极其宝贵的战略机遇，任务繁重、使命光荣。要坚持坚定正确的政治方向，坚持中国特色社会主义群团发展道路，坚持服务创新驱动发展这个大局，坚持以科技工作者为本、学会为主体的工作主线，坚持继承中发展、落实中提升的工作理念，坚持"想事干、创新招、求人帮、务实效"的工作态度，以时不我待的精神状态，团结一致，狠抓落实，不断开创科协工作的新局面。

中国科协激励学会服务会员之目标是：①加强学会服务能力建设，引领现代科技社团发展；②服务会员需求，助力创新驱动发展；③开展学术交流，激发科技创新活力；④优化整合学会资源，引导学科发展；⑤承接政府转移职能，拓展会员公共服务领域；⑥打造精品科技期刊，提升引领自主创新能力；⑦加大青年人才培养举荐，助力科技人才成长；⑧夯实学会发展基础，加快职业化社会化进程。

三、实例介绍

（一）中国科协所属学会个人会员管理系统

1. 简介

中国科协所属学会个人会员管理系统（以下简称"该系统"）开发是为了向中国科协所属全国学

会提供会员发展、管理和服务的工作手段，主要功能包含两个方面：一是科技工作者可在线申请入会，全国学会会员管理员可在线审批会员入会、查询统计已有会员信息等管理工作；二是全国学会可在此基础上，搭建联系会员的平台，进而集成服务会员的在线模块。

中国科协于2003年2月开始推行个人会员登记号制度，为该系统的建设创造条件。全国学会个人会员号实行统一的11位编码制，第一部分3个编码，代表学会的编码，第二部分7个编码，用阿拉伯数字表示个人会员在入会登记时的流水顺序，第三部分1个编码，表示会员类别。2005年设计开发了中国科协所属学会个人会员管理系统，进入该系统中的正式的个人会员数据必须使用中国科协统一的个人会员登记号。

2010年中国科协网站在首页设置了"学会会员管理"的链接，可从中国科协官网进入该系统。该系统开发完成后，学会服务中心承担针对全国学会开展的应用推广工作，该系统免费供全国学会使用。多年来，根据学会管理员反馈的意见建议，结合信息技术的发展，不断增加新功能。学会服务中心每年召开数次培训班，主要针对新功能或者新任的会员管理员进行培训。学会管理员在使用过程中，可随时致电软件工程师，及时解决使用中出现的问题。

2. 使用情况分析

该系统开发完成后，学会学术部、学会服务中心一直致力于改进完善该系统的功能，提高服务质量。通过不定期召开座谈会、培训班，征询学会使用的意见建议，补充完善该系统功能，先后增加了群发短信、在线缴费、单位会员管理等功能；在服务方面，对有需求的学会提供上门服务；帮助学会对不规范的会员数据进行批量整理；协助全国学会对分支机构或地方分会管理员开展培训，力所能及地帮助学会解决问题。

从推广的情况看，各学会对该系统的接受程度不一，部分学会积极学习应用，并推广到地方分会或者专业委员会，部分学会接受程度不高。

截至2014年底，该系统中已有会员数据103万余条，应用该系统的学会85个，与该系统进行对接的学会19个（对接是针对学会自有会员管理系统的学会，使学会自有个人会员管理系统与该系统对接，实现数据共享）。仍有部分学会未使用该系统，且未开发自己的会员管理系统。

（二）2012年中国科协学会能力提升专项会员评价问卷情况分析

1. 问卷发出与回收情况

2012年，中国科协首次组织实施学会能力提升专项（以下简称"专项"）。专项通过以奖代补和开展重点活动相结合的方式，在中国科协所属全国学会、协会、研究会（以下简称"全国学会"）评选优秀科技社团和在中国科协所属全国学会主办的科技期刊中评选优秀国际科技期刊，给予奖励。

优秀科技社团奖项的评审包括定量计分和专家评分两个环节，其中定量计分由专项办公室负责，根据各个指标进行定量打分；专家评分则根据学会相关信息，由专家主观打分的方式进行。最终评选各项工作全面发展，实施效果显著，综合能力排在前列的学会。

会员评价，是通过设计调查问卷，按照一定条件抽选部分会员，发邮件邀请会员回答问卷，统计回收的问卷，根据会员的评价来给学会打分的一种形式。

中国科协学会能力提升专项会员评价属于定量计分的部分，在150分的评审总分中占10分。中国科协学会服务中心在中国传媒大学调查统计研究所柯惠新教授及其团队的帮助下，结合科协实际情况，在归纳总结的基础上，创建了适合中国科协所属学会的会员评价方案。

方案按照"会员级别"，将会员分为"学会负责人"、"常务理事"、"理事"和"普通会员"四类，且突出前三类数据信息的重要性。

调查问卷主要反映四个方面的情况：知晓度、参与度、满意度、推荐度、帮忙度，客观指标通过回收率反映凝聚力。

137 个学会报送的会员总数近 100 万，根据各学会会员总数的不同，每个学会的抽样数量也不同。最多的抽取 600 人，最少的抽取 37 人。有电子邮件是抽样的基本条件，有 2 个学会会员资料完全没有电子邮件。在此基础上，优先选择有手机号码的，并考虑会员级别、地域等因素，135 个学会共抽取了 61240 条，回复总数为 6789，总的回复率为 11.09%。在发出调查问卷后，又先后两次群发短信，督促会员登录信箱填写问卷。回复率最高的是 52%，最低的为 0，换算为 10 分制，平均得分 3.66。

2. 问卷回收结果统计及问题分析

通过分析问卷情况，主要反映出了以下几个方面的问题。

（1）整体得分不高。回收率换算为 10 分制，平均得分 3.66。其中帮助度得分最高为 5.9，参与度和推荐度最低，为 4.1。客观指标回复率平均为 11%。抽样调查，样本量须达到一定的数量，误差才能控制，样本量的确定是抽样设计中的一个重要内容。样本量愈大，抽样误差就愈小，估计量的精度就愈高。抽样数据总量虽然较高，但计算结果是根据回复数据，而回复率只有 10%，样本量比预计相差太多，不能完全反应客观情况。

（2）会员总数的实际数没有统计数那么大。根据《中国科协全国学会发展报告》，会员数据截至 2012 年底是 433 万，2013 年底是 437 万，而 137 个学会报送的会员数据只有 100 万左右。这已集中了大部分大学会，由此可估计全国 200 个学会的会员总数远少于《中国科协全国学会发展报告》的数字。

（3）会员信息极为不完整，促学会建立完整的会员信息数据库。在学会报送的百万会员中，大量没有手机号、没有电子信箱。没有联系方式，就无法与会员联系，说明会员信息填报后，没有太多的沟通和服务。这也从一个侧面反映了会员与学会的粘连度不够。

四、"十三五"中国科协学会服务会员的体制机制展望

学会（社会团体之一）是依据会员的共同意愿依法成立的社会组织，会员是学会的基本组成部分，没有会员就没有学会。"学会服务会员"的能力和效果，决定了学会的发展方向。不同的体制、机制则决定学会追求什么样的服务能力和服务效果。

（一）中国科协所属学会的管理体制

新中国成立到 20 世纪 80 年代以前，学会的成立由各部委或相应的机构批准，是各部委或相应机构的组成部分。在此期间成立的学会绝大部分具有事业单位的属性，由相关单位为学会办事机构提供办公场所、人员编制、经费支持，成为一种准事业单位的组织形式，其中的一部分比如中国电子学会、中国兵工学会、中国农学会、中华医学会等都是按照事业单位来管理，并一直延续至今。这些为学会提供人、财、物的相关单位，称为"学会的挂靠单位"，对学会的活动负有先天的组织管理责任。

20 世纪 80 年代开始，社会团体逐步由民政部门统一归口登记、管理，1991 年民政部对全国性的社会团体进行了重新登记。依据 1998 年 10 月 25 日发布的《社会团体登记管理条例》，中国科协成为近 200 个全国性科技社团（即全国学会）的业务主管部门，形成中国特有的学会管理体制。这些学会在名称及主要业务方面不重合，形成"一业一会"的格局，一个学会在某一领域成为合法的垄断性的社团。学会需要接受民政部的登记管理，接受中国科协的业务指导，大部分还需要接受挂靠单位对办事机构的管理。因此，在人、财、物主要来源于上级主管部门和挂靠单位（或支撑单位）的情况下，学会服务会员就不可避免地步入"从上到下"的思路和模式中。

中国科协所属各全国学会，按照现代社会团体的架构，在会员（代表）大会、理事会或常务理事会的领导下开展活动，但大多数学会产生于计划经济的历史条件下，基本上沿用了准事业单位的管理方式，其办事机构、工作人员依附于挂靠单位，学会工作的开展自觉或不自觉地偏向挂靠单位的业务

和发展方向，或多或少成为挂靠单位机构的延伸或挂靠单位业务的延伸。

如果学会的服务能够覆盖大多数会员，使会员有所裨益，则学会的活力将极大地发挥，反之，则学会活动将走向僵化；中国科协拥有许多优秀的全国学会，发展的动力较足；也有不少学会的发展动力缺乏，其中等、靠、要的现象比较普遍。

（二）政府简政放权、实施创新驱动战略对社会团体的作用提出新要求

现阶段由于社会组织大多依附于政府组织和事业单位，其社会属性的作用难以发挥。因此，引导社会组织逐步自立，逐步适应竞争、走入市场，才能发挥社会团体的社会责任。

（1）国务院取消全国性社会团体分支机构、代表机构登记行政审批项目。2014年2月26日，民政部印发《关于贯彻落实国务院取消全国性社会团体分支机构、代表机构登记行政审批项目的决定有关问题的通知》（民发〔2014〕38号），取消了民政部对全国性社会团体分支机构、代表机构设立登记、变更登记和注销登记的行政审批项目。

取消社会团体分支机构、代表机构的登记审批事项，释放了一个信号，即学会可以根据学会业务发展的情况，及时增设或撤销其分支机构、代表机构，使学会理事会（常务理事会）的作用得到了进一步的认可和发挥，为学会下属机构引入竞争、激励机制提供了条件。

中国科协积极响应，于2014年3月14日发出《中国科协关于全国学会分支机构、代表机构登记审批有关问题的通知》（科协函学字〔2014〕36号），要求全国学会依法依规开展分支机构、代表机构的设置和管理工作，加强学会组织建设，建立健全管理制度，切实履行对分支机构、代表机构的监督管理责任。

（2）2014年6月25日，中组部下发了《中共中央组织部关于规范退（离）休领导干部在社会团体兼职问题的通知》（中组发〔2014〕11号），进一步从严规范退（离）休领导干部在社会团体兼职行为，引导和发挥好他们的作用。该通知对退（离）休领导干部在社会团体兼任职务（包括领导职务和名誉职务、常务理事、理事等）、职务个数、任期、任职年龄、是否兼任社会团体法定代表人等做出了严格规定，对兼职期间的行为做出了明确要求。

（3）2015年5月5日召开的中央全面深化改革领导小组第十二次会议审议通过了《关于在部分区域系统推进全面创新改革试验的总体方案》《检察机关提起公益诉讼改革试点方案》《关于完善法律援助制度的意见》《深化科技体制改革实施方案》《中国科协所属学会有序承接政府转移职能扩大试点工作实施方案》。

审议通过的《中国科协所属学会有序承接政府转移职能扩大试点工作实施方案》，为中国科协引领所属学会提升能力、承接职能、发展壮大提供了辽阔的空间，为学会承担社会责任提供了舞台。

这些法规和规定为社会团体逐步脱离挂靠体制提供了一定的政策手段，为社会团体的自主、健康发展将起到积极的促进作用。

（三）学会服务会员的机制和方法

中国科协所属学会是科技类社团组织，会员主要是科技工作者，科技工作者的自我实现需求是参与科学活动，并由此获得社会认同和自我价值的实现。因此，学会要积极搭建平台、创造条件，提供机会、促进交流，为科技工作者提供有效的服务。

要提供有效的服务，学会就要不断完善以会员为本的组织体制，建立并完善会员发展、管理和服务的制度，在本学会的业务范围内，主动采取多样的活动方式为会员做好服务工作，通过提高服务来增强对会员的凝聚力和吸引力，努力打造真正的"会员之家"。

从现阶段总体情况综合来看，学会服务会员的运行机制主要体现在以下几个方面。

（1）依法办会、民主办会，组织并开好会员（代表）大会，确立会员的主体地位；落实好理事会（常务理事会）制度，发挥好理事的作用。

（2）加强二级机构建设，在学会有充分自主权的有利形势下，合理设置分支机构、代表机构，发挥好二级机构的作用。

（3）加强办事机构建设，办事机构是学会联系各方面的枢纽，也是学会开展各项工作的重要力量，其人员数量、结构、素质等直接影响学会服务会员的工作质量。

（4）重视会员发展，调整好各自的会员发展战略，关注重点人群，不盲目追求会员数量。

（5）做好会员的管理与服务，在发展新会员的同时，减少老会员的流失（或隐性流失）；会员的管理应借助计算机及互联网的应用，以降低管理的时间成本和经费成本，应用网络化的个人会员管理系统是一条有利途径。管理的目的是为了更好地服务。服务会员的内容有许多方面，包括做好学术交流，搭建高水平的交流平台，形成有国内、国际影响力的品牌学术会议，进而增强学会的凝聚力。

要服务会员，就要了解会员、联系会员。目前联系会员最便捷的方法是利用互联网技术，可以分为主动和被动两种：主动的方式是应用学会的会员管理系统，以其中的会员手机、电话、电子邮件为媒介，主动向会员发布学会活动的信息，可以做到及时、准确、方便；被动的方式是将学会的活动和信息公告到学会的网站上，被动等待会员的登录和浏览。两种方式互为补充，不可或缺。

学会学术部实施的中国科协所属学会个人会员管理系统应用推广项目，为学会提供了免费应用的会员管理平台，现有85个学会应用该系统，有19个学会的个人会员管理系统与该系统对接，为学会联系会员、提高效率发挥了积极的作用。

五、建议

中国科协是近200个全国学会的业务指导，如前所述，通过组织各门类的活动，设置各方面的项目，搭建学术交流、科学普及、表彰奖励、咨询服务、组织建设等各种平台，激励和引导全国学会开展全方位的服务会员、服务广大科技工作者的工作，取得了显著的成效。

"十二五"期间，中国科协将"加强会员服务、学会办事机构建设、学会的工作人员队伍建设"作为三项重要的工作内容，探索学会体制机制的创新，收到较好的效果。学会办事机构建设、学会的工作人员队伍建设是加强会员服务的基础，目的是使学会具备更好地服务会员的能力。在不同的历史时期，学会服务会员的方式方法有所不同，但学会的基础工作永远需要得到保障，更需要不断加强。

综上所述，建议中国科协在"十三五"期间，充分利用业务主管单位的有利条件，以实施创新驱动助力工程、学会能力提升专项、学会有序承接政府转移职能工作为抓手，在继承"十二五"优势项目的基础上，设立新的项目、任务，激励、引导全国学会不断加强基础建设，提高服务会员的能力。具体建议归纳如下。

（1）在"互联网＋"的大趋势下，加强全国学会的网站建设，将学会网站建设成为及时反映学会真实面貌、活动状况、密切联系会员和广大科技工作者的平台。

（2）完善全国学会个人会员管理系统，并成为学会联系会员、服务会员的基础平台。

（3）降低成立新学会的门槛，引入"一业多会"的组织形式和竞争机制。

（4）逐步取消学会的挂靠体制，使学会成为真正的社会组织。

（5）设立基于会员管理的支持项目，开展基于会员管理的专题理论交流活动。

（6）建立健全会员意见征集制度和会员信息反馈制度。

（7）探讨并逐步建立全国学会服务会员的评价标准。

（课题组成员：蒋志明　朱　宇　赵　红　刘　欣　刘求实　辛　华）

"十三五"时期学会推进学科领域集成创新和学术水平提升研究

中国科协学会学术部课题组

一、我国科学及学科制度发展的历史、现状与问题

（一）历史

在我国，学科发展并没有经历西方的科学原发国曾经历过的那种自下而上的发展路径。事实上，科学后发国往往从它们开始尝试建立现代意义上的科学制度时即走上了科学国家化发展的道路。而且，在此后相当长的时段里，后发国往往重视技术甚于科学，往往不得不采纳"技术先行、科学跟进"的策略。

1. "任务带学科"战略需要反思

新中国在建国不久即对当时的高等教育系统进行了院系调整（1952 年），组建了中国科学院，在当时国情下，为建立国家整体科学技术体系，解决国家经济建设和国防建设所必须面对的诸多现实问题，确立了"任务带学科"的发展策略（1956 年）。

在集中科技力量完成国家重大课题方面，这种战略的确收到了很好的实效，如"两弹一星"工程的顺利实施和完成，新中国高分子化学工业的建立与发展等。但是，"任务带学科"的战略，在促进我国学科建设方面却并不能像设想的那样取得极大成功。"任务"毕竟是任务，"学科"毕竟是学科，二者不可替代。探索知识与运用知识解决国家经济和军事方面的实际问题，毕竟不是一回事。

2. 科技发展与经济社会建设"两张皮"问题需要重新思考

改革开放以后，我国高等教育系统连同我国的科学技术事业，重新获得了良好的发展空间。30 余年来，随着经济的不断腾飞，学科建设也日益获得强有力的国家资助和支持，这一时期学科建设的基本取向是发展自然知识，学术共同体纷纷向西方科学强国的大学学术标准看齐，并没有高度重视应用自然知识服务创新、服务经济社会发展的问题。这就是通常所说的科技发展与经济社会建设"两张皮"的问题何以如此尖锐的根源。

要解决科技发展与经济社会建设"两张皮"问题，并不一定要求整个国家科技系统全部转向经济社会建设。从根本上讲，解决问题的办法在于在大学科学传统、工业研发传统与国家科研传统之间建立起制度化的人才、信息、资源、问题互动体制和机制。

（二）现状

1. 专利申请及授权情况

中国目前已成为创新大国，自 2011 年起中国专利申请量已连续四年位居世界第一，且远远高于

第二名（图1），但国内与海外专利数的比例尚有待大幅提高；目前，中国专利申请量仍然在迅速增长，获得授权的数量也已达到世界第三位，仅次于日本和美国（图2）。这表明，崇尚创新的思想已深入人心，创新的活跃度已达高标准，但创新的质量尚有待进一步提高。

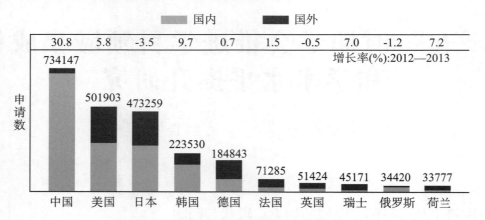

图1　2013年世界专利申请量前十位的国家

资料来源：世界知识产权组织（WIPO）《世界知识产权指标2014》.

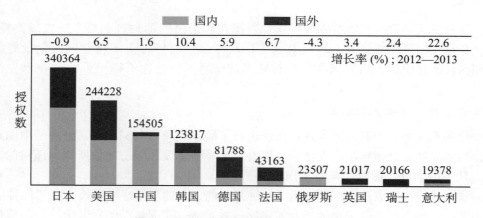

图2　2013年获得专利授权前十位的国家

资料来源：世界知识产权组织（WIPO）《世界知识产权指标2014》.

从实践来看，对技术或应用型创新的发展而言，市场起到的作用比政府直接的资金支持大得多（企业R&D总费用与政府向企业提供的R&D经费对比）。2013年来自政府的R&D总额为2500.6亿元，拨付给企业的为409亿元，而当年全国企业的R&D总支出为9075.8亿元，绝大部分是企业自身筹措的。（R&D，research and development，指在科技领域，为增加知识总量以及运用这些知识去创造新的应用进行的系统的创造性的活动，包括：基础研究、应用研究、试验发展三类活动。）

目前，我国有大型国企以及高技术企业都拥有自己的技术创新团队，有些企业的研发部门的人数达2万~3万人之多。据调查资料表明，这些企业更希望从高校或科研机构得到一些有商业开发价值的基础性研究成果，而不借助于这些机构搞产品开发。另一方面，许多中小微企业缺乏创新研发尤其是持续创新的能力和资金，所以，发展风险投资和天使基金，将对这些小企业的创新活动提供强有力的支撑。从国家或地方政府的角度来看，需要通过市场政策设置或调整，刺激风投并对中小微企业发展施加制度保护。

2. 重点大学里的基础科学研究系统仍须强化

在中国，基础学科难以从市场上获得支持，政府资助几乎是其唯一的资金来源。随着国家不断加大 R&D 投入，近二十年来，绝大多数高校的科学研究系统都引入了量化评估标准和程序，重视发表 SCI 论文而不大关注如何提升科技成果转化率的问题，研究生培养也以培养学术型而非专业型人才为主。科技发展与经济社会建设"两张皮"问题突显，这不是因为大学未将产品研发作为重点，而是因为大学与企业之间互动机制远未臻于完善。如果说我们仍然承认，基础学科的发展是保障国家创新能力持续增长的必要条件，那么，我们就必须继续致力于构建强大且富于活力的科学传统。

（三）问题

中国的科技体制改革要在 21 世纪国际科学创新大潮中立于不败之地，就需要对当代社会文化条件下的科学及学科制度转型，在转型过程必须对许多问题做出系统的预判。

1. 中国科学传统三元结构中的缺陷

20 世纪中国科学发展，分别导致了国家科研传统、工业研发传统以及大学科学传统的出现和发展。我国大学科学传统而言，主要缺陷在于学术自主性和相应的研究传统未达到国际一流境界；就工业研发传统而言，30 余年的积淀尚显不足；就国家科研传统而言，在集中力量满足国家重大需求方面富于特色，并不亚于美国或欧洲，但国家科研院所与大学以及工业部门缺乏有效合作机制。

三者之间的互动体制机制不健全是目前科技体制改革中必须着重关注的问题。这主要表现在人才流动性低、信息互换机制不全、问题转换机制不畅、合作机制不成熟（缺乏相关的制度配置）等。

2. 学术行政化与学术自主性之间的矛盾

在我国，无论是在大学、还是在科研院所或工业研发界均存在着普遍的行政化现象。学者担任行政职务的现象较为普遍，学术行政化不利于研究人员的创造积极性和学术规范构建，也会导致学风问题的出现。

通过科技体制改革，一方面，将更多的政府职能转移给学界，是治理学术腐败的有效途径之一。另一方面，可考虑引入其他学术治理制度，如引入西方大学"副校长治校"规则，并禁止执政的"副校长"介入学术项目。

3. 现行学科制度的主要缺陷

在我国，由于科学或学科制度的设置与维护均带显著的行政化趋向，使学科层面的制度显得尤为不健全，学科碎片化与学术孤岛现象在我国普遍存在。在我国，专业性学会也并不具备鲜明的自组织结构和非官方特征，因此，以往的专业性学会难以起到自组织结构和非官方组织所应具有的作用，对于普通的教研人员并不具有较强的吸引力和号召力。在以往的学科制度下，个人研究者之间或研究团体之间的关系主要呈现为分立 - 竞争关系，跨团队、跨机构的合作机制和渠道不通畅，这样的学术格局无法有效地应对当代国际科学 - 创新大潮的冲击。必须强化学科力量的整合机制，在以竞争为主导的学科体制引入合作共赢机制。

在学科学术前沿问题与需要优先解决的问题领域的划定上，由于我国现行的学科制度不能保证不同科学传统之间的合作与互动，学术问题与应用问题的转换也受制于诸多阻碍因素。

（四）策略

今天，要落实创新驱动发展战略，必须充分吸取历史的经验与教训。加强学科建设，必须意识到，当代科学和学术，连同其各个子学科、子领域，均具有高度的开放性。要在大学科学传统、国家科研传统和工业研发传统之间建立制度化的全方位的互动机制，唯此才能真正做到面向世界科技前沿、面向国家重大需求、面向国民经济主战场，解决好"两张皮"问题。要对学科内部结构进行调整，建立学科资源合理配备与共享机制，建立新型人才培养与输送机制，建立适于新时代要求的学科评价与奖励机制，服务于科学文化和创新文化的建设。

二、专业性学会在学科制度转型及改革过程中的位置与作用

专业性学会在学科整体结构占有重要位置，也是学科制度的一个重要的汇聚点。凭借其在组成方式、社会地位等方面的诸多特点，学会将成为中国科协推进学科发展、参与落实当前我国创新驱动发展战略的重要平台。

（一）凝聚学科力量

学会是承担凝聚学科力量的最佳平台，通过这个平台推动整个学科的跨机构合作、学科资源共享，以及与其他社会部门之间的合作与博弈。

首先，从学会建立的历史以及组织制度来看，学会是作为整个学科所有科研人员的自发组织而出现的。

其次，学会地位超然，不隶属于任何特定的研究机构，可以最大限度地避免由机构利益导致的纷争，真正做到以整个学科的发展为唯一目标。同时，也能够起到联结各机构的纽带作用，能够作为制度化和常态化的学科合作机制的建立者、维护者和改革者。

最后，学会本身包括了来自学院科研机构、工业研发机构和国家科学机构这三类不同机构的会员，也是唯一横跨这三种学术传统的学术共同体。在学科学术共同体走向开放的大趋势下，只有保障充分跨界合作与互动，才有可能真正做到全面凝聚学科力量、沟通各方诉求，共同致力于学科发展和创新事业。

（二）引领学科发展

学科优势领域和重点领域的锁定、学术标准、学术评价机制是引导学科发展方向的关键性因素。在西方，从现代科学出现的早期开始形成了同行评议的传统，即由学术共同体来评判学术水平的高低、把握学科发展的方向。但在中国，这一机制还不完善。以往的评判标准，没有充分考虑学科的内在发展需求和发展前景。

当前要确保学科健康发展，必须去除当前学科制度中的行政化因素，将学术评价标准的制定权、评判权，以及评估判断学科发展方向的任务重新交还给学术共同体。首先是恢复学术共同体在学科学术评价体系中的主角地位，由本学科的学者根据本学科的实际情况和他们的学术判断因地制宜地制定出本学科的发展规划和学术评价标准，再根据政府与企业的需求在在执行的先后顺序、侧重点等方面进行微调。而能够在学科界面上承担这一任务的学术共同体只有学会。

由学会从学术角度对学科发展的总体趋势做出判断，并通过同行评议、荣誉分配、职称评定、学术期刊出版等手段引领学科发展方向；政府利用政策激励、财政资助等手段引导科研机构研究国民经济、国防军事和社会生活中迫切需要解决的问题；企业通过科研捐款、服务外包等手段诱导科研机构为其研发和生产提供帮助。如此才能使这三者有机地统一起来。

（三）整合学科资源

学科资源是学科发展的先决条件。目前我国的学科资源配置，一方面存在分配不均的问题，限制了小学科的发展，加剧了智力资源地域分布的不均；另一方面，就高水平学科点而言，由于在建设和管理上的不健全，以及不同机构间的片面强调竞争、缺乏合作意识，导致了大量重复建设和冗余建设，造成资源的闲置和浪费。在此情况下，实施学科资源整合，促进地区间、机构间的学术资源调剂与共享已达成共识，但仍缺乏有效的实施手段。

中国科协领导的 201 个全国学会包括了我国最高层次的学科共同体和跨学科联合体。尽管绝大多数学会自身并不直接掌握大量学术资源，但各学会的单位会员中都囊括了本学科所有比较重要的研究

机构，这些机构掌握着各学科绝大部分的知识与硬件资源，全国学会所拥有的 400 余万个人会员更遍布高校、科研机构和企业，覆盖了我国大部分的科技人力资源。此外由学会牵头来协调学术资源共享中的利益问题，利用学会的超然地位与有关部门进行协商，规避学术资源共享中的制度风险，可以最大限度地在学科内部达成各方利益的最大化。以学会为平台，设置学术资源共享项目、推动本学科的学术资源共享，特别是实现学科人才与教育资源的共享（如提供更多机会让来自小学科点的年轻学者在本学科顶尖专家的指导下工作），并以学术荣誉、在学术共同体中的地位作为对资源付出者的补偿，也可以解决高水平研究机构自身缺乏推进学术资源共享动力的问题。

（四）促进学科合作

国内外经验都表明，信息的沟通、思维的碰撞是产生创新思想的最富成果的渠道。学会这一平台，在解决学术机构孤岛化、学术近亲繁殖、产学研合作渠道不畅等方面，具有独特的潜力。

1. 促进机构间合作

学会作为横亘于本学科各机构之间的、全体会员共同认可的组织，在协调各机构关系、联络会员感情、弥合学术分歧，以及推进机构间合作方面能够发挥更大的作用。目前各学会普遍坚持的年会、理事会制度，以及机关学术刊物的出版，实际上就是为全学科的科技工作者提供的交换信息、交流意见的平台。但这些交流渠道，以及其他类似的学术会议、学术活动，对于促进学科间的深度合作仍显不足。未来可能还需要各学会利用其作为特殊的横向平台的地位，设立一定的以鼓励机构间合作为目标的资助项目、奖励机制，乃至设立直属于学会的跨机构研究实体，以增进各机构间和来自不同机构的科研工作者之间的深度合作。

2. 促进科教融合

无论在科研创新方面还是在人才、教育方面，科研院所和高校之间都有广泛的合作潜力。在科研方面，科研院所可以为来自高校的科学家提供丰富的、有价值的研究课题；而高校系统可以为科研院所提供额外的、高水平的智力资源，以及具有理论深度的独特视角。在人才与教学方面，科研院所可以为高校补充优秀的师资力量，提供优质的教学、科研环境与设备，以及更加贴近现实需求的实践操作机会；而高校系统则拥有近乎无限的优秀青年人才资源。美国科学家通过这一渠道很好地实现了科教融合。而在中国，高校与科研机构之间的合作比高校之间的交流合作要少得多。直到最近，已有部分科研机构和高校开始意识到这个问题的重要性，并致力于问题的改善。

作为同一学科内高校和科研机构共同参与的学术共同体，学会在促进科教融合方面可以起到积极的作用。学会可以作为来自高校与科研院所的科学家沟通、交流乃至进行合作洽谈的平台之一，可以通过组织跨机构科研团队打破高校与科研机构之间的界限，实现高校科学家与科研机构研究人员之间的合作。

3. 促进产学研合作

产业界与学术界的密切合作对于促进创新的意义早已为实践所证实。改革开放以来，相关政府机构以及科技政策研究领域的学者一直在呼吁加强产学研合作，政府也不断出台措施予以鼓励和促进。

学会是各学科学术机构、科研人员，特别是学术信息的汇聚之地，对于企业而言，有望帮助他们高效地找到他们感兴趣的科研成果信息。学会作为学科面向社会的窗口，可以在信息方面为这类企业提供巨大的帮助。此外，尽管国家一直致力于鼓励产学研合作，但是由于制度的不健全与执行过程中的一些问题，目前还存在一些阻碍产学研合作的制度障碍。学会作为全学科所有机构和科研人员的代言人，且作为技术转移中的利益无关方，可以利用其独特的地位和影响力与有关部门进行沟通，或利用自己拥有的平台提供一些变通性的方案，帮助破除或规避这些产学研合作中的障碍。

（五）承接政府转移职能

2014 年,《国务院关于深化行政审批制度改革加快政府职能转变工作情况的报告》中明确将开展中国科协所属学会有序承接政府转移职能的试点作为进一步持续深入推进简政放权的措施之一。这不但是我国政府深化政治体制改革的重要措施,从学科内在发展规律看,也符合学术去行政化的迫切需求。

在 2014 年最新修订的《中国科学院院士增选工作实施细则》《中国工程院院士增选工作实施办法》中,已取消了原有的通过各级政府和行政机构推荐院士的渠道,只保留了院士推荐(提名)和学术团体(全国学会)推荐(提名)两条院士推荐渠道。这是在中央简政放权以来,由学会有序承接政府转移职能的一个重要动向。此外,要进一步深化简政放权、推进学术去行政化,则以往由政府组织并开展一些工作,如以往由国务院学位委员会、学科评议组承担的一些工作,以及部分国家科学奖项的评选、学术资源的分配等,在未来可能都有必要逐渐地向学会转移。从另一个角度说,如果要为这些政府转移职能寻找一个独立于行政系统之外的、能够公正地行使这些功能,并能够得到整个学科普遍认可的承接机构,学会的确是最佳选择。

除此之外,学会作为学科连接社会与政府的桥梁与窗口,本身就承担着反映科技工作者意愿、向政府建言献策的职能。在承接政府转移职能后,学会将在中国的科技体系中发挥更重要的作用、获得更大的影响力,学会应该借助这一有利条件重新收回面向社会、面向政府的发声权,切实承担起向反映学术共同体的科学共识和科技工作者的意见诉求的责任。

三、学会推进学科领域集成创新和学术水平提升的对策

专业性学会在学科制度转型及改革过程中的责任和潜力巨大,但就目前学会发展的情况而言,要承担起这些责任,并在推进学科领域集成创新和学术水平提升方面发挥更大的作用,学会还需加强很多方面能力的建设。

（一）重塑学会的公信力、号召力、凝聚力、行动力,将学会建设成学科共同体的核心

由于历史原因,学会的功能与意义长期以来没有得到应有的认识,尤其是缺乏来自科学界自身的认同,导致学会建设严重滞后。很多学会缺乏凝聚、整合学科力量的有效手段。部分学会空壳化严重,对所在学科的学术机构群落以及学科成员的影响力、号召力、统束力极为有限。

重塑学会的公信力、号召力、凝聚力、行动力,将学会建设成学科共同体的核心,可考虑以下几项措施。

——配合承接转移职能,增加学会的影响力和话语权。

——适当增加专职人员比例,打造精干、高效、稳定的学会日常运营管理团队。

——健全完善学会各项规章制度和监督机制,利用新技术(如电视电话会议、网络平台等)增强学会理事会的沟通强度和频度,打造公正、民主、廉洁、高效的学会。

——充分利用已有渠道(如年会、期刊等)扩大学会影响力,并探索建立新的、更经常性的定期学术活动传统(如比照皇家学会的周会制度建立月度或季度性学术报告会传统)。

——依托新媒体、新技术(如微博、微信等)打造会员日常交流、沟通、社交平台,增进会员间的联系紧密度,提升会员对学会的归属感。

——增强服务,为会员提供法律援助、政策咨询等帮助,切实帮助会员解决问题,提高学会威望。

——根据学会对学科发展方向的判断,设立滚动支持项目,轮流向符合条件的会员机构提供支

持。尤其应向较难获得其他科研资助的不发达地区的小学科点，以及刚步入学术领域的青年研究人员倾斜。

（二）增强学会的学术功能和能力

无论是增强学会影响力，还是要承担各项政府转移职能，都需要学会在学术方面表现出自己的权威性，切实起到学科领袖的作用。学会要在未来发挥更强的学术功能，亟须加强学术力量建设，提升学术能力。

——设立学会学术委员会，专门承担学科的各种学术评议（包括由政府转移的部分学术评议职能），以及对学科发展等重大学术问题做出判断。

——建立会士（FELLOW）制度，在现有个人会员制度的基础上，授予本学科高水平研究人员"会士"的荣誉资格，以示学会对其学术成就的肯定，并作为学会彰显自身学术态度、学术判断的窗口。会士有权利和义务承担学会的部分学术工作，如推选学术委员会、监督学术委员会和理事会工作，参加学术委员会扩大会议等；并有责任积极参加学术活动，定期在学会平台（如学会机关刊物、学会组织的学术会议或学术报告会）上发表自己的学术成果，增进学会学术工作的活跃程度。

——设立直属于学会的专职和兼职研究岗位，学会及各专委会实行首席科学家制度，聘任首席科学家。

——组建高水平的学会专属研究团队、研究实体，增强学会对具体学术问题发表意见的能力，树立学术威信和扩大学术影响力。

——由学会学术委员会、各专委会联合定期编写和发布学科发展报告和发展规划，对学科发展方向提供指导。

（三）促进学科人才流动和人才、教育资源共享

打通不同机构间的人员流通渠道、增进不同机构间的人才与教育资源共享——尤其是领军机构与基层学术机构之间的人才和教育资源共享，是破解学科碎片化的核心手段之一。

——建立健全学科界面上的人才流动机制，减少机构对科研人员流动的束缚。

——建立鼓励和促进科研人员的跨机构流动与合作的机制，如通过设立流动人才基金、合作基金，鼓励和促进会员单位设立科研流动岗、跨机构研究中心等，增进机构间的人员交流。

——在构建学会专属研究实体的过程中有意识地强化人员的跨机构性，增强兼职研究人员的机构多样性。

——依托学会专属研究实体设置一些流动性岗位，作为科研人员跨机构流动过程中的中转站，减轻科研人员跨机构流动的后顾之忧。

——促进教育资源共享，如组织学会平台上的跨机构学科人才培训项目，促进、推动和协助联系会员单位之间的研究生课程资源共享以及研究生与青年科研人员的跨机构进修和实习。

（四）加强机构间交流合作

加强机构间合作，涉及加强会员机构在重要学术问题上的交流协商、鼓励跨机构合作研究、增强信息沟通与学术资源共享等。主要包括以下措施。

——促进图书、文献、档案资源的共享，如主导或参与构建会员机构间馆藏文献的互借平台。

——促进机构间的知识传播与共享，为最新科研成果提供快速发布与查询通道（参照美国的 arXiv. org）。

——建立学科硬件资源共享联盟，队员已开放其硬件资源的会员单位进行资源登记，并为有使用需求的单位提供资源的查询，与联系协调服务。

——为资源共享提供相关的制度保障，如：参与相关规则的协商、制定与协调（包括硬件资源的有偿使用价格与资金管理问题、通过硬件资源共享所取得的研究成果的知识产权归属问题等），订立资源共享公约，促进建立硬件资源共享长效制度，协助科研机构规避现行制度下的制度风险。

——建立学会界面上的学科合作研究平台，比如：以学会专属科研实体为核心组织跨机构合作，以学会为依托组织跨机构课题组参与国家课题或横向课题申报。

——利用课题资助、论文发表等方面执行适当的倾斜政策，鼓励跨机构合作研究。

——执行向西部和落后地区倾斜的政策，要求先进学术机构在申请合作平台项目时必须配置来自西部和落后地区的合作单位，或吸收来自这些单位的成员参与课题研究，促进学科的区域均衡发展。

——促进国内科研机构和科研人员对国际学术交流机会的共享，如：由学会主导邀请国外高水平专家来华访问、讲学；承办或主办在华举行的国际学术会议；以举办开放性的学术交流活动为条件，资助会员单位邀请国外专家来华或举办国际性学术会议，特别是鼓励多个会员单位联合申请。

（五）推进产学研合作

继续深入推进产学研合作的关键在于打通产业界与学术界之间的沟通渠道，破除信息壁垒，规避制度障碍与制度风险。

——设立产学研合作信息发布和交换平台，特别是定期发布本学科的最新研究成果和研究动态，供有需求的企业查询。

——构建跨学科、跨界别的学科集群创新商讨机制：由一至两个学会为主导，吸收产业界及政界人士参与，建立定期的学科集群创新商讨机制，确定并发布学科集群创新的发展趋势、前沿领域，确定分阶段的、具体的学科集群创新目标。

——参与搭建专利、技术共享和转化平台；以中间参与者的形式介入产学研合作洽谈，协助双方达成合作意向，维护双方利益。

——协助减少或消除目前产学研合作中存在的体制机制障碍。如：为相关科研机构或科技工作者提供法律援助，规避科研成果转移中面临的法律风险；发挥学会对政府的建言建议功能，促成更有利于科技成果转移的政策法规的制定和修改。

（六）汇聚学科意见和会员诉求，打造学科联系社会与政府的窗口

学会作为凝聚学科意志的实体性机构，肩负着代表整个学科及其所有从业者向社会、向政府发表学术观点、表达利益诉求的职责。无论是从维护科技工作者正当利益诉求的角度，还是从捍卫科学真理、传播科学精神科和科学文化、增进国民科学素养、提升社会理性等角度，学会都应切实承担起代表学科共同体表达利益诉求和学术观点的职责。学会需要从以下几个方面开展工作。

——完善和落实会员大会、学会理事会，以及同行评议制度，坚持民主原则与学术标准，并建立多种形式的会员意见征询、汇集渠道（如设立制度性的政策制度研讨会，或在年会中设立专门的政策研讨环节，听取本学科科研工作者对相关科研政策、科技成果转化政策方面的意见建议），确保学会发表的政策诉求方面的意见建议能够符合大多数会员的观点和利益，确保学会发布的学术观点的科学性、严谨性、权威性、共识性。

——建立学会传媒中心或传媒办公室（参照英国科学媒介中心模式），代表学会与媒体沟通，发布学科学术消息、参与本学科相关的公众话题的讨论（如转基因、对二甲苯等），为有需要的媒体或类似机构推荐研究领域对口、学术资质过硬的咨询专家。

——作为学会传媒中心的配套设施，建立学科专家数据库与专家学术资质评估与推荐系统。打造一支学术水平过硬、能够代表学科形象、善于参与公众交流的"公共科学家"队伍。

——依托学会掌握的专家资源、学术资源，举办多种科学传播活动（如学科成果展览、前沿讲座、公开科普实验等），传播科学精神、树立良好的学科形象。

　　——在向政府建言献策或参与公众话题讨论的过程中，必须坚持学会的独立性、中立性，坚持真理、坚持实事求是，杜绝发表不谨慎或未经学术共同体达成共识的学术观点，为学会树立良好的社会公信力。

　　（课题组成员：袁江洋　苏　湛　樊小龙　刘　立　高　洁　刘兴平　黄　珏）

中国科协所属科技期刊评价体系研究

科技导报社课题组

一、科技期刊评价体系的现状及分析

科技期刊作为科技信息传播的重要载体，起着科研成果转化和科技信息传播的桥梁与纽带作用。对科技期刊的评价是指对科技期刊质量的全面评价，包括 3 个方面内容：期刊产品的评价，期刊发行过程的评价，期刊服务质量的评价。评价的内容是对科技期刊各方面、各环节的要求，主要包括：期刊的学术水平、科学共同体认可度、编辑出版流程、规范文件、编辑质量、出版质量、发行渠道、出版准期率、网站建设、推广宣传活动、办刊人员数量与质量、办刊场所与设备、办刊经费、机构设置、办刊人员待遇等多个方面。

目前国内外科技期刊评价体系的注意力主要集中在对科技期刊的学术水平进行评价，缺乏对期刊本身诸多方面的评价，例如科学传播水平、评审质量、服务质量等。

（一）国外科技期刊评价体系的现状

期刊评价研究起源于文献学，20 世纪 60 年代美国著名情报学家加菲尔德博士对期刊文献的引文进行了大规模统计分析，得到了"大量被引用文献集中在少数期刊上，而少量被引用文献散布在大量期刊中"的结论。文献离散定律、引文分析理论体系、普赖斯的文献增长规律与文献老化指数三大理论是核心期刊遴选的理论基础。

目前，国际上对科技期刊的评价体系主要可分为：①以期刊文章的引文数据分析为主的评价系统，②以科技文献数据库自定标准为主的评价系统。第 1 种以 SCI 为主要代表，第 2 种以 EI、Medline 等知名数据库为主要代表。

1. 方法 1：以期刊文章的引文数据分析为主的评价系统

引文索引是以某一文献（包括作者、题名、发表年份、出处等基本数据）作为标目，标目下著录引用或参考过该文献的全部文献及出处。它主要供用户从被引文献查找引用文献。一般的引文索引刊物除了引文索引外，往往还附有来源索引、机构索引和轮排主题索引。来源索引主要著录近期发表的有引文的文献（称来源文献或引用文献），它以作者为标目，标目下著录文种、篇名、出处、参考文献篇数及作者地址等。机构索引以作者所属机构为标目，标目下列出该机构最近发表文献的作者及文献出处，它可以反映某机构科研人员最近发表文献的情况。轮排主题索引是从来源文献题名关键词中每次选取 2 个作为标目进行轮排而成的，是一种词对式关键词索引。通过这些辅助索引，用户可以从引用文献的著者、主题、地域或机构等多种途径检索到相关文献。

加菲尔德创立的美国科学情报研究所（ISI）先后创建出版了科学引文索引（Science Citation Index，SCI）、社会科学引文索引（Social Science Citation Index，SSCI）和艺术与人文引文索引（Art and Humanities Citation Index，A&HCI）3 个数据库，每年发布一次期刊引证报告（JCR），对 Web of Science 收录的期刊所刊载的论文数量、参考文献数量和论文被引用情况等数据进行统计，再根据文献计量学原理计算出各期刊的影响因子、被引半衰期等定量指标，反映期刊质量和影响范围。

被 SCI 收录的期刊和论文在一定程度上反映了该期刊或论文具有较高的学术水平和较强的国际影响力。因此 SCI 对科研成果、科研人员和科研出版物都具有强有力的影响，受到世界众多国家的追捧和应用。

2. 方法2：以科技文献数据库自定标准为主的评价系统

科技文献数据库以二次文献（题录或文摘等）数据库为主，通常本身不进行引文分析，而是建立一套综合的期刊收录标准。不同数据库的收录标准侧重点不同，在参考期刊出版数据的基础上，通常还要参考学科专家意见，以及其他因素。

目前，SCI、EI、Medline 等是世界著名的科技文献检索系统，是国际上主要检索工具，也是国外期刊评价的重要参考。

（二）国内科技期刊评价体系的现状

从 1987 年至今，我国相继有 9 家文献情报单位进行了自然科学和社会科学期刊评价与核心期刊遴选。包括：中国科技信息研究所的《中国科技期刊引证报告》、北京大学图书馆和北京高校图书馆期刊研究会的《中文核心期刊要目总览》、中国科学院文献情报中心的"中国科学引文数据库"、清华大学的"中国学术期刊综合评价数据库"、武汉大学中国科学评价研究中心的《中国学术期刊评价研究报告》、上海图书馆的《全国报刊索引》、国务院学位委员会办公室的《学位与研究生教育中文重要期刊目录》、南京大学中国社会科学研究评价中心的《中文社会科学引文索引》、中国社会科学院文献信息中心的《中国人文社会科学核心期刊要览》、国家自然科学基金委员会管理科学部的《中国管理科学重要期刊》。以上评价体系中，涉及科技期刊的有 5 个，除此之外还有不同学科领域的文摘检索类刊物。

国内的科技期刊评价体系也可主要分为：①以期刊文章的引文数据分析为主的评价系统，②以科技文献数据库自定标准为主的评价系统。第 1 种以中国科技信息研究所的《中国科技期刊引证报告》为主要代表，第 2 种以北京大学图书馆的《中文核心期刊要目总览》和各文摘检索类刊物为主要代表。

1. 方法1：以期刊文章的引文数据分析为主的评价系统

《中国科技期刊引证报告》简介和评价方法：1987 年，中国科技信息研究所承接国家科学技术部（原国家科委）项目，对中国科研人员在国内外发表论文的数量和被引用情况进行统计分析，并利用统计数据建立了中国科技论文与引文数据库（CSTPCD）。《中国科技期刊引证报告》以科技论文与引文数据库为基础，选择近 2000 种中国大陆出版的中英文科技期刊作为其来源期刊，并根据来源期刊的引文数据，进行统计分析、编制而成。《中国科技期刊引证报告》是按照美国科学情报研究所《期刊引证报告》的模式，结合中国的具体情况，并按照期刊的所属学科、影响因子、总被引频次等进行排序。《中国科技期刊引证报告》基本覆盖了我国大多数发表科技论文较多、学术水平较高的优秀科技期刊。

中国科学引文数据库简介和评价方法：中国科学引文数据库是中国科学院文献情报中心于 1989 年开发建设的我国第一个引文数据库，分为核心库和扩展库，每两年遴选一次来源期刊。中国科学引文数据库主要参照了 SCI 的基本结构和选刊模式，主要采用引文分析和专家评审相结合的方法对来源期刊进行遴选。该库 2013—2014 年度收录中英文科技期刊 1141 种。该数据库具有建库历史最为悠久、专业性强、数据准确规范、检索方式多样、完整、方便等特点，在学术界特别是中科院系统具有很高的权威性，深受好评和赞誉，被誉为"中国的 SCI"。

中国学术期刊综合评价数据库简介和评价方法：《中国学术期刊文献评价统计分析系统》由中国

学术期刊（光盘版）电子杂志社、清华大学图书馆和清华同方知网（北京）技术有限公司共同研制开发。它是我国第一个基于网络出版，实时、动态地提供学术期刊文献传播和评价分析数据的网络平台，主要服务对象是《中国学术期刊网络出版总库》入编期刊及国家期刊管理部门、学术研究机构等。该数据库参考美国科学情报研究所《期刊引证报告》的研究模式，以中国知网（CNKI）中国知识资源总库中国期刊全文数据库中的 6000 余种期刊的论文和引文为数据基础，通过引文分析研究，对外发布的综合性科学文献计量结果。此报告自 2002 年开始出版，每年一卷，2008 年版《中国学术期刊综合引证报告（第 7 卷）》后，从 2010 年改为出版《中国学术期刊影响因子年报（自然科学与工程技术）》，2013 年出版了第 11 卷。《中国学术期刊综合引证报告》和《中国学术期刊影响因子年报》的主要特点为评价期刊范围广，注重文献计量学的应用，并且只进行综合引证分析，不进行核心期刊遴选，为科技期刊评价研究提供了一定的参考价值。

2. 方法 2：以科技文献数据库自定标准为主的评价系统

《中文核心期刊要目总览》简介和收录标准：该书由北京大学图书馆和北京高校图书馆期刊工作研究会合编，于 1992 年出版第 1 版，每隔 4 年出版一次。在 2008 年出版了第 5 版后，改为每三年出版一次，2014 年出版第 7 版。发布《中文核心期刊要目总览》的最初目的是为了让各高校图书馆可以利用有限的图书经费购买最有价值的科技期刊。目前《中文核心期刊要目总览》已建立了系统的科技期刊评价体系，成为最具社会影响力的科技期刊评价体系之一。

在入选期刊的选择上，《中文核心期刊要目总览》注重具有较高学术水平并能全面反映本学科领域研究内容及发展动向、具有较强权威性和代表性的刊物。

《中国学术期刊评价研究报告》简介和评价方法：《中国学术期刊评价研究报告》是由武汉大学中国科学评价研究中心、武汉大学图书馆、武汉大学信息管理学院对中国内地出版的中文学术期刊进行评价所形成的研究报告，于 2009 年首次正式出版，每两年出版 1 次。2013 年出版的《中国学术期刊评价研究报告（2013—2014）》对 6448 种中文学术期刊进行了评价，有 1939 种学术期刊进入核心期刊区，其中，权威期刊 327 种，占总数的 5.07%；核心期刊 964 种，占总数的 14.95%。《中国学术期刊评价研究报告》采用"分类评价"、"多元指标"和"定量与定性相结合"的评价方法对国内学术期刊进行了评价，采用的被引用情况评价指标主要有：总被引频次、影响因子、Web 即年下载率、二次文献转载量等。根据最终得分进行排序和划分等级，将期刊分为 A+（权威期刊）、A（核心期刊）、A-（扩展核心期刊）、B+（准核心期刊）、B（一般期刊）、C（较差期刊）5 个等级。《中国学术期刊评价研究报告》首次在学术期刊评价中同时遴选"权威期刊"与"核心期刊"，并对期刊进行分类排序和分级管理，建立了一套新的评价指标体系。项目课题组还自主研发了"中国学术期刊评价信息征集网络系统"和"中国学术期刊评价信息管理系统"，提高了期刊评价的准确性和效率。

上述 5 个评价系统侧重点不同而且各有特色。其中《中国科技期刊引证报告》和中国科学引文数据库主要利用引文相关的评价指标，全部是定量指标；《中文核心期刊要目总览》除了一些引文量、载文量情况的定量指标外，还加入了专家评定的定性指标并加重了其所占比重；而《中国学术期刊综合评价数据库》除了引文指标，还加入了下载频次等关于期刊文献流通使用的指标。不同的评价指标反映期刊文献不同方面的特性，通过权重的设置不同，最终反映期刊文献质量的不同。

（三）当前科技期刊评价体系的研究热点及趋势

近些年来，各种评价体系选取计量指标的标准和原则有了相当的一致性，即应正确对待期刊评价功能，用动态的、全面的和客观性强的指标取代静态的、单一的和主观性强的指标，并且表现出以下研究热点及趋势。

1. 热点及趋势之一：评价内容及手段多样化

随着计算机时代的到来，学术出版界发生了两大技术性的变革：一是印刷过程的计算机化，二是整个出版方式向互联网转变。这两大技术性的变革使期刊评价的载体更加多元化、评价手段更加现代化。期刊评价的内容将不再只是传统的纸质刊物，还包括网络转载量，网络检索情况，大众媒体的报道程度等。

2. 热点及趋势之二：评价方法协调化

在期刊出版领域发生变化的同时，文献计量学也开始加强对文献网络出版的研究。面对学术出版的重大变革与文献计量学的发展变化，期刊评价的研究内容和方法也将更为广泛。如：在以内容为单元的知识发现背景下，如何将文本挖掘应用到期刊评价中；以社会需求为导向的期刊文献内容相关性评价如何融入未来期刊评价中；如何运用期刊评价有效促进期刊出版领域的发展等。对期刊评价的研究将站在更高的角度，以更全面的视角、更明晰的评价主体来进行。

二、"十二五"进展的基本判断

（一）国外科技期刊评价存在的问题

尽管目前国外的科技期刊评价已得到广泛认可，但仍旧存在诸多问题。主要表现在以下 3 个方面。

1. 数据库收录期刊源存在巨大差异，统计出的学术指标存在差异

无论是基于文献统计的评价体系还是基于自创评价体系的数据库评价体系，都会因为数据库侧重不同，而使得收录期刊数量、学科、所收录的文章内容有所不同。因此，同一本期刊所计算出来的数据会有很大不同。

2. 收录期刊标准在地域、语种方面存在偏见

虽然 ISI 坚持认为所收录的区域性期刊符合选刊标准，代表来自特定国家和地域最好的研究成果，反映了科学研究全球化的趋势，但区域性期刊的影响因子普遍很低。事实上，ISI 来源期刊的地域分布存在着明显的不平衡现象，偏重于美国及母语为英语的地区，一些高水平的学术刊物往往由于出版地或语言因素而没有被收录。这种收录期刊的地区偏见，对中、韩两国的影响尤其严重。

3. 收录期刊学科分布不均

作为面向全部科技领域的综合性索引体系，SCI 并没有真正覆盖世界上所有的科技领域，而只是覆盖了所谓重要的、公认的、主流的学科，筛选收录期刊的学科分布也是不均衡的。

据不完全统计，截至目前，中国大陆（含香港和澳门，不含台湾省）共有 175 种期刊被 SCI 收录，主要分布在以下学科：材料科学、物理学、化学、冶金材料类、数学、生物学、信息技术类、医学、海洋学、植物学、地质学、天文学、综合学科等。

（二）国内科技期刊评价存在的问题

中国的科技期刊评价体系中主要存在以下问题。

1. 期刊评价等同于学术质量评价，缺乏对科技期刊的全面评价

"期刊评价"与"学术质量评价"是两个不同的概念，其评价的主体对象有着本质的区别。"期刊评价"是围绕"期刊"这一产品所做的综合评价，其考评范围包括但不限于产品质量及产品生产、发行、服务等多个环节及维度。"学术质量评价"是"期刊评价"组成的一部分，是针对期刊学术水平的划分与评价。二者相互关联却不可相互转换。

目前国内外科技期刊评价体系的主要对象为期刊所发表文章的内容，引文分析的评价结果并不令人信服。这种方式实际上缺乏对期刊本身诸多方面的评价，例如科学传播水平、评审质量、服务质量

等。因此建立一种全新理念的对科技期刊各方面都比较全面的评价系统势在必行。

2. 过于看重文献计量的定量评价方法

文献计量是对既有事实的统计和描述，并非是用来评判、预测的标准。因此，通过量化结果来进行期刊评价和对比，准确性上难免有失公允。当今，科技期刊评价在很大程度上被等同于对学术论文进行量化考核，当大范围使用文献计量指标作为评判标准时，文献计量学量化评价的局限也逐渐暴露出来。

中国著名的情报学领域专家叶继元教授认为：应采用定性与定量相结合的方法对期刊进行评价。定性与定量评价是分析评价事物的两个方面，前者是后者的基本前提，没有定性的定量评价是一种盲目的评价，而没有定量的定性评价则是一种浅层的定性，定量可以为定性评价提供科学、准确的数据，可以促使定性评价得出深入的结论。

因此，期刊评价中采用的定性评价，并不简单意味着在定量评价产生的结果基础上，由学科专家或图书馆员或编辑学领域专家进行排名的微调或是增删，而应是贯穿在期刊评价过程的始终。只是整个定性评价中，咨询的专家会有不同的类型，他们应该在评价的各个不同阶段产生不同的作用和影响。

3. 期刊评价指标体系不统一

开展科技期刊评价工作，首先应科学系统地建立起相对完善的评价指标体系。通过对现今国内几大核心期刊评价机构量化指标的对比不难发现，尽管各家都涉及引文率、影响因子、即年指标等项目，但由于评价选择的指标数量、权重分配差异，定性评价与定量评价所占地位不同，来源期刊选择领域不一，评选出的核心期刊名单存在差别。为了奠定中国科技期刊走向世界舞台的基础，中国期刊评价与国际期刊评价在方法和理论上保持一致的同时，更需要结合中国科技期刊发展的具体实际，科学制定出切实反映中国科技期刊学术水平和发展状况的评价体系。

三、"十三五"发展态势分析

近年来，中国科协十分重视科技期刊质量建设问题，采取包括精品科技期刊工程、科技期刊国际影响力提升计划在内的一系列重大工程，使科技期刊质量水平不断提升。根据《中国科技期刊引证报告（核心版）》显示，中国科协及其所属全国学会主办的科技期刊（以下简称中国所属科协科技期刊）在综合排名、影响因子排名、总被引频次排名、被收录比例上在国内都是遥遥领先。同时，中国科协所属科技期刊的国际影响力也不断增强，在推动学科发展、促进学术交流、激发科技创新中发挥了非常积极而重要的作用。

在中国科协所属科技期刊质量提升的同时，十分有必要加强对科技期刊的评价工作，以更好地评估工作效果，以科学的评价体系进一步促进科技期刊的全面和健康发展。全面的科技期刊评价体系的构建对于科技进步、成果传播、行业发展及产业变革都有着至关重要的价值与意义。

研究建立中国科协所属科技期刊评价体系，也有利于发挥中国科协在科技评估工作中的主角作用，提升中国科协在整个科技评价中的地位和作用。

（一）弥补现有评价体系的局限性

当今，科技期刊的评价大多只是对期刊出版论文文献的量化统计和分析，而并非对科技期刊发展过程的全面评价，这导致科技期刊的评价存在片面性和局限性。量化考核并不能取代专家，而是要使专家掌握足够多的信息，在更高的信息集成水平上做出更具权威性的评价。而在目前的期刊评价过程中，文献计量学的各种量化指标占有绝对重要的地位，期刊能否成为"核心"，很大程度上取决于量化角度的选择。构建全面的科技期刊评价体系将有效规避定性评价与定量评价在科技期刊评价中的比重失衡问题，评价结果将更加客观、公正、全面。

此外，随着我国科学技术的发展，学科发展多元化，期刊出版也呈现纷繁复杂的局面。随着信息技术和网络的普及，期刊的类型也呈现多样化，从之前仅有的印刷版发展为印刷版、电子版、网络版并存的格局。期刊类型的多样化使评价的内容更加复杂，传统对纸质期刊的评价指标、评价方法和评价依据在针对新的期刊载体的评价中面临着挑战。这就迫切需要寻求一种科学、合理的评价体系对这一全新的学术出版模式进行评价，从而有效引导和维护科技期刊的持续发展。

（二）对我国科技期刊全面发展提供科学指导

期刊评价的结果具有明显的导向作用，一方面会影响科研人员的投稿取向，另一方面可以使科技期刊朝着正确的办刊方向发展。一个客观公正且对科技期刊整体发展起推动作用的评价体系，必须认真分析中国科技创新形势的需求和中国科技期刊所处的阶段，真正做到为期刊整体评价服务。

目前，中国的政策环境过分重视国外 SCI 的导向，一方面导致中国科研人员不公平的投稿选择环境，另一方面也影响和制约了我国国内科技期刊的发展。因此，对我国科技期刊评价进行研究，深入挖掘科技期刊的本质、基本价值，分析期刊评价的目的、客观作用、外部环境等，构建立足我国期刊特点、满足我国科技发展需求的科技期刊评价体系具有十分重要的现实意义。

（三）完善我国科技期刊评价制度

中国科技期刊评价研究要想跟上国际期刊评价研究步伐，走上国际舞台，就必须完善和规范科技期刊评价工作，建立健全科学评价制度。健全的科技期刊评价制度首先应科学系统地建立起相对完善的评价指标体系。通过对比现今主要科技期刊评价机构的量化指标，不难发现，尽管现今各学术机构及专家耗费了大量人力物力，研究制定出了多种尽可能公正完善的评价体系，但评测体系中存在的一些问题仍未得到解决，仍需要不断完善。

（四）加强中国科协所属科技期刊的示范效应

中国所属科协科技期刊在我国科技期刊中占有重要地位，是我国科技期刊的代表性刊群。通过对中国科协所属科技期刊的本质和发展规律进行认真研究，了解中国科协所属科技期刊发展的现状，有助于更好地认识中国科技期刊的特点。在此基础上，借鉴现有科技期刊评价体系的发展经验，构建中国科协所属科技期刊评价体系具有十分重要的典型意义和示范效应，有利于规范和完善中国科技期刊评价标准，有利于正确引导科技期刊的持续健康发展，有利于国家有关期刊评价、出版管理等政策、制度的制定。

四、"十三五"重点任务建议

中国科协作为我国影响最大、权威性最强的科技社团和科学共同体，有责任、有能力建立和健全我国科技期刊评价体系，规范科技期刊的质量考评，为我国科技期刊发展提供科学指导，加强中国科协所属科技期刊的示范效应，为提高我国科技期刊的世界竞争力提供基础保障和科学支持。因此，课题组建议，将研究建立中国科协所属科技期刊评价体系列入中国科协"十三五"规划，逐步构建适应我国国情、适应中国科技期刊发展的科技期刊评价体系，促进我国科技期刊的健康发展和全面提升。

（一）中国科协所属科技期刊评价体系的理论基础

科技期刊是以刊登与科学技术相关的研究报告、学术论文、综合评述为主要内容的期刊，主要特征有：连续性、选择性、时效性、稳定性、创新性、渗透性、复杂性。中科院科技期刊、中国科协所属科技期刊和高校科技期刊以较高的学术水准和影响力引领我国科技期刊的发展。

科技期刊的综合水平涵盖了学术质量水平、编辑出版水平、科学传播水平3个范畴。①学术质量水平主要是指期刊所发表论文的学术水平，具体表现形式主要包括总被引频次、影响因子、载文量、即年指标、论文地区分布数、基金论文比例、被引半衰期等。②期刊编辑水平和出版水平包括国家标准执行情况、稿件采用率、出版时滞、校对水平、印刷装订水平等。③科学传播水平是指科技期刊实现知识信息有效传播的能力，包括传播手段、信息化水平、封面设计水平、对外宣传水平等。科技期刊的质量主要取决于所刊载论文的质量，论文的质量需要编辑的鉴别能力和编辑加工能力来保证，科技期刊的封面设计、传播手段直接关系到期刊科学传播功能的发挥。因此，科技期刊的综合水平是一个整体性概念，期刊质量控制渗透于内容、形式、传播的各个环节。

根据科技期刊综合水平的内涵分析，影响科技期刊综合水平的因素主要由5部分构成，即稿源学术水平、期刊影响力、编校出版水平、编辑队伍水平、科学传播水平，这5部分构成了科技期刊外在和内在表现的统一，如图1所示。其中，稿源学术水平是科技期刊综合水平的核心内容，稿源学术水平、期刊影响力直接影响科技期刊在科学共同体中的认可度，最终反映为科技期刊的学术水平。学术水平相同的前提下，编校出版水平、编辑人员水平、编委会水平、科学传播功能的发挥也会影响读者（作者）对科技期刊的认可程度。

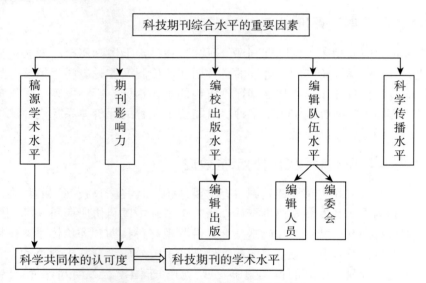

图1　影响科技期刊综合水平的因素

1. 稿源学术水平

稿源学术水平是科技期刊综合水平的核心，决定着科技期刊的层次。科技期刊稿源的学术水平主要体现在以下3个方面：①前沿性，所发表的论文是否能够反映该研究领域的发展方向和学术水平，是否能够代表该领域的发展前沿；②创新性，所发表的论文理论是否有创新、是否有突破性；③科学性，论文的实验数据和理论分析等是否真实准确。

反映科技期刊稿源学术水平的指标主要有：参考文献量、平均引文量、平均作者数、地区分布数、机构分布数、基金论文比、引用半衰期、作者平均职称级别、作者平均学位级别、论文退稿率等。稿源学术水平指标也被称为文献指标，反映刊物信息的本身状态，即刊物出版时的信息数量和质量。因此，该类指标一般是客观的计量统计指标，具有唯一性，即刊物发行后，不论哪个统计机构得出的数据都是一样的。

稿源的学术水平直接影响科技期刊的学术水平。不同期刊的学科内容不同，因此衡量科技期刊的学术水平非常有难度，目前还缺乏规范、统一的科技期刊学术水平评价标准。中国新闻出版管理部门对科技期刊的学术水平还未制定过相应的标准，目前主要依靠同行专家的定性评议和基于文献计量学的定量评价。

2. 期刊影响力

期刊影响力是指科技期刊在一定时期里对其所涉及科研领域的科研活动所产生影响的深度和广度，反映了刊物信息的传播状态，即刊物出版后被读者所阅读、参考、引用、应用的程度。期刊影响力是期刊学术质量与论文数量的统一，是科技期刊在科学活动中的作用和价值的共同体现，是科技期刊社会效益和经济效益的综合反映。其直接反映属性是信息传播的强度、广度及速度；间接反映属性是信息的质量，即科技期刊的学术水平。科技期刊的学术影响力越大，对我国科技事业发展的贡献越大。

科技期刊的影响力受诸多因素的影响，诸如：刊载论文的学术水平、编委会的构成、同行评议质量、期刊的国际显示度、期刊涵盖的学科范围、被检索系统收录情况、论文的出版时滞、开放阅读情况、纸刊发行量等。反映科技期刊影响力的指标主要有：被引用指标、载文量、纸版发行量、网络下载量、被检索系统收录数等。其中被引用指标是当今研究的热点，形成了一个计量指标族，主要包括：总被引频次、影响因子、即年指标、他引率、引用刊数、扩散因子、学科影响指标、学科扩散指标、被引半衰期等。该类指标一般都是客观的计量统计指标，但不同的统计机构、不同的统计数据库、不同的统计样本，其统计出的数值有所差别。

科技期刊的稿源学术水平与期刊影响力直接影响科技期刊的科学共同体认可度。科学共同体认可度又会反作用于科技期刊的稿源学术水平与期刊影响力。

3. 编校出版水平

科技期刊的编校出版水平包括两方面内容：编校水平和出版水平。编校水平是指编辑从编辑加工到编排、校对等一系列活动中进行再创造和加工的水平。科技期刊编辑需要对稿件的内容和结构、稿件语言、稿件格式等进行精心修改加工。对编校水平的具体要求包括：严格执行国家有关标准和规定，统一并规范科技名词术语；论文结构严谨、文字精练；数字与标点符号等正确使用；数据、公式等真实可靠。编校水平的高低与编辑队伍的综合素质紧密相关，高素质的编辑人员是提高科技期刊编校水平的重要保证。

出版水平是指排版、印刷和发行的水平，其包含的内容主要有：版式设计、版权和目次页内容、印刷及装订、按期发行等。

科技期刊编校出版水平直接反映刊物本身的状态，包括刊物形式的质量水平和刊物的发行速度。反映科技期刊编校出版水平的综合评定指标主要有：文献书目信息完整率、编排规范化、差错率、栏目特色、平均发表周期、刊物得奖情况、平均出版时限、装帧质量、印刷质量等。该类指标有客观的计量统计指标，也有主观评价指标。

4. 编辑队伍水平

科技期刊的办刊实力主要包括科技期刊编辑人员和编委会水平。

（1）科技期刊人员编辑水平。

编辑是科技期刊的活动主体，是期刊出版工作的中心环节，对科技期刊的质量起着关键作用，高素质的编辑队伍是保证科技期刊质量的支柱。编辑素质的高低与科技期刊的综合水平好坏成正比。编辑人员整体素质对科技期刊综合水平的影响主要表现在以下4个方面。①影响科技期刊正确的政治方向。②影响科技期刊标准化、规划化、国际化水平。编辑出版业务知识水平的高低，直接影响着期刊的编排质量。编辑的社交协调能力、团队合作能力、社会交往能力、协调能力影响期刊的正常运行。③影响科技期刊的学术性、前沿性。当代新科技、新观念、新知识层出不穷，科技期刊编辑所具备的自然科学与社会科学知识，是期刊学术性的强有力支撑。④影响科技期刊健康、长远的发展。编辑的逻辑思维能力、文字能力、策划与创新能力是期刊纵深发展的保障。

编辑的职业素质是办刊质量的关键要素之一。唯有一流的编辑，才可能办出一流的刊物。反映编辑水平的指标主要有：编辑部实力（职称、学历）、编辑受奖励情况、发表论文情况、编辑部平均年龄等。

（2）科技期刊编委会水平。

科技期刊的综合水平涉及科技期刊的办刊宗旨、办刊内容以及审稿等多个环节，这些关键环节最终都是由科技期刊的编委会把关。所以对于科技期刊来说，其学术水平和影响力主要由编委会决定。在现代期刊运营中，编委会是科技期刊的主要职能机构之一，也是期刊核心竞争力的一个重要组成部分。其职责主要有：①建议、决定编辑出版方针及期刊的发展方向；②推进期刊的发展；③主动约稿或鼓动他人投稿；④审稿及推荐合适的审稿人。

编委会水平是科技期刊综合水平指标的重要构成部分，其反映指标主要有：主编实力、编委会整体实力、编委在本刊发表论文情况、编委为本刊约稿情况、编委为本刊审稿情况、编委会与编辑部互动情况等。

5. 科学传播水平

科技期刊科学传播功能的发挥主要表现在以下 5 个方面。

（1）科技期刊品牌的推广和建设。

科技期刊品牌的推广和建设是科技期刊传播功能发挥的重要措施与手段。调查结果显示，2012 年度中国科协所属期刊中，实施过发行宣传活动的期刊占 81.5%，参加过国际期刊展会宣传的期刊占 11.8%，参加过国内期刊展会宣传的期刊占 45.7%，实施广告宣传活动的期刊占 41.0%，通过网络实施推广宣传的期刊占 56.1%，采用其他宣传活动的期刊占 11.0%。

（2）科技期刊网络化程度。

随着网络化和数字化的发展，人们的阅读方式和获取信息的途径发生巨大变化，纸版期刊同时配合期刊网站可有效扩大信息传播半径，最大限度地降低营销宣传成本，扩大读者量和文章下载量，并可有效提高期刊被引频次和影响因子，对促进期刊品牌影响的最大化和期刊品牌价值的提升具有不可替代的作用。

调查显示，截至 2012 年，中国科协所属期刊建有独立网站的期刊占 62.4%，尚未建立网站的占 37.6%，建有英文网站或双语网站的占被调查期刊总数的 17.7%，未建立英文或双语网站的占 82.3%。这表明中国科协所属期刊的网络化和网站的国际化程度有待提高，加强中国科协期刊英语或双语网站建设，是期刊国际化和扩大期刊品牌国际推广的重要手段和途径之一。

（3）科技期刊网站的内容和形式。

科技期刊网站的内容与形式直接影响期刊网站的在线访问量和下载量。丰富的内容和活泼的形式能有效扩大期刊影响，促进期刊品牌培育和建设。对中国科协所属期刊网站在线内容调查表明，全文在线并免费下载的网站占 24.4%，摘要在线的网站占 45.7%，编者、读者和作者互动内容的网站占 35.7%，学科或行业信息内容的网站占 25.4%，在线交易平台功能的网站占 5.7%，其他内容的网站占 4.4%。

（4）科技期刊的发行情况。

发行数量作为科技期刊传播广度的指标具有重要意义，让应该看到期刊的学者看到，是期刊发行是否到位的重要标志。

（5）科技期刊的大众传播水平。

科技期刊发表的论文经过了严谨的同行评议，具有科学性、原创性、前沿性的特点，是大众媒体进行科学传播的重要和优秀稿源。重视科学传播的科技期刊，往往定期、系统地将期刊中容易受到大众关注的信息，通过大众媒体进行传播。科技期刊进行大众传播的常见手段有：参加与大众媒体的互动活动，如期刊组织的新闻发布会、中国科协组织的科技期刊与媒体面对面活动等期刊内容推介活动。还有一些科技期刊甚至设有专职的新闻编辑专门从事科技期刊的内容传播工作。科技期刊进行大众传播所取得的传播效果，如期刊内容被大众媒体报道的数量及频次等，是反映科技期刊科学传播水平的重要指标。

（二）中国科协所属科技期刊评价体系的设计构想

近年来，中国科协十分重视科技期刊质量建设问题，采取包括精品科技期刊工程、科技期刊国际影响力提升计划在内的一系列重大工程，使科技期刊质量水平不断提升。根据《中国科技期刊引证报告（核心版）》显示，中国科协所属科技期刊在综合排名、影响因子排名、总被引频次排名、被收录比例上在国内都是遥遥领先。同时，中国科协所属科技期刊的国际影响力也不断增强，在推动学科发展、促进学术交流、激发科技创新中发挥了非常积极而重要的作用。在中国科技期刊质量提升的同时，十分有必要加强对科技期刊的评价工作，以更好地评估工作效果，以科学的评价体系进一步促进科技期刊的健康发展。

1. 中国科协所属科技期刊评价体系包含的内容

对科技期刊评价就是对科技期刊产品的价值进行评价，而价值的大小决定于生产该产品所需的社会必要劳动，对社会必要劳动的评定是要通过对产品质和量的评定来实现。所以，对科技期刊的评价是指对科技期刊质量的全面评价，包括3个方面内容：期刊产品的评价、期刊发行过程的评价、期刊服务质量的评价。评价的内容是对科技期刊各方面、各环节的要求，主要包括：期刊的学术水平、科学共同体认可度、编辑出版流程、规范文件、编辑质量、出版质量、发行渠道、出版准期率、网站建设、推广宣传活动、办刊人员数量与质量、办刊场所与设备、办刊经费、机构设置、办刊人员待遇等多个方面。

科技期刊的评价体系包括期刊评价指标和期刊评价方法，具体包括：确定评价内容与目标、确定评价标准、建立质量评价指标体系、质量评价指标加权计算、输出评价结果与改进目标、根据评价结果优化目标。

在进行综合评价之前，需要确定4个方面内容：评价指标分析模型系统、评价指标系统数据库、评价算法以及科技期刊实际质量评价数据。评价指标分析模型包括3个方面内容：评价指标管理、设置评价指标标杆、评价指标分析方法。评价指标系统数据库需要综合考虑科技期刊的实际情况、指标的全面性、后期评价的可操作性。评价算法主要影响评价结果的准确性，需要综合考虑评价算法的可操作性、通用性以及评价结果的准确性与反馈明确度。

2. 中国科协所属科技期刊评价体系的理念和原则

建立全面的科技期刊评价指标体系应遵循以下基本原则：科学性原则、独立性原则、可行性原则、定量和定性相结合原则，全面评估科技期刊的综合水平，促进科技期刊健康发展。

定量评价法是先用某种准则确定评价指标，再依据该指标的差异来评价期刊。期刊评价常用的定量指标有影响因子、总被引频次、载文量、即年指标、被引半衰期等。

定性评价法是指由评价者对研究对象进行总体性概括性的评价。目前定性评价法仍是重要的不能缺少的一种期刊评价方法，贯穿于整个评价及体系构建的过程，其中应用最广泛的是同行评议法。定性评价主要是针对不能或很难量化的指标，如审稿质量水平（初审意见合理程度、同行评审意见的参考价值、编辑部参考同行评审意见的合理程度、查重规则合理性）、版式设计水平、印刷装帧水平、编辑服务态度、编辑与作者沟通稿件进展的及时性、编辑在审稿与编校过程中对作者意见的尊重程度、审稿时效（编辑初审速度、专家评审速度、复审和终审速度）、发表流程合理程度（安排刊期的速度、编辑加工速度、上线速度、检索速度）等。

定量评价与定性分析相结合是在科学量化分析的客观评价结果之上结合相关学科专家的定性评价分析，在一定程度上克服了纯定量评价研究的不足，提高了科技期刊评价的科学合理性和可信度。

3. 中国科协所属科技期刊评价体系的建立步骤

中国科协所属科技期刊评价体系的建立步骤如图 2 所示。

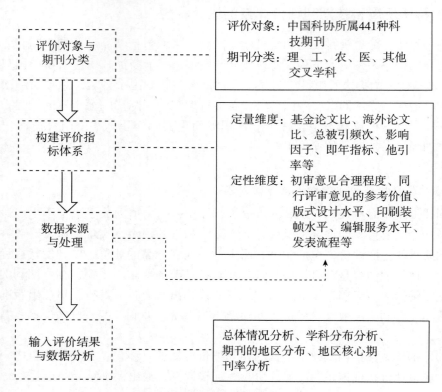

图 2　期刊评价体系的建立步骤

4. 评价指标的选取思路

中国一般将科技期刊评价指标分为学术质量指标、编辑质量指标、出版发行指标及经济效益指标等几类，在开展期刊评价活动时按要求选择其中若干指标组成评价指标体系。目前比较典型的评价指标体系中，"科技期刊综合评估体"采用 8 项计量统计指标，"自然科学学术期刊综合评价指标体系"采用 13 项计量统计指标，"首届中国高校精品、优秀科技期刊"评比中学术质量评价指标采用 7 项计量统计指标，《中文核心期刊要目总览（第 6 版）》采用 9 项计量统计指标。

根据中国科协科技期刊评价指标选取原则，和影响科技期刊综合水平各项因素的分析结果，本研究把科技期刊评价指标归纳为：学术水平指标、影响力指标、编辑出版水平指标、编辑人员指标、编委会指标、科学传播功能指标作为期刊评价体系的 6 个一级指标，每个一级指标下面有若干个二级指标。这些指标中既有定量指标，又有定性指标，能较全面地反映科技期刊发展过程中需要控制与加强的各个环节。表 1 为中国科协所属科技期刊评价指标的初步设想，指标的具体设定仍需要进一步深入研究。

表 1　中国科协所属科技期刊评价指标的初步设想

一级指标	二级指标	一级指标	二级指标
学术水平指标 V_1	基金论文比 v_1	编辑人员指标 V_4	编辑职称 v_{40}
	地区分布数 v_2		编辑学历 v_{41}
	机构分布数 v_3		编辑部平均编龄 v_{42}
	海外论文比 v_4		编辑业务能力 v_{43}
	平均引文数 v_5		编辑策划选题与组稿情况 v_{44}
	参考文献量 v_6		个人发表论著情况 v_{45}
	英文参考文献比率 v_7		获奖情况 v_{46}
	第一作者身份 v_8		编辑服务态度 v_{47}
	稿件的基金资助级别 v_9		编辑与作者沟通稿件进展的及时性 v_{48}
	初审意见合理程度 v_{10}		编辑对作者意见的尊重程度（包括审稿与编校过程中）v_{49}
	同行评审意见的参考价值 v_{11}		
	编辑部参考同行评审意见的合理程度 v_{12}		
	查重规则合理性 v_{13}		
影响力指标 V_2	总被引频次 v_{14}	编委会指标 V_5	发表论文指标 v_{50}
	影响因子 v_{15}		推荐论文指标 v_{51}
	即年指标 v_{16}		审稿指标 v_{52}
	他引率 v_{17}		提案指标 v_{53}
	引用刊数 v_{18}		参会指标 v_{54}
	扩散因子 v_{19}		编委会成员学术层次指标 v_{55}
	学科影响指标 v_{20}		编委会人员学术构成情况 v_{56}
	学科扩散指标 v_{21}		
	被引半衰期 v_{22}		
	网络下载量 v_{23}		
	进入国际 v_{24}		
	国内重要检索系统情况 v_{25}		
编辑出版水平指标 V_3	对稿件内容和结构的修订 v_{26}	科学传播功能指标 V_6	期刊网站建立情况 v_{57}
	对语言的修订 v_{27}		网络检索情况 v_{58}
	对格式规范的修订 v_{28}		网上稿件处理系统使用情况 v_{59}
	栏目特色 v_{29}		期刊发行情况 v_{60}
	刊物排版质量 v_{30}		被大众媒体报道及互动传播情况 v_{61}
	刊物装帧与印刷质量 v_{31}		
	编辑初审速度 v_{32}		
	专家评审速度 v_{33}		
	复审和终审速度 v_{34}		
	安排刊期的速度 v_{35}		
	编辑加工速度 v_{36}		
	为退稿推荐转投期刊的额外服务 v_{37}		
	对特殊稿件的照顾 v_{38}		
	优秀稿件是否优先处理 v_{39}		

5. 研究方法的选取思路

随着文献计量学的发展，期刊评价已经越来越多地采用数学、统计学的方法，逐渐从最初的经验式定性评价转变成定量评价，方法也变得多种多样。目前期刊评价采用的方法主要为：定性评价法、定量评价法、定量与定性相结合的综合评价法。定量评价方法多采用文献计量学的若干指标，也可采用模糊数学法、层次分析法等。定性方法主要指专家团队的定性评审。

本研究拟采用多指标相结合的综合指数评价法，结合调查统计方法，建立科技期刊评价模型。综合指数评价法是采用多种指标，并用层次分析法确定权重，建立指数模型，以此得到的综合指数及其排序来反映科技期刊的质量和水平。用综合指数评价法来评价科技期刊，避免了用单一指标评价的片面性和局限性，能全面、客观、综合地反映科技期刊的质量水平，而且能够为科学研究地定量评价及绩效评估创造条件。

6. 可行性的初步分析

中国科协所属科技期刊是我国科技期刊的代表性刊群和重要出版资源，不仅承担着繁荣学术、增进交流和促进科技成果转化的重任，而且承载着学术评价、学术生态建设、知识创新和人才培养等重要功能。以此为基础，建立中国科协所属科技期刊评价体系是必要而且可行的，主要体现为以下4方面。

（1）强大的实践基础。中国科协所属科技期刊是我国科技期刊的代表性刊群之一。从2006年中国科协精品科技期刊工程实施以来，中国科协所属科技期刊的学术质量大为提高。中国科技期刊国际影响力提升计划是国内迄今为止对英文科技期刊资助力度最大、目标国际化程度最高、影响力最深远的专项支持项目。因此，中国科协所属科技期刊数量上的庞大、学术质量及影响力的高水平为构建科技期刊综合评价体系提供了强大的实践基础。

（2）强大的技术力量和人才保障。中国科协所属科技期刊的主编/总编辑都是各学科的学术领衔人物，具有学术和学科领袖的影响作用。调查表明，在中国科协所属科技期刊的主编/总编辑中，中国科学院院士和中国工程院院士及外籍院士占15.9%，博士生导师占39.5%，正高级职称的专家占96.2%，拥有博士学位的占39.5%，拥有硕士学位的占19.3%。因此，中国科协所拥有的学术大家和优秀的专职编辑队伍，将可以为构建科技期刊评价体系提供强大的技术力量和人才保障。

（3）强有力的动力支持和精神力量。中国科协作为我国影响最大、权威性最强的科技社团和科学共同体，是政府联系广大科技工作者的桥梁与纽带，其人所共知的权威性和社会公信力将为科技期刊评价体系的建立和实施提供强有力的动力支持和精神力量。

（4）稳定的数据来源与科技期刊发展的实际需要。近年来中国科协所属科技期刊网络化、电子化建设的逐步完善，为科技期刊评价提供了稳定的数据来源。同时，中国科协所属科技期刊在快速发展过程中也遇到了各种各样的问题，亟须方向性的引导和可操作性的建议。因此，利用科技期刊评价模型引导科技期刊健康发展，端正科技期刊评价的意义对于科技期刊健康发展具有重要的指导意义。

（三）立项后的工作规划

如果中国科协所属科技期刊评价体系建设项目能够被列入中国科协"十三五"规划，建议在以下4个方面开展重点工作。

（1）完善指标的设定项目。对影响科技期刊综合水平的核心指标和关键指标进行全面分析和设置。

（2）确定指标的考核数值和权重。对确定的指标进行分析，设定取值范围和权重。

（3）建立模型，进行测算，完善评价体系。用确定的指标和标准进行实刊测算，必要时，适当调整，使之更加合理和准确。

（4）推动评价指标执行，促进期刊全面发展。推动评价指标成为行业标准，在期刊评价体系中起到作用，推动期刊的全面、科学发展。

五、结论与建议

科技期刊的质量高低是科技期刊生存和发展的关键因素，也直接影响着科学技术发展的速度与水平。近年来我国的科技期刊得到了蓬勃发展，学术出版的国际化水平也得到了大幅提升。作为衡量科技期刊发展水平的科技期刊评价体系，对于我国科技期刊的健康发展具有举足轻重的作用。

国内外科技期刊评价活动普遍采用的评价体系主要可分为，以期刊文章的引文数据分析为主的评价系统和以科技文献数据库自定标准为主的评价系统。目前，国外科技期刊评价体系存在的问题主要有：①因各数据库收录期刊不同导致的同一期刊数据差异；②收录期刊在地域、语种方面的偏见；③收录期刊学科分布不均。国内科技期刊评价体系存在的问题主要有：①期刊评价等同于学术质量评价，缺乏对科技期刊的全面评价；②过于看重文献计量的定量评价方法；③期刊评价指标体系不统一。

中国科技期刊在快速发展过程中也遇到了各种各样的问题，亟须方向性的引导和可操作性的建议。因此，利用科技期刊评价模型引导科技期刊健康发展，完善科技期刊评价对于科技期刊健康发展具有重要的指导意义，主要表现为：①弥补现有评价体系的局限性；②对我国科技期刊全面发展提供科学指导；③完善我国科技期刊评价制度；④加强中国科协所属科技期刊的示范效应。

通过研究科技期刊发展规律，课题组认为，科技期刊的综合水平涵盖了学术质量水平、编辑出版水平、科学传播水平3个范畴。影响科技期刊综合水平的因素主要由5部分构成，即稿源学术水平、期刊影响力、编辑队伍水平、编校出版水平、科学传播水平，这5部分构成了科技期刊外在和内在表现的统一。以此为基础，课题组提出了构建全面科技期刊评价体系的设计思路。

中国科协作为我国影响最大、权威性最强的科技社团和科学共同体，有责任、有能力建立、健全我国科技期刊评价体系，规范科技期刊的质量考评，为我国科技期刊发展提供科学指导，加强中国科协所属科技期刊的示范效应，为提高我国科技期刊的世界竞争力提供基础保障和科学支持。

因此，课题组建议，将研究建立中国科协所属科技期刊评价体系列入中国科协"十三五"规划，逐步构建适应我国国情、适应中国科技期刊发展的科技期刊评价体系，促进我国科技期刊的健康发展和全面提升。

（课题组成员：史永超　王帅帅　薄婧琛　卫夏雯）

科技社团管理制度与规范研究

——修订《中国科协全国学会组织通则（试行）》《中国科协团体会员管理办法（试行）》研究报告

中国科协学会学术部课题组

一、修订"建设文件"的基本依据和经验借鉴

（一）"建设文件"的修订依据

1. 以中国科协和全国学会业务关系为核心依据

此次"建设文件"修订的根本动因在于，中国科协和全国学会之间的业务主管关系越来越不适应经济社会发展的形势，既不利于全国学会发挥出服务经济社会发展的职能，也不利于全国学会对政府职能的更多、更有效的承接，亦即既不利于形成"大社会"，也不利于形成"小政府"，与此同时，还不利于科协发挥出服务全国学会的职能，因而现行的这种业务主管关系的变革势在必行。至于业务主管关系如何变革、何时变革，是要变成业务指导关系还是变成其他关系，这当中仍然存在着一定的不确定性。因而"建设文件"修订的核心依据便在于中国科协和全国学会之间的最新的业务关系。

2. 以相关法律法规和条例章程为主要参照标准

由于《中国科协团体会员管理办法（试行）》（以下简称"《办法》"）是以《中国科协全国学会组织通则（试行）》（以下简称"《通则》"）和《中国科学技术协会章程》为依据，而《通则》又是以《社会团体管理登记条例》和《中国科学技术协会章程》为依据，所以总体而言，作为中国科协两大"建设文件"的《通则》和《办法》的具体修订，就需要要以最新的《社会团体登记管理条例》及《中国科学技术协会章程》作为主要参照标准。

为此，在中国科协"建设文件"的修订工作中，需要紧密追踪国务院关于修订《社会团体登记管理条例》的最新动态，及时领会关于文件修订的最新精神，并严格依照最新的《中国科学技术协会章程》，做到以相关法律法规和条例章程为主要参照标准。

3. 以国家政策方针和社会环境为总体修订方向

虽然《社会团体登记管理条例》和《中国科学技术协会章程》是中国科协"建设文件"的主要参照标准，但毕竟其是从更为一般性和更为宏观的角度进行规定的，因而具体到对中国科协全国学会这一特定类型社会团体的管理，以及对于中国科协团体会员这一更为细化的领域的管理，当中所涉及的更多更具体的事项，并非全都在《社会团体登记管理办法》及《中国科学技术协会章程》中有明确规定，在此情况下，需要确保"建设文件"的修订的总体方向是和国家政策方针及社会环境是一

致的。

为此，需要遵照《国民经济和社会发展第十二个五年规划纲要》关于建立健全社会组织管理体制的总体方针，贯彻落实党的十八大及十八届二中、三中、四中全会关于社会组织管理的政策精神，把握好国家关于社会组织体制改革和制度变革的最新动态，围绕推动学会深化改革、强化其服务并承接政府职能的社会环境动向，进行"建设文件"的修订。

（二）国内外相关经验借鉴

1. 国内相关文件修订的经验借鉴

国内相关文件的修订中，关于《档案馆工作通则》的修订思路为"建设文件"的修订提供了较好的经验借鉴。

我国的《档案馆工作通则》（国档发〔1983〕14号）自1983年发布和施行以来，尚未开展过修订工作，为此中国人民大学信息资源管理学院的王英玮教授等学者在《关于修改〈档案馆工作通则〉的思考和建议》（2010）这一论文中指出，经过了二三十年的时间，《档案馆工作通则》（以下简称"《档案馆通则》"）的内容已经不适应时代发展需要，并在一定程度上对我国档案馆事业的发展形成阻碍，因而需要进行相应的修订，并针对《档案馆通则》中的各项条款提出了具体的修订建议。修订建议主要涉及如下方面：一是对《档案馆通则》的制定目的、档案馆接收档案及电子文件的范围进行修订，使其更为明确且更符合时代发展需要；二是对档案馆的定义进行修订，将我国对公共档案馆建设的强劲需求和档案馆"五位一体"功能建设的需要体现进去；三是对档案馆的基本任务进行了修订，从而有助于档案馆重视信息资源，提升资源开发、利用意识与社会服务意识；四是对相应条款的内容做了增加，或增添相应条款，使内容更为全面，例如对档案馆工作内容进行了增加；五是删掉了"维护党和国家的机密，提高工作效率和质量"的规定，原因在于这是档案管理制度规范的基本要求，不必重复规定；六是对档案馆接收档案及电子文件的期限进行了修订，从而使档案馆接收档案的期限更为灵活，同时使有助于增强电子文件真实性、完整性及可靠性；七是将原有的一些限制性条款，按照档案文件"以开放为原则、不开放为例外"的政策进行修订，从而简化手续，方便对档案文件的利用。

《档案馆通则》为"建设文件"修订提供的经验借鉴主要有如下几点：一是使内容更适应时代发展的需要，做到与时俱进；二是使内容更加明确，更为具体；三是减少冗余性条款，以使内容更加简洁；四是补充相应条款或规定，使内容更为全面；五是体现由注重管理向注重服务的职能转变，对相关工作规程程序进行了简化；六是语言表述方面减少了否定句，更多地采用肯定句；七是增强了制度设计的科学性，使实践工作变得更灵活、更有效率。

2. 国外相关经验借鉴

国外相关文件的修订中，美国食品和药品管理局（FDA）对《软件验证通则》（GENERAL PRINCIPLES OF SOFTWARE VALIDATION）的修订为"建设文件"修订提供了较好的经验借鉴。《软件验证通则》（以下简称"《软件通则》"）是对FDA在考虑使用医疗器械软件，或将软件应用于设计、开发及生产医疗器械过程时，在对所使用软件的安全性、可靠性、适用性等方面进行验证时所应遵循的通用性原则的概括，1997年制定，后来于2002年对其完成修订并出台。

2002年FDA对《软件通则》的修订，主要在如下方面进行：一是在总体框架方面发生了些变动，例如1997年版的第三章标题为"讨论"、第五章标题为"软件验证"，2002年版的第三章标题变为了"软件验证内容"、第五章标题变为"活动和任务"，对各章中的小节安排也进行了调整，例如第二章第三节"软件验证的质量体系规则"被"最少负担途径"、"软件验证的规则要求"这两个小节所取代；二是在语言表述方面变得更规范、更简洁，例如1997年版中在对软件验证的意义进行阐述时指出"软件验证对于器械软件和软件自动操作而言是一种确保其质量的重要工具"，而2002年版的则改为"软件验证是一种确保器械软件和软件自动操作质量的重要工具";三是对内容进行增加,以使其更全面,例如2002年版的与1997年版的相比,在第三章中增加了"软件生命周期"的内容,再比如对典型的验证任务的划分,1997年版的总共划分为5项,而2002年版的则总共划分为7项;四是对部分内容做出了删减,对于那些容易理解的道理就不再重复阐述,例如1997年版中在第四章"软件验证规则"中包含有"现实世界"这一小节,意在说明软件运行环境是多样的因而软件验证工作也是复杂的,而2002年版中则将这一小节予以删除。

FDA对《软件通则》的修订为"建设文件"修订提供了较好的经验借鉴:一是需要重新审视文件现有的框架结构是否合理,必要时可以对文件的现有框架进行变动;二是在文字表述方面,努力做到简洁和规范;三是对内容进行必要的拓展和补充,以使其变得更为全面;四是将多余的内容予以剔除,对于那些容易理解的内容不需要重复论述。

二、现行"建设文件"存在的主要问题

(一)总体框架有待修订完善

为进一步激发科技社团活力,提高科技社团的创新意识和创新能力,降低其登记门槛,目前我国实现符合条件的科技类社团向民政部直接申请登记,无须中国科协作为业务主管单位进行审批是必然的发展趋势。因此,中国科协应及时转变自身的角色定位,由原来的业务主管部门转变为业务指导部门,建立业务指导关系,主要承担服务和监督的功能,建立起行之有效的服务体系,指导全国学会健全工作机制并激发其活力。

因此,作为中国科协"建设文件"之一的《通则》,其总体框架需要修订完善,《通则》的现行框架是在中国科协作为全国学会的业务主管单位基础上制定的,例如《通则》第二章"成立、接纳、变更、退出"中关于全国学会向中国科协提交筹备申请、全国学会的变更等事项的规定,这些规定在一定程度上束缚了全国学会的发展;第五章"办事机构"以及第六章"分支结构和代表机构"的相关规定已经不符合当今社会发展的实际,同时与我国现行的有关文件相违背,对于这些内容应从结构上进行调整;现行《通则》中缺失的一些规定如学会入会程序,建议增设到第二章"接纳"一节;同时,全国学会年度检查、信息共享平台的建设等内容则建议增设"监督管理"一章。

(二)对现有条款规定的分析

《通则》于2007年通过,成为全国学会成立、活动开展、章程制定的指导性文件,但随着社会发展,相关规定存在的问题愈发突显,如有些语句表述不够规范、考虑欠全面、条款内容滞后于社会经济发展、条款之间存在重复累赘的问题等。

1. 语句表述的规范性不足

现行"建设文件"《通则》第二条对于全国学会的内涵、主要工作目标的表述规范性不足,同时也滞后于经济社会发展的实际;第四条在对全国学会任务的阐述中,对于推动建立科学研究的诚信监督机制,促进产学研结合、实现科技成果转化,在组织会员及科技工作中推动决策的科学化、民主化等方面的相关规定不够明确规范;第二十八条关于会员(代表)大会所行使职权的规定中,个别条款例如第二项关于选举和罢免权的规定不够规范;第四十二条关于全国学会理事长(会长)法定代表人的规定与现行相关文件不完全一致,规范性欠佳;第四十六条关于党政机关干部兼任学会秘书长的规定,与现行相关文件在措辞上不一致,不够明确规范。

2. 个别条款考虑不够全面

现行"建设文件"《通则》第二条缺乏对生态文明建设、中华民族伟大复兴的"中国梦"等最新

精神的体现；第四条对全国学会的任务规定中，缺乏对全国学会承接政府职能、为全面深化改革提供智力支持等事项的相关规定；第七条对全国学会义务的规定不够全面，且关于全国学会接受中国科协领导的规定条款也不够准确；第四十条关于全国学会负责人任职条件的规定，未考虑到是否曾在被取缔的全国学会担任负责人的情况；第六十三条在对全国学会经费来源的阐述中，对于财政拨款、社会捐赠及资助等内容的规定不够全面，需进行全面化的修订，使之更加完整。

3. 若干条款内容有待更新

社会组织的发展必然要求去行政化，实行民主自治、独立运行、自主发展、依法办会的发展模式，这也是深化行政管理体制改革和创新社会治理的必然要求，以实现"政社分开、权责明确、依法自治的现代社会组织体制"的目标。同时，随着科技类社团的成立实现民政部直接办理登记手续，无需经中国科协进行审核批准。现行"建设文件"《通则》第十四条、第三十条等条款内容主要涉及中国科协作为业务主管单位的规定，已不符合社会组织发展的现实和趋势，应进行时代化的更新，只有这样才能激发科技类社团的创新活力，服务创新型国家建设的需要。同时，"建设文件"《中国科协团体会员管理办法》关于"会员入会程序"、"权利与义务"及"退出"的相关规定，以及中国科协作为业务主管单位的相关规定，均应通过更新与修订，使其更符合时代进步与社会发展的要求。

4. 部分条款规定明显重复

现行《通则》第六十七条相关内容表述累赘，不够简明扼要，存在表述重复的现象，应进行简洁化的修订。

（三）对缺失规定的归纳梳理

现行《通则》内容不够全面，随着社会组织的进一步发展及中国科协角色地位的变化，《通则》中未涉及的诸如团体会员加入中国科协的程序、全国学会信息共享平台的建设与管理、全国学会活动的年度检查制度及周期的规定，需依据修订后的《社会团体登记管理条例》、正在制定的《全国性社会组织直接登记暂行办法》进行相应的修改、补充、完善。

三、修订的总体思路和基本原则

（一）总体思路

党中央、国务院高度重视社会组织工作，改革开放以来制定了一系列方针政策和法规制度，推动了社会组织的平稳较快发展。但也要看到，目前社会组织在管理中存在着政社不分、作用发挥不充分、法律法规不健全等问题，迫切需要通过改革社会组织管理制度加以解决。

为促进社会组织良性发展所进行的"建设文件"修订，应以邓小平理论、"三个代表"重要思想、科学发展观为指导，深入贯彻党的十八大和十八届二中、三中、四中全会精神，适应完善社会主义经济体制、深化行政体制改革和创新社会治理的要求，改革制约社会组织发展的体制机制障碍，激发社会组织活力，充分发挥社会组织在全面建成小康社会中的积极作用。本次修订需要重点留意两大方面。

其一，"建设文件"修订应顺应时代发展的要求。党的十八届三中全会明确了全面深化改革的总目标，强调要激发社会组织活力，发挥社会组织在全社会创新中的重要作用。因此本次修订要立足现有国情，一方面强调党和政府的领导，遵照《国民经济和社会发展第十二个五年规划纲要》关于建立健全社会组织管理体制的总体方针，贯彻落实党的十八大及十八届二中、三中、四中全会关于社会组织管理的政策精神，把握好国家关于社会组织体制改革和制度变革的最新动态；另一方面积极围绕推动学会深化改革，保持开放的思维，进一步解放思想，大胆引入有效的竞争机制和全方位的监督管理体制，以不断改革创新的勇气探索新的全国学会管理机制，促进其健康有序发展，充分发挥出对经济社会发展的促进作用。

其二，"建设文件"修订要强调社会组织的服务和创新能力的提升。社会组织在中国特色社会主义建设中发挥着重要作用，这与它联系政府与群众的功能是分不开的。建设文件的修订应以此为中心，一方面，改革不适应新时代下社会组织发展的规定，及时转变中国科协的角色定位，进一步简化各项规范，放宽学会准入门槛，加大放权力度；另一方面，贯彻学会依法自治原则，推动学会去行政化进程，实行民主自治、独立运行、自主发展，坚持学会改革创新的法制化道路，引入职业化运营、拓宽会员服务、增强分支机构管理能力等有效的自我管理机制。

（二）基本原则

指导协调，政社分开。强调党和政府在社会组织中总揽全局、协调各方的领导核心作用。同时指出社会组织的定位，加快推进社会组织去行政化的修订方针，建立以章程为核心的内部管理制度，健全责权明确、运转协调、有效制衡的法人治理结构和治理机制。使社会组织成为真正的提供服务、反应诉求、规范行为和促进和谐的社会主体。

效率优先，勇于创新。围绕经济发展的新常态、新亮点和时代特征，进一步解放思想，引入市场竞争机制，监督、指导和促进各类社会组织合理布局和有序准入，实施会员办会、自主发展、强化企业服务等社会组织创新试验，引导社会组织履行社会责任。建立健全社会组织的民主选举、民主决策、民主管理、民主监督、诚信执业、公平竞争机制。

加强监管，促进发展。实行社会组织分类评估制度，将社会组织评估等级作为其参与政府购买服务和承接政府职能转移的资质条件，全面提升社会组织的能力建设，增强社会组织的公信力；建立社会组织公共服务信息平台和基础数据库以便社会组织公开服务程序、业务规程、服务项目和收费标准，自觉接受监督；完善社会组织日常监管制度，通过扶持一批、规范一批、清理一批、整合一批、提升一批，优化布局结构，促进社会组织可持续发展。

简洁规范，完善机制。从体制上推动全国学会自主活动、自我发展、自我约束；探索分支机构负责人在民主选举的基础上由理事会聘任，做到动态管理、考核评估、优胜劣汰；探索以竞争和流动为核心的动态人事管理；建立健全全国学会人事、财务及资产、档案、印章等内部规章制度；建立志愿者登记注册制度。明确服务项目、资金管理和执行各方的职责，优化管理流程，建立健全决策、执行、评价相对分开的运行机制，能问责的约束机制和有实效的服务机制，提高管理的科学化、规范化、精细化水平。

合法合规，公正公开。坚持依法治会、照章办会，确保文件的各条各款都有规可循、有法可依。建立信息公开与公众监督机制，建立统一、高效、完整的社会组织监管信息系统和服务信息网络，全国学会必须主动将其重大活动、财务状况、接受捐赠的使用情况等信息，通过信息平台向社会公布，接受公众监督。

四、修订的具体思路

（一）简政放权，有效提升科协业务指导效率

1. 去行政化，完善顶层设计

一方面要将学会建设作为科协主体工作，加强对学会改革发展的统筹规划；另一方面则要转变思路，探索推动将学会组织的业务主管关系转变为业务指导关系，推进社会组织民间化、自治化、市场

化改革进程。

加强中国科协对全国学会的业务指导与服务职能，支持全国学会依法按章程独立开展工作与活动，定期会商，协调解决学会发展中遇到的实际问题。努力实现学会自愿发起、自选会长、自筹经费、自聘人员、自主会务和无行政级别、无行政事业编制、无行政业务主管部门、无现职国家机关工作人员兼职的"五自四无"局面。

2. 权责分明，保障学会工作高效运行

放宽社会组织准入门槛，简化登记程序，创新组织登记管理体制，由民政部门直接审查登记；改进分级登记管理，按照活动地域登记管理组织；坚持学会组织的非营利性，实行民主决策、民主管理，真正成为责权明确、运转协调、制衡有效的法人主体。以增强服务能力和发展能力为主线完善规章制度，积极探索建立有利于学会自律、自立、自主发展的组织体制、运行机制和活动方式，努力把学会建设成为学习型、服务型、创新型组织，成为充满生机和活力的现代科技团体。

3. 建立健全承接政府职能转移的工作体制机制

配合政府职能转变需要，推动社会组织积极参与社会管理和公共服务，支持学会在协商民主建设中发挥作用；支持学会在服务企业发展、规范市场秩序、开展行业自律、制定行业标准、调解贸易纠纷等方面发挥作用；支持学会在发展公益事业、建设新型智库、扩大就业渠道等方面发挥作用。

由中国科协统一协调，选择代表性强、运作规范、条件成熟的社会组织作为试点，取得经验后逐步推广。对转移给社会组织承担的职能事项，设立一定指导期，中国科协要切实加强对社会组织的资质审查、跟踪指导、服务协调和绩效评估，及时发现并解决问题。

4. 建立竞争机制，推行一业多会

监督、指导和促进各类社会组织合理布局和有序准入，中国科协可根据实际情况批准成立业务范围相同或近似的全国学会，通过适度竞争提高服务质量。

放宽全国学会的准入条件，允许一业多会，以民间化、市场化为方向，以充分发挥职能作用为目标，以体制创新为突破口，大力培育和发展新型全国学会，充分发挥其在思想引导、发展经济、行业自律、协调关系、规范行为、促进和谐中的作用，更好地促进经济社会全面发展。

5. 加大扶持培育力度，促进学会全面发展

拓宽学会组织筹资渠道，建立学会组织激励机制，支持和引导民间力量为处于初创期的全国学会提供人力、物力和财力支持；开展全国学会免税、公益性捐赠税前扣除等资格认定，保障社会组织依法享受税收优惠待遇。

加大重点项目支持力度，资助学会创立活动品牌。吸收国内专家学者为顾问或会员。鼓励全国学会积极参与对外交流、与境内外社会组织建立友好合作关系；支持有实力的全国学会建立分支机构；探索建立全国学会发展定向捐赠制度，通过其他经依法授权的机构等平台，实现公益性捐赠税前扣除。

6. 加强党建，促进学会廉洁自律和道德建设

充分激发全国学会党组织和广大党员参与社会服务的积极性和创造性，创新全国学会党建工作方式，推进党群共建，以党内带动党外，党员带动群众，发挥全国学会党组织和党员密切联系群众、服务群众、引导群众的先锋模范作用，通过全国学会中的党组织和党员，加强党对社会组织的领导。努力建设学习型党组织，推动全国学会科学发展，提高其公信力，并增加服务社会的责任感。做好固本强基的基础性工作。对没有党员的全国学会，要做好入党积极分子和党员培养发展工作，为建立党组织创造条件。

（二）创新发展，大幅增强学会自身管理能力

1. 健全内部治理结构，严格监督和管理

全面落实会员代表大会、理事会、常务理事会等会议制度；合理控制理事会规模，健全理事会民主议事、民主决策准则；落实会员代表、理事、常务理事、负责人民主选举制度；科学合理设置分支机构，改进和加强分支机构管理；加强会费收支管理，规范经营活动和收费行为，杜绝借开展活动敛财等不良行为。规范对外交流合作活动，实行重大事项通报，探索财务收支、接受捐赠、社会服务等信息公开制度。

建立健全立体化的监管体系，做到部门联合监管、组织自律监管、分类监管，建立学会组织信息披露机制，搭建信息管理平台，实现信息共享；加大执法监察力度，建立学会组织退出机制，对开展营利性经营活动的组织依法进行处罚；拓宽社会监督渠道，畅通新闻媒体、社会大众和组织成员监督渠道，完善投诉举报受理机制并完善组织评估制度和各类评估指标体系。

2. 以会员为本，强化会员主体地位

积极落实会员的各项权利和义务，建立会员参与机制，强化会员服务，落实会籍管理，拓宽会员服务的渠道、内容和措施。

按照"会员优先、会员优惠"原则，建立多元结构会员制度。创新服务方式，加大服务力度，及时充分地满足会员的学术需求，维护会员合法权益，不断增强学会对会员的吸引力、凝聚力和影响力。

完善会员联系、沟通和交流机制，积极主动听取会员意见和建议，协助科技工作者加强与政府相关部门、企业和其他社会机构的沟通，建立健全广大会员对经济社会发展和重大科技问题的建言献策制度，及时准确反映会员意见和建议。

3. 实行动态人事管理，创新组织机构建设

完善人才管理体制，创新人才培养开发、评价发现、选拔任用、流动配置、激励保障机制，加强全国学会专职工作人员职业培训，鼓励强化学会对青年人才的发现举荐作用，营造更宽松的潜心研究环境，引导青年人才充分利用好"科研黄金期"，为青年人才成果转化鉴定提供帮助。

探索以竞争和流动为核心的动态人事管理，推动工作人员公开社会招聘，尝试建立人事制度的动态管理、考核评估、优胜劣汰；提高办公自动化、信息化水平，建立志愿者登记注册制度，推进学会办事机构规范化建设和工作人员职业化建设。

4. 提高业务能力，促进政府职能转变

为学术建设和科技进步服务，努力承接技术攻关项目和科技研究课题，积极从事技术转让、技术开发、技术咨询等业务，充分利用国家优惠政策，拓宽经费来源渠道，壮大科技业务实力；努力承接决策咨询、科技评价、科技人员评价等政府职能，积极参与公益活动，为和谐社会建设贡献力量。

按照公平、公正、公开的原则，建立竞争择优机制和绩效评价机制，推动全国学会参与社会服务，促进公共服务均等化、资源配置合理化。成立第三方咨询机构，作为全国学会承接政府职能转移和购买服务的咨询服务平台。按照建立目录—设立咨询服务机构—职能转移—购买服务的方式，推进政府职能转移和购买服务。

5. 增强社会服务功能，促进学术共同体建设

创造条件构建以全国学会为主导，政府、企业、高校共同参与的合作战略联盟，由地方和企业提出需求，中国科协牵头对接，全国学会具体承接，为经济发展提供咨询建议，帮助企业解决关键技术问题，建立产学研联合创新平台，促进科技成果和专利技术推广应用，转化为现实生产力。

倡导学术道德自律，鼓励学会发挥自身优势，搭建科技咨询和科普平台，探索开展科技中介服务

活动。组建联合攻关课题组，实现跨领域、跨学科、跨机构的合作研究，制定学术领域的行业公约，进一步加大国际交流合作力度，支持全国学会举办综合交叉、前沿高端、科技界关注的重点学术问题、区域性专题等示范性学术活动，打造中国科协主办的品牌学术活动。

6. 履行社会责任，为提高全民素质服务

建立学会组织责任体系，倡导学会发布社会责任报告，促进社会信用体系建设，正确引导企业和群众理性反映诉求，及时向政府、企业和社会公众反馈信息，协助政府参与公共管理，参与协调劳资纠纷，化解社会矛盾，维护社会稳定，促进社会和谐。积极开展形式多样的科普活动，与媒体合作推出大众喜闻乐见的科普产品，通过不同方式向社会公众展示创新成果，普及科学知识，弘扬科学精神，传播科学思想和科学方法。

（课题组成员：范　唯　万玉刚　祝　翠）

制定科技类学术团体章程建议文本研究报告

中国科协学会学术部课题组

一、学会政社关系变化对章程的影响

为了考察政社关系变化对学会治理结构的影响，本研究报告对科协所属 180 家科技类学术团体（简称"学会"）的章程进行了分析统计，以此考察章程所呈现的脱钩前学会治理结构的特点。

1. 业务范围：从模糊到明晰，范围不断扩大

随着国家简政放权进程的加快，学会的生存空间越来越大，相应的，在业务范围的表述上将会从模糊走向具体，社会化服务职能将不断增加。

通过采集 180 家学会中对每项业务范围指标的规定情况可以发现八项主要业务。

（1）参加并开展各种形式的国内外学术交流活动，包括国内外各类学术会议和交流活动等等。国内学术会议，国内外交流活动主要包括一些综合交叉性、专业性高端前沿等系列学术研讨会、交流会、报告会和论坛等。从统计结果来看，大多数学会的章程中都对这一指标作了规定，占总统计数据 180 家学会的 98.89%，仅有 2 家学会未在业务范围中规定学术会议这一指标，分别是中国空气动力学会和中国农村专业技术协会。

（2）组织编辑出版学术刊物、普及性刊物及科技图书方面，只统计在新闻出版机构注册登记，有正式刊号由本单位直接主办、负责编辑的期刊，不包括各类内部刊物。在 180 家学会章程中，共有 171 家学会对该项业务范围作了相应规定，占 95.00%，其余 9 家学会未作相应规定，占比 5.00%。

（3）加强与国际化学学术组织的联系与合作方面，大多国内学会也将该项业务作为自身推广知名度和美誉度的重要业务指标之一。从统计结果来看，共有 177 家学会对此项作了明确规定，占比 98.33%；其余 3 家学会分别是中国空气动力学会、中国农村专业技术协会和中国高新技术产业开发区协会。

（4）科普活动作为学会重要的交流渠道也成为当前学会工作的重中之重之一。在 180 家统计数据中，章程中规定科普活动的学会共有 172 家，占较大比例，为 95.56%。

（5）组织青少年科技教育及继续教育工作方面，从统计结果来看，较少一部分学会会将业务范围放眼到青少年科技教育及继续教育培训中，在 180 家学会中仅有 40 家学会规定了这项业务，占比 22.22%，另有 140 家学会章程中未体现这项业务，占比 78.78%。

（6）采用多元化的科普载体，科普活动传播的载体包括图书、报纸、挂图以及广播影视节目，从统计结果中能够发现大多数学会能够做到顺应时代发展趋势，重视科普信息化水平建设。统计结果显示，共有 166 家学会在章程中体现了科普载体这一指标，占比 92.22%，14 家学会章程中未体现。

（7）科技项目论证、科技成果评价、专业技术职务任职资格评定等科技服务，主要包括举办决策

咨询活动、科技评价和科技人才评价等。学会应当基于其社团自身的性质及其所拥有的资源在服务社会方面发挥重要作用。180家学会中，共有171家学会在业务范围中规定了科技服务这一大项，占比95.00%，9家学会未体现此业务范围，占比5.00%。

（8）表彰、奖励在科技活动中取得优秀成绩的会员和科技工作者方面，在180家学会中，共有157家，约有87.22%的学会规定了相关业务，23家学会章程中未体现，占比12.78%。

除了以上学会所规定的八大主要业务范围以外，大多数社团在业务范围中规定了为会员服务及维权、举荐人才、推动建立和完善科学研究诚信监督机制等业务。除此之外，还有少数社团针对其他业务范围做了一些规定，由于数据分散基数较小，因此主要采取列举法来体现个别社团对其他业务范围的规定。如：中国气象学会在业务范围中规定加强学会办事机构工作人员队伍建设；中国空间科学学会、中国光学学会规定兴办符合学会宗旨的社会公益性事业，强调学会的公益性；中国古生物学会规定建立"全国科普教育基地"以促进科普；中国造船工程学会规定创办以咨询服务和推广新技术新工艺为主要经营内容的经济实体。

2. 法人治理结构：从不健全走向健全

（1）关于会员代表大会的相关规定主要包括三个部分。

第一，对会员代表大会出席人数的限定。会员代表大会出席的人数越多，一方面能体现学会的民主与公平，另一方面也能表明会员代表对于会议的重视程度。根据对180家学会的统计表明，其中规定会员代表大会出席人数须有2/3以上的会员代表出席的共176家，占比为97.78%。中国基本建设优化研究会是唯一一家规定出席会员代表大会的人数须有1/2以上的会员代表的学会。在会员代表大会上的决议，大部分的学会规定须经1/2以上到会的会员代表表决，共计175家，占97.22%。有2家学会则规定需要经过到会会员代表的2/3以上的会员进行表决，他们是中国环境科学学会和中国感光学会。剩余的3家则在章程中未对出席的人数以及决议表决的人数做出明确的规定，分别是中国地质学会、中国空气动力学会和中国煤炭学会。见表1。

表1　180家学会章程中关于会员代表大会出席人数和决议的规定情况

出席人数限定	会员代表大会会员代表出席的人数规定	出席人数限定	会员代表大会决议规定
会员代表大会须有1/3以上的会员代表出席	0（0）	决议须经到会会员代表1/3以上表决	0（0）
会员代表大会须有1/2以上的会员代表出席	1（0.56%）	决议须经到会会员代表1/2以上表决	175（97.22%）
会员代表大会须有2/3以上的会员代表出席	176（97.78%）	决议须经到会会员代表2/3以上表决	2（1.11%）
章程中未体现	3（1.67%）	章程中未体现	3（1.70%）

第二，对会员代表大会的任期和延期换届的相关规定。对于会员代表大会届期的规定，180家学会主体分布在四年或是五年一届，共178家，占98.89%。其中五年一届的共91家，四年一届的共87家，三年一届的只有1家学会，即中国菌物学会。未对此项做出规定的有1家——中国空气动力学会。对最长延期换届的相关规定，177家学会，规定最长延期换届年限为一年，占98.33%。只有3家未对最长延期换届做出规定，分别是中国化学会、中国空气动力学会和中国宇航学会。详见表2。

表2 180家学会章程中关于会员代表大会届期和延期换届的规定情况

任期	会员代表大会届期	任期	最长延期换届规定
三年一届	1（0.56%）	半年	0（0）
四年一届	87（48.33%）	一年	177（98.33%）
五年一届	91（50.56%）	两年	0（0）
未规定	1（0.56%）	未规定	3（1.67%）

第三，对会员代表产生程序的相关规定。在180家学会章程统计中，有关于会员代表大会代表产生程序规定的学会寥寥无几，极少有学会会对会员代表的产生程序做出详尽的说明，从而不利于法人治理结构的规范化和程序化发展。180家学会章程中仅有7家学会在章程中规定了有关会员代表产生程序的说明（见表3）。表4描述了上述7家学会对会员代表产生程序的具体规定情况。

表3 180家学会章程中关于会员代表产生程序的规定情况

会员代表产生程序的规定	学会数量	比例
章程中体现	7	3.89%
章程中未体现	173	96.11%

表4 7家学会章程中关于会员代表产生程序的具体规定情况

序号	学会名称	会员代表产生程序的相关规定
1	中国物理学会	全国会员代表大会代表由省、市、自治区等地方学会和分会、专业委员会推选的代表，上届理事会理事和特邀代表组成
2	中国化学会	会员代表按理事会或常务理事会规定由地方学会按会员人数比例推选，本届理事是当然会员代表
3	中国感光学会	由上届理事会领导筹备并召集，开会的时间、地点、代表名额分配及产生办法由上届理事会决定
4	中国造船工程学会	全国会员代表由省（区）、市造船工程学会、本会分支机构和主要支持部门在本会会员中推选产生。代表名额按地区、部门拥有会员数量及具有广泛代表性的原则，按比例分配
5	中国建筑学会	全国会员代表大会的代表人数和名额分配由上届常务理事会讨论决定；代表大会的代表由本会顾问、名誉理事长、名誉理事、本届理事、拟任下届理事及各分会、地方学会、单位会员所选派的代表组成
6	中国作物学会	代表由各省级作物学会和本团体各专业委员会（分会），按照分配名额，采用民主选举办法产生
7	中国生理学会	出席全国会员代表大会的代表，包括由本会在各省、市、自治区的会员民主选举产生的代表、应届理事会全体理事，和特邀代表。各省、市、自治区的代表名额分配及特邀代表名单由应届常务理事会决定

（2）理事会的相关规定。

理事会是学会为协商、征求意见或讨论问题而成立的机构，经过选举或是任命的形式产生，是拥有一定权力的组织。180家学会中除中国空气动力学会在章程中未对有无设立理事会做出相关规定，其余均对理事会的设立有所表述，其中中国法医学会将理事会称之为"全委会"（详见表5）。

表5　180家学会章程中关于理事会设立的规定情况

设立理事会的规定	学会数量
章程中体现	178
章程中未体现	1
其他（全委会）	1

根据数据统计结果显示，对于理事会召开须出席的理事人数规定，有175家学会规定需要有2/3以上的理事出席，占比97.22%，如表6所示。而理事会的相关决议生效规定则大部分学会规定需要到会理事2/3以上表决通过，占全部学会的95.56%（共172家），如表6所示。中国计算机学会、中国航空学会和中国科普作家协会这3家学会，则规定到会理事1/2以上表决通过即可。另外有5家学会对理事会召开须出席理事人数以及理事会决议生效规定未在章程中有所体现，这5家分别是中国化学会、中国微生物学会、中国空气动力学会、中国经济技术国际交流协会和中国基本建设优化研究会，总占比2.78%。

表6　180家学会章程中关于理事会召开的规定情况

出席人数限定	理事会召开须出席理事人数规定	出席人数限定	理事会决议生效规定
须有1/3以上理事出席	0（0）	到会理事1/3以上表决通过	0（0）
须有1/2以上理事出席	0（0）	到会理事1/2以上表决通过	3（1.67%）
须有2/3以上理事出席	175（97.22%）	到会理事2/3以上表决通过	172（95.56%）
未规定	5（2.78%）	未规定	5（2.78%）

根据180家学会数据统计结果显示，对于理事产生程序的规定如下：在180家学会章程中，共有29家学会对理事的产生程序做出不同程度的规定，占比16.11%，其余151家学会对学会理事的产生程序未做出具体规定，占比83.89%（详见表7）。表8表述了29家学会章程中关于理事产生程序的具体规定。

表7　180家学会章程中关于理事产生程序的规定情况

理事产生程序的规定	学会数量	比例
章程中体现	29	16.11%
章程中未体现	151	83.89%

表8　29家学会章程中关于理事产生程序的具体规定情况

序号	学会名称	理事产生程序的相关规定
1	中国化学会	由理事会或常务理事会确定下届理事候选人分配名额，并推选若干人组成选举工作委员会，负责下届理事会选举工作
2	中国天文学会	理事会理事应通过充分酝酿、协商，在全国会员代表大会上采纳差额、无记名投票方式，按规定的数额（会员数的1/30~1/50）选举产生
3	中国地质学会	理事由各省（自治区、直辖市）地质学会，各专业委员会、研究分会、工作委员会，各团体会员有关部门及单位按规定分配名额推荐候选人，经上届常务理事会议审议后，向全国会员代表大会提出理事候选人名单，由全国会员代表大会以无记名投票方式选举产生新一届理事会理事

续表

序号	学会名称	理事产生程序的相关规定
4	中国生物医学工程学会	理事会理事应在充分酝酿、民主协商基础上，经会员代表大会采取无记名差额投票选举产生，选票超过投票人数二分之一者入选理事名单，如理事名单超出理事会限定规模，则以得票多少为依据，将超出限定规模者列为候任理事。学会试行"三理事长"制度（即前任理事长、现任理事长、候任理事长）经会员代表大会采取无记名投票的方式选举理事长、候任理事长、副理事长、秘书长。理事长、候任理事长、副理事长、秘书长应由本学科中的专家担任，原则上担任一届
5	中国病理生理学会	理事会是全国会员代表大会执行机构。产生理事会，应当根据各省、市、自治区的会员数量分配理事候选人名额，并经当地会员民主选举产生理事候选人，经全国会员代表大会采取等额或差额无记名投票的方式选举产生理事会。理事当选者得票必须超过投票人的一半
6	中国微生物学会	理事可予以变更或增补，届中变更的理事人数不得超过理事总人数的1/3
7	中国细胞生物学学会	由上一届理事会或常务理事会确定新一届理事会规模和省、市、自治区理事候选人分配名额；由各省、市、自治区细胞生物学会根据分配名额由其常务理事会提名通过；由全国会员代表大会用无记名投票等额选举产生理事会
8	中国系统工程学会	经上届常务理事会与团体会员单位协商，推选本届理事候选人；上届常务理事会也可根据工作需要推荐一定数量的本届理事候选人
9	中国神经科学学会	由本届全体理事提名下届理事候选人，换届领导小组负责汇总所有提名；本届常务理事会根据已确定的名额分配原则，考虑区域代表性、学科平衡、年龄平衡等因素，差额投票选出下届理事候选人；会员代表大会上等额选举下届理事会理事。每届理事会任期等同会员代表大会。如在特殊情况下增补理事，可由常务理事提名并经理事会投票补选
10	中国图学学会	根据学会各专业委员会（或分会）和各省、自治区、直辖市学会的会员分布情况和学术水平，协商分配理事候选人名额。各专业委员会（或分会）和省、自治区、直辖市学会应充分酝酿、协商、推举，经理事会或常务理事会讨论同意，提交全国会员代表大会以无记名投票方式选举产生
11	中国测绘地理信息学会	由常务理事会或理事会根据理事会组成原则提出换届方案，由有关单位和理事充分酝酿、民主协商提名，经常务理事会或理事会审议推荐，提交全国会员代表大会采取无记名投票选举产生
12	中国造船工程学会	先由本会分支机构和主要支持部门推荐、协商并获得被推荐单位同意的书面意见产生理事候选单位，再由理事候选单位在本会会员中推荐学术上有成就，学风正派，热心学会工作，身体健康的科学家、专家和中青年科技工作者，以及热心支持学会工作并从事相关学科组织工作的管理人员为理事候选人，经全国会员代表大会充分酝酿、协商，采用无记名投票选举产生。在代表大会闭会期间，由理事会或常务理事会表决产生。也可通过其他民主程序产生
13	中国建筑学会	理事候选人由各分会、地方学会、单位会员单位、主要企事业单位及相关部门按照名额分配要求和理事条件推荐提名，报大会筹备领导小组审议后作为候选人
14	中国材料研究学会	理事会成员必须是本会会员，理事候选人通过民主协商提名，由全国会员代表大会采用无记名投票方式选举产生

续表

序号	学会名称	理事产生程序的相关规定
15	中国职业安全健康协会	理事从本团体会员中产生（团体理事单位和团体常务理事单位从单位会员中产生），由本团体组织工作委员会提名，人选本人及所在单位同意，并经会员代表大会代表采用无记名投票选举通过后当选
16	中国颗粒学会	理事会成员由学会与有关单位协商提出候选人，由全国会员代表大会以无记名投票方式选举产生
17	中国动力工程学会	理事是在充分酝酿，民主协商的基础上确定候选人并经会员代表大会采用无记名投票选举产生。单位理事在任期内因工作调动或其他原因不能代表原理事单位继续行使理事职责的，可由原理事单位推荐合适人员并经理事会或常务理事会审议通过后方能接替其单位理事职务
18	中国复合材料学会	新一届理事会候选人名单由上一届常务理事会确定，新一届理事会成员由全国会员代表大会选举确定；理事候选人必须是至少一届的"学会"会员
19	中国图象图形学学会	由会员和理事会理事充分酝酿、民主协商提名，常务理事会审议推荐，提交全国会员代表大会采取无记名投票选举产生
20	中国工程机械学会	理事候选人分别由各分会，各省、自治区、直辖市学会和秘书处按地域、专业和部门分配名额，经民主协商推举产生，经理事会或常务理事会讨论同意，提交会员代表大会以无记名投票方式选举产生
21	中国农学会	理事会人选由本会上届常务理事会、单位会员、分会、专业委员会和省级农学会及相关单位按规定名额推荐，原则上每届更新1/3左右
22	中国畜牧兽医学会	理事会理事经全国会员代表充分酝酿，民主协商，采用无记名投票等额或差额选举产生。由各省、自治区、直辖市畜牧兽医学会、学科分会、中央直属有关政、事单位及企业界科技人员按适当比例组成，并兼顾老、中、青、妇和少数民族的比例
23	中国热带作物学会	理事会人选由本会上届常务理事会、团体会员单位、专业委员会和省级热带作物学会及相关单位按规定名额推荐，原则上每届更新1/3左右，理事会中，中青年科技工作者应占1/3比例；理事因工作变动不能履行职责者，由推荐单位提出，经理事会或常务理事会同意方可予以变更或增补
24	中国水土保持学会	理事人选由省（区、市）水土保持学会和专业委员会按分配名额推荐，理事每届更新应不少于三分之一。理事人选应是学术上有成就，学风正派，能参加本会实际工作的有关水土保持的科学家、专家和中青年科技工作者，以及热心本会工作并从事水土保持有关组织管理工作的干部。理事和常务理事若因工作变动不能履行职责者，经理事会或常务理事会审议，征求推荐单位意见，予以变更和增补
25	中国药学会	在本会高级会员中，推荐学术上有成就，作风正派，热心本会工作的科学家、专家和药学工作者以及从事药学管理者为候选人，在充分酝酿，民主协商的基础上，由全国会员代表大会无记名投票选举产生
26	中国防痨协会	理事候选人的产生由省级防痨协会和有关单位按照理事人选要求和分配名额进行推荐，经全国会员代表大会充分酝酿、协商，采用无记名投票选举产生理事
27	中华预防医学会	理事的产生由本会所在省、自治区、直辖市预防医学会和有关单位按照理事人选要求和分配名额进行推荐，经全国会员代表大会充分酝酿、协商，采用无记名投票选举或通过产生

序号	学会名称	理事产生程序的相关规定
28	中国图书馆学会	理事会理事应通过充分酝酿、协商,采用无记名投票方式选举产生。理事人选应是学术上有成就,学风正派,能参加本会实际工作的专家、学者和热心本会工作且从事组织管理工作的领导干部。理事会组成要体现老、中、青梯队结构。理事会成员每届更新不少于1/3
29	中国城市科学研究会	理事会理事按分配名额经单位和本会推荐,由全国会员代表大会选举,或会员代表通讯选举产生,任期5年。理事可连选连任,每届应改选理事不少于1/3。担任各级领导岗位的理事,因工作变动等原因,不能履行职责者,由原单位推荐变更人选,经本会常务理事会通过予以变更

（3）常务理事会的相关规定。

常务理事会的设立主要是未能够在理事会闭会期间,照常能行使理事会职能的理事。在180家学会中,设有常任理事会的共178家（占98.89%）,未设有常任理事的仅中国经济科技开发国际交流协会和中国空气动力学会2家（详见表9）。在设有常任理事会的这178家中,对常务理事会召开须出席理事人数进行规定的176家,要求常务理事会召开须出席的人数要占2/3以上,方能召开。而175家（占97.22%）学会规定常务理事会决议生效须到会常务理事2/3以上表决通过。中国计算机学会则规定,1/2以上的常务理事表决通过即可执行。未对本项做出相关规定的除上述两家学会外,还有中国化学会和中国国际经济技术合作促进会,占比2.22%（见表10）。

表9　180家学会章程中关于常务理事会设立的规定情况

设立常务理事会的规定	学会数量	比例
章程中体现	178	98.89%
章程中未体现	2	1.11%

表10　180家学会章程中关于常务理事会召开的规定情况

出席人数限定	常务理事会召开须出席理事人数规定	出席人数限定	常务理事会决议生效规定
须有1/3以上常务理事出席	0（0）	到会常务理事1/3以上表决通过	0（0）
须有1/2以上常务理事出席	0（0）	到会常务理事1/2以上表决通过	1（0.56%）
须有2/3以上常务理事出席	176（97.78%）	到会常务理事2/3以上表决通过	175（97.22%）
未规定	4（2.22%）	未规定	4（2.22%）

（4）监事机构的设立规定：自上而下的监督走向360°监督。

根据数据统计,在章程中对机构设立的相关规定中,主要包括：司库、监事会、秘书处、分支机构以及代表机构的相关规定。

在180家学会中,设有司库的共4家,仅占2.22%。这四家学会分别是中国计算机学会、中国动力工程学会、中国管理现代化研究会和中国技术经济学会。司库的设立主要是为能够在学会内进行资金及其利率风险、流动性风险、汇率风险的管理。所以在除中国动力工程学会另外三家都规定了司库的人数,均为一人,以保障资金的合理运用。

监事会应该是与理事会并列设置的机构,对于理事会和学会内部治理(财务、运营、任免、计划等)多项决策进行监督的机构。180家学会在章程中提及监事会的共5家,但针对监事会人员数量做出具体相应规定的只有3家,包括中国机械工程学会、中国计算机学会和中国腐蚀与防护学会,其中规定了监事长权职的仅有中国机械工程学会。另外两家设有监事会的是中国系统工程学会和中国电子学会。可见对于设立监事会的重视程度较低。

理想化的监督,应该是全方位的监督,是内部监督与外部监督有效结合的监督机制,如图1所示。

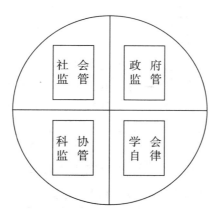

图1　学会监督体系示意图

(5)秘书处设立:常设机构从无到有,从有到专。

秘书处是学会中从事各种日常工作,为其他主要机构服务,并执行这些机构指定的方案与政策的机构。学会中设立秘书处的共有42家,占整体的23.33%。可见设立秘书处的学会数量尚未超过1/4。

在180家学会中设有分支机构的共78家,表明学会发展已经具备一定的规模,需要继续的扩展业务、扩大规模而设立其分支机构。在章程中对设立分支机构的范围、性质进行规定的共66家,占所有设有分支机构的84.62%。可见大部分设立有分支机构的学会对其进行的了严格的界定与业务划分。

学会的代表机构,主要是因为学会在住所地以外属于其活动区域内设置的代表该学会开展活动、承办该学会交办事项的机构。在180家学会中,设立有代表机构的共28家,仅占15.56%。其中对代表机构的范围和性质进行规定的共19家,占所有设立代表机构学会总数的67.86%。

由此可见,学会在设立分支机构、监事会以及司库的建立尚未引起重视,设立比率偏低。秘书处设立的比例也不足四分之一,影响学会的专业化建设。

3. 权力与决策:从精英办会走向民主办会

(1)权责划分。

权责规定体现了学会对组织机构负责人权利和义务的界定和管理。理事会是会员大会的常设机构,是社会组织的决策机构。秘书处是理事会决策的执行机构,在理事会领导下开展日常活动。而监事与监事会则是监督和约束理事会决策行为的组织机构。因此学会应当严格规定理事长、秘书长和监事长的权责体系。

从统计结果来看,大多数学会都规定了理事长和秘书长的权责体系。有178家学会规定了理事长的权责范围,占比98.89%,另外2家未规定理事长权责范围的协会分别是中国系统工程学会和中国空气动力学会。178家学会规定了秘书长的权责范围,占比98.89%,另外2家未规定秘书长权责范围的协会分别是中国空间科学学会和中国空气动力学会。由此可见,绝大部分学会都认识到在章程中界定学会组织机构负责人权责的重要性和必要性。但在监事会的权责体系设立层面,由于180家学会章程中明确规定设立监事会的仅5家学会,其中规定监事长权责的仅有1家,占比

0.56%，其余 179 家学会未规定监事长权责（见表 11）。因此，学会在监督层面的治理和决策机制有待进一步建立健全。

表 11　180 家学会章程中关于组织机构负责人权责的规定情况

权责规定	理事长权责	秘书长权责	监事长权责
章程中体现	178（98.89%）	178（98.89%）	1（0.56%）
章程中未体现	2（1.11%）	2（1.11%）	179（99.44%）

（2）表决方式规定：会员权力从虚到实。

会员代表大会是学会中最高权力机关，具有决定本会的任务与工作方针、制定和修改章程、选举和罢免理事、审议理事会的工作报告和财务报告、审议和批准会费收取标准和决定其他重大事宜等重要职能，因此表决方式的规定对于会员代表大会决议的生成具有重要作用。

如表 12 所示，180 家学会中仅有 27 家学会规定了会员代表大会的表决方式为"投票"，其他 153家学会未规定会员代表大会的表决方式，占比 85%，由此可以看出学会的民主治理程度需要进一步提升，而首先这种民主治理的方式需要通过章程来进行固化和制定。

表 12　180 家学会章程中关于代表大会表决方式的规定情况

有无规定会员代表大会表决方式	学会数量	比例
有	27	15%
无	153	85%

4. 会员分类：从粗略化走向精细化

关于会员构成，大多数学会章程中将会员分为个人会员和团体（单位）会员，在统计的 180 家学会中，仅有 100 家学会对外籍会员做了规定，占比 55.56%。

在会员的构成中，个人会员又可以分为：普通会员、高级（资深）会员、杰出（荣誉）会员、学生会员、会士和通讯会员。各学会根据自身性质及业务范围的不同对个人会员做了不同的分类。大多数会员都在个人会员的分类中提到普通会员，共有 122 家学会在章程中体现，占比 67.78%。规定高级（资深）会员、杰出（荣誉）会员、学生会员的学会均不到一半，分别为 79 家、60 家、76 家，占比 43.89%、33.33%、42.22%。规定会士和通讯会员的学会仅有 8 家和 6 家，占比分别为 4.44%和 3.33%。可以看出学会在会员多元化发展、精细化管理上还有待进一步提高。

从 180 家学会关于会员部分的统计数据中可以发现，180 家学会均未明确注明会员人数，但各学会对申请成功的会员均会颁发会员证。在对会员管理的过程中，仅有 21 家学会提到了会员代表的选举要遵循有关会员代表产生办法，占比 11.67%，尚有 159 家学会未在章程中涉及会员代表产生办法。

5. 人才队伍：走向专业化职业化

（1）最高任职年龄规定。

最高任职年龄的规定事关学会的年轻化和职业化建设，包括对会长最高任职年龄的规定、理事长最高任职年龄的规定、副理事长最高任职年龄的规定和秘书长最高任职年龄的规定。

在 180 家学会章程的统计数据中，共有 178 家学会设立理事会、138 家学会设立秘书处。在最高任职年龄的规定上，理事长、副理事长和秘书长的最高任职年龄情况各学会规定情况各有差异，其中有 171 家学会规定理事长的最高任职年龄为 70 岁，155 家学会规定副理事长的最高任职年龄为 70 岁，分别占 178 家设立理事会学会总数的 96.07%和 87.08%，其他最长任职年龄规定在 65 岁和 68 岁不等。在秘书长最高任职年龄的规定上，众数集中在62岁，共有99家学会，与理事长和副理事长的最高任职年龄规定略有不同，接下来数据分别分布在70岁（37家）、65岁（27家）、60岁（10家）、64岁（1家），其余6家未规定秘书长最高任职年限（见表13）。

表13　180家学会章程中关于组织机构负责人最高任职年龄的规定情况

年龄	理事长	副理事长	秘书长
60岁	—	—	10家
62岁	—	—	99家
64岁	—	—	1家
65岁	2家	3家	27家
68岁	1家	1家	—
70岁	171家	155家	37家
未规定	6家	21家	6家

（2）任期规定。

任期规定，主要从会长/理事长任期、秘书长任期、监事长任期的情况来看，各学会对任期的规定也各有不同（见表14）。

对会长/理事长的任期，大多数学会规定理事长任期为四年或五年一届，分别有80家学会和86家学会，占比为44.44%和47.78%；4家学会规定理事长任期为两年或三年一届；9家学会未规定理事长的任期情况；1家其他情况。

对秘书长任期的情况，多集中于四年或五年一届，分别为82家和86家，占比45.56%和47.78%；3家规定秘书长任期为两年一届或三年一届，其他9家未规定秘书长的任期情况。

对监事长任期的情况，180家学会中只有5家学会在章程中体现设立监事会，在这5家学会中，仅有3家对监事长的任期情况做了规定，规定监事长任期为四年一届的有1家学会，2家学会规定监事长任期为五年一届。

总之，各学会章程中关于组织机构负责人的任期情况的规定都根据自身学会情况各有不同，大多学会仅对理事长和秘书长的任期情况有所规定，并且任期大都集中在四年一届或五年一届。

表14　180家学会章程中关于组织机构负责人任期的规定情况

任期	会长/理事长	副理事长	秘书长	监事长
两年一届	3（1.67%）	2（1.11%）	2（1.11%）	0（0）
三年一届	1（0.56%）	1（0.56%）	1（0.56%）	0（0）
四年一届	80（44.44%）	79（43.89%）	82（45.56%）	1（0.56%）
五年一届	86（47.78%）	77（42.78%）	86（47.78%）	2（1.11%）
章程中未体现	9（5.00%）	20（11.11%）	9（5.00%）	177（98.33%）
其他	1（0.56%全委会）	1（0.56%常委会）	0	0

最长任期的规定体现了学会对组织机构负责人任期的最长届期要求。从统计结果来看，大多数学会对组织机构负责人的任期要求最多不能超过两届（详见表15），这也符合当前我国对于组织机构负责人的流动要求，同时也是保持领导干部岗位生机和活力的保障。

表 15　180 家学会章程中关于组织机构负责人最长任期的规定情况

最长任期	会长/理事长	副理事长	秘书长	监事长
一届	2（1.11%）	1（0.56%）	2（1.11%）	0（0）
两届	172（95.56%）	161（89.44%）	173（96.11%）	1（0.56%）
三届	3（1.67%）	2（1.11%）	2（1.11%）	0（0）
章程中未体现	2（1.11%）	16（8.89%）	3（1.67%）	179（99.44%）
其他	1（全委会）	1（常委会）	0（0）	0（0）

（3）兼职规定。

学会章程关于组织机构负责人专兼职情况的规定体现了学会的自治能力和独立性。主要包括会长/理事长、秘书长和监事长专兼职情况的规定。

根据统计数据，一半以上的学会规定了会长/理事长为专职，总计 97 家，占比 53.89%；82 家学会未规定会长/理事长的专兼职情况，占比 45.56%；此外中国计算机学会规定理事长可兼职可专职。180 家学会中仅有 5 家学会章程中规定设立监事会，但均未规定监事长的专兼职情况。在秘书长专兼职情况的规定上，有 133 家学会均规定学会秘书长必须为专职人员，不得兼职，占比 73.89%；35 家学会未明确规定秘书长的专兼职情况，占比 19.44%；其余 12 家学会规定了秘书长可兼职可专职（见表 16）。

由以上分析可以看出，章程中关于学会组织机构领导人的专兼职规定存在较大缺口，不利于学会构建专业化的法人治理结构。

表 16　180 家学会章程中关于组织机构负责人专兼职的规定情况

负责人专兼职的规定	会长/理事长	副理事长	监事长	秘书长
专职	97（53.89%）	4（2.22%）	0（0）	133（73.89%）
章程中未体现	82（45.56%）	175（97.22%）	180（100%）	35（19.44%）
可兼职可专职	1（0.55%）	1（0.56%）	0（0）	12（6.67%）

总之，学会法人治理结构将从不健全到健全，业务范围界定从不明确到明确，会员、会员代表权利从虚到实，会员管理从粗略管理走向精细化管理，常设机构从无到有，走向专业化，职业化，从精英治理转变为民主治理，从自上而下的监督变为 360°监督。

二、学会章程推荐文本修改指导思想及具体方案

（一）建立与社会治理体系现代化、社会组织体制改革相适应的现代学会

党的十八大以来，党中央在把社会组织发展放到了加强和创新社会管理格局的高度的同时，进一步提出"加快形成政社分开、权责明确、依法自治的现代社会组织体制"任务，呼吁加强社会组织立法，规范和引导各类社会组织健康发展，从而发挥人民团体和社会组织在法治社会建设中的积极作用以及社会组织对其成员的行为导引、规则约束、权益维护作用，并规定了到 2017 年要完成这一任务。在新机遇新形势下，中国科协面临着加速学会管理相关政策与体制改革的时代任务。全国科协有必要从建立现代学会体制的高度，规范和促进学会发展，确保学会章程在学会治理中的权威性和有效性，引导学会信息公开，建立良好的外部制度环境，推动学会作为学术共同体在国家创新体系、国家治理

体系和治理现代化中的作用。

（二）科协提供充分支持，完善学会与业务主管单位、挂靠单位关系

1. 利用中立地位促进学会与挂靠单位（支撑单位）调整优化

中国科协与学会的关系与其他类社团不同，对学会的管控手段不多，管控力度小，资源给予有限。中国科协应该利用这一相对中立地位，促进学会与挂靠单位（支撑单位）关系的调整与变革。

一方面要促进学会与挂靠单位（支撑单位）的脱钩。另一方面要促进学会分支机构的脱钩。政社分开先总会后分支机构。科协所属学会的挂靠体制有两个层面的挂靠。一个层面是全国性学会挂靠在相关政府职能部门，另一个层面是全国性学会的分支机构挂靠在政府部门、事业单位或企业等相关机构下。自主办会需要从两个层面逐层展开。双重挂靠给脱钩带来一定难度，后脱钩时代背景下，总会与分支机构的关系、分支机构与其挂靠单位的关系必须调整。

2. 发挥科协平台功能，促进学会之间、学会与挂靠单位、民政部门之间的沟通交流

全国学会与中国科协的关系，是会员与联合会的关系，是资源与平台的关系，是节点与网络的关系，是建立在平等独立基础上的合作关系。中国科协作为联合会的角色，应该发挥平台型功能，完善全国学会所凝结成的学会网络，创新网络，为各类团体会员提供全方位的会员服务。需要提出的是，原先科协联系的19家不是团体会员的学会，在脱钩之后，建议吸收为团体会员进行维护和管理。

3. 承担业务指导职责，完善年检、评估工作

中国科协可建立与挂靠单位、登记管理机关的定期联系制度，形成社会组织培育与管理的合力。中国科协作为业务指导单位，同时又具有行业联合会的功能，在提供各类支持的同时，应该发挥智力优势和政策优势，发挥监督作用。特别是在挂靠单位（支撑单位）监督功能暂时弱化之际，指导完善年检初审工作，积极争取学会规范评估和专项评估工作，保障学会的健康发展。

（三）提高并发挥章程在学会依法自治中的地位和作用

依靠建立健全以章程为核心的各项制度来实行自治是学会依法办会的核心和关键。当前学会章程中存在的诸多问题都体现了学会没有把章程作为治会的核心。因此，章程示范文本中必须首先建立一套原则性可参照的约束规范，提高学会对章程的重视程度。

第一，要建立章程约束机制。加强学会章程意识教育，督促其严格依照章程办事。学会必须要按照法规和有关文件规定，制订内容完备的章程，并强化章程的权威性和约束力。

第二，要建立制度约束机制。社会组织的各项制度是章程的延伸和具体化。社会组织要以章程为依据，建立会员（代表）大会、人事、财务管理等各项制度，自觉接受其监督。

（四）保障学会的自制能力，完善学会自律机制

目前学会章程中存在的自治性较差，自律机制尚未建立等一系列问题限制了学会的科学化运作和可持续发展。在章程示范文本中要加快建立社会组织自律机制，纳入引导性的条款和指标，促进学会深入开展自律与诚信活动，健全信息披露、重大事项报告和公众投诉制度，加强公信力建设。

学会章程推荐文本中要体现学会的自制能力、完善学会自律机制，应从以下几个方面入手。

首先，在会员的吸纳和管理方面，学会要有自身的吸纳会员和管理会员的标准，并且为了促进会员的多元化和专业化管理，可以对学会会员进行多层次和多渠道的筛选和分类，从而进一步增强学会的自治能力。

其次，在治理层面，民主选举，监事会、理事会、常务理事会应当相互制约。制度规定的越全面治理的空间越大，理事会要制定自己的工作议事机制，并且必须严格执行。学会的重大事项一定要由理事会决定，从学会的权力机构建设出发，逐步扭转官办学会的状况。

最后，在制度管理层面，学会要健全信息发布制度，尤其在财务公开程序方面应当做出具体化规定，完善自律机制，增加组织的公开性和透明性。其中信息发布既包括向会员的发布，又包括作为非营利组织向社会的信息公开，通过有效的渠道和形式，将年度工作计划、有影响的重点活动规定向社会公开，并形成惯例，允许的情况下尽可能将有关活动向公众开放。同时，公布财务执行情况，以提高吸纳社会捐赠力度，提高会员会费交纳的积极性。

（五）加强内部治理结构的民主化、规范化建设

学会必须坚持民主办会的原则，加强内部治理结构的民主化、规范化建设。特别是在选举上要坚持会员普选的原则，至少每一个会员都要拥有对选举的知情权，例如在章程中可以加入对会员表决方式的规定等。

在内部治理结构层面，要让理事会在学会发展中处于领导地位，而不能让挂靠单位过分干涉学会事务，学会要把热心学会工作又有学术权威性的科学家、科技工作者选入理事会，不能出现过多的挂名理事。

在学会领导人的权责方面，章程中要做出具体的规范化明晰化的规定，明确自己的职责定位，使学会领导层的行为有章可依。

在会员管理的民主化和规范化层面，明确会员的权利和义务，特别要强调会员义务，培养会员的组织归属感。要把理顺学会的架构，通畅学会的运行机制，作为一项基础工作，使学会走向自我发展、自我约束。

（六）提高常设机构的职业化程度

学会常设机构职业化就是指学会办事机构不断趋向专职人员社会化、管理科学化、活动专业化的过程，是学会健康快速发展的必由之路。因此，在章程示范文本中必须将提高常设机构的职业化程度作为修改的重要方向之一。

学会应当建立一支职业化、高素质的人才队伍，在章程中应当建立学会工作人员的社会招聘制度、规定相关人员的专兼职以及劳动合同制和其他有关待遇，建立学会工作人员的动态考核机制、教育培训机制和干部薪酬激励体系，从而才能突破原先人员编制的障碍，提升工作人员的整体工作质量和工作效率，进而提升常设机构的职业化、专业化和社会化程度。

（七）重视学会的党建工作

党的十八大部署了加强和创新社会管理的新任务，并提出了创新基层党建工作、加大社会组织党建工作的力度和以党的基层组织建设带动其他各类基层组织建设的明确要求，作为学会来说责无旁贷，任重道远。

在社会组织中开展党建工作是中央的部署和要求，是新形势下加强党对社会组织的领导，保证社会组织正确政治方向的需要，是提升学会自治能力，创新社会管理，推进社会建设、发展基层民主、促进社会和谐的需要。因此，学会有必要在章程中对党组织成立与建设等一系列党建工作进行规定，使得社会组织的党建工作有法可依，有序进行。

（课题组成员：范　唯　万玉刚　祝　翠）

现代科普体系
建设

科普信息化建设现状及发展对策研究

中国科协科学技术普及部课题组

一、科普信息化建设的几个相关基本问题

（一）科普信息化建设的基本概念

科普信息化建设是充分运用现代信息技术手段，有效动员社会力量和资源，丰富科普内容，创新表达形式，通过多种网络便捷传播，利用市场机制，建立多元化运营模式，满足公众的个性化需求，提高科普的时效性和覆盖面。2014 年 12 月发布的《中国科协关于加强科普信息化建设的意见》中有明确的表述。

（二）科普信息化建设的特点

英国皇家学会于 1985 年公布了《公众理解科学》报告，呼吁科学共同体积极参与科学传播活动，提升公众对科学问题的关注和理解，欣赏科学进展带来的成果，享受科学新发现带来的喜悦。这种观点得到了不少学者的认同和响应。2000 年，英国参议院科学技术委员会作了《科学与社会》报告，更理性地认识科学自身的不确定性和风险，倡议建立公众参与科学、公众与科学家对话的新模式。这两个报告为科普概念增添了新内涵。科普首先是具备科学性，这是科普的灵魂；其次是具备通俗性和趣味性，这是科普与大众紧密联系的关键。信息化在不同阶段分别突出表现为数字化、网络化、智能化，而且此三者是并行、持续地发展，并非是一个阶段结束后才开启另一个阶段。因此，科普信息化建设不仅仅是技术上的革新，而且是理念和传播模式的变化。具体而言，从理念上看，科普信息化建设强调泛在性、自主性；从传播力来看，科普信息化具备传播的广泛性和便捷性；从内容表现力来看，科普信息化注重交互性和体验性。

（三）科普信息化建设的重点

科普信息化建设的重点首先是科普内容，遵循"内容为王"的原则，运用现代信息化手段，使科普内容更加丰富、形象、生动；其次是传播渠道，坚持"渠道为重"，树立借助为主、自建为辅的理念，运用多元化的手段，最大力度地借助社会上公信力强、影响力大的传播渠道开展科学传播；再次是科普工作机制的建设，坚持"融合创新，迭代发展"，积极推动信息化与科普工作的融合，促进线上线下的结合，逐步实现传统科普向信息化背景下的科学传播转变。

二、目前科普信息化建设的问题与根源

虽然，我国科普信息化建设已取得长足进展，但是还存在不少困难和问题，与经济社会发展需求

和社会公众的期盼仍有较大差距。

（一）　网络科普的影响力亟待提高

尽管科技与人们工作和生活的紧密联系程度和影响日益加剧，但是互联网上科普内容的影响力相对较弱。在互联网门户网站上，与科普相关的版块位置偏后，内容的更新速度较慢。在微信平台上，平均每天人均阅读文章 5.86 篇，相对于情感咨询等主题的内容，与科普相关内容的公众阅读量和转发分享量处于弱势。根据微信官方团队在 2014 年 12 月微信公开课中提供的数据（见图 1），微信公众号文章阅读人数排名中，与科普相关的内容仅有"养生"类进入榜单。可见，科普内容尚未成为公众阅读的热点。

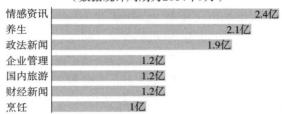

图1　微信公众号文章阅读、分享情况

（二）　网络科普的内容良莠不齐

当前可供互联网传播的优质科普作品稀少，各类自媒体上传播内容的科学性难以保障，社会公众无法从互联网上获取到他们满意的科普内容，对网络上流传的所谓"科普"内容的真伪难以辨别。一方面，网上内容有四个"太多"：道听途说的八卦谣言太多；缺乏理性的极端情绪宣泄太多；故作高深或假托名人的心灵鸡汤太多；违背科学原理的生活常识，尤其似是而非的养生保健知识太多。而另一方面，全国很多学会、地方科协都有自己的科技成果信息库，海量的信息资源却养在深闺人未识。如何通过新媒体把这些沉默的优质科普资源用好、用活，使它转化成能在群众中广为传播的科普信息，是摆在面前的现实课题。

（三）　科普的表达方式不能满足公众需要

当前科普表达方式还未与信息技术紧密融合，传统的科普方式所占比重很高，相对其他领域的信息资讯，其表达的新颖性和趣味性明显不足。根据《中国科学技术协会统计年鉴 2013》数据显示，科普动漫作品的数量不少，通过研究分析发现，作品在创意、制作上有所欠缺，总体质量有待提高，且真正能产生影响力的动画片屈指可数。我国网络科普游戏在大型网游方面基本空白，科普轻游戏总体数量不多，手机科普游戏少之又少，特别缺乏有社会影响力的网络科普游戏。科普机构组织开发的网络科普游戏在整个游戏市场上份额微乎其微，网络科普游戏在浩如烟海的网络游戏中难以脱颖而出。以中国数字科技馆为例，目前共开发科普游戏 361 个，其中 3D 和 2D 多人在线角色扮演类游戏都只有 1 个，其余主要为 Flash 小游戏。其他国内科普机构和科普网站开发的科普游戏寥寥无几。

（四）全民参与科普的局面尚未形成

当前，全民参与科普的生动局面尚未形成，科研单位、社会企业参与科普的平台建设还不完善，参与科普的动力机制还没有良性运转；社会公众参与科普的积极性调动不够，科普众创的条件和环境有待进一步改善。

（五）科普队伍新媒体创作能力较为薄弱

我国现阶段的科普队伍中，人员结构比较单一，技术骨干较为匮乏，利用现代信息技术的能力较为薄弱。尤其是科普创作方面，高端策划和设计人才缺失，利用新媒体技术和渠道开展创作和传播的水平亟待提高，科普融合创作的探索不够，不能为科普信息化建设工作提供足够的人才支撑。

造成上述科普工作中的这些问题和困难的根源在于开展科普工作中缺乏互联网的思维，科普理念没有跟上时代步伐；科普创作的队伍严重不足，缺乏具备现代信息素质的主创人员；科普政策不配套，缺乏调动社会力量参与的动力等。

三、中国科协"十三五"科普信息化建设指导思想和主要目标

（一）"十三五"科普信息化建设指导思想

高举中国特色社会主义伟大旗帜，以邓小平理论、"三个代表"重要思想、科学发展观为指导，深入贯彻落实十八大、十八届三中、四中全会精神，以科普中国品牌为统领，开启科普创新和科普信息化"双引擎"，着力建设"众创、靠谱、众享"的科普生态圈，以"互联网＋科普"行动计划和科普信息化建设工程为抓手，充分发挥科普"连接器"作用，推动信息化与科普的深融合，大力提升国家科学传播能力。

（二）"十三五"科普信息化建设主要目标

1. 总目标

满足信息时代公众日益增长和不断变化的科普服务需求，遵循互联网发展和科学传播的规律，建设"众创、靠谱、众享"科普生态圈，创新科普公共服务的供给模式，加快科普内容和表达方式、传播渠道、运营机制融合建设，做到精准推送，大幅提升国家科普传播能力，实现让科技知识在网上和生活中流行，为 2020 年我国公民具备基本科学素质的比例超过 10% 提供保障。

2. 分目标

——基本实现科普工作向"互联网＋科普"的转变。能准确掌握知识社会的特征和规律，顺应智慧城市发展趋势，切实融入互联网思维，基本满足社会和公众对科普的时代性要求。

——基本满足公众泛在、碎片、便捷获取科普信息的需求。充分利用移动互联网及社交化传播渠道，扩大科普的传播覆盖面和影响力，基本满足公众对科普的便捷性、泛在性、碎片化要求。

——基本满足公众对科普内容和表达方式的多元化需求。利用多样化的先进信息技术手段创新科普表达方式，不断增强科普的体验性和延展性，使科普更具观赏性、趣味性和感染力，基本满足公众对科普的个性化要求。

——形成"众创、靠谱、众享"的科普生态圈。建立并逐步完善推动引导机制，充分调动社会力量参与科普的创作与传播，依靠广大公众的力量，充分发挥公众在各领域的学识，使公众成为科学传播的创作者、传播者和享用者，从而形成人人参与、人人受益的新风尚，形成全社会共同参与科普的生动氛围和良好生态。

四、中国科协"十三五"科普信息化建设战略重点和重大举措

（一）突出科普信息化建设的战略重点

1. 开启科普创新和科普信息化"双引擎"

——运用信息技术创新科普产品形态。顺应信息社会科学传播的规律和发展趋势，大力运用信息技术和手段，实现视频化、移动化、社交化、游戏化的转变。借助信息化技术，综合运用图文、动漫、音视频、游戏、虚拟现实等多种形式，实现科普从可读到可视、从静态到动态、从一维到多维、从一屏到多屏、从平面媒体到全媒体的融合转变，创新科普产品形态，增强科普产品的吸引力。

——推动传统科普媒体与新媒体的融合发展。积极推动传统科普媒体在内容、渠道、平台、经营、管理等方面与新兴媒体的深度融合，着力打造一批手段先进、具有传播力公信力影响力的新型科学传播主流媒介，形成立体多样、融合发展的现代科学传播体系。围绕社会焦点热点，集成整合科技社团、高校、科研院所、企业等相关科普资源，研发创作多种形式、适合互联网平台、手机平台、手持阅读器等终端在内的多渠道全媒体传播推广的科普融合创作作品，充分通过即时通讯客户端、微博、主流新闻客户端等移动端进行全方位传播，引导全社会共同关注，加强公众对科学的正确理解。

——推动线上线下科普活动融合。借助或打造科普活动在线平台，开展线上互动活动，促进科普活动线上线下结合。积极主动地利用现有科普信息平台获取适合的科普信息资源，加强线上科普信息资源的线下应用，丰富科普内容和形式；推动和支持运用虚拟现实、全息仿真等信息技术手段，实现在线虚拟漫游和互动体验，把科普活动搬上网络。

2. 打造"众创、靠谱、众享"科普生态圈

运用互联网思维，联合互联网机构及其他社会各方力量，致力于科普生态圈的建设。激励和引导互联网企业在战略发展上融入科普目标，极力营造"众创、靠谱、众享"的科普生态，提供开放式交流平台，形成"万众创新"的氛围，激发科普创客的热情，采用"兴趣吸引、好奇心驱动"的模式，引导广大公众共同进行信息化科普传播内容创作，让广大公众成为科普内容的受益者、传播者和建设者，打造优质良性、互助相协、循环可持续的科普生态环境。

3. 强化科普信息的精准推送服务

——以公众科普需求为导向。依托大数据、云计算等信息技术手段，采集和挖掘公众需求数据，做好科普需求的跟踪分析，找准不同科普受众群体对科普内容、形式、渠道的需求，为向公众精准推送科普信息奠定基础。

——及时回应公众的科普关切。借助先进信息技术手段，围绕公众关注的热点和焦点问题，大力普及科学知识，及时解疑释惑。采用多渠道、多方式定向、精准地将科普信息资源送达目标人群，满足公众对科普信息的个性化需求。

——提供跨媒体、跨终端、全覆盖的科普服务。从内容、渠道、平台、经营、管理等方面加强各媒介的深度融合，实现包括纸质出版、互联网平台、手机平台、手持阅读器等终端在内的多渠道全媒体传播，将优质科普内容作为公益性的增值服务提供给公众，实现传播对象的全覆盖。

4. 充分发挥科普"连接器"作用

——在政府与市场之间发挥"连接器"作用。建立科普公共服务新的供给模式，从政府推动、事业运作的科普工作模式，向政策引导、社会参与、市场运作的科普工作模式的彻底转变。探索运用PPP模式，建立政府与社会资本合作、互利共赢、良性互动、持续发展的科普服务产品供给新模式，发挥科普在政府与市场之间"连接器"作用。

——在科普需求与内容生产之间发挥"连接器"作用。"大众创业、万众创新"的时代，设计创造价值的时代已经到来。建立 C2B（Consumer to Business）为主的定制性科普服务模式，根据公众的需求，调动社会机构、企业参与科普的积极性，借助先进信息技术手段，贴近实际、贴近生活、贴近群众，围绕公众关注的卫生健康、食品安全、低碳生活、心理关怀、应急避险、生态环境、反对愚昧迷信等热点和焦点问题，逆向开发科普产品，满足公众多样化的需求。

——在科技工作者和媒体传播者、科普内容与传播渠道之间发挥"连接器"作用。通过开展交流培训的方式，增进科技工作者和媒体传播者之间的相互沟通，让科学权威的科普内容在公信力强的传播渠道迅速传播，提升公众知晓度。

——在科普事业和科普产业之间发挥"连接器"作用。促进公益性科普事业与市场性科普产业的结合，保障社会效益和经济效益的双重实现。坚持科普本质的公益属性，同时遵循市场的资源配置作用。

（二）实施科普中国品牌战略

适应科普与信息化深度融合发展需求，充分发挥"科普中国"品牌领导力、影响力和传播力作用，大力营造"众创、靠谱、众享"的生动科普生态良好环境，形成良性、互促、循环持续的科普生态链。动员和集成全社会力量，对社会生产的科学权威的科普传播产品进行科普中国品牌授权，体现科学权威、传播广泛、公益公信的特征；彰显信息化科普正能量，引领互联网和科普信息化思潮，把"科普中国"品牌打造成海量网络信息中的"权威科普引擎"。

（三）实施"互联网＋科普"行动计划

1. 建设"众创、靠谱、众享"的科普生态圈

完善社会动员和激励机制，营造大联合、大协作的科普局面以及"万众创新"的良好氛围。积极培育科普创客文化，采用激励创新和分享传播的方式让广大公众成为科普内容的受益者、传播者和建设者。广泛动员社会参与，激发社会机构、企业参与科普信息化建设的积极性，进一步建立完善大联合大协作的科普公共服务机制，最大限度地扩大科学传播的覆盖面，实现科普服务的良性循环和自我发展。借助专家审核和公众纠错两种方式，确保科普内容的可靠性，重点解决全民参与科普程度低以及网上科普内容良莠不齐的问题，改变网络内容"四个太多"的状况。

2. 实施科普信息化建设工程

中国科协会同社会各方面大力推动实施科普信息化建设工程，建立网络科普大超市、搭建网络科普互动空间，开展科普精准推送服务。建立各部委优质科普内容的热点链接版块，搭建高效的联合协作的平台。利用自身基础、社会资源和传播渠道，在科普中国的架构下进一步应用先进信息技术和管理模式，加强面向公众的科普宣传和推广，全面加强内容建设和渠道建设，增强网络科普传播效果，强化移动互联网应用开发，提升科普服务水平和能力。

3. 建设科普中国云服务中心

一是建设科普中国科普应用云服务平台。由一系列云应用系统组成，完善科普中国导航页，为移动端提供支撑，向各大搜索引擎提供推送服务，为实现科普信息化建设的互联互通提供技术支撑。二

是支持科普数据资源建设和服务。支持各类资源的采集、加工、整合、数据分析和挖掘、数据交换、分发、推送和共享。汇聚各类科普资源数据的用户访问日志和交互数据，集中存储，建成大数据中心，提供数据保存、整理、挖掘、分析、可视化展现、分发、推送等一系列服务，整体提升科普资源的管理和服务水平，促进科普服务创新，发挥科普数据更大的经济效应和社会效应。

五、条件保障和组织实施

（一）组织领导

——加强科普信息化建设组织领导。依据中央领导的系列讲话精神，将科普信息化工作纳入中国科协年度工作要点。科普信息化建设领导小组、领导小组办公室、科普信息化建设专家指导委员会按要求将有关任务纳入相应的工作规划和计划，充分履行工作职责，发挥各自优势，广泛动员有关方面共同推进科普信息化建设。

——贯彻落实科普信息化建设的意见。推动《中国科协关于加强科普信息化建设的意见》的贯彻落实，把意见精神融会贯通在科普工作各个方面。通过媒体、会议、培训等多种方式，宣讲文件精神；督促各级科协学习领会科普信息化建设的意见精神，指导工作实践。

——制定优惠政策引导全社会积极参与。联合教育部、文化部、国家新闻出版广电总局、国家工商总局、信息产业部等部委，制定鼓励和支持网络科普发展的政策与措施，通过奖励、补贴等多种方式，激励企业履行其社会责任，探索科普产品和科普产业的市场化发展机制，形成"政府引导，市场主导，社会参与"的良性发展局面。

（二）经费投入

——加大财政经费投入的力度。进一步做好科普信息化建设战略发展规划研究，组织实施科普信息化建设项目，设立科普信息化建设工程国家财政专项，发挥国家财政作用。各级科协及所属学会积极争取将科普信息化建设纳入本地公共服务政府采购范畴。

——充分调动社会资本投入。充分发挥市场配置资源的决定性作用，建立需求驱动、实效为先、持续发展的市场运作机制，吸引社会资本参与科普信息化建设和运营。

（三）条件建设

——大力引进和培养科普信息化人才。培养科普信息化的拔尖人才和领军人才。支持鼓励高等院校、科研院所、科普组织、企业与相关机构建设高端网络科普人才教育、培训和实践基地，引进和培养一批网络科普策划、设计、技术、管理、营销方面的专业人才，壮大网络科普志愿者群体。

——完善社会动员和激励机制。激发社会机构、企业参与科普信息化建设的积极性，进一步建立完善大联合大协作的科普公共服务机制。充分调动公众积极性，通过虚拟动员、荣誉评级、网络微动员等方激励方式，吸引公众通过用户生成内容共同进行信息化科普传播内容创作，形成专家和公众共同参与的信息化科普内容共建的机制。

（四）监督评估

——建立完善科普内容的审核把关机制。坚持"内容为王"，建立专家审核和公众纠错结合的科学传播内容审查机制，对规划选题、产品内容、生产流程、传播推广等各环节开展科学性把关，确保创作和传播科普内容的科学性和权威性。

——建立完善以公众关注度为核心的评价体系。加强科普信息化建设工程的效果评估，以公众关注度作为核心评价要素，考核各项目实施的科学传播效果。

——开展科普信息化发展指数的监测与评估。构建科普信息化发展指数以及监测评估体系，用科学定量的分析方法，实现对科普信息化的测度，对信息化与科普融合发展现状做出客观的衡量和评价，重点掌握核心要素及其质量控制。

（课题组成员：徐延豪 束 为 杨文志 罗 晖 辛 兵 刘亚东 钱 岩 邓 帆 胡富梅 杨利军 王欣华 王大鹏 林 昀 胡俊平 黎 文）

"十三五"全民科学素质发展规划

中国科普研究所课题组

一、"十二五"公民科学素质建设存在的困难和问题

（一）公民科学素质整体水平偏低

我国公民具备科学素质的水平普遍较低，与发达国家水平相比还有较大差距。2013年我国东、中、西部地区12个典型省份公民科学素质抽样调查结果显示，具备基本科学素质的公民科学素质比例为4.48%，远低于美国2005年的25.4%、欧盟国家2005年的13.8%及日本的2001年5%等水平。这与进入创新型国家对具备科学素质比例达到10%的需求相比，仍有较大差距。

（二）公民科学素质发展很不平衡，农民和中西部地区偏低

公民科学素质发展呈现出较大的区域和城乡差异。2013年我国东、中、西部地区12个典型省份公民科学素质抽样调查结果显示，东部发达省份公民科学素质水平远高于中部和西部省份，其中东部地区，北京和天津的公民科学素质水平分别达到12.4%和10.0%，江苏和福建的公民科学素质水平分别达到6.2%和5.0%；中部地区的水平均未超过5%；西部地区的水平均未超过4%，甘肃低于2%。城镇劳动者（6.70%）和城镇居民（6.80%）的科学素质水平明显提升，均分别比2010年全国水平的4.79%和4.86%提高了约2个百分点；而农民和农村居民科学素质水平偏低而且提升缓慢。

（三）科普公共服务能力相对薄弱

科学教育和培训的基础条件仍较薄弱，科普资源开发与共享程度不高，科普场馆数量和结构地域、城乡发展不均衡，大众传媒科技传播技术手段滞后，数量、质量还不能有效满足公众需求；科研计划中增加科普任务仍未得到很好落实，科普人才选拔、培养、使用体制和机制不够完善。科普产业发展滞后，规模和实力比较弱小，仍处于起步阶段；各部门、行业之间优质科普资源共享机制尚未形成，社会力量动员机制不完善，科普社会化程度有待提高。科普服务对公众需求变化缺乏更深入了解，一些内容和形式与公众需求经常脱节；科普服务理念、模式、形式相对落后；公众科学理性、独立思考能力亟须加强。公民科学素质建设的信息化和现代化严重滞后，科普服务能力亟待提升。

（四）科普经费投入增幅仍然较慢

科普经费投入仍然较低。科普经费投入总额远远落后于与教育、科技经费投入。据《2013年中国科普统计》《2012年全国科技经费统计公报》《2012全国教育经费执行情况统计公报》显示，2012年科普政府拨款经费占GDP的0.016%，教育经费占GDP的4.28%，R&D经费占GDP的1.98%。2012年我国人均科普经费3.31元，全国大部分地区人均专项科普活动经费远未达到全国平均水平。科普

经费投入来源仍以国家财政为主，社会多元化投入机制尚未形成。

二、"十三五"公民科学素质建设面临的新形势新要求

2012年中共中央、国务院《关于深化科技体制改革加快国家创新体系建设的意见》中明确提出，到2015年我国公民具备基本科学素质的比例超过5%；到2020年，全民科学素质普遍提高，科技支撑引领经济社会发展能力大幅提升，进入创新型国家行列。党的十八大报告明确提出，到2020年全面建成小康社会的目标，并提出"要普及科学知识，弘扬科学精神，提高全民科学素质"。

大力推动大众创业、万众创新，形成全社会支持和参与创新的良好局面，是当前国家实施创新驱动发展战略的重要部署。这就要求我们把科学普及放在与科技创新同等重要的位置，不断提高公民科学素质，调动激发全社会的创新热情和创造活力，为创新驱动发展培育更广阔、更深厚的土壤，在全社会推动形成讲科学、爱科学、学科学、用科学的良好氛围。

（一）适应经济新常态，实施创新驱动发展战略的迫切要求

经济发展进入新常态预示着经济增长阶段的根本性转换。中国经济新常态的特点就是要实现经济增长动力的转换，从过去资本、劳动、要素投入型的增长驱动，转向创新驱动，全要素生产力的驱动。引领新常态就必须更加注重科技进步和全面创新，要从要素驱动、投资驱动转向创新驱动，而公民科学素质是增强科技创新能力的关键因素。只有广大群众掌握科学精神、科学思想和科学方法，创新人才大量涌现，整个社会的创新创造活力不断迸发，自主创新能力的提升才拥有坚实依托和不竭源泉。为了有效支撑创新型科技人才的产出，提升人才的国际竞争力，必须大幅度提高公民科学素质。促进公民科学素质水平在"十三五"时期实现大幅度提升，以不断提高的劳动力素质为产业结构转型升级提供有力支撑，以充分激发全民族创新创造活力为实施创新驱动发展战略注入不竭动力，让创新驱动真正成为驱动经济发展发展新引擎，推动我国发展调速不减势，量增质更优。

（二）实现全面建成小康社会的迫切要求

党的十八大提出，全面建成小康社会的目标，经济持续健康，人民民主不断扩大，文化软实力显著增强，人民生活水平全面提高，资源节约型、环境友好型社会取得重大进展。因此，首先提升公民科学素质是加快经济方式转变的迫切要求，实现从"中国制造"向"中国创造"转变，构建现代化产业发展体系，实现经济发展创新驱动、内生增长。其次全面建成小康社会，既要着眼于满足人们的物质生活需要，又要着眼于满足人们精神文化生活的需要。十八大报告提出，实现全面建成小康社会，全民受教育程度和创新人才培育水平明显提高，实现人的全面发展的基础不断夯实。

（三）促进国家治理体系和治理能力现代化的迫切要求

习近平总书记指出，"国家治理能力就是运用国家制度管理社会各方面事务的能力，包括改革发展稳定、内政外交国防、治党治国治军等各个方面"。从政府与社会关系而言就是要回归人民本位，让人民群众以主体身份参与到社会治理中去，实现自我治理，这是治理能力现代化的突破点。

加强公民科学素质建设有利于增强公众参与公共事务和科学决策的能力。这就要求更多的公民具有理性认识，积极参与科学公共事务和民主决策的能力，不断改善公民生活质量、增进民众福祉、促进社会和谐。

（四）培育创新文化建设文化强国的迫切要求

弘扬科学精神，切实培育创新文化环境。这就需要进一步加强科研学术规范和学术道德建设；同时加强科研与科普的有机结合，让更多的科技工作者开展科普服务，在全社会树立正确的创新文化价

值观；构建开放宽松，鼓励学术争鸣，容许失败的科研环境。文化软实力归根到底与公民科学素质密切相关。科学文化资源只有被内化，转变为公民的科学素质、文化素质，才能真正提升文化软实力。

（五）提升信息化服务水平的迫切要求

以互联网和移动通讯为代表的新媒体技术发展，要求科普教育理念、目标以及科学传播方式都要相应发生较大变革，要求培养具有创造性、批判性思维的人才。这就需要加强科普信息化建设，引导公众积极参与全媒体时代的科学传播，培养更多的新媒体科普创作人才队伍，繁荣科普创作，提升信息化服务能力。

三、"十三五"公民科学素质建设的指导方针和发展目标

（一）"十三五"公民科学素质建设指导思想

高举中国特色社会主义伟大旗帜，以邓小平理论、"三个代表"重要思想、科学发展观为指导，深入贯彻落实十八大和十八届三中、四中全会精神，按照《全民科学素质行动计划纲要（2006—2010—2020 年）》和国家科技体制改革和创新体系建设领导小组的部署，围绕"服务创新驱动，促进协同发展，推动全民学习，实现跨越提升"的工作主题，面向基层、关注民生，完善机制、提升能力，加强领导、开拓创新，不断提高全民科学素质，为实施创新驱动发展战略，实现全面建成小康社会和中华民族伟大复兴的"中国梦"做出新的更大的贡献，为实现到我们党成立 100 周年时进入创新型国家行列、到新中国成立 100 周年时建成科技强国的宏伟目标，奠定更为坚实的群众基础、社会基础。

（二）"十三五"公民科学素质建设工作主题

要以"服务创新驱动，促进协同发展，推动全民学习，实现跨越提升"为工作主题，为实现"两个一百年"，为进入创新型国家，建成科技强国奠定坚实的社会基础。

服务创新驱动。把公民科学素质建设作为重要工作，培育更多的具备较高科学素质的劳动者大军和大批创新型人才，推动科技创新、提升国家核心竞争力，实现创新驱动发展。

促进协同发展。利用科普信息化手段，大力加强科普资源、基础设施建设，壮大科普人才队伍，促进城乡、区域科普公共服务的均衡发展。

推动全民学习。通过编写《中国公民科学素质系列读本》，采用全媒体方式，多渠道多途径精准推送，掀起全民科学素质学习的新热潮，提倡全民学习、终身学习，促进人的全面发展。

实现跨越提升。以抓住信息化浪潮的发展契机，把握公民科学素质发展的黄金机遇期，统筹规划，加大投入，采取有力措施，实现全民科学素质跨越提升。

（三）"十三五"公民科学素质建设发展目标

依据《全民科学素质行动计划纲要（2006—2010—2020 年）》提出的目标要求：到 2020 年，科学技术教育、传播与普及有长足发展，形成比较完善的公民科学素质建设的组织实施、基础设施、条件保障、监测评估等体系，公民科学素质在整体上有大幅度的提高，达到世界主要发达国家 21 世纪初的平均水平。参照世界主要发达国家 21 世纪初的公民科学素质水平处于 5%～17.3% 的区间范围，通过教育发展和人口更迭、公民科学素质发展的一般规律、建设创新型国家的人才需求以及相关影响因素等四种方法进行推测，最终研究确定，我国 2020 年公民科学素质发展目标应达到 10%。

围绕公民科学素质建设最关键、最基础性的问题，实现以下目标。

一是积极开展中国梦、科技梦宣传教育，促进创新驱动发展战略在全社会的深入贯彻落实，推动

发展向主要依靠科技进步、劳动者素质提高、管理创新转变。

二是以重点人群科学素质行动带动全民科学学习，推动城乡居民之间、经济发达地区与少数民族地区之间科学素质差距逐步缩小，推动科学素质整体水平跨越提升。

三是通过实施科普信息化、《中国公民科学素质系列读本》、科学传播中心、农技推广应用服务体系、公民科学素质决策支撑系统等重大专项工程，提高科普公共服务能力，促进城乡和区域均衡发展，缩小差距。

四是公民科学素质建设机制切实加强，公民科学素质建设共建机制初步建立，各级政府在公民科学素质建设中主导作用不断增强，地方和部门之间联合协作进一步加强，监督评估体系进一步完善，科普经费投入得到切实保障。

四、"十三五"公民科学素质建设的战略重点和主要任务

（一）"十三五"公民科学素质建设战略重点

（1）以科普信息化建设为重点，提升全媒体科普能力。

（2）以未成年人科学素质培养为重点，提升全民科学学习的成效。

（3）以校内外科学教育的有机结合为重点，提升教育对公民科学素质的贡献。

（4）以现代化科技馆体系建设为重点，提升科普设施公共服务能力。

（5）以专兼职科普工作者培养为重点，提升科普人才队伍建设水平。

（6）以科普产业政策完善为重点，提升全社会科学素质建设动员能力。

（7）以科学素质共建机制的落实为重点，提升公民科学素质建设协作能力。

（8）以公民科学素质监测制度构建为重点，提升公民科学素质建设决策能力。

（二）"十三五"公民科学素质建设主要任务

1. 立足重点人群素质建设，推动全民学习，实施五大行动

坚持需求导向、分类细化、精准推送、加强互动为基本原则，进一步完善未成年人、农民、城镇劳动者、领导干部和公务员以及社区居民五大重点人群科学素质行动方案。

（1）实施未成年人科学素质行动。

主要任务：完善基础教育阶段的科学教育，为青少年营造爱科学、学科学、用科学的良好环境和氛围；促进校内外、城乡科普及教育资源的合理匹配和公平普惠，促进学校科学教育与社会科普活动的结合，促进校内外科学教育紧密融合、互为补充，鼓励将校外科普活动实践纳入教育考核体系，推动博物馆参照科学教育课程标准设计展览、开展活动。

主要措施：一是强化国家层面对青少年科学素养行动的统筹政策，修订与科学教育相关的课程标准，进一步在课程目标、内容、方式、评价等方面改变以学科本位的科学教育体系，注重课程设置，提高科学教育质量，强调课程教育的系统性和有序。二是加强农村青少年的科普。贴近农村青少年，关注留守儿童和从农村到城市来的学生的生存、生活技能的提高，拓宽青少年接触科普知识的渠道与途径。三是促进校外科技活动与学校科学教育的有效衔接。四是加强未成年人科普信息化。重视网络技术在青少年中的普遍应用，开发适合在手机等终端平台上浏览的移动科普学习资源，同时研究大规模在线开放课程（MOOC）、微课程等资源在科普教育中的利用方式。五是加强科技教师队伍建设，完善培训机制和鼓励机制。六是建立科学教育评价和科学素质评估的有效方法，开发未成年人科学素质的调查方案，不定期地在全国范围内进行独立于科学教育和科普活动的调查，客观地反映和评价未成年人的科学素质。七是强化媒体的作用，加强科普产品的开发和科普创作。形成具有相当规模、影

响力大的普及科学知识和技能、启发科技创新的媒体。同时，鼓励创作科幻小说、开发科幻电影，更好地激发未成年人的科学兴趣和好奇心。

（2）实施农民科学素质行动。

主要任务：继续深入推进农民科学素质行动，从需求出发，分类提升，加强对新型农民农业生产技术培训，提升就业技能和生产水平，增加收入；加强边远、贫困、民族地区人群，加大科普服务力度。加强农村妇女，尤其是"三留守"人群科学素质提升，健全科普服务体系，围绕基本生活、教育、健康等，开展有效服务。

主要措施：一是制订农民科学素质建设的国家战略。二是全面深入推进农民科学素质行动。建议国家设立农民科学素质行动专项经费，并逐年提高支持力度，改变长期以来农民科学素质建设经费严重不足且分散使用的现状；同时，组织开展农民科学素质建设的理论研究和工作指导监督。三是创建网络农业农村科普大超市。开发农牧民普遍接受的、喜闻乐见的数字化的科普制品。整理现有的科普制品资源，同时开发新科普制品资源，进行线上和线下传播。四是优化整合现有相关项目和经费资源支持科普工作。五是实施农村妇女科学素质提升行动。重点针对农村妇女中的种养大户、科技示范户、科技带头人、农业经纪人等"女能人"，通过技术培训和推广，提高她们依靠科学发展生产、脱贫致富的本领；力争到2020年，为每个村培养一名农村妇女科普骨干。

（3）实施城镇劳动者科学素质行动。

主要任务：以经济社会发展对城镇劳动者科学素质提升的需求为导向，立足服务民生、助力产业升级、推动结构调整，坚持科普工作与人才工作相结合，加强分层分类指导，落实相关政策法规，强化社会动员机制，加大资金投入力度，发挥用人单位主体作用，打造学习型社区，建立适应职业特点的信息化平台，提供差异化的科学素质建设内容，发挥城镇科普基础设施和公共服务的优势；面向城镇新居民，加强城市科普、社区科普，帮助其提升自身科学素质，尽快融入城镇生活，实现科学生活；面向农民工群体等外来务工者的，在抓住提高其从业技能这个关键问题上下功夫；加强产业工人的培训和继续教育；建立和发展中高等教育体系中的技术和工程教育培养体系。

主要措施：一是加强工作协调，强化城镇劳动者科学素质行动社会动员机制，各级科学素质纲要成员单位要充分发挥各自工作优势，参与到全民科学素质纲要实施工作中，整合成员单位工作力量，组织开展城镇劳动者科学素质行动。二是加大激励力度，鼓励企事业单位成为科普工作的重要阵地。鼓励有条件的企业事业单位根据自身特点建立专业科普场馆，鼓励企业员工进行群众性技术创新和发明活动，充分发挥企业科协、职工技协、研发中心等组织机构的作用。深入开展职业技能大练兵活动，通过技术培训、名师带徒、岗位练兵、技能比赛等多种形式，造就更多的创新型、知识型、复合型企业精英人才。以多种方式缩短毕业生进入企业后的转型期，实现由知识向技能的转化，由技能向创新力的转化，激发出他们的自主创新积极性，提升他们的研究与开发能力。三是打造学习型社区，发挥其在提高科学素质上的重要作用。依托科普宣传周、全国科普日、安全生产月、防灾减灾日等，进一步开展群众性科普宣传活动；继续开展科教、卫生、健康、环保进社区等活动；建设一批具有时代气息、体现高新技术特点、满足不同人群需要的科普设施，鼓励学校、科研院所、企业、科技社团、科普场馆、科普教育基地和部队积极参与社区科普活动，形成社区科普工作合力；面向进城务工人员开展提升自身素质、适应城市生活的宣传教育活动。四是充分发挥新媒体作用，扩大城镇劳动者获取科技信息的渠道，为城镇劳动者提供更多更便捷的学习和交流科学的渠道。五是根据不同类型城镇劳动者的特点，提供差异化的科学素质建设内容。首先，对高层次人才科学素质建设的重点加强科技成果交流、展示、评审和普及应用等，推动知识流动、技术转移和科技成果向现实生产力转化。其次，科技工作者科学素质提升要着眼于挖掘创新型人才的素质潜能催生创意，利用国际国内学术资源，延伸探索空间，使知识资本及价值得到最大体现。对企业员工素质培训应实现由知识向技能的转化、由技能向创新力的转化，提升他们的研究与开发能力。对外来务工人员的科学素质提升应围绕城镇化进程的要求，重点提高他们的职业技能水平和适应城市生活的能力。对失业人员等弱势群体的科学素质提升应重点提高他们的就业能力、创业能力和适应职业变化的能力。

（4）实施领导干部和公务员科学素质行动。

主要任务：深入贯彻落实科学发展观，增强领导干部推动科学发展、促进社会和谐的能力，将提高科学素质贯穿于领导干部和公务员的选拔录用、教育培训、综合评价的全过程，提高公务员终身学习和科学管理的能力，使领导干部和公务员的科学素质在各类职业人群中位居前列，进一步发挥领导干部和公务员在提升全民科学文化素质中的引领示范作用。

主要措施：贯彻落实《2010—2020 年干部教育培训改革纲要》和《2013—2017 年全国干部教育培训规划》，把提高科学素质作为领导干部和公务员教育培训的长期任务。重点培训市县党政领导、地方和部门各级科技行政管理干部、科研机构负责人和国有企业、高新技术企业技术负责人等科技管理人员。在领导干部和公务员选拔录用、综合评价中体现科学素质的要求，建立体现科学发展观要求的干部综合考核评价体系。依托各类干部培训院校，加强领导干部和公务员科学素质的培训。将科学素质教育纳入各级各类干部教育培训机构的教学计划中。在全国干部培训教材建设中，加强科普内容的编写和使用。开展各类科普活动，向领导干部和公务员普及现代科技知识。加大宣传力度，为领导干部和公务员提高科学素质营造良好氛围。

（5）实施社区居民科学素质行动。

主要任务：提高社区居民节约能源资源，保护生态环境，保障安全健康，促进创新创造的意识，推动社区居民形成科学文明健康的生活方式；提升社区居民应用科学知识解决实际问题、改善生活质量、应对突发事件的能力，激发社区居民提高科学素质的主动性和积极性；提升社区科普服务能力，围绕建设文明和谐的学习型社区，完善社区公共服务体系。

主要措施：一是进一步推进社区科普工作逐步纳入社区工作的重要议事日程。二是进一步完善社区科普经费投入的多元化资金筹措机制。三是进一步健全社区科普组织，优化科普人才队伍结构。注重对社区专兼职科普工作者和科普志愿者定期开展培训，以促进其科学素质业务水平的提高。四是进一步促进社区科普信息化，建立社区科普资源整合、共享网络平台。充分利用社区场所和人力、物力资源以及多媒体手段，开展多种形式的科普活动，建立科普信息的公共平台的共享机制。五是促进社区科普与文艺、体育、文化等形式相结合，推动社区科普工作的全面发展。

2. 立足资源开放共享，促进均衡发展，实施五大工程

坚持社会动员、市场引导、创新机制、均衡发展的原则，围绕创新驱动发展战略要求，紧扣时代发展脉搏，适应国家、社会和公众的需要，创作开发一批优秀科普作品；进一步壮大科普人才队伍，建设一支专兼职结合、结构优化、规模宏大的科学素质工作队伍；适应信息化发展的需要，开发网络科普的新技术和新形式，加强大众传媒科技传播内容建设，整合、优化现有大众传媒科普资源，促进移动互联网科普体系建设；进一步完善动员激励机制，发挥市场机制引导作用，积极推动科普产业发展，推动全社会优质科普资源集成共享，进一步优化资源配置，促进均衡发展，构建现代科普公共服务体系。为此，继续实施科学教育与培训、科普资源开发与共享、大众传媒科技传播能力建设、科普基础设施、科普人才建设等五大基础工程。

（1）实施科学教育与培训工程。

主要任务：深入开展以培养创新精神和实践能力为主的科学教育教学改革，加强教师的科学素质建设，提高教师队伍整体科学素质和水平，加强课程教材建设，特别是少数民族文字教材建设，改进教学方法，加强基础条件建设，配备必要的教学仪器和设备，充分利用现有的教育培训场所、基地、网站、学习平台，为开展科学教育与培训提供基础条件支持。

主要措施：一是组织进一步修订和完善小学科学课程标准，更新小学科学教育内容，加强对探究性学习的指导，组织小学科学教材和普通高中科学与技术领域有关学科课程标准的修订工作。二是进一步落实《教师专业标准》和《教师教育课程标准（试行）》，规范科学教育专业课程建设，把科学

素质教育贯穿到师范生培养全过程。三是开展农村教师的教育项目和农村青少年科普活动，提高基层教师的能力和水平。加强科技场馆和县级校外场所青少年科技辅导员能力建设。逐步完善科学教育教师职称评价标准和办法。四是重视少数民族文字语言的教材编写和音像类教材的开发制作。五是实施农村义务教育薄弱学校改造计划，推进义务教育均衡发展，全面提高农村教育质量。六是加强科学教育与培训的基础条件建设。逐步实现义务教育学校特别是边远农村地区中小学科学仪器、教具、图书等基本达标，面向社会提供服务。七是搭建中小学科普教育社会实践平台。建立中小学科普教育社会实践基地，开展富有特色的科普教育活动，全面提高中小学生的科学素养和实践能力，促进中小学生学思结合，普及科学常识，全面提高科学素养。八是改革与探索成人教育教学方式，提高培训效率，加强各类人群科学教育培训的教材建设，动员大学、科研院所、科技馆、职业学校、成人文化教育机构、社区学校等公共机构对公众进行分类教育和培训。

（2）实施科普资源开发与共享工程。

主要任务：集成国内外科普资源及信息，建立共享交流平台，为社会和公众提供基本科普资源支持和公共科普服务；促进科普资源开发、集散和服务的社会化，发挥市场机制引导作用，积极推动科普产业发展；编制公民科学素质读本，推动全民学习。

主要措施：一是促进原创性科普作品的创作。以评奖、作品征集等方式，加大对优秀原创科普作品的扶持、奖励力度，鼓励社会各界参与科普作品创作；激发科技、教育、传媒工作者的科普创作热情，把科普作品纳入业绩考核范围。二是推进科技成果转化为科普资源。促进各类科研项目成果的传播和普及工作，推进在国家科技计划项目中增加科普任务，探索将学术交流与科普活动紧密结合的新途径。三是制定科普资源建设标准和开发指南，引导科普资源的开发、集成与共享。四是促进科普展教活动与学校科学课程教学、综合实践和研究性学习相衔接，建立应急科普资源开发与服务机制。五是制定科普资源发展规划。加强科普资源开发和共享的指导和规划，不断优化科普资源的内容和结构。六是建立动员激励机制，推动全社会优质科普资源集成共享。七是以公众科普需求为导向，发挥市场的引导、优化和调节作用，推动科普产品的研发、生产、集散和服务。

（3）实施大众传媒科技传播能力建设工程。

主要任务：充分利用大众传媒的新技术新形式，推动网络科普尤其是移动互联网科普体系建设，加快科普信息化进程；加强大众传媒科技传播内容建设，整合、优化现有大众传媒科普资源，开发适合新媒体传播的科普影视、动漫、游戏等作品；通过媒介融合，加强报刊、广播、电视等传统媒体科技传播力度。

主要措施：研究开发网络科普的新技术和新形式、建设中国科学媒介中心、打造在线学习的资源平台（大型网络式开放课程）、建立科普云超市；支持原创科普作品并转化成网络科普资源，组织网络科普影视、动漫、游戏创作；加大报刊、广播、电视等传统媒体的科技传播力度。制定鼓励大众传媒开展科技传播的政策措施，打造科技传播媒体品牌，建设大众传媒科技传播能力监测评估体系。

（4）实施科普基础设施工程。

主要任务：合理布局，有机整合科技馆、自然科学博物馆，发挥其展教资源的教育功能和作用，探索其与学校科学教育有机结合的运行机制；探索建立企业和社会团体参与的激励机制；打造全媒体融合的科普服务网络平台；促进农村中学科技馆等基层科普场馆着重体现公平普惠，与其他形式科技馆有效衔接。建立科研院所资源开放，特别是高校、科研院所科普场馆向社会开放的体制机制，赋予科研院所科普的社会责任；增加公共文化设施的科普内容，满足公众的文化需求，提高公共文化设施和服务体系的运行效率；强化自然保护区、地质公园、动植物园的科普教育功能，充分利用现代科技手段，提升科普宣教自然的效果。

主要措施：通过建立长效保障体系，积极服务于网络科普体系、现代科技馆体系、基层科普体系，使之协同发展，实现科普基础设施的地理区域的全覆盖和服务人次的全覆盖。到2020年，网络科普体系覆盖和服务7亿网民；现代科技馆体系服务3.5亿人次，其中争取在地级市和有条件的县域建有科技馆和专业科技博物馆，服务2亿人次，利用流动科技馆和科普大篷车覆盖科技馆和科技博物馆不能覆盖的地区和学校，服务约1.5亿人次；由社区和村的科普设施构建形成的基层科普体系，将在全国范围内实现全覆盖，其服务大约3.5亿人次。建好用好由实体科技馆、网络科技馆、流动科技馆和科普大篷车等构成的现代科技馆体系；充分利用城市经济转型遗留的工业遗产，结合城市发展规划，建设科技馆和科技博物馆；利用农村中学科技馆、乡村学校少年宫、青少年科技活动场所、校外科技实践基地等，构建学校的科普场所，通过与科技馆的紧密合作，实现学校科学教育与科技馆的科学教育有机衔接。由遍布街道、社区、乡镇、村的科普设施构成基层科普体系，通过政府组织管理，实现基层科普服务的均等化，达成设施建设标准、人员配备标准、服务标准等全国或是区域范围内的一致性。通过政策法规、经费投入、人才建设、创新管理等构建科普基础设施发展的长效保障体系。

（5）实施科普人才建设工程。

主要任务：进一步壮大科普人才队伍，建设一支专兼职结合、结构优化、规模宏大的科学素质工作队伍初步形成。推动科学传播专业本科、研究生教育，培养一批科普创意设计、科普产品研发、科普传媒等方面专门人才，将发展专职和兼职科普人才队伍放在同等重要位置；大力培养面向基层的科普人才。

主要措施：一是发展青少年科技辅导员队伍。到2020年，着力建设和发展适应青少年课外科普活动的校外科技辅导员队伍，积极发展针对农村校外未成年人非正规教育的科技辅导员队伍。加强科技辅导员培训基地建设，建设一批适合素质教育要求的中小学科技辅导员培训基地，建设的重点适当向农村、民族地区倾斜。二是加强农村科普人才队伍建设。扩大科普人才队伍的群众基础，完善农村科普人才的奖励和激励机制，建立农村实用人才工作长效机制，开展下一轮全国科普示范县（市、区）创建，推动党员干部现代远程教育与科普资源共建共享，进一步发挥农技协组织在农村实用人才培养中的作用，强化农函大培训农村实用人才的能力，培养农村科普员，培养农村科普带头人，加强中西部特别是少数民族地区农村科普人才培养。三是加强城镇社区科普人才队伍建设。建立完善城镇社区科普工作领导小组，建立完善社区科普协会，培养社区实用科普人才，发展社区科普人员队伍，依托高等院校、科研机构、科普场馆、科普组织、科技社团、社区科普学校、社区青少年工作室等，建设一批社区科普人才培训基地，定期对社区科普人才进行培训，组织其参与科普实践。四是加强企业科普人才队伍建设。发挥企业自身优势，培养和造就企业科普人才；利用企业教育资源，大力培养企业科普人才；充分利用科普资源培训企业科普人才。五是加强科普志愿者队伍建设。加强科普志愿者队伍的组织建设，发展学会等科技社团的科普志愿者队伍，发展大学生科普志愿者队伍，发展离退休科普志愿者队伍，广泛开展科普志愿服务活动，建立应急科普志愿服务机制，建立科普志愿者激励机制。六是加强高端科普人才队伍建设。建立健全高水平科普人才的培养和使用机制；建立科普场馆人才评价体系，创新人才选拔和人才发展机制，建设高素质科普场馆人才队伍；培养高层次科普创作、研究、开发设计人才；培养科普传媒、产业经营人才；发掘和培养科普活动的策划与组织人才；加强高端科普人才培养基地建设；进一步完善高校开展科普工作的评价和激励机制。

（课题组成员：何　薇　罗　晖　张　超　张　锋　任　磊　郭晓燕）

"十三五"科普基础设施发展规划

中国科普研究所课题组

一、"十二五"存在的主要问题

尽管我国科普基础设施建设取得了长足发展，但仍不能较好满足全民科学素质提高与创新型国家建设的需要。宏观上，我国科普基础设施的建设与发展滞后于我国的经济社会的发展，不能满足公众的科学文化（科普）需求。微观上，区域均衡发展仍不平衡、场馆覆盖率和使用率均不高、长效发展的保障体系仍未建立等问题仍然较为突出。

（一）区域均衡发展仍不平衡

不论是从人口均值，还是我国经济社会发展需求，我国科普基础设施的总量是严重不足，远远不能满足公众需求。《全民科学素质行动计划纲要（2006—2010—2020 年)》（以下简称"《纲要》"）和《科普基础设施发展规划（2008—2010—2015 年)》（以下简称"《规划》"）明确要求，到 2010 年各直辖市和省会城市、自治区首府至少拥有 1 座大中型科技馆。截至 2014 年底，我国只有 26 个省区市完成了上述要求；其余 5 个省区市中，有 4 个科技馆正在施工建设中，还有 1 个科技馆已建成但尚未正式对外开放。预计到"十二五"末，仍无法达到《纲要》和《规划》的要求。自 2011 年至 2014 年，全国 70 余座未达标科技馆和 80 余座不以科普为主要功能的科技馆中，进行改造的场馆数量不足 10 座。

科普基础设施总量严重不足是一个无法短期改变的客观现实，虽然经过"十二五"的发展，我国科普基础设施的区域均衡发展有所改善，但是仍然处于不平衡发展状态。经济落后、科教文资源匮乏地区科普基础设施较少、条件较差。截至 2014 年，全国 129 座科技馆中，东部地区集中了全国将近半数的科技馆。尽管"十二五"期间中、西部地区科技馆的数量和比例有所上升，但是目前正在建设中的 42 个科技馆中，东部地区就占 21 个，科技馆地区分布不均衡的局面仍未得到根本扭转。此外，现有科技馆几乎全为多学科综合性场馆，缺少专业性、专题性的科技馆。

科普网站的发展各地同样差异较大。此处调查的科普网站所属地广泛分布在中国 31 个省、市、自治区（不含港澳台地区），其中，北京地区表现尤为突出，共有 344 个科普网站，数量远高于全国其他地区；甘肃、广东、浙江、山东、江苏分列第 2 至第 6 位，网络科普数分别为 79 个、74 个、69 个、63 个和 58 个；黑龙江、海南、宁夏、青海、西藏三个地区网络科普数较少，分别为 6 个、6 个、6 个、4 个和 1 个。

（二）场馆覆盖率和使用率均不高

科技馆专题研究课题组的分析，截至 2014 年 8 月，全国适宜建科技馆的 233 个地级及以上城市中，仍有 158 个城市未建成科技馆，建有科技馆的城市比例不足三成。

与此同时，现有科技馆却面临着使用效率不高的问题。根据《中国科普统计》和美国科技馆协会的数据，可以分析得出我国科技馆的馆均接待水平远远低于美国科技馆的水平（见表1）。与此同时，我国《科学技术馆建设标准》规定，科技馆的单位面积年接待观众应是 30～60 人。从表1中可以看出，我国科技馆的这一指标数值处于较低水平。

表1　中美科技馆的接待水平比较

国家	年份	馆数	展厅面积（万平方米）	年接待观众量（万人次）	馆均观众量（万人次）	平均单馆每天观众量（人次）	单位面积年观众量（人次/平方米）
中国	2010	355	96.68	3 044	8.57	286	31.49
	2011	357	102.10	3 374	9.45	315	33.05
	2012	364	109.44	3 422	9.40	313	31.27
	2013	380	123.84	3 734	9.82	327	30.15
美国	1988	131	—	5 000	38.17	1 272	—
	2012	422	—	15 000	35.55	1 000	—

注：科技馆年开放天数按 300 天计算。

（三）长效发展的保障体系仍未建立

虽然"十二五"期间我国科普基础设施的保障机制不断创新，但是总的来说，一个长效发展的保障体系仍未建立。

（1）隶属关系带来设施统筹协调发展问题。除了科技馆、基层科普设施的建设主体大部分为科协系统外，各行各业的科技类博物馆、网络科普设施、流动科普设施等在快速发展的同时形成了建设主体多元化、管理多头化的格局，归口管理呈现出隶属关系复杂、管理各自为政、管理模式迥异等特点。这些科普基础设施一般不是其上级主管部门的核心职能，难以受到上级重视，业务在所属行业难以纳入机构发展规划，也难以得到上级主管部门的专业指导，并且在申请财政经费时难度很大，同时也难以得到科协系统的业务指导与经费支持，难以保证其科学教育、传播与普及职能不受影响。同时由于相互之间缺少业务联系，沟通渠道不畅，存在着资源分散、协调不足、资源共享率低、重复浪费等问题。

（2）管理体制和运行机制缺乏活力。我国现有的科技类博物馆超过2/3是依靠财政拨款运营的事业单位，人员基本为终身制，干部由上级单位委任，博物馆运行基本不具备独立性和自主权。由于没有考核指标体系、责任考核机制等，科技类博物馆在运行过程中出现懈怠、滞后现象，大多数科技类博物馆在新馆现象维持 2～3 年后，由于缺乏活力基本处在"守摊子"的尴尬状态。网络科普设施同样存在运维模式单一、原创内容少、更新速度慢、网站规模小、建设质量低，严重影响网络科普的可持续发展。流动科普设施形式较为单调，内容质量有待提高、资源更新率低、活动形式缺乏创新、展品互动性和主题性有待加强，运行管理制度不健全、工作队伍不稳定，且普遍存在活动开展不足，资源利用率较低现象，管理效率急需提高，展教能力亟待提升。

二、"十三五"科普基础设施建设面临的新形势

（一）实施创新驱动发展战略、实现第一个百年目标的新需求

党的十八大明确提出要实施创新驱动发展战略。实施创新驱动发展战略，人才是基础和关键，创新驱动本质上是人才驱动。为了有效支撑创新型科技人才的产出，提升人才的国际竞争力，必须大幅

度提高公民科学素质。"十三五"期间，面对创新驱动发展战略的实施，作为为公众提供科普服务的重要平台，科普基础设施如何让公众了解科学技术知识，学习科学方法，树立科学观念，具备科学精神，为全民科学素质的提高和创新驱动发展战略的不断推进提供有力支撑和注入不竭动力将成为"十三五"科普基础设施建设的一个新需求。

（二）发展现代公共科普服务体系、扩大社会化科普服务的新理念

十七届六中全会提出到2020年覆盖全社会的公共文化服务体系基本建立，努力实现基本公共文化服务均等化，十八大提出了完善公共文化服务体系、提高服务效能、促进公共服务均衡化的要求，科普基础设施是国家公共文化服务体系的重要组成部分，如何建设一个均等化的现代公共科普服务体系对建设和完善国家公共文化服务体系关系重大。2014年10月，国务院出台了《国务院关于加快科技服务业发展的若干意见》，要求促进现代公共科普服务体系和社会化科普服务能力建设。此外，"十三五"期间科普基础设施建设及其服务如何适应"互联网＋"，跨越促进我国现代公共科普服务体系建设。

（三）科普服务的数字化、网络化和智能化的新形态

随着信息化及其技术的进步与发展，带动了整个社会服务行业的数字化、网络化和智能化，并最终走向智慧服务。科普基础设施提供的科普服务作为社会公共服务体系的一个重要组成部分，也必将迎来其数字化、网络化和智能化的新形态。与此同时，信息社会带来的科普休闲化、科普个性化、精准投递等要求，也将催生"十三五"期间科普基础设施的科普服务新形态。

三、"十三五"科普基础设施建设的战略目标和指导思想

（一）"十三五"的战略目标

"十三五"我国科普基础设施战略目标是：到2020年，全覆盖的公共科普服务体系基本建立，科普服务均等化总体实现。其中，利用网络科普体系覆盖全体网民，利用现代科技馆体系在有条件的县域以上城市建设科技类博物馆、在未建成科技类博物馆的县域或城镇建设流动科普设施覆盖县域以上的城镇居民，在农村中小学建设学校科技馆少年宫覆盖乡村学生，利用由社区和村级科普设施构建形成基层科普体系覆盖全国范围内所有社区和村。服务全覆盖是指到2020年，各类科普基础设施的服务人次达到或接近全国人口总量，其中，网络科普体系服务人次达到7亿人次，科技类博物馆服务人次接近2亿人次，流动科普设施服务总人次近1.5亿人次，基层科普体系服务基层居民近3.5亿人次。

（二）"十三五"的总体思路

"十三五"期间，我国科普基础设施建设的总体思路是：完善体系、强化服务、创新机制、实现均等。

完善体系：以网络科普体系、科技馆体系、基层科普体系为支撑，完善公共科普服务体系，同时拓展社会资源的科普功能，采取有效措施加强科普产品的研发，努力提高人才队伍的专业素质和知识水平，提升各类科普设施的服务能力。

强化服务：以改进服务质量、扩大服务对象为抓手，提升服务能力，以人为本，强化需求导向，创新服务方式，突出实效，加强展教内容的互动性、展出形式的多样性和展教资源的时效性，增强科普基础设施的吸引力和服务效果。

创新机制：借鉴国际经验和研究成果，试用推广，注重实效，创新管理体制机制，探索建立科普基础设施资源共享模式和机制，搭建科普基础设施服务平台，营造全社会科普资源开放共享的环境，

推进科普资源的高效利用。

实现均等：通过全覆盖和均等化服务，统筹区域、城乡和不同类型科普设施的发展，适当向中西部地区和贫困地区倾斜，因地制宜，发挥区域优势，实现全社会资源优化配置，快速提升我国科学素质建设的区域短板，促进全民科学素质提升。

四、"十三五"科普基础设施建设的战略重点和主要任务

（一）"十三五"的战略重点

"十三五"期间我国科普基础设施建设的战略重点将要发生两大转变，一是从孤立的设施建设向构建现代公共科普服务体系转变，二是从单一的科学知识普及向综合型科学技术普及服务转变。

实现从孤立的设施建设向构建现代公共科普服务体系转变，就是将设施建设与运行纳入到构建现代公共科普服务体系中统筹规划，协同发展。通过现代科技馆体系、网络科普体系、基层科普体系及社会科普资源构建现代公共科普服务体系。打破某些机构之间现有责、权、利的格局，建立一整套立足于现代公共科普服务体系建设的创新性机制和制度安排。根据受众需求分层设计流动科技馆和科普大篷车科普内容，探索建立企业和社会机构参与开发运行的激励机制；通过网络科普提供访客需要的科技信息、知识获取、网络虚拟体验，打造全媒体融合的科普服务网络平台；农村中小学科技馆少年宫等基层科普场馆着重体现公平普惠，与其他形式科技馆有效衔接，满足乡村学生的科技探索需求；借鉴国外科技项目科学传播的经验，建立科研院所科技资源开放，特别是高校、科研院所的科普场馆向社会开放的体制机制，赋予科研院所的科普社会责任；增加公共文化设施的科普内容，满足公众获取科技知识的需求，提高公共文化设施和服务体系的运行效率；强化自然保护区、地质公园、动植物园的科普教育功能，充分利用现代工程技术手段，提升科普宣教自然的效果。

实现从单一的科学知识普及向综合型科学技术普及服务转变，就是要创造具有中国特色的开发、管理、运行、保障方式，最有效率地将不同内容、不同形式、不同技术手段、不同载体、不同传播途径的科普资源整合起来，不仅传播科技信息、普及科学知识，更重视传播科学方法和科学思想，弘扬科学精神，使其满足不同地区、不同阶层更广大公众的需要。要加强科普能力建设，支持有条件的科技馆、博物馆、图书馆等公共场所免费开放，开展公益性科普服务；引导科普服务机构采取市场运作方式，加强产品研发，拓展传播渠道，开展增值服务，带动模型、教具、展品等相关衍生产业发展；推动科研机构、高校向社会开放科研设施，鼓励企业、社会组织和个人捐助或投资建设科普设施；整合科普资源，建立区域合作机制，逐步形成全国范围内科普资源互通共享的格局；支持各类出版机构、新闻媒体开展科普服务，积极开展青少年科普阅读活动，加大科技传播力度，提供科普服务新平台；要引进包括网络、新媒体等在内的信息技术手段，为科技类博物馆、流动科普设施、基层科普设施等开辟新的展教形式和传播途径，实现相互之间的资源共享与协同发展。

（二）"十三五"的主要任务

"十三五"我国科普基础设施建设的重点任务是建立健全四大体系：网络科普体系、现代科技馆体系、基层科普体系、长效保障体系，通过高效的保障体系，进行科普优质资源建设和全国合理布局，实现科普基础设施及其科普服务全覆盖。

1. 网络科普体系建设的主要内容

网络科普体系建设要以科普信息化建设为抓手，通过科普中国的示范引领，带动全国网络科普能力建设与提升。科普信息化建设工程的内容包括建立网络科普大超市、搭建网络科普互动空间、开展科普精准推送服务、科普信息化建设运行保障等。

一是建立网络科普大超市。主要包括：科技前沿大师谈、科学原理一点通、科技让生活更美好、科学为你解疑释惑、实用技术助你成才、军事科技前沿、科技名家风采录、科技创新里程碑等内容。网络科普大超市的栏目设置及内容建设可根据实施的实际情况适当调整。

二是搭建网络科普互动空间。主要包括：中国数字科技馆、科普中国微平台、漫游科技馆、玩转科学、科技活动我参加、科普传播之道、科学大观园、科普影视厅、科普报告厅、科学之谜、科普期刊博览、热网链接等内容。

三是开展科普精准推送服务。开展以下推送服务：科学素质模拟测试系统、科普中国APP推送、科普读物电子分发、电影院线推送、电视推送、广播推送、无线定向科普推送、互联网、移动新媒体、有线电视等传播。

四是建立健全科普信息化建设工程保障机制。建立科普信息科学性的审核把关机制，建立专家审核和公众纠错结合的科普传播内容审查把关机制，建立网络科普传播舆情实时监测以及快速反应机制，组织研究建立完善科普资源建设、评价、互联互通机制等应用标准，建立以公众关注度为标准的科学传播绩效评价体系等。

2. 现代科技馆体系建设的主要内容

科技馆体系建设是一个跨区域、跨系统、跨部门的系统工程，涉及部分职能、任务、资源、经费、节点、渠道、供求关系的重新布局和再分配，要勇于打破某些机构之间现有责、权、利的格局，建立以中央、省、地市科技馆为中心的"三级联动"协作机制，在科技馆体系的各成分节点之间构建起资源、信息、技术服务的科学有序、结构合理、经济高效、流转畅通的渠道。研究规划全国实体科技馆及科技博物馆的合理布局，通过资源、信息、技术、服务的辐射带动，构建优化高效的现代科技馆服务体系。

一是建好用好由实体科技馆、网络科技馆、流动科技馆和科普大篷车等构成的现代科技馆体系。二是充分利用城市经济转型遗留的工业遗产，结合城市发展规划，建设科技馆和行业科技博物馆。三是利用农村中学科技馆、乡村学校少年宫、青少年科技活动场所、校外科技实践基地等，构建学校的科普场所，通过与网络科普体系、现代科技馆体系的紧密合作，利用科技馆的展教资源开发和技术维护优势，由各地科技馆为当地的农村中学科技馆、青少年科学工作室、校外科技实践基地等基层公共科普设施提供包括展览、挂图、网页、教育活动等展教资源的开发与更新和展品、实验器材等展教设备的研发与维修等服务。

3. 基层科普体系建设的主要内容

由遍布街道、社区、乡镇、村的科普设施构成基层科普体系，通过政府组织管理和社会化建设，达成设施建设标准、人员配备标准、服务标准等全国或是区域范围内的一致性，促进基层科普设施建设和服务的均等化。

一是各相关部门加强基层科普设施共建共享，增强现有设施的科普展教功能，新建一批具备科普教育、培训、展示等功能的县级综合性基层科普活动场所和科普设施；疏通科普资源配送渠道，协调统一文化、信息、教育、农业等部门间科普资源，使优质的科普资源得到共享，提高基层科普资源利用率；综合性基层科普设施要做到内容互通、资源互通、人员互通的有机整合。

二是与国家标准相统一，推进基层科普展品的开发与更新改造。需要将基层科普展品研发纳入国家科技计划体系，并出台政策扶持一批不以营利为目的、专业化的展教资源设计和开发机构，开发出具备较高科普展教功能的基础性、原创性、趣味性的科普产品。

三是基层科普服务要符合时代要求。基层科普设施的建设要与个性化、订单式科普服务相匹配，将其个性化科普服务功能考虑进去，充分调研了解基层公众的科普需求、习惯和特点，提高科普服务的针对性，使基层科普服务方式和手段不断更新以满足群众需求。

四是提高基层科普设施的规范化管理水平。转变落后的科普管理理念，规范运行管理机制，赋予基层科普设施使用者自主权。基层科普设施的对口部门要给予其在基层的设施使用者一定的自主权利，在完成既定任务，实现既定的功能的同时，可以开展设施周边公众喜闻乐见的科普活动。

4. 长效保障体系建设的主要内容

一是政策法规保障体系。二是经费投入保障体系。建立"政府主导，广泛参与，科学配置"的投入保障机制。三是人才建设保障体系。按照《国家中长期人才发展规划纲要（2010—2020年)》《国家中长期科技人才发展规划（2010—2020年)》和《中国科协科普人才发展规划纲要（2010—2020年)》的要求，完善科普基础设施人才建设保障体系。四是创新管理保障体系。

（课题组成员：罗　晖　李朝晖　王欣华　牛桂芹　刘　俊　齐　欣　肖宏文　何　薇
　　　　　　　沙　迪　张义忠　陈洪庆　罗云川　周俊青　姜联合　郭　昊　郭晓燕）

"十三五"中国科协重大基础设施建设研究

——国家科技传播中心建设

中国科协科学技术传播中心课题组

随着我国经济发展进入"保持中高速增长和迈向中高端水平"的新常态，"互联网＋"已成为一种新经济形态，打造"大众创业、万众创新和增加公共产品、公共服务"成为推动我国经济社会发展的"双引擎"。面对这一新形势、新要求的变化，中国科协作为党和政府联系科学技术工作者的桥梁和纽带，将迎来前所未有的机遇和挑战，"三服务一加强"的服务宗旨在服务内容、服务方式和服务能力建设上增添了新的内涵，现有服务能力和服务设施已严重不适应，亟须加以改变。中国科协在充分发挥好现有中国科技会堂、中国科技馆等基础设施支撑作用的同时，新建国家科技传播中心是十分必要和必需的。

一、主要建设内容及规模

按照项目的总体功能定位和三大主要功能区所涉及具体的建设内容，综合考虑项目建设与现有中国科技会堂、中国科技馆等基础设施的有机结合，确定国家科技传播中心的建设规模。其总建筑面积62640m²，根据主要功能定位，将其分为科技成果传播与转化区、科学文化传播区、科普信息化支撑区、运行保障后勤区四个部分。面积分配如表1。

表1　国家科技传播中心功能分区面积分配表

序号	功能区名称	建筑面积（m²）	占总建筑面积比例
1	科技成果传播与转化区	22 680	36.21%
2	科学文化传播区	14 560	23.24%
3	科普信息化支撑区	11 600	18.52%
4	运行保障后勤区	13 800	22.03%

（一）科技成果传播与转化区

科技成果传播与转化区是以形象和实物向观众形象、生动、深入浅出地展示传播科学成就和科研成果。现代科技展陈更注重营造体验、交流的机会，使参观者能够对展出内容有进一步的理解，而对于抱着寻求地区和企业发展方向的有备而来的参观者来说，则如同进入了"科技大超市"。科技成果传播与转化区建筑面积22680m²，占总建筑面积的36.21%，包括前沿科技成果展示区、战略新兴产业技术成果展示区、专题展览区、科技成果转化服务区、展陈共用设施五部分构成（表2）。

1. 前沿科技成果展示区

集中展示国内外最新重大科学发现和前沿、高端的重大科技成果与趋势和进展，使展厅成为"科技创新世界"，着重对最新高科技成果的原理解读和项目对科学研究、国民经济各产业的重要性和意义的评价以及发展前景评估，包括基础学科和科学前沿的基础研究、国家重大战略需求和科技战略决策、重大科技计划支撑项目展示、国内外重大发现等。展厅以科技成果项目为单位具体可布置项目模型、实验器具等，还包括参观者与科学家和科研人员初步的传播、交流以及观看视频节目等的面积。

建筑面积 3800㎡，包括：展示区建筑面积 2600㎡、成果转移与交流服务区建筑面积 600㎡、公共空间及展陈辅助用房建筑面积 600㎡。

2. 战略新兴产业技术成果展示区

该区域将主要面向地方政府和企业集中展示我国实现经济结构调整和创新驱动战略的七大战略新兴产业的研发和应用成果（包括节能环保、新兴信息产业、生物产业、新能源、新能源汽车、高端装备制造业和新材料），该展示区主要面向企业、政府、科学技术同行、高等院校等，通过展示交流，促进各有关方面相互接触，共同研讨，寻找合作、推广的机会，以及探索科研成果在产业发展中的应用。

战略新兴产业技术成果展示，要着重展示科技成果转化的条件、途径和工程化开发等示范内容，以及市场化前景和技术经济分析等内容。通过对珠三角、长三角等地区的科研机构、院校和企业举办的成果转化展览情况的调研表明，展出有较大量的图表、模型、产品实物、生产设备以至中试生产线等，中试的内容展示既有生产工艺中某个节点为取得所需数据而做的试验装置或研究试制的创新设备的试验展示，也有中试生产线的模拟试验，各个项目占用的展厅面积会比同一课题的单纯成果展示要多数倍。而作为国家战略创新产业有七个大项，每一大项中又有若干学科，每个学科又有若干课题与研究成果，因此所需面积显然会较大。为保证使用需要，该功能区的建筑面积约 6780㎡，包括展示区 4980㎡、产业推广与成果转化区 900㎡、公共空间及展陈辅助用房（业务与研究用房）900㎡。

3. 专题轮展区为专题展和临时展

其中专题展主要面向西部地区、经济欠发达地区，特别为新疆、西藏等地方经济社会发展服务，如展出援藏、援疆、吕梁对口扶贫、科普富民兴边、科普惠农兴村等科技工作内容；临时展主要围绕国家最新的方针、政策以及与区域发展规划，服务区域经济进行的专题展览，如南水北调专题、登月专题、地方经济发展路线图专题、建国 70 周年科技成就展、科学思想史等。根据大型科技馆面积指标中短期展厅在 1400～1500㎡ 为参考，该项目专题轮展的展示区建筑面积为 1300㎡，其公共空间及展陈辅助用房建筑面积为 480㎡，专题轮展区总建筑面积为 1780㎡。

4. 科技成果转化示范与服务（中试平台）区

为科技成果产业化的运作平台，主要促进我国科技创新产业化过程中积淀的大量优质科技资源，快速有效地形成社会财富，开展多种层次的科技成果转化活动。通过中试平台打通工程化瓶颈，验证和实现在技术上的可行性，对国民经济有重大意义的项目，还要放大到一定规模进行"工业性"实验，发挥中国科协拥有众多学科的专业人才优势，尤其是具有工程放大经验的专家同心协力，将实验室成果工业化，进行卓有成效的再创新工作等一系列的科技创新服务。

根据对苏州高新区所建设的 60000㎡ 纳米工程中试厂房开展纳米工程 10 项专题中试的调研，结合现状对中间试验场地的需求，科技成果转化服务区建筑面积设为 8000㎡，设置工程化研究和中试示范服务平台，可开展 2～3 个项目的工程化研究与中试并进行示范。

5. 展陈共用设施包括公共应急疏散厅和观众综合服务区

包括观众综合服务区含安检区、接待区、志愿者工作室、观众服务区和医疗等应急服务区。参考《科学技术馆建设标准（建标 101－2007）》中各种用房面积指标要求，此类公众服务用房的面积占整个科技成果传播与转化区建筑面积的 10%～15%，其建筑面积设为 2320㎡。

表2 科技成果传播与转化区面积分配表

序号	功能内容	建筑面积（m²）
1.1	前沿科技成果展示	3 800
1.1.1	展示区（中国科协季度科学展）	2 600
1.1.2	公共空间及展陈辅助用房	600
1.1.3	交流服务区	600
1.2	战略新兴产业技术成果展示	6 780
1.2.1	展示区	4 980
1.2.2	公共空间及展陈辅助用房	900
1.2.3	产业推广服务区	900
1.3	科技成果转化服务（中试平台）	8 000
1.4	专题展览	1 780
1.4.1	展示区	1 300
1.4.2	公共空间及展陈辅助用房	480
1.5	展陈共用设施	2 320
1.5.1	公共应急疏散厅	1 400
1.5.2	观众综合服务区	920
1.5.2.1	安检区	150
1.5.2.2	接待区	150
1.5.2.3	志愿者工作室	150
1.5.2.4	观众服务区	400
1.5.2.5	医疗等应急处置区	70
合　计		22 680

（二）科学文化传播区

科学文化传播区是传播科学精神、发展科学文化的重要载体，建筑面积14560m²，包括：中国科学家博物馆8400m²，科普发展与创意区1170m²，科普、科幻影视、视频制作研究区4990m²（表3）。

1. 中国科学家博物馆

中国科学家博物馆主要是为收集、保存和展示我国老一辈科学家给我们留下的极为宝贵的精神遗产而设置的博物馆。展出以我国近、现代社会变革和科学研究的发展为大背景，展示我国老一辈科学家在十分落后和饱受苦难的条件下奋发图强，克服千难万险，为我国的科学事业做出的卓越贡献。从而激励我们在新时期锐意创新的斗志，学习和继承杰出科学家的科学精神、科学方法、科学思想和崇高的爱国主义精神。展示以"杰出科学家学术成长资料采集工程"采集整理的档案资料为基础，利用情景再现、实物资料、多媒体等多种手段，充分展示科学家的科学成就、人生风采和高尚情怀，在青少年的心目中树立敬仰的榜样和偶像，以激发科学热情、创新活力和民族自豪感，达到倡导科学文化，提高全民科学素质的目的。

中国科学家博物馆以老科学家学术成长资料为基础，应用展陈装置与设施（含多媒体等技术）互动技术、采用静态展览与动态展示（展演）相结合、演艺等方式，常年组织开展与老科学家学术成长历程相关内容及其他内容的展览和活动。对老科学家学术成长资料进行二次加工，确保藏品安全，并提供研究、实验、工作、阅览等使用功能用房。中国科学家博物馆展现的内容是科学与人文密切结合，宣传的不仅是科学家的学术成果，重点是弘扬他们的科学精神，倡导科学文化，立意别有内涵；以往博物馆大多是"以物说物"或"以物说史"，而中国科学家展陈区则是"以物说人"，通过人物"活动"反映人物"精神"，将物质与非物质相结合，以"有形"反映"无形"，在宣展方式上有其特殊性。根据在国家博物馆展出的"中国梦科技梦"展览和上海钱学森图书馆的展出经验，将展览区的建筑面积设定为3000m²。按照常规展示展览建筑，考虑中国科学家博物馆资料的特点，其科技文物收集、整理、修复、研究区可按照库房面积核算，科技文物收集、整理、修复、研究区建筑面积为4000m²。参照文化馆各类功能用房使用面积比例，其管理用房及其辅助用房的使用面积占总使用面积的15%～17%，文化馆建筑的使用面积系数宜为65%。以此推算中国科学家展陈区的公共空间及展陈辅助用房的建筑面积约为1400m²。

2. 科普发展与创意区

建筑面积1170m²，包括科普资源开发共享平台810m²（其中科普领域研究实验区710m²、科普服务业标准化研究区100m²）、科普作品创新与发展创意平台360m²（其中影视编剧创作研究区210m²、科普游戏研究创作区150m²）。

3. 科普、科幻影视、视频制作研究区

科普、科幻影视、视频制作研究区是为发展我国的科普与科幻文化作品所设置，由于大部分作品属于社会公益性文化产品，推向市场运作的难度较大，而且国产科普科幻片是处于萎缩和艰难复苏状态，按照中国科协目前的基础设施条件已阻碍了发展空间。依托科学家采集工程和国家科普信息化建设工程，进行非营利性科学文化视频宣传片，科普、科幻影视、视频制作展示，既可以作为制作科学家访谈视频、科普高清视频、科普动漫、科普电影、科普特效电影，提供高技术的专业影视制作场地，又可提供为公众参与科普微视、科普微电影参与制作的动手实验室。建筑面积4990m²，包括前期制作区3440m²、后期制作区630m²、辅助用房920m²。

表3 科学文化传播区面积分配表

序号	功能内容	建筑面积（m²）
2.1	中国科学家博物馆	8 400
2.1.1	展示区	3 000
2.1.2	科技文物整理、修复、保存区	4 000
2.1.3	公共空间及展陈辅助用房	1 400
2.2	科普发展与创意区	1 170
2.2.1	科普资源开发共享平台	810
2.2.1.1	科普领域研究实验区	710
2.2.1.2	科普服务业标准化研究区	100
2.2.2	科普作品创新与发展创意平台	360
2.2.2.1	影视编剧创作研究区	210
2.2.2.2	科普游戏研究创作区	150
2.3	科普、科幻影视、视频制作研究区	4 990
2.3.1	前期制作区	3 440

续表

序号	功能内容	建筑面积（m²）
2.3.1.1	演播厅（分两间）	1 900
2.3.1.2	录音室（分两间）	480
2.3.1.3	控制室（演播、录音各2间）	280
2.3.1.4	缓冲间	140
2.3.1.5	准备室	280
2.3.1.6	审片、研讨室	210
2.3.1.7	导演、制片室	150
2.3.2	后期制作区	630
2.3.2.1	动画编辑渲染室	140
2.3.2.2	音频工作室	280
2.3.2.3	特效工作室	140
2.3.2.4	媒体信息资源管理区	70
2.3.3	辅助用房	920
2.3.3.1	设备维护与管理区	140
2.3.3.2	设备库房	140
2.3.3.3	布景设计、维护制作区	640
	合　计	14 560

（三）科普信息化支撑区

科普信息化支撑区实现科普信息化研发创意、示范展示功能、资源集散和科普中国管理支撑功能，建筑面积11600m²，包括研发中心（创客中心）2000m²、全媒体互动中心1600m²及数据中心8000m²（表4）。

1. 研发中心（创客中心）

研发中心（创客中心）可实现科普产品研发、科普资源采集加工、科普创意传化等功能，作为科普信息化资源加工场所，进行科普资源的采集、加工，进行科普游戏、科普影视策划制作，进行科普产品研发，支持开展科普创意到科普产品的转化。①网络科普资源采集加工中心。多渠道采集网络优秀科普资源，进行协同加工和整合，进行科普资源再传播转化。②网络科普游戏研发制作中心。为网络科普游戏创作提供制作、研发、测试、运维等开发管理平台，引导网络科普游戏发展方向，促进网络科普游戏市场良性、有序的发展，为网络游戏发烧友提供参与和试验的平台。③多媒体科普资源研发制作中心。为科普视频、科普微视频、科幻视频的策划、制作提供演播室、专业设备和后期加工制作平台，既可开展高技术的影视制作，也可作为公众参与科普微视、科普微电影制作的动手实验室。④科普产品研发中心。为科普产品、科普衍生品的研发制作提供交流、实践的平台。⑤科普创意转化中心。设立创客工作室，打造创客空间，加速释放科技人员、科技社团、社会大众的创新潜能，营造以用户为中心的融合从创意、设计到制造并应用的创新环境；以社会实践为舞台、以共同创新、开放创新为特点，探索用户参与的创新模式，为有想法、有兴趣参与科普创作的公众提供活动场地、设备和专家咨询指导，建成科普创作和研发的集散地、孵化器。研发中心2000m²，其中包括创客中心300m²。

2. 全媒体互动中心

全媒体互动中心运用现代声、光、电技术，多媒体技术，虚拟现实技术等手段，打造可因需求而变的灵动空间；通过多种形式呈现优秀科普资源和科普产品提供展示互动体验，定期开展专业展示和交流，进行知识分享，为科普专业人员培训提供支持。①新闻热点科普展示区。对社会突发事件和热点、焦点事件背后的科学话题做出及时反应和深度解析，为公众解疑释惑，正确引导社会舆论，传播科技正能量，促进和谐社会建设。②科普资源展示区。通过多媒体大屏、触摸互动屏等方式，展示内容丰富、形式多样的科普内容，包括：优秀创意科普展品和资源，网络科普大超市各栏目中优秀科普文章、科普视频、专题讲座、科普动漫等内容。③科普影视产品展示区。精选集成、编译、制作的国内外优秀科普影视产品进行分类展播，为科普影视产品研发提供集中展示、学习和交流的平台。④虚拟互动体验展示区。通过多媒体、虚拟现实、增强显示等技术，对国内外科技场馆、科普教育基地的展项、展品和科普内容进行真实再现，提供虚拟参观和互动体验，提供集中体验和学习交流的平台。⑤科普电子读物展示区。运用多媒体手段集中展示推荐经过加工、集成、编译的国内外优秀的数字科普期刊、科普图书、科普宣传册、科普折页等科普读物，为科普读物从业者提供一个按需选择、便捷阅读、交流学习的平台。⑥科普网站展示区。集中展示国内外优秀的科普网站，以及网站的精品资源和核心科普栏目。⑦科普游戏体验展示区。提供展示、体验、交流科普游戏的平台，同时提供科普游戏设计体验，发挥公众创造性，激发公众特别是青少年对科学的兴趣。全媒体集成中心1600m²，包括全媒体展示体验区800m²和虚拟互动体验区800m²。

3. 数据中心

数据中心由数字资源服务平台、基础设施组成。数字资源服务平台负责科普内容存储和管理，主要包括：科普资源加工平台、科普资源存储和管理平台、科普资源分发和共享平台、科普大数据分析平台等。基础设施主要内容：数据中心机房设施、云计算管理平台系统、物理设备（包括服务器、网络、存储等设备）、安全体系及相关设备、系统软件及中间件、其他专用设备等。主要提供三类服务。①科普中国云中心。科普中国云中心将发挥专业性、系统性、完整性、权威性等特点，为科普信息化建设提供核心部分的硬件保障。集中分类存储全国科普资源，通过管理系统进行管理。科普信息化大数据分析中心管理和运营科普中国的科普信息大数据和用户（公众）大数据，进行大数据分析，开展相关研究，为科普信息细化建设及相关研究提供发展建议和数据支撑。科普中国资源推送（信息集散）中心结合公众需求大数据，将科普信息分发至不同传播渠道、科普场所、科普客户端，定向、精准送达所需公众。②科普中国舆情监控中心。科普信息化舆情监测大屏展示区通过科普信息化舆情监测矩阵屏集中展示科普信息化舆情实时信息。科普信息化舆情控制中心根据科普信息化舆情分析，对科普信息传播进行掌控。科普信息化舆情分析中心对科普信息化舆情进行研究分析，开展相关研究，提供科普传播建议。科普信息化应急处理中心建立科普信息化应急快速反应机制，确保科普信息的准确性和权威性。③科普中国运行协调中心。统筹推动科普信息化建设工作，开展科普信息化建设研究；进行科普信息化建设管理、监管、评价、验收；运营和推广科普中国品牌；评价科普信息化建设社会效益，探索科普产业发展模式。科普信息化理论研究中心开展科普信息化建设相关研究，为科普信息化建设提供政策建议、理论依据和研究支撑。科普信息化建设运营管理中心进行科普信息化建设监测、评价和全流程管理。科普中国品牌推广中心强化科普公共服务的科学权威性、社会信誉度和知名度，通过网络、电视、广播、报刊等大众传播方式进行全方位品牌推广。科普信息化培训中心开展信息化、互联网、信息安全、科学传播等相关培训。科普信息化建设公共服务中心开展面向公众和社会机构的科普信息化服务。

数据中心承担着数据存储、加工、分析和推送功能。数据中心的建设要有充分的前瞻性，考虑到科普视频、游戏、动漫表现形式的变化对数据中心的新要求，要预留可扩充空间。9000~10000m²是一个数据中心模组比较经济的规模，需要两路10kV市电，可提供950个5kV等效机架、15000台服务器，230000 核计算能力和 110PB 的存储能力，可以满足每日 10 亿次的访问量以及 1000 万人同时在线互动的需求。数据中心的建设规模在满足当期需要、为发展预留空间，同时还要体现先进性，有效避免重复建设，设定数据中心的建设规模为 8000m² 较适宜。建议根据《电子信息系统机房设计规范（GB50174－2008）》要求，按照 A 级机房标准进行规划，要充分考虑数据机房建设的特殊性，同步规划电力电池室、油机房、变配电室、冷冻站及其配套设备用房，以及数据中心对地面承载力的要求，统一规划暖通和土建工程。

表 4　科普信息化支撑区面积分配表

序号	功能内容	建筑面积（m²）
3.1	研发中心（创客中心）	2 000
3.1.1	创客中心	300
3.1.2	研发中心	1 700
3.2	全媒体互动中心	1 600
3.2.1	全媒体展示体验区	800
3.2.2	虚拟互动体验区	800
3.3	数据中心	8 000
3.3.1	硬件机房（服务器机房）	3 200
3.3.2	辅助用房	3 500
3.3.2.1	电力电池室	2 150
3.3.2.2	设备用房	1 000
3.3.2.3	附属用房	350
3.3.3	科普中国运行协调区	500
3.3.4	科普中国舆情监测区	800
合　计		11 600

（四）运行保障后勤区

运行保障区的内容包括：公共管理用房、地下车库（根据属地相关规划控制条件推定约为 230 个车位计，并含人防及出口等）、公共设备运行库房、设备设施用房（包括安防中控室、消防机房、楼控机房、变配电室、热交换站、制冷机房、空调机房、给水排水机房、卫星电视机房、通讯机房、水电竖井等）、运行保障用房（包括接待空间、日常管理用房）、物业运行及维修用房（包括安保、强弱电、空调、采暖、给排水、电梯、环境、绿化等运行保障功能）、职工餐厅（按 400 座计）。建筑面积共计 13800m²（表 5）。

表 5　运行保障区面积分配表

序号	功能内容	建筑面积（m²）
4.1	地下车库（含人防）	9 000
4.2	管理用房（会议、办公）	600
4.3	设备材料库房	100
4.4	设备设施用房（水电暖）	3 000

续表

序号	功能内容	建筑面积（m²）
4.5	餐　厅	900
4.6	运行保障用房	100
4.7	物业维修用房	100
	合　计	13 800

二、项目选址

项目建设拟选址于北京奥林匹克中心区文化综合区南部，中国科技馆东北侧，北辰东路与科荟南路交叉口附近的朝阳区慧忠北里 219 号地块，占地面积 23600m²。该区域在战略发展、人文环境、功能设施、地理交通等方面具有北京市其他可选区域不可比拟的优势。秉承"科技、绿色、人文"三大理念，《北京市国民经济和社会发展第十二个五年规划纲要》明确要将奥运功能区发展成为国际文化体育商务中心、国际旅游会展中心和国家文化软实力的展示窗口。为此，要在奥林匹克中心区加快重大功能性文化设施建设，集中建设一批重大文化设施，显著提升文化服务功能。目前，已立项批准建设了国家国学中心、国家美术馆、中国工艺美术馆、中国非物质文化遗产展示馆等国家级人文设施建设，加上已经建设的中国科技馆和拟建设的国家科技传播中心等国家级科学文化设施，一个国家级的科学文化长廊呼之欲出。

三、结论

为贯彻落实习总书记和中央书记处关于新时期促进科学技术的繁荣发展和科技知识的普及推广的有关指示精神，主动适应"大众创业、万众创新"新形势要求，中国科协应该建设国家科技传播中心展示重大科学发现和前沿科技成果、弘扬科学精神与传播科学文化、支撑国家科普信息化建设。

国家科技传播中心是科技成果传播与转化、科学文化传播、科普信息化支撑的集、展、研、范于一体的综合型国家级公共服务设施。集：搭建创新平台，汇集国内外最新科学、技术与工程的发现和创新；汇集我国著名科学家学术成长资料，建设我国科学家资料库；采集网络优秀科普资源和汇聚科普作品创意，构建网络科普素材库。展：展示最新科学发现、重大技术创新成果和重大工程项目；将展示我国科学家的伟大精神风范，打造神圣的科学殿堂；将展示网络科普创新成果，打造网络科普产品孵化基地。研：对科技成果传播及其转化规律、科学文化传播与发展、科普信息化模式等展开研究，为中国科协各项工作提供理论支撑和实践指导。范：通过前面的工作，为全国的科研成果转化、科学精神弘扬、网络科普创新提供示范和引领。

中国科协目前已经开展了上述的一些工作，且小有成就，但是，目前的客观条件，特别是物质平台远不能满足形势需要与发展，迫切需要一个必不可少的、有利于事业更好发展的平台。

中国科协通过国家科技传播中心的建设，更好地为经济社会发展服务，更好地为创新驱动发展战略服务。在这方面，中国科协具有独特的优势。一是全面性。中国科协主管的理、工、农、医、交叉学科等五大类学会，既包含自然科学，也包含工程技术学科，科学与技术并重，从科学发现到技术创新和工程集成，再到形成产品和服务等，形成现实生产力，有利于构建创新驱动发展的完整链条。二是权威性。中国科协主管的学术组织，都是全国性学会，是各个学科领域最权威、最有影响力的学术团体，凝聚了所在领域最高水平的科技人员，是创新精神最活跃、创新能力最强、创新成果最丰富的群体。三是融合性。由于学科齐全，并且学会组织可以摆脱部门利益、行政体制的局限，使得在科技传播中心这个平台上，可以更好地实现学科之间的"大交叉"、"大融合"，更好地实现工程技术的"大集成"、形成"大系统"。

所以，从国家深化改革的要求出发，从地方和产业界的需要出发，从中国科协服务经济社会发展的任务出发，从科技工作者投身科技创新的愿望出发，建设国家科技传播中心迫在眉睫。

（课题组成员：王进展　赵立新　郑浩峻　李鸿森　张　伟　李朝晖

张　硕　陈　玲　刘向东　朱幼文　齐　欣　蔡文东）

"十三五"中国特色现代科技馆
体系建设发展研究

中国科技馆课题组

一、中国特色现代科技馆体系面临的挑战

科技馆体系由基础设施、资源供给、辐射服务、制度保障四个分系统构成。其中，基础设施分系统属于硬件，辐射服务、制度保障分系统属于软件，而资源供给分系统兼有硬件和软件的性质。科技馆体系建设所面临的挑战，既来自于硬件系统，也来自于软件系统，而且软件系统面临的挑战更甚于硬件系统。

（一）科普设施覆盖能力面临的挑战

1. 科技馆总量不足，区域发展不均衡

科技馆是科技馆体系的龙头和依托。1983 年我国建立第一座科技馆，2000 年我国拥有达标科技馆 11 座，总建筑面积不到 17 万平方米。截至 2014 年 12 月，全国达标科技馆为 129 座，建筑总面积超过 195 万平方米（见表 1）。

表 1　全国科技馆总数、总建筑面积、年接待观众总量统计

	科技馆总数	科技馆总建筑面积	科技馆年接待观众总量
2000 年	11 座	166 261 平方米	180 万人次
2014 年	129 座	1 957 297 平方米	4 100 万人次

进入 21 世纪以来，我国是全世界科技馆数量增长最快的国家，但与国外发达国家相比仍然存在较大差距。按全球 70 亿人口、31 个发达国家 10.4 亿人口、发展中国家 60 亿人口、我国大陆地区 13.5 亿人口计算：

——全世界平均每 1 座科技馆覆盖 350 万人口；

——发达国家平均每 1 座科技馆覆盖 70 万人口；

——发展中国家平均每 1 座科技馆覆盖 1200 万人口；

——我国大陆地区平均每 1 座科技馆覆盖 1047 万人口。

我国科技馆数量与人口总数的比例仅相当于世界平均水平的 1/3 和发达国家平均水平的 1/15。

2. 流动科普设施数量少，运行保障能力弱

我国已初步形成科普大篷车、流动科技馆、巡回展览共同发展的局面，但不论是规模、数量、覆盖面，还是运行、服务的质量与水平，与广大城乡的实际需求相比还有很大差距。一方面流动科普设

施和数量少，覆盖能力严重不足；另一方面流动科普设施的运行保障能力薄弱。

（二）科普展教资源开发与实施能力面临的挑战

科技馆科普展教资源是一个广义的概念，既包括实体科技馆的展览展品、教育活动、科普影视资源，也包括各项流动科普设施（流动科技馆、科普大篷车、巡回展览）以及基层科普设施的科普资源，同时涵盖科技馆网络科普所使用的图、文、视频、软件等各种资源。虽然总体而言近年来我国科技馆的展教资源呈现迅速增长态势，但总量仍显得相对不足，优秀原创资源较少，资源品种结构不合理。其中数量最多、比例最大的是展览展品资源，但展览展品资源又存在同质化比例偏高、重复开发的现象。

在实施科技馆体系建设的条件下，对于展教资源的需求将会有成倍增长。目前，科普展教资源开发和实施能力存在如下主要问题：

1. 常设展览内容雷同，缺乏特色和创新

目前各地科技馆常设展览多以力学、电磁学、光学、声学、数学、地球、生命、信息、能源、材料、机械、交通、航天、环保等为基本展示内容，没有突出本地特色和专业特色；展品多缺乏真正具有原创意义且展示效果良好的创新展品；展示内容往往局限于传播科技知识，未能揭示展品、科学原理背后的科技与社会、人与自然的关系和科学文化内涵；对于前沿科学和高新技术展示内容与展品的开发，尚未找到类似于经典展品的成熟办法。

2. 教育活动数量少，形式单一，质量和水平亟须进一步提高

据中国科技馆2010—2011年的调查，在接受调查的科技馆中有大约1/3自开馆以来除简单的展览讲解之外，从未自主开发任何教育活动。根据2014年的全国科技馆调查，2013年未开展任何教育活动的科技馆比例大约为15%。虽然情况有所好转，但仍有众多科技馆未开展教育活动。

3. 网络科普功能单一，内容与形式单调，缺乏创意和精品

据2012年调查数据，全国99座"达标科技馆"中57座科技馆办有官方网站，26座科技馆建有数字科技馆（其中23个属于中国数字科技馆二级子站）。网络科普在科技馆中的应用尚不普及，功能、内容与形式较为单调，尚不能满足现有的实体科技馆科普展教工作的需要，许多科技馆甚至尚未意识到这种需要；那么在建设科技馆体系的条件下，如何发挥网络技术的优势来开发、采集、整合和使用各种科普资源，为流动科普设施、基层科普设施等提供服务，将是一项更为严峻的挑战。

4. 科普展教资源开发违背科学规律、协同性差、重复开发、效益低

许多科技馆，或是重场馆建设、轻展教资源建设，展教资源经费在建设总投资中的比例过低；或是重硬件、轻软件，重成品制作、轻设计研发，研发设计经费在展教资源总造价中的比例过低；或是招投标制度设计不合理，片面追求低报价；或是过于追求短时间内取得业绩、急功近利，人为压缩设计开发周期。

（三）科普辐射服务能力面临的挑战

中国特色现代科技馆体系建设赋予了实体科技馆"科普辐射服务能力"，即通过提供资源和技术服务，辐射带动下一层级科技馆、其他基层公共科普服务设施和社会机构科普工作的开展，使公共科普服务覆盖全国各地区、各阶层人群。一是国家科技馆、省级/省会科技馆、地市/县级科技馆应对下一层级科技馆提供辐射服务；二是各地科技馆为当地的农村中学科技馆、青少年科学工作室、社区科普活动室、科普画廊等基层公共科普设施提供技术维护和资源更新服务；三是由各地科技馆为当地学校、科研院所、企业等其他社会机构开展的科普活动提供技术、资源和场地等服务。

（四）统筹与协调资源配置能力面临的挑战

科技馆体系的重要作用就在于统筹各科普设施之间的发展并协调资源的配置（集散、开发、服务）。目前，我国各地科技馆之间，科技馆、流动科技馆、科普大篷车、网络科技馆、基层公共科普设施及其他社会科普机构之间，乃至科技馆内部的各种展览、教育活动、网络科普之间，普遍存在着缺乏协同的现象。

二、"十三五"期间中国特色现代科技馆体系建设的基本思路和目标

中国特色现代科技馆体系，是扩大科技馆辐射服务职能、促进我国科技馆事业协调发展、推动我国公共科普服务能力实现跨越式发展的创新之举，需要新的建设思路。

（一）科技馆体系建设的基本思路

基于科技馆体系建设的任务，作为制定"十三五"期间科技馆体系建设与发展对策的基础，课题组提出以下科技馆体系建设的基本思路：以转变与创新观念、制度、模式为引领，以健全机制、疏通渠道、优化配置为突破口，以提升展教资源开发、集散和辐射服务能力为抓手，以加强人才队伍、学术理论建设为支撑，以加速实体馆、流动馆、网络馆及基层科普设施发展为出发点，以拉动公共科普服务体系整体发展为核心目标，全面建设中国特色现代科技馆体系。

以上基本思路也是"十三五"期间科技馆体系建设与发展的指导方针。

（二）"十三五"期间科技馆体系建设的目标

1. 科技馆体系建设总目标

——各类科普基础设施数量迅速增长、布局趋于合理、结构优化完善、功能明显增强。

——与科技馆体系建设、发展相适应的工作机制与制度性安排初步建立。

——科技馆体系的资源、信息、服务渠道基本建成。

——科技馆体系的基础设施、资源供给、辐射服务、制度保障四个分系统基本成形。

——科技馆科普展教资源开发能力和水平大幅度提升，建成一批国家级或省级的科普资源开发、集散平台与服务基地。

——科技馆、流动科技馆、科普大篷车以及网络科技馆等之间协调发展，初步呈现协同增效的科普效益。

——基层公共科普设施服务机制初步成型，大多数基层公共科普设施获得技术保障、资源更新等常态化服务。

——中国特色现代科技馆体系基本形成，初步建成形式多元、覆盖全国、惠及全民的公共科普服务体系。

2. 科技馆体系建设分目标

（1）实体科技馆。

——科技馆数量继续增长，布局趋于合理。要继续推动各地科技馆建设，在保持科技馆数量、规模快速增长的同时，布局结构更加优化、更加合理。各直辖市和省会城市、自治区首府至少拥有1座大中型科技馆；完成20座目前尚不符合《科学技术馆建设标准》的地市级科技馆的改造、改建工作；建设一批具有专业或地方特色的科技馆；加快中西部地区和地市级科技馆的建设，东、中、西部科技馆的差距逐步缩小；推动20座中小型科技馆实施和完成以改善科普展教功能为目的的改造工程；基本符合《科学技术馆建设标准》的科技馆总数由目前的约130座增长至200座以上。

——展教能力明显提升。全国科技馆展览和展品的年更新率达到10%以上，年接待观众总数达到5000万人次以上；科学教育活动数量、种类和资源大幅度增长，形成一批有影响力的教育活动品牌和一支高水平的科技馆展教队伍；科技馆展览信息化和管理信息化水平极大提升；科技馆的科普展教资源开发实施和辐射服务能力有明显提升，省级科技馆基本具备自主开发、设计和运维各种科普展教资源的能力，并实现有效的辐射服务。

——统筹协调发展能力明显增强。科技馆对于科技馆体系下各组成部分、各项目之间统筹规划、组织、协调和整合的能力进一步提升，基本实现各项目之间的统一筹划和协调发展，形成资源共享、产业互动、布局联动格局。

（2）流动科技馆。

全面推进"广覆盖、系列化、可持续"目标，"中国流动科技馆"的保有量达到300套，力争全国尚未建设科技馆的县（市）每2年巡展1次，实现流动科技馆服务的公平普惠。提升流动科技馆科普展教资源的开发能力与水平，完善以科技馆为依托的运行与服务机制，依托有条件的科技馆或企业建立区域性的流动科技馆技术服务支撑中心，为流动科技馆的运行、维护、维修等提供技术支持和服务。

（3）科普大篷车。

——基本覆盖全国建有科技馆城市近郊以外的所有乡镇，实现科普大篷车在全国的保有水平的大幅提高，保有量突破2100辆；全国各地（市、州）基本拥有一辆Ⅱ型科普大篷车，全国80%的县和县级市拥有一辆Ⅳ型科普大篷车，实现分布上的合理布局。

——提升展品、表演、实验等科普展教资源的开发能力与水平，开发多套具有专题特色的展品和教育活动项目，科普大篷车人才队伍的业务能力显著提升。

——建立以国家科技馆和省级科技馆负责开发设计，以市、县级科技馆或科协负责运行、维护、更新与服务的运维机制，保障科普大篷车的数量、质量和可持续发展。

——依托有条件的科技馆或企业建立区域性的科普大篷车技术服务支撑中心，为科普大篷车的运行、维护、维修等提供技术支持和服务。

——初步建成科普大篷车资源共享平台。

（4）专题巡回展览。

——全国累计开发专题巡回展览150套，累计完成巡展2000站以上，使各地科技馆平均每年获得巡展服务2次。

——基本建立与国内外同行、各界社会的合作模式，通过展览互换、合作开发等方式，提升巡回展览的质量和水平。

——全面建成"全国科技馆巡回展览资源共建共享服务平台"，形成运转高效的全国科技馆专题科普展览资源共建共享工作机制。

（5）网络科技馆。

——"达标科技馆"基本建有科普网站、数字科技馆或科技馆网站的科普栏目，打造"24小时不闭馆、覆盖全国"的网络科技馆。

——基本建成覆盖科技馆体系各主要成分的网络系统，省级科技馆网站或数字科技馆成为科技馆体系内重要的资源集散平台、输送渠道和信息中心，为科技馆体系的整体运作提供项目管理与运行、资源开发与共享、活动协同与增效等方面的服务。

——基本建立实体科技馆、流动科技馆、科普大篷车、网络科技馆"线上""线下"相结合的良性互动模式，并形成协同、倍增的效应。

三、"十三五"期间科技馆体系建设的任务与措施

在政府和社会加大投入、加快设施建设的同时，"十三五"期间科技馆体系建设应着力做好理顺

与创新体制机制、构建资源与服务渠道、提升科技馆自身能力三个方面的工作。

（一）"四个模式转变"

体制机制创新、平台渠道建设、科技馆能力建设，是科技馆体系建设的关键环节，而且是我国科技馆事业和公共科普服务能力建设与发展模式的重大变革。为此，须完成"四个模式转变"。

1. 科技馆发展模式的转变

由以数量与规模增长为主要特征的外延式发展模式，转变为以提升科普展教能力为主要特征内涵式发展模式。"十三五"期间，除了需要各地政府继续投资建设新的科技馆之外，科技馆的发展更应走内涵式发展道路，强调功能结构优化、水平质量提高、自身实力增强，这种发展更多的是出自内在需求，特别是在承担起科技馆体系建设"龙头"与"依托"责任的条件下对于提升自身科普展教能力的迫切需求。

2. 科技馆功能结构模式的转变

由单纯强调科普展览功能的"单打一"功能结构模式，转变为以展览功能为基础，同时拥有教育活动、网络科普、流动科普、辐射服务等功能的复合型功能结构模式。

把科普展览功能作为辨别是否是真正意义科技馆的主要标志，在扭转全国科技馆事业发展方向上起到了重要的作用。然而，这也导致了许多科技馆在强化展览功能的同时，忽视了教育活动、网络科普、流动科普、辐射服务等其他科普功能，造成了科技馆功能结构的"单打一"模式。在通过建设科技馆体系把科技馆的科普服务功能覆盖更广大公众的今天，"单打一"的功能结构模式已不能适应国家、社会、公众、科技馆自身和时代发展的需求了。"十三五"期间，科技馆迫切需要树立"大展教"的概念，确立以展览功能为基础，同时拥有教育活动、网络科普、流动科普、辐射服务等功能的复合型功能结构模式。科技馆建设项目应综合考虑、同步进行"实体馆＋流动馆＋网络馆＋辐射服务……"的建设。

3. 科技馆项目实施模式的转变

由相互独立、分散、孤立的单体型项目实施模式，转变为综合策划、相互协同、同步进行的综合型项目实施模式。

不论是以往，还是目前，大多数科普展教资源开发与实施项目，往往局限于展览、教育活动、网络科普、流动科普等方面中的某一项内容和任务。在开发展览（特别是新建馆的常设展览）时，往往并未考虑依托展览的教育活动、网络科普、衍生科普产品的同步设计与开发。这种单体型项目实施模式不仅会造成项目实施效果弱化、投入产出效益下降，不利于科技馆的运行与发展，而且不能适应科技馆体系建设的需要。因此，"十三五"期间，科普展教资源开发与实施项目应综合策划、协同进行"展览＋教育活动＋网络科普＋衍生科普产品……"的开发与实施。要发挥网络在科技馆体系中项目管理与运行、资源开发与共享、活动协同与增效方面的作用。

4. 科技馆运行模式的转变

由以维持展览正常开放为主要任务的运行模式，转变为以展览为基础开发实施教育活动为主要任务的运行模式。

目前，许多科技馆建成后的运行管理，基本是以维持、保障展览（特别是常设展览）正常开放为主要任务。既阻碍了科技馆展教资源开发与实施能力的提升，也影响了科技馆的可持续发展，更与科技馆在科技馆体系中应发挥的作用不相适应。因此，"十三五"期间，科技馆应转变传统的运行模式，以依托展览开发实施教育活动为主要任务。

模式的转变与创新，其实是观念意识的转变与创新，它给科技馆带来的将是全新的发展思路。这既是科技馆自身发展的需要，也是建设科技馆体系的需要。

（二）体制机制创新

科技馆体系建设是一个跨地区、跨系统、跨部门的系统工程，涉及部分职能、任务、资源、经费、节点、渠道、供求关系的重新布局和再分配，有可能打破某些机构之间现有责、权、利的格局。因此，需要有一整套立足于国家公共科普服务体系建设的创新性机制和制度安排。"十三五"期间，要从统筹协调、能效管理、运行保障、考核评价四个方面理顺和创新体制机制。

1. 统筹协调机制

"十三五"期间须建立和完善以下统筹协调机制：

——跨部门、跨系统的全国和省级科技馆体系建设领导、管理、监督、协调机制。

——打破条块壁垒，统筹各类科普基础设施协调发展、协同运作的体制机制。

——构建结构合理、科学有序的跨地区、跨系统科普资源、信息、技术服务渠道的机制。

——确保科普资源、信息、技术服务通道流转畅通、经济高效的机制。

——将科技馆体系纳入国家公共文化服务体系的建设机制。

——促进不同设施、不同展教项目之间协同配合的项目管理制度。

2. 能效管理机制

"十三五"期间须建立和完善以下能效管理机制：

——确保科普展教、辐射服务功能的科技馆建设标准与科技馆内容建设标准。

——以科普展教、辐射服务为核心的科普设施运行机制。

——确保科普展教、辐射服务功能的科普设施法人治理机制。

——确保科普展教、辐射服务功能的科普设施内部管理机制。

——激励展教项目开发实施、辐射服务的人力资源管理机制。

3. 运行保障机制

"十三五"期间须建立和完善以下运行保障机制：

——确保科普展教、辐射服务功能的建设投资与运行经费的保障机制。

——激励社会投入的政策法规。

——政府向科技馆购买展教资源开发、科普服务、辐射服务的机制。

——确保科技馆科普展教、辐射服务功能的人员编制标准与职业标准。

4. 考核评价制度

"十三五"期间须建立和完善以下考核评价制度：

——科技馆体系的运行管理与考核评价机制。

——以科普展教、辐射服务效果为核心的科普设施评价考核机制。

——科普展教人员的专业技术职务资格评审与晋升制度。

理顺与创新体制机制，既是科技馆体系建设的最大挑战，也是科技馆体系建设成败的关键所在。为此，建议如下。

一是在国家层面的《全民科学素质行动计划纲要实施方案（2016—2020年）》、"十三五"科普基础设施发展规划（2016—2020年）、现代公共文化服务体系"十三五"发展规划和中国科协"十三五"发展规划中，将科技馆体系建设列为重要内容，并规划相关制度建设的具体措施。

二是将科技馆体系建设列为"全民科学素质行动计划纲要办公室"在"十三五"期间的重点工作内容。

三是成立科技馆体系建设的全国性领导机构，负责统筹协调全国科技馆体系建设工作。

（三）平台渠道建设

1. 搭建高效的资源共享平台

搭建资源集散、开发、服务平台是科技馆体系建设的重要环节，其核心在于资源的共享。为此，须搭建负责科普资源的征集、推广、输送和服务的资源共享平台。平台资源侧重于数字化资源，平台工作主要依托网络进行。平台资源的开发、集散、服务，要求及时、准确、高效。平台同时也是科普资源库、科普资源信息交流中心。围绕资源共享平台，做好资源的开发、转换和征集等工作。

一是加大资源开发力度。努力增加政府和社会投入，积极引入市场竞争机制。在科技馆、流动科技馆、和科普大篷车的展品等科普资源设计制作与招标采购过程中，要公开、透明，鼓励社会力量参与，通过充分的市场竞争提高展品等科普资源的研究开发与制作水平。

二是加强科普资源的转化。鼓励科研院所、企业、个人将潜在的科技资源转化为科普资源；鼓励不同类型资源之间的转换，如展品、展览转换为挂图、视频，临时展览、科普活动的小型化等；鼓励实体化的资源转化为数字化的资源。对于科技馆，强制性要求新开发的展览等科普资源，需及时转换为挂图及数字化资源，并及时上传资源集散平台共享。

三是鼓励资源共享。要求科技馆体系内部的科普资源及时共享，加强同科技馆体系之外的社会科普机构的资源共享。通过共建共享、社会购买、评比奖励等方式，鼓励社会科普资源的开发与共享。为确保资源共享的便捷、高效，借鉴维基百科、百度百科的"用户生成内容"（User-generated content，缩写 UGC）资源共建共享机制，建议由中国数字科技馆承担搭建全国性资源共享平台。

2. 建立畅通的资源输送渠道

资源输送渠道主要包括两个层次：一是核心层（科技馆）对统筹层（流动科技馆、科普大篷车、网络科技馆）的资源输送；二是核心层和统筹层对辐射层（基层科普设施、社会其他科普机构）的资源输送。资源输送形式分为实体资源和网络资源两种方式。建设资源输送渠道，关键在于做好三方面工作：

一是要确保核心层、统筹层和辐射层之间的资源高效流转。包括核心层（科技馆）对统筹层（流动科技馆、科普大篷车、网络科技馆）的资源输送；核心层和统筹层对辐射层（基层科普设施、社会其他科普机构）的资源输送。对于科技馆体系各组成部分之间资源输送渠道，要确保通畅，有相应的考核评价标准。

二是要搭建好科技馆体系与其他社会科普机构之间的资源输送渠道，推动科普资源在社会各方（科普生产方、加工方、需求方、决策方）之间高效流转。尤其是做好同学校教育体系和公共文化服务体系之间科普资源输送渠道的对接。

三是将中国数字科技馆建设成为数字化的科普资源集散、传输、服务平台，充分利用现代信息技术，以数字化形式实现科普资源的高效、快速、低成本地集散、传输、服务。

3. 构建常态化辐射服务关系

科技馆体系的辐射服务主要包括两个方面：一是实体科技馆对流动科技馆、科普大篷车、网络科技馆的资源和技术保障服务；二是实体科技馆、网络科技馆对其他科普设施的资源和技术辐射服务。由于网络科技馆一般是由实体科技馆建设和运行的，因此在打破条块壁垒建立相应的渠道之后，能否实现常态化的辐射服务，关键是实体科技馆自身的能力与机制。

因此，对于科技馆体系各组成部分辐射服务的性质、范围、类型、频次、质量、绩效等，都要有明确的职责要求、考核评价指标、监督管理办法和奖惩措施，以确保体系的资源和技术服务有效运转。

（课题组成员：郑浩峻　朱幼文　齐　欣　欧亚戈　蔡文东　赵　洋

刘玉花　龙金晶　张彩霞　曹　朋　陈　健　郝倩倩）

"十三五"繁荣科普创作研究

中国科普研究所课题组

一、"十二五"期间的主要成效及问题

（一）多方共同扶持，改善科普创作大环境

1. 大力推动科普创作的组织建设，但创作组织仍需强化创新活力

2014年，中国科普作家协会（以下简称"作协"）迎来了35周年纪念。中国科普作家协会自成立以来，充分发挥协会的作用，支持协会开展工作，全国共有29个省、自治区、直辖市成立了科普作家协会，拥有全国一级会员3200余人，省市一级会员3万余人，单位会员38个；同时大力推动在其他全国学会成立150个科普专委会、320个科学传播专家团队、聘任了3300多名科学传播专家，有组织地推动科学专家参与科普创作。目前协会主办《科技与企业》《生物技术世界》以及《科普创作通讯》（内刊）三本杂志。在"十二五"期间科普作协充分发挥组织优势，在全国范围内开展了多种促进、推动科普创作发展的活动，范围广、影响大。作协一直以来的工作对科普创作的发展起到了很大的推动作用，但在创新驱动发展的新形势下，尤其在公众需求更多元化的情况下，作协的创新能力稍显不足。

2. 各类资助、激励项目推动科普创作发展，但力度和广度仍显不足

中国科协于2009—2011年实施了"繁荣科普创作资助计划"。繁荣科普创作资助计划开发的科普资源共分为科普图书、科普影视作品、科普动漫作品、科普展品4类，均为可直接投入社会公共服务、已制作完成的科普作品。其中，科普图书39种、科普影视作品约30种、科普动漫作品16种、科普展品11件。此外还开展国家科学技术奖励推荐、中国科普作家协会优秀科普作品奖评选活动，激发广大科普工作者的创作热情，发现优秀科普创作人才。但现有的资助、激励评奖等项目所资助、奖励的机构和人群还相对集中，没能在更大的范围内进行宣传和推广，社会影响力小；同时资助、激励项目还十分有限，激励力度小，不利于调动和激发潜在科普创作力量，不易形成科普创作社会文化环境及氛围。

3. 新媒体科技传播能力不断提升，拓宽科普作品传播途径，但整合新媒体资源不够科普创作创新不足

根据《中国科学技术协会统计年鉴2014》数据显示，各级科协及两级学会共主办科普（技）类网站2377个，浏览总人数达119621万次。同时，新媒体创新与融合成为主流，新传播形式不断涌现，如微博、微信等，使新媒体科技传播能力不断增强，由此也促进了一些科普作品的创作及传播。

科协"十二五"期间，新媒体科普动漫成为科学传播的有效工具。根据《中国科学技术协会统计年鉴2014》数据显示，各级科协及两级学会制作科普动漫作品共3471套，总播放时长为3896小时，平均1.1小时/套。

据调查，当前科普作品的有效传播途径相对集中，电视、互联网和纸媒位列前三，相比而言，移动终端传播渠道的功能尚未得到充分开发，与之相对应的科普作品创作也还仅处于起步阶段。现阶段在新媒体传播的科普作品多为传统作品的数字转化，而未能基于新媒体的新特性而创作出创新多元化的科普作品。

4. 全国学会共同参与协同开发科普创作资源，但资源开发领域仍需拓宽、开发工作应长期持续

全国学会在科普作品创作的权威性、客观准确性方面具有无可比拟的优势，是科普资源开发的重要力量。一些学会支持会员开展原创性科普创作活动，特别是注重调动团体会员积极参加与科普资源建设，充分挖掘和发挥教育、科研资源的科普功能，创作人民群众喜闻乐见的科普产品，在开展科普活动的同时提供可供全社会共享的科普资源。2010—2011年，中国水产学会、中华医学会等39个全国学会在中国科协的支持下，围绕新能源、环境保护、食品安全、医药卫生、农林生产等领域的54项科技创新成果或社会科技热点开发了一批科普素材资源，为科普工作者进行科普创作和科普资源的开发奠定了基础。2012年完成整体工作，科普素材项目和科普资源包已入库，由中国数字科技馆进行推广，实现资源共享。

此次的科普资源开发还大多集中在应用领域，在科学思想、科学方法、公众科学观念引导方面还比较欠缺，同时当今科技发展迅速，很多科技资源具有时效性，尤其对于一些技术更新较高的领域，如不能长期持续进行开发，以此资源为基础进行创作很难保证我们呈现给大众的科普作品是代表最新科技发展动向的。

（二）重视科普创作人才培养，加大培养力度，但专门人才培养和激励机制仍需加强

1. 加强科普人才建设，实施规划纲要，但对科普创作人才专项规划不足

为贯彻落实《国家中长期人才发展规划纲要（2010—2020年）》的部署，深入实施《全民科学素质行动计划纲要（2006—2010—2020年）》，进一步推动全国科普人才队伍的建设和发展，中国科协组织制定了《中国科协科普人才发展规划纲要（2010—2020年）》。该纲要针对科普人才发展的目标和原则、各类型科普人才队伍建设，以及纲要的组织和实施进行了规划和说明。科普创作人才是科普作品的源头、科普人才队伍中的重要组成部分，但在纲要各类型科普人才分类中没有单独规划，只在高端和专门科普人才队伍建设中有所涉及。

2. 启动科普创作与产品研发示范团队建设

为深入贯彻落实党的十七届六中全会和全国科技创新大会精神，按照《全民科学素质行动计划纲要实施方案（2010—2015年）》的有关要求，引导和鼓励社会力量参与科普创作与产品研发，培养一批优秀创作与产品研发示范团队，引领、带动科普产业源头创新，服务全民科学素质建设，中国科协组织开展了全国科普创作与产品研发示范团队创建活动。经过申报、推荐、评选和公示，2012年9月，中国科协发文命名西北师范大学化工学院等29个团队为全国科普创作与产品研发示范团队，示范周期为2012—2015年。

3. 科普创作人才培养试点

从2012年开始，中国科协和教育部共同开展包括科普创作课程在内的培养高层次科普专门人才试点工作，在清华大学、北京师范大学、浙江大学等6所高校开展全日制科普硕士专业学位研究生培养工作。

2014年，北京科普创作协会按照北京市科协、北京市教委开展"科学家进校园"活动的要求。组织科普作家进校园活动。开展了150多场科普讲座、报告、故事会等多种形式的活动。

（三）科普作品数量和质量稳步发展，优秀原创作品不断涌现，但作品与公众实际需求有差距

据2012—2014年《中国科学技术协会统计年鉴》数据显示，各级科协及两级学会编著科技（普）

类图书共 7108 种，总印数达 15150 万册；制作科技广播、影视节目 11041 套，时长达 20423 小时。其他各类科普作品数量都在稳步提升。

中国科协等相关部门为鼓励优秀科普作品的创作，设立对科普创作的支持项目；设立国家科技进步奖的科普创作奖项、全国优秀科普作品奖、中国科普作家协会优秀科普作品奖等。但现有的很多科普作品缺乏趣味性和通俗性，难以吸引读者兴趣，部分科普作品内容与公众关注的热点、焦点距离较远，科普作品的表现形式也偏于单一、传统，与其他文化产品相比，仍以纸媒、电视节目、实物展品为主，相对滞后于现代化的创作和传播方式。

二、"十三五"面临的问题和新形势

科普创作是播种科学的事业，它承载着提升全民族科学素质、激发中华民族创新活力的使命。同时，科普创作离不开时代和社会发展背景。党的十八大明确提实施创新驱动发展，将科技创新摆在国家发展全局的核心位置。

（一）实施创新驱动发展战略和全面深化改革要求为大力繁荣科普创作，提升公民科学素质提出了新要求

繁荣科普创作是提高公民科学素质的基础。科普创作工作者既要充分发挥专业优势带头创新，又要以提高全民科学素质为己任引领创新，为创新驱动发展培育更广阔、更深厚的土壤。

（二）大力弘扬科学文化精神，建设社会主义文化强国为繁荣科普创作提出新要求

党的十八大提出，实现全面建成小康社会，必须要建设社会主义文化强国，增强全民族文化创造活力。十八届三中全会明确提出，普及科学知识，弘扬科学精神，提高全民科学素养，构建现代公共文化服务体系。只有反映时代发展的优秀科普作品的大量涌现，才能不断满足广大人民群众日益增长科学文化需求，营造全社会爱科学、学科学、用科学的良好的社会文化氛围。

（三）"互联网＋"的思维和模式对科普创作提出了新要求

互联网、移动互联网、有线电视网、大数据、云计算发展迅速，新的媒体形式与媒体工具的结合，要求科普创作内容和形式更加丰富和多元化。新媒体与受众真正建立联系，每个都可能是科普创作的参与者。科普创作工作者要不断提高自身能力和修养，适应新媒体传播特点，突破传统作品生产方式，创新内容和形式。

（四）"双创型"人才培养模式对科普创作队伍建设和人才培养提出了新要求

科普创作队伍和人才培养一直以来都是影响科普创作发展的根本性问题，科普创作人才的专业化培养及发展是繁荣科普创作的必然趋势和客观需要。近些年，创新和创业逐渐成为创新型社会人才培养的重要指标，将"双创型"人才培养模式引入科普创作人才培养中，既可推动人才队伍建设，又利于科普创作成果的多元、有效转化和产业化发展。

（五）"泛在学习"模式的兴起对科普创作内容和形式的创新都提出了新要求

泛在学习是要创造智能化的环境让学生充分获取学习信息，目标就是让任何人、随时随地、利用任何终端进行学习，实现更有效的学生中心教育。以这样的模式进行科普教育，就对科普学习资源的创作和开发提出了更多元化的需求，每一类型资源自身要有创新的同时，还要利于各种资源的个性化整合（如模块化开发）。

（六）第 12 次全国国民阅读调查报告结果使科普创作工作者看到了繁荣科普创作的大好前景和奋斗目标

中国新闻出版研究院公布的第十二次全国国民阅读调查结果显示，2014 年我国成年国民综合阅读率 78.6%，人均纸质图书阅读量为 4.56 本，0～17 周岁未成年人图书阅读率为 76.6%，人均图书阅读量为 8.45 本。国民阅读率及阅读时长有上升的趋势，超四成的成年国民认为自己的阅读数量较少，仅 1/4 国民满意自己阅读。纸质阅读地位未被撼动，有 57.2% 的国民倾向于"拿一本纸质图书阅读"，23.5% 的国民倾向于"手机阅读"，位居其二。现在的科普创作还没有充分做好迎接这种国民阅读全盛时期的准备，只要有好的、适合不同读者的多元化科普作品，就能吸引更多的阅读国民来阅读科普作品，提高国民整体的科普作品阅读率，国民的科学素质提升也指日可待。

三、"十三五"重点任务和工作建议

（一）进一步推动、完善科普创作相关规划措施，为科普创作营造良好环境

1. 促进科普创作相关纲要文件、规划的实际落实，为繁荣科普创作提供有力保障

科协现有的一些工作规划和纲要文件等对科普创作事业发展的支持和扶持做了一些规定，但缺少具体可实施的制度与措施。缺少对资金保障、人才培养激励等实际问题切实可行的规范化、制度化保障措施，无形中削弱了科普创作发展的动力。如将科普创作活动列为科研机构和科普机构应尽义务，并对成效显著者予以奖励、表彰；把科普作品纳入业绩考核范围，调动科技工作者科普创作的积极性；大力加强各类科普产品生产管理的宏观指导和规划，制定倾斜制度；可与高新科技企业合作进行科普产品的生产和推广，促进科普创作产业化发展。

2. 加大科普创作投入及资金保障，建立长效激励机制

目前我国科普创作经费来源渠道单一。正常来讲，科普创作经费投入应该是国家政府行为、社会公益责任及市场价值导向的综合行为，经费投入渠道应走向多元。然而，当前我国科普经费仅靠财政拨款，这在一定程度上制约了我国科普事业及科普创作的健康发展。因此，应当予以适当的经费扶持和政策倾斜，应力争将科普工作和科普创作列为国家财政专门立项或者加大本系统内的投入。如长期设立专项基金对科普创作进行资助，或在有条件的科研项目中划拨一定经费比例用于科研成果面向大众的科普化。还应加强对社会资金的引导，鼓励捐赠，遵循市场经济规律，多渠道、多层次筹措资金，鼓励社会力量参与科普创作工作，提高资金利用效率，形成良性运转机制。

3. 大力宣传科普创作的重要意义，营造良好社会舆论环境

应当强化"公关"意识，通过各种媒介，大力向社会宣传科普创作的重大意义，宣传其成就和品牌成果，宣传其促发展、惠民生的公益属性，扩大科普创作工作的社会影响力和知名度，让社会逐渐从认识、理解到各方力量自觉自愿参与科普创作工作，为繁荣科普创作工作的顺利实施奠定良好的社会舆论氛围。

（二）加强科普创作人才激励、培养和储备，为科普创作提供原动力

很多科普作品不为大众所接受或普及度不高，很大一部分原因是优秀创作人才缺失造成的。我国长期以来的教育体制和传统导致文理兼备的科普创作人才匮乏，创作队伍青黄不接；科学家、科技工作者等群体受到精力和写作水平的限制也往往不能直接创作出高水平的科普作品；并且，科普创作者创作周期偏长，劳动回报较低，很多人的创作态度不正确，积极性不高。要解决这些问题，建议应从以下几方面入手。

1. 充分调动一线科学家和科研人员参与科普创作的积极性

科研人员拥有对科学的热爱以及丰富的专业知识及经验，虽缺乏写作相关技能，却是科普创作强大的潜在力量，应尽力争取。充分调动和利用一线科学家和科研人员参与科普创作是解决科普创作人才匮乏的关键，是繁荣科普创作的人力资源前提，既可以把握好科普创作的科学性问题也有助于提高科普作品的影响力。对有科学背景但缺少科普写作技巧的科学家，要有针对性地进行科普写作培训。同时，还应加大对现有科普创作和编辑人员的培养；发掘"草根"作者，引导鼓励更多具备科普创作基本素质和条件，更年轻的创作者加入科普创作队伍。

2. 基于学科专业训练，培养科普创作专业人才

对科学和科普创作的兴趣和能力应该从青少年时期开始培养。科协可加强跟有关部门合作，在各类学校中适当加入科学写作、科普作品赏析等课程，培养青少年成为科普创作后备人才。推动在有关大专院校开设科普创作、科普资源开发相关本科生和研究生专业，同时可引入"双创型"人才培养理念进行科普创作专业人才培养，为科普创作及科普资源开发储备实用型专业人才。

3. 对各类在职科普人员开展科普创作培训、经验交流活动

对于已经具备科普工作经验的人员，可由各级单位定期组织对其进行科普创作相关培训及经验交流会，编写专业科普创作教材，在大的科普人才队伍中挖掘和激励科普创作潜在人才。

（三）加强和完善科普创作的资源整合，丰富作品资源以满足不同需求

我国现有科普作品资源总量有限，且类型较为单一和集中，不利于满足公众的差异化需求，妨碍了公众对科普作品的接受。

1. 整合有效资源，利用多元途径进行科普作品创作及充分开发

科普是公益性事业，但并不妨碍使用某些产业化发展的有效手段促进科普创作的繁荣，调动全社会参与的积极性，整合有效资源。如：对于好的科普作品，应跟进开发其连带的系列资源，如形象产品、概念设计、相关电视、电影、动漫、游戏、展览的开发等；对内容和形式偏于传统的经典作品可以进行二次创作，加工作品内容，改变创作形式，这样既可以继承并突出其核心科学文化内涵，也能够避免造成资源浪费；考虑向有利于电子出版、电子阅读的方向倾斜，它们积极推出科普图书、漫画的配套电子产品，丰富了资源形式，拓宽了受众范围。

2. 搭建科普创作供需方的信息平台，促进形成科普创作成果的资源共享机制

为解决科普作品的提供者和受众之间信息不对称的问题，应考虑为科普创作的供需方搭建平台，便于沟通。平台应具备以下功能：信息共享，如电子科普图书上传；国外相关信息资源及时发布等；人才资源共享，如建立科普创作人才资源库，沟通创作者与出版者之间的需求信息等；优秀经验共享，介绍分享好的科普创作实践经验等。

3. 建立科普作品的调查、研究和评估机制，为科普创作实践提供理论指导

对科普作品的内涵、技巧、风格、形式等的研究能够上升成理论，用于指导更多科普创作者的实践。对科普创作各方面情况（如科普出版、科普市场，科普创作人员等）的常规性调研，能够密切跟踪科普创作的发展变化，了解科普作品赖以依存的外部环境，及时调整科普创作的宏观方向。加强科普作品和科普创作的评估机制，能够如实反映最新变化，及时查找不足，总结经验，以求改善。

（四）加强科普作品传播机制建设，为公众接受科普作品创造多样、迅捷、有利的条件

1. 充分利用各种媒介，全方位、立体化地拓宽科普作品的传播渠道

目前我国公众对科普作品的接受渠道较为单一、集中。且由于地域、城乡等条件不同造成的公共基础设施与科普基础设施分布不均，更加造成了这一问题的凸显。然而，硬件设施的建设毕竟周期

长、成本高。

目前，新兴媒体的发展正方兴未艾。在科普出版资源数字化和利用新媒体对科普资源进行传播方面，还有很大的发展空间。针对新兴媒体技术的快速发展及其新特性，应大量创作并按一定时间比例配播传播速度快、范围广、形式活泼、效果明显的新媒体科普作品，使公众能够充分、全方位地接触科普作品。

2. 拓宽科普作品的内涵和形式，建立和完善科研成果面向公众的发布和普及机制

我国科普作品在科学性、艺术性、趣味性、启发性、前沿性上均不如国外科普作品。其中前沿性是与国外差距最大的。也就是说，我国科普作品中所包含的科技知识和信息相对科技发展较为滞后，内容比较陈旧。因此，我们应当学习并借鉴科技先行国家的成熟经验，将国家重大科学研究计划等主要科技计划项目的研究成果定期向公众发布，及时公布国家主要科技计划项目执行过程的信息和成果，提高公众对于国家科技发展的理解和参与程度，也将促进了公众对科普作品的接受。

（五）用"互联网＋"观念，推动科普创作创新发展新形态

在繁荣科普创作的具体工作上，也应引入"互联网＋"观念，推动科普创作创新发展的新形态。应考虑为科普创作搭建阅读及创作的全媒体平台，实现科普作品传播、创作、人才挖掘、资源整合等多元功能；或也可考虑先与现有的、基础较好的阅读创作平台进行合作，借助其原有资源，逐步打造科普创作专有平台。

以"中文在线"为例，其为中国数字出版的开创者之一。现与国内近 300 家出版机构合作，签约知名作家、畅销书作者 2000 余位，拥有驻站网络作者超过 40 万名。随着全媒体时代的到来，"中文在线"的移动阅读终端及创作业务异军突起，旗下的移动端创作平台"汤圆创作"拥有的作者量高达20 万人，PC 端和移动端网络平台每月活跃的作者数有 7 万余人。在筛选作者方面，中文在线在搭建平台的基础上充分运用数据筛选，通过文章的点击数、评论、收藏等信息来发掘新人。为了更好地挖掘和培育作者，中文在线成立中国首家网络文学大学，诺贝尔文学奖获得者、著名文学家莫言受邀担任网络文学大学荣誉校长。据悉，"中文在线"现拥有作品版权数量达 22 万个。

移动互联网技术的发展正在引领一场创作和阅读领域的重要变革，据最新的 2014 年度中国数字阅读白皮书显示，目前我国数字出版总体产值有 2500 多亿元，其中数字阅读的市场规模预计 2015 年达 103 亿元。在新媒体快速发展的背景下，利用互联网技术尤其是移动互联网开展科普创作和科普阅读相关工作是大势所趋。"中文在线"在内容、渠道资源及移动互联网思维方面具有独特眼光。

创新驱动发展的核心是人才，科普创作也需要创新发展，借助现有的网络文学创作平台，使用"互联网＋"的模式，可以转化一批优秀的网络创作人成为科普创作人才，发现一批新锐科普创作人才，培养和提升科普创作人的创作能力；可以快速产出大量科普作品，积聚形成一批优秀科普作品，开发形式多样的科普作品。互联网＋科普创作的合作模式必将开辟科普创作的新天地，推动形成科普创作和科普阅读的新浪潮。

（六）加强国内外科普作品创作与传播交流

国内科普作品创作、制作、营销人员在创作理念、创意设计、表现手法、市场运作等方面与国外还有一定差距。在引进国外优秀科普作品的同时，应扩大科普创作领域的国际交流，如举办创作经验研讨班；搭建国际图书博览会平台，走出去、请进来；给科普作品出版、制作方面的国际合作以适当经费支持和政策倾斜等，使更多的国内科普创作人员能够接触到先进、优秀的科普创作理念、技法、包装技巧、营销策略等，提升我国科普创作及相关人员的制作与营销推广等能力。

（课题组成员：罗　晖　颜　实　高宏斌　张志敏　王　玥　鞠思婷　姚利芬）

"十三五"青少年科技创新活动研究

中国科协青少年科技中心、中国科普研究所课题组

一、"十二五"期间的主要成效及存在的问题

（一）面向青少年开展的科技创新活动

"十二五"期间，青少年科技中心面向拔尖青少年开展的科技创新活动成功举办第27至第29届全国青少年科技创新大赛，每一届都取得了新的发展和进步；第12至第14届中国青少年机器人竞赛；第12至第14届"明天小小科学家"奖励活动。精心策划组织中学生英才计划，以大联合大协作的工作方式举办大学生"挑战杯"和智慧城市大赛，全国中学生学科奥赛组织管理工作。

面向广大青少年开展了普及型科技创新活动包括：全国高校科学营活动、青少年科学调查体验活动、全国青少年航天科普系列活动、"大手拉小手"系列活动、全国青少年科学影像节活动等。

（二）目前存在的主要问题

尽管中国科协开展青少年科技创新活动已经有多年的历史和经验，但是随着新时期的要求不断提高，也发现了一些问题。

第一是管理形式化严重，主要依靠下达文件来执行项目。这种管理方式是典型的政府型管理，执行和完成项目主要靠领导的重视程度，地区执行程度差异大。

第二是宣传力度不够，社会影响力小。多年来，中国科协开展的青少年科技创新活动范围非常大，且活动的形式和内容也非常丰富，但是目前的影响力还很不够，目前只有全国青少年科技创新大赛等活动的宣传力度稍微广泛一些，其他很多活动社会上的影响力都很小。

第三是举办活动手段单一、落后，成本高。目前举办活动的各种通知主要依靠文件传达，新媒体的方式未能充分利用。这使得活动的开展和举办的成本都比较高。美国每年都举办的国际科学与工程大奖赛所有选手和评委都是自己注册、安排食宿等所有问题，组委会需要做的是安排好日程，在网站发布，提供所有的工具，让学生完成展示。而同样的活动，比如全国青少年科技创新大赛，注册、食宿等都需要主办方安排好，再加上安保等，这使得举办赛事的成本骤然升高。

第四是连贯性差，人才培养未形成贯穿性，未能进行接续培养。目前开展的青少年科技创新活动中，很少开展追踪性的人才培养研究。这使得项目的人才培养方面的功能有一定程度的弱化。而且有些项目，由于多种原因，甚至有消失的风险，因此对所有青少年科技创新活动进行全盘规划和顶层设计就显得尤为重要和迫切。

二、"十三五"期间该项工作面临的主要形势和客观需求

提升未成年人的科学素养，青少年科技创新活动具有不可忽视的重要作用。2013年美国公布了

《新一代科学教育标准》（Next Generation Science Standards，NGSS），这份重要的课程文件再一次引领了全球科学教育改革的风潮。NGSS的核心三个维度是强调科学与工程学实践、重视学科核心概念和跨领域概念。面对新的对工程学特别强调的新形势，青少年科技创新活动也要在工程学领域有所突破。世界各国都在强调STEM（科学、技术、工程学和数学）教育，青少年科技创新活动也要将现有活动进行一些设计，促进青少年能够将科学与技术、工程学和数学结合起来，提升其综合创新能力和水平。

开展好青少年科技创新活动，促进青少年科学素养水平提升，是提升全民科学素养水平的关键和迫切需求。2012年中共中央、国务院《关于深化科技体制改革加快国家创新体系建设的意见》中明确提出，到2015年我国公民具备基本科学素质的比例超过5%；到2020年，全民科学素质普遍提高，科技支撑引领经济社会发展能力大幅提升，进入创新型国家行列。提升公民的科学素养水平，青少年阶段是关键阶段，而青少年科技创新活动是提升青少年科学素养水平的重要手段，因此，要努力提升青少年科技创新活动的质量，促进青少年科学素养水平不断提升。

三、中国科协开展青少年科技创新活动的优势和困难

中国科协开展青少年科技创新活动相关工作已经有数十年的历史，如全国青少年科技创新大赛已经开展了30届；同时中国科协从多个侧面多个角度开展青少年科技创新活动，既有普及型的，也有拔尖型的，既有面向全国范围的，也有在典型地区试点开展的。总的来说，组织开展科普活动是科协组织的传统动作，各级科协组织也在这方面积累了大量经验，凝聚了一批人力资源。

但是仍然面临着一些困难。

第一，中国科协开展的科技创新活动主要集中在校外，但是目前我国的校内外衔接的机制仍然很不完善。如何让丰富的校外科技资源和科技创新活动惠及更多青少年，这需要校内的有力支持。

第二，由于长期以来，科技教育理念的落后，使得社会和家长都对青少年科技创新活动缺乏应有的重视。青少年科技创新活动始终处于供给型产品，青少年参与过程中尽管非常有兴趣，但是与"升学"关联性差，造成青少年主动性缺乏。

第三，由于我国幅员辽阔，各地经济水平和教育水平差异较大，因此一些青少年科技创新活动的不能普适，难以在全面有效提升青少年科学素养方面发挥更大的作用。

第四，由于研究力量不足，因此对于青少年科技创新活动的各个项目开展的研究很少，不能用研究的实际结果支撑项目的发展，离证据导向模式还有一定的距离，基本上现在还处于政策支撑模式。

第五，由于高素质的科技教师队伍缺乏，导致青少年科技创新活动质量低。目前，科技教师和科技辅导员的培养已经成为制约青少年科技创新活动发展的最大问题。部分科技教师缺乏专业知识、指导理念落后。因此，如何在全国范围内大批量的培养科技教师以及培养高水平的科技教师已经成为青少年科技创新活动发展中遇到的最大问题。

四、该项工作"十三五"期间的战略目标和重点任务

青少年科技创新活动是培养青少年科技创新人才和科技后备人才的重要手段和途径。在"十三五"期间，中国科协将在国家战略驱动发展战略中发挥更大的作用，青少年科技活动也将在人才培养方面发挥更大的作用。

战略目标：

到2020年，通过青少年科技创新活动的开展，促进青少年对科学的兴趣有显著增强，科学学习能力和实践能力有较大的提升。

建立校内外一体化的青少年科技创新活动体系。做好校外科技活动与学校科学教育的有效衔接工

作。鼓励学校开发和实施科学实践类课程，研究制定组织中小学生到科技馆、科普教育基地、质量教育基地开展科学实践活动的工作方案，安排不少于5%的教学时间组织学生到相应的科普基地实践。改善科普基地的信息化设施，增加趣味和互动设计，举办形式灵活的活动，从而提高科普教育基地的受欢迎程度和使用率。

建立信息化武装的青少年科技教育活动。充分拓展线上活动，将线上和线下活动有机结合，拓展科技教育活动受众范围和传播效果。重视网络技术在青少年中的普遍应用，关注网络应用的发展趋势，在丰富传统网络科普资源的基础上，开发适合在手机等终端平台上浏览的移动科普学习资源，同时研究大规模在线开放课程（MOOC）、微课程等资源在科普教育中的利用方式。

建立科技创新活动评价的有效机制。通过多种形式的如事前评估、事后评估等多种研究模式，加强对青少年科技创新活动的研究，用研究结果支撑项目发展。

建立有效机制，充分调动科技工作者、科技教师、科技辅导员、高校学生和其他志愿者参加科学教育、传播与普及事业的积极性，建设一支具有较高素质的科普人才队伍。

"十三五"期间是我国建设创新型国家的关键时期，同时也是培养创新人才和科技后备人才的关键时期，这是决定我国今后二十年甚至是三十年科技人才队伍的关键。因此，在"十三五"时期，重点任务有：

建立创新人才培养工程。以青少年科技创新活动项目为抓手，设立青少年科技创新人才培养工程，在青少年创新人才培养方面加大力度和强度，为实施创新驱动发展战略和建设创新型国家做出贡献。

推进青少年科技教育发展。推进义务教育阶段和高中阶段的青少年科技教育质量提升，使得青少年科技创新活动和校内科学课程紧密结合，促进科技馆等校外资源在提升青少年科学素养方面发挥更重要的作用。

加强青少年科技教育研究。通过以研究促发展的战略思维，促进青少年科技教育研究的内容和研究的质量，从而推动青少年科技创新活动各项目不断健康良性发展。

五、对需配套的改革举措、工作部署和政策保障等提出建议

（一）组织保障

——按照《全民科学素质行动计划纲要》的要求，将未成年人科学素质工作纳入到相应规划和计划中，充分履行相关工作职责，将青少年科技创新活动发展作为推进未成年人科学素质建设的重要工作内容。

——完善机制、联合协作。按照工作职责，加强与教育部门的联系协调，推动各项工作的落实。特别是推动校内外衔接机制的建设。

——对青少年科技创新活动研究工作进行定期进行检查，推动工作任务的落实。奖励和表彰优秀的集体和个人。

（二）政策保障

——在有关科学技术教育、传播与普及的法律法规中，体现提高未成年人科学素质的目标和要求，体现加强青少年科技创新活动工作的落实。

——研究制定激励政策，充分调动科技、教育、传媒等社会各界以及大学生、离退休工作者等社会群体参与到青少年科技创新活动工作中，形成科教联合的工作机制，不断壮大和丰富青少年科技创新活动的工作人员。

（三）经费保障

——加大财政保障力度。根据工作的实际需要，逐步提高教育、科普经费的投入水平，保障各项工作的顺利实施。

——鼓励捐赠，开辟社会资金投入渠道。广泛吸纳社会机构和个人的资金支持青少年科技创新活动工作。

（课题组成员：陈　玲　胡馨元　李　娟　王丽慧　李秀菊　张会亮）

公民科学素质发展指数研究

中国科普研究所课题组

一、公民科学素质发展指数的编制原则和目标

为深入贯彻落实党的十八大、十八届三中全会精神和习近平总书记的系列重要讲话精神，切实推动《全民科学素质行动计划纲要（2006—2010—2020 年）》（以下简称"《纲要》"）各项工作在"十三五"扎实有效落实，加强公民科学素质建设，促进公民科学素质水平的整体提高，为建设创新型国家奠定坚实的基础。亟须一套综合的公民科学素质评价体系，不仅要反映公民自身的科学素质状况，还应该能够解释与教育、科技、经济、文化等社会发展等影响因素的关系，通过编制公民科学素质发展指数来全面反映各地公民科学素质发展的水平、特征、潜力、保障等方面的状况及特征。

（一）编制原则和目标

公民科学素质发展指数的构建应本着体现国际性和前瞻性、定量与定性相结合、理论借鉴和实践应用相结合的原则。近25年的调查研究表明，我国公民的科学素质水平遵循着从地位徘徊到稳步提升、再从稳步提升进入快速发展时期的过程，与国际上许多国家的公民科学素质发展规律相一致，说明我国公民科学素质的测试指标是具有国际可比性的。初步尝试在公民科学素质发展的状况与质量、结构与环境、潜力与贡献、条件与保障四个方面构建一级指标框架。二级指标将由公民科学素质指标、公民科学素质建设能力指标、地区经济发展与产业结构指标、人口分布与流动状况指标等构成。

（二）公民科学素质发展的重要意义

《纲要》对科学素质概念的表述为："科学素质是公民素质的重要组成部分。公民具备基本科学素质一般指了解必要的科学技术知识，掌握基本的科学方法，树立科学思想，崇尚科学精神，并具有一定的应用它们处理实际问题、参与公共事务的能力"。旨在把提高公民科学素质放在事关全局的战略位置，通过开展科学技术教育、传播与普及活动，在全社会大力弘扬科学精神，普及科学知识，促进公民科学素质水平的整体提高，为建设创新型国家奠定坚实的基础。对科学素质的解析能够发现，当代社会公民所具备的科学素质是科学技术社会化、大众化的必然结果。基于我国当前经济社会发展阶段和国家转型战略，要把公民科学素质与中国百姓生存与发展关系最为密切相关的内容凸显出来，把广大劳动者对于自身科学素质最迫切的需求表达出来。在当前公民科学素质建设中，要适当强调科学素质的"生产力"要素，即与民生相关的科学知识和在民生层面解决实际问题的能力，以提高公民的科学素质，为经济与社会的可持续发展提供人力资源基础，在具备基本科学素质公民的规模效应中支撑高层次的国家创新人才建设。

公民科学素质指标对国家和地区是有重要的战略意义的：从全面建成小康社会、提升国民素质来看，是检验一个国家和地区科学教育、素质教育以及公民终身科技知识学习和掌握结果的指标；从建

设创新型国家来看，是检测一个国家和地区，支撑科技创新发展的人力资源基础的重要指标；从应对全球竞争力的挑战来看，是国家科技和教育相关规划的评价指标，也是美国《STEM 教育战略计划》的核心评测指标。

（三）公民科学素质发展要素分析

公民科学素质水平的影响因素有以下几个方面：

（1）教育是公民科学素质的驱动因素。建立和完善适应经济、社会发展的全民终身教育体系，特别是大力发展社会教育，使学校教育、家庭教育和社会教育互相衔接，是持续提高公民科学素质的主要途径。

（2）公民科学素质建设能力是提升公民素质的重要保障因素。公民科学素质建设主要包括科普人员、科普基础设施、科普经费、大众传媒和科学教育与培训等方面。

（3）经济、产业和人口结构是区域公民科学素质水平的重要影响因素。一方面，经济投入增加会为公民科学素质建设提供物质保障，提高公共服务水平；另一方面，知识密集型产业分布和布局也会产业人才聚集效应，吸引大批高素质人才，形成人才高地，拉高区域公民科学素质整体水平。

（4）政策和制度对公民科学素质的提高起指导性作用，相关政策法规的制订、政府对公民科学素质建设的重视程度、各级领导干部的科学素质水平对公民整体科学素质影响很大，是提高公民科学素质的指导性因素。

（5）文化也深刻影响我国公民科学素质，既有一定的促进作用，也有一定的制约作用。正确地认识我国的传统文化、扬长避短，吸收西方文化的精华，建设中国社会的主体文化，可以为我国公民科学素质建设提供良好的社会氛围。

二、构建公民科学素质发展指数框架和指标体系

公民科学素质发展指数的构建应本着体现国际性和前瞻性、定量与定性相结合、理论借鉴和实践应用相结合的原则。科学素质指标已经成为检验一个国家和地区科技发展基础条件的重要指标，具有战略发展前瞻性。在指数的可测量性前提下，以数量化指标为主，体现定量的要求，同时也有定性的、理念型指标，指数还要体现实际应用时的可用性等综合因素。

（一）公民科学素质发展指数的内涵和主要内容

一套指标体系框架的选取和确定必须建立在一定的理论模式的基础上，必须有成熟的分析模式；公民科学素质发展指数的指标体系要能够全面反映公民科学素质发展状况，能够展现各地公民科学素质发展的特征、潜力和不足，能够很好地指导各地公民科学素质建设工作，部分指标能够进行国际比较。

综合考虑国内外公民科学素质发展的实践基础，我们认为公民科学素质发展指数的指标体系框架应该是一个体现科学素质发展规律，展现科学素质变化全貌的架构。公民科学素质发展的主要内涵包括以下五个方面：

（1）公民科学素质水平整体较高。

（2）不同群体科学素质水平发展均衡。

（3）地区有良好的教育基础和人才培养体系。

（4）地区公民科学素质建设能力较强。

（5）地区有良好的人口和产业结构。

从事物的发展要义和公民科学素质发展的内涵将该指标体系构建为公民科学素质发展的状况与质量、结构与环境、潜力与贡献、条件与保障四个一级指标。

（二）公民科学素质发展指数指标体系的主要构成

1. 公民科学素质发展的状况与质量

公民科学素质指标（Civic Scientific Literacy）简称 CSL 指标，是反映一个国家或地区公民科学素质发展水平的综合指标。CSL 指标数据是通过公民科学素质调查获得的。我国先后于 1992 年、1994 年、1996 年和 2001 年、2003 年、2005 年、2007 年、2010 年共开展了八次公民科学素质抽样调查。调查显示，从 2001 年到 2010 年的十年间，我国公民的科学素质水平稳步提高，特别是 2006 年《纲要》颁布实施以来，我国公民的科学素质水平明显提升。我国公民具备基本科学素质的比例（CSL值）从 2001 年的 1.40% 和 2005 年的 1.60% 提升到 2010 年的 3.27%，2013 年东、中、西部 12 个典型省份的调查显示公民具备基本科学素质的比例达到 4.48%。

尽管公民科学素质整体水平稳步提高，地区、城乡和不同群体的公民科学素质水平仍然存在较大差异，不同地区、群体公民科学素质水平差异不同。2005 年东部、中部和西部地区公民具备基本科学素质的比例分别为 2.30%、1.68% 和 0.77%，2010 年分别提高到 4.59%、2.60% 和 2.33%；城镇居民和农村居民具备基本科学素质的比例，分别从 2005 年的 3.39% 和 0.42% 提高到 2010 年的 4.86% 和 1.83%。

2. 公民科学素质发展的结构与环境

各地区公民科学素质的提高与本地区公民科学素质建设的能力水平是分不开的。公民科学素质的提升在很大程度上不仅依赖于公民受教育程度，而且也依赖于社会教育、终身教育机会和渠道的影响，必须要通过大幅提高公民科学素质建设的公共服务能力来实现。公民科学素质建设作为公民科学素质发展的基础支撑，对地区公民科学素质建设的评价主要依据科普统计指标，中国科普统计是中国科技统计中的专项统计，是反映我国科普工作状况的重要指标数据。我们通过构建公民科学素质建设能力指标来评价各地公民科学素质建设状况，按构成要素划分，包括：科普人员、科普基础设施、科普经费、大众传媒和科学教育与培训等分项指标。其中科普基础设施、科普传媒和科普活动作为公民科学素质建设的主要产出，为地区公民科学素质的发展提供基础服务。

3. 公民科学素质发展的潜力与贡献

教育事业的发展，特别是科学教育的发展对公民的科学素质养成、培养科技人才起决定性作用，世界主要发达国家均十分重视其科学教育，美国 20 世纪 80 年代就针对公民科学素养提升启动了"2061 计划"，分别于 1989 年出版了《面向全体美国人的科学》和 1993 年出版了《科学素养的基准》，掀起了全美科学教育标准改革运动的序幕。2013 年，美国国家科学与技术顾问委员会向国会提交了《联邦政府关于 STEM 教育战略规划（2013—2018 年)》，对美国未来 5 年 STEM 教育发展战略目标、实施路线和评估指标做出了明确部署。日本 2007 年发布《科学技术的智慧》计划综合报告书，又称为《2030 计划》，这项长期国家战略是将着力加强青少年的科学素质教育，使到 2030 年日本公民具有适应社会发展要求的科学素质。

《纲要》要求深入开展以培养创新精神和实践能力为主的科学教育教学改革，加强教师的科学素质建设，提高教师队伍整体科学素质和水平，加强课程教材建设，特别是少数民族文字教材建设，改进教学方法，加强基础条件建设，配备必要的教学仪器和设备，充分利用现有的教育培训场所、基地、网站、学习平台，为开展科学教育与培训提供基础条件支持。科学教育水平作为公民科学素质养成的核心要素，作为公民科学素质发展的先行指标能够充分反映地区公民科学素质发展的潜力和特性。

人口结构和构成是拉动地区公民科学素质水平的重要因素，人口流动的主要动力是经济和人口的地区差距，地区间的经济发展不平衡导致劳动力流向就业机会更好的地区。回顾发达国家和新兴国家的城镇化进程和近 20 年的人口迁移流动，预计中国人口流动还会持续相当长时间，并且不会在短期内缩小规模。超大城市人口规模将继续增长，沿海的经济中心地区人口将更为密集，而中西部和东北地区将由于青年人的持续流出导致人口老龄化加速。尽管在国家的规划和政策带动下，近几年中西部地区的经济发展势头良好，但并不能改变多年形成的区域梯度格局，东部沿海地区的优势地位并未改变，对年轻劳动力的吸引力依然远超中西部。历次公民科学素质调查显示，西部发达地区公民科学素质水平提升较为迅速，与人口流入的带动增量关系密切。

产业结构是一个地区经济发展的重要基础，是决定地区经济功能和性质的内在因素。经济水平的差异性，决定了流动人口的流向与分布，产业结构和水平决定了流动人口的素质和质量，第二、第三产业的技术密集型和知识密集型程度决定了地区劳动力的需求层次。

以上分析表明，教育水平特别是科学教育的发展是地区公民科学素质水平的重要先行指标，高素质人群的流入和地区产业结构发展是这一对强关联指标为地区公民科学素质发展提供增量。在公民科学素质发展指数的编制中纳入以上指标能够有效反馈公民科学素质发展的重要影响因素，为有效推动《纲要》实施，促进创新型国家建设和社会转型提供翔实的参考依据。

4. 公民科学素质发展的条件与保障

完善的科普人才培养和动员机制是公民科学素质发展的重要保障。科技部把科普人才建设纳入《国家中长期科技人才发展规划（2010—2020年）》。国家民委组建民族院校少数民族学生科普志愿者队伍，促进科普与教育结合，教育科普资源开发开放取得明显进展。联合开展高校科普创作与传播试点活动，首批将全国40所高校作为2012年试点高校，探索有效方式，组织动员高校师生和科技社团开展科普创作和传播，培养科普创作传播骨干团队和人才队伍；与共青团中央等共同组织在校大学生开展2012年全国大学生科普作品创作大赛。中国工程院推动高校与科研院所联合培养博士研究生的试点工作。

科普经费是开展各项科普活动的必要保证。《科普法》第二十三条规定："各级人民政府应当将科普经费列入同级财政预算，逐步提高科普投入水平，保障科普工作顺利开展。各级人民政府有关部门应当安排一定的经费用于科普工作。"很多地方政府都根据《科普法》制定了本地区的科普工作条例，在条例中明确了科普经费投入的问题。2008年11月，国家发展改革委、科技部、财政部、中国科协联合颁布了《科普基础设施发展规划（2008—2010—2015年）》，提出根据《纲要》要求，加大对公益性科普基础设施建设和运行经费的公共投入，各级政府根据财力情况和公民科学素质建设任务的需要，逐步、有序提高科普经费的投入水平，并将科普经费列入同级财政预算，保障科普经费持续增长。

在政策和制度保障层面，从2013年开始，为推动《纲要》实施，落实全国科技创新大会要求，中国科协与各地政府签订《落实全民科学素质行动计划纲要共建协议》，部分政府还分别与其所辖市县签订目标责任书，对所辖地区公民科学素质发展目标、科普基础设施建设能力、科普宣传传播能力、科普资源开发开放能力和科普经费保障能力提出具体要求，有效推动地方公民科学素质建设工作。部分地区还将公民科学素质建设工作纳入政府考核工作中，有力地促进了《纲要》的实施。落实和完善有利于科普产业发展的财政、税收、金融等政策措施，研究制定科普产业相关技术标准、规范，推动科普产业健康快速发展。

综合以上分析表明，科普人才队伍建设、科普经费的保障和落实、相关政策与措施的实施是公民科学素质发展的基础条件和重要保障。

（三）构建公民科学素质指数的评测指标和评测体系

综合历次中国公民科学素质调查数据，科普统计数据和教育、人口以及经济社会发展数据建立公民科学素质发展区域评价体系，建构公民科学素质发展指数。

公民科学素质发展指标体系框架如图1。

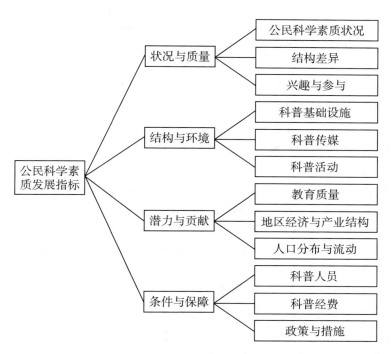

图1　公民科学素质发展指标体系框架

三、指标框架的选取

1. 状况与质量

公民科学素质状况的主要表征指标为公民科学素质指标（CSL）和基本科学知识答对率。结构差异是地区公民科学素质发展质量的主要表征量，主要表征指标为公民科学素质水平的城乡差比，年龄差比。公民对科技的兴趣和对科普基础设施的使用以及科普活动的参与是有效提升公民科学素质的重要途径，也是反映一个地区公民科学素质发展的重要基础，主要表征指标为公民对科技相关信息的兴趣度，公民对科普基础设施的使用情况和公民参加科普活动状况。

2. 结构与环境

公民科学素质建设的重要任务是要努力提升科普公共服务能力，科普基础设施建设、开展科普活动和培训、加强大众传媒科普传播能力是公民科学素质建设的主要体现，这几个分项指标可根据《中国科普统计》相关定义和数据进行指标选取。

科普基础设施划分为科普场馆、公共场所科普宣传设施和科普（技）教育基地三大类。大众传媒科普传播是指"大众传媒科技传播能力建设工程"对于具体任务有了明确规划，表现为面对不同人群的具体措施，包括"新闻出版、广播电视、文化等机构和团体加大面向未成年人的科技传播力度"，"报刊、电台、电视台和各级政府网站创办有关提高领导干部和公务员科学素质的栏目和节目"等。科普活动和培训是指普及科学技术知识、倡导科学方法、传播科学思想、弘扬科学精神的社会活动。

以上三个关于公民科学素质发展结构与环境的表征指标的选取以中国科普统计数据为基础，《中国科普统计》的统计指标中已提供了公民科学素质建设各要素中具体指标的数据，由于各具体指标的量纲不同，需要对具体指标的数据进行标准化整合，以指数的方式体现公民科学素质建设各个要素的情况，实现对公民科学素质建设公平发展状况的定量化分析。

3. 潜力与贡献

该部分指标数据主要来自相关统计及在统计数据基础做的分析变换，根据该部分指标框架对指标进行初步筛选和编制。

教育质量指标拟包括 3 个部分。教育投入（教育经费支出占 GDP 比例，教育经费占国份额）；教育规模（万人在校大学生数，万人拥有中等学校教师数，万人拥有大学教师数）；教育成就（学龄儿童入学率，中等学校以上在校学生数占学生总数比例，文盲减少率）。

地区经济与产业结构拟包括 4 个方面：①经济规模（GDP 占全国份额，人均 GDP，GDP 的增长率）；②区域发展水平（基础设施能力，千人拥有电话数，百户拥有个人电脑数）；③区域科技能力（科技人力资源，万人拥有科技人员数，科学家工程师人数占科技人员比例）；④科技经费（R&D 经费占 GDP 比例，地方科技事业费、科技三费占财政支出比例，科技人员平均经费）。

人口分布与流动包括 2 个部分：①人口结构（劳动者文盲各文化程度的人口比例，万人拥有智力资源量）；②社会发展水平（人口发展指数，出生时平均预期寿命，人口自然增长率，全社会文盲率，社会结构指数，第三产业劳动者占社会劳动者比例，城市化率，恩格尔指数，文化消费支出）。

4. 条件与保障

科普人员是科普活动的组织者、科学技术的传播者，是我国人才队伍的重要组成部分。按从四科普工作时间占全部工作时间的比例以及职业性质，科普人员可以分为科普专职人员和科普兼职人员。

科普经费年度筹集额，指本单位内可专门用于科普工作管理、研究以及开展科普活动等科普事业的各项收入之和。从资金筹集的渠道来分析，它包括政府拨款、捐赠、自筹资金和其他收入 4 个部分。其中，政府拨款是指从各级政府部门获得的用于本单位科普工作实施的经费，不包括代管经费和本单位划转到其他单位去的经费；捐赠是指从国内外各类团体和个人获得的专门用于开展科普活动的经费（捐物不在统计范围内）；自筹资金是指本单位自行筹集的，专门用于开展科普工作的经费；其他收入是指本单位科普经费筹集额中除上述经费外的收入。

年度科普经费使用额是指本单位内实际用于科普管理、研究以及开展科普活动的全部实际支出。从支出的具体用途分析，包括：行政支出；科普活动支出，指直接用于组织和开展科普活动的支出；科普场馆基建支出，指本年度内实际用于科普场馆的基本建设资金，包括场馆建设支出和展品、设施支出，前者是指实际用于场馆的土建费（场馆修缮和新场馆建设），后者即科普展品和设施添加所产生的费用两部分；其他支出，指本单位科普经费使用额中除上述支出外，用于科普工作的相关支出。

在政策和制度保障层面，中国科协与各地政府签订《落实全民科学素质行动计划纲要共建协议》，部分政府还分别与其所辖市县签订目标责任书，对所辖地区公民科学素质发展目标、科普基础设施建设能力、科普宣传传播能力、科普资源开发开放能力和科普经费保障能力提出具体要求，有效推动地方公民科学素质建设工作。部分地区还将公民科学素质建设工作纳入政府考核工作中，有力地促进了《纲要》的实施。

要在国家和地方的国民经济和社会发展规划、相关专项规划以及有关科学技术教育、传播与普及的法律法规中，设置公民科学素质建设的目标。

（课题组成员：何 薇 任 磊 张 超）

国家科技智库建设

中国科协"十三五"创新评估和智库建设

中国科协调研宣传部、中国科协创新战略研究院课题组

一、"十二五"期间创新评估和智库建设工作基础

"十二五"时期，中国科协按照中央书记处指示要求，着力推进国家级科技思想库建设，积极探索把科技工作者个体智慧凝聚上升为有组织集体智慧的具体途径，初步形成具有鲜明特色、符合科协实际的工作模式，科协系统的决策咨询工作不断制度化规范化、能力和水平明显提升，社会影响逐步扩大。

一是广泛开展有组织的调查研究，一批调研成果获得中央领导重要批示并进入决策程序。围绕中央关注重大问题，5 年累计开展 150 余项课题研究，组织科技工作者开展深入调研，提出咨询意见和建议，积极为政府决策服务。为及时了解和准确把握科技工作者队伍在就业方式、职业发展、科研活动、交流进修、收入待遇、生活状况和思想观念等方面情况，累计开展 55 项科技工作者专项调查，并于 2015 年初完成第三次全国科技工作者面上调查，推动解决科技人才队伍建设存在的主要问题，不断优化科技人才成长和创新环境。在此基础上，形成《科技工作者建议》50 余期、《科技界情况》近 200 期、《调研动态》近 500 期，科技成果转化、京津冀协同发展、"一带一路"建设、贵州草海治理、国内外科技领军人才发展状况等调研成果获得中央领导同志的重要批示。仅 2014 年以来，中央领导先后对中国科协有关报告的批示累计达到 30 篇 52 人次，其中中央政治局委员以上 48 人次。

二是地方科协科技思想库建设试点工作取得可喜进展。分三批在 30 个省市开展思想库建设试点工作，形成了涵盖 18 个省级科协、7 个副省级城市科协和 5 个地市级科协，遍及 15 个东部省市、8 个中部省市和 7 个西部省市的多层级、跨区域决策咨询工作体系。试点单位在领导体制、工作机制、管理制度、决策咨询形式、人才队伍、条件保障和工作成效等各方面都取得了可喜的进展，其中，北京市科协、上海市科协等将科技思想库建设经费列入年度预算；湖北省科协、浙江省科协等开展了省级科技思想库建设试点；广西科协、重庆市科协等建立了省级科技工作者状况调查站点；多数试点单位都创办了《科技工作者建议》等专刊畅通决策咨询渠道。各试点单位都出台了调研课题管理制度、科技工作者建议征集管理制度、成果报送与反馈制度等科学合理的管理制度，为国家级科技思想库建设积累了多元化的发展经验。支持试点单位紧密结合当地的经济社会发展需求，5 年累计开展 100 项专题研究，形成了一大批决策咨询成果，在服务决策和引领思潮方面形成了突出的地方特色，支持各地科协服务科学决策的能力和水平明显提升。在试点单位的带动下，2011—2014 年间，科协系统形成了一批立足本地发展实际、对解决国家或区域经济社会发展重大问题有参考价值的重要调研成果，据不完全统计，4 年累计反映科技工作者建议 13.9 万余篇，其中，3.5 万篇获得党政领导批示。

三是学会决策咨询资助计划有序推进。开展"2049 年的中国：科技与社会愿景展望研究"、"基于学科的科技预算体制机制研究"等，及时跟踪国际科技发展前沿动态，发挥所属学会的专业优势，及时遴选判别重大科技发展战略机遇和方向，为科学谋划我国科技战略布局提供高端咨询为学科发展

提供决策参考。应全国人大法工委和国务院法制办等部门要求，组织和动员全国学会对 30 多部相关法律法规进行立法咨询，提出意见建议。以学会开展的高水平学术交流活动为基础，对学术交流成果进行提炼，努力把科协系统丰富的学术交流资源转化为决策咨询资源，累计形成 40 余篇高质量的决策咨询建议，其中，中国毒理学会提交的《合成毒品危害日益严重，应以青少年为主要对象加强防治工作》等专报获中央有关领导同志批示。

四是组织科技工作者积极建言献策。围绕党和政府中心工作，就经济社会发展中的重大科技问题组织开展专题研究，开展形式多样的专家咨询活动。办好中国科协年会专题论坛，着力打造党政领导与院士专家座谈会品牌，结合年会举办地经济社会发展面临的紧迫问题，累计组织超过 100 人次院士专家开展实地调研，形成近 90 份调研报告和 5 本《院士专家发言提纲汇编》，为党和政府科学决策提供支撑。定期开展科技工作者优秀建议征集和优秀调研报告评选活动，建立优秀调研成果出版资助制度。

五是适应新形势，启动了独立第三方创新评估试点。着眼于健全完善国家创新基础制度和国家科技决策咨询制度，积极推动国家创新评估制度建设，加强顶层设计，成立以徐匡迪院士为主任的创新评估指导委员会，制定了《中国科协创新评估组织体系建设方案》和《中国科协关于开展创新评估试点的工作方案》。2015 年中国科协创新评估工作拟围绕智能社会发展重点，在信息、智能材料、智能能源、智能制造、智能生活五大领域开展。根据《中国科协创新评估组织体系建设方案》有关要求，组织跨学科、跨领域专家学者组成专家组，承担创新评估任务，专家遴选主要是从国家"973 计划"、"863 计划"一线专家中遴选，专家的研究方向与评估领域具有较强的一致性，且在业界有较大影响。首席科学家具有长期从事研发和管理的经验，具有较强的组织能力和号召力。

六是决策咨询工作逐步制度化规范化。"十二五"期间，相继制定或修订一系列工作制度，形成了 1 个管总体的《中国科协关于加强决策咨询工作推进国家级科技思想库建设的若干意见》、1 个管试点的《关于加强国家级科技思想库建设试点工作的指导意见》和 6 个具体的管理办法，分别是《中国科协国家级科技思想库建设试点管理办法（试行）》《中国科协学会决策咨询资助计划管理办法（试行）》《中国科协政策研究课题管理办法》《中国科协调研成果出版资助管理办法（试行）》《中国科协科技工作者建议征集管理办法（试行）》和《中国科协优秀调研报告评选管理办法（试行）》，决策咨询工作逐步走上制度化规范化轨道。

七是注重夯实决策咨询工作基础。为开展经常化的、规范的调研活动提供通畅稳定的渠道，在全国建设 654 个科技工作者状况调查站点，其中国家级站点 504 个、共建站点 150 个，形成了覆盖广泛、布局合理、动态调整、规范科学的科技工作者调查站点网络体系。围绕组织体系、工作机制、队伍建设、品牌打造等，逐步构建中国科协的"外围外脑"，完善科协系统"小中心、大外围"的决策咨询格局。面向科协系统集成资源，丰富充实选题库、数据库、专家库、成果库，建立调研课题评审管理全流程信息化系统，实现科协系统决策咨询信息共建共享和互联互通，提高工作质量和效率。每年组织科协系统决策咨询工作培训班，邀请决策咨询领域顶级专家，就决策咨询中的战略思维、围绕创新驱动发展战略开展决策咨询工作，以及调研工作方法、常见问题及解析，调研专报的提炼及撰写，科学文化与科技决策咨询等不同领域进行专题培训授课，引导大家从全新的视角来理解和看待科协决策咨询工作，提高决策咨询工作质量。

二、"十三五"中国科协创新评估和智库建设面临的形势

一是为健全中国特色决策支撑体系，大力加强智库建设，以科学咨询支撑科学决策，以科学决策引领科学发展，国务院出台《关于加强中国特色新型智库建设的意见》，着力加强中国特色新型智库建设，建立健全决策咨询制度，其中明确要求中国科协发挥在推动科技创新方面的优势，在国家科技战略、规划、布局、政策等方面发挥支撑作用，成为创新引领、国家倚重、社会信任、国际知名的高

端科技智库。这对科协组织建设高水平科技创新智库既是机遇，也是挑战。科协组织要充分发挥人才、智力、组织等方面的突出优势，团结带领科技工作者从自身专业特长和学科优势出发，深入调查研究，广泛交流研讨，形成有针对性、可操作的对策建议，努力把科协组织建设成为自身特色鲜明、社会影响广泛、决策部门认同的高水平科技创新智库，积极在国际舞台上发声，增强我国的国际影响力和国际话语权，为协调推进"四个全面"战略布局，推动党和政府科学民主依法决策做出积极贡献。

二是坚定不移地走中国特色群团发展道路迫切需要科协组织加强智库建设，更好地服务国家治理体系和治理能力现代化。中国特色新型智库是党和政府科学民主依法决策的重要支撑，是国家治理体系和治理能力现代化的重要内容。2015年以来，中央相继发布《关于加强社会主义协商民主建设的意见》《中共中央关于加强和改进党的群团工作的意见》，要求更好发挥群团组织作用，把广大人民群众更加紧密地团结在党的周围，汇聚起实现"两个一百年"奋斗目标、实现中华民族伟大复兴中国梦的强大正能量对科协组织坚定不移走中国特色社会主义群团发展道路、更好发挥桥梁纽带作用提出了更高的要求。这就要求科协组织勇于改革创新，以改革创新增活力、促发展，在新型的政府—企业—社会关系中寻求科协组织的定位，切实把自觉接受党的领导、团结服务所联系广大科技工作者、依法依章程开展工作高度统一起来，勇于创新，带头贯彻党的群众路线，倾听科技工作者呼声、反映科技工作者意愿，维护和发展科技工作者利益，不断拓宽参与民主协商的渠道，充分发挥在治国理政中的重要作用，把党的决策部署变成广大科技工作者的自觉行动，引领广大科技工作者坚定不移跟党走。

三是实施创新驱动发展战略、加快推进国家创新体系建设迫切需要科协组织发挥好在制定科技战略、规划、布局、政策等方面独特作用。当前，全球新一轮科技革命和产业变革正在孕育兴起，以科技创新为核心的综合国力竞争日趋激烈。我国经济发展进入新常态，加快实现从要素驱动向创新驱动的动力转换，培育和发展新的经济增长点，迫切需要把科学技术作为第一生产力的作用充分发挥出来，把科技工作者作为先进生产力开拓者和先进文化传播者的作用充分发挥出来，把科技社团作为国家创新体系重要组成部分的作用充分发挥出来。要充分发挥科协组织优势，调动激发广大科技工作者的创新创业热情和创造活力，推动科技力量和资源的集成，推进协同创新，加速科技成果转化，助力经济转型升级。要深化科技体制改革，着力破除深层次障碍，推动到2020年在科技体制改革的重要领域和关键环节上取得突破性成果，基本建立适应创新驱动发展战略要求、符合社会主义市场经济规律、科技创新发展规律的国家创新体系。

三、本领域"十三五"总体思路和主要目标

（一）总体思路

深入贯彻习近平总书记系列重要讲话精神，切实按照《关于加强中国特色新型智库建设的意见》要求，以服务党和政府决策为宗旨，以开展第三方创新评估为引领，以政策研究和科技工作者状况调查为主要内容，以中国科协创新战略研究院、地方科协和全国学会为支撑，切实加强决策咨询能力建设，提升服务党和政府科学民主依法决策的水平，力争到2020年末，将中国科协建设成为创新引领、国家倚重、社会信任、国际知名的高水平科技创新智库。

（二）基本原则

——围绕大局。把服务党和国家工作大局作为开展决策咨询工作的立足点、着眼点和切入点，紧紧围绕党和政府急需的重大课题，围绕全面建成小康社会、全民深化改革、全面推进依法治国、全面从严治党的重大任务，充分发挥科学技术优势、人才资源优势和组织网络优势，开展前瞻性、针对性、储备性政策研究，加强决策咨询，积极建言献策。

——科学严谨。科学严谨是创新评估工作和智库建设的首要原则。要把科技创新的基本规律贯穿评估工作始终，以创新链、产业链、资金链中的事实型数据挖掘为基础，促进专家研判与高质量的、可信赖的证据有机结合，实现创新评估的综合化、精确化。要引导科技工作者把专业理论和国情实际有机结合起来，严格遵循决策咨询工作的规律、原则和程序，引导和组织不同学科、不同专业科技工作者联合协作，既要在学理上深入分析问题，又要从我国国情和工作实际出发提出可操作的解决方案，有针对性地提出意见和建议。

——客观独立。客观独立是第三方评估和智库的生命线。尊重并确保专家在独立的前提下开展工作，最大限度地减少外部干预，强化专家主体责任，使各环节始终体现客观公正，着力跳出部门利益和单位利益，站在国家利益和社会公益层次上，从科学技术发展的角度想问题、做事情，为国家科技发展战略、规划、计划和政策的实施提供科学决策支撑。

——公开透明。开放式地进行评估指标体系、方法的建设，使各方意见能够充分表达，集成智慧。评估运转和管理流程要充分公开，充分运用信息化手段，保证专家遴选程序透明，确保评估在阳光下运行。评估工作要自觉接受评估委托部门、科技界和全社会的监督。

——民主集中。专家独立发表意见和专家组集体讨论相结合，发挥首席科学家的作用，最大限度地把专家的个体智慧凝聚上升为有组织的集体智慧，形成全面反映被评估对象实际情况的综合性评估意见。加强与评估委托方的沟通协调，及时听取其对评估工作的意见和建议。

（三）主要目标

到 2020 年，建成国内领先、国际知名的高水平科技创新智库。具体包括六个方面的指标：

——打造中国第一个 CIGPS。以科学创造力、技术创新力、产业竞争力为核心，对国家创新力进行"全球定位"，成为国内领先的第三方创新评估主体，开展重点学科前沿跟踪，加强关键技术与产品发展研判，为探索创新发展路径、引领全球创新提供决策支持。

——建成"一核多极"的科技创新智库工作体系。以中国科协创新战略研究院为核心，在京津冀、珠三角、长三角等重点区域建设 10 个区域科技创新智库，在 50 个全国学会（协会、研究会）建设专业科技创新智库，在地方科协建设 100 个科技创新智库建设示范单位，形成"一核多极"的网络化组织结构。

——推出一批有影响力的决策咨询成果。每年选取 10 个关系全局和长远发展、科技界普遍关心、社会关注度高的重大科技创新战略或相关政策问题开展评估，5 年累计发布 50 个高水平的创新评估报告，形成科学的基础指标体系、数据规范和工作规范，到 2020 年底全面铺开；围绕经济社会发展中的热点问题、科技体制改革中的难点问题、中央和地方党委政府关注的重大问题等开展研究，推出1000 份可操作性强的研究报告，为科学决策服务。

——在特色领域形成一系列有广泛影响的决策咨询品牌。分别于 2016 年、2018 年研究发布《中国科技人力资源发展研究报告》。2020 年完成《第四次全国科技工作者状况调查报告》。提升《科技界情况》《科技工作者建议》等内刊的质量。打造"中国创新 50 人论坛"高端思想交流平台。

——构建科学的研究方法、可靠的数据、一流的研究团队，形成中国科协高端科技创新智库的核心竞争力。在试点的基础上，探索形成一套科学合理的研究方法。集成现有资源构建智能化的专家数据库，建设基于大数据挖掘和智能计算的数据采集分析系统，为创新评估提供完备可靠的基础数据支持。编制并实施中国科协高水平科技创新智库人才培养规划，建成跨学科、跨部门、多元化的研究团队。

——中国科协高端科技创新智库的影响力大幅度提升。研究成果被采纳的比例明显提高，争取每年产出 10 份纳入中央决策、100 份纳入地方党委政府决策的研究报告。在国际一流期刊上发布 30 篇创新评估等方面的研究成果，加强与国内外同行、智库的交流合作，提升中国科协智库在同行内的认可度。拓展中国科协网即时访谈功能，推动咨询成果的广泛传播，通过成果出版、新媒体、公众论坛等多种形式的知识传递网络，让研究成果最大程度的进入公众视野，扩大中国科协高端科技智库在社会公众中的知晓度。

四、本领域"十三五"重大举措

（一）积极稳妥推进第三方创新评估工作

——建立工作规范和制度。明晰评估工作主要流程和运行机制，研究制定《中国科协创新评估管理办法》，加强评价规范化、制度化建设。合理设计评估工作流程，根据不同的评估对象和需求，采用不同的评估指标和方法。明确创新评估基本程序，对评估需求分析、方案设计、评估协议签订、评估信息采集分析、撰写评估报告等做出原则性规定，确保准确反映被评估对象现状，提出合理化建议。

——健全运行机制。以中国科协创新评估指导委员会为引领，以创新战略研究院、学会等国家级科技思想库创新评估力量为核心，充分联合科技部、中国科学院、自然科学基金委等部门及其所属单位评估团队，实现资源共享、方法共享、优势互补、互联互通，确保评估工作运转良好。

——加速推进创新评估分析方法与信息库建设。积极探索对创新主体利用公共和社会资源开展创新活动的能力、价值实现及其交易风险的评估理论，构建适用于不同对象的评估模型和数据处理方法，为创新战略方向确定和资源配置提供决策依据。

——对国家创新力进行"全球定位"。遴选若干重大前沿领域的重点研究方向，以科学创造力、技术创新力、产业（产品）竞争力为核心，有机结合定量分析、定性分析和专家研判，对国家创新力进行"全球定位"，为探索创新发展路径、引领全球创新提供决策支持。

——重点学科前沿跟踪。充分发挥学会在学科领域的优势，资助学会评估团队，对本学科相关领域进行长期追踪，定期出版当前学科发展态势，对我国相关学科发展状况进行科学评估。

——关键技术与产品发展研判。充分发挥创新战略研究院、各国家级思想库评估力量，联合科学院、工程院、行业协会、企业科协等力量，对影响产业进程的关键技术和重点产品发展进行全方位评估。

（二）围绕重点领域持续开展有组织的调查研究

——围绕科技体制改革中的重点难点问题，聚焦科技宏观管理体系、科研组织重构、科研治理方式、创新制度环境构建等进行系统研究，谋划改革思路和举措，为宏观科技决策提供支撑。

——积极参与科技战略、规划、布局、政策等研究。围绕科技创新和经济发展中的战略性、前瞻性、基础性问题，以国家重大需求为导向，开展战略研究和决策咨询。瞄准世界科技前沿，科学预判发展趋势，为制定科技战略、规划提供依据。围绕区域发展布局、产业转型升级、重大项目咨询论证提供专业建议。开展对科技政策执行情况、实施效果和社会影响的评估。

——打造"中国创新50人论坛"高端思想交流平台。围绕科技创新的重大战略问题进行研讨交流汇聚各方智慧交流、辩论、碰撞的成果，推动解决中国创新发展问题。深入探讨在经济新常态背景下如何实施创新驱动发展战略，集成各专家的研究背景和专业优势，通过合作、碰撞产生高质量的咨询意见，真正将创新落到实处，把创新成果转化为产业，创造新的增长点。

——开展学科发展战略研究。开展学科发展技术路线图研制、学科国内外同行年度评价等研究及发布活动，及时总结、报告自然科学相关领域学科的最新研究进展。评价各学科新理论、新方法和新技术，根据学科发展现状、动态趋势以及国际比较和战略需求，展望学科发展前景，提出学科发展的对策和建议。围绕学科发展中的经费规模、资源配置和条件保障等重大政策问题，开展专题研究，为学科调整、学科规划和人才培养提供决策参考。

（三）深入开展科技工作者状况调查

——完善科技工作者状况调查体系。加强科技工作者状况调查站点建设，合理布局科技工作者状况调查站点，国家和省两级调查站点总量达 1000 个。规范科技工作者状况调查站点管理，提高调查工作质量和效率，加强应对紧急情况实施调查任务的能力，使调查站点体系成为了解一线科技工作者状况的重要渠道和开展深入调查工作的信息采集系统。

——完善科技工作者状况调查制度。持续开展科技工作者发挥作用情况和科技创新创业政策落实情况调查，每 5 年开展一次面上调查，每年进行 10 项专项调查，发现制约科技人员创新创业的政策环境障碍，及时掌握科技工作者队伍的基本状况。定期研究发布《中国科技人力资源发展研究报告》，为加强科技人才队伍建设建言献策。

——切实维护科技工作者合法权益。探索维护科技工作者合法权益的有效方法和途径，反映科技工作者的意愿和诉求，维护科技工作者的知识产权等合法权益。通过调查站点、面上调查和专项调查、科技工作者建议征集、实地调研、舆情监测等多种途径，及时掌握科技工作者的意见建议，积极组织力量就反映问题进行深入调研，挖掘原因，形成建议，报送党和政府相关部门，推动问题解决。

（四）在所属全国学会开展科技创新智库建设试点

——将学会智库建设工作纳入学会能力提升计划。引导和支持学会建设高水平专业智库，扶持学会建立实体研究机构或者成立决策咨询部门，推动高水平智库建设工作，遴选高水平智库建设试点单位重点进行扶持和培育，争取到"十三五"末期建成 30 个全国学会（协会、研究会）专业科技创新智库。

——提高学会决策咨询能力。资助学会围绕学科、行业发展中的重大问题，深入开展调查研究。创新工作机制，采取有效方法，在统筹考虑学科专业、学术观点、部门和地区分布等多种因素的基础上，组织科技工作者主动承接科学论证、项目评估、行业标准制定等任务，参与重大工程项目、行业技术标准的咨询研究和决策论证。

（五）全面加强地方科协智库建设工作

——支持地方科协加强科技创新智库建设。在地方科协国家级科技思想建设试点工作基础上，鼓励探索建立各具特色的智库建设模式，争取到"十三五"末期，在地方科协打造 100 个科技创新智库建设示范单位。

——打造 10 个以上区域科技创新智库。以重大战略问题研究项目带动区域智库建设，围绕京津冀、长江经济带、一带一路等重大战略问题，加强地方创新战略研究院分院等实体研究机构建设，鼓励地方科协加强联动，共同为国家重大发展战略提供智力支撑，争取到"十三五"末期在京津冀、珠三角、长三角等重点区域建设 10 个区域科技创新智库。

五、条件保障和组织实施

（一）加强顶层设计

——出台《中国科协关于加强决策咨询工作推进高水平科技创新智库建设的若干意见》，制定《中国科协关于建设高水平科技创新智库的意见》。制定明确的标准规范和管理措施，确保科协系统智库各项活动符合国家相关法律法规、符合党的路线方针政策、符合中国科协党领导下的人民团体的政治属性。逐步建立健全科协系统决策咨询成果报送、跟踪、反馈机制，定期汇总通报相关情况。

——全国学会、地方科协要根据本规划，结合本行业本地区实际情况，制定具体规划，形成科协系统上下联动、沟通合作的工作局面。各级科协要将智库建设摆上重要议事日程，在机构设置、经费安排、人员配置等方面给予保障；学会要突出学科优势，将智库建设作为能力提升的重要方面。

（二）健全工作体系

——建立科协系统智库建设工作体系。组建中国科协创新战略研究院，作为中国科协高水平科技创新智库研究网络的核心机构。发挥学会和地方科协优势，加强联动，选择10家有实力的地方科协组建创新战略研究院分院，选择30家学会建设专业性战略研究部门，形成科协系统智库的研究实体体系。

——成立中国科协高水平科技创新智库建设工作办公室。由书记处分管领导牵头，调宣部、创新战略研究院等负责日常管理与服务支撑工作，包括综合协调、项目管理、内外联系、国际交流、宣传发布和工作平台建设等，为高水平科技创新智库建设提供服务和支撑。

——发挥中国科协决策咨询专家委员会和创新评估指导委员会的作用。作为中国科协高水平科技创新智库的领导机构，负责研究提出智库建设工作的顶层设计、审议发布相关工作规划，判断政策重点、确定重大研究任务，审核重要咨询报告，定期听取工作进展情况汇报并进行指导。

（三）加强工作平台建设

——建好用好决策咨询数据库。整合科技工作者状况调查信息系统，完善决策咨询选题库、数据库、专家库、成果库，建立基于大数据挖掘和智能计算的数据采集分析系统，面向科协系统集成资源，实现科协系统决策咨询信息共建共享和互联互通。

——完善科技工作者状况调查站点体系。在现有科技工作者调查站点基础上，根据科技工作者队伍规模和结构变化，进一步加大调查站点规模，优化调查站点布局，推动中国科协和省、市各级科协建立各自的调查体系，形成齐抓共建、多级联动、覆盖全国、规范运行的科技工作者调查体系。加大在领军科技人才、一线创新人才、青年科技人才聚集的高等学校、科研院所、高新企业等机构建设调查站点的力度，更加全面、深入、准确了解各层次、各区域、各职业、各学科等不同类别科技工作者队伍的现状和变化，提供基础数据和决策建议，使科协组织在党和国家科技人才政策决策方面争取更大话语权和主动权。

（四）保障工作经费

——加大经费投入力度。充分保证智库建设和研究必需的固定经费支持，加大决策咨询工作经费投入力度。改革现有经费管理制度，克服重物不重人的固有模式，向以绩效为导向的智库经费管理模式转变，提高智库经费使用效率。

——探索建立多元化的研究资助制度。每年选择创新战略研究院、全国学会、省级科协和一批决策咨询团队，给予经费支持，鼓励探索建立各具特色、行之有效的决策咨询模式，建立优秀调研成果出版资助制度，面向科协系统定期组织开展优秀调研报告评选活动，择优资助出版。实施学会决策咨询资助计划，每年遴选资助一批学会开展专题决策咨询活动，打造学会决策咨询品牌。逐步探索科研众筹等方式，使用社会资金研究社会公众关注关心的问题。探索智库成果评价及定价机制，努力推动智库成果进入政策过程，推动政府服务购买机制建设。

（五）建立"小中心、大外围"的人才队伍

——加强能力建设，培养一支高素质、专业化、复合型的核心团队。加强决策咨询人才队伍建设，坚持以重大项目带人才成长，努力培养一批政治素质好、政策水平高、既懂科技经济又能胜任决策咨询组织工作的复合型人才。探索建立中国科协与全国学会、地方科协决策咨询人员上挂下派的交流制度，打造跨部门、跨地区的宽口径研究团队。

——通过委托、联合研究、访问学者等多种形式，吸引、凝聚、利用好一批外围决策咨询专家。充分发挥学术共同体作用，积极做好发现、凝聚、培养、举荐、使用决策咨询人才各项工作，遴选一批政治素质好、政策水平高、决策咨询能力强、富于创新精神的专家，纳入"中国科协决策咨询专家库"，成绩突出者给予表彰奖励。创新工作机制，以课题、研讨等多种形式，吸引、集聚高端专家参与决策咨询工作；设置流动岗位，根据研究需要聘请高水平专家担任兼职研究人员；加强与政府机构及大学、研究院所、国内外其他智库的互动、合作与交流，利用好国内国外各种智力资源。

（六）建立多层次的成果转化渠道，提升智库影响力

——提升政策影响力。与党委和政府有关部门建立定期沟通机制，加强决策之前和决策实施之中的协商；发挥好人大代表、政协委员的作用，积极开展界别协商、专题协商，探索开展人民团体协商，推动研究成果进入党政部门决策程序。办好《科技界情况》《科技工作者建议》等内刊，畅通科技工作者建议报送渠道。省级科协和有条件的地市级科协原则上都要创办一份决策咨询专刊，重大问题可通过中国科协专刊上报。

——提升社会影响力。建立决策咨询成果推送系统。运用互联网思维和现代信息技术，基于决策咨询数据库和成果库，加大二次开发力度，面向不同层次、不同需求的群体，推送风格多样、形式活泼的数据信息，扩大决策咨询成果社会影响力和受众面。通过接受公众媒体的采访、在大众媒体（如电视、报纸、网络）上公开发表观点、经常就一些社会热点问题或国际问题主动发表一些时评和短论等方式，让研究成果最大程度的进入公众视野，进一步提升科协决策咨询工作的社会影响力。

——提升学术影响力。在国内外有代表性的学术刊物上发表高水平学术论文，出版系类相关学术著作，持续发表研究报告。通过开展合作研究、互派访问学者等多种方式，加强与国内外著名的相关研究机构的联系。通过定期召开研讨会、聘请客座研究员等多种方式，与国内外著名研究人员建立联系。

——提升国际影响力。推进研究领域国际化，交流活动国际化，组织结构国际化，打造在科技发展和创新战略研究中独树一帜、代表学术前沿、具有中国特色的高端科技智库。办好中国科协网，树立科协鲜明的科技创新智库形象。

（课题组成员：周大亚　邓大胜　朱忠军　薛　静　张屹南　毕海滨　马晓琨　李兴川）

"十三五"科技工作者调查
站点体系建设研究

中国科协创新战略研究院课题组

一、研究背景

中国科协设立的科技工作者状况调查站点是全国唯一一个以科技工作者为对象的调查系统，覆盖了科研院所、高等学校、医疗卫生机构、企业、中学、高新技术园区、全国学会和基层科协等不同类型不同层次科技工作者密集的单位和地方，能够广泛、直接联系全国各类科技工作者群体，为开展科技工作者状况调查提供基础支撑和组织保证，在党和政府与科技工作者之间形成畅通、稳定的双向沟通渠道。

2011年，中国科协八大习近平同志代表中央致祝词，明确要求中国科协要"深入开展科技工作者状况调查，及时准确掌握科技工作者在就业方式、科研环境、生活状况、流动趋势、思想观念等方面出现的新情况新问题，满腔热情地反映和推动解决科技工作者关心的实际问题"。2012年，党的十八大把实施创新驱动发展战略作为国家主体战略，把科技创新摆在国家发展全局的核心地位，对加强自主创新、深化科技体制改革、加强科技人才队伍建设提出了明确要求。科技人才是科技工作之本，更是科协工作之本，发挥好科技队伍作用，尽好桥梁纽带之责，科协必须建立密切联系科技工作者的长效机制，做到联系科技工作者制度化、经常化，全面深入了解科技工作者队伍的现状和存在问题，准确把握和及时反映新形势下科技工作者的思想动态、分布状况、流动趋势、价值取向、权益保障等情况，向党中央、国务院及时反映问题提出建议，在党和国家科技人才政策决策方面争取更大话语权和主动权，增强科协在科技队伍中的影响力和凝聚力。

面对新形势，科协必须进一步加强科技工作者调查体系建设，根据科技工作者队伍在数量、结构、分布等方面出现的新变化，及时调整站点布局，促进全国站点、省级站点和市级站点多级体系建设，形成覆盖广泛、布局合理、动态调整、规范科学的科技工作者调查网络体系，推动站点在完成接受问卷调查、上报站点信息、开展应急调查这三项基本职责的基础上进一步拓展职能，为开展以科技工作者为对象的经常化、规范化、深入化的调查提供通畅稳定渠道，为促进党群关系、党同知识分子关系更加和谐，为党和国家制定科技人才政策和科技政策提供基础数据和参考，将竭诚为科技工作者服务的根本任务落到实处。

二、研究综述

（一）固定调查点体系

固定调查点体系是现代统计服务政府决策的重要基础之一，是国内外相关部门及时、准确掌握经济、社会的变化，有效支撑政府决策的普遍做法。固定调查点体系可以满足经常、连续、多次的数据采集需求，并具有明显优点，如减少抽样和培训成本，提高调查应答率，进行动态追踪比较。

1. 国内固定调查站的设立情况

在国内，相关部门根据工作职能和研究需要已经建立了各种调查监测网点：一种是以人为依托对象，例如国家统计局的城市住户调查、农村住户调查，卫生部的全国疾病监测点，联合国儿童基金会与卫生部的中国食物与营养监测系统，农业部的国有农场农业职工负担监测点，中国人民大学的综合社会调查（CGSS）网络；另一类以事物为对象，例如国家统计局的 CPI、PPI 指数统计，央行的企业商品交易价格指数（CGPI）调查点，发改委、商务部的价格监测体系，国家粮食局的农户粮情固定调查点，环保部的城市环境空气质量监测点，农业部的生猪生产与防疫动态监测点、集贸市场畜禽产品和饲料价格监测点，地震局的地震监测网等等。

2. 科技工作者调查站点与一般固定调查点的不同

从固定调查站点体系设计来看，科技工作者状况调查不同于一般的居民调查，其面临的困难和挑战更多：

一是概念难于操作化。科技工作者概念相对宽泛，而且随着科技进步和认识深化发生动态变化。以科技工作者为服务对象的调查站点设置时首要考虑的问题是"科技工作者在哪里"，要尽可能覆盖各种行业、各种类型的科技工作者，同时要考虑站点工作的对象必须达到一定数量规模。

二是缺乏完整抽样框。与工会、妇联等其他群众团体联系对象相比，科协联系的科技工作者不同于工会会员、妇女、青年团员等可以通过自身组织机构直接联系到的各个群体；也不同于大学教师、企业职工等身份边界清晰的群体。因此，设置站点时，理论上必须排除不包含科技工作者的部分大学和企业等机构，实际上这是非常困难的一项任务。

三是任务更复杂。与一般的固定调查监测体系相比，科技工作者状况调查站点体系承担的任务更多、更复杂，对站点体系建设的要求也更高。首先，通过调查站点可以开展单一主题的专项调查，也可以开展多主题的综合性调查；其次，调查站点既能承担中国科协布置的问卷调查，也能及时掌握科技工作者队伍动态情况，并主动报送信息。此外，调查站点不仅是反映科技工作者呼声意见的渠道，也是服务科技工作者的重要渠道。

（二）网络舆情与大数据技术

1. 加强科技界网络舆情监测的重要性

网络舆情是一定社会空间内，通过网络围绕中介性社会事件的发生、发展和变化，民众对公共问题和社会管理者产生和持有的社会政治态度、信念和价值观。它是较多民众关于社会中各种现象、问题所表达的信念、态度、意见和情绪等等表现的总和。科技工作者作为掌握先进科学文化知识的群体，对社会稳定、经济发展、科技创新起着至关重要的作用。运用互联网革命新技术，建设中国科协调查体系工作平台，加强科技界舆情监测，对科技工作者群体状况和思想形成动态监测和分析，有利于党和政府及时、动态了解科技工作者群体舆情民意，对群体的动向及苗头性倾向性问题形成预测，从而提出应对措施，有助于引导科技工作者坚持中国特色社会主义道路的正确导向，沿着主流、健康、积极的思想轨道发展，为更好培育和践行社会主义核心价值观，实现社会主义核心价值体系引领社会思潮、凝聚社会共识提供参考依据。

2. 运用大数据思维和技术加强科技界网络舆情监测

近年来，各级政府部门到各类企事业单位和社会组织，网络舆情应对不当的例子不胜枚举，这其中一个重要制约因素是不能尽可能早发现重大舆情苗头，以尽早做好准备，甚至提前消解其于无形。

互联网正在飞速步入大数据时代。国外大数据分析的意识和实践产生更早，美国 Recorded Future

公司对海量的互联网站、博客和微博账户进行实时监测，通过大数据分析找出网民行为与现在和将来事件之间的联系，从而判断网络舆情和事态演变的趋势和结果。将大数据分析方法应用到网络舆情研究领域，将使对网络舆情的实时研究、全过程研究成为可能，将可以做到热点舆情预警和预测，而不是事后呈现。更为重要，是可以发现网络舆情生成过程中被忽略的盲点，帮助研究者更深刻、全面认清网络舆情的生成机制，做到更为科学有效应对。

三、"十二五"期间调查站点体系建设状况及问题

（一）现状

中国科协设立的科技工作者状况调查站点是全国唯一一个以科技工作者为对象的调查系统，覆盖了全国（除港、澳、台外）31 个省区市的科研院所、高等学校、医疗卫生机构、企业、中学、高新技术园区、全国学会和基层科协等不同类型不同层次科技工作者密集的单位和地方。"十二五"期间，科技工作者状况调查站点体系基本建成，对及时反映科技工作者状况、服务和联系科技工作者发挥了积极作用。

一是"两级联动，动态调整"的调查站点体系基本建成。2005 年，按照各地科技人力资源占全国科技人力资源总量的比例以及专业技术岗位人数比例，中国科协首次在全国范围内设立了 151 个科技工作者状况调查站点；2007 年、2010 年，根据科技工作者队伍在数量、结构、分布等方面出现的新变化，先后两次对调查站点的分布和数量进行了调整，调整后站点总数达到 504 个；2013 年初，为推动地方开展科技工作者状况调查，中国科协与省级科协试点建设了 150 个两级共建站点，站点规模达 654 个；2014 年初，根据全国科技工作者分布情况，结合近年来各区域站点完成任务情况，以及适当照顾中西部地区的原则，进一步优化了全国站点布局，同时，将试点共建站点适时转为全国站点或省级站点，促进全国站点和省级站点两个体系建设（图 1）。部分省市科协也积极建设本区域内的调查站点，开展本省（市）的科技工作者状况调查，并获得本省（市）政府的重视和好评。

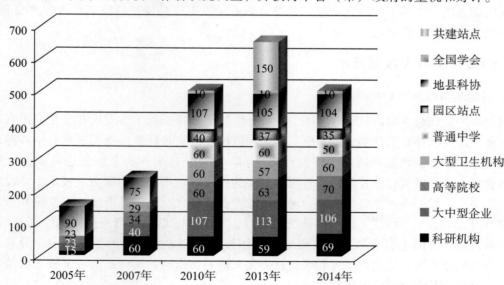

图 1　2005—2014 年全国科技工作者状况调查站点数量（个）

二是调查站点为及时准确反映科技工作者情况发挥了重要作用。"十二五"期间，调查站点有效履行了接受问卷调查、上报站点信息、开展应急调查这三项基本职责，为及时准确反映科技工作者状况发挥了重要作用。

1. 有效支撑中国科协科技工作者调查工作

近年来，中国科协组织的第二次、第三次全国科技工作者状况调查、科技工作者人生观价值观状况调查、科技工作者知识产权意识状况调查、科技工作者思想状况调查、科技工作者时间利用状况调查、科技工作者科研环境状况调查、科技工作者科研伦理调查、科技工作者思想状况调查等多项重点调查，其调查问卷的发放和回收任务，都是通过调查站点完成的。许多调查报告上报后，受到中央领导同志的高度重视和充分肯定，并有效推动了相关问题解决，并指出"科协的调查工作做得好，拥有其他部门没有的一套调查系统"。

2. 及时反映科技工作者动态信息

调查站点通过及时采集本地区、本单位科技工作者的动态信息，以站点信息形式，将他们的所思所想、所虑所忧及时报送中国科协。站点信息既有反映本地区、本单位科技工作者基本情况，也有反映科技工作者队伍建设中的倾向性、苗头性问题；既有反映科技工作者在工作、生活、学习中遇到的困难和问题，也有反映科技工作者的意见、建议和诉求。"十二五"期间，站点信息报送的重要作用日益凸显，不仅成为中国科协每年安排专项调查课题的重要选题线索，也为中央领导同志了解基层一线科技工作者状况提供了第一手资料。根据站点信息汇总分析形成的《科技工作者普遍关心的10个问题》《2010年度科技工作者状况调查站点反映的主要问题》等专题报告，得到了多位中央领导同志的高度重视。2011年4月，中央领导同志对站点工作做出重要批示，"科协通过科学设置调查站点，直接了解一线科技工作者的意见建议的做法很好，为准确了解现状、有的放矢开展工作提供重要依据"。

3. 顺利完成应急调查任务

"十二五"期间，为更好地服务党和政府科学决策，中国科协围绕党和国家出台重大政策、举办重大活动、发生重大社会事件等，对科技工作者的反映情况开展应急调查。中国科协先后组织开展的"关于科技工作者学习领会十七大精神情况调查"、"低温雨雪冰冻灾害地区科技工作者状况调查"、"科技工作者学习贯彻胡锦涛总书记在庆祝中国共产党成立90周年大会上重要讲话精神情况"、"科技工作者学习领会十八大精神情况调查"等应急调查任务，在时间紧、任务重的情况下，调查站点顺利完成了应急调查的问卷调查和电话访谈工作，及时有效提供了一手资料，应急调查报告以中国科协党组文件的形式报送中央，为党中央及时了解科技工作者的学习情况及反响提供了重要参考，取得很好成效。

（二）存在问题

一是现有调查体系的规模结构不能支撑全面、深入开展科技人才队伍调查的需要。目前我国科技人力资源总量已达到6800万，科技工作者队伍规模结构发生了新变化，科技工作者分布在不同单位，从事不同职业，各类各层次科技人才成长成才规律、面临的问题各不相同，因此对科技人才队伍的调查研究更要分层次、分类别的开展。全面、深入了解各类各层次科技工作者状况必须有稳定、长期的抓手深入到科技工作者所在的不同单位。目前，中国科协的科技工作者调查站点数量和规模不够，现在覆盖和联系的科技工作者不足以支撑全面、深入了解各类各层次科技工作者情况的需要，一方面，难以按人才层次开展深入调查，尤其缺乏开展高层次人才调查的渠道，如领军科技人才、一线创新人才等；另一方面，难以按人才类别开展深入调查，如不同学科、不同产业、不同职业、不同区域的科技人才。因此需进一步加强中国科协科技工作者调查体系建设，在现有调查站点基础上，统筹设计，按照科技工作者队伍规模和结构的新变化，扩大调查站点规模，优化调查站点布局，促进各省、各市建立本省本市的调查体系，使中国科协科技工作者调查体系覆盖各类科技工作者密集的单位，能够联系到各层次、各类别科技工作者，支撑全面、深入开展各层次、各类科技人才调查的需要。

二是联系好、服务好科技工作者的功能亟待拓展、加强。中国科协作为中国科技工作者的群众组织，中国共产党领导下的群众团体，必须充分发挥群众团体在构建社会主义和谐社会中"提供服务、反映诉求、规范行为"的作用，不断提高联系和服务科技工作者的水平，形成真正的凝聚力、向心力。科技工作者调查站点设在科技工作者密集的单位，与一线科技工作者距离最近，联系最密切，沟通最直接，最容易准确了解到他们的实际状况和真实想法，每个调查站点应该而且也都是科协沟通联系科技工作者的工作站、服务站，协助科协组织做好团结凝聚科技工作者的工作，成为"建家交友"的有效载体。但是，大多数站点设在科协组织以外的单位，站点工作人员都是兼职为科协做工作，与报送动态信息、实施调查任务相比，站点在主动联系和服务科技工作者的功能明显发挥不足。

三是对科技界舆情民意的动态监测水平不足。作为全面、深入了解科技工作者状况、反映科技工作者意见呼声的重要渠道，调查站点需要更及时、更快速、更准确反映科技界及科技工作者的情况和意见，需要对科技界和科技工作者的舆情民意进行动态监测，及时发现苗头性和倾向性问题，快速向党和政府反映科技工作者的情况变化和思想动态，为巩固党在科技界的执政基础提供基础数据和决策参考。现有调查站点采集数据的理念、技术、手段不够先进，还不能做到数据采集、跟踪、统计分析与预测于一体，制约了反映舆情民意的速度和时效性。

四、"十三五"期间调查站点体系发展态势分析及重点任务建议

（一）发展态势分析

一是站点建设必须在联系服务科技工作者上主动作为。科协作为科技工作者的群众组织，首先具有社会团体的属性，在全新的社会治理理念下，科协组织必须围绕全面深化改革和建设创新型国家的中心任务，在联系和服务科技工作者上主动作为，探索科协组织联系服务科技工作者的方式方法、拓展联系服务科技工作者的途径渠道，及时反映科技工作者意愿，引导他们以理性合理的形式表达利益要求，才能不断提高科协组织对科技工作者的凝聚力、向心力，才能赢得科协组织的社会地位。

二是站点建设必须与科协基层组织建设结合起来。科协组织作为科技工作者的群众组织，必须广泛联系基层一线科技工作者，才能真正代表各级科技工作者的利益参与协商民主。调查站点建立在科技工作者密集的地方，能够直接联系一线科技工作者，及时了解反映科技工作者队伍存在的情况，是反映科技工作者意愿和诉求的有效渠道。将站点建设与科协基层组织建设结合起来，赋予科协基层组织承担调查组织、动态信息上报等工作职能，有助于科协基层组织将反映科技工作者的意见建议和呼声落到实处。

三是加强站点体系信息化建设，逐步用"无形"站点替代实体站点。长远来看，应该运用现代信息化手段，把海量网络资源与现有实体站点体系整合起来，将现代技术的大数据采集与传统社会调查的小数据采集有机结合，逐步实现调查站点的无形化，形成一张能够主动采集收集各种信息的科技工作者调查网络。

（二）重点任务建议

一是建立中国科协、地方各级科协齐抓共建、多级联动、覆盖全国、运行规范的科技工作者调查体系。"十三五"期间，应进一步加强科技工作者调查体系建设，在现有科技工作者调查站点基础上，根据科技工作者队伍规模和结构变化，进一步加大调查站点规模，优化调查站点布局，推动中国科协、省、市各级科协建立各自的调查体系，形成齐抓共建、多级联动、覆盖全国、规范运行的科技工作者调查体系。

二是将科技工作者调查站点作为科协组织建设的重要组成部分。"十三五"期间，中国科协应在推进科协基层组织建设的同时，将科技工作者调查站点作为科协基层组织建设的新形态，把调查站点建设成为基层一线科技工作者的联系点和党的路线方针政策的宣传点。①可以将科技工作者调查站点

广泛设在企业科协、高校科协等现有基层科协组织，将调查站点及时反映基层科技工作者呼声、意见、建议的工作，作为科协基层组织密切联系和服务科技工作者的基本工作职责，赋予科协基层组织承担调查的职能；②可以将调查站点作为一种新型基层组织，在科技工作者密集的地方广泛建立调查站点，通过调查站点深入科技工作者之中，听取他们的意见建议，集中他们的智慧，及时反映给各级党和政府，充分发挥利用好这一巨大的智库资源；③通过站点向其所联系的科技工作者及时宣传科技政策、人才政策，扩大科协组织的影响力，真正增强科协组织对科技工作者的凝聚力和吸引力。

三是建立数据采集、追踪、统计分析和预测与一体的调查数据平台。对科技工作者群体状况、变化、意识形态的长期动态监测，有利于党和政府及时、动态了解科技工作者群体舆情民意，对群体的动向及苗头性倾向性问题形成预测，从而提出应对措施。"十三五"期间，应建立数据采集、追踪、统计分析和预测与一体的调查数据平台，加强科技工作者调查体系的动态监测水平，及时了解科技队伍发挥作用的情况，了解发现科技工作者的群体变化趋势和变动的内在规律；调查数据应服务于中国科协开展创新评估工作，能够定期围绕创新评估目标，及时收集科技工作者对国家重大科技战略、规划、政策、制度等的呼声、意见和建议。

（课题组成员：史　慧　邓大胜　张　丽）

中国科协决策咨询工作体系建设研究

中国科协创新战略研究院课题组

一、研究背景与目的

（一）加强调查研究，积极建言献策是中央赋予中国科协的重要任务

对于科协开展决策咨询工作，多位党和国家领导人都曾经有过指示。胡锦涛总书记 2008 年在纪念中国科协成立 50 周年大会上强调科技工作者要加强调查研究，积极建言献策，提出有针对性、可操作的对策建议，把科技工作者的个体智慧凝聚上升为有组织的集体智慧，为社会发展提供启迪，为治国理政提供良策。习近平同志代表中央在中国科协八大上的祝词中，明确要求中国科协充分发挥党和人民事业发展的思想库作用，积极推动科学家之间的交流，推动科学家同决策者和社会公众之间的交流，启迪创新思维，增进创新氛围；深入开展科技工作者状况调查，及时准确把握科技工作者在就业方式、科研环境、生活状况、流动趋势、思想观念等方面出现的新情况新问题，把广大科技工作者更加紧密地团结在党的周围。王兆国同志在中国科协七届五次全委会上的讲话中也明确要求各级科协组织"围绕服务科学决策，积极推动国家科技思想库建设"，"要充分利用现代信息技术，建设不同层次、不同形式的决策咨询专家库、数据库和成果库，加大科协系统内外信息资源开发共享的深度和广度，打造一批有特色、有影响的科协决策咨询品牌，切实把中国科协建设成为自身特色鲜明、社会影响广泛、决策部门认同的国家科技思想库。"2009 年中央书记处关于科协工作的几点意见中明确要求"中国科协要发挥优势、展现特色，努力把科协组织建设成为国家级科技思想库"。

（二）开展决策咨询工作是中国科协更好坚持"三服务一加强"工作定位的内在要求

科协组织自身固有的政治属性（人民团体、人民政协组成单位）要更好地代表科技界发出声音，更好地维护科技工作者的合法权益，就必须加强决策咨询，积极建言献策。开展决策咨询、积极建言献策，为党和人民的事业发挥好思想库作用，是科协组织的一项重要任务和工作职能，也是科协组织为科技工作者服务的内在要求。开展决策咨询、积极建言献策，为党和人民事业发挥思想库作用，既是科协组织团结联系服务科技工作者的一项基础工作，也是履行"三服务一加强"工作职能的一项重要内容。

二、"十二五"期间的主要做法、经验和问题

中国科协把加强决策咨询、积极建言献策作为科协服务经济社会发展的重要途径，发布了《中国科协关于加强决策咨询工作推进国家级科技思想库建设的若干意见》，明确提出要建设"国家级科技思想库"，健全决策咨询机制，培育决策咨询能力，就国家重大现实科技问题开展决策咨询，并对建

设思想库的目标、功能和保障措施等提出了明确要求。2011年，中国科协先后出台了《国家级科技思想库建设试点管理办法（试行）》《关于加强国家级科技思想库建设试点工作的指导意见》，开展了国家级科技思想库建设试点工作。通过研究中国科协和26个试点省市思想库建设的基本情况，总结出目前以思想库建设为主的科协决策咨询工作体系的主要做法和问题。

（一）主要做法和经验

1. 工作制度化，规范化

——制定并印发有关文件：《中国科协关于加强决策咨询工作推进国家级科技思想库建设的若干意见》，一些地方科协也参照该意见制定出台了地方关于加强决策咨询工作推进国家级科技思想库建设的若干意见。这些意见的出台，明确了科协决策咨询工作的主要目的是为各级党委和政府提供决策依据和建议，内容是紧紧围绕"科"字做文章，围绕科技工作者做文章；党和政府关注什么问题，就动员和组织科技工作者研究什么问题。

——通过设立专项经费，确保决策咨询工作的顺利开展：中国科协决策咨询的经费来自国家财政拨款，地方的经费一部分来自于中国科协下拨的思想库建设经费，另一部分是省市的配套资金，各省市基本上都有思想库试点建设或者决策咨询的专项经费。

2. 建立组织体系与工作网络

——成立领导小组：中国科协的思想库试点基本都是成立了工作领导小组，多数是以地方科协党组书记任组长，党组成员或副主席任副组长，各部处室和直属事业单位主要负责人为成员的领导体制。

——成立决策咨询专家委员会（或顾问委员会）：组织不同学科，不同领域的知名院士专家和学者组成专家委员会，对选题的提出、课题质量以及研究报告等进行把关。有个别试点成立了顾问委员会，以便更好把握思想库建设进行宏观把握。如沈阳市科协，聘请市级离退休老领导以及市委办公厅、市委政研室，市发改委、经信委、科技局、人社局、政府研究室等部门负责同志为顾问委员会委员，对科技思想库建设宏观把握、课题选题方向等方面提出意见、建议。

——设立工作机构：领导小组办公室一般设在省市科协调宣部门，由调宣部门配备人员负责具体日常工作。专家委员会的秘书处绝大多数是设在调宣部门，少数是由其他部门承担，如湖北省是由省青少年科技中心承担专家咨询委员会办公室具体工作。

——建立工作网络：个别省份还建立了工作网络，如湖北省科协建立与省委组织部、省委农办、省发改委、省科技厅、省人社厅、省国资委、省经信委、省统计局等十多个党政部门及省社科院、省农科院、武汉大学、华中科技大学等社会各界横向联合、密切协作的决策咨询组织体制。

3. 确立以课题研究为核心的工作流程和机制

——建立课题研究机制：基本形成了包括选题征集、选题确定、立项招标、开题中期结题、成果提炼的课题研究机制。

——建立成果报送反馈机制：创办决策咨询专刊，如科技工作者建议、思想库决策参考、专家建言、科技参考等内部刊物，将课题研究提炼出来的专报成果通过这些渠道上报各级党委政府，同时跟踪收集成果使用情况，及时向研究者反馈。

——成果宣传机制：通过科协的门户网站和内部杂志对研究成果、进行宣传，辅有一些地方报刊和网站。

——数据采集和存储机制：通过开展专家库、项目库、成果库、数据库建设及相关软件的开发，及时保存决策咨询过程中需要和产生的数据。

4. 发挥科协优势，形成科协特色

根据科协组织的自身特点和优势，在决策咨询工作过程中充分尊重科技工作者的主体地位，发挥不同学科、不同专业科技工作者的智力优势，相互启发，凝聚形成集体智慧。同时安排专人负责协调组织和处理日常工作，各试点基本都安排1~2名专人负责。

（二）存在的问题

1. 组织体系有待完善

根据科协的特色，科协系统开展决策咨询工作主要是以"小核心大外围"的形式。"小核心"在机构设置上，没有区分行政和研究，或者说只有行政没有研究。缺少一个专业做决策咨询的研究部门，使得整个决策咨询体系专业化程度不够。此外"小核心"中由于没有专业团队负责新闻、社评、出版、信息技术等方面的工作，使得宣传和技术支持方面显得薄弱。"大外围"中缺乏企业和企业家团体。目前科协决策咨询主要是依托科技工作者（很多是科研工作者），缺乏与企业家的协同合作。对于创新战略性的问题，光是科研工作者参与，是远远不够的。如图1所示，黑色实线部分是已经存在的组织，虚线部分需要尚待加强和完善。

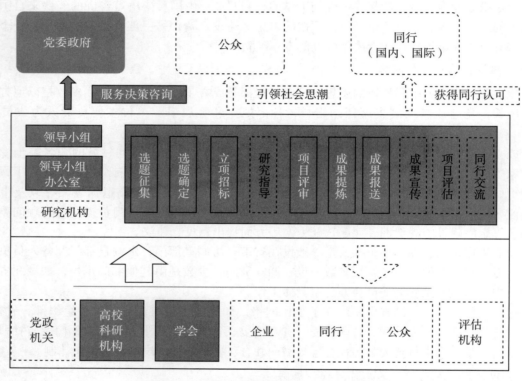

图1 科协思想库开展决策咨询工作的组织机构

2. 专业化水平有待提高

在决策咨询开展的过程中，从立项、研究、成果提炼、媒体宣传和数据库支持等各个环节都需要有相应专业人员来操作。但是，在实际过程中，除了外包的研究课题外，其他工作基本都是以调宣口的一两个工作人员为主完成的，缺少专业分工，仅仅是在完成任务，专业化水平有待提高。专业水平不够还体现在，"小核心"的人员无法对外包课题研究过程进行深度干预，缺少与课题组在研究过程中的沟通和交流，无法及时监测研究进度和研究质量，只能借助开题中期结题三次专家评审来把握课题研究的质量。

3. 运行机制是单圈循环，不是螺旋上升

由于目前科协的决策咨询工作体系中缺少内外部评估机制，基本上每年都是在重复上一年工作，可称为单圈循环工作模式，缺少对工作体系的反思、修改和创新。

4. 决策咨询方式亟须多样化

科协决策咨询工作方式主要是通过向各级党委和政府呈送各种内部刊物实现建言献策。如果把这种方式看成是直接方式，那间接方式，就是通过影响同行、影响媒体来间接实现对政策制定者的影响。但是目前来看，这种间接的方式使用远远不够，决策咨询成果呈现形式也需要进一步拓展。

三、"十三五"发展态势分析及"十三五"重点任务建议

"十三五"期间中国科协发展态势及在决策咨询方面的重点任务建议如下。

（一）明确提出把中国科协建设成为科技创新高端智库

主要目标为坚持服务建设创新型国家和实施创新驱动发展战略大局，围绕"科"字做文章、围绕科技工作者做文章，研究国内外科技发展趋势，科技人才发展状况，开展科技战略研究、科技工作者研究和创新评估，努力成为创新引领、国家倚重、社会信任、国际知名的高端科技智库。

（二）发挥科协优势和特色，建立以科技工作者为本、学会为主体的决策咨询体系

带领科技工作者从自身专业特长和学科优势出发，深入调查研究，广泛交流研讨，不断提升决策咨询的专业化水平。改革学会治理方式和运行机制，提升学会进行决策咨询工作的能力，使之真正成为承担决策咨询工作的主体。

（三）处理好几个"小核心大外围"的关系，充分调动各方发挥积极作用

一是中国科协和地方科协。中国科协从政策、做法和经费上对地方科协决策咨询工作进行自上而下的支持，地方科协通过调查站点等途径反映科技工作者的呼声建议，形成了自下而上的途径。但是目前存在的最大问题是没有一个科协自己做决策咨询研究的，独立的，有足够影响力的研究机构，致使整个工作体系研究性弱，决策咨询工作的专业化不高。建议先在中国科协层面设立专业的决策咨询研究机构，该研究机构既对中国科协负责，同时也对地方科协的决策咨询工作进行支持。有条件的地方科协，也可以探索建立自己的决策咨询研究机构。

二是科协与学会。现有的决策咨询工作体系中，科协是核心，学会处于外围，学会主要是通过承担科协的课题研究，来实现决策咨询。学会的主动性，和与科协的互动性没有得到充分发挥。建议把决策咨询纳入学会的常规工作，并建立一套相适应的学会治理方式和运行机制，真正担负起决策咨询的任务。就学会的决策咨询工作来说，学会就是小核心，科协是学会决策咨询成果的报送渠道，形成科协和学会各为核心，互为外围的形式。

三是调宣口与科协内部研究机构。从现在决策咨询的工作模式来看，工作层面的小核心仅是领导小组办公室的人员，也就是调宣口的人员，没有研究机构和研究人员，或将研究人员作为大外围，或者中部地带的人员。但实际上，决策咨询工作应该是以研究人员为主，至少有科协内部的研究机构和研究人员参与整个过程，光有行政人员参与是不够的。建议在科协内部工作层面上组成以科协内部研究机构和研究人员为主，调宣口的行政人员参与的"小核心"。

四是科协与企业。决策咨询工作很大一部分将做战略性研究，战略性研究不同于科学研究，是对经济、社会效益的长期研究，不仅需要科学维度和标准，还需要经济和社会的综合考虑，是需要科学界、企业界和政府共同来制定的。目前科协决策咨询主要是依托科技工作者（很多是科研工作者），缺乏与企业家的协同合作，建议将企业和企业家纳入科协决策咨询体系的大外围。

（四）建设有影响力的战略研究机构，提升决策咨询的专业化水平

一是建立合适的组织结构。中国科协层面设立决策咨询领导小组，直接领导战略研究机构，机构内部设办公室、研究部、信息技术部、新闻宣传部、对外联络部；其中研究部要按照不同的学科或研究领域划分，可根据决策咨询的重点、热点，定期调整更换研究领域。

二是合理进行人员配置。人员可分为管理人员、研究人员和辅助人员三类。管理人员一定是资历颇深、十分优秀，管理能力与研究能力兼备的真正高素质的"两栖人才"；研究人员是完成决策咨询工作的核心，要确保研究人员学科背景多样性、研究领域多样化，在人员配备比例上，高、中级研究人员要占较大比重，同时建立访问学者和荣誉研究员制度。辅助人员既包括技术支持人员、新闻宣传人员、也包括研究助理、秘书、图书管理人员等，这些人员也要具有较高学历，精通本职工作，经过努力，可以成为专业研究人员。专职研究人员与辅助人员的比例一般为1∶2和1∶2.5之间。

三是注重专业分工，提升决策咨询专业性。确保决策咨询流程中每一个环节都是专业人士在做专业的操作。尤其是在外包课题研究过程中，研究人员要加强对外包单位的专业技术指导和干预，确保研究质量。

四是以对党委政府提供直接的决策咨询服务为主，兼顾对同行和公众的成果宣传。既要拓展现有服务党委政府决策咨询的直接渠道，也要争取获得同行和公众的认可和支持。可通过举办学术论坛、发表研究论文等形式与同行进行交流；利用公共传媒进行成果宣传，引领社会思潮，可考虑组建类似于《人民日报》《光明日报》等评论部，对国际科技界重大问题发表观点，做出及时的评论、深度的分析，准确判断。还要有专门研究有关刊物发表的文章，期望能够在重要的报刊理论杂志上发表长短不一、形式各样的评论和文章。

（课题组成员：张　丽　邓大胜　史　慧）

发挥全国学会作用，提升中国科协作为国家智库的决策咨询水平

中国科协学会服务中心课题组

一、中国科协所属全国学会开展决策咨询工作现状

（一）中国科协组织全国学会开展决策咨询工作的积极成效

近年来，中国科协以建设国家级科技思想库为契机，提高组织主导性，全面提升了科协决策咨询工作的质量和水平，全国学会也在此基础上，将决策咨询工作提高到一个新的境界。2010年，中国科协全国学会向中央国家机关提供的咨询比例最高，达到43.88%（省级机关为22.54%，地级市机关为12.24%）。2013年，学会反映科技工作者建议354条，其中获得上级领导批示的建议52个。获批示比例从2010年的8.9%提高到14.7%，成绩有目共睹，取得积极效果。

1. 立体化、系统化、持续化的全国学会决策咨询体系设计初步形成

全国学会要在决策咨询工作中形成自己的影响力，首先要有确保持续性成果产出的长效机制。在中国科协的组织主导下，全国学会通过学术会议成果提炼、"2049年的中国：科技与社会愿景展望"、"基于学科的科技预算体制机制研究"、立法咨询、高端沙龙、科技工作者站点调查、课题申请等类别不同、又互为补充的项目，多方面挖掘了决策咨询潜能，形成了学会资源的有效整合，从个别权威专家的分散性咨询，逐渐形成了较为完善和全面的组织性决策咨询体系，学会开展决策咨询的方式多样化、立体化、系统化、持续化，构成了参差有序的格局，形成了较为完善的全国学会参与和影响决策咨询的体制机制，与地方科协互为补充，共同进步，为中国科协建设有特色的新型国家级科技思想库打下了良好基础。

2. 设立专门机构恰当协调学会决策咨询工作，增强学会高效运作工作模式

为全国学会高效参与中国科协的决策咨询工作，中国科协设立学会决策咨询资助计划，并在中国科协学会服务中心专门设立决策咨询工作处，使全国学会参与决策咨询工作的能力进一步增强。有专家认为，科技社团参与决策咨询，主要通过平台构建式、问题启发式、任务承接式、政治参与式四种模式进行。决策咨询工作处建立通道，努力深化这四种工作模式，加强对学会的动员，让中国科协与全国学会之间的决策咨询工作模式成为例行规范，为全国学会提供了更多政治参与、影响决策的机会，同时利用实施项目积累的经验和提升的能力，开拓新的决策咨询项目合作渠道，形成系统化的中国科协——全国学会的政策咨询工作方式，提升全国学会积极性，使其更主动地参与到政策制定过程中，更充分地发挥学会自身的专业优势，积极地扮演好其在国家思想库中的角色。

3. 决策咨询能力稳步提升，品牌效应初现

国家智库的价值是以影响力为生存条件的，具体表现为影响政府决策与引导社会思潮走向，在此

基础上，决策品牌的建设不容忽视。例如，研发预算和政策计划，就是美国科促会参与科技决策咨询影响最大的一项工作，凸显出美国科促会及其参与工作的 30 余家学会在美国科学决策体系中的重要度。

在不断的经验积累和实践探索中，中国科协在科技工作者状况调查、科技人力资源研究、科学前沿前瞻性研究等方面已经和正在形成品牌，其中，全国学会功不可没。全国学会通过一系列决策咨询品牌的建设，树立了专业性和权威性，使科协作为国家级科技思想库的社会形象个性鲜明、特点突出，更多地受到了政府重视和社会关注，对科协作为国家级科技思想库的形成发挥了重要的作用。

（二）科协—全国学会决策咨询工作体系面临的主要问题

全国学会作为科学工作者的群众组织，其独特的性质、组织形式及活动方式使其在政府决策咨询中拥有特定的优势，也取得了不俗的成绩。但是，当前由于科技发展中存在着的分散、封闭、低效等问题，也使得全国学会在参与中国科协的决策咨询工作面临着一些较为突出困难与问题，需要引起足够的重视。

1. 项目数量尚需扩大，学会通过科协渠道参与决策咨询工作的普遍性有待提高

中国科协所属全国学会共有 200 家，各学会在人力、物力、工作基础等条件上千差万别，再加上部分学会尚未认识到深化改革背景下，决策咨询工作的重要性，往往将工作重点放在了学术交流、科普工作、技术咨询等方面。对于开展决策咨询，很多学会表示没有资源和渠道。在此次研究中发现，大多数学会都认可这一理念：国家对专业性的决策咨询需求强劲，科技社团在决策咨询活动中地位重要，可以发挥更大的作用。但在具体现实中，决策层与学会之间的决策咨询"供需"并不直接对接，而是存在着信任度不够、信息不通、通道不畅的问题。因此，虽然中国科协立体化、系统化设立了多种决策咨询项目，但据不完全统计，较为积极参加中国科协决策咨询工作的全国学会有 50 多家，所占比例并不高。而在积极性不高的学会当中，也存在着两种情况：一是由于学会工作能力所限，决策咨询工作自身开展不够，二是学会自身的决策咨询工作开展较好，但参加中国科协的决策咨询项目却非常有限。以中国公路学会为例，开展决策咨询的渠道主要是行业主管部门交通运输部，还有一些学会创建了学会自己的决策咨询品牌，如中国机械工程学会立足我国机械工业产业前沿开展前瞻性研究，编写出版我国首部《中国机械工程技术路线图》。这也说明全国学会通过科协渠道参与决策咨询的潜力还远未得到发掘。

2. 项目进展的时效性有待提高，成果影响力仍有扩大空间

决策咨询所针对的问题往往是社会经济科技发展中的热点、难点问题。随着社会转型速度进一步加快，科技日新月异的发展，决策咨询必须紧跟这样的变化，与时俱进，才能满足决策层与社会的重要需求，否则过了一定的时期，就会贻误时机，失去了指导决策的作用。目前，学会的某些决策咨询项目从选题、审批、修改、成文等的一系列过程中，沟通和协调性存在不顺畅之处，有些环节缺少计划性，影响了项目进展的时效性，需要在各个阶段采取各种措施加以改进。

3. 学会间协作有待加强，"集群效应"尚待进一步彰显

国家决策层对于政策咨询的需求常常是发散的和开放式的，并非唯一限定于某一领域，这就要求学会之间建立一种更为密切的合作关系，能将各个学会的资源结合到一起。例如，进行研发预算和政策计划是美国科促会参与科技决策咨询影响最大的一项工作，就是美国科促会联合 30 余家学会组成跨学会研究小组共同研究完成。而中国科协所属全国学会却少有联合开展研究项目的案例。

4. 品牌效应尚待更好显现，项目质量可再提升

中国科协要发挥决策咨询的重要作用，需围绕促进科技发展和科技促进社会发展的目标，提出一批对国家宏观政策产生重大影响的科学思想、咨询建议和研究报告，在国家科技战略、规划、布局、

政策等方面发挥支撑作用，这就对决策咨询成果的质量提出了更高的要求。

虽然全国学会的决策咨询成果取得了一些成绩，形成了一些品牌项目，但从整体来看，在不断创新思想、形成系列学术品牌、对我国经济社会发展重大问题提出科学前瞻的权威性建议还不多，在把握重大需求、凝练关键问题、提出重点任务上的能力还需要提高，强大的品牌效应尚未形成，项目质量也参差不齐，与国外科技社团相比还有一定的差距。因此，中国科协要建设高端科技智库，需紧紧围绕目标，探索智库建设新思路、新方法、新举措，大力度推进决策咨询成果质量的全面提升，成为中国特色新型智库中的一支重要力量。

二、影响学会在中国科协智库建设中作用发挥的关键因素分析

学会决策咨询工作按来源来分，有学会自行立项、科协主导学会开展、其他部门委托三类；中国科协开展决策咨询工作的依靠群体包括地方科协、全国学会和其他（委托其他单位、直接联系专家等）三类（图1）。本研究的重点放在科协主导学会开展体系。

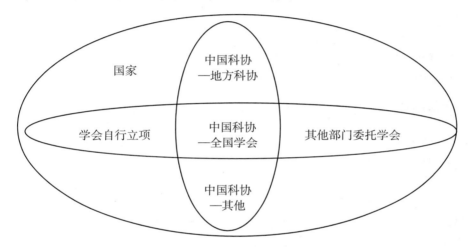

图1　科协—学会决策咨询工作关系图

中国科协作为全国学会的主管单位，是学会的"娘家"，是学会开展决策咨询工作最可依靠的力量之一。问卷显示，学会对科协组织开展的决策咨询工作有较高认可度：一是通过决策咨询工作可加强与科协的联系；二是科协的决策咨询项目与学会工作有共同点、联系紧密，学会有人才、智力、组织等优势，有研究基础和研究实力，能做好相关工作；三是科协决策咨询工作层次更高，为中央有关部门提供科技和政策建议，有助于提高学会影响力，提升学会能力。但是，部分学会在参与中国科协组织开展的决策咨询工作时也存在基础薄弱、积极性不高、体制机制不健全、人员队伍和平台建设不完善等问题，需要科协帮助它们整合资源，提高决策咨询能力，以达到部分之和大于整体的效用。

（一）全国学会在决策咨询组织机构设置、人员经费配备等基础建设方面较为薄弱

全国学会开展决策咨询工作依托的组织机构分为咨询工作委员会、咨询部（咨询处）、其他机构或专业委员会兼顾决策咨询工作职能三种类型。据2013年学会年检统计显示，全国学会成立的咨询工作委员会有46个（相当一部分是为企事业单位提供科技咨询的技术咨询委员会），其中有16个学会的咨询工作委员会配有专职人员；17家全国学会成立了咨询部或咨询处。问卷调查结果显示：有3个学会同时成立了咨询工作委员会和咨询部（处），只有2家学会有专项经费。总的来说，全国学会从事决策咨询工作缺乏专门机构、专项经费、结构合理的专家队伍。

（二）学会专家队伍及专职人员参与决策咨询工作的能力不足，影响学会人才优势的发挥

科学家受过良好的专业技术训练，在相关专业领域内积累多年，对于某项研究成果的科技影响及其潜在的经济社会影响，能够准确预知并给出专业判断。但是，决策咨询建议形成并不等同于专业论文，它不仅涉及专业问题，还涉及科技政策的行为逻辑、科技决策的层级结构等诸多社会科学层面的问题，同时要求有较强的文字组织和写作能力。在很多情况下，科学家并不像社会行政人员那样了解社会具体运行情况，对政策问题的洞察力也常常不够深刻，有时专家判断与社会共识之间还有相当差距。另外，学术性与政策性话语体系的不一致，使得专家在提炼决策咨询报告建议的针对性和可操作性上大打折扣，再加上专家本身精力有限，使得学会秘书处决策咨询专职人员成为提炼成果的主力军，其能力水平的高低对决策咨询成果的有效性影响极大。

学会秘书处决策咨询人员要辅助科学家做好工作，需要具备以下能力：第一是要有较强的学习能力和一定的经验积淀。学会决策咨询选题虽然在本学科之内，但具体研究方向会随政策需求与时俱进、不断变化，因此学会决策咨询专职人员除了需要较高学历，对本专业比较了解以外，还应触类旁通，在短时期内能掌握其他研究方向的前沿、热点问题；第二要有一定的软课题研究能力。必须对相关政策比较了解，或拥有在短时间内掌握相关政策的能力，能洞悉技术背后的问题和难点，才能有针对性地提出建议；第三要有组织协调和沟通能力。目前，大多数学会的专职人员还不能完全满足以上决策咨询工作的需求。

（三）决策咨询研究平台渠道较窄少，资源整合优势未能充分发挥

中国科协与全国学会有较强的组织性，具有一定的利益聚合能力，并能形成较为缜密的政策咨询系统和网络，从而有效地实现学会成员的政策参与，其中，项目课题就是一种较好的聚合力量，但在实际中，中国科协的这些内在优势还没有充分发挥，学会开展决策咨询研究项目大多是单一学会进行，一些大型的、需要学会联合研究进行的决策咨询项目推动乏力，学会间合作的信息平台尚未建立，良好合作机制尚未形成，彼此缺乏相互支撑，人才智力优势和组织网络优势没有得到充分彰显，迫切需要科协发挥系统的整体优势，形成做好决策咨询工作的强大合力。

（四）决策咨询选题确定、成果反馈首尾两端机制需进一步完善

学会在开展决策咨询工作时，在选题确定和成果反馈方面机制尚不健全，影响人员队伍凝聚以及决策咨询成果质量的提高。图2反映了学会开展决策咨询工作中各环节之间的循环影响。决策咨询项目选题的精准度直接影响学会对项目的重视程度，如果选题是学会适合或关注的内容，则会引起学会足够重视，专家也会投入更多精力，成果产出质量能够得到保证。高质量的产出报告切中问题要害，自然会引起决策部门的重视，并及时给予意见反馈。学会和专家得到成果反馈的意见，会对后续相关问题的研究产生积极性，并对选题把握更精准。这样，就产生一种良性循环。反之，则可能产生负面循环。在这个循环中，选题需求和成果反馈作为决策咨询工作的首尾两端，有着举足轻重、影响全局的作用。

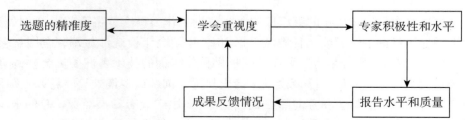

图2　学会开展决策咨询工作各环节影响循环图

据调研，学会在决策咨询选题方面存在如下问题：一是学会自行设立的选题往往不能与决策部门的需求直接对接；二是把握不住要点；三是存跟风、炒概念现象，忽略项目的延续性和已有基础。这需要科协做好顶层设计工作，加强对学会的引导和指导。另一方面，现有科协决策咨询选题来源较为单一，发挥学会多学科联合优势的选题不多，对倾向于社科类方向的选题，由于所属学会自然科学及其相关行业的属性，较难参与其中。

通过调研也反映出决策咨询成果还缺乏稳定的制度化的效果反馈机制，使学会对所从事决策咨询研究的准确判断收到一定影响，甚至影响到参与研究的专家的积极性。

（五）成果推介形式单一，难以形成广泛的社会影响力

从学会决策咨询成果推介平台看，学会决策咨询成果形式主要有专报、针对性的调查报告、公开发表的调研报告、期刊文章等。以中国机械工程学会为例，该学会多参与由中国科协、工程院、工信部等组织开展战略咨询研究，研究成果的产出形式主要有战略咨询报告、本学会的科技专报、一年一至两个关于产业研究的调研报告、对外宣传推介研究成果的内部刊物《机械工程导报》、面向会员的动态等。国外科技社团决策咨询成果推介平台相对多元，不仅有静态的出版物，也有动态的推介平台。以英国科技社团为例，其"常常通过舆论媒体进行宣传，接受媒体采访或发表演讲、举办各种讲座与报告、定期发布研究报告、出版专著期刊、简报等制造与扩大影响，营造出一个能引起政策决策者的反应、实践新思想、使政策建议得以接受的社会氛围，进而对政府官员的思想、行动产生影响"。

三、对中国科协发挥全国学会优势，打造国家高端科技智库的建议

随着中共中央办公厅、国务院办公厅《关于加强中国特色新型智库建设的意见》的深入贯彻落实，中国科协高端科技智库的发展迎来了有史以来最好的时代机遇，全国学会的决策咨询工作也站在新的起点上，发展目标更加明确。"十三五"期间，中国科协对全国学会的决策咨询工作应在认清重要发展情势的基础上，准确定位，立足已有成绩，加强政策引导，明确需求，继续扩大已有决策项目的影响力、辐射力与引领力，释放学会最大潜能，切实推动决策咨询的项目进入更高更新的阶段，使全国学会成为中国科协建设高端科技智库的基础保障力量。

（一）聚集全国学会力量，继续着力打造科协决策咨询品牌

以"中国创新50人论坛""2049年的中国：科技与社会愿景展望"品牌项目基础，扩大项目学科覆盖面。发挥全国学会自身专业特长和学科优势，开展学科发展战略研究，展望学科发展前景，明确决策咨询工作的选题与目标，为科技管理部门提供重要的切实可行的决策参考，同时突出中国科协的科普特色，为公众了解科学发展提供优良的科普读本；以科技工作者状况调查、学术成果提炼、中国科协全国学会决策咨询高端沙龙等优秀项目为路径引领和重点示范，以学会承接政府转移职能为突破口，在本行业的成果评价、科学论证、项目评估、行业标准制定等方面进行咨询研究和决策论证，带动全国学会决策咨询水平的全面提升；加强全国学会自有决策咨询品牌建设，强化如学科发展路线图等的显示度和关注度，并不断培育高影响力的新品牌项目。树立品牌的专业性和权威感，凸显中国科协在国家决策体系中的重要性。

（二）依托专业学会群，有效搭建学科领域决策咨询平台

《关于加强中国特色新型智库建设的意见》中明确要求中国科协开展高端智库建设试点，在国家科技战略、规划、布局、政策等方面发挥支撑作用，而国家级科技发展的重大战略规划与重点项目计划的决策咨询研究，要有强大的综合研究判断和战略谋划能力。中国科协恰恰可以发挥学科齐全的优势，在相关学会间建立密切合作的"学会群"，为学会决策咨询工作提供有效的联合议事工作平台，

形成强大合力，开展跨学科、跨行业的大规模决策咨询项目，达到新的决策咨询战略高度。依托规范化、经常化的学会群合作机制，有效拓展全国学会以联合形式开展国家级重大决策咨询项目的能力；鼓励学会自主开拓决策咨询平台，并加强决策层与学会之间的决策咨询"供需"对接，紧跟社会与科技的速度变化，与时俱进，最终凝练出战略性、前瞻性、创新性、可行性强的高质量决策咨询成果。

（三）加强学会队伍建设，培养决策咨询高端人才

高端智库建设必须靠高端智库人才来支撑，大力加强高端智库人才队伍建设，构建完备成熟的智库人才体系，努力形成领军人物和杰出人才不断涌现的局面，是中国科协打造高端科技智库的必由之路。要坚持以重大项目带动人才成长，培养造就能挑"大梁"的决策咨询领军人才；设立专项培养计划，通过建立中国科协与全国学会、地方科协之间上挂下派的交流锻炼机制，定期项目培训、专题培训、跨学科调训以及调研报告文本写作培训等多种形式，进行人员能力培养，打通学术研究和政策研究的隔膜，打造一批决策咨询大家和智库管理专家；建立国际交流合作机制，开展全球性议题合作研究，成就一批具有国际视野和全球眼光、能够在国际交流中直接对话、有实力争取话语权的跨国交往的外向型人才，提高国家智库的国际竞争力和国际影响力。

（四）加大宣传力度，树立鲜明的中国科协高端科技智库形象

在社会和科技界塑造良好的中国科协智库形象，有效提升中国科协决策咨询工作的权威性和影响力，不断强化工作内在的凝聚力，形成积极参与、支持决策咨询的良好科协文化氛围。充分利用中国科协搭建的各类传播平台如中国科协网、科普传播网络，以及人民网、科学网等合作平台，加大对中国科协智库建设品牌项目的宣传力度，突出重要成绩，展示中国科协决策咨询工作的新形象；大力推广宣传决策咨询研究成果和优秀专家，在符合保密制度的前提下，公开发布研究报告，引导社会舆论；通过网络发表、线上共享、公众论坛等方式，推动科学家同决策者和社会公众之间的交流，回应社会关切问题，发出理性公道的声音；积极推荐调研成果参与各项相关奖项评选，拓宽调研成果展示、推介的渠道和途径，提高智库成果服务于公共政策的有效性和针对性。

（课题组成员：苏小军　齐志红　付　烨　杨书卷　侯米兰　孙新平）

科技工作者之家建设

"十三五"科协组织服务人才强国、人力资源强国建设研究

中国科协组织人事部课题组

一、"十三五"面临的形势及工作中的问题

党的十八大以来，习近平总书记就做好人才工作、实施人才强国战略做出一系列重要论述，体现了党中央对各级各类人才的关心和重视，突出了人才工作在全局中的重要战略地位。努力推进我国人才强国、人力资源强国建设，是当前和今后一个时期现实而紧迫的重要任务。

习近平总书记深刻指出，国家的强盛，归根到底必须依靠人才；我们比历史上任何时期都更接近实现中华民族伟大复兴的宏伟目标，我们也比历史上任何时期都更加渴求人才；没有一支宏大的高素质人才队伍，全面建成小康社会的奋斗目标和中华民族伟大复兴的中国梦就难以顺利实现。要树立强烈的人才意识，寻觅人才求贤若渴，发现人才如获至宝，举荐人才不拘一格，使用人才各尽其能；要择天下英才而用之；不唯地域引进人才，不求所有开发人才，不拘一格用好人才；人是科技创新最关键的因素，创新的事业呼唤创新的人才；创新驱动实质上是人才驱动。要用好用活人才，建立更为灵活的人才管理机制，打通人才流动、使用、发挥作用中的体制机制障碍；要着力破除束缚人才发展的思想观念，推进体制机制改革和政策创新；各级党委、政府要继续完善凝聚人才、发挥人才作用的体制机制，进一步调动优秀人才创新创业的积极性；为了加快形成一支规模宏大、富有创新精神、敢于承担风险的创新型人才队伍，要重点在用好、吸引、培养上下功夫。

长期以来，科协组织以科技工作者为本，认真履行"三服务一加强"工作职能，着力促进科学技术的繁荣和发展，促进科学技术的普及和推广，促进科技人才的成长和提高，促进科学技术与经济的结合，广泛开展建科技工作者之家、交科技工作者之友工作，在动员引领广大科技工作者为我国经济社会发展努力奋斗中发挥了重要作用。

随着全球新一轮科技革命和产业变革的孕育兴起，以科技创新为核心的综合国力竞争日趋激烈。我国经济发展进入新常态，加快实现从要素驱动向创新驱动的动力转换，培育和发展新的经济增长点，把科学技术作为第一生产力的作用充分发挥出来，加快实施人才强国战略、人力资源强国战略日益迫切。特别是以习近平同志为总书记的党中央明确提出全面建成小康社会、全面深化改革、全面依法治国、全面从严治党的战略布局，确立了新形势下做好党和国家工作的战略目标和战略举措，为科协组织服务人才强国战略、人力资源强国战略指明了方向、提供了舞台。

同时应该看到，与新形势新要求相比，科协组织在服务人才强国、人力资源强国建设中还存在着不符合不适应面的问题，面临着挑战，主要表现在：调动广大科技工作者的创新创业热情和创造活力的力度需要进一步加大，组织引导广大科技工作者积极挺进科技创新和经济建设主战场的举措需要进一步落实，对基层一线科技工作者的凝聚力需要进一步增强，服务人才强国、人力资源强国的工作机制需要进一步完善。

二、"十三五"总体思路和主要目标

深入学习领会习近平总书记系列重要讲话精神特别是关于人才工作的重要论述，从党和国家战略全局出发，切实增强科协组织做好人才工作的机遇意识和忧患意识，加快确立人才工作优先发展的战略布局，将人才工作作为科协组织贯彻落实"四个全面"战略的关键举措。把服务发展作为人才工作的方向，以强烈的人才意识，善于培养人才、凝聚人才、举荐人才，促进经济社会可持续发展。进一步解放思想，牢固树立责任担当意识，把改革创新工作体制机制作为科协人才工作的着力点，努力为广大科技工作者创造人尽其才的环境氛围。

主要目标是推动由科技工作者大国向科技人才强国、科技人力资源强国转变。在国际人才竞争中，发挥科协组织广泛联系国内外科技组织、学术组织和科技人才的优势，在引进和留住科技人才中发挥更大作用，统筹开发利用国际国内科技人才资源，积极建言献策，推动我国打造更具国际竞争力的人才制度优势。在国内人才发展中，进一步强化人才之于创新的根基作用，创新人才工作体制机制，做好科协组织培养人才、评价人才、举荐人才工作，全面提升科技人力资源素质，推动加快建设一支规模宏大、结构合理的高层次创新创业人才队伍和高素质技能人才队伍，最大限度释放创新活力。从实际人才工作中，要进一步推动我国科技创新人才均衡发展，提升企业科技人员创新创造活力，推动技术与商业之间的对接，密切科技人才供给与经济发展需求的联系，加强科技成果转化，提示产业发展急需的实用型技能人才的比例。推动进一步消除制约科技人才发展和发挥作用的体制机制障碍，完善科技人才服务体系。

三、"十三五"战略重点和配套举措

着力推进高层次人才队伍建设。充分发挥学会和高校、科研院所科协组织作用，紧紧围绕创新驱动发展战略，主动跟进和对接经济结构调整，大规模开发培养举荐高层次人才，着力打造一批能够突破关键技术、引领学科发展、带动产业转型的领军人才，进而带动整体人才队伍不断发展壮大。

着力加强高技能人才队伍建设。充分发挥企业科协组织作用，健全和完善以企业为主体高技能人才培养力度。充分发挥农技协组织作用，加大农业企业、农村高级专业技术人员建设力度。

加大海外引才引智力度。发挥科协组织与科技领域国际组织和各国科技社团联系广泛、情况熟悉的优势，按照高端引领、需求导向、以用为本的原则，积极为国家急需的能够突破关键技术、发展高新技术产业、带动新兴学科的战略型人才和创新创业的领军人才物色和引进人才，大力引进一批重点领域急需紧缺的高层次人才和专门人才。

努力推进人才体制机制和政策创新。紧紧围绕重点领域和关键环节加强调查研究、积极建言献策，改革人才评价机制，加快分类推进职称制度改革步伐，深化事业单位人事制度改革，完善人才流动机制，打破地域、所有制、身份等制度性障碍，完善激励保障机制，推动工资收入分配制度改革，完善各类人才创新创业扶持政策，改善基层人才工作、生活条件，破除人才成长和发挥作用的体制机制障碍。

推动建立科协组织人才服务体系。加大学会建设和能力提升力度，加大在高校、科研院所、企业、园区等建立科协基层组织的力度，推动建立科协组织服务科技人力资源工作机制，提供科技人力资源公共服务产品，特别是面向留学人员创业园、博士后工作站和流动站、院士专家服务站、继续教育基地等高层次人才服务平台提供精准化服务，为科技人才提供个性化、便捷性的服务。

加强科协组织人才工作顶层设计和统筹协调。充分发挥中国科协人才工作协调小组的牵头抓总作用，坚持党管人才原则，发挥组织人事部门牵头协调作用，与相关部门、单位各负其责、密切配合、齐抓共管，深化服务人才强国、人力资源强国举措，着力破解科协组织人才工作中的重大问题和难点问题。

    配套举措包括：坚持党管人才原则，进一步加强科技人才的政治思想引领和感情联系。优化科协组织表彰奖励方式、形式，调整奖项结构，为优秀科技工作者脱颖而出、提升科技工作者社会形象创造更好的条件。加强青年科技人才扶持力度，实施支持"小人物"脱颖成才的"育苗工程"，大力帮助青年优秀创新人才成长。推动完善科技人才培养举荐、评价发现、选拔使用、流动配置、激励保障机制，为科技人才服务创新发展营造更好的环境。加强基层科技人才队伍建设，鼓励广大科技人才在创新一线和经济建设主战场建功立业。健全科技工作者状况调查制度，健全维护科技工作者权益机制，推动解决科技工作者最关心、最直接、最现实的共性利益问题。不断提升学会的社会公信力和学术服务能力，搭建多形式、多层次的学术交流平台，着力提升学术期刊质量和水平，把学术服务作为帮助科技人才提升创新驱动发展能力的重要抓手。充分发挥科协组织在公民科学素质建设中的牵头引领作用，为人才强国、人力资源强国筑牢基础。

（课题组成员：王守东　朱雪芬　姚振清　刘　洋）

中国科协人才队伍建设研究

中国科协组织人事部课题组

中国科协是中国科学技术工作者的群众组织，在联系和服务广大科技工作者方面具有独特优势。只有不断加强中国科协人才队伍建设，充分调动广大科技工作者的积极性、主动性和创造性，才能够更好地发挥他们为经济社会发展服务、为提高全民科学素质服务的重要作用。根据中国科协"十三五"规划专题研究安排，全面分析中国科协人才队伍建设方面的经验和不足，探索中国科协人才队伍建设的规律和特点，对于当前和今后的发展规划制定具有重要的意义。

一、"十二五"主要进展

（一）成绩

"十二五"期间，中国科协按照《国家中长期人才发展规划纲要（2010—2020年）》《国家中长期科技人才发展规划（2010—2020年）》精神，落实中央人才工作部署，认真履行中央人才工作协调小组成员单位职责，在培养、吸引、激励、举荐科技人才方面开展了卓有成效的工作，初步形成了符合中国科协特点的人才队伍建设体系，与"十一五"相比，中国科协人才队伍建设主要取得了以下成绩：

1. 研究出台科协人才工作配套文件，中国科协人才队伍建设指导体系初步建立

为贯彻落实《国家中长期人才发展规划纲要（2010—2020年）》，中国科协研究制定了《中国科协落实〈国家中长期人才发展规划纲要〉有关任务的实施方案》等7个文件，对科协人才工作做出总体部署和具体安排，初步形成了中国科协人才工作指导体系。

2. 建立、开通各种平台和渠道，反映科技工作者的意见和建议更加及时准确

截止到2013年年底，中国科协累计建立国家级调查站点984个，提前完成了"十二五"规划设定的800个目标。2011—2012年，各级科协及两级学会，反映科技工作者建议7.7万条，比"十一五"期间平均增长16.8%。2013年，顺利完成第三次全国科技工作者调查活动。

3. 加强科协表彰奖励体系建设，科技人才表彰奖励活动积极活跃

根据中央有关要求，中国科协进一步规范科协系统评标达标表彰活动，目前中国科协和全国学会设奖共计94个，成为国家科技奖励体系中的重要组成部分。五年来，各类奖励工作顺利开展，累计表彰优秀科技工作者24.34万人次，比"十一五"末期平均增长48%。

4. 改进完善中国科协人才举荐方法，人才举荐作用更加明显

中国科协充分发挥人才资源优势，坚持同行评议理念，在人才举荐、奖项推荐中探索建立同行专家提名机制，人才举荐效果更加明显。2014年作为创新人才推进计划的推荐渠道；院士制度改革后，除院士提名方式外，中国科协成为唯一保留的推荐（提名）渠道。2011年、2013年，推荐110名中

国科学院院士候选人，18 人当选；推荐 84 名中国工程院院士候选人，10 人当选。2015 年共推荐（提名）两院院士候选人 264 人。

5. 大力开展优秀科技工作者的宣传，形成了一批有影响力的宣传品牌

利用电视电影、书籍报刊、话剧等文化载体，大力宣传老一辈科学家、基层一线优秀科技工作者和创新团队的先进事迹，塑造科技工作者良好社会形象。以"共和国的脊梁——科学大师名校宣传工程"、老科学家学术成长资料采集工程为重点，宣传了赵忠贤、高福、杨衍忠等一批优秀科技工作者代表，打造了"科技梦·中国梦——中国现代科学家主题展"、"乡村情·科技梦"——优秀农村基层科技工作者推选宣传活动等一批有影响力的宣传品牌，受到了广大科技工作者的好评。

6. 大力加强科学道德和学风建设，学术生态环境不断改善

在做好集中宣讲的同时，把科学道德和学风建设的内容和要求纳入研究生培养过程和教师、科技工作者培训环节，扩大宣讲教育对象，完善宣讲教育长效机制，提高宣讲教育的针对性有效性，重视发挥科技社团的自律功能，切实加强舆论正面引导，努力把科学道德和学风建设不断推向深入，积极推动科研诚信立法相关工作。五年来，全国共有 875.8 万人次的高年级本科生、研究生以及新入职高校教师和青年科技工作者接受了宣讲教育。

7. 积极开展科技人员继续教育，促进科技人员知识更新与专业发展

稳步推进科技人员知识更新工程，增设继续教育示范基地建设试点项目 16 项，开发继续教育精品课程 11 项，培育高端前沿继续教育活动 33 项，资助建设继续教育示范网站 7 个，开展继续教育专项培训 9 项，网络学习资源开发 4 项，科普培训 3 项，高级研修班 2 项，培训总人次为 60460 人。

8. 青年科技创新人才培育力度进一步加大

坚持举办全国博士生学术年会、女科学家高层论坛、青年科技企业家创新创业论坛、青年科学家沙龙等活动，为促进青年科技人才脱颖而出搭建平台。继续举办全国青少年科技创新大赛、"明天小小科学家"奖励活动、中国青少年机器人竞赛、大学生挑战杯科技作品竞赛活动，从 2013 年起，启动中学生科技创新后备人才培养计划（中学生英才计划）试点工作，为青少年科技爱好者搭建实践平台，为科技人才队伍培养选拔后备人才。

9. 科普人才队伍建设进一步加强，科普人才队伍不断发展壮大

加大农村基层科普队伍建设力度，2011 年、2012 年，各级科协表彰奖励农村基层科普组织和个人共 1.2 万多个（名），"新农村百万乡土科普人才培训工程"每年开展中短期农村科普人才培训超过 1000 万人次。先后举办全国农技协领办人和技术骨干、三农网络书屋与信息技术全国科普示范县（市、区）科协主席等培训 30 余期。发展壮大青少年科技辅导员队伍，2011 年以来，依托培训基地为全国各地培训骨干科技辅导员 3300 余人，年均培训数量较"十一五"期间增加了一倍。启动高层次科普专门人才试点培训工作，清华大学等 6 所高校和中国科技馆等 7 家科技场馆招收培养硕士研究生 160 名。

10. 大力加强国际科技人才队伍建设，统筹国内外两种科技人才资源为国服务

积极推进国际工程教育互认以及工程师资格国际互认工作，2013 年 6 月，代表我国参加华盛顿协议组织，顺利成为准会员国。在推动我国科学家"走出去"方面，以"国际民间科技事务专项"为抓手，支持我国科学家担任国际民间科技组织领导职务，参与国际民间科技组织活动，提高我国科学家参与国际民间科技组织活动的水平和能力。先后推荐 18 人当选为国际科技组织领导人，资助 203 名专家出国参加国际组织活动。在"引进来"方面，依托"海智计划"，向中央组织部推荐"千人计划"人选，与 78 个海外科技团体签约合作，在全国设立"海智计划"工作基地，共实施海智计划项目 670 余项，推荐组织 1000 多人次海外科技工作者开展多种形式的为国服务活动。

（二）经验

"十二五"期间，人才队伍建设各项成绩的取得离不开党中央的正确领导和大力支持，离不开广大科技工作者的积极配合和热心参与，离不开全体科协干部的辛勤努力和无私奉献，总结起来有以下四点经验。

一是必须围绕党和国家工作大局，人才队伍建设工作才能取得新的突破。

二是必须依靠全部科协系统的力量，加强统筹协调，人才工作队伍建设工作才能扎实有效开展。

三是必须坚持以服务科技工作者为出发点，人才队伍建设工作才能赢得广大科技工作者的理解和支持。

四是必须充分发挥群团组织的特点和优势，人才队伍建设工作才能紧跟时代潮流。

（三）困难和问题

"十二五"期间，中国科协人才队伍建设工作在取得以上成绩的同时，还存在着一些不足。

一是直接联系服务科技工作者的方法和手段不多，特别是对高层次人才情况的把握不够及时全面。

二是优秀科技工作者表彰奖励体系与新形势的要求存在一定的差距，尚待进一步改进完善。

三是人才队伍建设工作缺少有力抓手，在国家科技人才队伍建设中的话语权需要进一步提高。

四是部分项目未能按计划顺利开展，如科技人员知识更新工程未能成功立项，青年科学家活动基地建设停滞，高层次人才库信息更新不够及时等，需进一步研究改进。

二、本领域"十三五"总体思路和主要目标

中国科协作为党和政府联系科技工作者的桥梁纽带，在科技人才队伍建设方面具有得天独厚的优势。"十三五"期间，中国科协人才队伍建设应在以往工作基础上，遵循群团组织工作规律，以联系科技工作者为前提、以服务科技工作者为基础、以发挥广大科技工作作用为目标，以维护科技工作者权益为保障，通过人才工作机制体制创新，改进工作方法，优化工作途径，培养造就规模宏大、结构优化、布局合理、素质优良的科技创新型人才队伍，重点要加强高层次人才、海外人才、科普人才和基层科技人才四支人才队伍建设。到2020年，人才数量和素质比2015年有显著提升。

三、"十三五"主要做法

（一）战略重点

科技工作者是党和国家的宝贵财富，促进科技人才的成长和创新能力提高是科协组织的重要职责。充分发挥科协组织联系服务科技工作者的关键独特作用，重点在以下几个方面开展工作。

1. 加强科技人才培养和使用，引导各类科技人才在国家建设发展中做出更大贡献

坚持党管人才原则，重视加强科技人才的政治思想引领和感情联系，做好团结、服务工作。推动完善科技人才培养举荐、评价发现、选拔使用、流动配置、激励保障机制，为创新人才脱颖而出创造条件、搭建平台。大力扶持青年优秀创新人才成长，帮助他们在创造力黄金时期做出突出业绩；加强基层科技人才队伍建设，鼓励他们在创新一线和经济建设主战场建功立业；加强高层次人才队伍建设，发挥高层次专家在决策咨询和科学普及中的重要作用。

2. 健全科技工作者状况调查制度，及时反映意见建议和呼声

建立经常化制度化规范化的科技工作者状况调查制度，及时了解和准确把握科技工作者的思想、

工作状况，反映他们的共性合理诉求，传递他们科学、中肯的意见建议；密切加强与科协代表大会代表、政协科协界委员的联系，与基层科技工作者建立广泛联系，充分发挥科协组织的桥梁纽带作用，推动出台有利于激发科技工作者创新活力和创造热情的政策法规，促进科技社会发展。

3. 维护科技工作者权益，营造有利于创新创业的法治环境

及时准确宣传党的路线方针政策特别是科技创新相关法规、政策，引导广大科技工作者不断增强法律意识，在法律框架内大胆创新创业，加速科技成果转化，保障知识产权，实现其价值和抱负。推动建立依法维护科技工作者权益的体制机制，畅通科技工作者利益协调、权益保障法律渠道，保障广大科技工作者的合法权益得到落实、不受侵犯。

4. 大力推动对外民间科技交流，汇聚海外智力为国服务

加强与国际科技界的交流与合作，推动我国更多优秀科学家到国际科技组织任职，不断增强我国科技界的国际影响力和话语权。发挥海智计划的平台作用，推进海外人才离岸创业基地建设，拓宽海外优秀人才来华创新创业的渠道，吸引动员更多海外优秀人才和团队来华创新创业。加强同港澳台地区科技工作者的协同创新，在紧密交流中增进情感联系，为实现"中国梦"汇聚起强大正能量。

（二）重大工程

1. 育苗工程

实施支持"小人物"脱颖成才的"育苗工程"，大力扶持青年优秀创新人才成长，帮助他们在科研资源配置、评价奖励、国际交流合作等方面得到持续稳定支持，让他们在创造力黄金时期做出突出业绩。

2. 金桥工程

响应国家"大众创业、万众创新"号召，发挥科协组织群团优势，聚集社会力量支持广大科技工作者参与创新创业，募集社会资金，搭建企业与科技工作者自由交流、选择的平台，鼓励广大科技工作者围绕企业需求开展创新工作，引导创新要素向企业聚集，努力形成企业支持创新、科协搭建平台、科技工作者参与创新、企业享受创新成果再反哺创新的良性循环。

3. 名奖工程

对科协现有奖励体系进行改革，优化结构，调整规模，强化质量。同时，针对不同奖项的特点和定位，规范推选方式、改进评选办法、优化评审程序、加大宣传力度，努力提升奖项的品牌效应，最大限度的发挥各奖项的激励、引导作用。

4. 科普人才建设工程

建立健全有利于科普人才队伍建设和发展的机制与体制，建设形成一批科普人才培养和培训基地，到2020年，培养造就一支规模适度、分布合理、素质优良的科普人才队伍。科普人才总量要比2010年翻一番。

5. 海智计划

大力开展"海智计划"，充分发挥中国科协与海外华人科技社团联系紧密、交流灵活、渠道通畅的优势，重点围绕国家发展战略需求，有计划联系引进一批战略科学家和创新创业领军人才，在激烈的国际科技人才竞争中发挥科协组织的独特作用。

6. 继续教育引导工程

大力支持各级科协及所属学会开展面向科技工作者的知识更新继续教育活动，在国家重点发展领域、技术创新领域和专业人才紧缺领域，培育一批质量高、信誉好、公益性强的继续教育重点项目；推动将继续教育与科技人才评价、职业标准制定和执业资格认证等相衔接；与相应国际组织共同开

发、实施继续教育项目，开展重点、关键技术领域的高层次人才培养国际合作。

四、条件保障和组织实施

加强人才队伍建设工作的统筹协调。充分发挥中国科协人才工作协调小组作用，形成定期联席会议制度，对重点人才队伍建设工作进行研究和指导。

建立专项人才队伍建设工作目标责任制，制定任务分解落实方案，明确专项人才工作责任单位，建立实施情况的监督、评估、考核机制。

建立人才队伍建设理论研究机制。根据人才队伍建设需要，大力开展人才队伍建设理论研究，加强对国内外人才队伍建设新方法、新规律、新趋势的研判，为科协人才队伍建设工作提供理论支撑。

加强人才队伍建设工作的条件保障和经费支持，做好经费监督、检查工作，为做好人才工作提供保障。

（课题组成员：王守东　朱雪芬　姚振清　张春程）

两院院士候选人推荐制度研究

中国科协组织人事部课题组

　　中国科学院院士、中国工程院院士是国家设立的科学技术和工程科学技术方面最高学术称号，院士制度是党和国家尊重知识、尊重人才政策的集中体现。推荐（提名）院士候选人，是为党和国家选拔、举荐高端优秀人才的具体举措，是发挥科技共同体作用的重要途径。为深入贯彻党的十八届三中全会精神，落实中央关于改进和完善院士制度的工作部署和要求，确保"十三五"期间推荐（提名）院士候选人工作取得良好成效，特就"十二五"期间中国科协推荐院士候选人工作实施情况以及"十三五"期间推荐院士候选人工作面临的新形势新要求、总体思路和主要目标、重点任务和配套举措等问题进行专题研究。在此基础上，形成本报告。

一、"十二五"期间中国科协推荐（提名）院士候选人工作主要进展情况

（一）成绩和经验

　　自 1991 年开始，中国科协作为初选中国科学院院士候选人推荐渠道参与中国科学院院士的初选工作，1995 年开始作为中国工程院遴选院士候选人的推荐渠道参与中国工程院院士的遴选工作。"十二五"期间，中国科协分别于 2011 年、2013 年、2015 年，分别 3 次组织推荐（提名）两院院士候选人工作，共推荐（提名）院士候选人 458 名，其中，推荐中国科学院院士候选人 166 名，提名中国工程院院士候选人 292 名。2011 年、2013 年，中国科协推荐的候选人共有 28 名当选，当选率为 14.4%。2015 年，两院增选结果尚未揭晓。2013 年及以前，两院院士候选人推荐（提名）渠道为院士、中国科协、国务院各部门、各省区市、解放军总政治部等五个渠道，科协系统推荐院士候选人工作主要通过全国学会专门委员会、全国学会、中国科协依次进行筛选的方式进行。2015 年，根据改进完善院士制度方案，两院院士候选人推荐（提名）渠道调整为院士和中国科协组织学术团体推荐（提名）两个渠道。另外，工程院院士候选人新增地方科协为推选渠道。为积极适应院士制度改革的要求，中国科协认真总结开展二十多年院士初（遴）选工作经验，对院士候选人推荐（提名）工作作了全面系统的制度设计，研究制定了《中国科协推荐（提名）院士候选人工作实施办法（试行）》（以下简称"《实施办法》"），推动制度设计上了一个新台阶，使中国科协这项工作进一步走上了规范化、制度化轨道。在工作原则方面，确立了坚持学术导向，最大限度减少和避免非学术因素干预，回归学术本位；坚持客观公正，充分发挥学术团体第三方评价作用，确保规则和流程公开透明，程序公正，结果公平；坚持专家主导，依托同行认可价值体系和评议机制，严格遵循科学规范；坚持学科平衡，优化学科布局，关注新兴学科、交叉学科，兼顾学科覆盖面。在组织机构建设方面，明确分层分级建立工作机构。在中国科协层面设立指导委员会、推荐（提名）委员会、监督委员会、推荐（提名）院士候选人工作办公室。在全国学会和地方科协层面设立推选专家委员会、材料审核小组和工作小组。在程序设计方面，设定五个主要步骤：一是全国学会、省级科协所属下级机构推选人选；二是

全国学会、省级科协进行初步评审并核查有关情况；三是中国科协进行形式审查；四是中国科协组织评审；五是向两院推荐（提名）。在严把质量方面，设定两个硬性指标：一是建立推选单位动态调整机制，凡连续两次推选的候选人全部未能通过中国科协评审的，暂停下一次推选资格；二是推选单位组织初审中，获得赞成票少于投票评审专家人数三分之二的人选，不能被推选。在严格程序方面，作了以下制度设计：一是为保证推选工作质量，规定具有推选资格的必须是有条件的全国学会和省级科协；二是为防止推选单位少数人说了算，要求充分发挥推选单位决策层作用，重要事项须经学会常务理事会、省级科协常委会审议通过；三是为充分发挥同行评议特别是小同行评议作用，规定推选前必须有三名以上同一学科具有正高级职称的专家进行评议；四是对惩戒、回避、投诉处理、保密、行为规范等事项做出明确规定。在分类把关方面，明确各司其职，各尽其责：一是由推选单位进行学术把关；二是由人选所在单位进行政治、经济、品行把关；三是由中国科协推荐（提名）院士候选人监督委员会进行异议投诉把关。2015 年，中国科协整个推荐（提名）工作进展顺利，严谨有序，没有引起社会舆论非议，得到科技界和有关部门一致肯定。

（二）困难和问题

中国科协在推荐院士候选人工作中也遇到一些矛盾和问题。主要是在推荐院士候选人工作的制度设计上需要进一步科学化、规范化；一些推选单位在有计划、经常性地发现和培养优秀后备人选方面还比较欠缺；一些学会的积极性、参与度不高，学术团体的同行评价作用尚未完全体现和发挥出来；2015 年各省级科协首次开展院士候选人推荐（提名）工作，存在工作经验不足的问题。首先，受推荐渠道不断扩大以及工程院实行一位候选人仅限于"单一渠道"提名的影响，中国科协推荐的院士候选人当选率呈下降趋势。2011 年之前，两院对候选人由多渠道进行推荐没有限制。从 2013 年，中国工程院明确规定"候选人仅能通过一种渠道推荐"，中国科学院规定"原则上不鼓励多渠道推荐提名"。受此影响，部分较有实力的候选人在选择推荐渠道时首选院士提名渠道，其次是工作单位推荐，最后才选择中国科协渠道推荐，从 2013 年全国学会推荐候选人情况看，推荐参加中国科协初选的候选人数 121 名，与 2011 年 267 名候选人相比，减少了 55%，使得中国科协推荐的候选人整体竞争力明显削弱，中国科协推荐的候选人当选院士的比例也出现了明显的下降趋势。中科院院士候选人当选率 2009 年为 27.50%、2011 年为 24.56%、2013 年为 7.55%，工程院院士候选人当选率 2009 年为 28.8%、2011 年为 19.6%、2013 年无候选人当选。就此情况，我们已与两院院士增选负责部门及中央深改办做了相关反映。其次，两院分配给中国科协的推荐（提名）名额也不尽合理。2015 年，中国科学院分配给中国科协的推荐名额为 60 名（按当年增选数的 1∶1 分配），中国工程院分配给中国科协的名额为 300 名（按当年增选数的 1∶4 分配），两院分配名额差别较大，不利于统筹候选人的学术标准要求。从实际情况看，中国科协推荐（提名）两院院士候选人的名额与两院增选名额比例均掌握在 1∶2 左右较为合理。

二、"十三五"期间中国科协推荐（提名）院士候选人工作面临的形势

（一）国际环境及主要国家举措

当今世界，院士被普遍认为是一种最高的学术头衔，标志着荣膺者在研究领域做出了突出贡献。院士制度发源于 17 世纪的欧洲，至今已发展出一套比较成熟的遴选标准。美国在 1916 年依照美国国家科学院章程成立了国家研究委员会。1964 年和 1970 年，美国又分别成立了美国国家工程院和美国国家医学院，两家机构均依据国家科学院章程组建。此后，美国国家研究委员会成为国家科学院、国家工程院和国家医学研究的常设机构，正式组成"三院一会"的美国国家研究院体系。美国三大研究院每年都会增选新院士，都遵循原有院士提名、全体院士投票产生的原则。以美国国家科学院为例，

由于新院士都是由原有院士提名、选举产生，因此不存在院士申请机制。当国家科学院院士提出新院士的候选人后，经过"一个广泛而仔细的审核程序"，才能确定候选人资格。目前，美国国家科学院每年最多可产生84名院士，这些院士须为美国公民，同时还会最多选出21名外籍院士。由于新增院士的提名、选举环节并不对外公开，本人事先都毫不知情，只是在当选之后、宣布之前，才得到美国国家科学院的书面通知。俄罗斯科学院是1724年由俄罗斯沙皇彼得一世颁布命令建立的，至今已有290年历史，是国家的最高学术机构。俄罗斯科学院院士编制为1289名，一般至少是3年进行一次院士补选。选举的时间、专业名称与每个专家名额都由俄罗斯科学院主席团根据科学院学部、其地方分院和地区科学中心提议来确定。要成为俄罗斯科学院的院士或通讯院士，必须经过严格的学术评审和遴选程序。学术机构、在国家登记的高等教育机构以及俄罗斯科学院科学理事会，有权推举候选人成为院士和通讯院士。候选人的推举是在科学院的学术和科学技术理事会或者主席团的会议上进行秘密投票，以简单多数方式通过。投票程序是标准的三步走：首先名单要由专家委员会来评价，其次递交到学部所属学科层面讨论，然后学部审核，最后在科学院大会上讨论这些最终人选，做出终极裁决，每次其得票数都不得少于总票数的2/3才能通过。英国皇家工程院创立于1976年，目前共有1527名院士。英国皇家工程院院士的评审过程十分严格、客观，坚持程序原则，没有多少灵活性。申请人只有依靠实打实的学术贡献与实际应用成果来证明自己的专业成就，并得到同行、同事以及业内权威专家的认可，才有可能在一步步缜密的评审程序中胜出。在获得两个同行或同事提名后，经过院士资格专业组评审的初步筛选，将由工程院院士资格评审委员会来最终确认候选院士名单，并在每年6月将名单传给每一位现任院士，在7月的工程院年会时举行投票，选出新院士，然后在网上公布正式名单。在院士推荐中，也有一些国家采取学会推荐方式，如日本学士院的院士候选人由相关学会负责推荐。

（二）国内发展面临的新形势新要求

我国现行院士制度是从1955年中国科学院学部委员制度发展而来。1993年，经国务院批准，中国科学院学部委员改称中国科学院院士。1994年，中国工程院成立，产生了第一批中国工程院院士。我国现有743名中国科学院院士、802名中国工程院院士。两院在借鉴世界主要国家科学院及科技团体经验基础上，立足我国社会发展实际，及时研究工作中出现的新情况、新问题，目前已基本形成以《中国科学院院士章程》《中国工程院章程》为基础，以相关实施细则、办法等为依据的制度体系，为院士增选、科学道德建设、咨询评议等工作提供了规范、科学的制度保证，有效保障了院士队伍建设和社会作用的发挥。

为了更好发挥院士作用，《国家中长期人才发展规划纲要（2010—2020年）》和《中共中央、国务院关于深化科技体制改革加快国家创新体系建设的意见》提出了"改进和完善院士制度"的指导性意见。十八届三中全会进一步明确提出，要"改革院士遴选和管理体制，优化学科布局，提高中青年人才比例，实行院士退休和退出制度"，为院士制度改革指明了方向，明确了目标。2014年6月，习近平总书记在中国科学院第十七次和中国工程院第十二次院士大会上特别强调，突出学术导向，减少不必要的干预，改进和完善院士遴选机制，更好发现和培养拔尖人才，更好维护院士群体的荣誉和尊严。根据中央部署，由国家科技体制改革和创新体系建设领导小组牵头，对院士制度改革作了深入细致的研究，制定了改进完善院士制度方案，决定将院士候选人的推荐（提名）渠道，由院士、中国科协、国务院各部门、各省区市、解放军总政治部等五个渠道，调整为院士推荐（提名）和中国科协组织学术团体推荐（提名）两个渠道。党和国家领导人对中国科协组织学术团体推荐（院士）候选人工作高度重视，习近平总书记、李克强总理主持党中央、国务院有关会议，通过改进完善院士制度方案，明确中国科协组织学术团体是推荐（提名）院士候选人两个渠道之一，体现了中央对中国科协的信任。李源潮、刘延东等中央领导同志对中国科协推荐（提名）工作多次做出批示，就重要事项、关键环节提出具体指导和严格要求。在2015年推荐院士候选人工作结束后，习近平总书记、李克强总理、刘云山同志、王沪宁同志先后圈阅了中国科协报送的总结报告。李源潮、刘延东同志分别做出重要批示。李源潮同志在批示中指出，院士制度改革后，中国科协首轮推荐院士候选人的工作做得很好，突出了学术导向和公平公正，坚持同行评议、优中选优，得到科技界一致好评，望总结经验，制定制度规范、加强监督，把这个好开头保持下去。刘延东同志在批示中指出，中国科协认真贯彻党中央、国务院决策部署，与中科院、工程院密切合作，扎实做好新一轮院士增选推荐（提名）工作，取得积极成效，望进一步总结经验，完善机制，更好举荐人才，促进院士队伍建设。中国科协推荐（提名）工作受到科技界高度关注。科学家和相关单位领导多次向中国科协领导了解中国科协推荐（提名）工作，并提出宝贵意见建议。《实施办法》《中国科协办公厅关于中国科协组织推选中国科学院和中国工程院院士候选人的通知》发布后，两个月网络点击量达到8万多次，收到各类咨询电话或当面约谈3000多次。

"十三五"时期，是我国实现"四个全面"战略布局的关键时期。新一轮科技革命和产业变革、国际人才竞争、创新驱动发展、经济社会发展对人才发展提供了新机遇，同时提出了新挑战新要求。改进和完善院士候选人推荐制度、做好院士候选人推荐工作，努力为党和国家选拔、举荐高端优秀人才，是中央人才工作和人才发展战略的重要组成部分，是中国科协的一项重要职责。目前，中国科协所属200个全国学会，下设分支机构达3300多个，学科齐全，涵盖面广，基本覆盖了自然科学和工程技术领域的主要学科领域；31个省区市科协和新疆生产建设兵团科协所属省级学会3896个，还联系着21281个企业科协，584个高校科协，具有较为健全的组织体系。在中国科协所属全国学会担任理事以上学术职务的科技人员达到3.1万名，基本囊括了各学科（专业）领域的学术带头人和权威专家。与其他行政部门推荐院士候选人相比，中国科协组织学术团体推荐院士候选人具有特殊优势。一是科协系统具有组织体系健全、人才密集的优势，为开展院士候选人推荐（提名）工作提供了有力的组织保障。二是便于更好发挥学术团体的同行评价作用，科技团体参与科技人才评价在社会各界具有较高的认可度；三是科协组织具有第三方性质，在推荐院士候选人工作中能够摆脱部门、单位利益，使推荐工作更加公正、公平。

三、"十三五"期间中国科协推荐院士候选人工作的总体思路和主要目标

（一）总体思路

深入贯彻党的十八大和十八届三中、四中全会精神以及习近平总书记系列重要讲话精神，按照中央关于改进和完善院士制度的工作部署和要求，充分发挥科技社团的优势和作用，加强制度设计，严格标准程序，坚持学术导向，坚持客观公正，坚持专家主导，确保推荐规则和流程公开透明，程序公正，结果公平，确保推选工作的公信力；坚持高标准、严要求，严格按照院士标准和条件推选院士候选人，努力创造一流的工作质量和水平；严明政策纪律，注重廉洁高效，以优良的作风保证推荐提名工作顺利开展。

（二）主要目标

根据中央确定的改革院士初（遴）选和管理体制、优化学科布局、提高中青年人才比例的目标任务，中国科协将进一步发挥科技共同体的同行评价作用，不断完善院士推荐工作机制。①充分发挥学术共同体的同行评价作用，更加突出学术导向，强调学术标准，最大限度减少和避免非学术因素干预，使推荐工作回归学术定位，保证推荐工作质量和公信力。②形成一套科学、完善的推荐院士候选人工作制度，包括推选单位准入制度，重大事项决策制度，资格审查制度，监督约束制度，保密制度，与两院沟通协调机制，以及评审办法等。③推荐（提名）的院士候选人质量和当选率比"十二五"期间有所提升，中国科协推荐工作进一步得到两院及科技界认可。④探索、形成一套发现、举荐

高端科技人才的办法和机制，把长期工作在一线，学术造诣深厚、科技成就突出、科研道德和学风好的人选出来。

四、"十三五"期间中国科协推荐院士候选人工作任务重点

（一）工作任务

1. 加强工作指导

把推荐院士候选人作为开展科技评价、举荐高端人才的重要途径。建立健全指导委员会、推荐（提名）委员会、监督委员会、工作办公室等组织机构，进一步加强对院士候选人推荐（提名）工作的领导。召开工作会议，安排部署工作，组织经验交流，传达中央指示精神，推动工作有序开展。加强对全国学会、地方科协的工作跟踪，及时解决工作中遇到的矛盾和问题。

2. 健全规章制度

修改完善《中国科协推荐（提名）院士候选人工作实施办法（试行）》《中国科协推荐（提名）院士候选人评审办法》《中国科协推荐（提名）院士候选人工作保密守则》《中国科协推荐（提名）院士候选人投诉处理办法》《中国科协推荐（提名）院士候选人工作人员行为规范》《涉密材料管理办法》等，为推荐院士候选人工作提供制度保障。

3. 规范评审程序

在推选工作环节，重点指导全国学会和省级科协落实好所属机构推选、小同行评议、专家组初审、材料真实性审核等程序。在中国科协组织评审过程中，重点抓好形式审查、分组审议、集中评议、投票表决等环节的工作。坚持"宁缺毋滥、好中选优"的原则，研究修订院士候选人评审办法，严格按照"获得赞成票不少于评审专家人数三分之二的人选方可入选"的要求进行投票表决。

4. 加强队伍建设

通过组织多形式、多层次的专题培训，提升专职工作队伍的能力和素质，提升科技团体的科技评价水平。加强学会能力建设，充分发挥科技团体跨行业、跨部门、跨区域、横向联系广泛的组织优势，充分挖掘学术团体凝聚人才、发现人才、举荐人才的潜能。

5. 建设工作平台

运用现代信息、网络手段，设计开发推荐院士候选人管理系统，建立评审专家库和高端后备人才信息库，探索智能化评审系统的开发和应用，为科学、高效地发现和举荐人才提供有力支撑。坚持关口前移，通过搭建座谈交流、学术研讨、联谊沙龙等活动平台，主动发现和选拔院士候选人后备人才。

6. 开展试点工作

择优选定全国学会和地方科协开展推荐院士候选人工作试点，试点内容包括开发建立院士候选人后备人才库、探索优秀科技人才举荐机制、开展高端科技人才跟踪服务、组织评审专家培训、开展专项课题研究等。中国科协采取项目申报、择优支持的方式视情对全国学会和地方科协进行资助。

7. 开展调查研究

采取点面结合、分类分层等方式开展调查研究，重点针对推荐工作中遇到的问题，听取意见建议，进行分析研究，提出对策措施。注重加强制度设计，改进和优化推荐院士候选人工作有关办法和程序，建立和完善中国科协科技人才评价体系，形成学术团体独立、客观、公正举荐高端科技人才的

有效机制。

（二）主要举措

1. 健全组织机构

中国科协推荐（提名）院士候选人工作设立指导委员会，负责重要事项决策和指导；对应两院各学部分别设立6个推荐中国科学院院士候选人委员会和9个提名中国工程院院士候选人委员会，负责对应各学部候选人评审工作；设立监督委员会，负责监督和投诉处理工作；设立推荐（提名）工作办公室，负责日常工作和三个委员会服务工作。

2. 加强督导落实

加强对全国学会、省级科协的工作指导和制度规范，积极提供支持，引导全国学会和地方科协加强自身能力建设，严格规范程序，坚持学术性、独立性，最大限度避免非学术因素的干扰。制定问责制度，确保能负责、能问责，努力为推选院士候选人工作提供有力保障。

3. 加强沟通协调

本着相互支持、加强协作、主动配合的原则，建立与两院的沟通联系工作协商机制，加强信息交流，及时解决问题并提出对策建议。建议并推动工程院改变"候选人只能通过一个渠道被提名"的限制，建议两院适当调整推荐（提名）名额，使增选名额与中国科协推荐（提名）两院院士候选人名额比例均控制在1:2左右。

4. 搞好经费保障

积极争取和推动相关部门对院士候选人推荐工作的投入，保障经费所需，保证专款专用。中国科协对全国学会和地方科协开展院士候选人推选工作进行择优资助。

5. 进行绩效评估

分析中国科协所推荐院士候选人入选情况；听取两院对中国科协推荐院士候选人工作的评价；对推荐工作进行总结和自评；组织对全国学会和地方科协开展推荐院士候选人试点工作进行考核、评估和验收。

（课题组成员：王守东　朱雪芬　姚振清）

科学道德和学风建设长效机制研究

中国科协组织人事部课题组

一、本领域"十二五"主要进展

（一）成绩

"十二五"期间，中国科协在前期大量工作的基础上，积极推动科学道德和学风建设，组建院士专家工作队伍，广泛开展科学道德和学风建设宣讲教育活动，连续五年在中国科协年会期间举办科学道德建设论坛，逐步建立和完善相关科学道德规范，积极与美国、加拿大、德国、荷兰等开展国际交流合作，协助调查科研不端行为，取得了良好成效。

1. 建立了一支治学严谨、成绩突出、德高望重又热心科学道德建设事业的院士专家工作队伍

2011 年，中国科协"八大"后，成立了新一届中国科协常委会科技工作者道德与权益专门委员会。十一届全国政协副主席王志珍院士、著名基础数学家杨乐院士、著名应用物理与强激光技术和能源研究专家杜祥琬院士任专委会顾问，中国科协副主席、中南大学原校长黄伯云院士任主任，中国科协副主席、中国科学院副院长李静海院士，中国科协常委、国家自然科学基金委员会主任杨卫院士，中国科协常委、南开大学校长龚克教授，教育部副部长、党组成员林蕙青同志担任副主任。专委会现有成员 33 人，其中院士 22 人，15 位委员曾任或现任高校领导职务。这支院士专家队伍除个别从事科技教育管理工作外，都是在科研领域成绩卓著、具有广泛影响力的科学家。他们以弘扬科学精神、维护科学尊严为己任，在繁忙的本职工作之余，积极投身科学道德建设事业，出谋划策，把握方向，出席各种宣传教育活动，为扩大科学道德与学风建设工作的影响力、感召力，在科技界、教育界树立正确的科技风尚发挥了重要作用。

2. 广泛开展科学道德和学风建设宣讲教育活动

自 2011 年以来，中国科协、教育部、中国科学院、中国社会科学院和中国工程院五部门积极组织实施科学道德和学风建设宣讲教育，在各省区市和研究生培养单位的共同努力下，全国宣讲教育取得了显著成效，宣讲教育范围不断扩大，宣讲教育内容不断丰富，宣讲专家队伍不断壮大，宣讲教育形式不断创新，得到了习近平、刘延东等党和国家领导人的高度肯定，受到教育界和科技界广泛好评。宣讲教育已成为人才培养的重要内容和必经环节，正逐步成为各人才培养单位学风建设的主要形式和有力抓手。四年来，开展各类宣讲教育活动 4.5 万余场，接受宣讲教育的研究生达 470 万人次、本科生 430 万人次、新上岗研究生导师新入职教师和科技工作者近 50 万人次。成立了全国宣讲教育领导小组，连续四年在人民大会堂举办首都高校科学道德和学风建设宣讲教育报告会，组建了百余人的宣讲专家队伍，编印了《科学道德和学风建设宣讲参考大纲》，举办了两期"211"高校科学道德和学风建设宣讲教育研究班，开展了宣讲教育案例试点教学工作。

3．连续五年举办科学道德建设论坛

2011年9月、2012年9月、2013年5月、2014年5月和2015年5月，中国科协连续五年在第十三至第十七届中国科协年会期间，分别在天津、石家庄、贵阳、昆明、广州举办科学道德建设论坛。论坛主题分别是"学术不端行为监督查处机制的构建"、"科学道德教育在科学道德建设中的作用"、"高校建立科学道德教育长效机制的探索与实践"、"科技评价与科研诚信"、"科学道德和学风建设长效机制建设"。中国科协领导韩启德主席、陈希书记、张勤书记多次出席论坛并致辞。论坛影响力不断提升，对加强科学道德理论研究探讨具有积极的促进作用，逐渐成为科学道德和学风建设的品牌活动。

4．稳步推进科学道德建设国际交流与合作

为了让国际社会更加深入了解我国科技界坚决反对学术不正之风的坚强决心，向国际同行介绍我国开展科学道德诚信建设的经验和做法，同时学习借鉴国外的先进经验，中国科协积极开展科学道德国际交流合作。2012年9月21—22日举办了第三届中美科学道德诚信案例研讨会，中美两国三十余位科学家汇聚一堂，围绕"署名权和名誉"、"利益冲突"、"剽窃和原创作品"、"合作"四个议题进行深入而热烈的研讨。2013年5月，中国科协代表团参加了在加拿大蒙特利尔举办的第三届世界科研诚信大会，并访问了加拿大英属哥伦比亚大学、卡尔加里大学、麦吉尔大学、滑铁卢大学和美国科促会，与中国驻蒙特利尔领馆总领事及科教参赞进行了座谈，拜会了中国驻加拿大使馆及多伦多领事馆。2014年6月、7月、10月，分别与德国弗劳恩霍夫应用科学研究会、荷兰屯特大学以及美国匹兹堡大学就科学道德诚信建设进行交流研讨。2014年10月8—9日，组团赴美国参加第四届中美科学道德诚信建设研讨会，来自中美两国科学家就"科学道德诚信学科建设和专门人才培养"进行了深入交流研讨。科学道德建设国际交流与合作为国际科技界了解中国对科学道德建设的态度、立场、决心，树立中国科技界在国际上的良好形象发挥了重要作用。

（二）经验

总结"十二五"期间工作，取得如下经验。

1．要广泛团结有影响力的科学家，充分发挥其在科学道德建设中的模范作用和感召力

无论是制定各项科学道德规范，还是开着各项科学道德和学风建设宣讲教育活动，或者国际交流活动，那些有着坚定科学精神信念、严谨治学态度、扎实科学功底，又有着广泛社会影响力的科学家都发挥了关键的不可替代作用。他们既有卓越的科学贡献，又凭借在科技界、教育界乃至全社会的影响力，使党和政府、使全社会更加重视科学道德和学风建设工作，更大投入地开展这项工作。他们与青年学子面对面交流更是让科学道德和学风建设宣讲教育变得更富有感召力。

2．要联合有关部门，形成工作合力，营造科学道德和学风建设良好社会舆论氛围

科学道德和学风建设是科技界、教育界乃至全社会都共同关注的焦点问题，也是一个长期复杂的系统工程。需要联合各有关部门共同推进，形成工作合力，赢得媒体的广泛关注和社会公众的大力支持。如此，关注科学道德、遵守科研诚信的社会氛围就会越来越浓厚。

3．要广泛开展科学道德和学风建设国际交流与合作，学习借鉴国外好的经验和做法

科学道德和学风建设是一个国际性问题，国外许多发达国家和地区如美国、加拿大、欧洲等在这方面起步早，已经形成了很好的工作体系。中国在科学道德和学风建设方面积累的经验非常有限，加

强国家交流与合作，既可以减少走弯路加快进程，又可以加深中国科技界与外国科技界的相互了解，还能树立中国科技界在国际上的良好形象。

4．要将宣传教育、制度建设和严肃查处相结合，使科研不端行为"不敢、不能、不想"

加强科学道德和学风建设，防治学术不端行为，既要加强宣传教育，从精神层面引导广大科技工作者树立正确的世界观、人生观和价值观，又要建立科学合理的科技资源分配、科技管理、科技评价等相关制度体系，同时要坚决调查处理学术不端行为，形成强有力的威慑作用。

（三）困难和问题

1．科研诚信立法工作有待进一步推进

目前，有关科学道德的相关规范均属于倡导性的、自律性的，缺少约束性，缺乏法律层面的支持和保障。对一些学术不端行为缺乏惩处的依据，或因处罚力度较轻达不到应有的效果。此外，有关科研诚信立法工作的研究还不够。

2．学术不端独立调查机制有待进一步建立

目前，学术不端行为的调查主体以涉事人员所在行政单位和科研项目发布单位为主，缺少第三方独立调查机构，因存在利益冲突等方面原因，调查处理工作的科学规范合理性有待加强。

3．学会的科学道德建设有待进一步强化

目前，全国学会建立科学道德委员会等专门机构的不多，对会员开展科学道德教育工作不够，缺少调查学术不端行为的有效机制，学会作为科技共同体的监督约束、自我净化功能没有很好地发挥。

4．科学道德和学风建设宣讲教育长效机制有待进一步完善

目前，科学道德宣讲教育工作有的还停留在活动层面，教育的实效性也有待进一步加强，需要进一步探索建立长效机制，使科学道德宣讲教育工作常态化、长效化。

二、本领域"十三五"面临的形势

（一）国际环境及主要国家战略举措

科学道德和学风建设是一个全球性的问题，科技伦理业已越来越受到当代国际社会的高度关注，国际科学界、政府和非政府组织已经召开了一些非常著名相关会议，建立起一些非常重要的科学伦理团体。世界科学联盟于1996年建立了"科学道德与责任常设委员会（SCRES）"，联合国教科文组织1997年建立了"科学知识与技术的道德"世界委员会（COMEST）。欧洲科学基金会（ESF）和美国卫生及公共服务部下属的科研诚信办公室（ORI）共同发起并组织了世界科研诚信大会，定期对于科研不端行为的现行政策和动向进行总结和报告，提出强化诚信教育的目标和意义，旨在适应全球化与国际合作，以促进公众理解及对于科学技术的持续信任。

美国在政策、机构及基层落实层面形成了一整套强化科学道德和学风建设框架。在立法及政策制定方面，联邦政府从立法层面颁布了《关于科研不端行为的联邦政策》，其他机构和组织也制定了相关的政策规章，比如国家科学基金会制定了《科学和工程研究中的不端行为》，在专门领域层面：如医学院协会《维护研究良好行为标准》等。在建立结构化的监督机构方面，国家级别的白宫科技政策

办公室（OSTP）负责跨部门协作、政策法规建议起草修订以及其他相关工作的整体协调；诚信办公室（ORI），负责强化规范不端行为举报、调查和监督、制定科研道德方针政策和具体措施，开展科研伦理教育；国家科学基金会总监察长办公室（OIG），负责履行对篡改、剽窃等科研不端行为的监督处理以及从基金审批等方面维护科研诚信的职责。

（二）国内发展面临的新形势新要求

近年来，国内一系列科研不端行为的出现，不仅玷污了科学的圣洁和科技工作的声誉，也影响了科技创新和科技事业的正常发展与赶超世界一流科技水平的步伐，更为严重的是，在某种程度上挫伤了科技工作者潜心从事科学技术事业的积极性，对于青年学子投身科研事业的信念和正确的科研态度也产生了消极的影响。加强科学道德建设，努力营造良好的科研环境，积极培育创新文化，是提高自主创新能力的基本要求，对于源源不断地培养出大批追求科学真理、遵守科学规范、投身科技事业的科技工作者，加快实施创新驱动发展战略，加快建设创新型国家，有着十分重要的意义。

中国科协是中国科学技术工作者的群众组织，是党领导下的人民团体，是党和政府联系科学技术工作者的桥梁和纽带，是国家推动科学技术事业发展的重要力量，在加强科学道德规范建设、弘扬科学精神、发挥自律监督作用、维护良好学术生态环境等方面具有独特的优势，具有义不容辞的重要责任。同时，弘扬科学精神，加强科学道德和学风建设，积极培养创新文化也已经成为广大科技工作者的一致呼声。中国科协在"十二五"期间就科学道德和学风建设开展了大量的工作，"十三五"期间需要进一步重视和加强这项工作，从各方面不断实质性地推动这项工作向前发展。

三、本领域"十三五"总体思路和主要目标

（一）总体思路

以邓小平理论、"三个代表"重要思想、科学发展观为指导，认真学习贯彻党的十八大和十八届三中、四中全会精神，学习贯彻习近平总书记系列重要讲话精神，深入实施科教兴国战略、人才强国战略和创新驱动发展战略，增强自主创新能力，全面深化科技创新体制机制改革，营造尊重人才的社会环境、平等开放和竞争择优的制度环境，壮大创新人才队伍，最大限度地激发广大科技工作者的创新活力。营造自由平等、求真务实的学术氛围，建设和谐学术环境。发挥科技共同体在科学道德和学风建设中重要的、不可或缺的作用。担负起科学道德和学风建设的重要责任，大力弘扬科学精神，广泛开展科学道德和学风建设宣传教育，引导广大科技工作者树立正确的世界观、人生观和价值观，开展科技界自我约束与净化，发挥学会作用开展学术不端行为查处，开展科学公平公正的学术评价，扩大与国际科技界合作与交流，树立中国科技界在国际上的良好社会形象。

（二）主要目标

稳步推进科研诚信立法，建立学术不端行为第三方独立调查机构，开展学术不端行为调查处理机制，强化全国学会在科学道德和学风建设中的主体地位，积极推进科学道德诚信体系建设取得明显成效，积极加入科学道德诚信国际组织，不断扩大中国科技界在国际科学道德诚信建设领域的影响力和话语权，进一步树立中国科技界在国家社会的良好形象。

四、本领域"十三五"战略重点和重大举措

（一）战略重点

1. 推动科研诚信立法

开展科研诚信相关立法研究，就立法基础、理论依据、执法主体、适用范围等方面深入研究，提出具有可行性的立法建议，为科协和学会承担科学道德建设工作争取法律地位和机制保障。

2. 建立第三方独立学术不端行为调查机构

在科技工作者道德与权益专委会框架下，与中国法学会、中国律师协会等结合，设置精简、高效的专门调查机构，负责受理典型学术不端行为举报、调查，并提出处理意见。

3. 构建科学道德宣讲教育长效机制

按照"全覆盖、制度化、重实效"的目标要求，深入推进科学道德宣讲教育工作，重点在"制度化、重实效"上下功夫，使科学道德宣讲教育常态化、长效化。推动各人才培养单位将科学道德宣讲教育纳入人才培养和考核的各个环节，推动各研究机构将科学道德宣讲教育纳入科研人员职业培训体系，推动科学道德和科研伦理学科建设及专门人才培养；推动科学道德宣传教育与制度建设、调查处理相结合。

打造科学道德建设论坛的品牌活动，每年根据实际情况选择适当主题举办专题论坛。

4. 推动全国学会积极加强科学道德建设

推动全国学会成立科学道德和学风建设专门机构，制定本学科领域科学道德规范，建立本学会科学道德和学风建设工作机制，建设学术诚信档案，制定学会学术期刊学术诚信管理办法，制定学术不端行为调查处理办法，组建本学会科学道德和学风建设宣讲教育专家队伍并开展宣讲教育活动。积极参加中国科协举办的各项科学道德和学风建设活动，接受中国科协委托参与学术不端行为调查等相关工作。推动地方科协组织地方学会开展科学道德建设工作。

5. 加强科学道德国际交流与合作

继续广泛深入地开展科学道德建设多边合作与交流，积极参与世界科研诚信大会，参加国际科技组织举办的有关科学道德、科学伦理的重要会议。推进中国科协与美国科促会科学道德联合指导委员会工作取得实质性进展，共同举办教育培训、互认调查结果，轮流主办中美科学道德诚信建设研讨会。推进中国科协与国际上其他主要科技团体关于科学道德建设方面的合作与交流。

6. 开展科学道德理论研究

开展科学道德理论课题研究，就科学道德规范、科学道德宣传教育、科研不端行为、国内外科学道德建设对比等相关问题开展理论性研究，提出应对方法和机制。

筹备建立科学道德诚信研究会，填补我国科学道德诚信研究学科空白，为从事科学道德研究的专家学者提供交流平台，不断提升科学道德研究的学术水平。

（二）重大举措

1. 积极争取科研诚信建设联席会议的支持

科研诚信建设联席会议由科技部、教育部、中国科协等十余家部委组成，主要职责是：指导全国

科技界科研诚信建设工作，研究制定科研诚信建设的重大政策，督促和协调有关政策和重点工作的落实。要积极争取联席会议成员单位的大力支持，研究并推进科研诚信法制化、制度化建设，研究提出加强科研诚信体系建设的意见和建议。

2．充分发挥科技工作者道德与权益专委会和知名院士专家的作用

组建好第九届常委会科技工作者道德与权益专门委员会，积极邀请具有广泛影响力、热心科学道德和学风建设、德学双馨的院士专家担任专委会成员，广泛动员更多院士专家积极参与科学道德和学风建设宣讲教育、国际交流、理论研讨，推动学术不端行为的调查处理。

3．进一步强化全国、各省（区、市）科学道德和学风建设宣讲教育领导小组的领导责任

全国科学道德宣讲教育领导小组成员单位包括中国科协、教育部、中国科学院、中国社会科学院、中国工程院，要加强协同和顶层设计，着力构建宣讲教育长效机制，更加注重整体推进和局部突破，抓好督促落实工作。各省科学道德宣讲教育领导小组做好全省宣讲教育工作的总体谋划和组织落实，成员单位之间加强沟通、协调，研究建立完善深入持久开展工作的体制机制，落实科学道德宣讲教育的经费和条件保障。积极深入研究生培养单位调查研究，指导高校、科研院所在建立科学道德宣讲教育长效机制方面取得明显成效。

4．积极探索建立与国际科技组织交流合作平台

2009年4月，中国科协与美国科促会成立了科学道德联合指导委员会，以协调两会在科学道德方面的工作。科学道德联合指导委员会承担以下责任：推动中美政策制定者、学者、科研人员及学生间的交流，促进两会合作项目实施，以取得与科研行为及科研应用相关的学术道德建设及知识应用方面的共同成果；双方就两国科学道德领域的突出问题和发展沟通情况、共享经验；作为中国科协和美国科促会合作开展科学道德活动的工作机制，提出在此领域开展单方或共同行动的建议。"十三五"期间，要积极发挥联合指导委员会的作用，推动实质性交流合作，以此带动中国与其他国际科技组织在科学道德和学风建设方面的交流合作。

五、条件保障和组织实施

（一）政策扶持

党中央、国务院高度重视科学道德与学风建设工作，并对中国科协开展此项工作给予深切的期望。习近平同志《科技工作者要为加快建设创新型国家多作贡献——在中国科协第八次全国代表大会上的祝词》中明确指出："希望广大科技工作者更加自觉、更加积极地加强品格修养，努力在促进科学道德建设和学风建设方面奋发有为"。2011年12月20日，习近平同志就科学道德和学风建设宣讲教育工作作出重要批示："中国科协和教育部联合开展的科学道德和学风建设宣讲工作抓得准、抓得及时，在社会各界引起积极反响。践行科学道德，树立良好学风，是科技界、教育界一项长期而艰巨的任务。要认真总结经验，组织德学双馨的院士专家宣讲队伍，按照全覆盖、制度化、重实效的要求，广泛宣讲科学精神、科学道德、科研伦理和学术规范，引导广大研究生、大学教师和科研人员严谨治学、诚实做人，为推动科技事业健康发展、建设创新型国家打下坚实基础。"刘延东、王兆国同志也分别批示，对加强科学道德和学风建设作出了明确的指示。

（二）经费投入

"十二五"期间，每年都以专项经费投入科学道德和学风建设工作，确保工作顺利开展。

（三）条件建设

科学道德和学风建设宣讲教育工作在中国科协、教育部、中科院、社科院、工程院的共同组织领导下开展，联合成立了全国科学道德和学风建设宣讲教育领导小组，并下设工作机构，组织领导力量强。各省区市也分别成立了宣讲教育领导小组，工作体系健全，能够有力推动工作开展。

此外，中国科协常委会下设科技工作者道德与权益专委会，致力于推动科学道德和学风建设。

（课题组成员：王守东　王进展　解　欣　王友双　齐晓楠）

服务创新驱动发展平台建设

"十三五"科协推动建设创新共同体、完善区域创新体系研究

中国科普研究所课题组

党的十八大明确提出"科技创新是提高社会生产力和综合国力的战略支撑，必须摆在国家发展全局的核心位置。"强调要坚持走中国特色自主创新道路、实施创新驱动发展战略。2014年2月26日习近平总书记提出京津冀协同发展战略。京津冀协同发展是个大战略、大部署，根本动力在创新驱动，协同创新是创新驱动的核心所在。推进京津冀协同创新共同体系建设，首要的是确定几个协同创新产业链，把京津的创新优势变成京津冀的产业优势，形成产业发展共同体。要谋划建立协同创新的示范体，有效吸引京津科技成果就近转化，实现三地共赢。中共中央、国务院《关于深化科技体制改革加快国家创新体系建设的意见》明确要求，充分发挥科技社团在推动全社会创新活动中的作用。科协组织在打通科技与经济结合的"大通道"和"微循环"上有着明显的特殊优势，应该为建设创新共同体、完善区域创新体系，尤其是构建京津冀创新共同体，完善京津冀创新体系方面做出积极贡献。

一、"十二五"期间的主要进展和成效

（一）中国科协充分发挥集团组织优势，以建设技术创新联盟、协同创新共同体为抓手，积极探索跨领域、跨区域协同创新

充分发挥学会横向跨学科联系广泛优势，探索在机器人、清洁能源、新材料、生物、装备制造、信息化、现代农业、环境资源等战略、新兴、交叉领域建设以学会为核心的技术创新联盟。如全国智能机器人创新联盟成立于2015年1月23日，由中国人工智能学会主办，中国电子学会、中国自动化学会、中国认知科学学会、中国科技金融促进会、中国指挥与控制学会和中国兵工学会协办。其主旨是：打造一个全国智能机器人创新团队的协作平台，一个创新成果与产业对接的转化平台，一个创新创业者的融资平台，一个培养机器人创新领军人才的摇篮，一个国家科技政策制定的智囊团，一个智能机器人研发者的俱乐部。

依托京津冀协同发展重大战略机遇，积极推进跨区域协同创新。中国科协与河北省人民政府签订"实施创新驱动发展战略建设创新型河北合作协议"，助力京津冀协同发展。围绕产业链部署创新链，组织推动建设一批产业协同创新共同体，健全区域创新体系，加速京津冀一体化建设。北京科协组织举办第三届首都大学生科技创新作品与专利成果展示推介会，共有京津冀三地55所高校参加，展出536件科技创新作品、专利成果、文化创意作品、创业计划书和优秀论文等。天津科协与北京市科协、中关村管委会联合召开"两地三方创新创业合作研讨会"，确定"建立京津创业导师联盟、共建创新型孵化器、互相开放研发设备、合作开展创新方法培训、加强会企协作和院士专家工作站建设"六项协同发展举措。

（二）积极推进京津冀产业协同创新共同体建设，探索实现官产学研用联合互动新模式

京津冀地区是我国科技创新资源最富集、创新成果最丰富和科技实力最强的区域之一。区域内科研机构数量占全国的 14.0%，高校数量占全国 9.04%，两院院士数量占全国 2/3 以上，全时 R&D 人员数量占全国的 1/3，R&D 经费占全国的 16.2%。京津冀技术市场交易额占全国的 42.4%，授权专利数量占全国 18.8%。仅在北京地区，科技资源总量占到全国的 1/3，拥有各类科研院所 400 余所，其中中央级科研院所占全国 74.5%；拥有普通高校 91 所，其中中央在京 38 所；拥有国家重点实验室 111 家，占全国 30.9%；国家工程实验室 50 家，占全国的 50.6%；国家工程技术研究中心 66 家，占全国的 19.1%；国家工程研究中心 41 家，占全国 41.3%。科技资源禀赋、科技资源集聚能力和知识产权创造能力在全国均处于绝对优势地位。

中国科协依托现有学会基础上建立学科联盟，建起学科内及跨学科科研学术活动的横向联系合作机制。围绕京津冀协同创新中的战略性、前瞻性、基础性和行业共性问题开展调研咨询，努力提高科学决策咨询能力；定期举办高水平、高层次的综合性和专题性博览会，搭建交流平台；立足智力密集优势，建设世界一流水平的研发型协同创新共同体；着眼国内外市场需求，构建形成国内领先的主导产业的资源型协同创新共同体；找准未来发展机遇，培育具有潜在竞争力的孵化型协同创新共同体。

二、目前存在的主要问题

与珠三角、长三角地区活跃的创新氛围相比，京津冀地区科技优势没有及时有效转化为产业优势和区域优势，最突出问题是科技资源分散、封闭、重复，分化和极化现象同时并存，制造加工能力比较弱。出现这种现象的重要原因，一是行政壁垒导致的区域间产业布局缺乏统筹安排，三地的产业发展内部封闭循环色彩严重，低水平的重复建设多，更多注重量的扩张，没有形成合理的区域分工；二是在 GDP 导向的政绩观引导下，三地在努力形成自成体系的优惠政策的同时，积极寻求中央政策优惠，导致政策优势叠加，马太效应明显，形成事实上的虹吸现象；三是由于缺乏合理有效的制度安排，中央级的科研院所和高等院校的功能定位与地方对他们的需求期待存在较大落差，大量的创新资源重复分散，封闭孤岛现象突出，科研机构、高校、企业相互之间缺乏协同，大量的科研成果宁可以蛙跳方式到长三角和珠三角转化，也不愿意在劳动力成本低、土地资源丰富的河北等周边地区转化。

三、"十三五"期间面临的主要形势和客观需求

（一）我国经济发展进入新常态

目前，我国经济增长速度从过去的高速增长逐步走向中高速增长，经济结构调整升级任务繁重，经济增长需要寻找新的动力。而创新将成为经济增长的新动力，为科协组织服务创新驱动发展战略提供了新手段和新途径。第一，创新进入速度时代，移动互联网、大数据、社交网络等新技术发展迅速，要求科协组织充分利用新技术创新服务模式。第二，创新趋向全球化，创新资源全球范围内加速流动，科协组织应加强人才、技术高端链接服务，推动科技与经济社会紧密发展。第三，创业前置化，思想即是能量，预孵化成为凸起，要求科协组织加强以孵育科技工作者想法为主的众创空间建设。第四，协同创新成为提高自主创新能力的全新组织模式，要求科协组织加强跨区域、跨领域协同创新组织建设。

从工业经济到新经济，创新活动打破垂直分工，创新模式由"线性创新"转向"网络创新"，协同创新已经成为创新型国家和地区提高自主创新能力的全新组织模式。科协组织应该充分发挥网络优

势和学会横向联系广泛的优势，打破学科、地域、部门的界限，加强跨区域、跨领域的协同创新组织建设，聚焦创新热点，降低创新实践中技术知识转化时间和交易成本，提升创新效率。

（二）国家级战略构想陆续出台

一系列国家级战略构想陆续出台，包括"一带一路"战略、自由贸易区战略、区域经济一体化战略（京津冀协同发展战略和长江经济带发展战略）。

四、国外开展同类工作的典型经验和做法

通过创新要素的优化配置进行产业技术空间新组合，提升区域的整体竞争力，促进区域协同发展，是当前发达国家发展战略调整的新目标新动向。2014年，美国国会通过《振兴美国制造业和创新法案》，把实施制造业创新网络计划作为重振制造业优势的国家战略，在全国范围内建立纳米技术、先进陶瓷、光子及光学器件、复合材料、生物基和先进材料、混动技术、微电子器件工具开发等制造业创新中心，组建美国制造创新研究所等新兴科研机构。美国大学科技园区协会连续发布《空间力量：建设美国创新共同体体系的国家战略》《空间力量2.0：创新力量》等报告，强调以科技园区、大学与学院、联邦实验室和私营企业为主体建设美国创新共同体，实现区域创新优势向经济发展优势转化。法国政府从2005年开始斥资15亿欧元在全国建成了71个"竞争力集群"，主要采用"企业＋实验室"模式，超过7000家科研机构和企业以及1.5余名研发人员参与其中，形成了6个全球具有竞争力优势的研发集群，9个在全球具有较强竞争力的企业联合体和52个产业集群，为法国在国际竞争中保持优势地位提供了强有力的支撑。

应对日趋激烈的国际竞争，破解京津冀一体化难题，就要跳出自家一亩三分地的惯性思维，真正从国家战略的高度思考京津冀空间经济技术组织形态，以需求为导向，以市场为基础，以企业为依托，以技术为纽带，以研发集群为核心，以园区为载体，官产学研金有机联合互动，整合区域创新资源，最大限度地实现知识、信息、资金、人才、科研基础设施等创新资源的协作共享，贯通从科技强到企业强、产业强的链条，有效激发创新活力和创造热情，建设一批产业协同创新共同体，有效弥合发展差距，显著提升区域竞争力，真正实现从要素驱动向创新驱动发展转变。

五、结合中国科协职能定位，分析科协的优势和困难

"十三五"期间，科协组织在服务创新驱动发展战略中，重点要在新型的政府－企业－社会关系中明确自身定位，在重新定位中找准建设创新共同体、完善区域创新体系的切入点着力点，厘清工作边界，更好地发挥科协组织优势。科协组织在打通科技与经济结合的"大通道"和"微循环"，在推动建设创新共同体、完善区域创新体系中大有可为。但同时，中国科协也存在着一些问题。第一是部分科协组织协同创新观念狭隘，第二是科学活动存在局限性，影响范围不广，第三是科协组织自身队伍建设有待加强。

六、"十三五"期间的战略目标和重点任务

到2020年，中国科协应该建立1000个协同创新共同体，健全完善区域创新体系。应紧紧围绕京津冀一体化国家战略，立足区域产业基础和特色优势，着眼破解制约发展难题，理顺三地产业发展链，部署协同创新链，统筹推进区域协同、产业协同、院所高校与企业协同创新；强化产业组织创新，优先选择一批产业基础好、技术水平高、市场潜力大、具有良好发展前景的支柱产业和战略性新兴产业，以研发集群引导创新要素聚集；强化创新人才驱动，充分发挥学会和协会的桥梁纽带作用，

以更加灵活的机制引导科技人员进军协同创新主战场；强化政府主导作用，针对创新资源配置的市场失灵环节，促进各类创新要素紧密互动、产业链上下游有机衔接和集群化发展。通过 5 年左右加快建设，形成一批具有国际竞争力的产业协同创新共同体，推进京津冀地区产业与科技在更高层面、更大范围、更广领域融合发展，实现资源共享、优势互补、协同创新、共同发展的新格局。

1. 围绕高端制造发展，重点打造一批具有国际竞争力、带动制造业向价值链高端攀升的产业协同创新共同体

——生物制造产业协同创新共同体。发挥京津地区生命科学、生物工程和医学研发资源密集的优势，瞄准世界生命科学和生物技术发展的前沿，高端连接全球创新资源，产学研联合建立联合协同创新科研组织，重点突破新型疫苗、基因工程药、诊断试剂和中药标准化等关键技术，强化对京津冀生物制造产业的重大关键技术的源头供给。围绕生物医药产业链的发展，在石家庄、天津滨海新区建立生物医药创新"特区"，构建分析测试、新药创制、药物研发信息、生物药中试共性技术平台，在产学研和药品监管、专利保护部门之间建立绿色通道，推动重大创新成果加快转化。

——机器人产业协同创新共同体。坚持需求导向、高端切入，发挥京津冀地区机械、信息、材料、智能控制、生物医学、认知科学等领域的技术优势和产业潜力，围绕工业机器人、服务机器人和特种机器人三大方向，强化技术交叉和融合，抢占制造业未来竞争的制高点。建立京津冀机器人创新网络，以全国学会和相关企业共建机器人产业联盟为实施主体，围绕核心零部件、智能化软件、系统集成设计等关键技术瓶颈，联合制定机器人产业发展路线图，合理引导技术开发、产业投资方向，科学布局高中低端产品的制造。

——通用航空产业协同创新共同体。加强统筹规划，围绕通用航空产业基础设施建设、飞机制造、运营服务三大关键环节，发挥京津冀三地的优势，扬长避短、因地制宜布局发展重点；合理布局通用航空产业园区，加强科学规划和错位发展，北京重点发展研发设计能力，天津做强航空电子、精密仪器加工制造能力，河北在机场设备、航校培训、飞机维修方面做大规模，充分利用园区载体空间，实现研发设计、生产制造、销售运营和服务保障等相关企业的集群发展，形成有序分工、特色竞争的产业生态体系；依托通用航空产业密集区，集聚京津两地的研发资源，建设军民协同创新示范区，开展适合我国通用航空发展的监视和导航系统、低成本复合材料等关键领域的技术攻关，强化系统集成能力，形成具有国际竞争力的通用航空自主技术体系和生产制造体系。

2. 围绕低碳绿色发展，优先打造一批破解资源环境瓶颈、保障生态安全的产业协同创新共同体

——节能环保产业协同创新共同体。重点围绕京津冀地区大气、水、土壤污染等重大生态安全问题，建立行业研究机构和重点排放企业的研发联合体。紧密结合钢铁、水泥、玻璃、煤电等高耗能高排放产业节能减排的需求，建立全生命周期的环境管理制度，加快清洁生产、污染治理和修复、资源循环利用等共性技术的示范推广。加快建立从技术研发、集成、推广、装备制造、工程设计和服务为一体的京津冀环保产业化体系，打破区域行政壁垒，培育环境服务市场，建立一体化的市场准入制度，壮大一批具有较强市场竞争力的龙头企业，鼓励科研机构和高校利用自身优势提供环境修复服务。

——新能源产业协同创新共同体。充分发挥京津冀地区产业技术雄厚、科研资源丰富的优势，围绕新能源生产、传输和应用三个关键环节，重点发展光伏材料和风力发电技术，突破电力长距离输送需求响应和智能管理技术，集成输配电基础设施建设和应用技术，以新能源汽车为突破口，加快完善新能源应用配套服务，拓宽应用领域，创造更大市场空间。强化京津冀三地资源共享、产业互动，推动北京新能源企业向天津、河北集聚，实现研发优势和制造优势的结合、风力发电、绿色电池和太阳能电池统筹，研究开发、装备制造、运营服务协同，形成一批新能源产业发展的示范基地，把邢台－保定－廊坊－滨海新区打造成具有国际竞争力的新能源产业带。

——新材料产业协同创新共同体。以钢铁研究院作为龙头，相关企业共同成立钢铁行业联合研发

中心，重点围绕钢铁行业节能减排、提质增效的需求，鼓励发展汽车、航空航天、海工装备、军工核电所需特种钢材，开展关键技术的联合攻关。依托保定、唐山、邯郸等地产业园区，围绕纳米、碳纤维、石墨烯等新型功能材料，布局一批技术孵化器，吸引中央科研机构和高校科技人员入园创新创业。

3. 围绕下一代信息技术发展，超前培育一批具有较强产业关联度、引领信息化智能化社会发展的产业协同创新共同体

——电子商务产业协同创新共同体。发挥京津冀地区电子商务集聚优势，促进企业、行业和区域电子商务平台的互联互通，带动产业上下游关联企业的协同发展，实现线上线下资源的互补。北京、天津重点发展电商服务企业，收集、挖掘商品和服务供需信息的大数据分析和服务系统，支持基于大数据分析的精准营销、精准物流、销售趋势预测、广告精细化管理、市场决策分析等商业服务。河北加大电子商务在农产品产地与销售对接、消费类商品个性化定制服务、线下销售与线上服务结合等方面的应用和商业模式创新，加速农业传统营销向互联网营销转型。

——数据产业协同创新共同体。京津冀三地在数据产业领域资源丰富、基础雄厚，在全国处于领跑地位。以智慧城市建设为引领，搭建京津冀智慧城市大数据公共服务平台，加快智能交通、智慧医疗、电子政务等政府公共数字资源的开放共享。在北京中关村布局大数据产业基地，集成中科院、清华大学、北京大学以及联想等企业的优势，力争在超大规模数据仓库、分布式存储和计算、基于人工智能的大数据分析等一批前沿技术实现突破，孵化培育一批领军企业，成为全球大数据创新中心。利用张家口地区良好地质条件，加快建设大数据基础设施，发展大数据服务产业基地。构建大数据应用和服务标准，建立行业大数据应用平台，形成基于大数据分析额信息消费、文化创意、远程教育、健康服务等新兴业态，发展大批具备大数据应用能力的企业，形成京津冀大数据产业带。

——智能交通产业协同创新共同体。京津冀地区交通体系协同发展正加速推进，应以物联网、大数据为支撑构建智能化交通基础设施和管理体系，发展现代化的交通系统和物流系统，建设成为国内具有领先地位的产业集群，集成产学研优势，建立京津冀综合交通运行监测与协调指挥系统，推动交通体系智能化、便捷化、高效化发展。军民结合加快北斗导航系统产业化，在京津冀地区率先实现部门间、地区间、军民用户间资源统筹，数据共享，发展区域加密网基准站网络，提供米级、分米级、厘米级和后处理毫米级的高精度位置服务。

4. 围绕宜居区域建设，着力打造一批显著提升区域生活品质、三次产业协同推进的产业协同创新共同体

——健康产业协同创新共同体。充分发挥北京的研发资源优势，依托中关村生物医药园区，组建高校、院所和企业联合的协同创新共同体，对接国际高端创新资源，推动生命科学研究、生物技术发展、信息技术应用的融合，发展干细胞治疗、肿瘤免疫治疗、基因治疗等个体化治疗和第三方医学检测等领域的高端技术、新型服务。发挥三地中医药企业密集的优势，在天津和石家庄发展中医药产业集群，在北京通州和河北香河之间发展健康服务园区，打造健康服务产业协同创新共同体，提供个体化、规范化、高质量、一站式的高端医疗技术服务。天津精密制造基础较好，重点培育发展影像诊断设备、高端医用耗材等协同创新共同体，孵化培育一批有能力进入国际市场的高端医疗器械企业。

——绿色食品产业协同创新共同体。结合京津冀地区传统农业，充分发挥中国农业大学、中国农科院等院校在畜牧、园艺、设施、节水、种业以及食品安全、现代农业管理等方面的人才资源优势，重点突破食品栽培种植、标准化生产等领域的关键技术，围绕基地建设、企业培育、产品和高科技开发、市场开拓等，开展技术指导、咨询、培训以及成果推介、引进、转化等服务。以京津冀区域环首都地区为重点，充分依托中粮集团、首农集团等龙头企业，在环京津地区建设绿色食品生产基地和现代农业示范带，推动食品安全管控、农产品电子商务等领域的商业模式创新，推动绿色食品成为京津冀协同发展的重要基础和特色产业。

——文化创意产业协同创新共同体。京津冀地区文化创意产业规模在全国处于领先地位，应以中国出版创意产业基地、国家新媒体产业基地为重要载体，充分发挥清华大学、中国传媒大学等的科研优势，联合中国华录集团、中国出版集团等文化企业，打造文化创意产业协同创新共同体。在环京津地区大力发展文化创意园和企业孵化器，建设国内领先、国际一流的文化创意产业集群，培育发展以激发想象力为导向的科幻产业、动漫产业和游戏产业。

七、对需配套的改革举措、工作部署和政策保障等提出建议

中国科协应该破除科技创新资源分散封闭的孤岛现象，推进京津冀区域创新体系建设。

第一，加强京津冀协同创新的顶层设计。研究制定京津冀区域协同创新发展总体规划，提出总体目标、行动方案和政策措施，定期发布协同创新技术路线图，建立协同创新监测评估体系，引导京津冀地区协同创新的战略方向。规划发展京津冀一体化公共服务设施，构建多式联运、便捷高效的物流体系，形成一体化的人力资源市场、社会保障体系以及教育、医疗等公共服务体系。合理布局支撑协同创新的研发集群和产业基地，围绕产业链重点发展100个左右民办非企新型科研组织，立足区域比较优势建设京津未来科技城、廊坊－武清科教城、北京－张家口大数据产业带、大兴－石家庄临空经济合作区物流枢纽、天津滨海新区生物产业基地、通州－香河国际健康城、曹妃甸现代钢铁产业基地、北京新机场、朝阳－涿州文化创意基地、环京津绿色食品产业圈等10个产业协同创新示范基地。

第二，建立京津冀协同创新先行先试特区。推广中关村自主创新示范区、天津滨海新区、上海自贸区、深圳前海等区域的先行先试经验，相关政策和改革措施在京津冀地区全面实行。实行有利于科技成果转化的激励政策，授予高校、科研院所的研发团队研发成果的使用权、经营权和处置权。实施技术交易免征增值税等技术交易鼓励政策，并将技术开发、技术转让、独立开展或与技术转让相关的技术咨询和服务等纳入免征范围。在节约用地的前提下，优先安排河北的研发、教育和产业用地指标，对接北京和天津的创新要素发展高技术园区、研发中心和总部基地。

第三，促进科技基础设施资源开放共享。建立京津冀地区重大科研仪器设备和基础设施开放共享平台，定期公开发布设施开放清单。搭建京津冀协同创新信息平台和技术交易市场信息平台，完善信息交流机制。规范发展技术评估、监测认真、产权教育、知识产权等中介服务机构，建立区域间信用共享平台。实施军民融合协同创新计划，公开发布军民两用技术发展规划信息，鼓励军工院所与地方院所、企业开展联合攻关。

第四，支持各类科技人才创新创业。设立京津冀中小企业创新基金，鼓励科技人员领办或创办科技企业。将科技成果转化作为重要指标纳入科技人员考评体系。对在技术转移、科技成果转化中贡献突出的，可破格评定相应科学技术职称。高校、科研院所创办科技型企业交纳的税收和创业所得，捐赠给原单位的金额，等同于纵向项目经费，纳入职称评聘和相关考核中。科技人员离岗转化科技成果、创办科技企业，保留编制、身份、人事关系，档案工资正常晋升，5年内可回原单位。允许大学生创业，创业实践可按照相关规定计入学分。大力发展科技企业孵化器，对大学生创业及其他优秀创业项目设立零租金。

第五，建立多样化的金融支持体系。推广中关村国家自主创新示范区、天津滨海新区、上海自贸区、深圳前海在金融创新领域的先行先试经验，以企业信用体系为基础，以京津冀协同创新共同创新体为平台，建立包括天使投资、风险投资、证券市场、信托、担保于一体的、覆盖京津冀地区的现代化金融体系，探索具有全国示范意义的区域性科技金融创新制度。鼓励发展互联网金融，允许开展众筹等新的融资方式创新。

第六，围绕协同创新发展智库集群。组建京津冀协同创新战略咨询委员会，为京津冀一体化发展做好决策咨询工作。定期举办高水平协同创新论坛，整合区域内创新资源。

中国科协及所属学会将发挥自身优势，在推进京津冀协同创新共同体建设中发挥桥梁纽带作用。

依托现有学会建立学会联盟，建起学科内及跨学科科研学术活动的横向联系合作机制；充分发挥同行评议的基础性作用和学会"小同行"专业优势，提升人才评价的科学性、公正性，强化对青年人才苗子的发现举荐作用，发挥学会培养孵化作用打造领军人才"传帮带"平台；大力普及科学知识、弘扬科学精神、传播科学思想、倡导科学方法，使创新文化成为京津冀地区先进的主流文化；围绕京津冀协同发展和协同创新共同体，定期举办高水平、高层次的综合性和专题性博览会，搭建交流平台，提高合作效率，促进京津冀协同创新共同体加速发展。

（课题组成员：罗　晖　高宏斌　李　娟　陈　玲）

科普惠农兴村计划"十三五"发展研究

中国科协农村专业技术服务中心课题组

"科普惠农兴村计划"是中国科协、财政部自 2006 年开始联合开展的一项重点工作。为了进一步巩固和扩大项目成果，丰富项目内容，推动科普惠农工作深入持久开展，特开展"科普惠农兴村计划""十三五"发展研究，认真总结"科普惠农兴村计划"实施九年来取得的成效和经验，全面分析"十三五"时期农村科普工作面临的新形势新任务，科学规划新时期实施"科普惠农兴村计划"的基本思路、发展目标、重点任务，使"十三五"规划成为指导"科普惠农兴村计划"未来五年发展的行动纲领。

一、"科普惠农兴村计划"实施概况

（一）实施对象、方式和原则

"科普惠农兴村计划"的四类表彰奖补对象：农村专业技术协会、农村科普示范基地、农村科普带头人、少数民族科普工作队，它们根植于农民当中，是长期在农村开展科学普及的基层科普组织和个人的优秀代表。

"科普惠农兴村计划"通过"以点带面、榜样示范"，"以奖代补，奖补结合"的方式，在全国评比、筛选、表彰一批有突出贡献的、有较强区域示范作用的、辐射性强的农村专业技术协会、农村科普示范基地、农村科普带头人、少数民族科普工作队等先进集体和个人，带动更多的农民提高科学文化素养，掌握生产劳动技能，提高农民科技致富的能力，引导广大农民建立科学、文明、健康的生产和生活方式。

"科普惠农兴村计划"实施原则：

面向社会，统一标准。评选范围面向社会各界，符合推荐范围和条件的单位和个人均可申报，统一评审标准。

立足科普，注重公益。评选对象立足于科普工作一线，注重社会公益，不以营利为主要目的。

差额评选，择优支持。各省推荐名额与最终确定获奖名单实行差额评选制，从各省推荐名单中择优支持。

奖补结合，追踪问效。中央财政安排专项资金，通过以奖代补和奖补结合方式对评选出的先进集体和个人开展科普活动进行补助和奖励，为他们更好地发挥示范带动作用创造更好的条件。对中央财政专项资金的使用及其结果实行监督考核和追踪问效。奖补资金主要用于改善科普条件、完善科普功能和开展科普活动等支出。

（二）表彰奖补和资金投入使用情况

2006—2014 年，"科普惠农兴村计划"共安排中央财政转移支付资金 19.5 亿元，共奖补 11961 个先进单位和个人（见表1），其中农村专业技术协会6094个，奖补资金12.188亿元；农村科普示范基地2754个，奖补资金5.508亿元；农村科普带头人3058个，奖补资金1.529亿元；少数民族科普工作队55个，奖补资金0.275亿元。

表1　2006—2014年"科普惠农兴村计划"奖补资金及数量

年　　度	中央财政奖补资金（亿元）	中央财政表彰奖补数量（个）	地方财政奖补资金（亿元）	地方财政表彰奖补数量（个）	表彰奖补总数（个）
2006	0.50	310	0.20	1 362	1 672
2007	1.00	650	0.60	2 265	2 915
2008	1.00	695	1.30	14 233	14 928
2009	2.00	1 219	1.25	9 881	11 100
2010	3.00	1 785	1.86	12 881	14 666
2011	3.00	1 797	2.00	13 447	15 244
2012	3.00	1 797	1.83	10 379	12 176
2013	3.00	1 797	2.13	8 433	10 230
2014	3.00	1 911	–	–	1 911
合计	19.50	11 961	11.17	72 881	84 842

农村专业技术协会和农村科普示范基地各奖补20万元，农村科普带头人各奖补5万元，少数民族科普工作队各奖补50万元。

奖补资金大部分用于开展科普活动和购置科普专用资料和设备，以2014年表彰对象奖补资金使用情况为例，表彰对象用于科普活动费的奖补资金占49%，用于科普专用资料和设备费的占45%，其他资金占6%（见图1）。

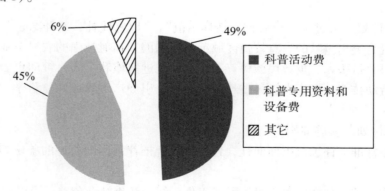

图1　2014年奖补对象对奖补资金的使用情况

2006—2014年，地方财政共投入专项资金11.17亿元，奖补72881个先进单位和个人（见表1），其中，省级财政投入专项资金6.9359亿元。北京、河南、四川、湖北、广西、云南等31个省市自治区财政投入专项资金，用于奖补先进集体和个人。广西壮族自治区等地按照"四级联动"模式实施"科普惠农兴村计划"。辽宁省、黑龙江省、江苏省、河南省、湖北省、广西壮族自治区、重庆市等7个省份自2006年实施"科普惠农兴村计划"起，连续8年开展本省工作。北京市累计投入6273万元，表彰先进集体和个人，投入资金数额居各省首位。有31个省（自治区、直辖市）的地市级财政投入专项资金约26131.96万元；湖北省地（市）财政共投入2584万元开展本地"科普惠农兴村计划"，投入资金数额高居各地（市）榜首。24个省（自治区、直辖市）的县级财政投入专项资金8900

余万元；江苏省县级财政共投入 1367.6 万元开展本地"科普惠农兴村计划"，投入资金数额高居各县（区）榜首。

（三）组织实施机构及流程

每年 3 月底前，由中国科协、财政部综合各省社区、农村科普工作等情况，确定各省农村专业技术协会、农村科普示范基地、农村科普带头人、少数民族科普工作队和科普示范社区的推荐名额，并下达到各省（区、市）。其中农村专业技术协会、农村科普示范基地、农村科普带头人和科普示范社区的推荐名额按评选名额的 120% 进行分配；少数民族科普工作队由建有少数民族科普工作队的省（区、市）各推荐 1 个。

省级科协和省级财政部门根据中国科协、财政部下达的推荐名额和本方案规定的推荐范围和条件，结合本省社区、农村科普工作的实际情况，制定具体的实施细则，下发到各市、县，并通过本省的主要媒体广泛宣传，向政府机构、社会组织、社区和广大农民、社区居民公开发布推荐条件和申报程序。认真组织做好本省的推荐工作。

省级科协和省级财政部门汇总各县推荐名单和相关材料，成立评审委员会进行审核，在中国科协和财政部下达的推荐名额内，提出推荐单位和个人名单；推荐单位和个人名单须在本省媒体进行公示，时间不少于 5 天；公示期满无异议的，由省级科协和财政部门于 5 月底前，将正式推荐名单和相关材料上报中国科协和财政部。

中国科协和财政部汇总省级科协报送的申报材料，成立评审委员会进行评审。评审结果在媒体进行公示，时间不少于 5 天，公示期满无异议的，6 月底前由中国科协和财政部批准并下达各省级科协和财政部门。对受到表彰的农村专业技术协会、农村科普示范基地和少数民族科普工作队、农村科普带头人及社区授予相应，并均由中央财政资金给予奖励和补助。

2013 年，为进一步加强"科普惠农兴村计划"规范化管理，强化激励机制，科普惠农项目办制定并下发了《"科普惠农兴村计划"项目实施工作考核办法（试行）》《科普惠农兴村计划专家库管理办法》，发布《"科普惠农兴村计划"项目实施工作考核标准》，从申报推荐、组织实施、宣传推广和总结评估四个方面对各省实施情况进行评估。

二、"科普惠农兴村计划"收获宝贵经验

九年来，各级科协与财政部门把"科普惠农兴村计划"的实施工作作为贯彻落实科学发展观在服务"三农"中的重要实践，坚持以"科普惠农"为核心，充分发挥表彰对象在服务"三农"中的独特作用，在取得显著经济和社会效益的同时，也积累了宝贵的经验，得到了有益的启示。

（一）党政重视，是"科普惠农兴村计划"成功实施的重要前提

"科普惠农兴村计划"实施以来，中共中央、国务院两次在中央一号文件中提出要实施好"科普惠农兴村计划"，将"科普惠农兴村计划"纳入"三农"工作的大局；中央书记处连续 4 年在听取中国科协党组工作汇报时都要求要大力推进"科普惠农兴村计划"，王兆国、刘延东等中央领导同志也都对此多次作出指示，这些都为我们实施好"科普惠农兴村计划"指明了方向，增添了信心。地方党政领导也高度重视，17 个省成立了科普惠农工作领导小组。同时，各级科协和财政部门在"科普惠农兴村计划"实施中密切配合，保证了"科普惠农兴村计划"有序规范的实施，搭建了一个服务"三农"的大平台，成为大联合大协作的一个成功范例，为服务"三农"做出了重要贡献。

（二）面向农民，是"科普惠农兴村计划"成功实施的鲜明特色

九年实践证明，科普使广大农民在提高科学生产技能的同时，提高了科学生活水平，提高了科学

素质，在依靠提高劳动者素质促进农业和农村经济增长方式转变方面具有鲜明特色，发挥了重要作用。"科普惠农兴村计划"直接奖补到农民，激发了农村基层科普组织和科普带头人的荣誉感和责任感，激发了广大农民学科学、用科学的积极性，广大农民成为科普的参与者与受益者，科普成效直接惠及"三农"。

（三）选准抓手，是"科普惠农兴村计划"成功实施的关键举措

农村科普工作涉及面广，内容众多，必须突出重点，找准突破口。"科普惠农兴村计划"将农村专业技术协会、科普示范基地、农村科普带头人、少数民族科普工作队作为四个抓手，充分发挥四类表彰对象在植根农村、服务农业、贴近农民的优势，收到了实效。"科普惠农兴村计划"将奖补资金用于表彰对象购置科普设施，开展科普服务，大大增强了他们的科普服务手段，提升了他们的科普服务能力，为农村科普工作注入了生机和活力，促进了农村科普服务体系的健全和壮大。

（四）榜样示范，是"科普惠农兴村计划"成功实施的有效方式

"科普惠农兴村计划"通过在农民身边树立起一批鲜活的典型，使农民看得见、摸得着、学得会、用得上，为广大农民树立了榜样，增强了农民学科技、用科技的兴趣和意识，从而把学习科技知识变成广大农民的自觉行动，起到了"点亮一盏灯，照亮一大片"的辐射带动作用，提高了广大农民的科学意识和依靠科技脱贫致富、发展生产、保护环境、改善生活质量的能力，使更多农民广泛受益。

（五）严格管理，是"科普惠农兴村计划"成功实施的有力保障

"科普惠农兴村计划"采取"以奖代补、奖补结合"的资金投入方式，是新中国成立以来中央财政首次采用专项转移支付方式支持农村科普工作的成功探索。"科普惠农兴村计划"重在奖优，属于引导性、鼓励性、奖励性资金，有效地创新了财政资金管理机制，发挥出中央财政资金"四两拨千斤"的效果。各级科协、财政部门在"科普惠农兴村计划"的实施过程中，精心组织，规范操作，坚持专款专用，并实行报账制管理。在评审工作中，采用"三级公示，四级联动"的模式，保证了评审工作公平、公正、公开，接受基层广大农民群众的监督，得到了各方面的赞许。"科普惠农兴村计划"已成为农村科普工作的一面旗帜，财政科技支农工作的一面旗帜。

这些有益的经验和启示，对于我们今后的工作有很好的指导作用，需要我们继续坚持，并不断完善，推动"科普惠农兴村计划"不断深入发展。

三、存在问题

"科普惠农兴村计划"实施九年来，取得了显著成绩，但也存在一些不足，主要表现在以下几个方面。

（一）奖补覆盖面依然不足

虽然九年来"科普惠农兴村计划"实施规模不断扩大，中央专项资金由 2006 年的 5000 万元增加到自 2010 年以来每年 3 亿元，累计奖补了 11961 个先进集体和个人，但奖补的 6094 个农技协仅占全国县级以下农技协总数的 6% 左右，奖补的 2754 个基地仅占全国农村科普示范基地总数的 11% 左右，奖补的 55 个工作队仅占全国少数民族科普工作队总数的 20% 左右，绝大多数的农村科普组织和带头人没有享受到国家科普惠农政策的阳光雨露，因此，"科普惠农兴村计划"实施规模和奖补数量与我国农村的实际情况及农民对科技的渴求相比还很不够，覆盖面依然不足。

（二）长效机制建设亟待加强

在实施及调研过程中我们发现，一些地方把工作的重点放在了未获得奖补的基层科普组织和带头人的培育方面，而对已经获得奖补的单位和个人不能够保持长期、密切的联系，对于奖补后发展情况不了解，不能有效引导奖补对象持续发挥示范带动作用，对奖补对象的跟踪服务与监督不够，应把科普惠农长效机制与奖补工作挂钩，使之进一步得到加强。

（三）宣传力度和影响力还需加大

虽然各省都比较重视宣传工作，但对项目及实施工作的综合宣传较多，对奖补对象的先进事迹宣传较少；在广播、电视、报刊等传统媒体宣传较多，在网络、手机等新兴媒体宣传较少；综合性宣传报道较多，深入、立体宣传较少，宣传方式方法还需进一步创新，宣传广度、深度还需进一步拓展。

四、发展趋势和需求

经过九年的实践证明，"科普惠农兴村计划"是贯彻落实《全民科学素质行动计划纲要（2006—2010—2020 年）》、实施农民科学素质行动计划的得力举措，开创了农村科普工作新局面，探索出了一条科普惠农、财政科技支农的新路子。不过，我们还应认识到，我国农村经济社会发展使"科普惠农兴村计划"面临十分艰巨的使命，科普发展的形势和广大农民不断增长的新需求，对"科普惠农兴村计划"的实施提出了更高的要求。

（一）加快推进农业现代化和新农村建设，为深化"科普惠农兴村计划"提出新课题

建设现代农业、加快转变农业发展方式、加快推进中国特色农业现代化建设，加大惠农政策力度、促进农民增收，全面深化农村改革、增添农村发展活力、深入推进新农村建设，是破解"三农"问题的重要手段。新形势下，"科普惠农兴村计划"作为服务于统筹城乡发展、建设社会主义新农村重大战略框架下的有效措施，作为落实《全民科学素质行动计划纲要（2006—2010—2020 年）》、推进农民科学素质行动的重要举措，需要坚持发展，继续深化，要按照加快转变经济发展方式的要求，持续发挥其在普及科技知识，推广农业技术，提高农民科学文化素质等方面的积极作用，助力社会主义新农村建设，为推进农业现代化做出贡献。

（二）我国农民科学素质较低，农村实用人才匮乏，需要大力实施"科普惠农兴村计划"，培养新型农民

2007 年公民科学素质抽样调查结果显示，我国公民具备基本科学素养的比例为 2.25%，农民具备科学素养的比例为 0.97%。农民科学素质明显低于全国平均水平。截至 2008 年年底，全国农村实用人才总量达到 820 万人，农村实用人才仅占全国农业人口总数的 0.8%。我国共有 4 万多个乡镇，平均每个乡镇有农业技术人员约为 0.6 人，全国平均 2000 多个农业劳动力中才有一名农业技术推广人员，而发达国家平均不足 400 人就会有一名。

《全民科学素质行动计划纲要实施方案（2011—2015 年）》提出到 2015 年，我国具备基本科学素质公民的比例要达到 5%，农民、城镇劳动者、社区居民的科学素质有显著提高，城乡之间、经济发达地区与欠发达地区之间科学素质差距逐步缩小。2010 年《国家中长期人才发展规划纲要（2010—2020 年）》提出了着力打造服务农村经济社会发展、数量充足的农村实用人才队伍，培养农村实用人才队伍的发展目标。2015 年中央一号文件要求"大力培养新型职业农民""针对农村特点，围绕培育和践行社会主义核心价值观，深入开展中国特色社会主义和中国梦宣传教育，广泛开展形势政策宣传教育，提高农民综合素质，提升农村社会文明程度，凝聚起建设社会主义新农村的强大精神力量"。

这都要求大力实施"科普惠农兴村计划",以其"植根农村、贴近农民"的优势,充分发挥"科普惠农兴村计划"的带动作用,依托农业技术推广机构、农民合作经济组织、农村专业技术协会、农村致富技术函授大学、农村科普示范基地、科普活动站等,采取培训、示范和实践相结合的方式,不断强化农民职业培训,扩大培训覆盖面,着力培育一大批种养业能手、科技带头人、农村组织负责人等新型农民,把我国巨大的农村人口压力转化为人力资源优势,为新农村建设培养"养得起、用得上、留得住"的农村实用人才和农村科普人才。

(三) 农业适度规模经营化发展偏慢,农业科技创新不足,需要持续推进"科普惠农兴村计划",促进农业科学技术普及

目前,全国县级以下基层农村专业技术协会有9.8万个,会员数是1502万农户,而全国有2.4亿农户,农村专业技术协会会员数占农户总数的比例仅为6.26%。累计2006—2014年九年来,表彰农村专业技术协会总计6094个,仅占全国基层农村专业技术协会总数的6.22%;全国农村科普示范基地有3.2万个,获得表彰奖补的农村科普示范基地2754个,仅占总数的8.60%(见表2)。农民组织化程度不高、农业专业服务组织发展落后,制约了农业技术的推广和科技成果的转化率。

表2 "科普惠农兴村计划"表彰奖补比例

项 目	表彰奖补数(个)	全国总数(万个)	表彰奖补比例(%)
基层农技协	6 094	9.80	6.22
农村科普示范基地	2 754	3.20	8.60
农村科普带头人	3 058	820.00	0.04
少数民族科普工作队	55	282(个)	19.50

2015年中央一号文件明确要求"强化农业社会化服务""增加农民收入,必须完善农业服务体系,帮助农民降成本、控风险""发挥农村专业技术协会在农技推广中的作用""引导和鼓励社会资本投向农村建设""探索建立乡镇政府职能转移目录,将适合社会兴办的公共服务交由社会组织承担""切实加强农村基层党建工作""创新和完善农村基层党组织设置,扩大组织覆盖和工作覆盖""加快构建新型农业经营体系""提高农民组织化程度""创新和完善乡村治理机制""激发农村社会组织活力,重点培育和优先发展农村专业协会类、公益慈善类、社区服务类等社会组织"。

这都要求持续推进"科普惠农兴村计划"发展,围绕农民群众对科普的实际需求,充分调动他们参与科普的积极性,发挥四类抓手上联科研单位、下联农民的优势,大力普及科学知识,推广先进农业技术,帮助农民提高农业综合生产力,提高抗风险能力和市场竞争力,逐步建立农村社会化服务体系,为转变农业生产方式、推进农业现代化服务。

五、"十三五"规划

"十三五"是实现全面建成小康社会奋斗目标的关键时期,是全面深化改革、加快转变经济发展方式的攻坚时期。面对新形势,"科普惠农兴村计划"要扩大科普惠农支农覆盖面,为提升农民科学素质、帮助农民增产增收、提高农村科普服务能力、助力社会主义新农村建设做出新的更大的贡献。

(一) 指导思想

全面贯彻落实党的十八大和十八届三中、四中全会精神,以邓小平理论、"三个代表"重要思想、科学发展观为指导,深入贯彻习近平总书记系列重要讲话精神,立足科普、注重公益、服务"三农",通过"科普惠农兴村计划"的实施,不断完善农村科普体系,提高广大农民的科学文化素质,让科普

公共服务持续惠及广大农民，助力中国特色农业现代化建设和社会主义新农村建设。

（二）目标任务

（1）通过抓重点、抓亮点、抓示范，"十三五"期间，在全国每年评比、筛选、奖补一批有突出贡献的、有较强区域示范作用的、辐射性强的农村专业技术协会、农村科普示范基地、农村科普带头人、少数民族科普工作队等先进集体和个人。通过"以点带面、榜样示范"，充分调动广大农村基层科普组织和带头人的积极性。

"十三五"期间，争取每年每个县（市、区）至少获得1个中国科协和财政部奖补的全国科普惠农兴村先进单位或个人。

（2）在推荐、评比过程中通过农民喜闻乐见的方式开展广泛宣传，以点带面、榜样示范，增强农民学科技、用科技的兴趣和意识，把学习科技知识变成广大农民的自觉行动；提高广大农民的科学意识和依靠科技脱贫致富、发展生产、保护环境、改善生活质量的能力；引导广大农民建立科学、文明、健康的生产和生活方式。

"十三五"期间，"科普惠农兴村计划"奖补对象辐射带动的农户不少于2500万户（占全国农户总数的10%），引领农民科学素质持续提升。

（3）构建"科普惠农兴村计划"信息化服务平台，促进农村科普信息化。针对需求，为获奖对象提供典型示范、技术推广、经验交流、产品展示、市场信息等科学生产和科学生活服务，提高科普服务的时效性和实效性。

鼓励和支持各级科协利用信息化技术，加大对奖补对象的宣传力度，扩大奖补对象的示范带动作用，推动信息化与传统科普的深度融合，提高农村科普服务能力和水平。

（4）建立完善动员全社会力量开展农村科普工作的长效机制，开拓创新农村科普工作，提高科普公共服务能力，逐步建立完善适应农村特点、满足农民科技需求的科普工作新体系。

（三）基本原则

（1）面向社会，统一标准。评选范围面向社会各界，符合推荐范围和条件的单位和个人均可申报，统一评审标准。

（2）立足科普，注重公益。评选对象立足于农村科普工作战线，注重社会公益，不以营利为主要目的。

（3）差额评选，择优支持。各省推荐名额与最终确定获奖名单实行差额评选制，从各省推荐名单中择优支持。

（4）奖补结合，追踪问效。中央财政安排专项资金，通过以奖代补和奖补结合方式对评选出的先进集体和个人开展科普惠农活动进行补助和奖励，为植根于基层的农村科普组织和农村科普带头人更好地发挥示范带动作用创造更好的条件。对中央财政专项资金的使用及其结果实行监督考核和追踪问效。奖补资金主要用于奖励和补助先进集体和个人购置科普资料和设备，以及面向农民和农村青少年开展培训讲座、展览、引进推广新技术和新品种等农村科普活动的支出。

（四）保障措施

（1）统一认识，加强领导。各级科协和财政部门要高度重视，统一思想，在党委、政府的领导下，加强对"科普惠农兴村计划"实施工作的组织领导，纳入相应的工作计划，会同有关部门和人民团体共同组织实施，发挥各自优势，密切配合，形成合力，保证"科普惠农兴村计划"顺利实施。

（2）保证投入，扩大规模。在中央财政资金有力推动"科普惠农兴村计划"实施的基础上，各级科协和财政部门要积极争取党委、政府的支持，加大地方资金投入，整合资源，扩大科普惠农奖补对象示范带动覆盖面，形成规模效应，为科普惠农工作长期稳定发展奠定良好基础。

（3）广泛宣传，正确引导。要把对优秀农村基层科普组织和农村科普带头人评比筛选过程与普及科技知识、弘扬科学精神、传播科学思想、倡导科学方法有机地结合起来，通过广泛宣传他们的先进事迹，进一步激发广大农村基层科普组织和科普工作者的积极性、创造性，引导激发广大农民学科学、讲科学、用科学的积极性、创造性，引导全社会共同关注农村科普工作。

（4）客观公正，加强监督。评比推荐要保证评比的公平、公正、公开，对推荐对象进行认真筛选，优中选优。要建立信息公开和社会监督机制，广泛接受社会各方面的监督。对申报评比过程中发现谎报业绩、编造事迹、弄虚作假的，将取消或核减该省当年的推荐名额。获奖单位和个人有弄虚作假等行为的，经查证属实，撤销其荣誉称号并收回已发放的资金，同时取消或核减该省下一年度的推荐名额。

（5）加强创新，注重长效。各级科协和财政部门要积极创新科普工作方式方法，探索建立科普惠农长效机制，通过建立"科普惠农兴村计划"项目储备库、推动建立科普惠农服务站等方式，指导奖补对象开展科普活动，引导更多的农村科普组织和个人参与到科普惠农工作中，为周边农民提供更加及时、有效、热心的科技服务，帮助农民增产增收。

（五）项目经费及使用方向

1. 经费需求（略）

2. 奖补抓手和额度基本保持不变

"科普惠农兴村计划"的"四个抓手"，都是长期扎根在农村、农民当中的基层科普队伍。九年的实践证明，他们的示范引导，已成为在农村普及推广科学技术和推动农业社会化服务体系建设的重要渠道。在"十三五"期间，"科普惠农兴村计划"奖补抓手和额度均保持基本不变，在实施过程中，根据农村科普工作实际需求，可进行适当调整。

3. 重点扶持方向

"科普惠农兴村计划"将按照党中央、国务院的要求，继续加大对西部地区和粮食大省的支持力度，在西部地区和粮食大省大力普及科技知识、弘扬科学精神，提高农民科学素质和科技致富的能力，引导西部地区和粮食大省的广大农民建立科学、文明、健康的生产和生活方式。

"十三五"期间，"科普惠农兴村计划"将持续加大对农村专业技术协会的扶持力度，引导全国农村专业技术协会主动适应经济新常态，提升开展农技社会化服务的专业化、规范化、标准化水平，发展资源节约型、环境友好型现代农业发展，引领农业发展方式转变，利用现代技术手段提高农业科技到位率和农村科普服务水平，为加快农业现代化、农民增收和社会主义新农村建设做出积极贡献。

（课题组成员：公坤后　师　铎　王　诚　李彦捷　李福生

何　方　彭立颖　王成巍　刘小龙）

科协组织体系
建设

"十三五"科协组织建设研究

中国科协组织人事部课题组

一、"十二五"期间科协组织建设的主要进展

(一)成绩和经验

1. 成绩

"十二五"期间,中国科协组织建设以党的十八大和十八届三中、四中全会精神和中共中央《关于加强和改进党的群团工作的意见》、全国人才工作会议精神为指导,落实中国科协"八大"工作部署和《中国科学技术协会章程》规定,求真务实,突出重点,科协组织建设、人才工作取得显著成效。

(1)县级科协建设取得新进展。

指导、推动、督促县级科协组织严格执行《中国科学技术协会章程》,坚持民主办会,做好换届工作。编写、出版《县级科协典型案例选编》和《县级科协工作手册》,以此为抓手提升县级科协组织的发展能力。

加大对县级科协的培训力度,2011年至2014年,中国科协分别在海南、广西、安徽、江西、黑龙江、福建、西藏和云南举办了县级科协主席培训班,近1250名县级科协主席接受了培训。

深入开展县级科协工作调研,集中力量研究起草《关于进一步加强新时期县级科协工作的意见》。并就此广泛征求建议,分别赴湖南、黑龙江、安徽等省份就意见讨论稿开展调研工作,进一步修改完善意见。

对各地2011年以来开展全国科普示范县(市、区)创建工作取得的成效以及存在的困难和问题等进行检查评估,进一步争取地方党委政府的重视和支持,切实提高科普示范县(市、区)的示范带动作用。

(2)科协基层组织建设取得新突破。

联合教育部出台《关于加强高等学校科协工作的意见》,使得高校科协工作第一次有了全国性的指导文件,有力地推动了高校科协组织发展。扩大高校科协组织覆盖面,推动高校特别是有影响力的高校成立科协组织。截至2014年底,全国共有703个大专院校成立了科协,个人会员76万人。与2009年相比,高校科协增加了5个;与2012年相比,高校科协增加129个。

联合国资委出台《关于加强国有企业科协组织建设的意见》。推动"讲理想、比贡献"活动深入开展,推进企业院士专家工作站建设,院士专家工作站已经成为促进企业技术创新、突破关键和核心技术、加快企业科技人才培养的重要力量。举办企业科协干部和企业科协秘书长培训班,形成了推动企业科协组织建设的良好态势。发挥行业科协的创新引领作用,集成行业内各企业科协的优势,实现资源有效配置,优势互补。截至2014年底,全国共有企业科协21931个,是2009年的1.32倍;企业

科协的个人会员数是 350 万人，是 2009 年的 1.2 倍。

联合财政部继续实施"社区科普益民计划"，制定印发《中国科协办公厅印发〈中国科协关于深入推进社区科普大学建设工作的实施方案〉通知》，以地市为重点，面向全国深入推进社区科普大学建设。截至 2014 年底，全国共有 11179 个街道科协（社区科协），30236 个乡镇科协。

继续联合财政部实施"科普惠农兴村计划"，重点支持农技协组织建设。联合农业部出台《关于支持农村专业技术协会开展农技社会化服务的意见》，为基层农技协的发展提供指导。完善农技协组织体系建设，全国已有 28 个省（区、市）成立了省级农技协联合会，并作为团体会员加入中国农技协。截至 2014 年底，全国共有 110442 个农技协。

（3）科技人才工作取得新成绩。

较好建立了科协人才工作统筹协调机制。坚决贯彻党管人才原则，适时调整中国科协人才工作协调小组，有效加强对人才工作的组织领导和统统筹协调作用，形成科协有关部门与单位各负其责、密切配合、共同抓好人才工作落实的工作机制。

建立、开通各种平台和渠道，反映科技工作者的意见和建议更加及时准确。截至 2013 年年底，中国科协累计建立国家级调查站点 984 个，提前完成了"十二五"规划设定的 800 个目标。2011 年至 2012 年，各级科协及两级学会，反映科技工作者建议 7.7 万条，比"十一五"期间平均增长 16.8%。2013 年，顺利完成第三次全国科技工作者调查活动。

加强科协表彰奖励体系建设，科技人才表彰奖励活动积极活跃。根据中央有关要求，中国科协进一步规范科协系统评标达标表彰活动，目前中国科协和全国学会设奖共计 94 个，成为国家科技奖励体系中的重要组成部分。五年来，各类奖励工作顺利开展，累计表彰优秀科技工作者 24.34 万人次。

改进完善中国科协人才举荐方法，人才举荐作用更加明显。中国科协充分发挥人才资源优势，坚持同行评议理念，在人才举荐、奖项推荐中探索建立同行专家提名机制，人才举荐效果更加明显。2014 年作为创新人才推进计划的推荐渠道；院士制度改革后，除院士提名方式外，中国科协成为唯一保留的推荐（提名）渠道。2011 年、2013 年，推荐 110 名中国科学院院士候选人，18 人当选；推荐 84 名中国工程院院士候选人，10 人当选。2015 年共推荐（提名）两院院士候选人 264 人。

大力开展优秀科技工作者的宣传，形成了一批有影响力的宣传品牌。利用电视电影、书籍报刊、话剧等文化载体，大力宣传老一辈科学家、基层一线优秀科技工作者和创新团队的先进事迹，塑造科技工作者良好社会形象。以"共和国的脊梁——科学大师名校宣传工程"、老科学家学术成长资料采集工程为重点，宣传了赵忠贤、高福、杨衍忠等一批优秀科技工作者代表，打造了"科技梦·中国梦——中国现代科学家主题展"、"乡村情·科技梦"——优秀农村基层科技工作者推选宣传活动等一批有影响力的宣传品牌，受到了广大科技工作者的好评。

大力加强科学道德和学风建设，学术生态环境不断改善。在做好集中宣讲的同时，把科学道德和学风建设的内容和要求纳入研究生培养过程和教师、科技工作者培训环节，扩大宣讲教育对象，完善宣讲教育长效机制，提高宣讲教育的针对性有效性，重视发挥科技社团的自律功能，切实加强舆论正面引导，努力把科学道德和学风建设不断推向深入，积极推动科研诚信立法相关工作。五年来，全国共有 875.8 万人次的高年级本科生、研究生以及新入职高校教师和青年科技工作者接受了宣讲教育。

积极开展科技人员继续教育，促进科技人员知识更新与专业发展。稳步推进科技人员知识更新工程，增设继续教育示范基地建设试点项目 16 项，开发继续教育精品课程 11 项，培育高端前沿继续教育活动 33 项，资助建设继续教育示范网站 7 个，开展继续教育专项培训 9 项，网络学习资源开发 4 项，科普培训 3 项，高级研修班 2 项，培训总人次为 60460 人。

青年科技创新人才培育力度进一步加大。坚持举办全国博士生学术年会、女科学家高层论坛、青年科技企业家创新创业论坛、青年科学家沙龙等活动，为促进青年科技人才脱颖而出搭建平台。继续举办全国青少年科技创新大赛、"明天小小科学家"奖励活动、中国青少年机器人竞赛、大学生挑战杯科技作品竞赛活动，从 2013 年起，启动中学生科技创新后备人才培养计划（中学生英才计划）试点工作，为青少年科技爱好者搭建实践平台，为科技人才队伍培养选拔后备人才。

科普人才队伍建设进一步加强，科普人才队伍不断发展壮大。加大农村基层科普队伍建设力度，2011年、2012年，各级科协表彰奖励农村基层科普组织和个人共1.2万多个（名），"新农村百万乡土科普人才培训工程"每年开展中短期农村科普人才培训超过1000万人次。先后举办全国农技协领办人和技术骨干、三农网络书屋与信息技术全国科普示范县（市、区）科协主席等培训30余期。发展壮大青少年科技辅导员队伍，2011年以来，依托培训基地为全国各地培训骨干科技辅导员3300余人，年均培训数量较"十一五"期间增加了一倍。启动高层次科普专门人才试点培训工作，清华大学等6所高校和中国科技馆等7家科技场馆招收培养硕士研究生（160名）。

大力加强国际科技人才队伍建设，统筹国内外两种科技人才资源为国服务。积极推进国际工程教育互认以及工程师资格国际互认工作，2013年6月，代表我国圆满参加华盛顿协议组织，成为准会员国。在推动我国科学家"走出去"方面，以"国际民间科技事务专项"为抓手，支持我国科学家担任国际民间科技组织领导职务，参与国际民间科技组织活动，提高我国科学家参与国际民间科技组织活动的水平和能力。先后推荐18人当选为国际科技组织领导人，资助203名专家出国参加国际组织活动。在"引进来"方面，依托"海智计划"，向中央组织部推荐"千人计划"人选，与78个海外科技团体签约合作，在全国设立"海智计划"工作基地，共实施海智计划项目670余项，推荐组织1000多人次海外科技工作者开展多种形式的为国服务活动。

2. 经验

科协组织建设要充分发挥中国科协常委会组织建设专门委员会和中国科协基层组织建设工作联席会议的指导、协调和沟通作用。调动机关有关部门和直属单位的积极性，明确各部门各单位的主要任务，做好顶层设计，加强工作集成，制定基层组织建设工作要点，借助面向基层科协的各项资源项目，通过项目实施促进科协基层组织建设。建立与地方科协基层组织建设工作对口部门的有效联系和沟通，推动地方科协与科协基层组织、科协基层组织之间的联动，扩大科协组织的影响力。要积极开展调查研究，掌握科协基层组织的现状、特点、问题，制定、出台符合科协基层组织发展规律、运行机制和活动方式的政策措施。

科协人才工作，必须围绕党和国家工作大局，人才队伍建设工作才能取得新的突破；必须依靠全部科协系统的力量，加强统筹协调，人才工作队伍建设工作才能扎实有效开展；必须坚持以服务科技工作者为出发点，人才队伍建设工作才能赢得广大科技工作者的理解和支持；必须充分发挥群团组织的特点和优势，人才队伍建设工作才能紧跟时代潮流。

（二）困难和问题

1. 基层组织仍然存在较多问题

（1）组织松散不规范。科协基层组织，综合实力、组织能力、会员数量、运行模式等距离期望目标尚有相当距离，难以满足新时期科协工作履行"三服务一加强"的需要。组织结构相对松散、不稳定。部分科协基层组织机构和岗位设置不健全，不能按时换届，不能依法依章民主办会，科协基层组织规范化、制度化建设有待加强。

（2）工作抓手不突出。科协基层组织的类型、活动方式和运行机制存在较大差别，缺乏有力抓手统筹协调。部分科协基层组织职能定位不清晰，人员经费无保障，活力不强，工作开展能力较弱。

（3）地区发展不平衡。科协基层组织近年来发展迅速，但整体上覆盖面不够，影响力不强，地区发展不平衡。部分省区市科协基层组织工作开展情况较好，但仍有部分地区科协基层组织覆盖面小。经济发达地区和欠发达地区差别较大。

2. 科协人才队伍建设工作的不足

（1）直接联系服务科技工作者的方法和手段不多，特别是对高层次人才情况的把握不够及时全面。

（2）优秀科技工作者表彰奖励体系与新形势的要求存在一定的差距，尚待进一步改进完善。

（3）人才队伍建设工作缺少有力抓手，在国家科技人才队伍建设中的话语权需要进一步提高。

（4）部分项目未能按计划顺利开展，如科技人员知识更新工程未能成功立项，青年科学家活动基地建设停滞，高层次人才库信息更新不够及时等，需进一步研究改进。

二、"十三五"科协组织建设面临的形势

（一）科协组织发展"十三五"面临的形势

"十三五"时期是实现全面建成小康社会奋斗目标的决胜期，是转变经济发展方式的关键期，是全面深化改革的攻坚期，也是科协事业抓住机遇深化改革与加快发展的重要期。县级科协和科协基层组织是中国科协组织的末端，直接面向广大科技工作者，是联系广大科技工作者"桥梁"、"纽带"职责的重要保证。在经济社会快速发展，全民科学素质普遍提高，科学技术日益进步，科技工作者需求日益多样，创新意识、维权意识不断增加的社会大背景下，充分调动科技工作者的积极性，更好地服务经济社会发展、服务全民科学素质提高、服务广大科技工作者，对科协组织提出了更高的要求，科协组织面临着新的机遇和挑战。各级科协必须要加大改革力度，不断增强自身建设，探索符合时代特色的发展道路，增强科协组织对科技工作者的凝聚力和影响力。

当前在全面建设小康社会、全面深化改革、全面依法治国、全面从严治党的大背景下，县级科协工作必须要适应新形势、顺应新发展。县级科协组织

（二）科协人才工作"十三五"面临的形势

经济全球化发展使人才竞争愈演愈烈。进入21世纪，随着经济全球化、信息社会化的快速发展，人才短缺成为世界各国都面临的一个全球性问题。发展中国家迫切需要大量人才来改变自身落后的局面；新兴发展中国家迫切需要补充大量的高层次人才来完成工业化、现代化以及产业结构调整的进程；发达国家因为经济规模庞大，仅仅保持经济增长势头，仍需要补充大量的人才。科技人才是在科学技术劳动中，以自己较高的创造力、科学的探索精神，为科学技术发展和人类进步做出贡献的人，是推动科技发展和科技创新的主力军，自然而然地成为了人才竞争中的焦点。

我国在国际人才竞争中面临着严峻的形势。根据《中国科技人力资源发展研究报告（2012）》的研究显示：我国科技人力资源向境外流出数量较大，且多年保持不减态势；虽然，近年来科技人力资源向国内流动数量快速攀升，但高质量、核心层的科技人力资源"出"大于"入"的态势没有发生根本性改变。十八届三中全会后，中央发布了《中共中央关于全面深化改革若干重大问题的决定》，明确提出了"建立集聚人才体制机制，择天下英才而用之。打破体制壁垒，扫除身份障碍，让人人都有成长成才、脱颖而出的通道，让各类人才都有施展才华的广阔天地"的改革目标。习近平总书记在全国组织工作会上指出，要树立强烈的人才意识，寻觅人才求贤若渴，发现人才如获至宝，举荐人才不拘一格，使用人才各尽其能。我国经济经过改革开放30多年的快速发展，依靠投资驱动、规模扩张、出口导向的发展模式空间已越来越小，必须更多依靠科技创新引领和支撑经济发展和社会进步。建设创新型国家，实现中华民族伟大复兴的中国梦对中国科协人才队伍建设工作提出了更高的目标。

中国科协作为党和政府联系科技工作者的桥梁和纽带、我国科技工作者的群众组织，承担着更好地团结和引导广大科技工作者为建设创新型国家奋斗的任务。2015年5月，在第十七届中国科协年会上，韩启德主席要求中国科协要"紧紧抓住科技人才队伍建设这个关键，更加关心关注科技工作者的

工作生活状态，推动优化科技人才成长和创新环境，调动激发科技人才的创新创业活力，调整优化科协奖励结果，更多向青年和基层一线科技人才倾斜。积极参与和推进院士制度改革，切实维护科技工作者合法权益"。这为"十三五"期间科协人才工作指明了方向。

三、"十三五"科协组织建设工作的总体思路和主要目标

（一）总体思路

"十三五"期间，中国科协组织建设和人才工作，以党的十八大和十八届三中、四中全会精神和习近平总书记系列讲话精神为指导，认真贯彻《中共中央关于加强和改进党的群团工作的意见》和中央书记处关于科协工作的指示，按照"哪里有科技工作者、科协工作就做到哪里，哪里科技工作者密集、科协组织就建到哪里"的要求，加强和改进科协组织建设，充分发挥县级科协、基层组织在推动科学技术创新、实施创新驱动发展战略的作用，激发科技人员创新热情和创造活力，促进企业自主创新和高校教育事业发展，提升科协基层组织服务经济社会发展的能力，着力解决科技工作者与科协"不亲"的问题，提升科协基层组织服务科技工作者的能力，切实增强科协基层组织的凝聚力和影响力。遵循群团组织工作规律，以联系科技工作者为前提、以服务科技工作者为基础、以发挥广大科技工作作用为目标，以维护科技工作者权益为保障，通过人才工作机制体制创新，改进工作方法，优化工作途径，培养造就规模宏大、结构优化、布局合理、素质优良的科技创新型人才队伍。特别是充分发挥科技社团的优势和作用，坚持学术导向，坚持客观公正，坚持专家主导，向党和国家举荐院士等高层次人才。

（二）主要目标

（1）科协基层组织建设按照中国科协"九大"要求，提高认识，找准定位，着力夯实组织基础，扩大科协基层组织覆盖面，提升科协基层组织影响力，拓展基层科协组织的发展空间。力争在5年内使科协基层组织的数量较"十二五"增长10%，推动高校、科研院所、科技园区、企业科协等科协基层组织之间搭建平台、优势互补、加强合作，形成协同、联动的科协基层组织网络，进一步增强科协组织的活力，推进科协基层组织建设再上新台阶。

（2）中国科协人才队伍建设在以往工作基础上，重点加强高层次人才、海外人才、科普人才和基层科技人才四支人才队伍建设。到2020年，人才数量和素质比2015年有显著提升。

（3）院士候选人推荐工作，按照中央关于改进和完善院士制度的工作部署和要求，加强制度设计，严格标准程序，确保推荐规则和流程公开透明，程序公正，结果公平，确保推选工作的公信力；坚持高标准、严要求，严格按照院士标准和条件推选院士候选人，努力创造一流的工作质量和水平；严明政策纪律，注重廉洁高效，以优良的作风保证推荐提名工作顺利开展。

（4）建立、加强和充实中国科协所属事业单位，成为组织建设和人才工作的专门机构，推进事业单位改革，加强干部队伍建设，为顺利实现"十三五"目标提供组织保障。

四、"十三五"科协组织建设的战略重点和重大举措

（一）战略重点

1. 加强顶层设计，完善科协组织体系

准确把握经济社会发展的新形势、新常态，落实国家的重大战略部署，开展中国科协系统组织体

系建设前瞻性研究，完善科协组织体系的架构功能、运行机制、工作制度，理清科协组织体系规律，深入研究中国科协与地方科协及科协基层组织之间的关系，加强中国科协对地方科协和科协基层组织的指导。进一步明确科协基层组织的类型定义、职能作用，推动新常态下科协基层组织的改革与发展。

2. 创新指导模式，扩大基层组织覆盖面

完善科协基层组织建设领导协调机制，继续加强与教育部、国资委、农业部等相关部门的协调配合，进一步发挥中国科协组织建设专委会和中国科协基层组织建设工作联席会议的指导、协调和沟通作用，统筹推进企业、园区、高校科协组织建设和农村专业技术协会建设，加强乡镇街道、农村社区科普组织建设，支持帮助它们发挥作用、产生影响，把更多的科技工作者吸引凝聚到科协基层组织中来，不断扩大覆盖面、提高影响力。

3. 以科技工作者为本，提高联系与服务科技工作者的履职能力

加强科技人才培养和使用，重视加强科技人才的政治思想引领和感情联系，做好团结、服务工作。推动完善科技人才培养举荐、评价发现、选拔使用、流动配置、激励保障机制，为创新人才脱颖而出创造条件、搭建平台。大力扶持青年优秀创新人才成长，帮助他们在创造力黄金时期做出突出业绩；加强基层科技人才队伍建设，鼓励他们在创新一线和经济建设主战场建功立业。健全科技工作者状况调查制度，及时反映意见建议和呼声。维护科技工作者权益，营造有利于创新创业的法治环境。大力推动对外民间科技交流，汇聚海外智力为国服务。

（二）重大举措

1. 本领域"十三五"要组织实施的重点工作

（1）搭建全国科协基层组织网。找准科协基层组织推动经济社会发展的切入点，解放思想，转变观念，不断创新科协基层组织工作方式。探索高校、科研院所科协与企业、科技园区科协之间有效对接的机制，积极支持各类农村专业技术协会探索与农村专业合作社合作的新方式，搭建全国科协基层组织网，充分调动和激发基层科技工作者的积极性、主动性和创造性，推动科协基层组织工作创新发展。

（2）推动建立服务型科协基层组织。针对基层组织实际，制定服务型基层组织建设意见，打造符合科技工作者需求的工作品牌，推动构建覆盖广泛、快捷有效的服务科技工作者体系。通过项目招聘、购买服务等方式吸引社会工作人才、专家学者、社会组织等力量参与服务工作。维护科技工作者合法权益，积极协调化解矛盾纠纷和利益冲突。

（3）改革和完善科协系统表彰奖励体系。以创新驱动发展战略为指引，以加大培养创新科技人才为导向，以提升我国科技创新能力为目标，改革和完善现有科协表彰奖励体系，充分发挥同行评价作用，体现服务国家发展意识，突出表彰奖励杰出科学家和杰出青年科学家。

（4）作好院士候选人推荐工作，树立科协举荐人才品牌。发挥科技共同体的同行评价作用，更加突出学术导向，强调学术标准，保证推荐工作质量和公信力。形成一套科学、完善的推荐院士候选人工作制度，把长期工作在一线，学术造诣深厚、科技成就突出、科研道德和学风好的人选出来。推荐（提名）的院士候选人质量和当选率比"十二五"期间有所提升，中国科协推荐工作进一步得到两院及科技界认可。

2. 本领域"十三五"要实施重大改革措施

（1）扩大组织覆盖，推进高校科协建设。推动贯彻落实《中国科协、教育部关于加强高等学校科

协工作的意见》，多种方式促进高校科协发展。以"985"高校、"211"高校为重点，推动高校特别是有影响力的高校成立科协组织，不断扩大高校科协组织覆盖面，进一步发展壮大高校科协组织。研究高校科协的组织设置、功能定位和活动方式，指导高校科协组织建设与发展。做好示范和服务工作，激发高校科协组织的活力。推动高校密集、高校科协数量大、高校科协工作开展好的省份建立高校科协联合会，联合开展大学生创新创业竞赛活动，实现高效科协组织快速发展。

（2）助力创新驱动，提升企业科协活力。推动贯彻落实《中国科协、国资委关于加强国有企业科协组织建设的意见》，加强对国有企业、非公有制企业科协组织建设的指导。以企业科协、园区科协组织建设为着眼点，依托服务企业创新工程、"讲、比"活动等载体，加快在企业、园区等科技工作者密集的地方建立科协基层组织的步伐，扩大企业科协覆盖面。将国有大型企业科协组织建设和企业科技创新、企业制度创新结合起来，使企业科协在推动国有大型企业提高竞争力上发挥更重要的作用。采取更加灵活的方式推动非公有制企业科协建设。鼓励和引导非公有制企业科技工作者自主创立形式多样、适合自身和企业需要的科技团体和活动团体。发挥科协系统人才和信息优势，为企业科协开展的科技咨询、科学论证、和技术培训等活动提供专家和科技信息支持。建设企业"科技工作者之家"，充分发挥企业科协桥梁纽带作用，反映科技人员的意见和诉求。

（3）拓宽发展空间，打造升级版农技协。推动贯彻落实《中国科协、农业部关于支持农村专业技术协会开展农技社会化服务的意见》，巩固农村专业技术协会组织建立和工作开展的基础，拓展农村专业技术协会的工作领域和发展空间。加强网络集成与资源共享，形成农技协网络体系，提高其辐射带动农民科普致富的能力。

（4）活动带动组织，加快街道社区科协组织发展。进一步加大街道社区科协组织建设力度。分析把握社区科普工作的新形势、新任务，针对城镇劳动者和社区居民开展经常性的"科普进社区"活动，以活动开展带动组织建设，不断扩大和提升街道社区科协的覆盖面和影响力。

（5）推动建立科协组织人才服务体系。加大学会建设和能力提升力度，加大在高校、科研院所、企业、园区等建立科协基层组织的力度，推动建立科协组织服务科技人力资源工作机制，提供科技人力资源公共服务产品，特别是面向留学人员创业园、博士后工作站和流动站、院士专家服务站、继续教育基地等高层次人才服务平台提供精准化服务，为科技人才提供个性化、便捷性的服务。

3. 本领域"十三五"要实施重大工程

（1）育苗工程。实施支持"小人物"脱颖成才的"育苗工程"，大力扶持青年优秀创新人才成长，帮助他们在科研资源配置、评价奖励、国际交流合作等方面得到持续稳定支持，让他们在创造力黄金时期做出突出业绩。

（2）金桥工程。响应国家"大众创业、万众创新"号召，发挥科协组织群团优势，聚集社会力量支持广大科技工作者参与创新创业，募集社会资金，搭建企业与科技工作者自由交流、选择的平台，鼓励广大科技工作者围绕企业需求开展创新工作，引导创新要素向企业聚集，努力形成企业支持创新、科协搭建平台、科技工作者参与创新、企业享受创新成果再反哺创新的良性循环。

（3）杰出人物奖励计划。对科协现有奖励体系进行改革，优化结构，调整规模，强化质量。同时，针对不同奖项的特点和定位，规范推选方式、改进评选办法、优化评审程序、加大宣传力度，努力提升奖项的品牌效应，最大限度的发挥各奖项的激励、引导作用。

（4）海智计划。大力开展"海智计划"，充分发挥中国科协与海外华人科技社团联系紧密、交流灵活、渠道通畅的优势，重点围绕国家发展战略需求，有计划联系引进一批战略科学家和创新创业领军人才，在激烈的国际科技人才竞争中发挥科协组织的独特作用。

五、条件保障和组织实施

（一）经费投入（略）

（二）条件建设

改革和改进机关、直属单位机构设置、管理模式、运行机制，充分体现群团组织的政治性、群众性特点，防止机关化、娱乐化倾向发生。加强干部队伍建设，努力打造敢于突破传统模式、善于创新、工作效率高的干部队伍。

（课题组成员：王守东　王进展　解　欣　齐晓楠　王友双）

科协组织加强基层组织建设的对策建议

中国科协创新战略研究院课题组

本研究以科协基层组织为研究对象，结合当前形势和科协发展实际，对国内多家企业科协、高校科协、乡镇科协、街道社区科协深入访谈与调研，归纳、提炼出影响基层科协组织建设的制约问题，提出加强科协基层组织建设的对策建议。

一、企业科协

企业是社会经济技术进步的主要力量，是市场经济活动的主要参加者，是社会生活和流通的直接承担者。党的十八大提出实施创新驱动发展战略，把创新摆在了国家发展全局的核心位置。企业是实施创新驱动发展战略的主体，也是国民经济的细胞，企业的生产状况、经营活动和创新能力直接影响着国家的经济实力增长和人民物质生活水平的提高。企业科协是中国科协的基层组织，是企业科技工作者自愿组成的群众组织，是企业党组织、企业管理决策层联系企业科技工作者的桥梁纽带，是推动企业科技进步和技术创新的重要力量。加强企业科协组织建设，对于激发企业科技工作者的创新活力和创造热情，推动企业自主创新能力的全面提升具有重要意义。

（一）企业科协组织建设现状

20世纪50年代，全国有一部分厂矿建立了科普协会，这是企业科协的前身。随着社会主义改造和社会主义建设，以及改革开放、社会主义市场经济体制的逐步确立和完善，企业科协历经曲折不断发展壮大。中国科协一直非常重视企业科协的组织建设工作，近年来在中国科协的指导下，通过依托"讲、比"活动、建设院士专家工作站，开展服务企业技术创新工作，企业科协如雨后春笋迅速发展，掀起了组织建设的新高潮。

1. 企业科协的组织数量规模不断增加

根据中国科协计财部最新数据情况，截至2014年底，全国企业科协总数有2.3万多个，新建企业科协2300余家，同比增长10.97%。根据中国科协网站发布的《中国科协2013年度事业发展统计公报》，截至2013年底，企业科协21281个，比上年增加313个，企业科协个人会员达347万人，新入会人数有2万余人，而且近年来，企业科协的个人会员人数也在持续增长，详见表1。2003—2013年，企业科协组织数量除了在2005年有回落，这是由于在改革的进程中，国有企业面临着改制转型的考验，企业内部结构的调整对企业科协组织建设造成冲击。从2006年开始，企业科协组织数量一直在稳步攀升，这一方面是中国科协对企业科协组织建设工作做了系列部署，"讲、比"活动的扩大带动了企业科协组织建设，另一方面是随着创新驱动发展战略的深入实施，企业科协在服务企业创新发展的中心工作中发挥了一定的作用，企业科协的重要性得到了企业科技工作者的认可。

表1 2003—2013年全国企业科协组织及个人会员发展情况

年　度	2003	2004	2005	2006	2007	2008	2009	2010	2011	2012	2013
企业科协数（个）	5 895	5 462	4 260	12 638	13 138	13 607	16 039	17 579	20 208	20 968	21 281
个人会员人数（万人）	197	173	184	251	327	262	289	310	313	345	347

资料来源：中国科协事业发展统计公报

2. 企业科协的组织建设制度日益完善

近年来，中国科协陆续出台了《关于加强企业科协工作的若干意见》《企业科学技术协会组织通则》、制定年度《企业科协工作要点》。在开展"讲、比"活动、建设院士专家工作站、企会协作创新计划等项目的过程中完善了一系列管理办法、实施方案、表彰奖励办法，为企业科协组织建设工作的开展营造有利的政策制度环境。2014年6月4日，中国科协计财部下发了《中国科协2014年推进企业科协组织建设工作实施方案》，明确指出2014年企业科协组织建设目标，对全国企业科协组织工作进行了全面指导，为科协系统进一步重视企业科协组织建设，推动企业科协组织发展提供了政策平台。

（二）企业科协组织建设中存在的主要问题及原因剖析

各级科协组织对企业科协的组织建设做了大量的工作，企业科协组织建设工作呈现出良好的发展趋势，但是在调研中发现受多种因素影响，企业科协组织建设还面临不少困难，有一些问题需要仔细研究深入破解。

1. 企业老总对科协的重视程度是制约企业科协组织建设的直接原因

多位企业科协的负责人谈到，企业科协发展的好坏就是老总一句话。在计划经济时代，一个普通科技人员成长为企业的老总，由于他在成长的过程中得到过企业科协的帮助，他就会重视企业科协工作。现在市场经济背景下，企业的机构越来越扁平化、市场化，企业是以盈利为目的。一方面，即使是科技人员出身的老总，即使其在发展过程过得到过企业科协的帮助，但如果企业科协没有为企业发展带来实实在在的经济效益，他也不会重视企业科协组织建设及其活动开展；另一方面，由于在企业中对科协的宣传工作还不够多，企业老总对科协组织不了解，对企业科协的用处也不了解，这也自然影响到对企业老总对企业科协的重视。

2. 企业科协职能没有充分发挥是制约企业科协组织建设的主要原因

尚勇书记在安徽调研时指出，企业科协要发挥七大功能，凝聚创新驱动发展合力。这七大功能分别是成为科技人员创新交流平台、企业创新集成纽带、激励科技人员创新的助推器、企业战略发展的参谋部、企业开放创新的桥梁、科技人员创新活动的护航员以及展示产业科技创新的普及平台。从调研情况看，目前企业科协开展的活动与尚勇书记的部署还有巨大差距。如果企业科协能在服务企业科技创新的大局中充分发挥这七大功能，企业科协不仅能提高在企业中的地位，而且经费来源和人员配置等老生常谈的"困境难题"也会迎刃而解。

3. 法律法规尚不完善是制约企业科协组织建设的重要原因

虽然中国科协就企业科协组织建设出台一系列制度文件，但是从目前整个科协的情况来看，国家尚没有出台与科协事业发展相适应的法律法规，科协的立法现实远远落后于科协事业发展的现实需求。调研中，多位企业科协负责人认为科协的立法缺憾影响了企业科协的组织建设，他们指出，企业科协与工会都属于党群组织，《工会法》保障了工会在企业中的地位和经费稳定性，保障了工会专职工作人员的相关待遇，工会能够依法维护职工的合法权益，但是，科协相应法律法规的缺乏在某种程度上也影响了企业科协在企业地位、经费和工作人员的稳定性，企业科协在维护企业科技工作者权益方面的呼声往往因缺乏法律支持而虚弱无力，这在一定程度上也影响了企业科技工作者对企业科协工作积极参与投入。

（三） 加强企业科协组织建设的建议

按照中央书记处"哪里有科技工作者，科协的工作就做到哪里；哪里科技工作者比较密集，科协的组织就建到哪里；哪里有科协组织，建家交友活动就开展到哪里"的要求，企业科协组织建设工作任重而道远，需要各级科协齐心协力进一步推动科技工作者密集的国有企业以及非公有制企业的科协组织建设。

1. 多方引导协调，加强企业科协秘书长队伍建设，促进企业领导重视

企业科协是中国科协基层组织中的重要组成部分，中国科协要带动各级科协组织积极争取地方党委政府对企业科协工作的重视和支持，要加强与企业领导交流，寻求对科协事业发展的理解和帮助。东方汽轮机科协负责人谈到，中国科协要调整部门设置，建立相应的科协企事业部，做好企业科协发展的顶层设计，加大对企业科协的指导力度。中国科协要出台政策，明确企业科协秘书长职务的任职资格、选拔条件和考核标准，着力打造一支政治强、业务精、形象好的秘书长队伍。

2. 服务企业科技创新大局，充分发挥七大功能

企业科协组织能否在企业的发展中占有一席之地，主要取决于企业科协自身功能的发挥。要发挥好企业科协的作用，首先要提高企业科协干部素质，加强培训力度，尤其是加强企业科协专兼职人员的培训，让从事科协工作的企业干部真正了解中央领导对科协工作的重要指示，熟悉中国科协的工作部署意图，不断提高企业科协专兼职干部自身的理论水平和工作能力，依托讲比等品牌活动，促进企业科协工作开展。

3. 推动立法进程，完善制度法规

科普法明确科协是开展科普工作的主要社会力量，但科普法是全社会开展科普工作的法律保障，法律责任太宽泛。中国科协的章程和企业科协的组织通则与法律相比，还具有一定差距。近日，中央政治局会议审议通过《中共中央关于加强和改进党的群团工作的意见》，体现了党中央对群团工作的高度重视和深切关怀，但是科协事业发展几十年来，国家一直都没有制定法律加以规范和保障。作为国家推动科学技术事业发展的重要力量，建议中国科协加深对科技工作者内涵的理论研究，推动科协事业发展的立法进程，从国家法律层面规范、引导保障企业科协等基层组织发展，切实维护广大科技工作者的合法权益。

二、高校科协

高校是研究学问、探索真理、创新知识、培养人才的圣地，蕴藏着最为丰富的人才资源。高校科协是中国科协的基层组织，是党联系高校科技工作者的桥梁纽带。加强高校科协组织建设，助力党中央建设世界一流大学，建设世界一流的学科和培养高素质具有创新能力的人才的战略决策，助力创新驱动发展战略，是科协事业发展极其宝贵的战略机遇。

（一） 高校科协组织建设现状

20世纪80年代前后，部分高校敏锐地认识到需要成立专门的机构来管理学术工作促进高校学术水平的提升，陆续向地方科协递交了成立高校科协的申请。30多年来，部分高校科协的工作开展得有声有色，各级科协干部对高校科协组织建设工作也在不断地探索，但与企业科协组织建设工作相比较来看，高校科协组织建设相对缓慢。

1. 高校科协的组织数量增速低缓

据教育部网站公布的数据，2013年全国有普通高等学校2491所，其中本科院校1170所。如表2

数据所示，高校科协个人会员人数在逐年增加，从 2003 年的 18.7 万人增至 2013 年的 45 万人。据中国科协网站发布的《中国科协 2013 年度事业发展统计公报》，截至 2013 年年底，高等院校科协 584个，比上年增加 10 个。但纵观十年数据，高校科协的数量增长缓慢，与高校科协组织全覆盖的目标尚有巨大的差距。

表 2　2003—2013 年全国高校科协组织及个人会员发展情况

年　　度	2003	2004	2005	2006	2007	2008	2009	2010	2011	2012	2013
普通高等学校数（个）	1 552	1 731	1 792	1 867	1 908	2 263	2 305	2 358	2 409	2 442	2 491
高校科协数（个）	207	207	177	747	550	598	698	729	815	574	584
个人会员人数（万人）	18.7	24.3	26.9	32.4	35.1	42	45	54	50	41	45

资料来源：教育部网站统计数据、中国科协事业发展统计公报

2003—2013 年，高校科协组织数量增速低缓，高校科协组织数量持续上涨后反而开始回落，再上涨再回落，始终徘徊在 500～600 家。这说明，中国科协对高校科协组织建设推动工作不够有力，高校党委和行政领导班子对于是否要建高校科协踌躇不前。

2. 高校科协的组织制度建设缓慢

2011 年，中国科协通过调研形成《高校科协组织通则（征求意见稿）》，并在全国范围内下发通知，虚心征求各方的意见和建议。2012 年中国科协继续深入调研，将通则修改为指导意见。随着时间的推移，2015 年新年伊始，呼唤已久的《关于加强高等学校科协工作的意见》（以下简称"《意见》"）终于姗姗来迟。该意见的出台意味着高校科协组织建设工作有了制度依据。《意见》指明了高校科协的主要任务，并对各级科协组织和相关高校党委、高校科协专兼职干部开展高校科协工作进行了具体明确的指导。长期以来，虽然部分省市科协也陆续出台了加强高校科协组织建设的相关文件，但由于《意见》一直没有出台，高校科协组织制度建设的缓慢之态已成为制约高校科协发展的一个重要问题。

高校科协活动开展不够理想。对照中国科协的工作文件来看，各个受访高校科协在谈到活动时，并没有完全按照中国科协布置的与高校相关任务来开展工作。高校科协组织内部凝聚力不强。工作愿不愿抓、能不能抓住是高校科协组织建设的软肋。北京大学科协的负责人谈到，高校科协与科技处或科研院合署办公的多、独立建制的少，科协的工作状态就像"女同志打毛衣，有空就打几下，没空就放下"。西南大学科协负责人谈到，高校科协工作的真正抓手是责任心和工作热情，科协工作说重要很重要，说不重要也不重要，做科协工作没名没利，工作落不到实处。重庆大学科协负责人指出，高校科协工作有抓手而不愿抓、抓不住，把这些活动给委托团委是在为他人作嫁衣。

（二）原因剖析

任何一个组织的建设发展都离不开实事求是的指导思想。高校科协组织建设工作相对滞后除了其与企业科协相似的领导不重视等的原因外，还有其特有的历史原因和现实原因，笔者希望能够保持求真为实的态度，立足于高校科协组织建设的具体客观现实，做到不唯书、不唯上，争取具体研究分析高校科协组织建设中存在的客观现实问题。

1. 中国科协对高校科协组织建设缺乏顶层设计

高校属于事业单位，从 1980 年中国科协二大制定中国科协章程开始，中国科协章程历经 6 次修订，但是作为科技人才荟萃的高校囊括在事业单位的组织类型中在章程一笔带过。即使中国科协第三届全委会主席钱学森于 1987 年 7 月 9 日在"中国科协学研讨会"开幕式上讲过大专院校的科协很重要，即使科协七大章程第一次明确了科协基层组织的范畴、第一次提出科协基层组织的主要任务，但

30 多年来高校科协的任务一直未因其重要而在章程中有所特别指明，建设组织就要开展工作，章程中没有明确高校科协的任务职能，高校科协组织建设可谓举步维艰。

2. 中国科协在高校开展的活动缺乏吸引力

近几年中国科协工作向高校倾斜，从下发的文件中看全国青少年高校科学营、大学生科普作品创作大赛以及科学道德与学风建设宣讲教育等活动的针对对象广泛，活动的内容也很充实。但是调研中，多位高校科协秘书长谈到，高校科协工作开展靠的是人情，而不是活动的吸引力。据此，笔者在重庆大学校园就"你知道重大科协吗？"进行学生随访，调查显示，受访的 18 位学生中仅有 2 位表示知道重大科协，其中 1 位指出参与科协活动感觉"很水，啥事都没有。"西安电子科技大学科协负责人认为科协举办的活动形式往往大于内容，没有驱动性利益和兴趣，没有让人想持续参加的活动。

3. 科协系统内部缺乏对高校科协工作的考核

多位高校科协负责人指出由于高校编制紧张、学校对科协工作没有考核、科技处的工作都忙不过来等原因，再加上科协缺乏专人人员，缺乏经费，上述这些活动多委托团委来开展。而学校对科协工作没有考核的原因主要是由于缺乏各级科协组织监管的各高校科协工作的考核机制。

（三）对策建议

高校因创新而诞生，国家因创新而发展，高校有着最为丰富科技人力资源，是创新型国家建设的人才基地。高校科协是党和政府联系高校科协工作者的桥梁和纽带，是服务高校科技工作者的重要组织载体，加强高校科协组织建设是一项基础而又紧迫的工作。

1. 精心谋划顶层设计，与时俱进修订章程

首先建议中国科协在第九次全国代表大会修订章程，将高校科协的任务职能写入章程，为加强高校科协组织建设提供章程依据。其次，建议中国科协要深入调研，尽快出台高校科协组织通则，加快完善健全高校科协组织建设的制度建设和考核机制。最后，目前和高校相关的工作分散在组人部、科普部、调宣部等部门，建议中国科协成立高校科协工作处，使与高校科协有关的工作有一个统一的指挥部。

2. 创新活动内容，加大宣传力度

建议中国科协深入调研，围绕高校人才培养的中心任务，了解高校科技工作者真正需要的活动形式和活动内容，把满足高校科协工作者需要作为设置活动内容的第一目标，找到高校科技工作者参与科协活动的兴趣驱动点和利益驱动点。利用新媒体等多种传播方式，创办《中国博士生》《高校青年教师》等纪录片栏目，在高校科技工作者中，尤其是在高校大学生中有计划、有组织、有步骤地开展对科协组织的宣传，在高校中凝聚促进科协事业发展的正能量。

3. 贯彻落实《关于加强高等学校科协工作的意见》，加强高校科协组织干部队伍建设

事实说明，哪个高校科协的工作做得好，哪个高校科协的组织稳定就有保证。加强高校科协组织建设需要各级科协组织全面落实《意见》，需要高校科协干部将中国科协在高校开展的活动抓在手里开展起来，不要让《意见》成为一纸空文。逐步完善高校科协工作考核制度，将工作考核与奖励制度紧密联系。也建议中国科协适时修订更新《意见》，加大对高校科协干部的培训和培养，进一步提高他们的业务素质和科学素养，通过他们团结好、服务好高校科协工作者，加强高校科协的组织建设工作。

三、乡镇科协

乡镇是中国最基层的行政单位，一头牵着城市，一头连着农村，在整个国家经济社会发展中发挥

着基础性的作用。乡镇党组织是党和国家各项方针政策在小市镇、农村的宣传组织和执行者，是人民群众了解党和政府最直接的窗口，乡镇党组织的建设情况与党的执政基础坚实程度息息相关。乡镇科协组织建设是乡镇党组织建设的组成部分，是乡镇党和政府联系乡镇、农村科技工作者的桥梁和纽带，加强乡镇科协组织建设对于促进乡镇党组织建设、激活农村经济活力，加快推进新型城镇化，助力城乡一体化具有重要意义。

（一）乡镇科协组织建设现状

1978 年 4 月，国务院批准国家科委《关于全国科协当前工作和机构编制的请示报告》，在"文革"期间被破坏、中断工作的科协组织由此得到全面恢复，各省（自治区、直辖市）科协相继恢复并开展工作。1980 年，中国科协第二次全国代表大会召开后，随着各区县科协工作的恢复，乡镇科协组织也逐渐恢复和重新建立起来。30 多年来，乡镇科协组织大多挂靠在乡镇政府的某一部门机构内，调研显示，这种行政挂靠形式一方面保证了乡镇科协组织的稳定型，在统计数据上实现了乡镇科协全覆盖，另一方面反而限制了乡镇科协组织建设和组织发展。

1. 乡镇科协组织基本实现乡镇全覆盖

根据中国科协事业发展统计公报，2012 年以前，乡镇科协组织称为乡镇科普协会，2012 年开始，乡镇科协组织称为乡镇科协。近十年来，随着城市化进程推进和行政区划调整，全国乡镇总数在逐年减少。如表 3 所示，全国乡镇总数从 2003 年的 38290 个减至 2013 年的 32929 个，十年间乡镇减少数为 5361 个。

表 3　2003—2013 年全国乡、镇及乡镇科协组织发展情况

年　　度	2003	2004	2005	2006	2007	2008	2009	2010	2011	2012	2013
乡（个）	18 064	17 534	15 951	15 306	15 120	15 067	14 848	14 571	13 587	13 281	12 812
镇（个）	20 226	19 892	19 522	19 369	19 249	19 234	19 322	19 410	19 683	19 881	20 117
乡镇合计（个）	38 290	37 426	35 473	34 675	34 369	34 301	34 170	33 981	33 270	33 162	32 929
乡镇科协数（个）	33 794	32 628	32 531	31 041	31 829	30 645	31 659	32 095	32 435	31 227	30 904

资料来源：民政部社会服务发展统计公报、中国科协事业发展统计公报

2003—2013 年，乡镇科协组织数量从 2003 年至 2006 年小幅逐年减少，2007 年至 2011 年呈小幅持续增加，2012 年和 2013 年再次小幅逐年减少。总体看来，乡镇科协组织数量呈平缓下降之势，增减幅度较微，基本实现乡镇全覆盖。

2. 乡镇科协组织徒有虚表名不副实

第一，乡镇科协干部不容易找到。按照互联网关于乡镇科协的相关报道以随机抽样的方式寻找乡镇科协 33 家，22 家乡镇政府电话多日无人接听，实际联系到科协工作人员 11 位，其中 1 位为山东省济宁市兖州区颜店镇科协办兼科技办主任，其他为 10 位科协工作"就近"人员，他们谈到上级布置下来的科协工作都是兼职做，离谁近谁做。第二，兼管乡镇科协工作的干部五花八门：农业服务中心副主任、镇办公室分管农业的干部、农技站站长、分管农业的副乡长、镇分管农业的武装部部长、负责农业经济发展服务专线干部、科技办公室主任、政协工委主任等。第三，区县科协对乡镇科协没有经费支持，也没补贴，农村的科技活动、农业活动一般被认为与科协工作相关，北京市昌平区马池口镇科协秘书长谈到，我们组织活动都是空口白牙的布置任务。山东颜店镇科协办主任谈到，镇科协没有任何经费，科普惠农计划奖补资金难申请。第四，乡镇科协工作人员对中国科协不了解，也没有主动了解的意愿，乡镇科协的干部与县科协接触也不太多。究其原因，乡镇科协的同志们这样反映：中国科协对乡镇科协来说太遥远了，有什么诉求县官也不是现管，有什么要求也未必能实现，说与不说

没什么区别。

（二）乡镇科协组织建设中存在的突出问题及原因剖析

1. 农村基层党组织建设与经济发展"两张皮"现状突出是制约乡镇科协组织建设的客观原因

党的先进性建设滞后，难以适应经济社会发展的实际要求，农村基层党组织领导农村经济发展方面的作用不强，不能有效帮助农民进入市场；农民党员外出务工多、流动性较大，党组织凝聚力不强；乡村基层干部倾向年龄老化、知识老化，综合素质难以适应新时期要求；农村基层干部待遇偏低、保障激励机制不够完善，部分农村管理制度存在形式化。总体上看，农村基层党的建设考虑经济社会发展不多、两者联系不紧，而经济社会发展过程中对党的建设也重视不够。在这种情况下，对党的建设的忽视也影响到对科协组织建设的发展，山东颜店镇科协办主任谈到，科协、妇联、团委领导觉得都是很虚的东西，在领导心中没什么位置，领导看重的是抓经济能带来荣誉的部门，对科协这种部门关心甚少。

2. 乡镇科协组织建设制度不完善、服务农村的活动缺乏特色是乡镇科协组织建设薄弱的主观原因

查看中国科协近几年的工作文件，科协在农村开展的活动项目有科普惠农兴村计划，并印发了相关的实施方案和工作考核办法。开展农村妇女、农民科学素质网络竞赛，并下发了相关工作实施方案；开展"乡村情·科技梦"——优秀农村基层科技工作者推选宣传活动；还举办过种业科技创新与农业发展专家论坛、农产品质量安全与现代农业发展专家论坛，但是一直以来没有出台对乡镇科协组织建设的指导意见和组织通则。乡村基层工作纷繁杂乱，千头万绪，上面千条线，下面一针穿，乡镇基层干部往往身兼数职，科协工作或者与工青妇工作设置在一起，或者与农业工作设置在一起，科普工作与常规农业工作没有明显区分，而且受访乡镇科协干部都谈到，科协开展的活动均是县里组织，乡里配合，在这种情况下，乡镇科协的活动如果再缺乏实用性，就很容易被大家忽视。

（三）加强乡镇科协组织建设的对策建议

1. 建议中国科协尽快出台乡镇科协组织建设工作的指导意见和组织通则

在"十三五"期间协调好乡镇科协工作人员和工作经费，加大对乡镇科协专兼职工作人员的业务素质培训，使其能按照乡镇科协的职能职责，面向农村、面向农民积极开展科普宣传，开展农村实用技术培训和推广，引导农民树立科学发展理念，培养有文化、懂技术、会经营的新型农民，提高农民科学文化素质，促进社会主义新农村建设；加强乡镇科协工作人员的责任管理意识，搭建好科协事业发展平台，不断增强他们的事业心和责任感，使他们在广阔的科协舞台上尽情发挥自己的聪明才智，使科协工作真正服务于广大群众、服务于经济建设，真正发挥好科协组织承上启下的枢纽作用和科技普及推广工作的"二传手"作用。通过加强乡镇科协组织建设，逐步形成上下贯通、左右相连的城乡科普网络，提升基层科普服务能力。通过加强乡镇科协组织建设推进基层党建工作创新，使基层党的建设真正融入地方经济社会发展，发挥好应有的服务和保证作用。

2. 以加强农业科技人才队伍建设，培养新型职业农民为契机开展工作

推进农业现代化，培训农民群众掌握新知识新技术已经成为十分紧迫的任务。2013年11月27日习近平总书记在山东农科院召开座谈会时强调，农业出路在现代化，农业现代化关键在科技进步。我们必须比以往任何时候都更加重视和依靠农业科技进步，走内涵式发展道路。矛盾和问题是科技创新的导向。要适时调整农业技术进步路线，加强农业科技人才队伍建设，培养新型职业农民。在调研中，多位乡镇干部谈到，由于科技落后，科技人才匮乏，希望中国科协多些科技下乡，多帮帮农村发展，提高人民生活水平。建议中国科协联合各大部委，调动各级科协组织，整合社会资源，齐心协力，加强农民技能培训，广泛培养农村实用人才，鼓励农业科技专家讲好技术推广起来，带动群众致

富，加快社会主义新农村建设。

四、街道社区科协

街道社区是城市最基层的单位，是党和政府在城市工作的基础，在推进社区建设、服务社区居民、维护社会稳定、做好城市现代化管理的基础工作等方面发挥着重要作用。街道社区科协是做好城市科普工作的组织保证。加强街道社区科协组织建设，对于提升城市社区科普服务功能、提高广大居民科学素质具有十分重要的现实意义。

（一）街道社区科协组织建设现状

在"十二五"期间中国科协紧抓社区科普工作，开展城市社区科普工作状况调查，召开全国城镇社区科普工作会议（2013），出台《中国科协关于深入推进社区科普大学建设工作的实施方案（2014）》《社区科普大学章程（示范文本）》《中国科协关于加强城镇社区科普工作的意见（2013）》，表彰社区科普益民计划先进单位和个人。据表4所示，街道科协组织覆盖面广泛。

表4　2003—2013年全国街道及街道科协组织发展情况

年　　度	2003	2004	2005	2006	2007	2008	2009	2010	2011	2012	2013
街道合计（个）	5 751	5 829	6 152	6 355	6 434	6 524	6 686	6 923	7 194	7 282	7 566
街道科协数（个）	6 132	6 442	7 439	7 992	8 478	8 689	9 544	10 429	7 545	8 235	9 067

资料来源：民政部社会服务发展统计公报、中国科协事业发展统计公报

（二）街道社区科协组织建设中存在的主要问题及原因剖析

随着《全民科学素质行动计划纲要（2006—2010—2020年)》的贯彻实施，各级科协组织对社区科普的重视程度不断加强，社区科普工作深入开展，但是目前我国社区科普工作总体上还不能够适应社区居民日益增长的科普需求，社区科普组织建设存在三大矛盾。

1. 科普工作要求专人专干与社区工作人员身兼数职之间的矛盾

《中国科协关于加强城镇社区科普工作的意见》要求社区需要确定一名以上科普专干以保障社区科普工作有专人负责。实际上社区居委会属于群众自治组织，工作人员都是合同聘用制，合同制人员流动性大，而且每个人都是身兼数职，所有的工作掺杂在一起进行，距离科普工作专人专干的要求还有一定差距。重庆市沙坪坝区童家桥街道负责人谈到，由于科普工作没有专职人员，科普活动室也只能隔天分时段开放。

2. 科普设施不断投入与大量科普设施闲置之间的矛盾

社区科普设施多为科普画廊、图书室、活动室，覆盖面很窄。调研中发现较少部分街道社区的科普画廊每个季度会更换一次，大部分街道社区的科普画廊在外经受风吹日晒没钱更新内容；电子科普画廊一般只在晚上发亮，内容多为医院广告；科普活动室普遍有钱建室无钱更换设备；图书室有空间存放图书无居民长期阅读。信息技术普及已经改变了人们获取知识的途径，建画廊、发图书、搞展览、办讲座等传统模式科普受到了极大挑战。

3. 社区居民的科学文化需要与社区开展的科普活动针对性不强之间的矛盾

朝阳区管庄乡惠河西里社区负责人谈到，平时社区都是老年人，成年人都上班去了，孩子们都上学去了，居民们关心雾霾、废旧电池回收等与生活息息相关的事情，但上级领导布置的科普宣传、科普活动跟居民生活有时结合得不太紧密，居民们参与活动得热情不高。重庆市沙坪坝区詹家溪街道勤

居村社区工作人员谈到，科普大学老年人多，他们普遍反映电脑知识接触起来比较难，科普大学的课程现在多以养生医疗为主。除老年人外，社区其他居民的需求还没有满足。

（三）加强街道社区科协组织建设的建议

一是建议中国科协推动各级科协组织全面落实《中国科协关于加强城镇社区科普工作的意见》，推动社区科普工作专人专干作为社区工作的考核标准，对社区专职科普工作人员有持续经费补贴支持。

二是建议中国科协创新科普宣传的内容和方式。利用新媒体技术开展科普宣传，加强微信科普、QQ科普等信息平台建设。

三是建议各级科协组织结合社区实际情况开展有针对性的、与居民生活息息相关的科普活动，比如垃圾分类知识培训，废旧电池回收宣传。

五、科协基层组织建设的问题、对策与建议

中国科学技术协会是中国科学技术工作者的群众组织，是中国共产党领导下的人民团体，是党和政府联系科学技术工作者的桥梁和纽带，科协基层组织是党服务基层科技工作者的触角和抓手，加强科协基层组织建设，搞好服务是手段，发挥作用是重点，让科技工作者满意是根本目的。加强科协基层组织建设是一项系统工程。企业科协、高校科协、乡镇科协和街道社区科协的组织职责各不相同，组织结构各有差异，但有一点是共同的，就是服务，加强科协基层组织建设，核心是服务好基层科技工作者。这是贯穿科协基层组织建设的一根红线，也是加强科协基层组织建设的主题。

（一）当前科协基层组织建设存在的共性问题及原因分析

从调研实际情况来看，科协基层组织整体呈现松散状态，科协基层组织建设普遍缺乏开展工作的人财物保障，组织建设的一些问题已呈旧病难医之势，无论是在思想认识上、工作理念上，还是在政策扶持、组织引导上，都面临着四点共性的困难和制约。

一是各类科协基层组织建设不尽如人意的根本原因在于其职能没有充分发挥。企业科协、高校科协、乡镇科协以及街道社区科协分别是企业、高校、乡镇、街道社区组织系统中的一个部门，一个部门在整个组织系统中的重要程度取决于其在组织系统中贡献的大小。企业在市场中能否存活的关键在于盈利，高校在社会中能否立足取决于能否培养出适应社会需求的人才，乡镇建设得好不好主要看有没有促进农业生产改善农民生活，街道社区服务搞得好不好主要看其为辖区居民的服务水平。从调研的情况看，各类科协基层组织在各自的组织系统中不仅没有发挥出让人觉得离不开、缺不得的重要作用，甚至某些科协基层组织处于名有实无的尴尬境地。

二是中国科协对基层组织建设的推动还不够有力。第一，中国科协对科协基层组织理论的相关研究不够深入，对于一些科协基层组织的内涵、职能、运行模式等没有深入研究并明文规定。第二，对于基层组织建设的指导性意见尚不完善，高校科协指导意见刚刚出台，乡镇科协工作指导意见还没有出台。高校科协组织通则、乡镇科协组织通则、街道社区科协组织通则均没有出台。第三，中国科协对基层组织的干部培训不够，由于培训名额有限，地方科协多以指定分配的方式开展培训工作，较多基层科协干部不知道中国科协对基层科协组织干部培训。第四，中国科协及各级地方科协对基层科协工作的考核机制不完善。

三是中国科协内部信息交流不顺畅，科协内部组织松散，凝聚力不强。我们从课题调研的过程中发现，找到具体的基层科协组织或负责科协工作的人员不是件容易的事情，询问谁负责科协科普工作时，有时同一个部门的人都不知道，电话寻找要绕多次弯路。一方面，由于科协上下级组织之间是业务上的指导与被指导关系，业务联系不强的话，指导关系就弱。另一方面，中国科协没有出台指导意

见，上级科协对下级科协没有约束力，上级科协的任务、指示，下级可听可不听，在调研中，某省科协干部就这样描述过："高校科协，我们省科协给钱的时候能找着人，不给钱的时候找他干活，他马上说我可忙啦。"

四是科协基层干部对基层组织建设还存在认识误区。调研中科协基层干部谈到，科协工作未纳入其同级领导单位的考核机制，没有考核就没有工作紧迫感和积极性。一些科协的同志认为科协不属于单位的重要职能部门，工作只要完成上级科协的任务就可以，形容科协工作就像"女同志打毛衣，有空就打几下，没空就放下"，没有意识到上级科协提供的工作指导远远满足不了具体单位科技工作者的个性化需求。一些同志跳不出传统的工作思维模式，习惯于仅仅关注上级临近科协信息，没有意识到互联网已成为获取工作信息的主要途径，不善于利用网络学习领会中国科协的政策指导。科协本就不属于政府职能部门，如果科协干部对工作的开展还不够积极主动，那么基层组织建设工作难免被动。

（二）加强科协基层组织建设的对策建议

加强科协基层组织建设，充分发挥科协桥梁纽带的重要作用，提高科协为广大科技工作者服务的水平，激发广大科技工作者投身创新型国家建设的热情和活力，将科协基层组织建设成领导班子凝聚力强，秘书长队伍组织力强，活动内容吸引力强，服务项目影响力大的群团组织，把科协组织真正建设成科技工作者离不开的家。

一是设立基层组织创新和服务能力提升专项工程。基层科协组织在创新驱动发展中发挥的作用还不大，科协工作要进入经济建设主战场，要真正把科协的作用发挥到极致。建议将着重围绕地方党委政府重大战略任务的实施，结合地方经济社会科技发展的现实基础和重大需求，增强科协基层组织对经济社会发展的支撑力和引领力，构建具有区域特色的科技服务与创新体系，设立基层科协组织创新与服务能力提升专项，突出机制创新和政策引导，建立省、市、县三级协同机制，推进科协基层组织工作。在"十三五"时期力争实现科协基层组织机构到位、职能到位、人员到位、经费到位。

二是尽快出台高校科协组织通则、乡镇科协组织通则、街道社区科协组织通则。从中国科协层面要出台文件对基层组织建设提供政策支撑，为地方科协工作、基层科协组织建设提供具体政策依据。固化干部交流培训机制。提高基层科协干部的理论水平和业务水平。第一，加强省、市、县三级科协干部培训。地方科协干部组织建设水平直接关系到基层科协组织建设状况。第二，大力开展企业科协秘书长，高校科协秘书长、乡镇科协主席、街道社区科协专员的工作培训与交流。制定培训规划，争取在"十三五"期间轮一遍，让基层科协的每一个干部都参加过中国科协的培训。第三，建议设立"优秀秘书长"奖项，促进基层科协组织建设。

三是建立工作服务信息平台。第一，中国科协在信息服务平台上登记并及时更新全国所有基层科协组织的信息。按照所属省份详细记录各类基层组织名单、联系人、联系方式。保证从中国科协的层面可以随时找得到基层科协，掌握基层科协组织的最新状态。第二，工作服务信息平台可以对各级科协设置相应的登录权限，便于各级科协之间工作互动和业务联系。第三，基层科协组织可以在信息平台上发布自己的需求。促进企业技术需求和高校成果转化之间对接，推动乡镇、街道社区科普工作开展。第四，加强统计工作，细化《中国科学技术协会统计年鉴》上各类科协组织的数量和类别，便于对公有制企业科协、非公有制企业科协、工科类高校科协、文科类高校科协等科协基层组织进行分类指导。

四是建议把基层组织数量、干部人数作为科协组织的主要考核指标。尽力将科协的基层组织建设纳入地方党委的考核范畴。中国科协要针对各类基层组织的各自的特点做好长远规划，科学合理设定好"十三五"时期基层组织覆盖数量的总目标，在数量增长的同时保障基层组织的稳定运作，并且要做到将长远规划落实在年度计划中。通过设置考核指标考核程序选拔科协基层组织领导干部，提高基层科协工作人员的职业化水平和素质，逐步实现基层科协组织人才队伍高能力化，实现职业队伍专业化。

五是建立与工会、妇联、团委等群团组织的工作联动机制。发挥大联合大协作的作用，联合其他部委开展活动。建议从中国科协层面组织各类基层组织交流会，科协活动要与党支部、工会、妇联、共青团等活动紧密结合，不光要有自己日常开展的活动，还要在其他群团组织开展活动的时候找到科协参与的切入点，广泛扩大科协的影响力。

（课题组成员：戴　宏　王国强　韩晋芳　黄园浙）

增强县级科协组织凝聚力、吸引力研究

中国科协组织人事部课题组

一、本领域"十二五"主要进展

（一）成绩和经验

"十二五"期间，县级科协组织建设以党的十八大精神为指导，落实中国科协"八大"工作部署和《中国科学技术协会章程》规定，求真务实，突出重点，各项工作成效显著。

1. 加强指导，推动县级科协民主办会

指导、推动、督促县级科协组织严格执行《中国科学技术协会章程》，坚持民主办会，做好换届工作。及时总结县级科协工作开展过程中的先进经验和优秀做法，成立专门的编写小组，以 2011 年评选出的"县级科协工作典型案例征文"获奖稿件为素材，编写、出版《县级科协典型案例选编》和《县级科协工作手册》，并发送至全国所有省区市、地级市和县级市科协。指导县级科协工作人员学习和使用《县级科协工作手册》和《县级科协工作案例选编》，为县级科协工作提供参考资料，提升县级科协组织的发展能力。

2. 加大培训，举办县级科协主席培训班

为提升县级科协领导干部的工作水平和履职能力，2011—2014 年，中国科协分别在海南、广西、安徽、江西、黑龙江、福建、西藏和云南举办了县级科协主席培训班，近 1250 名县级科协主席接受了培训。中国科协领导亲临培训班讲话并作专题报告。培训班设置辅导授课、分组交流讨论、学员论坛及参观考察等内容，阐述中国科协的工作部署和政策措施，深入了解基层同志的意见和呼声，着力提高县级科协领导干部的工作水平和履职能力。县级科协主席培训班成效显著，受到普遍欢迎，有力地提升了县级科协主席的工作能力。

3. 开展调研，掌握县级科协组织状况

深入开展县级科协工作调研，了解、掌握县级科协发展状况。从县级科协面临的形势和工作实际出发，集中力量研究起草《关于进一步加强新时期县级科协工作的意见》（以下简称"《意见》"）。并就《意见》广泛征求建议，分别赴湖南、黑龙江、安徽等省份就意见讨论稿开展调研工作，进一步修改完善《意见》。

4. 开展评估，推进全国科普示范县创建

对各地 2011 年以来开展全国科普示范县（市、区）创建工作取得的成效以及存在的困难和问题等进行检查评估，进一步争取地方党委政府的重视和支持，切实提高科普示范县（市、区）的示范带动作用。

（二）困难和问题

"十二五"期间，县级科协组织建设取得了积极成效，但工作开展过程中也出现了一些不容忽视的问题，不利于县级科协组织增强凝聚力、提升吸引力，在一定程度上影响和制约了县级科协的长远发展。

1. 不能按时换届，民主办会流于形式

部分县级科协民主办会意识和有效监督机制不强，不能按照《中国科学技术协会章程》规定按时换届，县级科协主席在同级人大、政协任职的比例较低，依法依章办会观念淡薄，影响了民主办会的效果和县级科协作用的有效发挥。

2. 人员编制短缺，经费不足活力不强

部分县级科协工作机制运行不畅、人员配备不强，组织相对松懈，管理不规范，规章制度不健全，很大程度上依赖"能人效应"来决定活动开展。缺少稳定经费来源，开展活动能力较弱。

3. 服务意识较弱，干部素质有待提升

部分县级科协内部缺少科技和管理人才，自我发展机制不强、活力不够，其影响辐射及带动能力不足。没有把桥梁纽带作用做到科技工作者身边，不能有效的联系和服务广大科技工作者，影响力和凝聚力不强。

二、本领域"十三五"面临的主要形势

当前在全面建设小康社会、全面深化改革、全面依法治国、全面从严治党的大背景下，经济社会快速发展，全民科学素质普遍提高，科学技术日益进步，科技工作者需求日益多样，县级科协工作必须要适应新形势、顺应新发展。县级科协组织必须要加大改革力度，不断增强自身建设，探索符合时代特色的发展道路，增强科协组织对科技工作者的凝聚力和影响力。

三、本领域"十三五"总体思路和主要目标

（一）总体思路

全面把握党的十八届三中、四中全会精神和习近平总书记系列讲话精神，认真贯彻《中共中央关于加强和改进党的群团工作的意见》和中央书记处关于科协工作的指示精神，按照中国科协关于组织建设相关工作的要求，提高认识，找准定位，加强县级科协组织建设，努力提升服务水平，切实增强县级科协组织的凝聚力和吸引力，把科技工作者紧紧团结在党的周围，组织科技工作者为实施创新驱动发展战略服务、为实现中华民族伟大复兴的中国梦做出新的更大的贡献。

（二）主要目标

"十三五"期间，县级科协组织建设要按照中国科协"九大"提出的目标和任务，提高认识，找准定位，坚持为经济社会发展服务、为提高全民科学素质服务、为广大科技工作者服务的宗旨，着力夯实组织基础，坚持依法依章民主办会，做到按时换届，加强领导班子建设，提高科协组织和干部队伍整体素质，增强县级科协组织服务科技工作者的能力和水平，进一步增强县级科协组织的活力，推动各项工作再上新台阶。

四、本领域"十三五"战略重点和重大举措

（一）战略重点

1. 开展科协组织体系前瞻性研究，加强顶层设计

准确把握经济社会发展的新形势、新常态，落实国家的重大战略部署，开展中国科协系统组织体

系前瞻性研究，完善科协组织体系的架构功能、运行机制、工作制度，认真分析科协组织特有属性和内在规律，深入研究中国科协与地方科协之间的关系，推动新常态下县级科协组织的改革与创新。切实加强中国科协对地方科协特别是县级科协的工作指导。

2. 推动县级科协依法依章办会，规范制度建设

按照《中国科学技术协会章程》的规定，加强对县级科协的指导，推动、督促县级科协严格执行章程，坚持民主办会，按时换届，提高县级科协组织规范化、制度化建设水平。

3. 总结县级科协工作经验，创新发展思路

认真总结县级科协工作的成绩和经验，分析新时期县级科协工作面临的新情况、新问题，为进一步做好县级科协工作提供指导，推动县级科协不断加强自身建设，转变工作思路，创新工作方法，整合优势资源，拓展县级科协发展空间和工作领域。

（二）重大举措

1. 加强工作指导，激发组织活力

指导县级科协加强自身建设，推动县级科协组织依法依章民主办会，充分发挥县级科协代表大会、全委会、常委会的领导作用，激发县级科协组织活力。引导、帮助县级科协争取当地党委和政府的支持，确保县级科协有独立机构建制和人员编制，为县级科协发展提供人员和经费保障。省、市科协组织要加强对县级科协的业务指导，督促县级科协按时换届。

2. 加大支持力度，拓宽发展空间

加强中国科协、省级科协对县级科协的支持，工作下沉、重心下移，资源向下倾斜，为县级科协开展工作、服务科技工作者提供更丰富的资源和更广阔的平台。发挥科协大团体的优势，将上级科协组织开展的活动向县级科协组织延伸，为县级科协开展工作提供帮助。积极推动县级科协主要负责同志进入同级人大、政协常委会，进一步发挥县级科协组织参政、议政的功能。增加县级科协组织发展个人会员的职能，增强县级科协组织与科技工作者联系的直接性和紧密性。

3. 加大培训力度，提升干部素质

继续举办县级科协主席培训班，提升县级科协主要领导的理论水平和业务素养。深入研究县级科协主席如何履行职责、做好新时期县级科协工作、推动县级科协工作创新发展等问题，提升县级科协主席的履职能力。

4. 开展调查研究，掌握发展状况

县级科协是发挥科协"党和政府联系科学技术工作者的桥梁和纽带"宗旨的桥头堡，是"地方推动科学技术事业发展"的重要力量。进一步加大调研力度，掌握县级科协的发展状况、存在问题，了解县级科协在促进地方经济社会发展和科技进步方面所发挥的作用。

5. 召开工作会议，搭建交流平台

召开全国县级科协工作会议，为县级科协提供交流讨论平台，分析县级科协工作面临的状况，总结县级科协工作中遇到的各种实际问题，分享做好县级科协工作的经验做法，推广县级科协典型发展模式。

（课题组成员：王守东　王进展　解　欣　齐晓楠　王友双）

民间科技人文
交流机制建设

"十三五"规划对外民间科技合作专题研究报告

中国科协国际联络部课题组

一、"十二五"主要进展

(一) 主要成绩

"十二五"期间，通过有效利用国际科技资源，积极参与多边、双边及对港澳台民间科技交流，拓宽了国际及对港澳台的科技交流合作渠道，有效提升了我国科技界的国际影响力，更好地服务于国家外交大局和统一大业的目标。

1. 与国际民间科技组织的交流与合作不断加强，提升了国际民间科技组织的参与度

通过做好国际科学理事会、世界工程组织联合会等重要国际组织的各项工作，为学会搭建了高层次综合性国际交流平台。积极承办国际科联灾害风险综合研究计划和城市健康计划国际办公室，承办世界工程组织联合会信息与通信委员会秘书处。召开"未来地球（Future Earth）计划在中国"国际研讨会，总结我国过去在全球变化和可持续性研究方面的研究成果，整合资源，推动国际科联未来地球计划在中国的开展。

2. 成功举办多场高水平的国际学术会议

积极支持全国学会在华举办国际组织重要会议，成功举办了第 17 次国际生物物理大会、第 12 届国际岩石力学大会、第 9 届世界生物材料大会、第 23 届世界力学家大会，国际天文学联合会第 28 届大会以及第 64 届国际宇航联大会等多场高水平学术会议。

3. 通过实施国际科技组织事务专项，不断壮大我国国际民间科技交流队伍

（1）支持我国科学家担任国际组织职务卓有成效。截至 2014 年 10 月，经中国科协及全国学会推荐的我国科学家在国际民间科技组织中担任各类职务的人员共计 600 多人，较"十一五"时期的 300 人左右，有大幅增加。其中重要任职 168 人，包括：主席 28 人，副主席 50 人，执委或相当决策职能职务的 90 人。

（2）支持科协组织加入国际相应组织取得重大进展。到目前为止，中国科协及所属全国学会共以国家会员身份加入了 340 个国际民间科技组织，其中包括 16 个综合学科类国际组织、84 个理科类国际组织、117 个工科类国际组织、13 个农科类国际组织、85 个医科类国际组织、25 个交叉类国际组织，几乎覆盖了各学科领域所有重要的国际民间科技组织。

（3）支持科技工作者参与国际科技活动有成效，为科学家参与国际科技组织重要活动提供更为有力的支撑。共资助 667 名专家出国参加国际组织的重要活动。2011—2014 年间，已为近 300 名国际组织后备队人员进行了培训班。

4. 有效利用国际科技资源，民间科技合作与交流主要代表的作用不断加强

开辟我国工程师国际化道路，推进工程师资格国际互认工作取得突破性进展。2013年6月20日，在韩国首尔召开的国际工程联盟大会上，中国科协代表我国被正式接纳为《华盛顿协议》预备会员，在工程师资格国际互认工作上迈出了重要一步。

5. 参与联合国经济和社会理事会咨商工作取得显著成效

中国科协联合国咨商工作三个工作委员会积极参与联合国重要领域活动。2011—2014年，在联合国相关重要大会上成功申请边会11次，通过报告、展台、展板、发放宣传手册等形式，强化了中国科技界的声音。特别是在2012年联合国互联网治理大会上，中国科协积极配合政府团，一方面发挥非政府组织广泛的联系性协助政府团拓展资源，另一方面利用非政府组织的特殊地位配合政府团在国际舞台上树立中国的正面形象。中国科协团组的工作受到政府团的高度认可，在此次政府团上报国务院的工作汇报中特别加入了对中国科协工作的介绍。

6. 与主要发达国家重点对口科技组织的合作得到深化

通过高层访问和双边项目的实施，与美国、英国、日本、韩国、以色列等对口组织以及俄罗斯科工联的国际合作关系得到巩固和深化。与以上组织在科技政策、科学道德、科学传播等领域的合作项目取得实效，在国际组织和国际事务中的合作加深。同时在欧洲开拓了新的合作关系。

7. 与周边国家科技组织的交流得到加强

结合地方科协的对外交流合作与地方经济发展需求，面向东盟、中亚各国以及印度、缅甸、斯里兰卡等国双边交流与合作初步建立渠道，为进一步深入探讨长期合作机制打下了良好基础。

8. 与发展中国家科技组织的关系得到拓展

建立"四国五方"工作机制。发展了与巴西科学促进会等在科技政策领域的合作。

9. 引进优质国际科技资源的能力得到提升

为更好地履行中国科协科技决策咨询的职能，服务国家创新驱动发展战略，"十二五"期间启动了《世界前沿技术发展年度报告》的研究和编写工作。

10. 与港澳台科技社团之间高层互访不断

2011年至2013年期间中国科协主席韩启德以及科协书记处主要领导多次率团访问港澳台，出席港澳台科技社团活动，与港澳台对口组织交流并签署了合作协议。2014年7月，中国科协党组书记尚勇会见了澳门科技协进会理事长崔世平并提出在澳门举办协同创新论坛的设想。与此同时，香港工程师学会、澳门科技协进会、台湾李国鼎科技发展基金会等团体高层领导也到访中国科协，与书记处领导座谈交流。双方在互访之中不断增加了解，增进感情，为双方开展务实合作奠定基础。

11. 与港澳台学生的交流日趋活跃

继续开展港澳台学生参加"紫荆绿荷玉山计划"暑期内地实习活动、海峡两岸大学生辩论赛、海峡两岸青年学子科技交流活动、海峡两岸青年科学家学术活动月等活动。2012年由中国科协组织的参加玉山实习计划的台湾学生被国台办批准参加了海峡两岸万名学生大交流活动并受到国家主席胡锦涛的接见；从2013年开始，每年招收港澳台1700余名学生参加高校科学营活动；2014年7月中国科协党组书记尚勇在人民大会堂与参加"梦想航天情系中华——航天科技夏令营"的港澳台代表座谈。

12. 发挥中国科协重点品牌项目的平台作用，深化对港澳台科技交流

中国科协年会、海峡科技专家论坛、当代杰出华人科学家公开讲座、海峡两岸科学传播论坛等品牌项目逐渐为港澳台地区科技社团所熟知，并成为中国科协深化对港澳台科技交流的重要平台。"十二五"期间，出席中国科协年会的港澳台科技团体代表人数逐年递增，且层次高、界别全，已成为中国科协对港澳台交流工作的重要平台。"海峡科技专家论坛"顺应海峡两岸大交流、大合作的趋势，依托"海峡论坛"应运而生，每年吸引千余名两岸代表参加，迄今已签署近百项合作项目，汇聚了越来越多的民间科技交流资源。

13. 支持全国学会、地方科协大力开展对台科技交流活动

"海峡两岸都市交通学术研讨会"、"海峡两岸休闲农业研讨会"等在两岸科技界有较大的影响力和知名度，这些项目主题丰富、涉及领域广泛、参与学者众多，为两岸民间科技交流工作增光添彩。

（二）存在问题

缺乏全方位、系统化支持和鼓励参与国际民间科技组织的政策支撑。目前专家学者，特别是副部级以上人员（包括在职和退休的）在国际组织任职缺乏必要的文件指导，国内报批（外交部、中组部）手续略显复杂。应设法满足专家学者出席国际组织工作会议、申办承办及参与国际组织重要活动的出访需要。

目前国际组织任职专家大多是自愿无偿承担大量工作，在国内常因"任职工作与本单位业务不挂钩"而得不到所在单位的认可，从而缺乏人力、财力等方面支持。在重要国际组织担任决策层领导（包括主席、副主席、执委等）的专家大多是依靠自身力量履职，国内缺乏必要的团队支撑，如专家智库、学术秘书的配备等问题。应落实完善国际组织任职专家相应的服务政策。

缺乏系统的国际科技人才队伍培养体制和机制。缺乏对已有的国际和区域科技交流资源的合理规划整合。开展国际组织交流方面经费投入仍显不足。港澳台科技交流需求与不断收紧的因公出访团组和财政政策之间的矛盾，随着出访团组采取总量控制、不断压减的措施，中国科协系统对港澳台科技交流工作不断受到政策层面的抑制，交流需求无法完全释放。对港澳台交流项目存在重交流、轻合作的问题，交流多局限于理论层面，如何在提质增效、促进交流成果转化方面取得实效，仍然需要进一步研究。

二、"十三五"面临的形势

随着全球经济一体化进程的不断加快和知识经济的迅速发展，全球普遍关注的重大问题与科学技术的关系越来越紧密，各国为发展本国科技实力，通过其对外科技政策而建立的国际科技联系已成为当今国际关系的一项重要内容。当前，我国经济发展进入"新常态"，驱动经济转型升级和实现创新驱动发展要求将国际合作作为把握新机遇、应对新挑战的有效抓手。

作为我国最大的科技团体和中国科技界的代表，服从和服务于国家的总体外交，广泛开展国际学术交流，增进与各国科技界的友谊与合作，服务中央对港澳台工作大局，全面拓展与港澳台科技组织、科技人才、基层科技工作者、青年学子的交流，潜移默化做好港澳台地区人心回归工作一直是中国科协对外交流的重要任务。经过多年努力，中国科协及所属全国学会已加入了几乎所有自然科学和工程技术领域的代表性国际组织，获得联合国非政府组织咨商地位，与主要发达国家和发展中国家的重要科技团体保持着密切联系和良好关系，以学术交流、科学普及和推动科技为经济发展服务为纽带，紧密围绕中国科协的重点工作，卓有成效地开展了对港澳台青少年和科技界高层人士的交流，构成了全方位、立体化的民间科技对外交流格局。

三、"十三五"总体思路和主要目标

（一）总体思路

围绕中国科协事业发展和国家经济社会发展目标和重点领域，"十三五"时期中国科协国际及对

港澳台交流工作的总体思路为：充分利用国际及对港澳台民间科技交流资源，以我为主，务实重效，开展全方位、多层次、宽领域的国际及对港澳台科技交流与合作，进一步形成覆盖面广、重点突出、相互协调的对外科技交流新格局。服务国家创新驱动发展战略，服务国家外交工作大局和"一带一路"战略，服务中央对港澳台工作大局和祖国统一大业，服务中国科协中心任务。

（二）主要目标

——有效利用国际科技资源，进一步建立和完善全方位、多层次的国际民间科技交流体系和平台，通过参与国际民间科技组织，扩大在国际科技界的影响力；通过推动实施"一带一路"战略，深化加强区域合作，输送协同合作、共同发展的理念，实现在科技交流与合作中的引领作用；继续开展联合国咨商工作，充分利用联合国平台，让民间科技组织充分发挥政策咨询作用，在政府间机构中产生积极影响，继续巩固和建设国际民间科技交流队伍，保持担任国际组织领导职务的科学家数量稳步增长。形成梯队，持续发展，保住我在重要国际组织决策层的位置。提升国际影响力，服务创新型国家建设和国家外交大局。

（1）每年在华承办或举办2~3个高水平国际学术会议。

（2）积极参与或承办影响力大的国际科技计划，"十三五"期间承办2~3个国际科技计划。

（3）转正为《华盛顿协议》正式成员。

（4）每年在联合国重要会议上举办两个边会。

（5）培育10个国际影响力强的学会。

——保持与发达国家主要对口组织的合作，加强与周边国家科技组织的交流，拓展与发展中国家科技组织的关系，配合国家"一带一路"战略，配合国家对非洲外交的战略。深化拓展基础科学、前沿技术、创新思想与管理、科学普及等领域的交流与合作；巩固和拓展在关键技术、工程技术、青少年活动等领域的交流合作等。

（1）建立更加稳固全面的双边交流合作网络。

（2）开拓与东盟及中亚各国科学普及、工程技术等领域的交流与合作。

（3）开拓与南非等重点非洲国家在资源利用、农业科技、科学传播等领域的交流与合作。

（4）巩固深化与美国、欧盟等国在基础科学、前沿技术、创新思想与管理、创新人才、科学道德建设、科学普及等领域的交流与合作。

（5）巩固和拓展与俄罗斯、东欧各国在关键技术、工程技术、青少年活动等领域的交流合作。

（6）深化拓展与周边国家在科技创新、青年科学家和青少年活动、科学普及等领域的交流与合作。

（7）拓展与南美主要国家在环境保护，资源利用，农业科技，科学普及等领域的交流与合作。

——服务中央对港澳台工作大局，全面拓展与港澳台的交流，潜移默化做好港澳台地区人心回归工作；按照国家创新驱动发展战略总体要求，着力深化与港澳台学科发展、科技创新、新兴产业的合作，提升内地与港澳台产业竞争力；整合内地与港澳台科技创新资源，启动实施"海峡两岸暨港澳协同创新工作"，创建海峡两岸暨港澳协同创新模式；瞄准重要科技项目，创新合作模式，加大与港澳台科技界重要机构重要人士的交流与合作。

（1）每年举办2~3个海峡两岸暨港澳科技社团共同参会的大型交流活动。

（2）每年在港澳举办当代杰出华人科学家活动等固定交流项目2~3个；在港澳台举办青少年之间固定交流项目3~5个。

（3）每年在海峡两岸暨港澳间推动学术交流项目15~25项。

（4）争取将当代杰出华人科学家公开讲座等重要活动扩展到台湾举办。争取与港澳台交流青少年交流人数为每年1000~2000人次。

四、"十三五"战略重点和举措

（一）进一步建立和完善全方位、多角度的国际民间科技交流体系和平台

——深入研究国际民间科技组织管理和运行机制，密切与国际民间科技组织的关系，提升我国在国际民间科技组织的参与度和话语权，充分利用国际民间科技组织在全球治理中发挥的积极作用，实现科技资源共享，服务创新型国家建设和国家外交大局。继续支持鼓励学会加入重要国际民间科技组织，积极参与国际民间科技组织活动，推荐优秀人才在国际民间科技组织中任职；承接国际民间科技组织秘书处；发起成立国际民间科技组织；申办、承办国际民间科技组织重要国际学术活动和会议；按时交纳国际民间科技组织会费等。"十三五"期间，通过"国际民间科技组织事务专项"的实施，进一步做好国际民间科技组织事务的管理工作；同时，积极开展调研工作，充分了解和分析重要领域的发展趋势，适时加入国际上新成立的重要国际民间科技组织或根据发展需求由中国主导发起国际民间科技组织。

——深刻认识和把握国家"一带一路"战略的积极意义，积极开展区域国际组织工作，设计并实施与"一带一路"国家在国际组织方面的合作。

——通过继续实施"联合国咨商专项"，疏通外联渠道，与联合国经社理事会及其下属机构建立有效联系和沟通网络；整合国内力量，开展深入研究，在已有的三个咨商专委会的基础上，进一步加深和拓宽参与领域，扩大影响。

——通过举办高水平的大型国际科技会议，搭建高水平的国际科技交流平台，实现科技资源和信息的交换，提升我国在国际科技界的影响力。"十三五"期间将开展大型国际科技会议调研工作，完善在华举办国际科技会议的管理体系，支持和鼓励学会申办承办国际民间科技组织系列大型国际科技会议。

——通过承接国际组织秘书处、承办大型国际科学计划国际办公室，引进优质国际科技资源，推动科技成果全球共享。继续实施国际科联灾害风险综合研究计划专项，积累承接大型国际科技计划的经验，扩大国际科技计划在国内的影响力，带动相关领域的整体提升和发展。

（二）提升学会开展国际交流工作能力

——通过实施"国际民间科技组织事务专项"和"学会能力提升专项"等，切实提升学会开展国际交流工作能力，提高学会国际交流工作管理能力，保障学会国际交流工作可持续发展。鼓励学会充分发挥在本学科代表性作用，以国家会员身份加入本学科重要国际民间科技组织；鼓励和支持相关学会主动参与、承办乃至发起国际科学计划；鼓励和支持积极争取在华主办或承办对我有重要意义、影响大、水平高的国际科技会议。

——通过实施"国际民间科技组织事务专项""资助青年科学家参与国际组织及相关活动项目"及"青年人才托举工程项目"等，建立完善的国际民间科技交流人才队伍的体系建设。

——推进工程师资格国际互认工作，为开展职业资格国际互认工作积累经验。"十三五"期间，将致力于进一步提高我国工程教育质量、促进我国按照国际标准培养工程师、提高工程技术人才的培养质量，提升我国工程技术领域应对国际竞争能力。同时，推动中国科协及所属学会开展职业资格国际互认工作，实现更多专业加入国际专业技术人员资格互认体系的目标。

（三）进一步拓展和深化双边交流与合作

将以"深化、拓展、创新"为主题，进一步扩大双边交流与合作，巩固和深化稳定的支撑点和服务平台，不断拓展合作渠道与资源网络，形成覆盖面广、重点突出、相互协调的双边科技交流新

格局。

继续开展《世界前沿技术发展年度报告》的研究和编写工作，为科协事业发展和领导决策提供支持。

完成主要国家重点对口组织情况调研及对外交流工作课题研究。

巩固"四国五方"工作机制，探讨拓宽其成员国；探讨拓宽中美科学道德研讨会的交流合作范围；紧密结合地方科协需求与资源优势将"中俄工程技术论坛"做实；在中日原有项目的基础上探讨中日韩合作机制的建立；探讨建立中英重点领域长期合作机制。

（四）着力实施好与港澳台重要组织开展的重点项目

利用中国科协和港澳台科技团体共同成立的"海峡两岸暨港澳协同创新联盟"平台项目，开展海峡两岸暨港澳在协同创新体制机制研究、协同创新政策、协同创新青年学生训练营等方面的项目。

提升"海峡科技专家论坛"在对台科技交流中的引领作用。"十三五"期间将以对台湾南部和基层民众交流为重点。

扩大"海峡两岸科学传播论坛"的交流成果。将不断拓展合作领域和空间，争取进一步扩大论坛的交流成果。

继续实施海峡两岸青年学子科技交流活动。

继续打造"海峡两岸大学生辩论赛"品牌。

继续提升"海峡两岸青年科学家学术活动月"的学术水平。

支持全国学会、地方科协大力开展对台科技交流活动。将在重实效、接地气方面加大力度，推动科技交流向合作成果的转化，继续支持"海峡两岸都市交通学术研讨会""海峡两岸沙尘与环境治理学术研讨会""海峡两岸休闲农业研讨会"等在两岸科技界有较大影响力和知名度的项目。

利用中国科协年会平台开展与港澳台科技组织高层交流。将继续打造"海峡两岸暨港澳科技合作论坛"等项目，使年会真正成为与港澳台科技组织高层交流的知名平台。

扩大"当代杰出华人科学家公开讲座"的社会影响力。将与京港学术交流中心、香港工程师学会、澳门科技协进会共同筹划，做好顶层设计，不断扩大"当代杰出华人科学家公开讲座"的社会影响力。

继续组织港澳台学生参加"青少年高校科学营"活动。

继续落实"紫荆""绿荷""玉山"港澳台大学生暑期内地实习活动。

五、条件保障和组织实施

（一）政策扶持

为科技工作者开展国际民间科技交流工作创造良好的政策环境。继续推动国内相关部门在出国审批事务实行分类管理的基础上，通过进一步简化审批手续、放宽科技交流项目范围等手段，保证科学家正常开展国际民间科技交流工作。

为在华设立国际民间科技组织及其分支机构提供政策支撑。推动国内相关部门制定系统完善的相关政策指导文件，对在华设立国际民间科技组织及其分支机构提供优惠政策，同时对其开展活动进行规范化管理，促进其良性发展，实现引进优质国际科技资源的目标。

制定系统完善的国际组织人才管理体系并提供相关支撑政策，为开展国际组织人才工作提供保障。整合中国科协资源，由国际联络部牵头，学会学术部、组织人事部等多部门联合，共同制定系统完善国际组织人才管理体系及工作机制，做好国际组织人才管理、培训和服务等各项工作。

（二）经费支撑

加大国际组织事务专项经费支撑，扩大项目覆盖范围，深化项目支持力度，为搭建全方位、多角度的国际民间科技交流体系提供全面有效的支撑。项目应逐步覆盖任职专家参与国际民间科技组织活动项目、服务国家外交大局的国际民间科技交流项目、青年学者开展国际民间科技交流项目、接待重要国际民间科技组织领导层访华项目、承办国际民间科技组织系列大型国际科技会议项目、国际组织任职及后备专家培训项目、相关调研项目等。

增加联合国咨商工作经费支持力度，建立完善的工作运行体系，与联合国相关机构建立畅通有效的联系渠道，进一步扩大影响力，增大话语权。

加大专项经费投入。利用已有国际活动的平台开展双边活动，宣传中国科技界相关领域的工作和成果，为筹备中国科协重大项目做工作等需要相对灵活的经费支持方式，以便更有效地开展与国外科技组织在以上活动中合作。

适度增加对港澳台科技交流经费，破解资金掣肘。同时遵循加强预算约束、优化经费结构、厉行勤俭节约、讲求务实高效的原则，规范因公临时赴港澳台经费管理。

（三）条件建设

信息数据统计的健全。全面了解和深入分析中国科协系统国际交流与合作的现状和需求，为制定规划和部署工作提供依据。全国学会、地方科协、事业单位等开展国际交流活动、签署对外交流合作协议等相关情况应纳入中国科协相关的统计工作。

夯实基础。深入开展民间科技外交理论研究。依托全国学会、研究机构、高校等加强对国外科技组织开展国际合作的优先领域及国际科技界关注的重大问题的跟踪和研究，及时调整中国科协国际合作的具体实施方案，争取双边关系和国际事务中的主动。

加强外事队伍建设，结合政策指导、项目执行、语言专业等不同类别人才的需要，合理布局，建立完善的培养培训体系。

中国科协对港澳台科技交流工作是一项政治任务，是国家做港澳台人心回归工作的重要组成部分，应切实加强领导，在政策方面给予一定倾斜和扶持。

部门、地方联动，统筹协调中国科协及所属事业单位、全国学会、地方科协的项目和资源，把中国科协国际及对港澳台工作任务分解，交给基础好、工作能力强的相关部门承接，同时整合科协系统内资源，真正做到"大联合、大协作"。

（四）监督评估

加强组织领导。建立实施中国科协国际民间科技交流与合作目标落实和具体项目实施情况的监测、评估与考核机制。

（课题组成员：张健生　陈　剑　王庆林　张　虹　何　巍　杨　容　陈　蕾　颜鹤青）

"十三五"规划对外民间科技合作专题 双边交流与合作研究

中国科协国际联络部课题组

中国科协的对外民间科技合作是国家科技工作和外交工作的重要组成部分。"十二五"期间中国科协作为民间国际科技合作与交流主要代表的作用得到加强,科技交流的水平进一步提高,合作更加注重实效。在"十二五"基础上,"十三五"期间配合国家经济发展需要以及"一带一路"战略的实施,科协的对外民间科技合作将围绕"深化、拓展、创新"的主题,进一步扩大交流与合作,巩固和深化稳定的支撑点和服务平台,不断拓展合作渠道与资源网络,形成覆盖面广、重点突出、相互协调的国际民间科技交流新格局。

一、"十二五"规划"提升科技开放与交流水平"目标的实现

"十二五"规划中涉及国际民间科技交流与合作的重点任务得到积极有效的落实,特别是到"十二五"的后两年双边交流与合作的思路更加清晰,活动开展更具实效,双边合作得到巩固和拓展,交流合作的主题不断深入。以中国科协年会为平台的定期双边组织工作沟通与高层会晤为双边关系的发展提供了保障。

(一) 与主要发达国家重点对口科技组织的合作得到深化

通过高层访问和双边项目的实施,与美国科学促进会、美国电气和电子工程师学会、英国皇家学会、英国工程技术协会、俄罗斯科工联、日本科技振兴机构、日本学术机构、韩国产业技术振兴机构、以色列农业国际合作组织等的合作关系得到巩固和深化。与以上组织在科技政策、科学道德、科学传播等领域的合作项目取得实效,在国际组织和国际事务中的合作加深。同时开拓了与欧洲科学开放论坛、法国国家科学中心、瑞士文理科学院、匈牙利科技创新局等的合作关系。

(二) 与周边国家科技组织的交流得到加强

结合地方科协的对外交流合作与地方经济发展需求,面向东盟、中亚各国以及印度、缅甸、斯里兰卡等国双边交流与合作初步建立渠道,为进一步深入探讨长期合作机制打下了基础。

(三) 与发展中国家科技组织的关系得到拓展

以中国科协与美国科促会原有合作关系为基础,共同推动"四国五方"工作机制的建立。发展了与巴西科学促进会、印度科学大会协会的合作关系。

(四) 在合作机制创新和传统项目优化方面积累了一定的经验

在巩固深化与重点对口组织合作关系的基础上,探索围绕相关专业领域创新合作机制,利用对口

组织成熟的国际会议等交流平台组织三方或多方参与的专项活动，逐步推动机制性工作磋商。如通过上述"四国五方"工作机制推动地区和国际科技政策领域的交流与合作；探讨与日韩对口组织共同在美国科促会年会设立分会场；探讨围绕科学道德建设的国际合作平台，推动科技界共同行为规范、案例共享、学科建设等工作的开展。在原有"中俄青年科学家论坛"的基础上结合地方科协的需求和资源优势，成功启动"中俄工程技术论坛"，有效推动地方技术合作项目的开展和地方经济发展。

（五）　引进优质国际科技资源的能力得到提升

"十二五"期间启动《世界前沿技术发展年度报告》的研究和编写工作。报告内容涉及前沿技术领域的最新发展动态，包括重大技术进展、相关产业的发展、主要国家的战略举措等。"十二五"期间重视国际一流专家资源、对口组织资源、重要项目资源、国际科技界关注重点问题等信息的收集和积累，为进一步提升利用国际科技资源的能力和水平做准备。

回顾"十二五"期间"提升科技开放与交流水平"、"加强国际民间科技交流与合作"方面的成绩和存在的不足，有待"十三五"期间进一步加强和改善。

（1）建立中国科协国际民间科技交流与合作目标落实和具体项目实施情况的监测、评估与考核机制。

（2）围绕中国科协的中心任务，全面了解和深入分析中国科协系统国际交流与合作的现状和需求，为制定规划和部署工作提供依据。

（3）加强对国外科技组织开展国际合作的优先领域及国际科技界关注的重大问题的跟踪和研究，及时调整中国科协国际合作的具体实施方案，争取双边关系和国际事务中的主动。

（4）外事部门进一步发挥职能优势统筹谋划科协系统对外交流与合作，确保合作渠道和经费等资源的有效利用。

二、"十三五"对外民间科技合作主要目标

在"十二五"取得成绩的基础上，"十三五"对外民间科技合作主要目标是：围绕中心，服务大局。紧紧围绕中国特色社会主义建设的各方面要求，服务国家创新驱动发展战略。围绕外交工作大局和祖国统一大业，找准工作着力点。围绕中国科协的中心任务，通过拓展深化与国外对口组织交流合作的渠道和方式，建立更加稳固全面的双边交流合作网络，利用好国外优质科技创新资源，实施更好更富有成效的双边合作项目。

——在大局下思考、在大局下行动，明确中国科协自身定位，发挥中国科协开展对外民间科技合作的独特优势，更好促进改革发展、社会和谐稳定。

——始终坚持服务科技工作者的工作主线，充分发挥科协组织联系服务科技工作者在对外民间科技合作中的关键独特作用。

——根据国家外事外交工作总体部署和文件要求，进一步完善中国科协外事工作制度和有关规定，规范外事工作程序和操作。

——紧密围绕科协中心工作深化、拓展与国外科技组织的合作关系。确保对外民间科技合作的重点始终与科协事业同步前进。

——结合科协工作重点领域和重大课题对于国际科技资源的需求，从组织关系拓展和已建立合作关系组织优势领域挖掘两个方面着手，建立包括专家网络、组织资源、政策动态和项目信息在内的国际科技资源利用和管理平台。实现多领域、多渠道地开展民间科技交流与合作。

三、"十三五"对外民间科技合作重点任务与重大项目

充分利用包括中国科协所属全国学会、地方科协、机关及事业单位已经建立起的国际交流渠道和资源，合理布局中国科协系统双边交流合作网络。

（一）重点任务

美国和欧盟：拓展深化基础科学、前沿技术、创新思想与管理、创新人才、科学道德建设、科学普及等领域的交流与合作；俄罗斯和东欧：巩固和拓展在关键技术、工程技术、青少年活动等领域的交流合作；日本和韩国：拓展深化在科技创新、青年科学家和青少年活动、科学普及等领域的交流与合作；南美洲：拓展在环境保护、资源利用、农业科技、科学普及等领域的交流与合作；东盟：配合国家"一带一路"战略，借助海峡两岸暨港澳科技创新资源，开拓与东盟各国在科学普及、工程技术等领域的交流与合作；非洲：配合国家对非洲外交的战略，开拓与南非等重点非洲国家在资源利用、农业科技、科学普及等领域的交流与合作，以非洲数学科学研究所下属"下一个爱因斯坦论坛"（The Next Einstein Forum）为平台，有效开展与非洲国家的科技交流与合作。

（二）重大项目

继续开展《世界前沿技术发展年度报告》的研究和编写工作，为科协事业发展和领导决策提供支持。

启动主要国家重点对口组织情况调研及对外交流工作课题研究。依托相关学会、研究机构、高校等，在原有中国科协《国别研究》成果基础上更新主要国家重点对口组织基本信息，着重调研这些国家的双边科技政策以及对口组织当前开展的重要活动及关注的优先合作领域，围绕有关双边关系中国科协"十三五"期间改革发展的新思路和措施研究如果充分利用对口组织资源，统筹国内国际两个大局，服务科协事业发展。

巩固"四国五方"工作机制，拓展双边合作伙伴关系，深入开展专题合作。探讨工作机制成员拓宽至巴西、中国、欧盟、日本、南非、美国等，将科协年会平台与工作机制磋商相结合。

中美科学道德研讨会，在双边合作机制基础上探讨将交流合作范围扩大至欧洲及北美其他国家，推动科技界共同行为规范、案例共享、学科建设等工作的开展。

中俄工程技术论坛，紧密结合地方科协需求与资源优势将"中俄工程技术论坛"做实。

在中日青年科学家跨学科学术沙龙、中日科学传播合作项目（包括博士后交流和青少年参与的"樱花科技计划"等），基础上探讨中日韩合作机制的建立。

在中英夏季科学展交流、中英科技政策交流的基础上探讨建立中英重点领域长期合作机制，围绕包括学术期刊、科学传播、科研诚信等国际科技界广泛关注的问题开展国际合作。

四、"十三五"对外民间科技合作规划实施与保障

（一）加强组织领导

中国科协外事工作领导小组统筹协调中国科协"十三五"规划对外民间科技合作具体方案的实施，制定任务分解落实方案和实施办法，建立实施中国科协国际民间科技交流与合作目标落实和具体项目实施情况的监测、评估与考核机制。整合中国科协"十三五"规划中涉及国际交流与合作的相关专题，加强对全国学会、地方科协、机关部门和事业单位的指导与协调，推进规划实施。领导小组成员单位积极发挥职能优势形成合力，将外事相关管理，特别是临时出访项目的审批和管理与对外交流

与合作的规划部署与年度计划相结合。

（二）落实政策法规，完善相关规定

根据国家外事外交工作总体部署和文件要求，进一步完善中国科协外事工作制度和有关规定，规范外事工作程序和项目实施。将有限的人力、经费、渠道等资源合理有效地分配到科协事业亟须的对外合作项目当中，避免浪费。

（三）加大专项经费投入

随着对外民间科技合作方式和工作机制的创新，在外开展活动的形式已区别于原有的出访活动。如利用已有国际活动的平台开展双边活动，宣传中国科技界相关领域的工作和成果，为筹备中国科协重大项目做工作等需要相对灵活的经费支持方式，以便更有效地开展与国外科技组织在以上活动中合作。此外，目前的国际民间科技交流专项以资助活动为主，而"十三五"对外民间科技合作的目标决定了基础性工作，包括理论研究、动态调研、信息统计、专题报告等需要专项的经费支持。

（四）信息数据统计的健全

全面了解和深入分析中国科协系统国际交流与合作的现状和需求，为制定规划和部署工作提供依据。全国学会、地方科协、事业单位等开展国际交流活动、签署对外交流合作协议等相关情况应纳入中国科协相关的统计工作。

（五）夯实基础

深入开展民间科技外交理论研究。依托全国学会、研究机构、高校等加强对国外科技组织开展国际合作的优先领域及国际科技界关注的重大问题的跟踪和研究，及时调整中国科协国际合作的具体实施方案，争取双边关系和国际事务中的主动。加强外事队伍建设，结合政策指导、项目执行、语言专业等不同类别人才的需要，合理布局，建立完善的培养培训体系。

（课题组成员：张建生　陈　剑　何　巍）

促进国际科技会议在华召开措施研究

中国国际科技交流中心、中国科协国际联络部课题组

一、"十三五"面临的形势及工作中的问题

（一）国家有关部门政策支持力度不够，在华召开高质量国际科技会议的数量过少

高质量国际科技会议在华召开数量过少，主要的原因之一是受到相关政策的制约。调研显示，在国外一些发达国家，在国际科技会议的申办过程中，国家有关部门往往给予较大力度的资金支持。在我国学会得到专项的会议资金支持较为困难，影响了国际科技会议的申请及后续的安排工作。

（二）国际会议审批程序过于烦琐，一些重大国际会议与中国失之交臂

国际会议，特别是重大的国际会议在报批程序上需要很多部门审核和相互配合。由于权责不清等问题的存在，极大影响了会议的审批进程。当前，我国还没有成立国家级统一协调机构，对在华召开国际会议进行指导和协调。

（三）我国科学家在国际组织中担任重要领导职务的人数过少，国际话语权不足

根据《中国科学技术协会统计年鉴》统计，中国科协所属全国学会、协会在 2012 年共加入 340 个国际组织，529 人在国际组织中担任职务；2013 年共加入 366 个国际组织，612 人在相应的国际组织中担任职务。以上数据表明，加入国际组织和担任国际组织的数量在最近几年总体呈现增长的趋势。但是在国际组织中担任要职的数量仍然过少，在国际组织相应领域中的话语权和影响力不足，不能把相关领域有影响力的国际品牌大会争取来中国举办。

（四）拥有自主品牌的国际科技会议数量过少

以我国科研机构、院校、学会、协会等组织为主、作为主要发起方发起的有重大影响力的国际科技会议数量比较少，对国际相关领域学科带头人的吸引力不强，导致我国缺乏具有自主品牌的国际科技会议。

二、国际科技会议现状分析

（一）全球国际会议及国际科技会议现状

根据国际协会联盟（Union of International Associations, UIA）的统计，2010 年世界范围内召开的

国际会议数为 11519 个,欧洲占 51.90%,亚洲为 26.40%,美洲为 14.90%(见图 1)。2011 年在全世界召开的国际会议共计 10258 个,50.20% 在欧洲召开,法国巴黎被誉为"国际会议之都",平均每年承办 400 多个国际大型会议;29.50% 在亚洲召开,13.00% 在美洲召开(见图 2)。

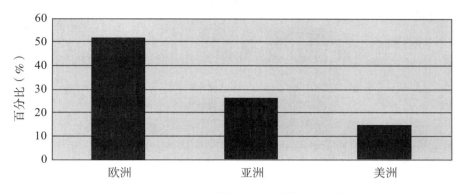

图 1　2010 年各大洲举办国际科技会议比例

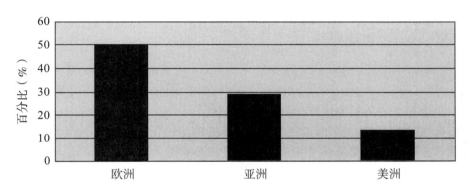

图 2　2011 年各大洲举办国际科技会议比例

通过以上数据可以发现,亚洲举办国际会议的数量在显著增加,我国(含港澳地区)的国际会议数量虽有所增加,但远不及新加坡、日本和韩国。

通过表 1 数据可以得出,欧洲一些国家和美国在国际会议召开次数上雄踞第一或者第二,亚洲的中国、日本、韩国在国际会议召开次数上的排名靠后。近些年来,日本在举办国际次数排名上进入了世界 10 强之内,证明日本的办会条件有了很大的改善,吸引更多的国际会议来日本召开,中国在亚洲的排名有所下降,逐渐被日韩赶超。

表 1　国际会议召开次数(排名)

国家	2000 年	2001 年	2002 年	2003 年	2004 年	2005 年	2006 年	2007 年
美国	1 264 (1)	1 087 (1)	107 (1)	115 (1)	108 (1)	103 (1)	894 (1)	111 (1)
法国	845 (1)	684 (2)	656 (2)	678 (2)	552 (2)	590 (2)	634 (2)	598 (2)
中国	189 (14)	161 (16)	17 (15)	13 (20)	23 (10)	21 (11)	20 (14)	25 (16)
日本	237 (13)	222 (12)	22 (13)	22 (12)	20 (13)	16 (17)	16 (18)	448 (5)
韩国	104 (27)	131 (18)	12 (21)	16 (18)	16 (17)	18 (14)	18 (16)	26 (15)

资料来源:乌兰图雅.日本会议产业发展简析 [J].现代日本经济,2009 (6):56 - 60.

根据 UIA 有关国际民间科技组织总数约占国际组织总数的比例（1/5）和国际会议召开频率比例（每年 41.00%，每两年 23.00%，每三年 12.00%，每五年 10.00%，其他 14.00%）进行估算，全球重大国际科技会议有 1000 个左右，但是在中国召开的不足 10.00%（见图 3）。

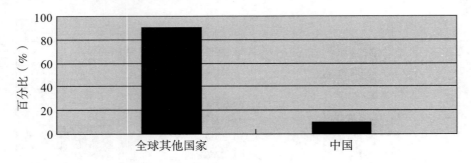

图 3　全球举办国际科技会议比例

国际大会及会议协会（ICCA）的统计数据显示，2010 年全球有 54.00% 的学会、协会类科技会议在欧洲举办，亚洲只占 18.00%。

（二）中国国际会议市场分析

通过对 ICCA 成员举办国际会议的统计分析（非 ICCA 成员未被纳入统计范围之内），北京、上海成为目前我国举办国际会议排名前两位的城市，其中 2012 年北京平均每三天就有一个国际会议。科技社团、学会、协会逐渐成为举办国际会议的主力机构。

从表 2 数据可以得出，北京是举办国际会议数量最多的城市，已经连续 4 年在统计中排名第一，上海第二。北京、上海、杭州和南京这 4 个城市也是连续进入我国举办国际会议前十名最多的城市。广州和西安也分别有 3 次进入前十名。以上这些城市能够成为在我国举办国际会议最多的最主要原因是其良好的会议设施、丰富的旅游资源、便利的交通、政府的大力支持和其自身雄厚的产业基础、丰富的科技文化和教育资源。

表 2　2010—2013 年我国举办国际会议数量城市排名表

排名	2010 年		2011 年		2012 年		2013 年	
	城市	会议数量	城市	会议数量	城市	会议数量	城市	会议数量
1	北京	39	北京	107	北京	113	北京	68
2	上海	25	上海	83	上海	50	上海	33
3	成都	11	大连	47	杭州	33	南京	32
4	南京	10	西安	19	南京	31	广州	9
5	杭州	8	南京	18	广州	16	西安	8
6	大连	7	成都	12	西安	12	杭州	7
7	广州	3	昆明	12	济南	11	苏州	3
8	南通	3	杭州	9	大连	7	南宁	3
9	镇江	1	武汉	7	苏州	7	重庆	2
10	哈尔滨	1	长沙	7	长沙	6	武汉	2

从表3可以得出：2013年，社团举办的国际会议数量为111个，所占的市场率高达63.43%；企业举办国际会议38个，市场率为21.71%；事业单位和政府机构举办的国际会议加起来仅仅为26个，市场份额不足15.00%。

表3　2013年在我国举办的国际会议主办机构情况

序　号	主办机构	国际会议数量	比例（%）
1	社团组织	111	63.43
2	企业	38	21.71
3	事业单位	16	9.14
4	政府机构	10	5.71

通过对表4数据的分析可以得出，2010—2013年这四年中我国社团类主办的国际会议所占的市场份额持续增长，成为举办国际会议最多的主办机构。事业单位和政府所举办的国际会议市场呈现下降的趋势。企业举办国际会议的市场相对而言比较平稳。

表4　2010—2013年国际会议主办机构占有市场份额情况

序　号	主办机构	2010年	2011年	2012年	2013年
1	社团组织	44.00%	31.00%	48.30%	63.43%
2	企业	16.50%	44.30%	25.80%	21.71%
3	事业单位	22.00%	14.60%	16.40%	9.14%
4	政府机构	17.40%	10.10%	9.40%	5.71%

通过表5可以得知，我国人文与社会科学的国际会议前两年持续增长，占有很大的比例，但是在2013年出现大幅度下滑。医药科学、工程与技术科学的国际会议数量在2011—2013年基本保持在降幅很小的范围内。

表5　2011—2013年按学科分类国际会议统计数据

序　号	学科	2011年		2012年		2013年	
		数量	比例（%）	数量	比例（%）	数量	比例（%）
1	人文与社会	239	63.40	190	57.75	55	31.43
2	医药科学	64	16.98	60	18.24	54	30.86
3	工程与技术科学	57	15.12	57	17.33	54	30.86
4	自然科学	11	2.92	16	4.86	4	2.29
5	农业科学	6	1.60	6	1.82	8	4.57

（三）近年来北京国际会议市场分析

1. 2013年北京国际会议市场分析

2013年1月至12月，北京举办国际会议共105场，涉及能源、物理、化学、医学、生物科学、林业、商业、互联网、计算机等多个行业和领域。据不完全统计：2013 年北京承接国际会议总人数约为 47300 人，会期最长为 11 天，最短的为 2 天，大多都在 3～5 天之间，其中会期为 3 天最多，占 29.00%，5 天次之，占 26.00%（见图 4）。平均每个国际会议的会期为 4.10 天，平均举办届数为 12.40 届。

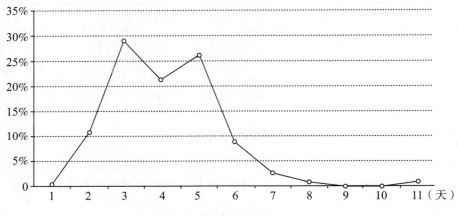

图 4   2013 年会议举办天数比例分布

据不完全统计，2013 年北京承接国际会议的规模从几十人到上千人不等，在统计到的 83 个国际会议中，人数最少的是 50 人，人数最多的达到 3500 人，会议平均规模为 450 人。规模在 100～199、200～499 人的会议最多，分别占全年的 30.00%，500 人以内的会议占全年的 79.50%（见图 5）。

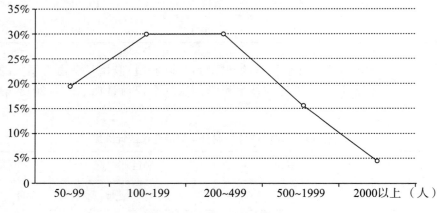

图 5   2013 年会议规模比例

2013 年，北京承接的国际会议在场地的选择上特点突出：国家会议中心、北京国际会议中心使用率最高；北京友谊宾馆以及国际品牌酒店使用率次之；另外北京大学、清华大学、北京师范大学等的会议中心（礼堂）也成为一些行业学术性会议举办的首选。

2. 2014 年北京国际会议市场分析

截至 2014 年 11 月 30 日，北京承接符合 ICCA 标准的国际会议 91 个，接待总人数 28000 余人，其中人数最多的国际会议约 5000 人，规模最小的为 91 人，平均规模为 472 人，规模在 500～1999 人之间的会议最多，占 43.80%；举办国际会议总天数 318 天，其中，会期最长的国际会议为 8 天，最短的为 1 天，其中会期为 3 天的最多，占 41.70%，大部分会议的会议在 2～5 天，平均每个国际会议的会期为 3.41 天（见图 6）；国际会议的平均举办届数为 10.97 届。

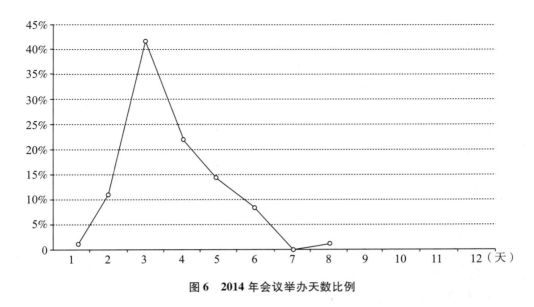

图6　2014 年会议举办天数比例

在会议场地选择方面，2014 年在北京举办的国际会议，其主办方大多选择在专业的会议中心，如国家会议中心、北京国际会议中心；其次是某些品牌酒店；另外有一部分学术类会议选择在相关的大学的礼堂或会议中心举办。

三、我国科技社团举办国际科技会议面临的问题及困难

本研究对中国科协所属全国学会、协会进行了问卷调查和访谈，以了解科技社团举办国际会议的情况。问卷的调查和访谈时间是 2014 年 10 月至 2015 年 1 月，发送问卷 100 份，实际收回 60 份，回收率 60.00%；访谈近 10 个学会。

（一）主要调查数据

88.60% 的学会建议中国科协设立专项资金，大力支持在华申办重大国际科技会议。

86.50% 建议国家根据学会、社团的具体情况，制定会议费用的管理规定，对国际会议进行分类管理。

90.50% 建议对重大国际科技会议进行跟踪研究，重视溢出效应。

86.50% 建议推荐我国优秀科学家到国际组织中就任要职。

60.00% 的学会建议中国科协等有关部门简化在华召开的重大国际科技会议的审批手续。

88.00% 学会建议邀请国际上有影响力的学术领军人物经常来华参加国际科技会议。

（二）全国学会、协会在华举办国际科技会议面临的问题及对策

1. 面临的问题

调研显示，学会在当前申请在华召开国际科技会议中遇到的主要问题表现在以下 6 个方面。

——学会很重视国际科技会议，了解国际科技会议的愿望很强烈，但对国际科技会议了解一般。调查表明，80.00% 的学会很重视国际科技会议，非常想了解相关方面的知识，但是相比之下，在调查和走访的过程中，他们对国际会议的了解一般，相关的政策、法规，比如：对国际会议的申办流程、操作、外事礼仪等方面的知识的了解还有待大幅度提升。

——学会认为参加国际科技会议对他们很有帮助，但学会参加国际科技会议的频数偏低。调查表明，92.00% 的学会认为参加国际科技会议对他们很有帮助，能够从中认识国际上的同行，交流最新

的科研成果,而且一个成功的国际会议对举办城市来说,具有提高国际美誉度和影响力的推动作用。但是,当前学会参加国际会议的次数偏低,只有不到 30.00% 的学会经常参加国际会议,70.00% 的只是偶尔参加。不到 30.00% 的学会经常在华举办国际会议,并希望大型的有影响力的国际会议在中国举办,提高中国在国际上的地位;70.00% 的学会只是偶尔积极申请和举办国际会议。

——学会认为国际科技会议的溢出效应非常重要,但实际情况是会议成果和优质科技资源没有得到及时整理和有效共享。调查显示,几乎 100.00% 的学会认为要加大支持在华召开国际科技会议的力度,及时地总结会议成果,使有效的资源能够得到共享,推动人才培训和学术成果交流。有 86.00% 的学会认为,中国缺乏一系列品牌国际会议,现在在华召开的国际会议在社会上造成的反响不够强烈,对于社会经济发展、学术交流和人才培养的带动作用不够明显。

——学会认为大会参会的领军人数数量少,急需邀请国内外有影响力的专家参会。调查显示,88.00% 的学会认为,邀请在国际舞台上有影响力的领军人物来华参会,把他们最新的研究成果在中国搭建的国际舞台上展现,对于学术交流将会起到很大的推动作用。有 87.00% 的学会认为,由于各种原因当前学会举办的国际会议很难邀请到一些著名学术带头人参加。

——学会认为申办国际重大科技会议的资金支持力度不够。88.60% 的学会认为,在申办和召开重大国际科技会议中需要大量资金的投入,以保证邀请的参会专家水平和会议效果。86.00% 的学会认为,国家对国际科技会议在资金支持上的力度不够,尤其在一线城市的办会成本越来越高,资金扶持力度不够。

——学会认为参与国际科技会议人员的外语交流水平偏弱,信息无法得到有效及时沟通。96.00% 的学会认为,过硬的英语基础特别是听说能力很重要,我国参会人员的英语听说水平较弱于读写能力,影响了参会的交流效果。73.00% 的采访对象认为,外语沟通问题导致了在交流理解过程中断章取义的现象时有发生,不能很好地把握交流的重点要点,影响参会效果。

2. 政策建议

针对以上存在的问题,提出关于学会申请在华召开国际科技会议的政策建议如下。

——建议中国科协等机关部门简化在华召开国际科技会议的审批手续。60.00% 的学会认为,在审评国际科技会议特别是重大国际科技会议的过程中,常常会遇到审批复杂的难题,审批环节耗时过多,审批部门间协调配合不够,影响了审批进程和会议的申请效率。由此学会提出科协等相关部门简化相关审批手续,加强各部门间的协调与配合,能够及时争取到高质量的国际科技会议来中国召开。

——建议中国科协设立专项资金,支持学会申请在华召开国际科技会议。88.60% 的学会认为,在当前国家大力提倡科技创新,学会服务创新驱动助力工程,承接政府职能转移的良好大背景下,中国科协应当在协助学会申办国际科技会议中给予更大的资金支持力度,在"十三五"时期,设立专项资金支持,争取在中国多举办奥利匹克式的盛大国际科技会议。

——建议推荐我国优秀科学家到国际组织中任职。当前,我国在国际组织中就任职务的人数虽然有上升的趋势,但是就任要职的人数太少,导致话语权的严重不足。85.50% 的学会认为,中国科协或者相关负责单位加大支持,把我国优秀的科学家推送到国际平台上去,把最新的科技资源引进中国。

——建议国家根据学会、社团的具体情况,制定会议费用的管理规定,对国际会议进行分类管理。86.50% 的学会认为,国家应该根据学会、社团的自身情况,制定会议费用的管理和规定,为在华召开国际科技会议提供更加优惠的政策和宽松的条件,以便能够召开更高质量的会议,邀请到更多知名学者和优秀科学家的积极参加。

——对国际科技会议进行跟踪研究,重视溢出效应。90.50% 的学会认为有必要对国际科技会议特别是一些重大的国际科技会议,进行跟踪研究,要对国际科技会议成果,如:高质量学术论文、知名学者和科学家参会人数、对地区产业的带动作用、人才培养作用等，进行及时总结。

四、"十三五"期间中国科协大力促进国际科技会议在华召开

（一）总体思路

"十三五"期间，发挥好学会、协会在开展国家科技交流中的重要渠道作用和作为国家创新体系重要组成部分的作用，在国际上建立一系列具有学术品牌的国际学术会议，围绕一些前沿重点学科，通过举办国际科技会议，推动国内重点学科建设。设立专项资金支持，鼓励学会申办重大的国际科技会议。

"十三五"期间，鼓励更多的中国优秀科学家到相关领域的国际组织任职，提高我国科学界在有关领域的影响力和话语权，争取更多高质量的国际科技会议在华召开。

"十三五"期间，应当制定更加优惠、更加便利的政策，吸引更多的国际科技组织落地中国，为积极推动中外民间科技交流做出重大贡献。

（二）主要目标

"十三五"期间，每年至少要召开 600 个左右的国际科技会议，参加人数至少保持在每年 20 万人，境外专家的人数要保持在每年 3 万左右，学科带头人的数量要有比较大的增长，交流的学术论文至少保持在每年 7 万篇，优秀论文的质量要大幅度提高。以上各个项目每年至少要保持两位数的增长速度。

"十三五"期间中国科协鼓励全国学会、协会积极申办重大的国际科技会议，每年举办 210 个左右的重大国际科技会议，参加人数至少保持在每年 8 万，境外专家人数至少保持在 13000 人，交流的学术论文至少保持在 12000 人，交流学术论文至少保持在 28000 篇。以上各个项目每年至少要保持两位数的增长速度。

"十三五"期间，中国科协积极鼓励中国优秀科学家到相关领域的国际组织任职，争取能够加入 400 个左右的国际组织，700 左右的人在相关国际组织中任职，且就任要职的人要大幅度上升。最终目的是提高我国科学界在有关领域的影响力和话语权，争取更多高质量的国际科技会议在华召开。

"十三五"期间，争取更多的国际科技组织能够顺利落地中国。为更好地利用优质的国际科技资源，政府及相关部门要与国际接轨，制定一些更加优惠、更加便利的政策，吸引更多的国际科技组织落地中国，为积极推动中外民间科技交流做出重大贡献。

（三）保障措施

1. 中国科协采取措施为促进国际科技会议在华召开争取积极的政策支持

中国科协充分发挥重要民间团体的作用，用好建言献策的这把利器，向有关部门反映现实诉求，给予学会在申办国际科技会议方面更多的财力支持、税收优惠和便捷、顺畅的外事审批协助。重点支持全国学会争取具有较高权威性和影响力的国际学术会议到中国来开，争取较高声望的国际学术组织把办事机构设到中国，同时积极参与重大国际科学研究计划。

2. 发挥学会在服务驱动创新助力工程中的重要作用，设立专项资金，鼓励学会申办有影响力的重大国际科技会议，为全国学会开展国际科技交流搭建良好平台

中国科协联合其他部委设立财政专项资金，鼓励我国学会申办有影响力的国际科技会议，把我国优质的科技资源推介到国际舞台上，积极参与学术交流、科研成果交流等。

3. 鼓励推荐我国优秀的科学家到国际组织中担任要职，争办更多高质量的国际科技会议

中国科协应该有所作为，从法律、政策等角度综合权衡和考量，鼓励我国更多的优秀科学家到国际组织中任职。"十三五"期间，应当鼓励和培养我国更多优秀的科学家担任所在领域国际组织的重要领导职务，把推荐我国优秀科学家到国际组织担任重要职务与争取在我国主办国际科技会议努力结合起来，提高话语权和影响力，争取更多高质量的有深远影响力的国际科技会议在我国召开。

4. 培养适应国际会议产业发展需要的综合性专业人才，提高国际科技会议服务质量

中国科协要会同其他部门，或者向有关政府部门提出建议，建立相应的人才培养更新机制，包括人才的进出机制等。短期急需的是会议组织管理、会议服务两类实用型人才，比如专业会议组织者（PCO）或目的地管理公司（DMC）所需要的专业会议和活动的组织策划人才等。要加强会议策划工作者的培训、培养工作，为我国会议产业的发展打下良好的基础。从长远的发展来看，应重视和培养适应国际会议产业发展需要的高层次、复合型、应用型的专门人才。因此，教育部和相关部门应重视在旅游类高等院校和职业院校设立相应的学科，组织专门人员编写专业的教材，加强此类方向人才的培养。

5. 打造自主品牌的国际科技会议，提高我国科学界在国际相关领域的影响力

"十三五"期间，应当围绕我国科技发展规划中关键领域的重大科学问题，组织跨学科、跨国别的有影响力的高水平的学术交流活动，吸引国际有关领域的国际组织及著名学者、科学家来中国参加国际科技会议，促进我国与国际科技界的交流，提升我国在国际科技界的话语权和影响力。

6. 建议全国学会、协会开展编制在华召开国际科技会议的规划工作，把争取在华召开国际科技会议作为能力提升的重要考核指标

"十三五"期间，全国学会、协会在申办国际科技会议方面多做准备。基于国际科技会议市场的分析和自身的需求，全国学会、协会对"十三五"期间申办国际科技会议要有一个完整的良好的编制规划，并把它作为提升学会能力、服务社会、服务创新的一个重要考核指标，申请到更多高质量的国际科技会议，在中国搭建的舞台上交流最新的学术研究成果，提高我国在相应领域的科技影响力，为我国的科技外交做出贡献。

（四）配套设施

1. 中国科协制定专项政策，支持国际民间科技组织事务专项工作

中国科协党组书记处历来高度重视并一直致力于做好向国际民间科技组织重要领导岗位推荐我国科技人员以及做好相应的后备人员选拔培养的工作。中国科协一直以"国际民间科技组织事务专项"为抓手，重点支持我国科学家担任国际民间科技组织领导职务和参与国际民间科技组织活动，同时开展任职专家及后备人员国内交流和培训活动，提高我国科学家参与国际民间科技组织活动的水平和能力。

在围绕任职做工作的同时，中国科协积极支持学会全面参与国际组织活动，提升国际影响力。重点支持全国学会争取国际上具有较高权威性和影响力的学术会议到中国来开，争取较高声望的国际学术组织把办事机构设到中国，同时积极参与重大国际科学研究计划。

2. 中国科协学会部把召开国际科技会议作为学会创新与服务能力提升的一个重要指标，鼓励申办和召开国际科技会议

学会积极争取重量级的国际科技会议在我国举办，通过主办、承办高质量的国际科技会议，实现自身品牌学术活动的国际化和权威化，提高我国在科技领域的国际影响力；学会通过举办综合交叉、高端前沿的学术交流活动来打造具有国际深远影响力的国际科技会议，达到"一会一品牌"

的目标。

3. 中国国际科技会议中心作为国内首家专业的 PCO 确保了国际科技会议的成功召开

充分发挥中国国际科技会议中心的重要的 PCO 作用，为会议主办方提供专业培训和专业化服务，对学会、协会相关人员进行国际科技会议有关的申办技巧、学术管理和会议管理等关键环节的系统培训，提高他们申办国际科技会议的成功机率，争取大型的高质量的国际科技会议来华举办。

（课题组成员：张建生　王庆林　秦久怡　周大亚　杨书宣
陈　蕾　颜鹤青　陆跃全　孙　跃　李军平）

未来五年国际会议在华的发展情况研究

中国国际科技交流中心、中国科协国际联络部课题组

一、全球国际会议发展的总体趋势分析

根据国际大会及会议协会（ICCA）的统计标准以及对近年来不同国家和地区国际会议举办情况相关数据的分析，全球国际会议的发展趋势表现为以下5个方面。

（一）全球国际会议的总体数量在不断上升

1995 年，全球召开的国际会议为3000 个，到2004 年增加到4804 个，到2013 年攀升到23000 个，每年都呈现增长的态势。

（二）欧洲一直是，并将继续在国际会议市场份额中拔得头筹

1998—2012 年，欧洲在国际会议的市场份额中一直处于领跑地位，市场份额平均占有率保持在62.00%左右。亚洲在国际会议市场份额中占据第二的位置，且有逐年上升的趋势，北美洲处于第三的位置，排在最后面的是大洋洲。

（三）在亚洲召开的国际会议数量有大幅增加的态势

1998—2012 年，在亚洲召开的国际会议数量呈现大幅度提升的态势，其中，1998—2002 年，亚洲在全球国际会议市场中的占有率为15.10%，2003—2007 年，占有率为17.20%，2008—2012 年，占有率为18.20%，总体上呈现增长的态势。

表1 1993—2012 年国际协会会议的地区分布

地 区	1988—1992 年	1993—1997 年	1998—2002 年	2003—2007 年	2008—2012 年
欧 洲	59.70%	56.40%	55.60%	54.90%	54.00%
亚 洲	13.60%	15.50%	15.10%	17.20%	18.20%
北美洲	15.50%	15.40%	14.80%	13.10%	12.00%
南美洲	6.20%	6.90%	7.90%	8.90%	10.00%
非 洲	2.50%	2.50%	2.90%	3.00%	3.30%
大洋洲	2.80%	3.70%	3.70%	3.00%	2.50%

资料来源：刘海莹，许锋. 会议业纵论［M］. 北京：中国商务出版社，2014：109.

表2　2013年国家（地区）举办的国际协会会议（ICCA）数量

排　名	国家/地区	会议数量（个）
1	美　国	829
2	德　国	722
3	西班牙	562
4	法　国	527
5	英　国	525
6	意大利	447
7	日　本	342
8	中国（不含港澳台）	340
9	巴　西	315
10	荷　兰	302

资料来源：刘海莹，许锋. 会议业纵论［M］. 北京：中国商务出版社，2014：106.

表3　2013年城市举办的国际协会会议数量

排　名	城　市	会议数量（个）
1	巴　黎	204
2	马德里	186
3	维也纳	182
4	巴塞罗那	179
5	柏　林	178
6	伦　敦	175
7	新加坡市	166
8	伊斯坦布尔	146
9	里斯本	125
11	布拉格	125
12	阿姆斯特丹	121
13	都柏林	120
14	布宜诺斯艾利斯	114
15	布鲁塞尔	113
16	哥本哈根	111
17	布达佩斯	109
18	北　京	105

资料来源：刘海莹，许锋. 会议业纵论［M］. 北京：中国商务出版社，2014：107.

（四）在我国召开国际会议数量呈现增长的态势，已经冲入世界前列

根据表4统计显示，在我国召开的国际会议数量呈现逐年提高的态势，2004年世界排名为15，2008年世界排名11，2013年世界排名已经进入前10，排在第8位。

表4 中国(不含港澳台地区)承接的国际协会会议数量和在全球的排名

年　份	国家排名	会议数量
2004	15	104
2005	14	129
2006	14	153
2007	11	195
2008	11	223
2009	9	245
2010	8	282
2011	8	302
2012	10	311
2013	8	340

资料来源:刘海莹,许锋. 会议业纵论 [M]. 北京:中国商务出版社,2014:389.

(五)国际会议的会期呈现逐年缩短的趋势

国际协会会议的会期在慢慢缩短,呈现逐年减少的态势。1988—1992 年 5 年间的平均会期是 4.90 天,但是到了 2008—2012 年 5 年间就减少到了 3.80 天,缩短了 1 天的时间。

表5 1983—2012 年平均会期(ICCA 统计)

年　份	会期(天数)
1983—1987	5.10
1988—1992	4.90
1993—1997	4.60
1998—2002	4.30
2003—2007	3.90
2008—2012	3.80

养料来源:刘海莹,许锋. 会议业纵论 [M]. 北京:中国商务出版社,2014:114.

二、"十二五"期间,中国科协所属全国学会、协会举办国际会议情况分析

据不完全统计,2011 年中国科协所属全国学会、协会共举办 540 次国际学术会议,参加总人数为 155253 人,其中境外专家为 28335 人,交流学术论文为 57085 篇;2012 年共举办 535 次国际会议,参加总人数为 173401,其中境外专家为 23914 人,交流学术论文为 58667 篇;2013 年为 558 次,参加总人数为 186191 人,其中境外专家为 28530 人,交流学术论文为 63170 篇。2013 年与 2012 年相比,举办国际会议次数增长了 4.30%,参加人数增长了 7.38%,其中境外专家人数增长了 19.30%,交流学术论文数量增长了 7.68%。

中国科协所属学会、协会在 2012 年共举办 259 次高端前沿学会会议,参加总人数为 64342 人,其中境外专家为 8973 人,交流学术论文为 22365 篇;2013 年共举办 302 次高端前沿学术会议,参加总人数为 76197 人,其中境外专家为 12302 人,交流学术论文为 24621 篇。2013 年与 2012 年相比,举办高端前沿学术会议增长了 16.60%,参加总人数增长了 18.42%,其中境外专家增长了 37.10%,交流

学术论文增长了 10.09%。

中国科协所属全国学会、协会在 2012 年共举办 180 个综合交叉学术会议,参加总人数为 50842 人,其中境外专家为 7165 人,交流学术论文为 17987 篇;2013 年共举办 181 个综合交叉学术会议,参加总人数为 75580 人,其中境外专家为 11582 人,交流学术论文为 28247 篇。2013 年与 2012 年相比,举办综合交叉学术会议增长了 0.56%,参加人数增长了 48.66%,其中境外与会专家增长了 61.65%,交流学术论文增长了 57.04%。

表 6 2011—2013 年中国科协所属全国学会举办国际科技会议汇总表

会议类别	指标名称	时间	境内国际学术会议（次）	参加人数（次）	境外专家学者（人）	交流论文（篇）
国际学术会议	年 份	2011 年	540	155 253	28 335	57 085
		2012 年	535	173 401	23 914	58 667
		2013 年	558	186 191	28 530	63 170
	年增长率	2011—2012 年	−0.93%	11.70%	−15.60%	2.77%
		2012—2013 年	4.30%	7.38%	19.30%	7.68%
高端前沿学术会议	年 份	2012 年	259	64 342	8 973	22 365
		2013 年	302	76 197	12 302	24 621
	年增长率	2012—2013 年	16.60%	18.42%	37.10%	10.09%
综合交叉学术会议	年 份	2012 年	180	50 842	7 165	17 987
		2013 年	181	75 580	11 582	28 247
	年增长率	2012—2013 年	0.56%	48.66%	61.65%	57.04%

通过以上分析可以得出,中国科协所属全国学会、协会在举办国际学术会议数量、参会总人数、境外专家参会人数、交流学术论文等方面总体上呈现上升的趋势,虽然有些项目呈现略微下降的态势。在举办高端前沿国际学术会议和综合交叉学科国际学术会议上呈现逐年大幅增长的态势。

三、"十三五"期间,中国科协在华召开国际会议的发展情况研究

(一)综合交叉、高端前沿的大型国际会议在中国的举办数量呈现上升趋势

"十二五"期间,中国科协所属学会紧紧围绕学科发展的前瞻性、战略性、基础性问题和重点、新兴行业发展的迫切要求。2014 年,45 个学会总计主办或者参与学术交流活动 2590 场,平均每个学会主办或者参与的学术交流活动为 58 场,比 2011 年增加了 38.00%;平均每个学会到会国外专家 381 人次,比 2011 年增加了 21.00%。比如:围绕国际竞争激烈、代表国家科技实力的航空技术发展,中国航空学会举办首届中国航空科学技术大会,成为国内航空领域最高端、最综合、最盛大的学术交流平台;面对行业和市场对信息化前沿重点技术的需求,中国电子学会主办的中国云计算大会,8 位院士做主旨演讲,1.20 万人参会,5000 平方米展览面积,成为国内该领域规模最大、最具有影响力的活动。

未来 5 年,即"十三五"期间,根据表 7 统计,中国科协所属学会、研究会将继续围绕国家重大战略发展方向,争取重大的国际会议来华举办,为中外相关领域的研究人员搭建相互交流的平台,促进学科发展、人才培养和成果转化。已经申报成功的国际大会,如:第 33 届国际地理大会、第 14 届

国际数学教育大会，第七届国际作物科学大会等都是奥林匹克级的国际会议。其中 2008 年 8 月 12—15 日第 31 届国际地理大会上，来自中国地理学会和中国科学院的代表参会，会上国际地理联合会召开了第二十二次全体代表大会，通过无记名投票，选举产生了 2016 年第 33 届国际地理大会的主办国，中国北京以 30 比 10 的绝对优势战胜俄罗斯莫斯科，取得了 2016 年国际地理大会的举办权。

表7　2016—2020 年在华举办的部分重大国际会议情况统计（中国科协国际部）

主办单位	会议总人数	内宾	外宾	会议日期
第 33 届国际地理大会	2 000	1 000	1 000	2016. 8. 21—25
国际心脏研究会第二十三届世界大会	2 000	1 000	1 000	2019. 11. 20
第十二届世界过滤大会	700	420	280	2016. 4. 11—15
第八届世界两栖爬行动物学大会	500	220	280	2016. 8. 16—21
第七届国际作物科学大会	1 600	1 000	600	2016. 8. 14—19
第 19 届国际麻风会议	1 200	600	600	2016. 9. 18—22
第八届世界科学中心峰会	570	300	270	2017. 5. 16
第十二届哺乳动物学大会	700	420	280	2017. 8. 11
第 17 届国际免疫学学术大会	3 500	1 000	2 500	2019. 4. 20
2016 年中国国际非开挖技术研讨会	220	200	20	2016. 4. 23—25
亚洲大洋洲地球科学学会 2016 年度学术大会	1 400	600	800	2016. 7. 31—8. 5
亚太科技中心协会 2016 年年会	300	200	100	2016. 5. 17—20
第 25 届世界家禽大会	760	300	460	2016. 9. 5—9
第 14 届国际数学教育大会	2 000	1 500	500	2020. 7. 15
第 29 届 IEEE 微机电系统国际会议	750	520	230	2016. 1. 24—28

（二）我国优秀科学家、工程师到国际组织中担任要职的数量将有所上升

近年来，中国科协支持我国科学家和工程师在国际民间科技组织中担任领导职务的工作初显成效，已逐步建设了一支掌握政策、业务精湛、精通外语、善于交往的科学家外交队伍，在中国科协和所属全国学会的推荐下，他们有组织、有计划进入国际民间科技组织领导层，更广泛、高水平地参与国际民间科技组织决策和管理，全面提升了我国科技界的国际地位和影响力。为了加快推动中国科协国际民间科技组织人才队伍建设，2013 年，根据《国家中长期人才发展规划纲要（2010—2020 年)》的要求，总结中国科协以往开展此项工作的做法，下发了《中国科协国际联络部关于加强国际民间科技组织人才队伍建设工作的通知》，明确此项工作的指导思想，目标任务和保障措施，对全国学会加强国际民间科技组织任职后备队伍建设、加强竞选工作、加强任职队伍建设、加强国际民间科技组织人才队伍培养和积极参与国际民间科技组织活动等内容提出明确要求。要求全国学会围绕国际民间科技组织重要职位，按提升职位、争取连任、竞争任职和培养后备等类别进一步细化任职目标，提出重要职位任职后备人选以及后备工作计划。

通过表 8 数据可以发现，中国科协所属学会、协会在 2012 年共加入 340 个国际组织，任职专家为 529 人，参加国外科技活动人数为 6910 人；在 2013 年共加入 366 个国际组织，任职专家为 612 人，参加国外科技活动人数为 6942 人。2013 年与 2012 年对比，加入国际组织的个数增长了 7.65%，任职专家的人数增长了 15.69%，参加国外科技活动的人数增长了 0.46%。

表8   中国科协所属全国学会、协会加入国际组织一览表

指标名称	时间	加入国际组织（个）	任职专家（人）	参加国外科技活动人数
年份	2012	340	529	6 910
	2013	366	612	6 942
增长率	2012—2013	7.65%	15.69%	0.46%

未来5年，中国科协将会制定有关优惠政策，大力鼓励我国优秀科学家、工程师到国际组织中担任要职，发挥他们的聪明才干，提高中国在国际组织中的声音，提升中国的国际影响力和话语权，争取更多高质量的国际会议来华举办。

（三）我国具有自主品牌的国际会议，"一会一品牌"将呈现良好的发展态势

通过主办、承办、协办学科领域最高级别的国际学术会议，实现自身品牌学术活动的国际化和权威化，提高我国在科技领域的国际影响力和知名度。打造更多拥有自主品牌的国际会议，服务于中国的经济、文化、社会等建设，为创新驱动、助力工程贡献应有的力量。

经过激烈的竞争，三年来我国首次承办或者成功申办国际食品安全大会、世界生态学大会、国际宇航大会、世界护理大会和世界力学大会等十几个国际顶尖学会会议。其中，中国力学会经过20多年的艰苦申办，成功举办被冠以"力学奥林匹克"为美称的世界力学大会，这是大会近百年来首次在中国召开，来自58个国家和地区的1560余名代表到会，是世界力学家大会有史以来参会代表最多的一次。

"十三五"期间，围绕我国经济社会发展中关键领域的重大问题，组织跨学科、跨国别，具有深远影响力的国际学术交流活动，吸引国际有关领域的国际组织及著名学者、科学家来中国参会，促进我国与国际科技界的交流，提升我国在国际科技界的话语权和影响力，拓展我国与国际科技界的合作领域。

（四）人文社会学科类国际会议将呈现急遽下降的趋势

通过以上表格的数据可以看出，中国科协批准的部分重大国际会议90%集中在自然科学、医学、理学以及农学等学科领域。集中在人文社科领域的国际会议总体而言呈现急遽下降的趋势，这与中国当今以及今后的大背景有着密切的关联。中央现在大力提倡营造学科学、用科学的良好社会氛围，从而提高公民科学文化素质，推动创新驱动战略，实现社会又快又好发展，提升广大人民群众的生活的幸福指数。

（课题组成员：张建生   王庆林   秦久怡   周大亚   杨书宣

陈 蕾   颜鹤青   陆跃全   孙 跃   李军平）

科协事业保障条件
和基础设施建设

"十三五"科协工作保障条件和基础设施建设研究

中国科协计划财务部课题组

一、"十三五"中国科协事业发展财力保障建设研究

习近平总书记在2011年中国科协第八次全国代表大会上的祝词中强调："各级党委和政府从提高自主创新能力、加快建设创新型国家的战略高度，进一步加强和改进对科协工作的领导。要全力支持科协组织依照法律和章程独立自主地开展工作，定期听取科协工作汇报，关心科协干部成长，保障经费投入"。

中国科协的财力是指由各级科协财力、各级学会财力、基层科协财力组成的大集合。中国科协的财力有经费来源渠道广泛、经费使用突出社会效益、财务管理体制复杂多样三个方面的基本特征。

全面深化改革为科协事业的改革和创新提供了十分难得的机遇。中国科协作为全国最大的科技社团，具有丰富的人才、智力、网络优势，在全面深化改革的大潮中可以大有作为。

积极争取财政经费。加强与党委、政府以及财政部门的沟通协调。认真贯彻落实《中央关于加强和改进党的群团工作的意见》精神，定期向党委和政府汇报工作，向财政部门反映经费需求，主动作为，争取支持。要加强项目顶层谋划和设计，认真谋划一批高水平、高质量的重大项目，充分发挥财政资金的激励、引导、带动作用。要帮助学会加强与相关政府部门的沟通协调，积极承接政府转移职能，积极申报各类学会可以承接的项目，从多个渠道争取更多的政府补助收入。

充分利用社会资金。破除"等、靠、要"的思想，积极争取除财政拨款之外的其他各类社会资金，拓宽资金来源渠道。要积极提升学会服务会员质量，提高学会的吸引力、凝聚力，争取更多的会费收入。要大幅提高业务活动收入。充分发挥自身资源、人才、品牌优势，大力开展学术交流、期刊发行、科技咨询、技术培训等业务，提高为科技创新、社会民生、科技工作者的服务力能力，建立完善成本补偿机制，扩大业务活动收入和增收创收能力。要进一步解放思想，加强与外界的联系，加强与企业的合作，放下身架主动出门"化缘"，积极筹集社会各界支持科技公益事业发展的"善款"，积极争取捐赠收入。要提高理财能力，提高资金运营水平。

创新资金使用和管理方式。努力花好用好每一分钱，充分挖掘每一分钱的价值，让有限资金发挥无限效益，走以质取胜的路子。要进一步理顺与市场、社会的关系，更多地采取以奖代补、以奖促建、政府购买服务、公私合营、引导基金等有效方式，重在发挥资金的引导、激励作用，增加公共服务供给，提高公共服务水平和效率。要加强资金使用的内部控制管理，建确保资金使用合法合规，安全有效、防范财务风险和预防腐败。要按照新《预算法》的要求，加强绩效管理，把"讲求绩效"作为预算资金使用遵循的基本原则，加强对项目实施过程的绩效监控，提高绩效评价水平。

加强财力资源的集成与统筹。提高科协大团体的整体财力运用效果，聚焦共同的资金投向，在资金使用上拧成一股绳，集中力量办大事，避免各自为政。要通过中国科协事业发展规划引导各级科协

把更多的资金投向学会工作、科技创新、科普信息化等事业发展的重点领域，实现资金投入"共振"的效果，提高科协整体资源配置效率。要加强中期财力规划编制工作。聚焦规划期内的重大改革、重大政策、重大项目，合理统筹好分年度财力预算安排。中国科协要发挥资金投向的示范带头作用，牵头组织实施一批对全国学会、地方科协有带动、影响作用的重大专项。

加强固定资产的建设和积累。要继续巩固科普设施投入的良好势头，加大基层科普设施的建设力度。要开创学术交流基础设施建设的新局面，重点建设好国家科技传播中心、科学家博物馆等学术交流基础设施。要加强学会、基层科协办公条件建设，改善办公环境，更好地为科技工作者服务。

加强财务队伍和财务信息化建设。要进一步加强和改进财务人员管理，增强财务人员依法理财能力，提高财务管理水平。

二、筹备建设国家科技传播中心

作为党和政府联系科学技术工作者的桥梁和纽带，中国科协要进一步服务于国家创新驱动发展战略，促进高端科技成果传播与转化，为地方积极发展战略新兴产业提供支持，应建立一个以创新为主题的国家级科学传播综合服务平台，加强在实施创新驱动发展战略的大背景下，提高为地方未来新兴战略产业的孕育与发展的支持能力、为我国高端科技成果转化在新时期适应社会全面需求的支撑和综合服务功能。国家科技传播中心是服务经济社会发展、服务科技创新的国家级综合服务平台，以"互联网"为基础，以科技社团为依托，以政府、企业和广大科技工作者为主要服务对象，着力打造集"展示国内外重大科学发现和重要技术创新成果并促进其产业化转化，宣传我国杰出科学家、发展科学文化，支撑国家科普信息化建设"为一体的科学传播公共服务平台，是国家级公共科学文化服务的重要基础设施。该中心是促进科技成果转化的综合服务基地，弘扬科学精神的殿堂和创新网络科普服务的支撑平台。

2013年12月，《北京市规划委员会关于中国科协国家科学传播中心项目选址有关规划意见的函》（市规复〔2013〕1934号）答复"原则同意国家科学传播中心选址，用地面积约1公顷，如该用地不能满足国家发展改革委立项批复的建筑规模，我委可协助贵会协调有关单位适当调整用地规模"。

三、协调推动中国科协信息化建设

党组、书记处高度重视信息化建设，深入贯彻执行国家有关信息化工作的方针政策，按照"统一规划、合理布局、优势集成、数据共享"的原则，推动中国科协信息化工作科学发展。成立了"中国科协信息化工作领导小组"，为信息化建设提供了组织保障。"十三五"期间，中国科协以互联网为依托，充分利用云计算、大数据、物联网、移动互联网等信息技术，通过协作创新，建成中国科协、全国学会、地方科协纵向贯通，横向关联，多部门多机构联动一体的高度协同的公共服务体系。合理布局中国科协信息资源建设，实现资源的整合、共享和综合利用，为科协事业发展提供信息化保障。重点推进"实施四个工程，提升两个能力，建设一个中心"，即：实施科技创新云服务建设工程、学会能力创新云服务建设工程、中国科协全媒体网站建设工程和中国科协电子政务建设工程；提升中国科协网络基础设施服务能力和网络信息安全保障能力；建设中国科协大数据资源中心。

四、推进中国科协干部培训与能力提升，建设高素质干部队伍

2011年以来，中国科协积极贯彻落实中央提出的"大规模培训干部、大幅度提高干部素质"的要求，加强干部教育培训工作，提高干部素质。干部培训工作注重改革创新，培训制度建设更加完善，培训渠道基本稳定，培训方式更加多样，培训工作取得新成效。

当前干部教育培训工作中涌现出一些新趋势新特点新理念。党性教育和理论教育重要性进一步凸显，增强"针对性"与"实效性"成为干部教育培训的核心要求，培训主体多样化、载体信息化、管理精细化日益成为培训模式改革创新与发展的方向。新形势下干部教育培训要坚持事业发展与个体需求相结合，充分考虑不同领导干部的差异性需求，按需培训、因材施教；坚持外在能力与内在修养相结合。

（一）"十三五"加强干部教育培训的总体思路

以马列主义、毛泽东思想、邓小平理论、"三个代表"重要思想和科学发展观为指导，深入贯彻落实党的十八大和十八届三中、四中、五中全会精神，认真学习贯彻习近平总书记系列重要讲话精神，紧紧围绕党和国家工作大局，紧密结合科协实际，坚持围绕中心、服务大局，坚持全员培训、突出重点，坚持学以致用、注重实效，坚持健全机制、统筹资源，持续推进大规模培训干部、大幅度提高干部素质的战略任务，全面深化科协系统干部教育培训改革，全面提升干部教育培训质量，服务科协工作科学发展，服务科协干部健康成长，为不断开创科协工作新局面提供坚强保证。

（二）目标任务

以深入学习中国特色社会主义理论体系为首要任务，全面推进理论武装、党性教育、能力培训和知识更新，使广大科协干部理想信念更加坚定、工作作风明显改进、德才素质和履职能力不断提高，为经济社会发展服务、为提高全民科学素质服务、为科技工作者服务的本领显著增强，使干部教育培训推动科协事业发展的作用更加明显。进一步推进干部教育培训改革创新，加强干部教育培训工作的科学化、制度化、规范化，健全管理体制和运行机制，努力形成与科协特点相适应的分层次、分类别、多渠道、大规模、重实效的干部教育培训机制。

（三）"十三五"干部教育培训的重点工作和主要举措

1. 完善培训内容，重点加强党性教育和理论教育

以"三严三实"专题教育为契机，深入学习习近平总书记系列重要讲话，领会核心要义和精神实质。以召开中国科协"九大"为契机，推进新修订《中国科学技术协会章程》和中央领导同志关于科协工作新要求的学习培训，协调推进科协工作理论、科协历史和科协业务知识的培训，强化对中国科协"三服务一加强"工作职能的理解。结合实际工作需要，广泛开展各种新知识、新技能的培训，优化干部知识结构、拓宽眼界思路、树立全球视野、提高综合素质能力。

2. 制定培训五年规划，统筹推进科协系统干部教育培训工作

按照中央关于教育培训工作的新要求，结合中国科协实际，研究制定《2014—2018年中国科协系统干部教育培训规划》，对科协系统干部教育培训工作做出全面部署。

3. 创新培训方式，提高针对性和实效性

严格执行组织调训制度；坚持集中轮训制度；运用好中组部的干部网络学院平台，加快中国科协网络培训平台建设；与国内著名高校院所合作，利用优质的社会培训资源开展培训；科学设置境外培训项目。组建中国科协培训和人才服务中心，完善机构设置，为进一步加强中国科协干部教育培训工作提供扎实保障。建立中国科协特色干部教育培训师资库，推动领导干部、学术名家、先进典型、优秀基层干部等上讲台，建立健全领导干部上讲台制度。综合运用灌输式培训、互动式培训、体验式教学、实地考察、案例教学、行动学习式培训等方式，加强干部对培训内容的理解，取得培训效果。

4. 强化培训管理，树立良好学风

严格学员管理，端正学员态度。进一步规范干部教育培训经费的使用和管理，完善培训计划审批

和备案管理制度，将干部教育培训经费列入年度财政预算，对重要培训项目给予重点保证。加强培训成果的使用，将干部培训学时和培训成果作为干部考核评价和选拔任用的重要依据。

五、大力加强党建工作，为科协事业奠定坚强的政治基础

党建工作是科协组织工作的重中之重。科协党建工作以"四个全面"战略布局和党的群体工作意见为指导，以基层科协党组织建设为依托，紧密结合党风廉政建设和道德文化建设，切实发挥好党和政府联系科技工作者桥梁和纽带的作用，为科协"十三五"时期事业发展提供组织保障和政治保障。

新时期中国科协的党建工作要着重做好几个方面的工作。

一是加强党的思想政治建设。服从党对科协工作的统一领导，严守党的政治纪律和政治规矩，加强思想建党。

二是加强党的组织建设。扩大党的基层组织覆盖面，推动建设学习型、服务型、创新型党组织，加强学会党建工作理论研究。

三是加科协系统党风廉政建设。强化党风廉政建设主体责任，支持纪检部门充分履行监督责任，加强纪检力量。

四是加强作风建设。深入开展"三严三实"专题教育，严格执行中央八项规定，牢固树立"为科技工作者服务"的理念，坚持深入基层，深入一线，广泛开展调查研究。

五是加强文化建设。践行社会主义核心价值观，持续开展"作精神文明表率"活动，宣传塑造一批科技界先进典型，广泛组织开展科技工作者文体活动。

（课题组成员：周文标　汪宏林　王　悦）

"十三五"中国科协事业发展财力保障建设研究

中国科协计划财务部课题组

一、近年来财力保障工作取得的成就

近年来，各级科协组织在党中央、国务院的正确领导下，坚持围绕中心、服务大局，不断开拓进取，积极转变观念，经费规模稳步增长，经费投入效果显著增强，经费政策环境不断优化，科普场馆资产快速增加，财务管理逐步规范，财力保障工作取得了明显进步。

（一）财政经费规模稳步增长

在各级党委、政府的高度重视下，科协组织的财政经费投入持续增长，工作条件不断改善，为事业发展提供了坚实的支撑。

1. 中国科协财政拨款快速增长

自1978年恢复办会至2015年，中国科协争取到的中央财政经费总投入累计达153亿元（见图1）。其中，"十五"时期约11.1亿元，大体相当于过去23年的财政投入总和；"十一五"时期近47.5亿元，比"十五"时期财政投入增长3倍；"十二五"时期近80.6亿元，比"十一五"时期又增长近1倍（见图2）。

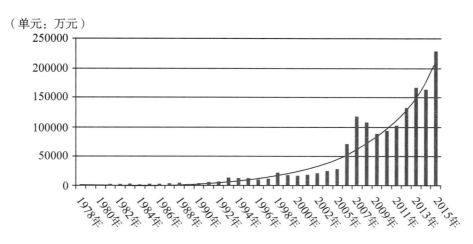

（单元：万元）

图1　中国科协1978—2015年财政拨款情况

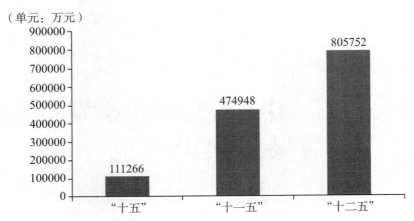

图 2 中国科协 3 个五年规划期财政拨款情况

2. 地方科协财政拨款迅速增长

据统计，2000—2013 年地方科协财政拨款共计 438.6 亿元，年均增幅 18%（见图 3）。其中，"十五"时期近 67.7 亿元，"十一五"时期近 169.9 亿元，2011—2013 年为 193.9 亿元，按年均增幅测算，预计"十二五"时期可达 370 亿元（见图 4），比"十一五"翻一番。

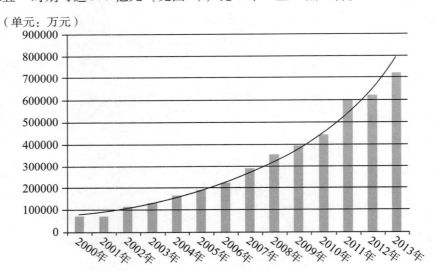

图 3 地方科协 2000—2013 年财政拨款情况

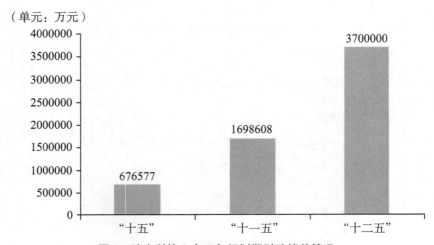

图 4 地方科协 3 个五年规划期财政拨款情况

3. 全国学会财政经费持续增长

据统计，2000—2013年全国学会财政拨款共计27.1亿元，年均增幅17%（见图5）。其中，"十五"时期约5.1亿元；"十一五"时期约11.1亿元，比"十五"时期翻了一番；2011—2013年为10.9亿元，按年均增幅测算，预计"十二五"时期可达21亿元（见图6），比"十一五"增长89%。

（单元：万元）

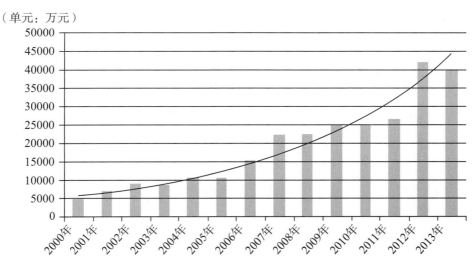

图5　全国学会2000—2013年财政拨款情况

（单元：万元）

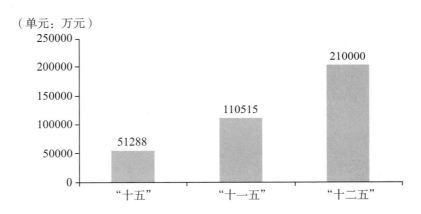

图6　全国学会3个五年规划期财政拨款情况

财政经费的快速增长，为科协事业发展提供了有力支撑。各级科协组织在积极争取财政资金支持的同时，努力开辟其他资金来源渠道，逐步形成多元化投入格局。据统计，全国学会的会费收入逐年上升，从2000年的1000万元增加到2013年的1.3亿元，14年间增长了13倍。在全国学会2013年的收入构成中，财政补助收入仅占学会总收入的18.4%。

（二）经费投入效果显著

近年来，各级科协组织围绕中心，服务大局，加强创新与集成，讲求精品战略，组织实施了一批具有较大影响力和显示度的项目。2013年计财部组织开展了"十二五"规划中期评估工作，从评估情况看，规划提出的15个重点项目已全部在财政成功立项，93%的重点任务和项目都进展顺利。中国科协在深化学会改革、进军科技创新和经济建设主战场、着力推进科普传播方式方法变革升级方面，成功培育了一批能够带动全国学会、地方科协参与的重大项目。

1. 科普惠农兴村计划

作为中国科协历史上第一个中央转移支付项目,自 2006 年立项以来,表彰奖补了 7056 个农村专业技术协会、3140 个农村科普示范基地、3616 个农村科普带头人、60 个少数民族科普工作队。充分调动了全社会开展农村科普工作的积极性和主动性,引领广大农民学科学、用科学,依靠科技致富,提高科学素质,助力新农村建设。惠农计划获得社会各界一致好评,两次写入中央一号文件。

2. 学会创新与服务能力提升专项

自 2012 年起,连续三年稳定支持 45 个全国学会提升"四个能力"。2015 年,在第一期试点总结基础上,启动实施了"学会创新与服务能力提升专项"第二期,进一步激发学会和广大科技工作者创新活力,进军科技创新和经济建设主战场,形成以学会为主体的科协工作新格局。

3. 科普信息化建设工程

中国科协深入开展调研谋划,出台了科普信息化实施方案。科普信息化工程旨在充分运用先进信息技术,有效动员社会力量和资源,丰富科普内容,创新表达形式,通过多种网络便捷传播,利用市场机制,建立多元化运营模式,满足公众的个性化需求,提高科普的时效性和覆盖面。

4. 全国科技馆免费开放

2015 年 3 月,中国科协、中宣部、财政部联合发文推进全国科技馆免费开放试点工作。中央财政对 92 家实行免费开放试点的科技馆予以补助。这对于提高我国全民科学素质,推进科普公共服务公平均等具有重大意义。

此外,中国科协还投入大量经费,组织实施了"社区科普益民计划""英文科技期刊""科学文化建设""高校科学营"等一批重点项目。在着力提高资金使用效益的同时,科协还不断探索创新项目经费投入机制。按照"大联合、大协作"工作方式,积极探索"以奖代补""以奖促建""政府购买服务"等财政投入新方式,充分发挥财政资金的示范引导作用,使科协经费投入的范围更广、收益更宽,抓手更多、影响更大。

(三) 经费政策环境不断优化

近年来,各级科协组织抓住机遇,创造条件,努力将科协工作纳入党和政府工作大局,在争取经费政策条件保障方面取得了新进展,为事业发展创造了有利的政策环境。

1. 国家层面

——2002 年国家出台了《科普法》,明确规定"各级人民政府应当将科普经费列入同级财政预算,逐步提高科普投入水平,保障科普工作顺利开展。"

——2006 年国务院颁发《全民科学素质行动计划纲要 (2006—2010—2020 年)》,要求"各级政府根据财力情况和公民科学素质建设发展的实际需要,逐步提高教育、科普经费的增长速度,并将科普经费列入同级财政预算,保障纲要的顺利实施。中央财政根据财力状况,逐步加大对地方的转移支付力度。各级政府要从中央财政的财力性转移支付资金中安排一定的经费用于公民科学素质建设。"

——2014 年民政部、财政部颁布了《关于取消社会团体会费标准备案规范会费管理的通知》,规定"经社会团体登记管理机关批准成立的社会团体,可以向个人会员和单位会员收取会费,可以依据章程规定的业务范围、工作成本等因素,合理制定会费标准"。此举为学会发展"松绑",推进学会依法自治,激发活力。同年,财政部、民政部颁布了《关于支持和规范社会组织承接政府购买服务的通知》，指出"适合由社会组织提供的公共服务和解决的事项，交由社会组织承担。加大对社会组织承接政府购买服务的支持力度"，这为充分发挥学会等社会组织在公共服务供给中的独特功能和积极作用提供了有利的政策依据。

2. 地方层面

截至目前，共有 25 个省出台了加强新时期科协工作的意见，明确要求政府为科协工作提供必要的经费保障。

——浙江省委《关于进一步加强党对科协工作领导的意见》中，要求"保证科协现有事业经费与其他科技投入同幅增长的同时，继续增加科普活动专项经费和学术交流专项经费"。

——西藏自治区委员会、自治区人民政府《关于进一步加强和改善科协工作的意见》中，要求"严格执行区党委、政府关于到'十一五'末科普经费达到人均 1 元以上的决定，确保'十二五'建成自治区自然科学博物馆"。

——湖北省委、省人民政府《关于进一步加强新时期科协工作的意见》中，要求"政府社团管理部门要切实加强和改善对学会的服务，为学会发展创造更好的环境条件。要发挥学会人才荟萃、地位超脱的优势，逐步将本部门、本行业的专业技术职称评审、科技成果鉴定、重大项目论证、技术标准制定和专业资质认证等职能转移或委托学会承担"。

国家和各地方相继制定的相关经费政策，为科协积极争取经费稳定支持提供了有力依据。

（四）科普场馆资产快速增加

各级科协组织的实物资产中，科普场馆资产占了很重要的比例。按照中央书记处指示，中国科协近年来加快构建"四位一体"的现代科技馆体系，不断增强科普服务的能力和水平，科普场馆资产快速增加。

1. 实体馆加快布局

随着国家《科普基础设施发展规划（2008—2010—2015 年）》的颁布，各地科技馆建设速度明显加快。截至目前，科协系统 8000 平方米以上的科技馆共有 425 个，基本实现了各省会城市拥有 1 座科技馆的目标。尤其近年来中国科技馆新馆、河北科技馆新馆、辽宁科技馆新馆、吉林科技馆等 70 多座现代化科技馆建成开放，标志着我国科技馆事业进入了一个崭新的历史阶段。

2. 流动馆建设发力

流动科技馆是以各地现有的公共基础设施为场地，以科技馆互动展品、科学表演、科学实验、科普影院等为主要内容，在各地巡回展出的流动型科技馆。自 2011 年试点以来，全国已累计配发流动科技馆展品 143 套（含东部地区自行开发的 32 套），在 27 个省区巡展 629 站，受益人群达 2612 万人次。计划在 2016 年对全国尚未建设科技馆的县（市）的公众（特别是中小学生），实现流动科技馆的基本覆盖，促进科普公共服务的公平与普惠，推动全民科学素质的提高。

3. 科普大篷车建设稳步推进

"科普大篷车"是以中型货车或中小型厢式客车运载的小型化科普展品（20 件左右）、展板的形式，为县以下的城镇社区、学校、农村特别是贫困、边远地区提供服务的流动科普设施。经过 10 余年的发展，截至 2013 年底，全国已配发科普大篷车 733 辆，在 2000 多家电视台播放相关电视节目。未来计划用 5 年时间实现全国 2064 个县、3 万余个乡镇科普大篷车服务的全覆盖。以切实发挥基层科普生力军作用，把科技馆搬到田间地头，把科技知识送到边远地区人群，扩大公众获取科技知识和信息的机会。

4. 数字馆建设转型

中国数字科技馆是基于互联网传播的国家级公益性科普服务平台。目前网站 Alexa 国内排名在

200 位左右，资源累积量达 9TB，日均访问人次 14.8 万。下一步要根据网络时代及信息技术发展的新特点，以社会和公众需求为根本导向，打造具有泛在学习特色的新型数字科技馆，全面提高中国数字科技馆的水平和质量，切实提高财政资金的使用绩效。

随着"四位一体"现代科技馆体系建设的快速推进，科协科普场馆资产有较大增长，科普基础设施的覆盖面和影响力进一步提高。

（五）财务管理逐步规范

近年来，科协系统重视财务规章制度建设、财务队伍建设、建立有效可控的财务管理体制，充分发挥财务"大管家"和"参谋助手"作用，管好用好经费，不断提高资金使用效益。

1. 完善财务制度体系

中国科协制定并执行的财务管理制度有 27 项，涵盖支出管理、预算、项目、国库、资产、会计核算等各方面。明确经费管理使用的主体，实行"一把手"负责制。近期，为贯彻落实中央巡视整改意见，中国科协研究制定了《关于加强财政经费管理的意见》《关于严格控制预算调整规范预算执行的通知》《关于坚决杜绝使用虚假发票报销的通知》等办法细则，进一步规范支出管理。地方科协和全国学会在财务监督和内部控制制度方面也制定和完善了一系列的规章制度，规范经济业务，防范财务风险。

2. 加强财务队伍建设

各级科协领导高度重视财务人员队伍建设，创造机会和条件让财务人员参与到科协中心工作、不断提高财会人员的业务素质。中国科协分别于 2004 年、2007 年召开了科协系统财务研讨会，重点加强财经法规制度培训，进一步提高科协系统财务工作整体水平和服务保障能力。

3. 建立有效可控的财务管理体制

近十年来，科协系统在部门预算的改革实践中，大胆探索，逐步规范，初步建立了有效可控的财务管理体制。按照"大收大支"的预算管理要求，将科协系统全部收支纳入预算管理，保证了预算的完整性。从 2000 年开始，将地方科协、全国学会决算纳入统一管理，开创性地编制了科协系统"三大"决算，形成规范有序的数据集，摸清了家底，更好地服务科协党组决策。此外，科协系统财政资金全部实现国库支付管理，实现会计核算信息化管理，不断提高资金使用的安全有效性。中国科协预算管理工作、决算工作连续 5 年获得财政部表彰。

二、财力保障方面存在的主要问题

（一）经费投入保障还需进一步加强

在国家重视科技发展的宏观战略下，各级科协组织的收入总量有了较大幅度提高。但同时还应看到，科协经费保障水平起点低，规模小，与事业发展的迫切需求相比还有较大差距。

1. 科协财政经费投入占国家财政科技投入的比重低

据统计，中央财政科技支出从 2006 年的 774 亿元，增加到 2013 年的 2460 亿元，年均增幅 18%。同期中国科协财政经费投入从 7.1 亿元增加到 16.6 亿元，年均增幅 13%，低于中央财政科技支出增幅。2014 年中国科协财政经费仅占中央财政科技投入的 0.6%，总体规模还很小，远远低于科技部、自然基金委、中科院等部门的预算量，无法满足党和政府在新时期对科协事业发展的新期望和新要求。

2. 非财政性资金收入占总收入的比重低

如前所述，科协的财力特征是经费来源十分广泛，既包括财政拨款，又包括资助、捐赠、会费、企事业收入、其他收入等。但从实际情况看，财政拨款多年来一直是科协经费来源的主渠道，非财政性资金来源比重不高。以2013年数据为例，中国科协总收入18.4亿元，其中，财政拨款16.6亿元，占90.2%；非财政性资金收入1.8亿元，占9.8%，主要是科技馆门票收入、国际会议中心承办会议等事业收入。地方科协总收入87.7亿元，其中，财政拨款71.9亿元，占82%；非财政性资金收入15.8亿元，占18%（见图7）。尽管近年来各级科协组织在积极拓宽资金来源渠道方面取得了一定成效，但收入仍然主要倚靠国家财政拨款，对社会资金的吸引、带动不足。

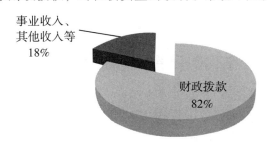

图7　2013年地方科协收入构成图

（二）基层科协财力状况薄弱

县级科协是科协大团体的重要成员，起着上通下联的枢纽作用。为深入了解和掌握县级科协经费收支状况，2013年中国科协组织编制了县级科协经费数据集。数据显示，县级科协财力状况堪忧，普遍"家底薄"。

1. 经费收入少

2013年，据统计的2674个县，县级科协年平均收入111万元，66%的县级科协年收入在100万元以下（见图8）。众所周知，2011年全国县级平均预算收入就已经超过7亿元。县级科协经费投入占县级支出比重过低，无法保障工作正常开展。

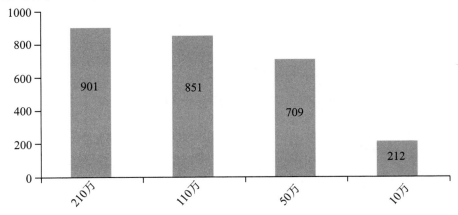

图8　2013年县级科协经费收入分档统计

2. 基本支出占比过大

从2013年县级科协经费支出构成看，基本支出占55.58%，项目支出占44.07%，其他支出占0.35%（见图9）。说明本已捉襟见肘的县级科协经费，主要用于"人吃马喂"等日常运转经费，用于科学普及的专项经费更少，难以有效发挥基层科普工作主力军和重要阵地的作用。

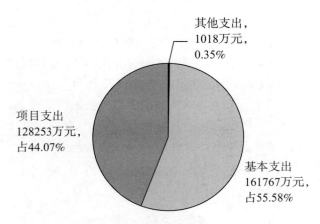

图9　2013年县级科协经费支出构成图

3. 收入增长缓慢

据统计，2009年县级科协经费收入近15.7亿元，2013年约29.7亿元（见图10），年均增长17%，低于同期县级收入增幅和县级财政收入增幅。而且地区收入差距逐步加大，中西部地区的县级科协收入远远落后于东部沿海地区。

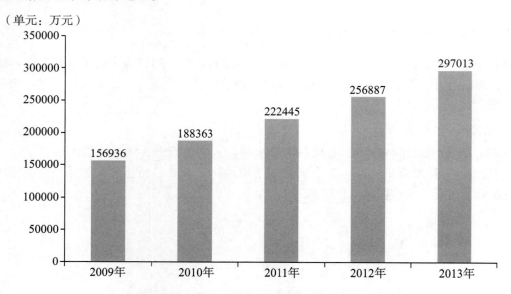

图10　2009—2013年县级科协经费收入变化情况

（三）项目资金管理水平有待提高

近年来，各级科协党组高度重视预算管理工作，科协的预算管理水平不断提高，项目优化整合不断取得进步，预算管理连续多年受到财政部表扬。但是，随着经费规模的不断扩大，预算管理还存在一些不足之处，主要表现在项目管理上。

1. 项目零散

有一些项目内容十分庞杂，支出分散、碎片化。具体表现在：一些项目内部的子项目之间关联性、逻辑性不强，缺乏统一整体规划，造成项目目标分散、不集中，子项目实施运作各自为政，相互独立；部分项目资金撒"芝麻盐"，难以发挥实效。未来要加强项目集成，把支出重点放在主业上，虚功实做。

2. 项目日常管理不规范

科协系统项目管理工作还缺乏顶层设计，没有形成统一规范、科学合理、符合科协事业特点的项目管理模式。项目全过程管理环节不连贯、不完善，尤其是项目完成后的验收考核工作不力，项目资金使用的监督检查不到位。2014年中央第十巡视组反馈的巡视意见中，专门指出"项目缺乏跟踪监管，项目评审、验收把关不严"。

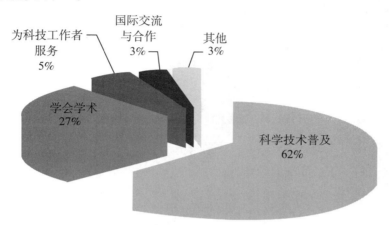

图11　中国科协2015年项目支出分类

3. 项目制度建设有待加强

科协的项目管理规章制度形式不一，有的制订实施方案，有的出台管理办法，有的发布申报指南；有的是内部行文，有的是正式印发；有的报书记处会议审议，有的是部门单位自己印发。项目管理的配套制度也不完善，比如重大项目没有单独制定评审办法、招标管理办法、考核验收办法等，导致项目实施过程中制度约束力不强，调整随意性大。

4. 项目支出方向有待优化

科协项目经费支出方向不尽合理，对学会、基层科协组织、科技工作者的经费支持偏少，依靠学会开展工作的力度不够，业务部门管理性经费支出偏大。以2013年中国科协项目经费支出为例，全年项目经费13.65亿元，支持全国学会的占20%左右（见图12）。

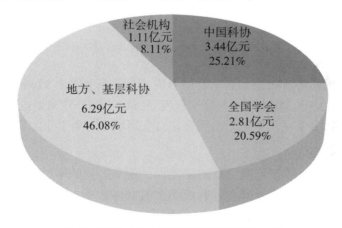

图12　2013年中国科协项目经费支出比例

（四）学会物质资产有待充实

物质基础决定上层建筑。学会是科协工作的主体，学会的物质基础就是科协事业发展的基本条件。从 2013 年全国学会决算数据可知，学会的物质资产太过薄弱，科协事业可持续发展的基础不牢固、后劲不足。一是学会固定资产比重太小，仅占总资产的 8%，绝大部分资产是流动资产，约占 84%（见图 13），反映学会资金流水多，但物质积累少。二是学会有产权的房产不多，主要依托挂靠单位的办公地点办公，大多产权关系不顺，不利于科技社团下一步脱钩、改革、发展。三是学会的学术交流场所建设不足，没有专门的学术交流中心或学术会议中心，没有直接服务科技工作者的固定场所，工作像"游击队"，无法扎根做实。

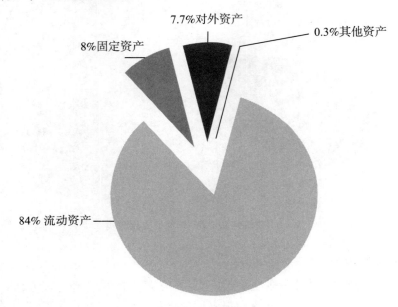

图 13　全国学会 2013 年资产构成

（五）学会财务政策和制度不健全

1. 国家层面的财务制度存在空白

自 2004 年财政部出台《民间非营利组织会计制度》以后，国家层面一直没有出台加强学会财务管理的办法，没有对学会的科技活动给予税收优惠政策。没有上层的制度规定，学会遇到了很多现实困难。由于对学会等非营利组织收费问题，国家一直没有明文规定，导致实际执行中权限、责任问题难以界定。

2. 中国科协对学会的财务管理制度不健全

自 1990 年出台《中国科协所属全国性学会经费管理的暂行办法》以后，迄今为止，中国科协未专门制定学会的财务管理办法。2014 年中央第十巡视组指出"部分直属单位、学会领导财务法纪意识不强，内部监控存在漏洞"。下一步中国科协将强化对直属学会财务工作的管理和监督。

3. 学会自身财务制度不完善

近年来，学会自身出台的财务管理规章制度较少，跟不上党的十八大提出大力加强社会组织建设的步伐。下一步，学会要加强政策研究，制定学会的财务收支、项目经费、资产管理和接受捐赠收入等管理办法，细化收支标准，严格支出审批程序，从制度设计上解决学会财务松、散、乱的问题。

三、财力建设面临的机遇和挑战

（一）宏观政策方面

1. 机遇

全面深化改革为科协事业的改革和创新提供了十分难得的机遇。一是推进国家治理体系和治理能力现代化使社会团体的职责将进一步强化，工作空间将越来越大。二是科技创新战略地位的强化为科协这样的科技社团提供了难得的发展机遇。

2. 挑战

各级科协组织对自身的职责定位不够充分、不够清晰、不够统一；有些地方科协的工作还没有全面地融入党委和政府工作的大局中去；自身资源条件有限，围绕中心、服务大局的能力亟待加强；在服务科技创新方面作用不够明显，服务创新的体制、机制不健全，能力、水平需要提高。

（二）政府财力方面

1. 机遇

科协作为推动科技事业发展的重要力量，得到了各级财政稳定、持续的大力支持，未来经费保障有力。政府鼓励和支持社会组织承接政府转移职能，参与公共服务提供，这为科协所属学会的发展创造了更多的机会，能够争取到更多的政府补助收入和业务活动收入。

2. 挑战

随着经济发展进入新常态，财政收入增速大幅度放缓，科协财政经费继续维持以前的增速有较大困难。深化财税体制改革也对财政资金的使用提出越来越高的绩效要求。科协如何盘活现有存量资金，提升资金使用效益，将变得更加重要。由于自身条件、能力的限制，学会在承接政府购买服务方面，市场竞争力不足，面临较大挑战。

（三）社会资源方面

1. 机遇

随着经济的发展、社会的进步，社会各界对科技创新和科学普及越来越重视，需求日益增加，科技事业捐助公益性资金力度加大。各级科协可以充分利用自身的优势，积极争取社会各界支持，即开展无偿的公益性科技服务的同时，也可大力拓展有偿的营利性科技服务，弥补事业发展的资金缺口。

2. 挑战

各级科协是处于体制内的社会团体，习惯采取政府行政性工作方式，事业创新创收机制僵化。普遍缺乏市场意识，与市场主体打交道经验不足，对市场环境比较陌生，对市场需求缺乏研究，对市场运行规律缺乏了解，与市场主体合作的工作机制还未建立。

四、"十三五"时期财力保障的战略对策

（一）积极争取财政经费

财政经费仍然是科协最主要的经费来源渠道。"十三五"期间，各级科协要继续把争取财政经费作为财力保障工作的重中之重，积极主动，努力争取，为科协事业发展进一步提供资源保障。若继续

保持"十二五"时期科协财政拨款经费增长速度，按此测算，"十三五"时期中国科协财政拨款总量可以达到130亿元，地方科协财政拨款总量可以达到800亿元。实现这个目标，任务还是十分艰巨。为此，各级科协要围绕中心、服务大局，进一步加强财政经费的争取工作。

一是要加强与党委、政府以及财政部门的沟通协调。《中共中央关于加强和改进党的群团工作的意见》明确了各级党委对群团工作的领导责任，《中国科协关于贯彻落实中央群团工作部署加强和改进科协工作的意见》也提出要求："定期向党委和政府汇报工作，在经费、人员、政策等方面积极争取支持"。各级科协要认真贯彻落实意见精神，主动开展工作，定期向党委和政府汇报工作，向财政部门反映经费需求，增强财政部门对科协工作的了解，争取支持。

二是要加强项目顶层谋划和设计。认真谋划一批高水平、高质量的重大项目，做好、做细、做实项目实施方案，争取财政的认可，充分发挥财政资金的激励、引导、带动作用。

三是各级科协要帮助学会加强与相关政府部门的沟通协调，积极承接政府转移职能，积极申报各类学会可以承接的项目，从多个渠道争取更多的政府补助收入。

（二）充分利用社会资金

各级科协尤其是各级学会，要进一步解放思想、开动脑筋，根据自身职能，主动开展工作，大力争取社会资金，拓宽资金来源渠道。

一是要逐步增加会费收入。我国科技社团收入中会费占比远低于发达国家科技社团，有进一步提升的空间。各级学会应积极提升会员服务质量，提高学会的吸引力、凝聚力，争取更多的会费收入。要规范会费收缴行为，逐步提高个人会员和单位会员的收缴标准，建立会费收缴使用公开透明机制，做到应收尽收，合理使用，对外公开。

二是要大幅提高业务活动收入。各级学会要充分发挥自身资源、人才、品牌优势，大力开展学术交流、期刊发行、科技咨询、技术培训等业务，提高为科技创新、社会民生、科技工作者的服务能力，建立完善成本补偿机制，扩大业务活动收入和增收创收能力。

三是要积极争取捐赠收入。各级科协和学会要进一步解放思想，加强与外界的联系，加强与企业的合作，积极筹集社会各界支持科技公益事业发展的"善款"。既能增强科协的影响度，又能提高经费保障能力，推进科协事业发展。

四是要提高自身理财能力，提高资金运营水平。要在合法合理、风险可控的范围内，加强对流动资产、固定资产的适度投资，盘活存量资金，提高闲余资金的保值增值，为事业发展做好资源条件储备。

（三）创新资金使用和管理方式

提高资金使用效率是经费管理的核心。科协的经费资源十分有限，难以靠量增效，要把更多的精力关注到提高资金使用效率方面，努力花好用好每一分钱，充分挖掘每一分钱的价值，让有限资金发挥无限效益，走以质取胜的道路。

一是要创新资金使用方式。要按照"市场在资源配置中起决定性作用"的原则，努力改变过去传统的公共服务供给模式，进一步理顺与市场、社会的关系，更多地采取以奖代补、以奖促建、政府购买服务、公私合营、引导基金等有效方式，重在发挥资金的引导、激励作用，增加公共服务供给，提高公共服务水平和效率。要增强资金使用的规范合理、公开透明，主动向会员代表大会公布经费收支情况，接受审查；及时向捐赠方公开资金使用情况，接受监督。

二是要加强资金使用的内部控制管理。按照《行政事业单位内部控制规范（试行）》的要求，建立和完善资金使用的内部控制制度、措施和程序，确保资金使用合法合规，安全有效、防范财务风险和预防腐败。

三是要加强绩效管理。各级科协要按照新《预算法》的要求，把"讲求绩效"作为预算资金使用遵循的基本原则，更加注重绩效管理工作，实施绩效目标管理，加强对项目实施过程的绩效监控，提高绩效评价水平，强化评价结果应用，把注重绩效作为资金配置的重要约束条件。

（四）加强财力资源的集成与统筹

科协组织体系庞大，层级较多，受体制的约束，管理相对松散，资金各自分散使用，不可能汇集到一起实行集中调配使用和统一管理。要想提高科协大团体的整体财力运用效果，就要引导各级科协组织的资金使用主体，聚焦共同的资金投向，在资金使用上拧成一股绳，集中力量办大事，避免各自为政。

一是要通过事业规划共同引领资金投向。要充分发挥中国科协事业发展规划对地方科协、全国学会事业发展规划的指导和统领作用，加强规划之间的对接和衔接。通过规划引导各级科协把更多的资金投向学会工作、科技创新、科普信息化等事业发展的重点领域，实现资金投入"共振"的效果，提高科协整体资源配置效率。

二是加强中期财力规划编制工作。各级科协要按照深化财税体制改革的部署，认真做好中期财力规划编制工作，聚焦规划期内的重大改革、重大政策、重大项目，合理统筹好分年度财力预算安排。要加强各级科协财力规划的上下衔接，力求目标一致、方向一致。

三是中国科协要发挥资金投向的示范带头作用。要牵头组织实施一批对全国学会、地方科协有带动、影响作用的重大专项，鼓励、引导全国学会、地方科协多渠道筹集专项配套资金，调动各方资金投入的积极性，实现资金投入的集成共享。

（五）加强固定资产的建设和积累

基础设施和工作条件等固定资产建设是科协履职的重要硬件支撑，是事业可持续发展的重要保障。"十三五"期间，各级科协应高度重视物质基础条件的积累。

一是要继续巩固科普设施投入的良好势头，加大基层科普设施的建设力度。继续推动科普条件均等化，扩大科普场馆覆盖面，促进全国各级科普场馆、基础设施建设和开放共享，为科协发挥科学普及职能扩大平台。

二是要开创学术交流基础设施建设的新局面。中国科协在学术交流方面的基础设施建设比较薄弱，"十三五"时期，要重点建设好国家科技传播中心、科学家博物馆等学术交流基础设施，进一步提升科协服务学术交流、传播科学文化精神的能力，更好地服务科技创新和科技工作者。

三是要加强学会、基层科协办公条件建设。要积极争取独立办公场所，明确产权关系，为今后的改革发展奠定独立基础；要改善办公环境，更新办公条件，提高学会、基层科协工作者的归属感和工作热情，更好地为科技工作者服务。

（六）加强财务队伍和财务信息化建设

"十三五"期间，科协要进一步加强和改进财务人员管理，增强财务人员依法理财能力，提高财务管理水平。一是要规范财务人员任职资格管理，严格按照《会计法》要求，实现持证上岗。二是要加大教育培训力度，制订培训计划，丰富培训内容，提高财会人员的业务素养和财务管理的能力；要强化对单位领导班子的财政财务法规培训，创造良好的财务管理环境，增强依法理财的自觉性。三是要加强财务机构建设。争取有独立的财务机构建制和完整的财务工作岗位，完善财务履行监管职能的工作机制。

加快推进财务工作信息化，是提升财务管理水平的重要手段，对提升财务部门工作效率具有重要作用。一是要促进财务工作和信息技术的深度融合，加强财务信息系统的集成化。推动建立集预算管理、项目管理、政府采购、资产管理、会计核算、部门决算、财务监督、决策支持等诸多功能于一体的财务信息系统，实现数据共存、共享、共用。二是将财务信息系统与业务信息系统进行深度融合，把财务控制的关键环节和流程嵌入到计算机系统中，实现内控流程电脑控制，减少人员干扰，增强财务约束。三是顺应"互联网＋"的时代潮流，积极探索财务信息技术运用的移动化、便捷化。比如：将财务报销等常用功能模块与智能手机、平板电脑等移动终端进行集成，实现移动在线审核、审批，实时查询经费额度。

（课题组成员：周文标　汪宏林　王　悦　刘　伦　刘　辰）

"十三五"中国科协信息化建设研究

中国科协信息中心课题组

一、中国科协信息化建设"十三五"面临的形势

（一）国外电子政务发展趋势

近年来，国内外电子政务发展呈现新的发展趋势。在发展战略上，以"智能化"为核心的电子政务已成国家战略。在建设理念上，强调数据和系统的开放共享和互联互通。在服务模式上，强调以用户为中心的服务型和参与型的电子政务平台。在服务内容上，电子政务呈现一站式、多样化、个性化的特征。在技术应用上，积极应用新技术，探索新模式。重视总体规划，开展顶层设计，强调集中共享。这些新的发展趋势为科学判断和准确把握中国科协信息化发展趋势提供了有效借鉴和新的发展思路，有利于采取有效和适宜的发展措施。

（二）国内发展面临的新形势新要求

1. 国家科技创新战略发展赋予中国科协信息化新使命

创新驱动发展战略，为科协在新时期完成国家政治使命提出了新的挑战。信息化在科协的转型升级和科技创新中具有重要作用，充分利用信息技术，并将其与科协新型服务能力相结合，构建集成化、协同化、智能化的科协服务平台，整合共享各类资源，提供多方位、深层次、主动式的管理和服务，能够使科协服务、监管与决策更精细化与智能化，更好支撑科协新型战略的落地实施。

2. 信息技术的快速发展给科协信息化工作提出新挑战

2015 年 3 月，李克强总理在《政府工作报告》中明确提出制定"互联网＋"行动计划，推动移动互联、云计算、大数据、物联网等新型技术的演进、发展和融合。当今社会，"互联网思维"已成为当今时代信息化发展的主方向。尤其是高带宽通信技术的诞生，使得互联网、云共享成为现实，信息化建设逐步由电子化时期、系统化时期向智能化、服务化时期转变。这就要求科协工作与新思维相结合，创新工作模式，通过信息化的发展与建设，推动中国科协的工作进入新模式。

3. 科协事业改革创新发展对信息化提出新需求

随着中国科协事业改革创新发展，"创新驱动助力工程"和"学会创新和服务能力提升工程"等工程的实施，对中国科协的信息化建设提出了新的要求：需要建设互联互通、集成共享的新型信息化系统平台，满足"大数据""大用户""大协同"的广泛应用；需要从局部的信息化建设向全局规划和顶层设计转变，搭建中心工作与 IT 建设间的沟通桥梁，勾勒信息化的远景目标和信息化架构模型，指导信息化建设可持续发展，全面提升科协信息化对工作开展的支撑作用。

二、中国科协信息化建设"十三五"总体思路和主要目标

（一）总体思路

以党的十八大和十八届三中、四中全会精神为指导，深入贯彻落实创新驱动发展战略，以创新、开放和融合为主线，以需求为导向，打造开放的公共服务平台，以信息化带动科协服务和管理工作的思路创新和方法创新，加强科协资源平台的建设，提升面向科技创新的服务能力，推动多层次协同创新，完善信息化安全体系和运行机制，为提升自主创新能力打下坚实的基础。

（二）主要目标

"十三五"期间，中国科协信息化建设以互联网为依托，充分利用云计算、大数据、物联网、移动互联网等信息技术，通过协作创新，建成中国科协、全国学会、地方科协纵向贯通，横向关联，多部门多机构联动一体的高度协同的公共服务体系。合理布局中国科协信息资源建设，实现资源的整合、共享和综合利用，为科协各项业务工作提供信息服务和业务管理手段，使科协的办公、服务、监管和决策更加精细化和智能化，服务于科协"三服务一加强"工作定位。

具体目标：

（1）"十三五"期间切实落实中国科协信息化领导小组的职责，加强信息化建设的整体规划，科学统筹，优化重组科协业务流程，打造中国科协与地方科协、全国学会与地方学会纵向贯通，横向关联，多部门多机构联动一体的协同创新平台。

（2）四个融合：①融合目前散落在大量独立运行业务系统中的数字资源，建设全局的中国科协大数据资源中心，统一进行档案管理或对外提供资源服务；②融合已有的业务应用系统，建立中国科协统一的专家/人才/会员库，建立中国科协电子政务管理服务平台，以大协作的胸怀建设科协公共服务体系；③依据云计算理念，融合提升已有的基础设施，建设标准化基础设施服务运维平台；④融合已有网络信息安全建设基础，建成满足国家等级保护要求的网络信息安全体系。

（3）应围绕科协独特的资源优势和服务网络，打造中国科协科技创新云服务平台和学会能力创新云服务平台，积极推动科技成果产业转化，积极促进科技工作者和企业协同创新。在现有以中国科协网为代表的网站体系基础上，建成中国科协全媒体网站平台，充分借鉴互联网媒体，如微博、微信、网络电视台等新型媒体工具，丰富网站平台的服务模式和服务内容。

（4）运行机制创新。从信息化建设和运维管理两方面进一步优化运行机制，按照"互联网＋"时代技术实施特点科学界定不同业务部门的职责，从中国科协整体角度出发，打破硬件维护和应用软件维护各自为政的狭隘的本位主义观念，建立新型的统一 IT 运维服务模式，应遵循 ITIL/ITSM 标准，应能通过 ISO20000 国际标准认证，由此促进中国科协信息化运维服务工作的标准化、专业化，全面提升中国科协技术服务能力，降低系统总体建设和运维成本。

三、中国科协信息化建设"十三五"主要任务

中国科协信息化"十三五"规划重点任务可以概括为"实施四个工程，提升两个能力，建设一个中心"。"实施四个工程"为科技创新云服务建设工程、学会能力创新云服务建设工程、中国科协全媒体网站建设工程和中国科协电子政务建设工程，"建设一个中心"为建设中国科协大数据资源中心，"提升两个能力体系"为提升中国科协网络基础设施服务能力和网络信息安全保障能力。

（一）实施科技创新云服务建设工程

科技创新云服务工程依据国家科技创新体系，以云数据中心为基础支撑环境，建设科技创新网络服务平台、科技资源开放共享库和中国科协创新评估服务平台，实现各类科技创新资源的互联互通，支撑创新驱动助力工程实施、地方区域经济发展和科技成果转化，提高科技资源开放共享水平，有效支撑中国科协创新评估，促进科技创新能力提升。该工程由中国科协组织顶层设计、统一规划，分级建设、分步实施、逐级管理，实现各类科技创新资源的互联互通，支撑创新驱动助力工程实施、地方区域经济发展和科技成果转化，提高科技资源开放共享水平，有效支撑中国科协创新评估，促进科技创新能力提升。

1. 科技创新网络服务平台

科技创新网络服务平台服务于中国科协创新驱动助力工程，为形成中国科协搭台、地方主导，全国学会是主角的科技创新服务机制和模式创新提供技术支持。该平台在中国科协、地方科协、全国学会、地方政府、企业及有关科研机构之间建设一个基于网络的有效协同、资源共享的创新服务渠道。科技创新示范区的企业科技及时发布科技攻关项目产业转型升级的科技需求，全国学会、科研院所、科研基地等科技组织积极共享科研成果、科学技术和有关专利技术，科技咨询服务中介机构为科技需求对接和科技成果转化提供及时专业的中介服务，满足地方政府与企业对产业升级转型过程中关键共性技术的实时查找需求。通过平台的应用有效促进研究机构与示范区企业之间的知识流动与技术转移，形成科技成果的转化与知识流动。

科技创新网络服务平台由分布式协同创新接入网络、科技需求业务管理系统、第三方科技中介咨询服务系统、科技创新项目全生命周期管理系统组成，具体如下：

（1）建设统一身份认证管理系统。打造开放共享的科技创新网络服务平台，通过统一的身份认证、用户管理和访问机制授权系统，支持中国科协、全国学会、地方科协、地方政府、科技企业、科研机构、科技咨询中介机构不同层次、不同主体的用户接入管理，完成与现有业务应用集成，包括会员统一认证、专家统一管理、人才统一管理，科技资源统一管理，充分实现信息共享，提升协同工作效率。

（2）建设科技需求管理系统。设置产品中心、技术中心、设计中心、技术需求中心、交易中心、科技创意中心等综合服务栏目，为地方政府、科技园区、科技创新企业发布、更新、编辑科技服务需求。支持多部门和多机构联动、国家和地方联动的科技对接、专家咨询、政策支持等协同服务和在线互动等网上和线下联动功能。

（3）建设科技中介咨询服务系统。支持各类中介服务机构，如知识产权中介、技术交易市场、技术咨询中心等，接入科协协同创新服务平台，采用多种形式支持科技成果的供需互动，开展科技创新技术在线咨询功能。通过自动职能分析匹配功能实现技术需求和科技成果的有效对接，在对接和咨询过程中提供在线互动学习、交流、分享科技创新知识。

（4）建设科技创新项目全生命周期管理系统。从产学研对接、专家咨询、科技中介服务、科技成果转化等多个方面对科技创新项目进行全生命周期管理，形成科技成果转化知识库，及时分析和获取科技创新成果转移的重点领域、主要方向和关键环节，有效提高提供科技成果的转化的成功率。

2. 科技资源开放共享库

科技资源开放共享库是科技资源核心数据的统一存储平台，也是中国科技创新智库。通过制定科技创新资源的相关数据标准与规范，将科技创新项目过程中的各类资源信息，通过内部评定、专家审核、发布审批等流程发布到科技资源开放共享库中，形成科技知识成果。建立数据资源的共享机制，根据用户身份的不同划分不同权限，进行数据资源发布或共享利用，供科技知识传播与资源共享。

科技资源开放共享库主要包括科技项目库、创新人才库、国家科技政策库、企业创新库、科技成果产业转化库和资源导航与检索等功能。

（1）科技项目库。由历年参与科技创新的科技项目文档构成，其中包含的技术方案、国内外相关研究领域分析、技术竞争力分析、科技成果产业化分析等方面为将来持续的大数据决策分析提供重要原始数据基础。

（2）创新人才库。人才是科技创新的主体。创新人才库有两方面人才信息来源：一是历年参与科技创新的科技项目的主要完成人员；二是历年参与科技创新评审的各领域科技专家。创新人才库管理科技人才有关科研活动的全方位信息，包括研究方向、重要论文著作、国内外学术交流、学会活动、科研合作、研究生培养、教育履历、年龄及成长环境等等方面。

（3）企业创新库。科技创新只有和企业需求紧密结合，才能成为驱动国家经济发展和产业转型升级的新引擎。科技创新的对象不仅包括高校科研机构的科技项目，还应包括企业创新活动。企业创新库管理历年受到科技创新关注的科技企业以及企业科技创新项目的数据。和国家资助的高校科研机构科技项目不同，企业的技术创新处于市场变幻的大背景下，其科技创新活动的成败得失对分析行业兴衰、帮助国家制定长期的科技政策具有重要价值。

（4）科技成果产业转化库。目前我国的科技研发投入、论文发表和专利申请数量已居世界前列。如何将庞大的科技产出转化为生产力，有力推动国家产业升级和结构优化，是今后的迫切课题。科技成果产业转化库汇集历年参与科技创新的科技成果在产业转化方面的数据，对促进科技成果产业化率、优化国家科技创新政策的制定具有积极意义。

（5）国家科技政策库。汇集新中国成立以来国家宏观层面的科技政策及其实施效果，利用科技创新评估工具更好地为国家建言献策。中国科协创新评估的对象不仅包括高校科研机构的科技项目、科技工作者、企业科技创新活动和科技企业，还应包括国家的科技政策。作为国家级科技智库，中国科协不仅可以为国家提供制定科技政策的素材，还可以评估科技政策的实施效果。科技创新可以不断跟踪科技发展潮流和科技带来的产业和社会变化，从而为下一轮国家科技政策的制定充分预研。

3. 中国科技创新评估服务平台

通过打造开放共享的中国科协创新评估平台，连通科技成果、全国学会科技工作者、国外科技同行、政府决策部门和科技企业，围绕中国科协创新评估的对象、方法和目标，从信息化支撑的视角开展创新评估应用平台、创新评估应用系统的建设内容。中国科技创新评估服务平台充分发挥科技智库的作用，为国家科技创新政策方向建言献策。充分释放创新引导职能，为全国科技工作者营造瞄准国际前沿开展世界一流科学研究。

（1）创新评估管理系统。创新评估应用平台建设旨在从信息技术支撑的角度为中国科协创新评估工程打造全流程创新评估管理协同工作平台，具体包括身份认证与用户管理、平台门户、用户角色授权、评估工作流管理、科技项目管理、专家管理、专家更换管理、评估过程管理、评估过程监督、评估意见反馈、查新管理、查重管理、评估模型管理、创新成果管理、评估对象和评估专家智能匹配、智能工具集管理。

（2）创新评估应用系统。以科技创新网络服务平台、科技资源开放共享库和创新评估管理系统运行日志数据为基础，开展明星科学家、明星科技项目、明星科技创新企业、科技发展趋势研究、国家科技政策制定研究、国家科技竞争力研究、科技成果产业化成效研究、科技创业的成长性研究等一系列的特色创新应用。

（3）科协创新O2O创新推广。充分调动中国科协系统（中国科协机关及下属事业单位、全国学会、地方科协等）网络，以线上运营和线下资源相结合的方式推广中国科协协同创新服务平台。

科技创新云服务工程的建设将着眼于区域发展转型升级，推动科技成果转移转化，同国家需要、人民要求、市场需求相结合，完成从科学研究、实验开发、推广应用的三级跳，实现创新驱动发展；能够促进产学研联合研究机构与企业间的合作，加速科研机构与企业间创新成果传播、转让及利用；积极推动完善科技项目申报和科技成果评价机制；提高科技资源开放共享水平，推动国家创新系统各主体之间良性互动，发挥好科技智库作用，更好地服务党和政府的科学决策。

（二）实施学会能力创新云服务建设工程

"学会能力创新云服务平台建设工程"以云架构为依托，通过以点带面的方式逐步开展，优先选取几个信息水平较高的学会，建设学会综合能力管理平台、公共职能服务平台、产学研咨询服务平台，促进学会自身创新和服务能力建设，积极稳妥推进学会对政府职能转移，使学会加快适应科技经济社会的发展形势。

1. 学会综合能力管理平台

学会综合能力管理平台以学会会员与科技成果信息的全生命周期管理为重点，通过基础资源管理系统实现对学会会员和科技成果信息的采集、存储、分析与应用；通过学术交流共享系统主要实现学术资源的交流与创新。

（1）基础资源管理系统。通过对学会会员与科技成果的信息采集、处理和挖掘，分析学会会员的专业分布、地理分布、研究领域分布及目前研究热点分布等信息。系统通过数据挖掘识别优秀青年人才，与人才举荐和自荐机制相结合，形成学会优秀创新人才数据库，发挥学会作为青年科技工作者快速成长的"助推器"的作用。

（2）学术交流共享系统。通过整合学术资源，支持学会交流示范，推广科研技术成果，促进跨学科联系与合作，充分利用新媒体互动交流的优势，形成线上线下相结合的互动方式，为科技工作者搭建不同专业、不同形式、不同层次的学术交流平台，激发科技工作者的智慧碰撞与学术创新，提高学术交流质量和实效，推动学会自身科技创新能力的不断提升。

2. 公共职能服务平台

为配合政府职能转变的需要，积极稳妥推进学会有序承接政府转移职能，学会从自身专业能力出发，本着尽己所能，发挥所长的思路，建设专业决策咨询系统、专业水平评定系统、继续教育培训系统，增强学会承担政府职能转移工作过程的透明度。

（1）专业决策咨询系统。以基础资源管理系统中科技成果数据为基础，建立决策咨询系统，为学会和政府间的咨询交流提供信息，促进形成以政府主导、学会主动为特点的线上、线下相结合的互动方式，使学会从政府职能的视角建立主动发现、主动研究、主动服务的工作模式，充分发挥自身专业优势，为地方政府建言献策、解决问题，积极带动地方政府转型升级发展。

（2）专业水平评定系统。以工作流程管理理念为牵引，建立专业水平评定系统，将传统线下的科技评价、科技奖励、专业技术人员水平评价、技术鉴定和专业架构水平评价等工作，转移到全流程在线管控平台中，强化群众对工作执行的知情权，使学会成为优秀成果荟萃和优秀人才成长的"纯净沃土"。

（3）继续教育培训系统。继续教育培训系统针对各类执业资格进修需求，提供在线学习报名、在线授课、在线考试、在线咨询等全面的网上教育培训服务，提升进修人员专业水平，优化专业队伍人才结构，打造优秀高端人才成长的"摇篮"。

3. 学会科技创新服务系统

建设学会科技创新服务系统作为产学研咨询服务平台的信息化平台，同时也是科技创新网络服务平台的重要支撑，发布的企业需求和学会的科技成果，促进研究机构与示范区企业之间的知识流动与技术转化，对接研究机构与示范企业之间的成果与需求，整合全国学会科技资源，推动科技资源的共享集成，主动为地方和行业企业提供区域经济发展咨询建议，帮助企业解决关键技术问题，促进科技成果和专利技术的推广应用。

学会能力创新云服务工程的建设，有效支撑了"科技成果与地方需求有效对接""学术对地方政府职能有序转移"和"学会创新服务能力有效提升"，形成以学会创新服务地方政府转型升级，实现对科技创新成果的有效整合与利用。

（三）实施中国科协全媒体网站建设工程

为贯彻落实《关于推动传统媒体和新兴媒体融合发展的指导意见》的要求和国家领导的指示精神，中国科协全媒体网站平台紧密围绕中国科协的功能定位和科技体制改革工作实际，建设以"坚持先进技术为支撑、内容建设为根本"为指导思想，以"信息公开、知识传播、服务交流"为原则，充分利用"云计算、移动互联网、智能终端等技术"，对科协网站内容和资源进行整合，全面、准确、及时反映科协创新驱动、科技评估、学会能力提升、科普信息化等发展动态，形成一体化政务信息网站服务体系；充分利用网络技术优势，提高科协系统信息服务与科学传播的能力；探索与创新微信、移动 APP、网络电视台等新媒体技术手段在科协信息化中的示范应用与服务。

中国科协全媒体网站平台建设工程将建立起体系完整、功能完善、应用便捷、服务高效的对外服务平台，为中国科协履行职能提供技术支撑。到"十三五"末期，建成内容鲜活、资源丰富，知识共享，服务便捷，运行有序，管理高效具有一定国际知名度的全媒体网络平台，全面提升科协信息化形象。

1. 构建科协政务网站群

中国科协对外服务平台建设紧跟"互联网+"的发展趋势，综合运用云计算和大数据技术，依据"发布信息、传播知识、服务公众"，围绕信息公开、公众互动参与、公共服务等功能定位，建设面向中国科协与 13 个直属单位形的成"1 + N"政务信息网站群。开展网站群体系建设、标准规范体系建设、内容建设和资源整合、网站群运行支撑平台建设，统一规划网站群主站和子站的频道与栏目，推进内容整合，全面提升科协信息的传播效率与品牌知名度。

2. 建设科普信息服务网站

科学分析中国科协、全国学会以及地方科协建设科普信息服务类网站存在问题，面向中国科协信息服务类网站，提供自主定制模板、一站式在线制作网站的云平台服务与集中展示平台，通过技术指导，支持服务类网站管理员专注于信息内容的建设，以达到节约成本，提升工作效率的目标。规范网站信息服务、提高服务质量、保证网站服务稳定性。

3. 完善科协新媒体发布平台

充分发挥科协网站在信息公开中的平台作用，着力建设全媒体政务信息发布与公众互动交流新渠道，创建中国科协政务微信平台、科普微信平台、科协官方 APP 及特定 APP 应用，充分利用多种新媒体渠道，整合中国科协政务类网站、科普信息类网站及第三方媒体的重要内容资源，通过网络交互的传播方式解读社会热点、展示科协工作新动态，提高科协信息服务的及时性、准确性和实用性。

4. 建设全媒体互动式网络电视台

全面开展全媒体演播室、内容汇聚系统、全媒体网络电视台资源管理系统、主干管理系统、云协作制作平台、播出系统、互动发布系统建设。通过新媒体交互发布的融合，拓宽观众的参与面，增强科协全媒体网络平台的交互性和选择性，充分满足资源的共享化、频道规划的集约化，从而增强中国科协的传播力、公信力、影响力和舆论引导能力。

（四）实施中国科协电子政务建设工程

科协电子政务工程遵循"整合、协同、互联、共享"的建设原则，在科协政务内网和政务外网为基础网络环境，以虚拟化基础设施、共享性云数据平台和安全保障体系为支撑，建设面向科协内部实现工作高效协同的对内管理平台和面向科协外部实现服务方便快捷的对外服务平台，形成工作规范、流程高效、互联互通、管控及时、服务便捷的电子政务工作平台，促进科协对内管理和对外服务信息化水平提升。

1. 建设高效协同的科协对内管理平台

中国科协对内管理平台以建立协同、共享、高效的办公环境为目标，满足科协机关以及直属单位的信息化协同办公应用需求，实现系统整合、数据的集成和共享，打造统一、协同的管理平台。

（1）完善中国科协内网办公系统。以科协办公自动化、文档一体化、工作信息化为目标，实现科协公文无纸化流转和交换、工作流程无纸化审批、异地移动办公以及会议室管理、人事管理、员工绩效考核、工作计划管理等其他辅助办公。降低运作成本，提供工作效率和工作质量，进一步推动科协内部办公业务流程制度化、规范化、网络化进程。

（2）建设项目协同管理系统。基于"平台化、集中化、流程化"的管理模式，实现中国科协内部项目的全过程项目管理，全面支持项目立项管理、评审管理、采购管理、验收管理、设备管理、定制软件服务管理、专家管理、合同管理、预算管理、外包绩效管理、供货商管理、系统使用反馈、电子监察等等内部管理工作。

（3）建设科协电子政务SaaS（软件即服务）平台。为科协及各直属单位提供共性应用系统的统一部署、按需租赁服务。推进重点应用系统在电子政务公共平台上部署使用，提高科协基础资源利用率和应用服务成效。通过与各个部门专用的业务系统进行对接，实现系统互联互通和跨部门业务的自动化协同。

（4）建设科协内网统一门户。采用基于结构一致、标准服务的支撑技术来实现统一身份认证和用户管理、全网系统访问实时分析监控以及一组相关的基础组件，解决应用系统之间互通、互操作及数据共享与集成等的核心问题。实现科协内网应用系统的统一身份认证、统一访问控制，完成用户认证、信息发布和用户办公的简洁集中高效处理。

（5）建设科协内部会议室视频监控系统。实现对会议室及会议室资源的连续动态监控，同时记录会议召开过程、会议参会人员、会议互动成果等相关信息。

2. 方便快捷的科协对外服务平台

对外满足全国学会、地方科协、广大科技工作者和社会公众的科技服务需求，通过整合服务与信息资源，建立科协统一信息服务入口，扩展用户网络接入手段，加强网络舆情监控，搭建科协网上办事服务大厅。

（1）建设科协网上办事系统。梳理中国科协为全国学会、地方科协、科技工作者和社会工作提供的服务职能和管理职能，规范服务流程和管理流程，为科协服务对象提供的网上办事服务和审批追踪服务，完成科协服务网上受理和网上审核，提高办事效率。

（2）建设科协信息公开系统。以用户为中心，以公开信息为基础，以技术为依托，以服务为导向，设置信息公开指南和信息公开目录，并及时更新，提供中国科协统一在线访问入口和信息获取渠道，实现科协信息公开、申请公开、在线互动。

（3）建设科协网络舆情监管系统。利用搜索引擎技术和网络信息挖掘技术，通过互联网海量的自动采集处理、敏感词过滤、智能聚类分类、主题检测、专题聚焦、统计分析，将监控的结果分别推送到不同的部门，以满足科协机关对舆情监测和热点事件专题追踪等需求。

（4）建设科协视频会议系统。采用成熟稳定的网络视频会议技术，支持电脑终端和移动终端接入，支持高清视讯显示，实现在线视频会议，解决全国科协组织机构地域分散情况下召开集中性会议成本高的问题。

中国科协电子政务工程通过对内管理平台建设，有效提升科协各单位的信息化水平，提高科协及直属单位运作效率与快速反应能力，增强科协内部交流协同办公能力。通过科协外部服务平台建设，实现科协统一对外形象展示，一站式信息获取和垂直式工作处理，形成互动高效的科协对外服务能力。

（五）建设中国科协数据资源中心

中国科协大数据资源中心整合汇聚中国科协、全国学会和地方科协已有数据资源，在顶层设计指导下，实现全科协系统信息安全共享、集约建设，逐步提升综合资源服务能力。为中国科协、地方科协和全国学会的管理服务人员，科技工作者，科技企业、相关政府部门及其业务所及的社会公众按照身份和权限提供数据服务，达到业务管理、资源建设、资源保存、资源传播和用户服务等多方面的建设目标。

1. 顶层技术架构设计

中国科协大数据资源中心平台采用互联网服务云平台理念来进行总体架构。作为权威性公共服务设施，中国科协大数据资源中心平台的服务架构如下图所示，包括存储服务、资源服务、平台服务和应用服务四个层次。

（1）存储服务。提供高可靠的云存储服务，支撑中国科协大数据资源中心的各类海量数据，依据资源类型属性提供高可用分布式存储服务；为各级科协、全国学会及科技工作者提供云存储服务（如网盘服务等），方便实现各类资料的存储、分发和共享，为上层的云应用服务提供配套的存储服务设施。

（2）资源服务。按照数据即服务模式（DaaS）构建，提供丰富的资源服务接口满足各类应用需求。为各级科协、全国学会及科技工作者提供应用系统服务以及资源交换与推送服务，最大限度地实现各类科普资源的利用和共享。

（3）平台服务。按照平台即服务模式（PaaS）构建，为地方科协和全国学会提供二级数字资源云平台的租用服务，通过租用方式就能快速开展本地区的数字资源服务，并能与中国科协数字资源平台实现互联互通，实现资源的最大化共享和利用，实现各级科协、全国学会与地方科协的最大程度的联合和协作。

（4）应用服务。按照软件即服务模式（SaaS）构建，由一系列应用系统组成，包括影像、专家人才、学术资源、网站、科普、业务资讯、网络社区、资源创作、知识问答、网络动漫、网络游戏等；此外，根据细分用户的需求，还包括一系列专门的资源云服务，如科普资源云服务、科技馆云服务、面向企业的科技咨询云服务、面向科技工作者的学术资源云服务、面向领导和公务员的（高端）科技文献/科技决策云服务等。

2. 内容建设架构设计

中国科协大数据资源中心工程建设内容架构包括资源层、资源管理层、应用支撑层、应用服务层和门户层等五个层次的内容。

（1）资源层。数字资源库建设从业务角度梳理融合科协网站平台、影像档案资源、科协年鉴、学术交流、专家人才、科普等方面的资源内容。

（2）资源管理层。数字资源管理平台建设从信息技术支撑的角度构建统一集资源加工、档案管理、预处理、存储、备份、日志中心、个人中心、大数据分析、信息资源服务等于一体的技术支撑平台。

（3）应用支撑层。包括统一认证、移动支撑、资源推送、决策支持、机构管理、应用集成、资源管理、运营管理等。

（4）应用服务层。由中国科协数字资源服务云平台和科协知识库组成。资源服务云平台包括统一搜索、科普导航、知识问答、资源创作、资源百科、学习平台、图片游戏视频、网络社区、科技咨询等。

（5）门户层。包括中国科协大数据资源中心门户、各地方科协或全国学会的二级门户或子门户、资源服务移动 APP、业务/服务门户等。

3. 中国科协数字资源库建设

（1）科协数字影像档案管系统。建设面向内网的档案库和面向公众的多媒体库的中国科协数字影像档案管理系统，运用多种技术手段，针对不同利用对象，通过不同渠道，实现档案信息资源分层共享，方便、快捷满足各类用户利用需求。

（2）中国科协专家人才库。建立面向中国科协乃至全国科协的"中国科协会员/专家/人才信息统一管理平台"以及相应的中国科协基础会员/专家/人才数据库，消除信息孤岛，实现中国科协跨部门的会员/专家/人才信息统一管理和服务，为中国科协乃至全国科协各个相关业务系统提供统一的会员/专家/人才数据，支持会员/专家/人才信息的分级管理和分权访问控制。

（3）中国科协学术资源库。集成科协系统各学科领域的学术期刊、学术调研报告、咨询论证报告、学术会议论文等学术资源库，实现资源共享，推动全国科技工作者的学术交流，促进跨领域专业合作，促进专业领域研究成果的产业转化。

（4）中国科协网站资源库。依托综合信息门户（中国科协网站）和各类专题网站建设的负责部门，通过专门数据接口实现和中国科协大数据资源中心对接，由数据中心统一实现整合存储、管理、运维和安全保障。

（5）中国科协科普资源库。中国科协科普资源数据涵盖面非常宽广，包括网络科普大超市、互动空间和各类科普专题频道的资源数据。

（6）中国科协业务资源数据库。针对中国科协各部门政务办公过程中积累下来的与全局业务决策有关的业务资源数据，包括行政办公、内部项目管理、财务管理、各类专项业务办公数据等，建立业务资源数据库，融合现有相互独立运行业务系统，通过信息融合助力业务大数据分析，提升业务决策能力。

4. 科协数字资源融合管理平台建设

（1）建设信息资源加工系统。建立专业化的面向全国科协系统的网络信息资源加工系统，汇聚中国科协信息中心和其他各个部门的各类信息资源（包括用户的访问日志），统一保存和管理这些资源，统一组织对这些资源的加工、标引和知识提取，为开展进一步的数据分析、转化、处理、关联、整合、统计、分发和利用打下坚实的基础。

（2）建设资源采集系统。充分挖掘和整合各加工线产出的数据信息（如各种影像档案），业务系统产生的各类信息（如会员信息、科技人才信息、专家信息等），各服务器、应用系统、数据库及产生的日志信息，全面开展数据集中采集、网络数据采集、安全数据采集、操作系统数据采集、数据库数据采集、应用系统数据采集等。

（3）建设资源交换系统。建立统一的数据交换平台，支持中国科协机构内部、科协机构与附属单位之间的数据交换。系统采用两级架构，由中心节点和前置节点组成。由交换任务管理、存储位置管理、交换过程监控、共享任务管理、共享等功能模块组成数据交换与共享平台。

（4）建设统一存储管理系统。将分散在各个业务系统中的异构数据源，按照一定的方式组织起来，进行统一集中管理，并为上层业务系统（如统一资源检索平台等）提供统一标准化的访问接口，让各业务系统之间能够实现数据共享与信息交互，彻底消除"信息孤岛"。

（5）提供资源统一检索服务。以资源全面整合为基础，为用户提供一个统一的跨业务、跨地域、跨部门的系统资源检索门户。根据用户的查询需求，检索引擎自动抽取各业务系统、数字资源中心中存储的数字资源。查询结果不局限于文本，还包括图片、视音频、影像、档案等多模态的资源。

5. 中国科协数字资源服务体系建设

（1）提供中国科协数字资源服务。建设包括资源导航、资源统一搜索、活动服务、视频服务、图片服务、视频直播、学习系统、知识问答系统、SNS服务、专业科技文献整合搜索与获取、机构综合服务、数字资源云分享等数字资源服务类应用。

（2）提供移动终端服务。通过移动终端，为中国科协本级、各级科协及全国学会提供各类支持云模式（SaaS）的资源服务功能。用户也能通过移动终端随时随地获取中国科协大数据资源中心以及各级科协提供的包括移动报纸、移动视频、移动课堂、移动社区、移动科普知识、移动知识问答等各类服务，支持用户的实时参与和互动。

（3）提供中国科协知识库服务。针对中国科协公共服务的需要，基于数字资源库建设的丰富数字资源，通过大数据和云计算分析技术手段全面实现知识内容的聚合、非结构化知识的结构化、应用的个性化，深度挖掘专家人才、项目、成果、产业化、科技行业、国家政策等数字资源之间的关联关系，打造特色的中国科协知识图谱，满足知识化公共信息服务等基本需求。科协知识库的打造重在知识传播和影响，彰显中国科协数字资源的社会影响力。

（4）提供科协大数据分析服务。结合中国科协特有的信息资源，秉承"数字决策""科学决策"的方针政策，以业务需求和业务协同为基础，通过数据汇聚、统计、预测、趋势分析、行为分析、预警、推送、社交分析、可视化数据分析服务，开展专家人才综合评价、科研项目绩效分析、表彰奖励分析、学术交流活动分析、科协年鉴及统计年鉴分析，并为具体业务和应用提供特定的数据和知识服务，有步骤推进中国科协数据共享下开展大数据分析挖掘应用，提升中国科协的资源深度服务水平和服务创新。

（六）提升中国科协网络基础设施支撑服务能力

中国科协基础设施提升工程由中国科协外网为基础的公有云和中国科协内网为基础的私有云两部分组成，按照云计算的理念和方法，整合现有计算、存储、网络等 IT 基础资源，适当购置扩充 IT 基础设施（包括高性能的服务器、大容量的存储设备等），建设平台化、组件化的虚拟化基础设施，通过制定统一的接入标准，形成服务化、透明化的 IT 基础资源池（包括计算资源池、存储资源池等），实现对资源的自动化部署、动态调度与精确管理，满足科协 IT 基础设施"集中管控"的原则，支撑科协各单位的 IT 基础资源应用需求，满足"十三五"期间中国科协业务发展的需求。

1. 提升硬件设施

（1）完善网络系统。重点实施关键环节的网络基础建设，优化网络接入和配置方式为，加强全体系内的互联互通建设。扩容中国科协外网出口带宽，完成中国科协内网互联互通，提高无线网络、4G 移动网络接入和覆盖能力，采用实名认证的安全方式接入中国科协网络。建设网络流量监测和管理系统，科学分配网络带宽，合理监控网络流量和行为。最终建成一个统一的、安全的、强壮的、覆盖全部，满足总体信息化发展需要的网络系统。

（2）完善存储设施。依据中国科协大数据资源中心建设工程的定位和要求，对现有存储设备进行扩容和升级，在木樨地信息中心机房建设集中存储平台，在魏公村信息中心机房建设异地数据备份中心，实现科协系统内业务数据集中存储和统一运维管理，有效支撑上层的云计算资源和云应用服务，为上层各类虚拟软件、各类数据、云应用系统乃至最终用户提供不同类型的云存储和云备份服务。

（3）提升服务器效能。按照"集中管控"的原则，购置高性能的刀片服务器，利用虚拟化技术，对服务器进行优化和整合，根据实际并发访问量，动态调配计算资源，实现全自动的系统备份恢复和自动负载均衡，保证系统的高可用性，实现服务器资源统一部署、管理、调度、运维。

2. 云化基础设施

（1）资源服务虚拟化。利用云计算和虚拟资源管理等技术，将底层的 IT 基础设施（包括计算服务器、存储磁盘阵列、网络交换机等）进行抽象、池化和自动化，并以动态按需的方式为上层应用提供服务，达到应用和服务可随时按需获取、自动和动态的资源分配、硬件无关及富有弹性的可扩展性，对科协用户提供动态可扩展新的资源分配服务。

（2）应用平台（PaaS）服务化。提供平台即服务能力，包括数据库即服务、数据分析服务、消息队列服务、文件共享服务、编排服务、中间件即服务和分布式计算平台，从而使得科协用户可以从复杂低效的环境搭建、配置、维护工作中解放出来，提高软件开发效率及资源利率。

3. 建设智能云运维管理系统

建立一套智能云运维管理系统，实现对 IT 基础设施（包括机房基础设施、服务器等 IT 设备、防火墙等安全设备）运行情况的实时监控、IT 运维请求的自动化部署与调度管控、事件的及时响应与处理，提升单个运维人员的运维能力和运维流程的自动化程度；建立一套智能运营管理系统，实现对 IT 基础设施资源（包括计算资源、存储资源、带宽等资源）的经营管理、应用平台的经营管理，实现科协工作的互联网模式转型。

（七）提升中国科协网络信息安全保障能力

中国科协信息安全提升工程要建设能够自我发展和调整，以适应新技术、新业务的发展，从而能够保障和促进业务的增长和发展的信息安全保障体系。遵循国家等级保护政策法规和标准，以"外洗、内控、中隔断"为原则，建设覆盖物理安全、网络安全、主机安全、应用安全、数据安全和安全管理机制等六个方面的信息安全保障体系，降低信息安全风险，保护中国科协信息系统核心业务的安全性。完善信息安全管理制度和提升人员相关技术角度出发，制定具体实施方案，以提高中国科协整体的信息安全管理水平。

1. 建设网络信息安全框架

制定《中国科协信息安全体系框架》，从安全技术体系、安全管理体系、运营保障体系、建设实施规划几个方面，在宏观上规划和管理的信息安全建设工作。制定和完善《中国科协信息安全管理规范汇编》，指导信息安全建设和运营工作，使得信息安全建设能够依据统一的标准开展，信息安全体系的运营和维护能够遵循统一的规范进行。

2. 改进提升基础安全设施

从技术、管理、运维以全方位地、多层次地纵深安全防御体系为基础，从主机环境安全、网络边界安全、网络和基础设施安全、安全事件应急响应、灾难恢复与备份、支持性基础设施、物理安全等方面来建设中国科协网络安全技术保障体系，有效保证和提高中国科协信息系统抵御不断出现的安全威胁与风险，保证系统长期稳定可靠的运行。

3. 应用系统安全

建设全网统一的 PKI/CA 认证基础设施，为全网用户建立唯一可识别的数字身份证书体系，有效保障中国科协全网信息系统数据访问的机密性、完整性及不可抵赖性，为今后中国科协已有及新建信息系统提供了基础的保障平台；以"集中认证、分管注册"的指导思想部署的数字证书系统，充分满足目前中国科协用户众多、部门分管负责的现状及发展需求。

4. 健全信息安全工作管理组织

建立中国科协信息安全工作管理组织机构，负责信息安全策略的审核与颁布，制定统一的技术标准和管理规范，监督信息安全建设工作。明确各级管理机构的人员配备，职能和责任；制定和完善数据库管理，备份、恢复管理制度，网络设备配备管理制度、系统管理制度、突发应急事件处理流程、机房资产管理规范。开展覆盖安全的规划、设计、建设、运行整个安全过程，完善安全运行保障体系。

5. 完善可靠的容灾备份体系

优化部署存储与备份设备、备份管理系统等，建立异地数据备份中心，实现数据级的备份能力；建立完善的数据备份安全策略以及灾难恢复策略，形成一套容灾备份应急响应机制；形成容灾备份管理小组，定期开展容灾备份应急演练，不断完善容灾备份机制。

四、保障措施

（一）领导重视，推动信息化规划全面落实

信息化建设是一个复杂的系统工程，涉及中国科协的各个领域，将会带来工作流程的改变和重

组，也带来职责、权利的重新分配，而且随着信息化建设的推进，也将会改变我们传统工作习惯，这些变化需要各方面领导亲自抓才能推行下去，不仅仅在经费上，还要在政策推动、资源保证、技术决策上给予充分重视。

（二）健全机构，夯实信息化工作组织保障

中国科协应加强信息化组织体系的建设，设置信息化专职管理机构和专职队伍，加强信息化专业技术队伍的建设，切实将信息化责任落实下去，形成健全的信息化组织体系，促进信息化工作的良性发展。

（三）建立信息化建设评估机制

建立中国科协系统信息化建设评估机制旨在对信息化工程从建设、运营、维护和业务效能等多个维度进行客观专业地评估。通过开展信息化建设评估的理论、方法、指标体系和操作技术等方面的研究工作，最终形成适合中国科协实际，且能全面覆盖中国科协从基础设施、网络信息安全、到各类业务应用支撑平台的综合性信息化评估工具体系。和中国科协创新评估相结合，对中国科协已有信息化建设基础进行评估，明确科协信息化工作的现状定位。将"十三五"中国科协信息化建设纳入评估框架，客观评估，科学实施，确保中国科协"十三五"信息化建设能最大程度发挥其应用效能。

（四）完善信息化标准规范

完善中国科协信息化建设的管理体系，逐步健全各类管理规章制度，关注信息化项目建设全过程，促进信息化建设的有序开展。改进和完善现有的信息化规范制度，建立统一的技术标准、业务标准和管理标准，推动和指导"创新＋"科协的建设。"十三五"中国科协信息化建设既包含对大量已有建设基础的提升（全媒体网站平台、内部协同办公管理平台、基础设施和网络信息安全），还包括新的重要业务板块的建设内容（协同创新与评估平台和数据资源中心），是一项复杂的系统工程。因此，有必要制定切实可操作的信息化建设与管理标准，以规范关键性的系统组件之间的交互，或者信息化管理人员与系统之间的操作接口。中国科协标准规范工程建设具体内容涵盖基础设施、信息资源标准、业务建设与管理、业务系统集成建设、网络信息安全和运维管理等六个方面。

（五）筑牢信息化建设人才保障

根据科协信息化建设要求，开展多层次培训，加强信息化专业人才培养，提升各级领导、各部门信息主管和信息系统管理员的信息化管理水平，以及各部门具体办事人员的信息素质，从而提升中国科协信息化的总体规划、项目建设和管理水平，提高相应的业务管理与服务水平，增强信息化的运行维护和保障能力。

（六）落实经费，确保信息化建设财力投入

适当加大对信息化建设的投入和管理力度，保证信息化建设和应用的正常开展。加大资金的集中管理与使用力度，保证架构规划与建设的一致性，保证应用系统标准的规范、统一，避免流程无法打通、数据无法共享的问题，确保信息化建设能最大地服务于科协的中心工作。

（课题组成员：杨秀萍　于小晗　刘钢铸　闫　伟　苏维冰　刘国良　章菊广　王志芳）

"十三五"科协党建研究

中国科协机关党委课题组

中国科协是党领导下的人民团体，是党和政府联系科技工作者的桥梁和纽带，切实加强科协系统党的建设，是科协履行自身职责的必然要求。根据中央精神和中国科协统一部署，现提出"十三五"期间科协系统党建工作规划方案。

一、指导思想及主要目标

以习近平总书记提出的"四个全面"和《中共中央关于加强和改进党的群团工作的意见》为指导，始终牢记科协组织的政治属性，不断加强党对科协系统各级组织的政治领导、思想领导、组织领导，坚定不移走中国特色群团发展道路，把科技工作者的聪明才智引导凝聚到党所领导的中国特色社会主义事业中来。

围绕中国科协"十三五"期间的中心任务，以党的思想政治建设为核心，以基层党组织建设为依托，以党风廉政建设和作风建设为重点，以道德建设和文化建设为抓手，深入开展科协系统党建工作，以党建带群建，充分发挥科协系统党的组织和党员作用，扎实推进"两个责任"的落实，为全面完成中国科协事业发展的"十三五"规划提供坚实的政治保障和组织保障，不断开创科协系统各项工作新局面。

二、实施范围

中国科协机关、所属事业单位、全国学会（协会、研究会，以下简称"全国学会"）各级党组织，地方科协及所属学会党组织。

三、党建工作主要内容

（一）加强科协系统党的思想政治建设

"十三五"期间，加强科协系统党的思想政治建设是各项建设的重中之重。

——全面加强党对科协工作的统一领导。始终牢记科协组织的政治属性，始终坚持正确的政治方向，把坚持党的领导、团结服务科技工作者、依法依章程开展工作有机结合起来，把党的理论和路线方针政策贯彻落实到科协工作的各个环节，把广大科技工作者更加紧密地团结在以习近平同志为总书记的党中央周围，夯实党在科技界的执政基础。

——严守党的政治纪律和政治规矩。科协系统各级组织负责人、特别是党组织主要负责人，要牢固树立党的政治责任意识，切实履行好执行和维护党的政治纪律和政治规矩的重要职责。在科协系统的各项工作中,严格贯彻执行党的各项路线方针政策,坚定做到令行禁止,不搞变通。在科协系统各级党政领导班子中,进一步强化党的政治纪律和政治规矩意识,加强对遵守党的政治纪律和政治规矩情况的监督检查,努力打造一支坚强有力、能发挥领导核心作用的战斗集体。

——加强思想建党。要将政治理论学习作为加强科协系统思想政治建设的首要任务规划好、组织好、落实好。

一是各级领导班子带头抓好学习。中国科协党组要以党的基本理论和习近平总书记系列重要讲话精神为主要内容,认真落实中国科协《党组理论学习中心组学习计划》,每年完成10~12次党组理论学习中心组集中学习。全国学会、地方科协也要建立健全党组织理论学习制度。科协系统各级领导班子努力在更高领域、更深层次上提高思想理论水平,切实从思想理论上增强信赖党中央、忠于党中央、维护党中央、紧跟党中央的自觉性和坚定性,做到在思想上、政治上、行动上与党中央保持高度一致。

二是加强领导干部岗位培训。认真落实《2013—2017年中国科协系统干部教育培训规划》,在干部培养、选拔、使用过程中,把干部参加教育培训列为重要考核指标。处级以上领导干部,要牢固树立执政为民、把权力关进制度的笼子里、全心全意为人民服务的执政理念,不断提高干部的服务意识、服务能力和服务水平。

三是加强党员思想教育。通过多种形式,加强党员的党性教育和党员先进性教育。引导党员、特别是党员领导干部坚定理想信念,坚守"三个自信"。广大党员干部必须认真学习马克思列宁主义、毛泽东思想和中国特色社会主义理论体系,自觉用贯穿其中的立场、观点、方法武装头脑、指导实践、推动工作,在大是大非面前始终保持清醒的政治头脑,矢志不渝为实现"四个全面"远大目标而努力奋斗。

(二)加强科协系统党的组织建设

科协系统党的组织建设是全党基层组织建设的重要组成部分,是实现党对科协工作统一领导的组织依托。

——不断扩大党的基层组织覆盖面。"十三五"期间,进一步加强科协系统党的基层组织建设,特别是要提高科协所属各级学会党组织的覆盖率。深入实施"党建强会"计划,以"抓组建、促规范"为重点,坚持分类指导、因地制宜,对于应建未建独立党组织的全国学会、省级学会,采取责任部门领导包建、党建工作指导员帮建、科协职能部门助建、支撑单位党组织协建等多种方式,帮助建立党组织;依据中央主管部门关于"学科相近、地域相邻、工作方便"和"一方隶属、多方活动"的原则,组建学会联合党支部或临时党支部。以"十百千"特色活动为抓手,在学术交流、科学普及、人才举荐、建言献策、会员发展等工作中,以党建带群建,树立学会党建活动品牌,充分发挥基层党组织的战斗堡垒作用和党员干部的先锋模范作用,为学会事业健康发展提供坚实的政治保障和组织保障。"十三五"期间,中国科协所属全国学会党组织的覆盖率在现有基础上力争新的突破。

——推动学习型、服务型、创新型党组织建设。认真贯彻落实中央《关于加强基层服务型党组织建设的意见》,在科协系统广泛开展学习型、服务型、创新型党组织建设工作,深入基层、深入一线,为科技工作者服务,为社会公众服务,选取"三型"党组织建设中的典型案例进行宣传推广。深刻领会《中国共产党发展党员工作细则》有关精神,做好党员发展工作,贯彻控制总量、优化结构、提高质量、发挥作用的总要求,始终把政治标准放在首位,坚持慎重发展、均衡发展,确保发展党员工作有领导、有计划进行,保证发展党员质量,力争建设一支规模适度、结构合理、素质优良、纪律严明、作用突出的党员队伍。

——研究探索在中国科协成立科技社团党工委,在全国学会常务理事会层面成立党组。为加强党对科协工作的集中统一领导,"十三五"期间,在充分进行"必要性和可行性"调查研究的基础上,探索在中国科协成立科技社团党工委,承担起对科协所属全国学会党建工作的直接领导;推动在全国学会常务理事会层面成立党组（分党组），或在部分学会成立联合党组，在学会事务中发挥政治领导核心作用。"十三五"期间，力求在部分科协所属无挂靠单位全国学会先行试点，在总结经验、稳妥推进的基础上，逐步推广。在地方科协研究探索成立科技社团党工委。

——加强学会党建工作理论研究。充分发挥中国科协学会党建研究会作用，针对学会党建工作出现的新情况新问题，加强党建理论研究和重大事项的调查研究工作；办好年度"学会党建论坛"和《学会党建通讯》，研究探索新形势下学会党建工作的特点和规律，为加强新时期、新形势下中国特色科技社团党建工作提供理论依据。

（三）加强科协系统党风廉政建设

加强科协系统党风廉政建设，是坚持党对科协工作统一领导的根本保证。

——强化党风廉政建设主体责任。各级党组织要结合实际贯彻落实《中国科协党组关于落实党风廉政建设党组主体责任和纪委监督责任的实施意见（试行）》，明确党组织主体责任的具体内容和责任边界，采取有效措施，提高履职能力，加大监管力度。科协系统各级党组织负责人是本单位党风廉政建设的第一责任人，要把抓党建工作作为第一要务，恪尽职守。加大党风廉政建设责任检查考核力度，明确检查考核的内容、标准、方法、程序，把党风廉政建设责任制执行情况的考核结果作为业绩评定、选拔任用、奖励惩处的重要依据。加强责任追究和问责工作，坚持"一案双查"，对受到责任追究的领导班子、领导干部在评先评优方面实行"一票否决"。

——支持纪检部门充分履行监督责任。以党员领导干部为重点，深入开展理想信念、宗旨观念、廉洁自律和警示教育，使广大党员干部切实增强法纪意识。加强"节日病"的防范治理，并对执行情况进行监督检查，形成"莫伸手，伸手必被捉"的高压态势。根据中央纪委《关于加强廉政风险防控的指导意见》，定期开展廉政风险点排查工作，针对排查出的廉政风险点积极制定防控措施，形成内部防范有制度、岗位操作有标准、事后考核有依据的廉政风险防控管理体系。对群众来信反映党员领导干部线索问题，及时进行梳理分类，对清理出的线索，规范登记、建立台账、及时处理，或向有关部门移交线索，确保对每一件线索的有效管控。按照《中国科协党组关于加强领导干部经济责任审计和监督工作的意见（试行）》要求，进一步加强对科协所属事业和企业单位、办事机构挂靠在中国科协的全国学会领导干部的经济责任审计，重点审计监督领导干部廉洁从政情况、大额资金执行情况和中央八项规定执行情况，做到"钱到哪里、审到哪里"。

——加强纪检力量，配齐配强领导班子和干部队伍。健全机关纪委机构设置，充实纪检力量。在设党委的直属单位成立纪委，配备专职纪委书记或副书记，在设总支、支部的直属单位设立纪检委员。各部门、单位要明确一名领导班子成员负责纪检工作，不断强化执纪问责职能。有条件的地方科协要成立纪委，条件不具备的要有专人负责纪检工作；中国科协所属全国学会有独立党组织建制的应设立纪检委员。

（四）加强科协系统作风建设

"十三五"期间，科协系统加强自身作风建设，树立良好社会形象，在作风建设上有较大改进。

——深入开展"三严三实"专题教育，推动党的群众路线教育实践活动延展深化。各级科协党组织要坚持围绕中心、服务大局，将"三严三实"专题教育与全面从严治党相结合、与业务工作相结合，融入领导干部经常性学习教育，做到两手抓、两促进。结合工作实际认真查摆和解决"不严不实"的问题，强化整改落实和立规执纪，坚决克服群团组织行政化、机关化、贵族化、娱乐化倾向问题，使"三严三实"成为科协各级领导干部修身做人用权律己的基本遵循、干事创业的行为准则，真正把党员干部激发出的工作热情和进取精神，转化为做好各项工作的强大动力。

——严格执行中央八项规定，推动作风建设常态化、长效化。加大对《中国科协机关工作人员行为规范（试行）》执行情况的监督检查力度，针对"庸、懒、散、浮、拖"等作风顽疾开展专项整治工作，推进作风建设监督检查工作常态化、制度化。对重点工作和领导交办的重要事项要制定工作时间表，建立台账，由专人负责督查进展情况，对不能按期完成的要责令相关部门领导说明情况，明确责任，确实不能胜任的要调整工作岗位，因延误造成严重后果的要加强问责，营造风清气正的良好环境。

——牢固树立"为科技工作者服务"的理念。科协系统各级党组织和广大党员干部要在建立直接联系科技工作者制度、与科技工作者广交朋友、了解科技工作者诉求、维护科技工作者合法权益、从根本上解决科技工作者与科协组织联系不紧不亲的问题上发挥作用，使科协组织和工作人员成为科技工作者可亲可信、知心知意的"科技工作者之友"。建立科技工作者评议制度，把科技工作者对科协组织的知晓面、参与度、受益率、满意度作为评价科协工作成效的重要标准，不断提高科技工作者对科协工作的参与率和认可率，增强科协组织对科技工作者的凝聚力吸引力。加快制定《"科技工作者之家"建设标准》。

——坚持深入基层，深入一线，广泛开展调查研究。按照《中国科协关于进一步加强调查研究工作的若干意见》要求，各级党组织要充分发挥科协系统人才资源优势、学科资源优势和组织资源优势，组织专家、科技工作者到车间、到地头、到社区、到学校，到一切有群众需求的地方，了解群众诉求，充分发挥科技工作者的聪明才智，为群众答疑解惑，为政府建言献策。

（五）加强科协系统文化建设

建设科协系统精神文化家园，是增强科协系统对广大科技工作者凝聚力吸引力的重要举措。

——在科协系统牢固树立社会主义核心价值观。认真贯彻落实中共中央办公厅《关于培育和践行社会主义核心价值观的意见》，按照科协发布的《科技工作者践行社会主义核心价值观倡议书》的要求，广泛开展"我的中国梦"系列主题教育实践活动，引导科技工作者努力做爱国的公民、敬业的学者、诚信的同行、友善的专家。通过广泛征求社会和广大科技工作者意见，凝练科协系统核心价值观。研究出台《"十三五"期间科协系统科学文化建设纲要》。

——持续开展"作精神文明表率"活动。依据《中国科协关于在科技界开展"作精神文明表率"活动的意见》精神，引导广大科技工作者在践行社会主义核心价值观中争做"六个表率"。通过多种方式组织开展中国特色社会主义和"中国梦"宣讲教育，加强科学道德和学风建设，开展创新驱动发展战略宣讲活动，用富有时代特点和中国特色的社会主义核心价值观主导社会舆论、凝聚社会共识，激励广大科技工作者不断增强创新自信和创新创业热情。

——宣传塑造一批科技界先进典型。把宣传老一辈科学家的高尚品质、科学成就和先进事迹作为弘扬科学精神、培育科学文化和创新文化的有力抓手，引导科技工作者坚定理想信念、树立"三个自信"，自觉践行社会主义核心价值观。开展社会主义精神文明教育、宣讲活动，表彰奖励科技工作者中的优秀代表和先进事迹。继续组织开展和创作"科学大师名校宣传工程"话剧巡演活动。推出一批事迹突出的基层一线优秀科技工作者先进典型，帮助他们更快地从同行认可走向社会认可和政府认可，用他们的事迹作为激励科技创新的生动素材，讲好创新驱动发展的中国故事，塑造科技中国的良好形象。

——广泛组织开展科技工作者文体活动。组织广大科技工作者开展形式多样的体育比赛、文艺会演等活动，宣传、传播正能量。结合中国科协会员日等重要节点，组织开展乒乓球比赛、篮球比赛、科学摄影大赛、书法绘画大赛、歌咏比赛等丰富多彩的文体活动，展示广大科技工作者和科协系统干部职工"积极向上，努力奋进"的良好精神风貌。

四、保障措施

（一）组织保障

为进一步加强党对科协工作的领导，全面部署实施科协系统党建工作，各级科协组织应成立党建工作领导小组，领导小组由科协党组领导牵头，有关部门负责人参加，在科协党组领导下，开展常态化党建工作。

（二）制度保障

党建工作是科协系统业务工作的重要组成部分，应当列入科协系统年度工作计划之中。科协系统定期召开年度党建工作会议，传达中央精神、总结部署党建工作、交流经验做法、表彰奖励先进党组织、优秀共产党员和党务工作者，大力宣传先进事迹等。制定党建工作目标责任制。党组织主要负责人为党建工作第一责任人。制定相应的党建工作年度考核标准和考核办法。

（三）经费保障

"十三五"期间，科协党建工作应在经费方面得到有力保障。科协系统各单位，应划拨专款用于党建工作，并列入科协年度财政预算。根据工作需要，不断增加对党建经费的保障力度，党建经费逐年有所增加。加强对党建经费的监督管理，健全完善党建经费的使用和管理制度，建立党建经费年度审计制度。建立对党建经费使用情况的评估机制，研究制定评估标准。制定党建经费使用动态管理模式。依据评估结果，及时调整党建经费使用方向和资助的重点项目，使有限经费发挥最大的社会效益。

（课题组成员：李桐海　孟令耘　王姝力　马晓骁）

"十三五"科学精神和创新文化建设研究

中国科普研究所课题组

一、科学精神与创新文化解析

（一）科学精神

在国外关于"科学精神"的研究中，美国科学社会学家默顿（Robert Merton）的论述最为系统。1942 年，默顿提出，科学的精神气质（ethos）是指约束科学家的有情感色调的价值和规范综合体，科技共同体理想化的行为规范概括为普遍性、公有性、无私利性和有条理的怀疑性，通过被科学家内化形成科学良知。尽管科学的精神特质并没有被明文规定，但他可以从体现科学家的偏好、从无数讨论科学精神的著述和从他们对违反精神特质的义愤的道德共识中找到。美国著名生物学家莱科维茨（Robert Lefkowitz）在"科学精神"一文中指出，真正的科学精神尤其体现在激情、创造性和诚信三个方面。随着科学技术和社会经济的发展，人们对科学精神的认识不断深入，也不断为科学精神概念从不同角度注入新的内容，主要有：法国著名哲学家巴什拉（Gaston Bachelard）、诺贝尔奖得主薛定谔、托马斯 . M. 威斯、拉特纳（S Ratner）（美）、斯特恩斯（Raymond Phineas Stearns）（英国）、拜尔茨（Kurt Bayertz）、波拉克（Victor L. Pollak）、洛里默（David Lorimer）。他们都分别从不同的学科视角对科学精神进行了论述。1999 年，澳大利亚科学教师联合会开了一次全国会议，主题就叫"科学精神"（The Spirit of Science），内容包括"科学教育，科学现状，科学本性和未来科学"。

21 世纪以来，国内学术界对科学精神的研究非常集中。根据孙小礼的考察，她认为我国科学精神一词，可能最早出现在任鸿隽先生 1916 年发表的"科学精神论"一文。任鸿隽文中说："科学精神者何？求真理是已。"科学精神表现为追求真理和为捍卫真理而舍身的精神。梁启超 1922 年在"科学精神与东西文化"的演讲中，认为"有系统之真知识，叫作科学；可以教人求得有系统之真知识的方法，叫作科学精神。"著名物候学家竺可桢在 1941 年所撰"科学之方法与精神"一文中提出了三种科学态度：一是不盲从，不附和，依理智为归，如遇横逆之境遇，则不屈不挠，不畏强御，只问是非，不计利害；二是虚怀若谷，不武断，不蛮横；三是专心一致，实事求是，不作无病之呻吟，严谨毫不苟且。1996 年中国科协主席周光召在全国科普工作会议上对科学精神的内涵又作了进一步的扩展：平等和民主，反对专断和垄断；既要创新，又要在继承中求发展；团队精神；求实和怀疑精神。吴国盛认为，科学精神"是一种属于希腊文明的思维方式，它关注知识本身的确定性，不考虑知识的实用和功利，关注真理的内在推演。科学精神就是理性精神，理性的原则是内在性原则和自主性。"

中国科协组织编写的《科学道德和学风建设宣讲教育大纲》中提出："科学精神是在长期的科学实践活动中形成的、贯穿于科研活动全过程的共同信念、价值、态度和行为规范的总称。"

那么，科学精神的基本内涵是什么？在任鸿隽看来，科学精神包括两个要素：崇尚实证和贵在准确。在竺可桢看来，科学精神的内涵包括：不盲从权威、不计利害、虚心、专心、求是。在周光召看来，科学精神的内涵是：民主精神、创新精神、团队精神、求实和怀疑精神。综观各家所言，科学精神的内涵可以概括为：求真精神、实证精神、进取精神、协作精神、包容精神、民主精神、献身精神、理性的怀疑精神、开放精神等。2007 年中国科学院向社会发布的《关于科学理念的宣言》中认为科学的精神是对真理的追求，对创新的尊重，体现为严谨缜密的方法，一种普遍性原则。由此，我们认为，科学精神可以理解为由全世界不同时代的科学家所默认的信念，是他们致力于科学研究的基础，这些信念至少包括以下四条。

（1）自然界受到一套统一的、自治的、不可变更的规律支配。

（2）自然界的规律是可以为人类理性所认识的。

（3）追求自然真理具有至上价值，并最终会利于人类福祉。

（4）对科学真理的认识只能通过理性和经验（实验）两条途径来获得，除了确凿的实验事实和以此为出发点通过无可辩驳的理性推理而取得的结论，一切权威和教条都是不可靠和值得怀疑的。

这些信念的作用并不仅仅局限在科学活动过程中，在日常生活中，它们同样左右着一个人如何看待这个世界，如何处理问题。而科学精神之所以能够突破科学共同体的界限、可以被用以感染一般民众，其基础也正在于此。具体地说，对以上四条信念的坚持在日常生活中通常表现为五种精神。

（1）理性精神：相信对一切现象、一切问题都可以找到一个唯一符合事实的、与科学规律相容的解释，且这个解释可以通过科学研究和理性思考获得，而不必诉之于神秘主义；尊重科学原理的客观性，承认客观规律不以人的意志为转移，不存在超乎自然规律之外的"例外"或"奇迹"。

（2）实证精神：坚持实验和理性是通向真理的唯一道路和判断真理的唯一标准，不迷信权威、摒弃主观臆断。

（3）求真精神：在经过实验和理性严格检验过的事实面前，敢于维护真理，坚持自己相信正确的观点，不屈从于权威、舆论和外部压力。

（4）探索精神：将对自然规律和原理的探索视为最高尚的人类活动，相信其本身就具有无可替代的价值和意义，即便这一探索不负载任何其他的功利目的，除了增进人类对真理的认识以外无法带来任何可预期的现实收益；

（5）质疑精神：以基于事实的理性思考为判断真理的唯一依据，不承认除此之外的任何权威、教条和迷信，不轻易接受任何未经理性和实验检验过的命题。

（二）创新文化

自熊彼特以来，无论是关于文化作为促进创新的核心要件之一的地位，还是关于创新本身作为一种文化传统的地位，都已成为西方学界的共识。如：荷兰裔美国作家德鲁克（Peter Ferdinand Drucker）将创新视为企业家精神的核心；美国经济学家沙恩（Scott Andrew Shane）在 20 世纪 90 年代初明确提出，文化因素是导致"为什么某些社会比另一些社会有更多发明创造"的关键原因霍根和库特（Hogan & Coote）在 2014 把创新文化界定为促进创新的组织文化。按组织文化还可以按可视度（visibility）从低到高，划分为三个层面：价值观层面（如鼓励团队合作、开放交流）、规范层面（如开放交流、团队合作的期望）、人工物层面（artifacts，如办公室、工作场所的布局）以及创新行为。

国内学者对创新文化的论述也很多。李正风认为："培育新的创新主体，一个重要方面是建设自主、自治和自律的科学共同体。"王春法认为："一个社会的思想观念或者说价值观对创新者的行为有着直接的影响"。金吾仑提出创新文化是指与创新有关的价值观、态度、信念等人文内涵。杜跃平、王开盛认为，创新文化就是能够最大限度地激励人们进行创新的文化。对科技领域来说，就是能够最大限度地激励人们进行科技创新的文化。袁江洋认为创新文化的核心内涵"是要在整个社会范围内，形成尊重创新、鼓励创新的文化氛围和相应的制度安排。"亢宽盈提出，科技创新文化是在科学技术活动（包括研究、教育、传播、普及、评价、开发等整个过程）中，有利于科技创新的文化或科技创新所需求的文化。

本文中所谈的创新文化,不是针对社会的某一子系统而言(如企业生产部门)的创新文化(如企业创新文化),而是一种相对于全社会的、广义的、与建设创新型国家相关的文化("企业创新文化"只是它的一个子集),它在社会各个部门都应该发挥作用。创新文化建设,其核心是要在整个社会范围内,形成尊重创新、鼓励创新的文化氛围和相应的制度安排。相应地,是要促使中国文化从整体上、从根本上转变成为一种尊重创新、鼓励创新的文化,是一项涉及各个子文化领域的系统的文化重建工程。

由此,我们认为创新文化是一个系统。创新文化系统核心层次为价值观、理想、信念等,创新活动以及创新活动的结果是创新文化的外在层面,创新文化的形成是一个历史过程。我们所谈的也正是创新文化系统的内核。

可以将创新文化的基本特征概括为以下三个方面。

(1)倡导创新的价值导向。倡导创新的价值导向涉及对个人创新行为的功能的深刻的理性思考。这突出地表现在两个方面:第一,认为个人创新行为的受益者不仅是创新者个人,而且是整个社会;第二,创新的收益不仅表现在创造财富上,而且表现在不断探索更好的创造财富的方式上。

(2)批判精神、理性的怀疑精神和自由创造精神。怀疑和批判的精神气质是一切创新活动的基本出发点。不论是在科学探索中,还是在技术创新中,都包含着不同程度的不确定性,也不存在必然正确的创新道路,因此,不存在不可超越的知识和技术,不存在不可怀疑的专家与权威。

(3)激励创新的制度环境。创新文化不仅包括倡导创新的价值导向、创新图强的坚定意志和怀疑批判的精神气质等精神形态的内在要素,而且包括以激励和保障创新为特点的制度要素。一方面,合理的制度有助于制约创新中的机会主义行为,为创新提供稳定的社会秩序;另一方面,合理的制度有助于保障创新者的创新收益。

(三)科学精神与创新文化的关系

首先,科学精神是创新文化的内核和基础。创新强调新知识和新技术的创造和创造性使用,科学技术知识是这里所说的"新知识"的核心组成板块之一。在西方文化从前现代转入现代、从非创新型转入创新型的过程中,导致转变的一个关键因素就是现代科学的产生。而现代科学之所以能够产生,除了对前代学术的继承以及对实验和数学方法的引入,导致其研究范式、学术传统突变的最关键的因素还是思想观念上的——也就是科学精神的形成以及学术共同体对它的广泛接受。因此从促进知识创造的角度来说,科学精神是创新文化的内在需求。而反过来说,科学精神本身视探索自然、认识自然为最高价值,因此创新文化要求的知识的持续创造也正是科学精神所倡导和不懈追求的,从这个意义上说,科学精神也天然是鼓励创新、要求创新、与创新文化相容的。

其次,科学精神的社会传播构成了创新文化产生的前提和条件。科学探索是无穷的探究过程,本身就是锐意创新的进程。创新意味着新知识的发现和知识的创造性使用,创新主体所具有的内在科学精神是创新活动的原始动力,对科学的信念和追求真理的信心促使人们追求新知识和新技术,并将之转化为生产力。科学精神代表社会文明进步的方向,由科学共同体向社会进行扩散,逐渐形成为全社会所崇尚和遵守的文化习惯,从而构成了创新产生的前提和条件。科学精神是创新文化在观念层面上的统领,科学精神的传播及被不同群体接受的过程也就是创新文化逐渐形成的过程。

最后,科学精神的弘扬是创新文化存续和发展的保障。要保障知识生产的有效性、要保持知识生产与使用两个环节间渠道的畅通,科学精神更是必不可少的。目前阻碍科学探索的深入开展、妨碍科学成果的社会应用的最大障碍之一,不是来自科学家智识或研究手段上的不足,也不是来自将科技成果转化成实用性产品过程中出现的技术难题,而是来自宗教、迷信或官僚主义等非理性因素的干扰;基于某些盲信的、独断的或其他与科学无关的理由人为地为科学研究或科技成果的转化设置禁区、制造障碍。近期的典型案例,如某些地区的社会公众对对二甲苯(PX)化工项目的盲目抵制、世界范围内对转基因农业的非理性敌视,以及西方国家对基于克隆技术的医学研究的禁止等,都明显是不相信科学、不尊重理性、屈从于神秘主义和盲信、缺乏科学精神的表现。与此相反，有些地区和企业只顾短期的经济或政治利益，对科学研究的示警置若罔闻，不重视发展新技术、新产业，坚持高污染、高耗能的经济发展模式，同样表现出另一种对科学精神的漠视。要祛除这些障碍、扭转这些局面，要加强科学精神的社会传播，争取社会公众对科学的赞许、支持，并把理性和实证的精神自觉地贯彻到自己的行动中。

二、"十二五"科学精神与创新文化建设进展

"十二五"期间，我国科学精神与创新文化取得了很大进展。科技部、中科院、工程院、中国科协等有关部门积极努力，在引导科技工作者践行社会主义核心价值体系、宣传优秀工作者、改革科技评价导向、发展和传播科学文化、加强科普工作等多个领域均有积极进展。

（一）引导科技工作者践行社会主义核心价值体系

中央书记处明确提出，要把弘扬科学精神和践行社会主义核心价值观结合起来，发挥科学精神对核心价值观的滋养和传播作用，引导科技工作者自觉坚守科学精神与学术道德，努力做科技创新和道德引领的模范。社会主义核心价值观承载着中华民族和国家的精神追求，是中华优秀传统文化的传承和升华，是实现中华民族伟大复兴中国梦的强大支柱。广大科技工作者不仅是社会生产力的开拓者，也是科学精神和科学文化的创造者，在践行社会主义核心价值观中发挥着重要作用。

中国科协2014年9月在北京发布《科技工作者践行社会主义核心价值观倡议书》，表示"科技工作者作为先进生产力开拓者和先进文化传播者，是科技知识和科学精神的直接载体，在践行社会主义核心价值观方面理应走在前面、做出表率"。倡议书号召全国广大科技工作者坚持把爱国、敬业、诚信、友善作为立身行事必须坚守的行为准则，努力做爱国的公民、敬业的学者、诚信的同行、友善的专家；坚持把自由、平等、公正、法治作为履行社会责任必须坚守的价值追求，努力用科学技术帮助人们到达自由王国，促进社会平等，实现公平正义，建设法治社会；坚持把富强、民主、文明、和谐作为在服务祖国中实现个人价值必须坚守的精神引领，努力做好国家富强、民族复兴、人民幸福的开路小工，切实肩负起为实现中国梦提供科技支撑的历史使命。倡议科技工作者爱国、奉献、求真、创新、崇尚科学、追求卓越，切实担当起实施创新驱动发展战略、开拓先进生产力、传播先进文化的历史重任。

（二）加强科学家精神宣传

2009年，国务院责成中国科协牵头，联合相关部门共同组织实施老科学家学术成长资料采集工程，中国科协会商中组部等11部委，成立了采集工程领导小组，研究制定了《老科学家学术成长资料采集工程实施方案》。采集工程以老科学家的学术成长经历为主线，重点面向年龄在80岁以上的两院院士，或虽非院士，但在中国科技事业发展中做出突出贡献的老科学家，采集内容包括老科学家们的口述资料及其传记、证书、信件、手稿、著作等实物资料，还有老科学家们参加国务或政务活动、学术活动，外事活动，社会活动中重要的照片、影片、录音带、录像带、光盘等音像资料。2010年，中国科协与北京理工大学共同建设"老科学家学术成长资料采集工程馆藏基地"及"北京理工大学中国科协文献收藏与交流中心"。一期工程完成300多位老科学家的采集工作，目前已由上海交通大学出版社、科普出版社出版约50种科学家传记。二期采集工程也正在进行。

"共和国的脊梁——科学大师名校宣传工程"中国科协和教育部共同主办，以宣传科学家为主题，通过师生演校友、师弟演学长的方式，展示科学家光辉业绩、崇高形象，引导学生以科学家为楷模，追求更崇高的事业和人生目标。首批由6所高校负责排演邓稼先、王选、竺可桢、钱学森、李四光和郭永怀，2013年，会演活动启动仪式在清华大学举行，随后在高校举行巡演，获得学生好评。

此外，中国科协联合教育部等部门开展全国"院士专家科学道德教育活动宣讲团"和"中国现代科学家主题展全国巡展活动"等活动，弘扬科学家的优良传统和科研诚信意识。"科学家与媒体面对面"等活动让科学共同体发出理性声音，向公众普及科学知识，弘扬科学精神。

（三）加强科学道德和学风建设

1. 建立学风和科学道德组织和机构

教育部先后成立了社会科学委员会和科学技术委员会的学风建设委员会，并要求各高校建立学风建设组织机构，制定专门规章制度。科技部设立了科研诚信建设办公室，成立科研诚信建设工作专家咨询委员会，集中接受科研不端行为举报，组织和协调调查处理工作。科技部建设"中国科研诚信网"及部门网站的"科研诚信建设"专题。中科院成立了科研道德委员会，指导院属机构和院部机关科研道德工作，监督科研行为规范执行情况。中国工程院在网站科学道德建设专题设"科学道德建设"和"科学道德规定"栏目。中国科协成立了中国科协科技工作者道德与权益专门委员会。中国中医科学院成立了科研道德委员会和医学伦理委员会。

2. 开展科学道德和学风建设宣讲

科研诚信和良好学风是科学事业繁荣发展的前提，是建设创新型国家的基石。开展科学道德和学风建设宣讲教育工作，对于培养造就大批德才兼备的一流人才，营造执著攀登科学新高峰的科研环境具有重要意义。2010年以来，在中国科协、教育部、中国科学院、中国社会科学院、中国工程院等有关部门的积极推动下，科学道德和学风建设宣讲教育工作在全国范围内各个层面广泛开展，为培育和践行社会主义核心价值观、弘扬创新文化发挥了重要的积极作用。科学道德和学风建设宣讲教育活动注重全覆盖，制度化，重实效。活动主要宣讲科学精神、科学道德、科学伦理和科学规范，自2011年开始，所有研究生培养单位每年都要对新入学研究生开展宣讲教育活动。部分高校和研究院所把宣讲教育活动的对象扩大到高年级本科生和青年教师。

2011—2014年，首都高校科学道德和学风建设宣讲教育报告会均在北京人大会堂举行，每年都有近6000名研究生新生现场聆听了报告，随后在各省都陆续组织了本省的集中宣讲。随着活动深入，宣讲工作加强专家队伍建设。在中国科学院、中国社科院、中国工程院的支持配合下，宣讲专家队伍进一步充实，特别是社科领域专家也加入了宣讲专家队伍。各地在宣讲教育活动中，加强资源建设。

以2013年为例，据不完全统计，全国高校、科研院所出版科学道德相关教材专著20种，编写相关读物18种，总印数近4万本；全年接受宣讲教育的总人数为546万人次，其中研究生219万人次，本科生301万人次，新上岗研究生导师、新入职教师和其他教师近26万人次；各省共举办各类宣讲教育活动1.8万场，538所高校和97所科研院所系统开展了宣讲教育。

3. 加强科学道德建设国际合作与交流

2013年中国科协与科技部、教育部、中国科学院等部门共同参加第三届世界科研诚信大会，参与到国际科学道德、科学伦理等科技组织，扩大开展交流活动。

（四）我国科学精神与创新文化建设存在的问题

我国科学精神与创新文化建设近年来有所成就，但总体而言，还没有形成激励创新、鼓励创新的社会氛围，存在着"官本位"、"急功近利"、"行政化管理"、评价体系僵化等问题，科学普及偏重灌输科学知识，缺乏对科学思想和科学精神的传播，公众对科学家形象、科技创新的认知不够。

公民科学素质水平偏低，科普模式需转变。第八次中国公民科学素养调查结果显示，2010年我国具备基本科学素养的公民比例为3.27%，与国际上的发达国家相比差距显著，仅是日本（1991年为3%）、加拿大（1989年为4%）和欧盟（1992年为5%）等主要发达国家和地区在20世纪80年代末的水平。部分地区封建迷信盛行，严重影响社会稳定，反应普通公众缺乏科学精神。基层科普设施建设仍不足，无法满足公众了解和参与科学活动的需求。在信息化迅猛发展的新形势下，各类科普资源的信息化建设明显滞后，没有形成系统的信息化网络，公众无法及时利用现代信息手段获取有效的科普信息。在科普中，偏重灌输科学知识的模式，造成科学共同体与公众忽视科学精神的作用。

科技界学风道德问题突出。目前，国家积极推进科技评价体系改革，倡导自主创新，导向作用成效初显；国家科技奖励改革深化，奖励数量精简，结构优化，质量提升，权威性和公信力提升，对青年人才奖励力度加大；社会力量设奖逐步规范，突出特色和品牌。但总体上看，科技评价制度还未能充分发挥激励自主创新作用，且与我国科技创新发展要求和科技界的期望尚有差距，激励创新、宽容失败的机制没有完全建立。缺乏防范和惩治科研不端行为的法规制度，在科研工作中，伪造、篡改、剽窃等不端行为时有发生，学风浮躁、学术失范也有所滋长。科研活动中，存在"官本位"、缺乏合作等严重制约创新活动的因素。

需加大面向公众的科学家形象宣传。老科学家采集工程、科学大师名校宣传、现代科学家主题巡展等活动在广大学生与科学共同体中已经产生一定影响，但在面向公众的科学家形象宣传方面还有所欠缺。在上述活动的设计中，需要进一步设计出与普通公众关注点更为密切的宣传视角，扩大科技人物的宣传力度。

三、"十三五"科学精神与创新文化建设对策建议

（一）"十三五"发展态势

第一，加强科学精神与创新文化是实施创新发展战略的要求。党的十八大以来，以习近平为总书记的领导集体，提出创新驱动发展战略，对科技创新提出了新要求。"十三五"期间是我国建设创新型国家的重要节点，作为一项全民工程，必须充分调动广大劳动者的参与热情，创设有利于创新的环境。提升公众的科学意识，提高公民科学素质，引导公众在全社会形成崇尚科学的社会氛围有利于促进实施创新发展战略。

第二，良好的创新文化环境是创新的必要基础。目前，国内外经济发展对创新提出了新需求，我国正致力于发展以科技创新为核心的全面创新。这对我国的科学精神与创新文化建设提出更高的要求，而我国的科学传统积淀并不深厚，科技评价导向、科研诚信建设都存在薄弱环节，科技人员的积极性未被充分调动，这些都制约创新创造的发生。需要加快科技体制机制改革创新，建立科学的创新评价机制，使科技人员的积极性主动性创造性充分发挥出来。

第三，加强科学精神与创新文化建设，建立科学共同体与公众之间的沟通方式，从公众理解科学走向公众参与科学、公民科学，是科学传播与普及的必经之路。从根本上说，一个国家科学传统与科学文化的建立有赖于全体公众科学意识的提高，因此要建立科学共同体与公众能够有效沟通的科普方式和途径。

（二）指导思想和总体目标

1. 指导思想

以邓小平理论和"三个代表"重要思想为指导，深入贯彻落实科学发展观，深入贯彻习近平总书记系列重要讲话精神，紧紧围绕创新驱动发展战略主线，认真落实《全民科学素质行动计划纲要（2006—2010—2020 年）》和《国家中长期科学和技术发展规划纲要（2006—2020 年）》，以建设创新型国家和科技创新为引领，以推进科学精神和创新文化为重点，坚持科技普及与科技创新协同发展，在广大科技工作者、科学共同体以及全体民众中树立弘扬科学精神和建设创新文化的意识。

2. 总体目标

通过持续有效的科学精神和创新文化建设，力争到 2020 年，在国家层面塑造激励创新的制度文

化；在社会舆论中形成科学、理性、求实、创新的价值导向；在科技界倡导践行社会主义核心价值观，树立科学精神和创新文化建设自主性；在科学共同体和科研组织内部形成自主创新的内在精神，构建一流科学传统；建成面向社会公众传播科学精神和创新文化的制度化机制，提高公众中参与科技、理解科技、支持科技的比例。

（三）重点任务

1. 在公民科学素质建设中加强科学精神宣传

——深入实施《全民科学素质行动计划纲要（2006—2010—2020 年)》。坚持"政府推动，社会参与，提升素质，促进和谐"的方针，以需求为导向，针对未成年人、农民、城镇劳动者、社区居民、领导干部和公务员的特征和个性需求，开展科普教育，提高各类人群的科学素质。将提高学生科学素质与学校教育紧密结合，在教育中加强科学精神宣传，将相关课程纳入高中与大学教学体系。在各类科普、科技培训中加强科学精神宣传。

——利用科普信息化手段加强科学精神宣传。发挥科学共同体科普资源优势，利用互联网平台优势，建设信息多元化、表现形式立体化、传播方式互动化的科普信息网络，建立与科学传播与普及相对应的科学精神与创新文化传播体系。

——推动科研与科普相结合。在国家重点科技项目中增加科普内容的制度建设，探索科研工作者进行科普活动的模式，推动科研项目成果面向公众的宣传和介绍，引导公民了解科学研究过程，进而参与到科学决策中。

2. 发展科学文化

——引导科技工作者践行社会主义核心价值观。把弘扬科学精神和践行社会主义核心价值观结合起来，在全社会倡导求真务实、勇于创新的观念，提倡追求真理、崇尚科学的精神。

——制定并实施《科学文化建设纲要》，引导全社会形成弘扬科学精神，培育具有中国特色的科学文化。

——继续开展科学家精神宣传。加大"老科学家学术成长资料采集工程""科学大师名校宣传"等弘扬科学精神的重点项目的力度，加强对科学文化资源的保护与传承。推进建设数字化科学家博物馆，收藏和传播科学家精神。以图书、影像、活动等形式宣传具有创新精神的优秀科技工作者，重点宣传中青年科技工作者和基层一线科技工作者。引进并撰写高水平的以弘扬科学精神为核心的著作、教材，开发相关的影视和在线网络产品。

——加强学会和学术团体科学文化宣传。各类学会、学术团体和科研机构要把以科学精神为核心的文化建设作为重要职责，研究制定适合自身的规范，组织相应的活动。

3. 优化科研创新环境

——继续开展高校科学道德宣讲活动，加强高校和研究机构的科学道德建设，开设学术研究规范课程。重视科学道德建设，加强科研职业道德建设，严厉惩治学术造假和学术违规行为，遏制科研中的浮躁风气和学术不端行为。

——推动建立科研监督法规制度，形成防范和惩治科研不端行为的法规制度，在科研工作中，对伪造、篡改、剽窃等不端行为进行惩治，制约学风浮躁、学术失范等行为。发布科研诚信报告。

——强化学会的科学道德建设。组建科学道德与学风建设宣传教育专家队伍，编写科学道德教育读本，开展宣传教育活动。

——继续推动科研院所改革。改革行政化管理的规章制度，建设科学、合理、完善的现代科研院所制度，为科研人员提供良好的工作条件和工作环境。倡导拼搏进取、自觉奉献的爱国精神，团结协作、淡泊名利的团队精神，提倡理性怀疑和批判，尊重个性，宽容失败，倡导学术自由和民主，鼓励探索、鼓励提出新的理论和学说。

（四）保障措施

1. 加强组织领导

加强科学文化建设工程的组织领导。设立多部委共同参与的科学精神与创新文化建设专门委员会，设立相应的学术委员会，成立相关的领导小组，下设办公室，负责协调制定科学精神与创新文化建设实施方案，并向领导小组汇报科学精神与创新文化建设进展情况。

2. 完善政策保障

研究制定科学文化相关法律法规和政策，建设有利于科学精神和创新文化建设的环境。修改《中华人民共和国科学技术普及法》，把科学精神与创新文化建设作为科普的重要内容，加以落实，形成全社会重视、提倡和鼓励创新的环境。制定并实施《科学文化建设纲要》，为弘扬科学精神与建设创新文化创造有力的制度环境。

3. 保障经费投入

加大对科学精神与创新文化建设投入支持力度。研究设立国家及地方科学精神与创新文化建设专项资金，加强对科学精神与创新文化建设的资金投入。责成地方科协组织（及教学研究机构）安排专项资金、专门人员，加强科学文化物质载体建设和人才队伍建设，确保建设工作的人才和条件保障。

4. 建立评估体系

研究制定"科学精神与创新文化建设"监测评估体系，确保相关工作的实施效果，发挥评估的导向作用。设立研究专项，开展科学精神与创新文化建设的理论和实践研究，及时调查总结工作实施的经验和成果，加以推广和普及。

（课题组成员：罗　晖　郑　念　王丽慧　苏　湛）

下　篇

B系列专题研究

科协事业发展
战略研究

"十三五"科协事业发展战略研究

国家发展和改革委员会社会发展所课题组

一、"十三五"时期科协事业发展面临的机遇和挑战

"十三五"时期国际形势错综复杂，主要经济体分化进一步加剧，国内正处在全面深化改革的新的历史起点，面临经济社会双重转型的挑战。因此，对科协组织如何找准定位，改革创新、承接政府职能转移，如何提升能力，融入国家创新驱动发展主战场等各个领域提出了新的要求。

（一）"十三五"科协事业发展面临难得机遇

1. 国家需求迫切，创新驱动发展为科协事业发展提供新空间

党的十八大明确提出要实施创新驱动发展战略，强调科技创新是提高社会生产力和综合国力的战略支撑，必须摆在国家发展全局的核心位置。科协组织学科齐全、人才聚集、智力密集，围绕国家创新体系建设，在搭建创新平台、优化创新环境、聚集创新资源、拓宽创新成果转化渠道、培育新的经济增长点上有特定优势。新的需求为科协事业发展提供了更广的空间，要求科协组织在更深层次、更广范围开展更多工作，来服务创新驱动发展战略。创新的内涵不断拓展、形式不断丰富，为科协组织服务创新驱动发展战略提供了新手段和新途径。

2. 政府职能转变，创新社会管理为科协事业发展提供新舞台

十八届三中全会明确提出要深化科技体制改革，科技体制改革不断深入，为科协组织未来发展赋予更多职能。2014 年新一轮科技体制改革重拳频出，在资源配置、科技与经济结合、科技评价、治理体系等方面颁布了一系列措施，为今后科技体制改革指明了方向，为科协承接政府职能转移，助力国家社会管理现代化提供了新舞台。

3. 国家战略升级，国内国外统筹为科协事业发展提出新重点

全球化对于中国的改革开放和社会发展无疑会起到积极的推动作用，扩大国际科技开放合作与"一带一路"战略相结合，为科协组织发挥国际科技交往功能提供新方向和新重点。

（二）科协事业发展面临严峻挑战

1. 科协组织能力与国家需求有落差

学会作为社会组织面临着深化行政体制改革的新的机遇，要求学会提升能力，创新管理方法，"管好"政府转移出的职能。但目前学会普遍存在双重管理体制，行政管理和业务主管单位职责不分，不易形成合力。

科协作为推动国家科技发展的重要力量，面临深化科技体制改革、实施创新驱动发展战略的新的形势，要求科协发挥人才优势，在繁荣学术、服务科技创新方面有所作为。但科协组织结构复杂，各

级组织间沟通交流体制不畅，体制束缚缺乏顶层设计，资源配置市场化不足，组织结构与资源配置不匹配问题突出。

2. 科协组织活力与社会和科技工作者期望有差距

科协作为科技工作者的群众组织面临社会治理与文化体制的改革，要求科协组织创新服务科技工作者的方式方法，努力做好"建家交友"工作。但科协基层组织薄弱，财力支持有限，社会影响力不足，对科技工作者缺乏吸引力，反映基层科技工作者呼声不足。

3. 科协事业发展与财力保障方式单一模式有冲突

科协兼具人民团体、事业单位、社会组织联合体等多种身份，但其财力来源比较单一，只要靠国家财政支持。在当前财税体制改革背景下，要求科协改进预算管理制度，建立与科协事业发展相适应的高效的质量管理体系，同时厘清中国科协机关和地方科协，全国学会、基层组织的关系，为科协工作在新形势下的发展带来了挑战。

二、对科协事业发展"十三五"规划编制的决策性理论支撑

（一）定位理论

科协组织在创新驱动发展中的作用不是创新本身，而是对创新行为的引导、评估和影响。以创新环境建设为主体，其中一些项目和案例只是环境建设的样本而已。

（二）发展阶段理论

"十三五"是中国建设小康社会冲刺阶段，是从中等收入国家迈入高收入国家的关键点，美国经济学家马斯格雷夫和罗斯托则用经济发展阶段论来解释公共支出增加的原因。他们认为，在经济发展的早期阶段，政府投资在社会总投资中占有较高的比重，公共部门为经济发展提供社会基础设施，如道路、运输系统、环境卫生系统、法律与秩序、健康与教育以及其他用于人力资本的投资等。在发展的中期阶段，政府投资还应继续进行，但这次政府投资只是对私人投资的补充。一旦经济达到成熟阶段，公共支出将从基础设施支出转向不断增加的教育、保健与福利服务的支出，且这方面的支出增长将大大超过其他方面支出的增长，也会快于GDP的增长速度，导致财政支出规模膨胀。到达大量消费时代，政府会制定收入方案，收入再分配政策等，其中政府支出增加但要改变方式，这对科协争取财政性经费有支撑作用。

三、科协"十三五"规划的定位和思路

科协"十三五"规划研究各课题组依据各自的研究优势，围绕科协事业发展的各个层面提出了具有理论与实践意义的研究结论，据此，课题组提出有关科协"十三五"规划的定位和思路。

（一）科协"十三五"要把握好三个定位

1. 事业定位：融入国家创新驱动发展主战场，努力打造成为创新驱动服务网络的关键节点

国家创新服务体系建设的生力军。围绕国家创新体系建设，在强化企业创新主体地位、聚集创新资源、拓宽创新成果转化渠道、优化创新环境上取得新进展。参与在国家创新体系新平台工作，成为推动创新驱动发展的重要力量。在国家重大项目布局和评估中，提供决策科学性、政策精准性咨询和评估，把科学性、规范性做好，树立科协在政府部门中独特定位和专业影响力。在中国科协培育出一支独立、客观、有科学水准的第三方评估队伍。

国家创新驱动发展的加速器。服务于创新驱动发展，重点改善大众创业，万众创新环境，科协可以在三个方面发力。

第一，建平台，链接科研工作者和市场需求，支撑产业互联网发展。推动"互联网＋"科技创新的核心是科技工作者，科技工作者活力的激发要便捷接入市场。从网络经济发展阶段看，产业互联网需要人力资源的大规模接入。科技孵化、成果转移、大众创业任务分包、新的需求需要一个在线的科技工作者之家做平台。地方的孵化器等可以在平台上运营，在平台上探索开展知识产权证券化业务，股权众筹，为科研人员提供平台交流、交易，甚至税收减免优惠，及知识产权保护，平台交流记录可以作为维权举证。

第二，依托3万个企业科协组织，为企业提供参与政府决策指导，辅助、选择龙头企业开展创新转型试点。

第三，选择一到二个省作为科协推进的全面创新改革试点。丰富区域发展助力工程。

2. 机构定位：在深化改革进程中成为国家治理能力的重要组成力量

创新治理体系建设的推动者。推动以创新评估为特色的专业科技智库建设，引导学会有序承接政府职能转移，推进科技创新治理体系现代化发展。适应"加大政府购买公共服务力度"的要求，发挥科协的自身优势，承接科技评价、奖励等职能。

社会组织市场化转型的引领者。积极引导学会参与科技服务业市场竞争，探索形成社会组织市场化转型的有效路径，为其他社会组织转型做好路径示范。建立具有科协特色的现代学会体制，以学会为改革突破口，逐步形成政社分开、权责明确、依法自治的体制。推动下属事业单位转为企业或社会组织。

3. 价值定位：坚定地做好党联系科技工作者的桥梁，做好人才服务大文章

（二）科协"十三五"发展思路

全面贯彻党的十八大及十八届三中、四中和五中全会精神，深刻把握全球经济与创新发展的新趋势，正确认识中国经济新常态发展的历史新阶段，在全面梳理国家战略需求基础上，结合新时期新形势对科协组织的新要求，以引导广大科技工作者融入国家创新驱动主战场为主线，以提升科协组织能力和对科技工作者吸引力为基础，以科普夯实工作底线，以学会提能为出发点，打好专业化、国际化、信息化三张牌，形成区域发展助力平台、境内外高端人才平台和交流平台。以打造全能智库为抓手，实施科协社会影响力全面提升计划。在科技智库"全服务链"上发挥示范引领作用。

（三）三大目标，八项子目标

1. 社会服务能力显著增强

——助力创新驱动发展。促进科技经济深度融合，在实施创新驱动发展方面更加有所作为。

——支撑自主创新。推动原始创新、协同创新，在提升自主创新能力方面发挥更大作用。

——夯实科普服务。加快科普信息化建设，在提升公民科学素质方面实现跨越发展。

——打造基础条件平台。在重大工程建设方面迈上崭新台阶。

2. 建设良性学术生态，人才凝聚力大幅提升

——深化科协组织治理体系改革，在强化科协组织体系方面打开崭新局面。

——研究科技工作者人才国家战略，形成完备的人才顶层设计。

——激发人才创新活力，在加强科技人才队伍建设方面取得积极成效。

3. 优化组织管理，社会影响力显著增强

——构建中国特色科技智库，以学科群建设创新链，以创新链支撑产业链，以产业壮大提升组织

社会影响力

——服务国家外交工作大局，推进国际创新合作，打造全球影响力。

（四）在四个领域形成工作突破

1. 以科普夯实工作底线，科学素质行动实现全覆盖

创新科普传播内容、渠道。通过搭建科普资源共享信息平台、开发集成科普资源、开展优秀科普作品推介等方式，完善科普资源共建共享。改版中国数字科技馆网站，将其建设成为面向公众开展科学传播的公共服务平台以及数字化科普资源集成共享平台。

大力推进科普信息化建设。以科普中国品牌为统领，突出网络大超市、空间（包括创客，众创）等内容建设，集成和利用好现有的资源。依托现有渠道，实现信息化与传统科普深度融合，提高评估标准精准化水平，实行精准推送。

加强科普基础设施建设。按照《科普基础设施发展规划（2008—2010—2015 年)》，建立中国特色现代科技馆体系。在有条件的大中城市，通过推动全国科技馆免费开放、推动科技馆建设与展教水平提升、推动地市科技馆建设等手段深入推进科技馆建设。在县域地区开展流动科技馆建设和巡展。在乡镇及边远地区推进科普大篷车配发与运营。对基层科普设施进一步完善，并继续创建科普教育基地。实施方式采取 PPP 模式，即政府和企业共同合作。

2. 以学会提能完成承接服务和创新发展

——开展学术建设与交流，打响国际化、专业化、信息化三张牌。

——继续推进精品期刊建设工程。

——建成国家科技传播中心，成为创新型国家标志性工程。

——建成学术资源数据库，为提升自主创新能力提供支撑。

——承接政府职能转移。重点推进科技成果评价、科技人才评价、行业标准制定等工作开展。

——助力创新驱动发展。为科技工作者创业创新提供办公便利，建立创业孵化平台，提供咨询、融资、公共服务等一条龙服务。

——加大海外人才离岸创业基地建设，扩大海外人才离岸创业基地试点范围。

——助力地方经济发展。与地方政府合作打造新兴主导产业、建立主导产业工业园或者交易所。

3. 在科技智库"全服务链"上发挥示范引领作用

根据新的使命要求，针对新的形势变化，中国科协要在科技创新领域的智库服务链上全面示范引领，力争在"十三五"时期进入国内外主要智库排名系统，大幅提高社会知名度和需方认可度。

（1）核心：推动科技创新。

——原创性创新。扎实推进基础研究，实现一系列重大科技突破，促进提高自主创新能力，助力创新型国家建设。

——应用型创新。加快形成产学研一体化道路，强化企业技术创新主体地位，增强企业创新能力，实现科技与产业融合发展。

——创新动力源。面向广大科学技术工作者，丰富学术交流，活跃创新思想，完善学术评价，加强激励引导。

（2）延伸：服务科学决策。

——政治决策。把科协界打造成高效参与政治协商制度、积极推动民主协商制度的标杆界别。

——政府决策。对政府科学民主依法决策的流程机制、科技决策的具体内容、政策沟通及舆论引导等提出咨询意见。

——企业决策。引导支持企业应用新技术、引入新工艺、开发新产品、探索新业态，提高创新能力、附加价值和竞争力。

——社会组织决策。联合志愿者协会等社会组织开展科学技术推广与普及，为社会组织推动科技进步和参与社会建设提供指引。

——个人决策。深入开展公众科普工作，宣传科技创新成果，及时释疑解惑，主动引导个人的心理预期、价值判断和实际行为。

（3）拓展：整合智库资源。

——大枢纽。充分发挥科协系统密切联系学会组织及科学技术工作者的优势，建立并疏通智库服务需求方与供给方的对接渠道，协助政府、企业等主体及时发布需求信息，引导相关智库提供对路的服务产品。

——大平台。构建信息平台、交流平台、合作平台，实现科技信息充分挖掘与共享，促进科技成果广泛、深入地交流，开展跨机构、跨学科、跨领域以及跨地区、跨境跨国的智库合作。

（4）实施"国际影响力提升"一揽子行动计划。

——推动科技人才从"引进来"向"走出去"转变。

——积极参与国际及港澳台的科技文化交流（包括学术会议）。推荐我国科学家在国际民间科技组织中担任各类职务。充分发挥作为国际科学理事会、世界工程组织联合会等重要国际组织国家会员和联合国经社理事会咨商地位作用，充分利用国际科技资源为建设创新型国家战略和国家外交大局服务。

——深入实施"海外智力为国服务行动计划"。

——促进地方经济发展。组织海外科技团体建言献策，加强联系海外科技团体。

（课题组成员：曾红颖　常兴华　顾　严　崔静静）

学会改革和能力建设

科技社团在国家治理体系和治理能力现代化中的地位和作用研究

济南大学课题组

一、"十三五"期间科技社团参与国家治理的地位、作用

（一）科技社团的地位

现阶段我国国家治理体系和治理能力现代化的建设仍然是以国家和政府相关部门为主导的，政府在国家治理体系中占据主导地位。政府是治理的委托方，而科技社团等其他科技社团只能是受托方，依附于政府部门而存在。但笔者认为政府在国家治理体系和治理能力现代化建设中主要负责对整个治理工作的计划、管理、整合、监督，制造良好的治理氛围，同时处理好其他治理主体所承担不了或者必须由相关政府部门权衡的治理工作即可，政府必须把其他大量的职能转移出去，交给一些有资质的社会力量来承担。科技社团等其他社会团体是主要的受托方，由于各个科技社团所在学科类别的不同，不同的科技社团只能承担与其学科类别相类似的治理活动，不能超越这个界限。

（二）科技社团已经发挥的作用

近十年来，科技社团在有关部门的支持下，在科技奖励、科技人才评价、科技成果评价和技术鉴定、科研项目及机构评价、技术标准和技术规范制定等各方面积极承接政府转移的社会化服务职能，取得了积极的工作进展。科技社团已成为社会力量设奖的重要力量，科技社团承接政府职能工作呈良性发展态势，正处于规模数量逐步扩展、社会影响力初步形成的阶段。参与相关工作的科技社团数量有 2/3 以上，已承接相关职能的科技社团数量与十年前中国科协的专项调查相比明显增加。

科技社团承接政府职能转移工作的内涵有广义、狭义之分。从狭义看，政府将职能中有关专业性、技术性、事务性工作委托或以法规形式授权科技社团承接，应视同科技社团承接政府职能。从广义上看，除上述情况，科技社团承接一些原由政府包揽但已逐步放归社会的服务职能和工作任务也可视为承接政府职能。采用广义理解更符合当前科技社团工作实际情况和科协系统的认识。

二、科技社团参与国家治理体系建设的实现途径和典型模式

（一）科技社团承接政府转移职能的具体形式

1. 制定相关标准，确保工作质量

标准就是质量，标准就是品牌。科技社团开展科技项目评估、科技成果评定、科技人才评价和科

技奖励工作，都要求制定和施行相关的评价标准和奖励标准以保证科技评价和科技奖励工作的高质量。

2. 制定相关规程，确保有序运行

科技社团开展科技项目评估、科技成果鉴定、科技人才评价、技术鉴定和科技奖励工作，都要求制定和施行相关的条例或办法，以制度性规范来保证承接工作的科学有序进行。如：中华医学会为承接好卫生部转移的医疗事故鉴定工作，制定了《医疗事故处理条例》，并以国家行政法规的形式出台，是中华医学会及全国各地医学会开展医疗事故技术鉴定工作的基本依据。

3. 建立相关专家库和专家团队

为了保证社会资源的有效利用，政府转移职能过程的专家评估是必不可少的。专家在评估职能时时，需要通过实用性、可行性等多个方面，全方位、多角度的综合分析各项职能，才能保证评估的结果的公正、公平。比如中华医学会为承接好相关医疗技术鉴定工作，建立并不断充实完善专家库，鉴定专家由相关专科分会、医疗机构、科研单位推荐产生。

4. 建立相关管理制度和组织机构

科技社团需要制度完善、管理规范和文化共享。有效合理的、适合社团发展的管理制度能规范社团行为，高社团的管理效力，提高社团人员的工作效率和质量，提高社团的竞争能力。比如中华医学会在承接卫生部相关工作时，建立并完善了各种规章制度，并成立了专门的鉴定工作办公室。

5. 建立公开化、程序化的民主运行机制

这是确保科技评价、技术鉴定、人才评价和科技奖励工作权威性、公正性的关键环节。中华医学会为承接好医疗技术鉴定工作，建立了优质专家遴选机制和民主运行机制。在组织项目鉴定过程中，首先向医患双方公示鉴定专家备选名单，医患双方可申请专家回避。医患双方和医学会的工作人员在余下的鉴定专家中随机抽取。

（二）科技社团承接政府转移职能的主要经验

在承接政府转移职能方面，中国科协所属学会具有独特优势和较好条件。200多个学会具备客观公正和专业权威性，享有较强的学会权威性和社会公信力，并具有独立社团法人身份。从2006年起，联合民政部共同实施学会改革创新工程，先后支持7批共59个学会作为承接政府转移职能的改革试点，广泛开展了科研项目评估、行业标准制定、职业资格认证、职称评定、科技成果评价和技术鉴定等工作。积累了不少经验，初步发挥了引导和示范作用。同时，已有81个全国学会设立了88个科技奖项，占全部社会力量设立科技奖励总数的40.7%，其中有些奖项已经成为业内最高奖励，有10个全国学会称为国家科技奖励的直接推荐单位。

科协所属学会在同地区之间前期已经做了相关工作。以全国学会和保定市的经验来看，保定与全国学会达成各种形式的合作42项，其中，全国学会建立学会服务站22个，成立国家级企业技术联盟4个，专业委员会1个，建立联合实验室1个，签订技术项目合作协议14个，另外25个有合作意向的项目正在推进。当前，正在落地的科技项目有11个，与全国学会深度合作的技术项目7个。

（三）科技社团承接政府转移职能的实例

科技社团在各自制定的科技奖管理办法和管理办法实施细则中，不仅对整个转移职能工作的程序和过程做出明确具体的规定，还应特别制定管理机构和管理办法，理顺科技社团常务理事会、科技社团科技奖励办公室与评审委员会、评审组的关系，并且完全按照这种科学规范的管理机制来认真操作和有序运行。例如中国环境科学学会，作为中国科协的一级学会，充分发挥其带头作用。

1. 环境科技成果鉴定和环境保护科学技术奖

根据中国科协的统一部署，2006年中国环境科学学会承担了第一批全国学会环境科技成果评价职能转移专项改革试点项目，将环境科技成果鉴定职能从环保部转移到学会，为全国性学会承担这项工作提供了很好的示范作用。为做好此项工作，中国环境科学学会建立了环境科技成果评价指标和环境科技成果评价专家库，搭建了"产学研"沟通桥梁。8 年来，该学会遵循"公平、公正、公开"的评价原则，组织环保专家对数百项涉及水、气、生、固、监测、管理等各环保科技成果的质量和水平进行了合理评价，大力推进环境科技成果的推广应用。

自 2003 年 9 月在科技部登记备案"中国环境科学学会环境保护科学技术奖"以来，该学会连续开展 11 届奖励活动，共有 569 个项目获奖。通过推荐，仅来自环保系统内的获奖项目中就有 6 个荣获了国家科技进步奖。目前，该奖项已发展成为覆盖环保各个技术领域，面向大专院校、科研院所、企业等不同科技创新主体，全国范围内最具影响力的环保科技奖项。这些学术水平高、实用价值大的获奖科研成果，为解决我国重大环境问题、提高环境管理和环境科技水平做出了突出贡献，对环境科技的进步起到了巨大的推动作用。

2. 工程教育认证

2012 年 4 月，教育部高等教育司批准成立环境类专业认证分委员会（教高司函〔2012〕35 号），秘书处设在中国环境科学学会。几年来，加强了秘书处制度化、规范化建设，建立了较完备的认证工作机制和程序，制定了《环境类专业认证分委员会工作规程》和《环境类分委员会 5 年发展规划》，配备了专职人员；两次修订环境工程专业补充标准，对补充标准英文版进行了相应修改；针对自评报告撰写、专家现场考查等关键环节存在的共性问题，编制完成了《环境类工程教育认证标准解读》；建立了环境类工程教育认证网上交流平台，编制《工程教育认证工作信息》，与专家、高校均建立了良好的沟通机制；完成了 23 所学校的资格审查和报批工作；完成了 21 所高校的现场考查和报告反馈工作，并作为现场考查专家组秘书直接参与了 11 所学校现场考查工作；组织专家和秘书参加了中国工程教育认证协会（筹）和学会分会自行组织的数次培训；组织了环境类专业认证分委员会全体会议 5 次和专家讨论会若干次。经过多年的实践，该学会已完全胜任环境类专业认证分委员会秘书处工作。

（四）科技社团承接政府转移职能的实践模式

通过调查研究科技社团承接政府转移职能实践和案例，我们总结了 5 种有代表性的实践模式，即直接承接模式、依法授权模式、行政委托模式、政府购买服务模式和自主开拓模式。每种实践模式的典型案例，对认识和推广该模式具有重要借鉴意义。

1. 直接承接模式

直接承接政府转移职能模式，即在行政体制改革中，基于对政府部门职能的梳理和清理，由国家法律、制度、文件、机构"三定"方案等明确规定政府部门不再承担或包办、转由社会和市场自行办理的职能和工作事项，由科技社团自行决定直接承接政府转移的某些职能。

要点：

一是向科技社团等转移的政府职能，属于已明确规定不该由政府承担或包办的职能。这些职能应交由市场和社会承担。

二是政府部门应主动退出，科技社团可自行决定参与和提供服务，由政府部门依法监管。

2. 依法授权模式

法律、法规授权科技社团承接政府职能或工作事项模式，即法律、法规授权科技社团承接政府转让的某些职能和工作事项，由科技社团以自己的名义行使该职能，并承受相应行为效果。

要点：

一是法律、法规授权的组织行使的是特定的行政职能而非一般行政职能，即限于相应法律、法规明确规定的某项具体职能或某项具体事项，其范围通常是有限的、有期限的。该行政事务完成，相应授权即告结束。

二是法律、法规授权的组织行使的职能为具体法律、法规所授，而非行政组织法所授，故被授权组织以自己的名义行使该被授职能并承受行为效果。

三是由于我国政府精简职能不可能一蹴而就，故现实中法律、法规授权科技社团的职能是目前政府干不了、干不好但仍属于政府的职能或工作事项——这与狭义的"行政授权"有所区别。

3. 行政委托模式

行政委托模式，即行政机关依法将部分行政职能委托给科技社团行使。科技社团以委托行政机关名义代行行政职能或工作事项，行为效果归属于委托方。

要点：

一是科技社团承接的委托职能是政府部门继续提供，但委托给社会和市场办理的职能和工作事项，只不过职能的实施方式发生了变化。

二是受委托的科技社团仅能根据委托行使一定的行政职能，而不能行使一般的行政职能。

三是受委托科技社团行使的行政职能是基于行政机关的委托，因此它行使职能是以委托机关的名义，而不是以自己的名义进行。其行为对外的法律责任也由委托行政机关承担。

四是行政委托通常采用委托合同方式进行。政府部门也可采取委托购买服务和政府资助、承包的方式委托科技社团行使职能。

4. 政府购买服务模式

科技社团承接政府购买公共服务模式，即通过发挥市场机制作用，把政府直接向公众提供的一部分公共服务事项，按照一定的政府采购方式和程序，交由具备条件的科技社团承担，并由政府根据服务数量和质量向其支付费用。

要点：

一是购买主体是各级行政机关和参照公务员管理、具有行政管理职能的事业单位。承接主体包括依法登记成立的科技社团等社会力量。

二是购买内容为适合采取市场化方式提供、社会力量能够承担的公共服务，突出公共性和公益性。

三是购买工作应按照有关规定，采用公开招标、邀请招标、竞争性谈判、单一来源、询价等方式确定承接主体，签订合同，加强对服务提供全过程的跟踪监管和对服务成果的检查验收。

四是政府购买的基本模式分为竞争性购买和非竞争性购买。竞争性购买模式是进行公开招投标、投标组织通过项目申请以质取胜，由政府付费的购买方式。非竞争性购买也称定向购买，是政府将一个项目或一项职能直接委托给特定组织，通过支付现金、实物或提供优惠政策作为购买方式。非竞争性购买模式从购买双方的关系角度也可归于上述委托模式中。

5. 自主开拓模式

科技社团自主开拓公共服务职能模式，即科技社团根据社会发展和科技发展需要，主动参与公共服务的提供，创新公共服务方式，承担相应的工作事项，以弥补公共服务领域某些政府职能的缺位。

要点：

一是科技社团的开拓性服务工作应依法进行。

二是其活动有助于创新和弥补政府公共管理和服务职能，重点是提供基本公共服务。

三是政府应大力支持科技社团开拓和创新公共服务，以改进社会治理方式，激发科技社团活力。

（五）科技社团在参与科技评估体系建设能够发挥的作用

在上述模式下，当某些制度无法约束政府部门发挥应尽的职能时，便会产生一些弊端，如寻租行为、资源分配不均、负责人等，这些弊端阻碍了正式制度的正常运行，导致以前的科技评估制度不能适应新形势下科技评估的要求，因此加强科技评估制度建设应当成为当前的首要问题，在此形势下应当建立以科技社团等服务类中介组织的"第三方"科技评估体系，建立科技评估的第三方评估咨询机制，首先要从顶层设计的角度确定评估各主体之间关系的规则，明确各个主体的职责，运用政府的权威性，从相关制度层面来解决评估体系构建中出现的问题，还要考虑科技评估的公正、公信力以及执行过程的透明程度等条件，从而建立"第三方"的科技评估咨询体系。

对有关科技活动进行科技评估时，应选择或研究与该活动相匹配的评估方法，因为没有一种评估方法是完全适用于所有活动的。针对评估项目所具有的特点，评估委托方的需求、评估的对象及所把握的重点来进行合理评估，与此同时，在评估专家的选取上也应该慎重考虑其适不适合。对于科技基础类研究项目，对其研究前的可行性、前沿性，研究中的目标走向进行评估，不要过多干预，要用较长远的历史眼光去审视基础类研究项目；而对于科技应用研究项目则应就其研究的成本、研究的价值、成果的经济效益转化等预定目标、研究的进度和过程进行全程评估。

三、促进科技社团参与国家治理体系建设的保障措施和政策建议

（一）理清职能范围

通过政府职能转变引导科技社团参与国家治理治理体系建设，通过相关制度的建立，合理划分政府、企业和科技社团等社会服务中介机构的职能，明确各自的权力与责任范围。政府主要从法律法规和必要的行政手段进行宏观调控，这一过程也需要征求第三方社会力量的评估，使决策更加透明。大部分行业的技术标准、技术资格认证和社会监督职能等都要由科技社团等社会服务类组织去做，还可以允许科技社团提起民事公益诉讼维护社会正义等，这才能充分发挥科技社团参与国家治理的能力。政府要明确职能转移的具体内容和出台配套政策保障政府职能顺利转移。要明确社会组织的角色定位，减少对政府的依附性，能够与行政脱钩的要尽快脱钩，实在难以分开的应让其并入政府。

（二）完善相关法律法规及政策

出台相关支持规章制度，充分发挥科技社团在科技评估中的专业化优势；出台扶持政策，支持科技社团独立公正开展科技评估活动，大力培育具有"第三方"资质的社会类服务机构。建立中国特色的科技评估体系，要充分考虑中国的国情，在科技评估体系中要明确科技社团作为活动主体参与科技评估的地位，给予不具营利性质的科技社团等社会服务类机构相对于其他组织（比如政府机构、企业等）在承接科技评估职能、资格认证、科技奖励、行业标准认定和综合评估方法研究等方面拥有更多的有利政策，积极引导科技社团参与科技评估的更多领域，使得科技社团在参与国家治理体系尤其是在第三方科技评估中发挥更大的作用。

（三）调整现有的管理体制

建立适宜的准入制度，使科技社团具有合法承接政府转移职能的身份；实行严格的过程监管制度，加强对科技社团承接政府职能的过程监管，使其符合社会发展和政府改革的需要；监督科技社团实施权力过程，健全社团承接的政府职能进行问责机制，以社会性的绩效评估保障财政资金的使用效率和政府转移职能的有效履行。推进科技社团有序承接政府转移社会化服务职能，清晰界定政府、科技社团、中国科协在转移过程中的定位和各自应承担的责任和权力是前提，明确适合科技社团承接政府转移职能的范围为确定三者定位奠定基础。建立与社会组织直接登记相适应的综合监管制度，登记管理机关由注重登记审核向注重准入审批和日常管理服务并重转变。业务主管（指导）部门要与登记管理机关建立协作关系，多与登记管理部门沟通、协商，配合登记管理部门对社会组织进行业务指导，强化日常监督。相关职能部门要配合登记管理部门制定相应的办法加强对社会组织的财务管理、领导任免、公共服务供给绩效等进行监管。建议在分类登记的前提下取消分级管理体制，同类或同一

性质的学会根据自身发展需要自由整合。学会组织体制扁平化，不仅有助于加快学会对竞争与市场变化的适应性，使学会的各项活动实现更大跨度的控制，适应更广泛的任务要求，而且还可以加强对会员的管理和服务，提升对会员的凝聚力。

（四）规范评估行为

规范科技社团的科技评估行为，对科技社团在科技评估中的准入条件进行评价，评定拥有的资质，让委托方（如政府有关部门）了解科技社团等评估机构的资格条件、专业相关性与奖惩记录等信息，以减少在选择相关评估机构时的盲目性与随意性，积极引导科技社团自身能力建设和加强监督力量，确保科技社团的"第三方"身份的相对独立性；要引导科技社团根据评估对象专业、类别和委托方需求的不同构建不同的评估指标体系，运用合理规范的评估方法；对挑选的评估专家也该另有要求；按照明确的流程执行等，以确保科技评估过程科学、规范。在科技评估过程中，评估信息要及时公开与披露，比如要对评估专家信息进行公示，让社会力量来监督选择专家权的公正性，建立及时有效的信息传递机制，确保信息共享机制能够通畅，运用奖励与惩罚制度相结合的方式，确保整个评估体系正常运行。

（五）强化顶层设计

科技社团参与国家治理体系建设的重点和关键在于顶层设计，顶层设计应重点考虑国家治理体系中政府、科技社团和市场之间的各自定位、职责分工和关系。关注政府职能转移过程科技社团面临的约束条件和激励措施，为涉及该项系统工程的各个主体提供较舒适的环境。建议给予科技社团平等参与政府招标项目的政策，科技社团可以以独立法人主体的身份自主参与政府公共服务项目的招标竞争，享有政府软科学决策咨询委托项目的申报、投标和中标的资格；政府有关部门开展的科技决策咨询项目应吸纳学会参与；科技社团承接政府职能应有具体明确的政府文件。

（六）进一步提高认识，做好试点工作的责任感

加强科技社团公信力建设，大力宣传科技社团参与国家治理体系建设的重要意义，加强舆论引导，主动回应群众关切，充分调动各方参与的积极性，形成支持科协及所属科技社团履行职责的良好氛围。科技社团参与国家治理是一项系统工程，涉及政府职能部门、专业学会，点多面广，必须强化组织协调，形成工作合力。科协作为科技社团的领导者，要进一步完善组织体系，加强与各方面的联系，做好工作的有效衔接，推动并抓好各项试点任务的落实，增强大局意识、协作意识，相互之间加强沟通、主动衔接、通力合作，落实工作责任。同时也要研究有关政府职能转变以后，相关社团工作方向，要积极顺应新形势新要求，加强自身建设、建立科技社团专职人员体系，着力构建充满生机活力的现代科技社团，保持科技社团在擅长领域的竞争领先优势，一开始就注重制度建设、着力构建一整套能负责、能问责的运行机制和约束机制，确保科技社团参与国家治理工作程序严密、运行规范、权责分明、制约有效。

（七）科技社团加强自身能力建设

政府能否真正做到职能转变，科技社团能否顺利承接政府职能转移，关键之一就在于要把政府部门拥有的对社会资源进行垄断性分配的权力加以分化和下放，让科技社团能真正有效地承担起政府让渡的职能。政府部门要转变观念，充分认识到科技社团在新形势下的重要作用，支持科技社团承接政府转移职能，推动社会管理体制创新；支持科技社团根据社会经济发展需求来创办新的社会服务项目，拓展科技社团的发展空间和业务领域。政府在加强管理和规范的同时，应多给予培育和扶持。对科技社团用于公益性事业发展的经营性活动，给予减免税收的优惠性政策；科技社团接受社会、海外捐赠是重要的资金来源，应完善有关捐赠法规和激励政策，规范捐赠行为，明确捐赠方向，使科技社

团形成多渠道的资金来源；帮助科技团体进行人才培养，加强对科技社团领导机构和办事机构工作人员的理论培训和指导，提高科技社团人才的专业水平和素质。

（八）理清与市场关系，促进成果向市场化转化

建立健全科技社团的市场化、社会化改革体制，引导科技社团树立市场意识和竞争态势，鼓励它们建设"第三方"评估体系品牌，从根本上增强自己的科技评估能力建设。成果的转化主要受三个主要因素的影响：组织因素、个人因素以及能力建设的方式方法。其中组织因素起着决定性的因素，如：组织内是不是有一个鼓励运用新学到的能力的气氛、领导的支持、同事的支持、技术支持、工作支持等，有没有创造一个能够运用所学到能力的机会。

（九）变革政府监管科技社团模式

目前我国政府对科技社团采取的双重管理体制存在不少弊端，严重影响了政府监管的有效性。因此，要逐步取消严格的双重管理体制和严格的审批制，只要科技社团等一系列社会组织符合相关法律规定的条件后，再到相关部门登记就应该成立，确保社会组织的发展壮大，弱化政府对科技社团等社会公益性组织的监管，变革政府监管模式主要体现在两个方面。一方面是变革政府重审批、轻管理的模式为轻审批、重监管的模式，现有的关于科技社团等社会组织的法律法规对非营利组织的成立提出了人数和资金的要求，导致社会中存在大量未经注册但从事活动的社会组织，这一部分组织未纳入政府监督管理范围，从而易导致一批社会组织公信力缺失，破坏了社会组织公益性的名声。因此，政府监督管理模式应变为轻审批、重监管模式。另一方面是变革以直接管理为主的模式为间接管理为主的模式，当前政府监督管理模式是直接管理为主的模式，包括登记管理、日常管理、税收管理等内容，这种管理模式优点在于有利于政府部门对科技社团等社会组织的直接管理和控制，弊端在于不利于培养社会组织的自治，违背了"小政府，大社会"的政府体制改革方向。所以，政府的监督管理模式应当转变为间接管理为主的模式，即政府以经济手段、财政税务手段以及法律手段为主，行政手段为辅的监管模式，通过经济和法律杠杆进行监管。

（课题组成员：朱孔来　刘学璞　成妍妍　姜文华　夏庆刚　袁慎庆）

"十三五"时期学会促进科技资源的
开放共享和高效利用研究

中国化学会课题组

科技资源是从事科技活动所需要的物质与信息资源，是促进科技进步与创新的基础，是国家重要的战略资源。一般来说，科技资源包括科技人力、财力、物力和信息等资源。科技人力资源是指从事科学技术研究活动的人员和专业技术人员包括科学家与工程师等；科技财力资源即科技资金，它是对科技活动的资金支持，又称为科技经费，它是政府或企业的一种重要的生产性投入；科技物力资源是由科学研究的实验（试验）仪器设备和自然科技资源组成的一种可被他人使用的生产性工具；科技信息资源是科技图书、期刊、文献、专利和其他的为科学研究提供服务的科学数据资料及信息库。

科技资源有无排他性和竞争性是判断科技资源能否共享的重要依据。在上述的四类科技资源中，除财力资源即科技资金具有强烈的专属性和排他性之外，科技人力、物力和信息资源组成了可共享的科技资源体系。

一、我国科技资源共享的现状

（一）科技资源共享所取得的成绩

改革开放以来，尤其是近 10 年来，随着国家科技财政投入的持续增加，我国科技水平显著提升的同时，科技资源得以持续累积。科技资源的开放共享和高效利用逐步得到国家和政府部门的重视。

1. 政策法规建设促进我国科技资源共享

2007 年，国家修订《科学技术进步法》，从政府和科技资源管理单位的权利、义务和责任等多个方面对科技资源建设和共享利用做出了明确规定。随后的《促进科技成果转化法》《野生动物保护法》《种子法》以及《政府信息公开条例》等都涉及了科技资源的管理与共享利用。2013 年，科技部、财政部发布《国家科技计划及专项资金后补助管理规定》（财教〔2013〕433 号），对国家科技基础条件平台资源共享服务后补助做出了明确规定。2014 年，《国务院关于国家重大科研基础设施和大型科研仪器向社会开放的意见》（国发〔2014〕70 号）发布，对促进我国大型科研仪器设施等科技资源开放共享工作做出了明确部署。

近些年来，一些部门、地方也相继根据国家科技资源管理与共享精神，制定了一系列政策法规，如国土资源部的《公益性地质资料提供利用暂行办法》、农业部的《农作物种质资源管理办法》、上海市的《上海市促进大型科学仪器设施共享规定》等。目前，我国科技资源共享法律政策体系虽尚不系统，但已然取得了长足的进步，为促进我国科技资源共享提供了必需的理论土壤。

2. 政府主导的科技平台工作取得显著成效

2004 年，国务院办公厅转发了科技部、发展改革委、财政部、教育部《2004—2010 年国家科技基础条件平台建设纲要》，正式启动了国家科技基础条件平台建设推动科技资源整合共享。2006年，科技部和财政部建立国家科技基础条件平台中心，在政府层面上推进科技平台和科技资源的专业化管理。

国家科技基础条件平台已成为我国科技资源有效管理和开放共享的主要载体。平台对我国科技资源进行集聚整合、战略重组和系统优化，在研究实验基地和大型科学仪器设备、自然科技资源、科学数据、科技文献等领域分别建成了中国数字科技馆等一批国家科技基础条件平台。据统计，2013年平台服务国家重大科技专项、国家重大工程项目（课题）以及各级各类科技计划项目（课题）1.2万余项，服务用户单位数量达到34万个，有效支撑了国家重大科技创新活动。

此外，平台的信息化建设也取得了显著的进展。2009年中国科技资源共享网（www.escience.gov.cn）的开通，使得平台成为科技资源共享服务的门户，在很大程度上解决了各类平台的"孤岛"现象，平台服务对象也延伸到了科技工作者个体，为科技工作者从事科学研究和技术创新提供了更多的便利。

（二）　主要存在的问题

1. 纵向共享体制不能全面覆盖共享需求

由于我国科技资源共享工作整体启动较晚，且长期国内科学技术界对数据积累和集成未能给予足够的重视，因此国内数据平台尚远落后于国际发达国家，共享的科技资源尚远没有形成完善的覆盖体系，无法满足科技工作者从事科学研究和技术创新的实际需求。

目前，我国科技资源共享大多以政府投资和主导为主，主要以科技资源拥有或管理单位为依托承建相关的各类科技资源共享工程或项目。一般来说分为三类：第一类是国家综合性的科技资源共享平台，如科技部和财政部共同建设的国家科技基础平台和中国科技资源共享网；第二类是地方政府或部门推定建设的区域性的科技资源共享平台，如北京市建立的首都科技资源平台等；第三类是行业部门整合建设的行业科技资源共享平台。

2. 纵向科技资源共享的属性不能满足科技工作者的服务需求

随着我国科学研究水平的提高，科技工作者对科技资源共享中的服务需求也在不断提高。科技工作者对科技资源共享服务也要求趋向智能化、简捷化、个性化、专业化和知识化。比如，用户需求的多元化，除了原来文献信息资源外，还要求科学数据资源、科学仪器设备资源、软件资源等；获取这些资源的方式也出现多终端（如电脑、手机等）、多渠道、多方式的要求。而目前各个行业科技资源共享平台因其组织结构管理模式、运行机制等方面无法突破传统的科研管理体制，在面向市场服务的转化创新中的不足之处逐渐显现。被动、通用的科技资源共享模式渐渐不能满足科研人员的多元化、综合化服务需求，使得科技资源在科研活动中应用的深度和广度不够。

3. 科技资源共享信息渠道不够畅通，主动共享的积极性有待提高

由于科技资源分布状况的信息网络还不健全，共享的信息渠道也因此受阻。一方面许多单位和科研人员不知道谁想共享自己的资源而不能提供共享服务，另一方面还有许多单位和科研人员不知道该去何处共享自己所需的资源。此外，尽管科技资源共享的重要意义及开展资源共享的做法已经得到大多数管理部门和研究者认可，然而由于缺乏行之有效的运行机制，科研单位普遍缺乏共享的积极性；同时一些科技工作者本身对共享的社会价值认识不足，缺乏共享的主动性和积极性。

二、国际科技信息资源共享领域的经验与启示

（一）　国际社会组织呼吁实行科学数据共享政策

把促进科技信息资源共享，为科技发展改善基础条件视为国家政府的重要职能，这一点已经成为

联合国教科文组织和世界大多数国家政府的共识。随着各国对科学数据共享意识的提高,越来越多的国际组织参与进来,进行国际交流与合作,满足国际社会对科学数据共享的需求。

在国际科学理事会(ICSU)的组织下,1957年成立了世界数据中心(World Data Center),开展地球科学、空间科学和环境科学领域数据的收集、整理、系统化、标准化及交流服务等活动。在地球科学、空间科学和环境科学领域积极推进了数据管理和共享,并积极参与许多重大的国际科学计划,为人类科学事业的发展做出了贡献。1966年成立的国际科技数据委员会(CODATA),宗旨是提高科学数据的质量,推动对科学数据的收集、交换、服务和共享。CODATA致力于提高对整个科技领域有重要变化的数据的质量、可靠性、管理与可访问性,向科学家和工程师提供对国际数据活动的访问,促进直接合作,并利用互联网初步构建了全球范围内的科学数据交换体系。为了支持对研究和教育数据的"完全与开放"获取,CODATA在2000年制定了《网络时代的科学原则》。

经济合作与发展组织(OECD)为了指导成员国制定、完善科学数据共享政策,于2006年颁布了《公共资金资助的研究数据获取原则与指南》,该原则与指南要求成员国将制定的原则用在制定国家科学数据共享的法律和政策中,以指导公共领域的科学数据共享活动。

(二)依法建立科学数据的共享制度

美、德、英、法等西方国家制定了各种政策法规保障科技信息公开,如:《美国联邦信息资源管理法》《信息和通信服务规范法》《法国的信息社会法》等。美国政府在推动国内科技资源共享方面的成绩比较突出,20世纪90年代后期以来,美国联邦政府建立了以"完全与开放"(Full and Open)共享国策为核心的法律和制度保障体系,这些数据共享政策规定美国国家政府所有和国家投资产生的数据和信息除危及国家安全、影响政府政务、涉及个人隐私的,其余全部纳入"安全与开放"的数据共享管理机制。"完全与开放"的科学数据共享政策,使得数据管理走向有序运作的轨道,数据共享、数据的开发水平和能力逐步提高,极大地刺激了美国经济的发展。2009年,Data. gov网络平台在美国正式上线,按原始数据、地理数据和数据工具三个门类开放数据。欧盟开放数据战略于2010年11月由欧盟委员会首次提出,2011年11月报告被欧盟数字议程采纳,12月12日正式推进这一战略。2012年7月17日,欧盟委员会发布开放共享政策,宣布欧盟地平线2020(Horizon 2020)计划所资助科研论文全部实行开放共享。2013年12月25日,欧盟委员会宣布启动试点,开放公共资助研究数据。

(三)共建共享研究区域和科研基础设施

2000年以来,欧盟开始创建欧洲研究区,把法国的国家研究中心和德国的马普研究所等一些大型机构和研究主体联合起来一道工作,确定优秀中心,并使这些优秀中心联网,进一步协调和促进研究人员的流动。此外,欧洲空间局在对地观测系统与空间探测系统和欧洲核子研究中心的高能物理粒子研究基础设施建设上都采用了多国共建共享研究设施的方式。

(四)重视科研设备共享

日本在加大政府对科研硬件投入的同时,十分注重提高设备的使用效率,采取了一系列措施,对由政府投入的试验设备都制订了相应的使用条例。条例规定这些试验设备必须接受企业和社会的试验委托,并向相关单位开放这些设备。"设备共享,接受民间委托"使得企业的试验水平、企业的开发竞争力大大提高。

三、我国科技资源共享的新形势与新要求

党的十八大以来,我国经济社会发展步入新常态,转变政府职能和推进科技体制改革不断取得新进展,科技工作正在进入一个全新的历史时期。

（一）　实施创新驱动发展战略需要进一步增强科技资源的支撑保障能力

当前，我国经济步入以中高速增长为标志的新常态，中央提出实施创新驱动发展战略，就是要将经济增长由要素、投资驱动向创新驱动转变，充分发挥科技创新在推动经济社会发展中的关键作用。

科技资源是支撑科技创新的基石。拥有相当规模、高质量的科技资源，并通过科学高效的管理手段实现与科技人才、资金的合理配置，是开展高水平科技创新活动、产生原创性科技成果的必要条件。科技资源的规模、质量、配置和利用直接决定着科技创新能力的高低，进而影响着经济增长方式和速度。在新一轮科技革命和产业变革孕育兴起、科技创新竞争日趋激烈的背景下，科技创新成为国家核心竞争力。实施创新驱动发展战略，要进一步提升科技资源的生产、集聚、开发和利用水平，切实增强科技资源对科技和经济进步的支撑保障能力。

（二）　加快政府职能转变和深化科技体制改革需要进一步提升对科技资源共享重要性的认识

党的十八届三中、四中全会提出，要简政放权，取消和下放行政审批事项，强化政府的社会管理和公共服务职责。《中共中央、国务院关于深化科技体制改革加快国家创新体系建设的意见》中也将"加快转变政府管理职能，提高公共科技服务能力，充分发挥各类创新主体的作用"作为一条基本原则。推进科技资源的开放共享、合理配置和能力提升，是一项复杂的系统工程，单靠政府或民间单一的力量都难以完成，需要激发科技团体、市场资本参与共享的主动性和积极性。同时，政府需要在政策保障、规划设计、环境营造以及加强监管等方面发挥主导作用。

（三）　我国科技发展的阶段特征迫切要求提高科技资源管理水平

我国正处在由科技大国向科技强国迈进的历史进程中，不同科技领域对科技资源配置和保障的需求有显著差异。前沿科技创新、企业技术创新、大众创新创业等不同类型的创新活动日益活跃，对科技资源的需求将更加多元。目前，我国科技投入不断加大，科技资源规模增长迅速，科技资源分布越发广泛，但科技资源共享和利用水平不高，开展科技资源统筹建设和专业化管理的需求愈加迫切。

四、学会促进科技资源共享和高效利用的重要作用

（一）　学会是推动科技资源共享的优秀载体

科技资源数据平台通过对学科资源和科学数据等进行积累、集成和优化，对促进科技资源的高效配置和综合利用，提升科技创新能力具有重要的推动作用。然而很长时间以来，国内科学技术界对数据积累和集成未能给予足够的重视，因此国内数据平台尚远落后于国际发达国家。基于科技力量小型化、分散化的状态，单一科研实体显然不具备承载数据集成的能力，以利益为导向的商业模式也很难具备权威性。学会的"公益"性质和"中立"立场及其组织、协调、凝聚、创新的功能，无疑是担此重任的优秀载体。

（二）　学会具备承载科技资源共享的能力

近年来，中国科协所属学会能力普遍提升，学会的影响力、凝聚力和公信力得到较大提升。服务科技创新中的地位和作用进一步凸现，学术地位和影响力明显提升，成为国内高端学术交流的引领者，专业学科发展报告和行业决策咨询的主要提供者，社会科技设奖的主要力量和第三方科技评价的重要承担者。服务社会和政府领域取得较大拓展，学会的社会价值得到进一步认可。服务科技工作者的内容和手段大大丰富，助力科技工作者职业发展的针对性不断增强，学会凝聚力明显提升，成为科

技工作者国际化交流任职的主渠道和科技工作者和科技人才成长服务的重要提供者。

（三）一些学会已经自发开启推进科技资源集成共享工作

截至"十二五"期末，社会团体并未进入国家科技基础平台的视野，目前的 23 个国家科技基础条件平台中，没有任何一个依托学术团体进行建设。但是，在中国科协实施"学会能力提升计划"后，许多具备条件的学会也立足自身领域，开拓资源共享空间，着力建设适宜学会自身能力的资源开发与共享机制。一批具备较好基础的学会已着手搭建所属学科领域科技资源数据平台。中国力学学会等十余个具备良好科技期刊基础的学会充分借鉴国内外科技社团以及出版机构对于期刊集群的顶层设计和运营模式，筹划并建立基于学科分类的期刊集群，中国光学期刊网、中国力学期刊网、中国化学期刊网等期刊集群陆续筹划、搭建或上线。中国药学会探索大数据在医药行业的应用，建成国内最先进的药物数据校对检索系统和药品标准库，依托全国医药经济信息网，服务政府决策和产业发展，已经成为国内最大的医药经济信息和药物信息服务平台。中国汽车工程学会立足行业优势，加大数据库平台建设投入，完成了轻量化数据库建设，弥补了我国轻量化数据库的空白。

（四）中国科协统一部署，组织学会推进科技资源共享

如上所述，虽然目前我国科技事业整体呈现典型的纵向管理体制，但在一些中国科协所属全国学会已经立足自身领域，着手建立面向会员和科技工作者的资源平台。然而，受精力、能力、财力所限，单一学会资源平台很难达到较大规模，共享作用难以充分发挥，信息孤岛现象普遍存在。

学会想要更好地参与科技资源共享，更好地发挥优势作用，须在中国科协的统一策划与部署下，发挥学会间跨学科、跨区域的横向联合优势，才能对解决全社会创新中分散封闭、交叉重复等碎片化、孤岛现象显示出天然的科技与人才资源优势和组织机制优势。

五、"十三五"总体思路和主要目标

（一）总体思路

为全面贯彻落实党的十八大精神，进一步加强科技创新体系建设，增强科技创新能力，优化科技创新环境，促进学会系统集成资源，提供创新驱动服务平台，在各学会网络信息建设的基础上建立中国科技创新云。

广泛集中学会信息资源，深度开发学会科技资源优势，推动解决科技资源分散重复、封闭孤岛、碎片化等现象，搭建起服务创新、服务社会和政府、服务科技工作者和自身发展的网络平台，整合研究开发机构、科技人才、科技成果、在研项目以及整个学科的发展趋势，在现有信息资源基础上不断完善，达到对科技要素的全覆盖，并突出所提供信息的权威性，促进产学研用的结合。

（二）主要目标

依托中国科技创新云，将主要实现以下目标。

1. 打造最值得科技工作者信赖的科技信息门户

发挥学会领域专业优势，广泛集中国内外科技信息资源，建立便捷、友好门户界面，实现科技工作者的一站式信息获取功能，打造科技工作者首选的信息获取工具。在统一规划下，参与科技创新云建设的成员、学会首先分别建立或完善基于自身所属领域的信息平台，再实现各信息平台间的互联互通，最终达到一站式获取功能。

2. 在科技信息资源领域，建立中国科协所属学会科技期刊大集群

在中国目前的 4900 余种科技期刊中，中国科协所属全国学会主办 1000 余种，占 20.4%。尤其在

高质量期刊之列，中国科协所属全国学会主办的期刊优势更加明显，以国内147种SCI收录期刊为例，全国学会共主办74种，占全部SCI收录期刊的50%。为此，期刊集群领域无疑是学会在科技资源共享领域的有力突破口。

作为中国科技创新云的重要组成部分，将首先以学科或行业领域分别建立各自领域期刊集群。在集群建立相对成熟后，建立领域集群间的互联互通，谋求集团式发展，届时将有望成为世界上规模最大的期刊（全文）资源平台。

3. 在科技物力资源领域，建立具有评议机制和大数据分析能力的仪器设备共享平台

由学会群力建设的仪器设备共享平台拟借鉴"众筹"模式，发挥各全国学会会员的积极性进行建设。借助广大会员的力量，平台不仅可以覆盖科技工作者从事科研工作需要的大、中、小型仪器设备，更可以让使用者随时将对该仪器设备的使用意见、使用心得、操作要领进行分享。随着数据的积累，平台可以满足科技工作者在采购时同类比较，在使用时更快掌握的需求。平台将极大地促进各类科研仪器设备的高质量采购和有效使用，也希望能够为促进国产仪器尤其是中小型仪器的质量提高做出贡献。

4. 在科技人力资源领域，建立基于同行认可与推荐的人才交流平台

充分发挥全国学会人才优势和桥梁纽带作用，搭建专业性人才平台，实现人才的同行评价和人才交流功能。基于"同行评价和推荐"的人才交流平台将更能展示学会特色和权威性，因而更能得到科技工作者、高校、科研单位和企业的认可，促进科技人力资源的共享与高校利用。

5. 在科普和继续教育领域，建立科普与继续教育资源的共建共享平台

科学普及和继续教育是中国科协所属全国学会的主要任务之一。长期以来，全国学会积累了大量的原创性的科普与继续教育资源，但普遍共享利用率低。为此，拟建立该平台，鼓励各学会间资源共建共享，并鼓励学会以外的各单位或个人参与共建共享工作，使之成为门类完整，内容丰富的科普与继续教育资源平台。

六、条件保障和组织实施

（一）政策扶持

中国科协联合、指导项目学会主动加强与科技创新网服务对象以及技术支持单位的沟通，营造良好的网络建设条件。各项目学会充分调动学会分支机构和地方学会的工作热情，形成上下联动、协同推进的工作格局，对中国科技创新网络建设工作进行总体布局、顶层设计和统筹协调。

（二）经费投入

建立健全长期、稳定的经费支持渠道。在中央财政支持下，在中国科协设立专项，作为项目经费，重点支持项目学会制定业务规程和技术标准、培训专职工作人员、加强专业团队业务能力建设。

（三）条件建设

1. 分工责任制度

中国科协、项目承担学会与技术支持各方明确各自的权利义务、合作方式等，确定项目目标、重点任务、时间进度、质量要求、量化考核指标和资金支持方式等。

2. 项目负责人制度

项目实施团队推荐项目负责人，负责人原则上由学会秘书长以上级别的学会领导担任，项目负责

人须经学会理事会或常务理事会同意。项目执行过程中重大事项须按照民主决策的程序，由学会理事会、常务理事会讨论决定。

3. 例会督导制度

定期交流项目进展情况，研究制定阶段目标和推进重点，统筹推进项目进程，协调解决工作中出现的共性问题。

4. 信息交流制度

建立中国科技创新网络建设信息公开制度，建立网络信息交流平台，在中国科协网站、项目学会网站或社会媒体上公开发布工作进展信息，接受社会监督，及时编发工作简报。

（四）监督评估

以科技创新网络建设、维护与服务效果为核心，制定中国科技创新网络工作评估标准和工作程序。项目承担学会要做好数据积累和相关准备工作，提交项目自评报告。由中国科协委托第三方评估机构，对中国科技创新网络项目开展阶段性评估和项目成果验收。

（课题组成员：郑素萍　邹　超）

中国科协"十三五"科技期刊发展战略若干问题研究

中国科学技术期刊编辑学会课题组

一、我国科技期刊的发展环境和现状分析

我国科技期刊的发展环境和现状可总结为以下几个方面。

（1）我国是科技大国，正在向科技强国方向发展。中国科协科技期刊必须通过规划的制订，实现与国家科技创新战略保持一致，与国家科技期刊总体战略保持一致，在国家科技期刊的发展上保持主导地位。

（2）我国是科技论文大国，正在逐步成为科技论文强国。2014 年 9 月 26 日，中国科学技术信息研究所发布 2014 年中国科技论文统计结果显示，2004—2014 年（截至 2014 年 9 月）我国科技人员共发表国际论文 136.98 万篇，排在世界第二位；论文共被引用 1037.01 万次，排世界第四位，比上年度提升 1 位。我国有 16 个学科论文被引用次数进入世界前 10 位，其中化学、计算机科学、工程技术、材料科学、数学 5 个领域论文的被引用次数排名世界第二位，农业科学和物理学排在世界第三位。

（3）我国是科技期刊大国，尚未成为科技期刊强国。2014 年全世界学术期刊共 6 万余种，我国科技期刊 6000 种左右，仅次于美国，居世界第二位。2014 年中国科技论文统计结果显示，虽然中国国际科技论文被引用次数平均每篇论文被引用 7.57 次，比上年度统计时的 6.92 次提高了 9.4%，但与世界平均值为 11.05 次/篇相比，还有不小的差距。根据上述分析，我国科技期刊发展与我国科技发展态势不能匹配，我国科技期刊的国际影响力存在明显差距，在国际科技期刊领域的话语权非常有限。

（4）我国文化体制改革的步伐加快，特别是随着国际出版资本的注入，科技期刊的市场化趋势和步伐将加快，期刊正处于由计划经济向市场经济转型时期。适应新形势，跳出传统的期刊经营业态，是求得进一步生存与发展的重要出路。中国科协科技期刊仍是编辑部为主要运营主体，集群化或集团化管理的期刊出版单位只占很小比例。据《中国科协科技期刊发展报告（2008）》统计，我国办 1 种科技期刊的出版单位 2253 家，办 2 种的单位 341 家，办 3 种的单位 111 家。

（5）我国数字出版进入了一个高速发展期。随着经济的高速发展，数字出版的产业链已初步形成，开始进入了一个高速发展期，数字出版已经成为新闻媒体界重要的组成部分和新的经济增长点。自 2002 年以来，我国纸质期刊销售册数基本处于停滞不前的状态，扣除物价上涨等因素，实际上很可能处于下降趋势中，而同期数字出版却呈现日新月异的发展之势。尽管我国的数字出版产业发展势头强劲，但在发展中主要存在产业链的循环不顺畅、赢利模式不成熟、版权保护难度大、复合型人才短缺等亟待解决的问题。

（6）近年中国科协的提升中国科技期刊国际影响力计划资助期刊，有众多期刊是与国外出版公司合作，中国尚不具备有国际出版水准的出版公司，支持建设中国的科技出版集团或公司，进行集约化

运作，是中国科技期刊发展出路之一。爱恩唯尔出版集团（Elsevier）、斯普林格出版社（Springer）、威利数据库（Wiley）等国际性学术期刊出版机构的在线出版平台和信息服务平台，成为世界性研究人员获取科研信息的主要来源，中国一方面付巨额发表费用，另一方面耗巨资购买其数字产品。

（7）缺乏顶层设计，期刊结构不合理，低水平重复现象严重。同类期刊过多导致稿源分散、资源浪费，也对期刊的学术质量造成影响，形成刊多质低的局面。各杂志各自为营，以单个杂志为区隔的经营壁垒，杂志间稿源、专家、信息共享较少，不能进行合理的资源配置。而同一个期刊评价体系，使得众多科技期刊为数据库评价指标办刊，而期刊的多样化发展受到严重制约。

二、我国科技期刊的国际化发展

通过中国科协精品科技期刊工程项目以及中国科技期刊国际影响力提升计划的实施，有力地促进了我国英文版科技期刊办刊能力和学术质量建设，有效地提升了期刊的核心竞争力。

1. 主要成果

（1）出版能力持续提高：期刊积极吸引优质稿件，不断增加信息容量，加快稿件处理流程，缩短期刊出版周期，提高印刷质量与发行量，使得期刊整体出版能力得到明显提升。

（2）学术质量稳步上升：期刊学术水平及学术质量稳步提升，呈现出较强的学术影响力与发展潜力。

（3）科技期刊国际化进程加快：办刊队伍、稿源、读者群、引用等诸方面的国际化程度日益提高；被国际权威检索系统收录和国际显示度不断提高。

2. 存在问题

我国英文版科协科技期刊发展的成就令人瞩目，但从国际期刊和我国科研发展的现状和态势看，也存在着一些需要解决的问题。

（1）多数期刊的办刊理念、管理体制和运行机制等还停滞在计划经济时代。

（2）数量不多且影响力仍然相对较低，不能为我国的研究成果提供有效的展示和交流平台。我国英文版科协科技期刊有 260 余种，在国内外科学界的影响力和被利用的程度普遍较低，大多数期刊获取高学术水平稿件十分困难，期刊的被引用指标相对较低，国际显示度和可获得性也非常有限。

（3）我国优秀稿件的大量外流与我国科技期刊的学术影响力很难得到提升互为因果，致使中国的英文版科技期刊处于恶性循环的运作过程中。

（4）编辑队伍的科学素养、外语水平、管理能力等仍有待进一步提高。因工作性质、办刊方式等方面的因素，长期从事期刊编辑工作的人员缺乏在科研一线工作的体会与科学敏锐力，缺乏与国际一流出版者直接交流的机会。因此，不断遴选与培养高素质的编辑人员对于提高科协科技期刊编辑的办刊理念，培养一批具有国际性期刊编辑与出版前沿意识的编辑人才等，无疑具有极大的促进作用。

3. 对"十三五"期间我国科技期刊国际化发展的建议

（1）国际合作方面：在当前的情况下，鼓励英文版科技期刊与国际出版机构的合作，但在合作中应正确评估合作效果，保护期刊的自身权益。借鉴国际成熟的出版机构经验，构建我国具有国际传播能力的期刊集成化网络出版平台，提升期刊的数字出版能力和海外推广能力，开拓期刊的国际营销渠道。

（2）出版流程方面：大力推进英文版科技期刊在办刊理念、服务理念、出版流程、传播方式、经营模式向国际一流刊物发展，树立国际化的办刊理念，以学者办刊为核心，培养国际化的编审队伍，争取更多国际优秀稿源，以成熟的商业模式传播和经营期刊，吸引全球范围的读者，提高其国际影响力。

（3）学科配置方面：继续培育在学科和专业领域有较强影响力和辐射力的英文版科技期刊，促进有一定国际化基础的我国优势学科、重点学科、民族特色学科期刊逐步成长为具有广泛影响的国际期刊。

三、中国科协科技期刊的数字出版与传播

（一）中国科协科技期刊数字出版状况

科技期刊实现数字化转型，需要办刊者从以往的仅关注印刷版期刊的生产向关注如何利用数字技术实现内容的有效生产和传播转变，主要体现在：实现编辑工作流程的数字化（在线投稿、在线审稿等）；将期刊内容（目次、摘要、全文）进行结构化处理、信息化加工后利用互联网做最广泛的传播，实现全文内容的开放获取和在线预出版；利用移动终端等新媒体发布期刊内容和信息；充分利用互联网为读者和作者提供个性化、深层次的服务；在互联网上树立期刊品牌形象，扩大期刊的国内外显示度。

《中国科协科技期刊发展报告（2014）》专题之一"中国科协科技期刊数字出版及传播力建设"通过在线调查和问卷调查，客观地展现了中国科协科技期刊网站建设、在主要全文数据库上网情况、开放获取（OA）出版、新媒体应用等，所得结果可为中国科协"十三五"规划相关内容的制定提供参考依据。

（二）中国科协科技期刊网站建设

2013 年，中国科协科技期刊中有 812 种建设了网站，占中国科协 1056 种期刊的 76.9%，所占比例比 2011 年增加了 7.2 个百分点。期刊的上网形式以"一刊单独上网"为主，所占比例达 73.6%，比 2011 年明显增加了 9.4 个百分点。表明中国科协科技期刊的网站不仅在数量上有明显的增加，在质量上也有明显的提高。

2013 年，中国科协科技期刊自建网站上提供的内容信息更加丰富，服务功能日趋多样化，总体质量有所提升。812 种期刊的自建网站上 55.1% 发布文章全文，所占比例比 2011 年增加 10.1 个百分点。2013 年实现在线预出版（或称数字优先出版）的中国科协科技期刊有 84 种，占 812 种自建网站期刊的 10.4%，比 2011 年增加了 2.6 个百分点。中国科协 812 种期刊的自建网站上，有 74.0% 以上的期刊网站上具有"在线投稿""在线审稿""在线查稿"和"远程编辑"功能，比 2011 年平均增加 10.4 个百分点。

问卷调查结果表明，期刊网站建设的目的依次为"实现编辑办公的网络化（在线投稿、在线审稿等）"（84.4%）、"树立期刊品牌形象，扩大期刊的国内外显示度"（75.9%）、"为读者和作者提供服务"（69.8%）和"实现全文开放获取"（56.3%）。2012 年有 77.2% 的中国科协科技期刊为网站建设投入了资金。总投入资金 1509.13 万元，刊均投入 4.01 万元。有 85.9% 的期刊计划今后继续对网站投入资金。调查结果还显示，中国科协科技期刊网站中有 87.7% 的网站不赢利，能够赢利的网站非常少，仅占 4.4%，不亏损、能够独立运营的网站仅占 12.3%。

（三）中国科协科技期刊在主要全文数据库上网情况

2013 年中国科协 1056 种期刊中分别有 91.9%、83.2% 和 81.8% 在中国知网、万方数据和维普资讯全文上网；有 71.2% 在 3 个数据库同时全文上网。中国科协科技期刊在 3 个数据库的全文数字化率为 95.5%。

中国科协科技期刊还不同程度地加入了国内相关综合或专业性期刊网，如：有 36 种期刊加入了"龙源期刊网"、31 种期刊加入了"中国科技论文在线"、28 种期刊加入了"读览天下"、22 种期刊加入了"中国光学期刊网"、45 种期刊加入了"中国科学院科技期刊开放获取平台"、61 种期刊加入了

"地球与环境科学信息网",66 种期刊加入了"中国地学期刊网"。另有 72 种期刊分别在国外 11 个出版商（社）的网络出版平台全文上网。

截至 2013 年 6 月，有 361 种中国科协科技期刊与中国知网签订了独家授权数字出版协议；截至 2013 年 8 月，有 141 种中国科协科技期刊与万方数据签订独家合作协议。问卷调查显示，有 67.7% 的办刊者对中国知网、万方数据等技术提供商支付的独家著作权使用费感到满意。

对中国科协科技期刊 2012 年期刊数字出版总收入占期刊发行总收入的问卷调查结果显示，有 70.0% 期刊的数字出版收入低于年度发行总收入的 10.0%，有 47.4% 的期刊的数字出版收入低于 5.0%，有 23.0% 的期刊的数字出版收入低于 1.0%。表明中国科协科技期刊的数字出版收入总体来说还很少，有为数不少期刊的数字出版收入可以忽略不计。

（四）中国科协科技期刊开放获取（OA）出版

2013 年中国科协科协期刊中有 OA 期刊 364 种，占 1056 种期刊的 34.5%，与 2011 年相比绝对数量增加了 56 种，所占比例增加了 5.2 个百分点。期刊主要通过自建网站的形式实现 OA 出版，上网形式仍以"一刊单独上网"和"数刊联合上网"两种形式为主（占 86.3%）。与 2011 年相比，所占比例增加 8.0 个百分点。

OA 期刊中有 85.2% 为学术类期刊，14.8% 为英文版期刊，占中国科协全部 86 种英文版期刊的 62.8%。OA 期刊开放全文时滞中"超前"和"现刊"占 63.7%；与 2011 年相比，"超前"和"现刊"所占比例明显增加了 7.5 个百分点。开放全文 200 期以上的期刊由 2011 年的 38 种增加到 71 种。问卷调查显示，影响期刊实现 OA 的因素以"担心减少印刷版本的发行量和发行收入"为主，占 68.3%；与 2011 年的调查结果相比，所占比例降低了 8.9 个百分点。

（五）中国科协科技期刊综合数字传播力和新媒体应用

中国科协科技期刊为提高期刊的数字传播力，较普遍地采取了多重数字化传播方式。即在 2 个或 2 个以上网络平台发布期刊全文，以最大限度地提高期刊数字传播的广度和深度。2013 年中国科协 1056 种科技期刊中有 84.9% 的期刊在 2 个（含）以上网络平台发布期刊全文，在 2 个、3 个和 4 个网络平台发布全文的期刊分别为 24.4%、29.1% 和 24.3%。

2013 年的问卷调查结果显示，中国科协科技期刊中有 245 种启用了新媒体，占所调查期刊的 36.2%。相对较多的新媒体应用方式为 QQ 群、微博、行业论坛和针对各类移动终端（智能手机、电子阅读器、平板电脑等）的信息推送，分别占 19.1%、14.1% 和 13.2%；其次是微信、复合数字出版、二维码和飞信，分别占 7.3%、5.9%、5.6% 和 5.3%；最少的是云出版和语义出版，分别占 1.2% 和 0.4%。

（六）对中国科协科技期刊有关数字出版问题的问卷调查

2013 年对中国科协科技期刊实现数字化的路径、数字出版新技术新模式的应用前景、数字出版发展中存在的主要问题、数字出版时代提高期刊收入的途径、出版工作流程的数字化状况等问题进行了问卷调查。72.1% 的办刊者认为应"建设或加入学科集群期刊网，为用户提供全面的、专业化的信息与知识服务""优先出版""复合数字出版""开放获取""移动终端上发布""云出版"等新的数字出版模式和技术得到了较多人的认可。数字出版发展中存在的主要问题是"投入不足"（占 69.8%），提高期刊数字出版收入的途径主要有"科技期刊应该是非营利性的，需要政府、主管主办单位、基金等的支持"（占 55.5%）和"提高版面费"（占 45.3%）。有 95.1% 的期刊"作者投稿"实现了数字化。

（七）中国科协科技期刊数字出版发展趋势与对策

数字出版是出版史上又一次重要转折，它与传统出版的不同表现在载体不同、信息组织和可利用方式不同、信息媒体的表现形态不同、发行方式不同、阅读方式不同和印刷手段不同。从调查中发现，中国科协科技期刊在数字出版转型中存在内容加工有待深化，新媒体、新技术的运用不够充分，服务意识和市场意识有待强化，可持续的数字出版商业模式尚未建立等问题。"十三五"期间，建议中国科协科技期刊在未来的数字出版和传播力建设中从以下4个方面给予关注。

1. 应用数字新技术，实现传统媒体与新媒体的深度融合发展

深化期刊内容的数字化加工，指在内容资源数字化的基础上进一步进行内容的结构化，这需要重塑出版流程，从内容生产（组稿、编辑）的源头不仅要满足印刷版出版的需要，更要满足互联网读者、手机读者、手持阅读器读者的需要，即实现复合数字出版所要求的"一种内容、多种载体、一次制作、多元发布"。从内容生产源头对数字内容进行结构化，进行元数据标引，面向不同载体、不同读者、不同内容形态的需要，实现内容的动态出版，以适应阅读终端多屏化（个人电脑、智能手机、平台电脑）和移动化、阅读内容呈现形式多样化（文字、图像、音频、视频）等的需要。有条件、有能力的期刊社（编辑部）应考虑开展语义出版。

2. 通过多种信息渠道，实现最广泛的传播

随着移动互联网技术的成熟和智能手机、平板电脑等移动终端的普及，移动阅读成为数字出版发展的新趋势。移动互联网巨大的发展空间为数字出版产业的发展带来了良好的发展机遇。但数字出版产业如何通过内容建设和深度个性化服务，以满足移动互联网用户多元和差异化需求将是一个挑战。期刊编辑部可进一步考虑实现移动出版，将内容在更多的渠道上进行发布和传播，成为期刊数字出版新的增长点。

建议有条件的学术类期刊可考虑实现OA出版。OA出版在国内外已被越来越多的办刊者所接受。国际知名出版商爱思唯尔、施普林格等已相继在其网络出版平台上发布了为数不少的OA期刊。虽然在学术界对OA出版是否可提高期刊的引证指标尚存在不同认识，但我国大部科技期刊由作者部分付费的出版模式为实现OA出版提供了方便。一些尚存在一定个人用户的学术期刊如果担心OA出版会影响期刊的发行量和发行收入的话，可采取国际上通行的延迟OA的方式，即在印刷版本发行一段时间后再将全文OA。

3. 构建复合商业模式，实现数字出版可持续发展

中国科协科技期刊除继续出版印刷版本外，较普遍地采取了多重数字化传播方式，84.9%的期刊在2个或2个以上网络平台发布期刊全文，即大多数中国科协科技期刊处于多条产业链并存的状态。这些产业链主要有：①内容出版者主导的产业链：目前自建网站的期刊出版单位存在两条产业链，印刷版本出版产业链和自建网站产业链。印刷版本出版产业链具备成熟的商业模式。2013年对中国科协科技期刊网站的经营状况的问卷调查结果显示，不赢利（"无收入"和"有收入但小于支出"）的网站占87.7%，因此大多数期刊自建网站产业链尚不完善，未形成可持续发展的商业模式。②技术提供商主导的产业链：期刊出版单位将其出版的内容通过签订协议的方式授权给中国知网、万方数据等技术提供商。这些技术提供商经过十余年的积累与发展，已经形成了成熟的商业模式。③学科期刊网主导的产业链：学科期刊网长期运营需要有成熟的可持续发展的商业模式。各学科期刊网差异较大，有的通过为读者提供服务向读者收费，有的以年费的形式向期刊收费。我国的学科期刊网大多还处在投入发展的初期，尚未形成完善的商业模式。④电信运营商主导的产业链：在我国数字出版的各种业态中，手机出版最为引人瞩目。中国移动等电信运营商先天具有的用户规模、渠道优势和收费优势，商业模式成熟，与其合作从事手机出版的期刊提供内容，并与之分成，但目前的分成比例较低，内容提供者所得甚少。

目前，在科技期刊数字出版产业链上虽然尚存在因技术提供商和电信运营商的垄断而无法得到合理回报的问题，中国科协科技期刊办刊者也应尽力而为，在继续做好内容数字化的同时，加强网络传播，努力开拓新业务，延伸出版产业链，挖掘新的发展空间和赢利方式，构建健康合理的数字出版产业链，依靠复合商业模式，维持在数字出版生境中的生存并谋求发展。

4. 强化服务意识和市场意识，加强数字网络环境下的期刊营销

在数字出版时代，期刊的传播方式和渠道都发生了根本性的变化，对内容资源的竞争也日益激烈，伴随着出版体制改革形势，中国科协科技期刊办刊者急需强化服务意识和市场意识。可借鉴其他大众传媒的发展经验，在保障内容质量的前提下，最大限度地满足读者的各种需求，即不仅要关注内容的生产，更要关注读者的需求，由过去的以产品为中心、内容为王，转变为以客户为中心、服务为王。

四、我国科技期刊的集约化和多样化发展

随着我国新闻出版体制改革的深入推进，科技出版转企改制取得了较大进展。科技期刊多为单刊式分散经营模式，真正适应企业化规范运营和市场化运营的科技期刊出版公司凤毛麟角。单刊经营的出版单位，如果没有新的期刊资源加入，难以形成规模优势。同时，数字化、网络化为代表的信息技术带来了出版方式的革命性变革。无论从出版理念、出版技术、出版物流等各个环节，中国科技期刊都需解决小散弱问题，加强集约化。因此，科技期刊从分散经营走向集群化的规模经营是市场竞争的需要，也是科技期刊产业化的发展方向。

1. 我国科技期刊的集群化发展存在的主要问题

（1）缺乏龙头出版公司和信息提供商提供编辑专业化组织与服务：我国科技期刊编辑部普遍小而散的现状，很多杂志编辑部组织小而全，编辑负责出版各个环节的工作，实施集约经营时没有部门协调、没有专人牵头，各专项工作没有相关专业人员对接等问题，但目前在体制和人力资源配置等深层次问题还未找到解决方案。

（2）缺乏集群化运作的市场营销与物流平台：期刊集群化经营，有提升品牌价值、提高议价能力、用专业化提高经营效率、用规模化摊低经营成本等优势，但同时也可能遇到管理难度增大、渠道冲突、体制机制不匹配等问题。中国尚无成熟的营销和物流平台，出版体制改换和出版集团的优惠政策也未到位。

（3）新媒体技术和建设没有做到全局规划：目前各期刊进行的数字化建设和使用微博、微信等新媒体工具时，普遍以各期刊自身为建设主力。一方面，由于各期刊自身资金有限、资质不足、内容简单、人员和技术力量不足，很难真正实现全媒体转型。另一方面，在没有全局规划的情况下，各期刊生成的数据标准性差，很难进行进一步集约开发利用。

（4）缺乏高度国际化的终端显示平台：截至2010年6月，中国科协期刊与多家国际出版机构开展合作的数量仅为53种。中国期刊当前缺少具备在全世界展示其影响力的网络传播平台，只能借助国外力量，不仅耗费巨资，也不利于知识产权的保护。

（5）评价与导向问题。学术评价以论文为主，论文评价以引用为主，使期刊发展陷入单一化、同质化的局面，背离了百花齐放、百家争鸣的宗旨，也不利于科技期刊服务于各层次的科技工作者。

2. 实施方案建议

集约化管理是现代企业集团提高效率与效益的基本取向。集约化的"集"就是指集中，集合人力、物力、财力、管理等生产要素，进行统一配置，集约化的"约"是指在集中、统一配置生产要素的过程中，以节俭、约束、高效为价值取向，从而达到降低成本、高效管理，进而使企业集中核心力量，获得可持续竞争的优势。建议科协在"十三五"期间通过政策和经费资助协调以中国科协科技期

刊为龙头的集约化发展。

（1）以业务流程改革为核心，实现生产的集约化。通过辨识、分解、评估业务流程中各个环节，把各期刊的生产要素按自然的方式加以重新组合。中国科协可支持部分出版公司集约生产项目，在提升各编辑部排版、印制、发行、广告工作的专业性的同时，减少了不必要的资源重复配置。

（2）经营集约化。期刊集群化经营具有资金、渠道、人才、品牌和管理上的天然优势，是期刊发展的重要条件之一，更可为进一步产业化、国际化奠定基础。

（3）在继续进行中国科协精品科技期刊工程项目的基础上，增加对出版集团的支持。在即将实施的中国科协精品科技期刊工程第四期项目中，中国科协将进一步深化精品科技期刊战略，大力发挥学会办刊的学术和专业优势特长，创新方法和手段，不断优化项目结构和布局，提升项目的成效。在下一个资助周期，建议以集约化、集团化项目为主要重点，在新刊的申请配给、政策支持等方面给予优惠政策。以期在下一个五年规划中，中国的期刊有中国的出版公司推介交流。

（4）协调有能力的出版机构，进行大型专业数据库建设，开发和建设数字化编辑和服务平台，建立现代化物流和电子商务渠道，研究出版产业的发展趋势以及出版技术的变革，适时调整发展战略。

五、我国科普期刊出版现状与发展建议

（一）我国科普期刊出版现状

按期刊内容所涉及的专业分类，我国科普期刊可分为综合科普期刊和专业科普期刊两大类。综合科普期刊以综合类和百科类为主，另有少量科幻类期刊也可归入此类；专业科普期刊根据学科分类可分为理科类、工科类、农林类、医药保健类和军事公安消防类共 5 类。统计数据显示，我国 455 种科普期刊中，专业科普期刊为 265 种，占总数的 58.2%；综合科普期刊为 190 种，占总数的 41.8%。专业科普期刊中，理科类 44 种、工科类 45 种、农林类 61 种、医药保健类 103 种、军事公安消防类 12 种，分别占总数的 9.7%、9.9%、13.4%、22.6%、2.6%。

1. 主管单位分布情况

我国科普期刊的主管单位包括地方政府机构、中国科协及地方科协、国家部委、出版机构、科研院所、企业、全国性社会团体以及解放军系统单位。据统计，全国 455 种科普期刊中，地方政府机构主管 115 种，占 25.3%；中国科协和地方科协共主管 86 种，占 18.9%；各出版机构主管 84 种，占 18.5%；相关科研院所主管 56 种，占 12.3%；其余单位主管科普期刊的比例在 10% 以下。

2. 主办单位分布情况

多数科普期刊由 1 个单位主办，少数期刊由 2 个或 2 个以上单位共同主办。据统计，455 种科普期刊共有 544 个主办单位，单一主办单位的期刊共 378 种，其余 77 种为合办期刊。统计数据显示，科普期刊的主办单位主要有报刊图书出版单位、研究院所、全国学会及地方学会、政府机构、地方科协、企业、医院及国家有关部门或单位等。主办科普期刊数量较多的包括报刊图书出版单位、研究院所、全国学会及地方学会，这三类单位共主办科普期刊达 398 种，超过总数的 80%。全国学会和地方学会主办的科普期刊达到 114 种，占总数的 1/4。

3. 科普期刊出版周期

我国科普期刊中有月刊 236 种、双月刊 52 种，二者合计 288 种，占总数的 63.3%；出版频次较高的周刊、双周刊、旬刊和半月刊共有 155 种，占总数的 34.1%；出版频次较低的季刊、半年刊和年刊数量较少，只有 12 种，占总数的 2.6%。与学术期刊相比，科普期刊的出版频次较高。

4. 科普期刊的定价及页数

定价方面，我国科普期刊每册平均定价 9.7 元，每册定价最高 69.6 元，最低 0.5 元。其中，每册

定价在 5～10 元的居多，共 194 种，占总数的 42.6%；每册定价在 5 元以下的，有 127 种，占总数的 27.9%。据统计，科普期刊刊载容量总体略小于学术期刊，科普期刊页数在 100 页（含）以下的最多，共 326 种，占总数的 71.7%；页数在 100～200 页的共 103 种，占 22.6%；200 页以上的期刊数量最少，仅有 26 种，占 5.7%。

5. 科普期刊办刊队伍情况

据统计，我国科普期刊的从业人员总数达到了 6967 人，刊均不到 16 人。其中，刊均采编人员 8 人，刊均经营人员 4 人，刊均新媒体人员仅 1 人。科普期刊办刊人员中，高级职称者 1511 人，占总数的 21.7%；中级职称者 1791 人，占总数的 25.7%；初级职称及无职称者 3665 人，占总数的 52.6%。可见，科普期刊以老带新的梯队建设基本完善，有一支年轻队伍在各自岗位贡献力量。随着我国新闻出版业体制改革的不断深化，各相关出版单位的用人机制越来越灵活，除了在编人员，大量新进人员都已经开始采用合同制。在科普期刊办刊队伍中，目前在编现职人员比例为 40.8%，聘用人员比例为 55.2%；另有少量在编退休人员，比例为 4.0%。在编现职人员与聘用人员的比例约为 1∶1.4。

6. 科普期刊的发行状况

目前，科普期刊发行渠道主要有 3 种，邮局发行作为传统的发行渠道，虽然近几年所占比例有所下降，但目前仍然是期刊的主流发行渠道；另外一种是自办发行，出版单位依靠自身渠道，直接将期刊投递到读者手中，一般与邮发并行；最后一种，是近年来开始兴起的第三方发行渠道，大都是一些专业的发行公司，在国内发行领域还属于新兴渠道。根据统计数据，在发行方式上，科普期刊采用传统邮局发行的共有 78 种，占总数的 17.1%；采用自办发行的有 48 种，占总数的 10.5%，邮发与自办发行相结合的最多，共有 321 种，占总数的 70.6%；另有 8 种情况不明，占总数的 1.8%。

7. 科普期刊的广告经营

除了发行收入以外，广告收入是科普期刊收入的另一个重要来源。科普期刊的广告经营方式以自主经营为主，部分期刊采用委托其他公司代理广告方式。目前，科普期刊有多种广告经营方式，主要方式是期刊自主经营广告，共有 231 种期刊，占总数的 50.8%；其次是自主经营和委托代理并行，共有 82 种，占 18.0%；委托独家代理广告的科普期刊有 68 种，占 17.9%；还有 38 种期刊选择其他方式经营广告，占 8.4%；36 种科普期刊情况不明。

8. 科普期刊的收入情况

2013 年科普期刊刊均总收入为 351.3 万元。其中，传统的发行收入依然是科普期刊收入的主体，以 194.4 万元占据总收入的 55.3%；其次是广告收入 122.8 万元，占总收入的 35.0%；其他收入为 30.6 万元，占总收入的 8.7%；新媒体收入有待于受到重视和进一步发展，只以 3.5 万元占总收入的 1.0%。

（二）我国科普期刊的发展趋势分析

过去几年，我国科普期刊业处于稳步发展阶段，由于新政策、新技术的不断推动，科普期刊在市场竞争中，已经开始显现出版规模化、管理企业化、定位市场化以及发展多元化的趋势。

1. 出版规模化

融入出版业的集团化发展。集团化是新闻出版业调整结构、转变发展方式的重要途径，是新闻出版业打造规模优势、提升国际竞争力的重要手段。在"十三五"规划期间，国家将继续推进具有较强辐射能力的报刊出版产业集聚中心建设，跨地区、跨行业、跨媒体经营的大型国有报刊传媒集团将获得更大发展。随着科普期刊市场化程度不断提高，期刊资源的配置将趋于合理，最终科普期刊将融入整个出版业的集团化发展进程中。

2. 管理企业化

按现代企业制度管理运营。目前，几乎所有科普期刊都已经实行企业化管理，但多数出版单位的管理运营水平还不高。随着体制改革的深入和现代企业制度的建立，科普期刊出版单位必将继续推进劳动、人事、分配制度的改革，可以通过企业化手段来调整、改造内部管理机制，理顺各种关系，同时加强经营管理，用经济合同手段来简化、规范管理中不稳定、不科学的因素。随着出版单位规模化、集团化发展，有实力的出版集团将进一步实现国有产权多元化的股份制发展，届时将能进一步激发企业活力。

3. 定位市场化

市场细分与小众化服务。科普期刊要走向市场必须从根本上改变现有经营状况，创新经营模式和机制。而其中关键的一点是找准市场定位，也就是说要找准细分市场，重点研究受众定位，始终坚持贴近读者，突出特色，走专题化和多元化发展的路子。

经过残酷的市场竞争优胜劣汰后，新的期刊组合将不断出现，一些定位模糊的科普期刊将被淘汰，而优秀的科普期刊会随着市场的变化不断调整定位，以获得更好的社会效益和经济效益，科普期刊的结构将趋于合理，品牌期刊会更多地涌现出来。

4. 出版多元化

实现跨地区、跨行业、跨媒体综合发展。成为市场主体以后的期刊出版单位必然向规模化发展。为实现扩大期刊规模，提高产值，期刊出版单位主要有两个发展方向：一是横向发展，通过兼并重组，整合行业内资源；二是纵向发展，通过丰富产品形式，实现跨多种媒体形式的全面发展。

跨地区、跨行业、跨媒体的综合多元化经营，可以有效地改善期刊经营结构，增加新的经济增长点，提高市场竞争和防范风险的能力，必将成为我国期刊出版业的发展趋势。科普期刊出版单位在改革政策支持下，通过行政力量的推动以及自身努力，可以实现资源的优化配置，最终完成跨地区、跨行业、跨媒体的资源整合。

（三）"十三五"期间科普期刊发展建议

科普期刊是重要的科普资源。科学普及是科普期刊首要的社会责任。一份科普期刊就是一个科学传播平台。为推进科普期刊的发展，对"十三五"期间科普期刊的发展提出如下建议。

1. 提升科普期刊的科技传播能力

科普期刊的科技传播能力，是科普期刊出版单位所具有的有效整合科技传播力量、高效配置科普信息资源的能力。科普期刊的科普宣传力度、基础设置建设以及新媒体技术的应用，将直接对科普期刊的科技传播能力产生影响。提升科普期刊的科技传播能力，在提升科技传播能力、提高公众科学素养等方面具有重要意义。目前，相对提高全民科学素质的重任来说，我国的科普期刊仍存在着传播力度不大、质量不高等问题，远不能满足社会和公众的需求。因此，提高科普期刊的科技传播能力具有非常重要的现实意义，任务重、时间紧。在这方面，中国科协应加强对科普期刊提升科技传播能力的指导，抓好典型示范，加大工作力度和资金支持力度。

2. 加快科普期刊出版数字化转型

传统媒体和新兴媒体融合发展，既是中央的重大决策和战略部署，也是传媒业转型发展的必然要求。对科普期刊而言，要实现与新兴媒体的融合，就必须加快数字化转型。目前，不少科普期刊出版单位已经在数字化转型方面积极进行探索和实践，但还存在诸多困惑和困难，特别是新媒体需要投入大量的人力、物力、财力开发，而传统媒体经济增长触及天花板，资金紧张，因此，科普期刊出版单位既希望得到政府在数字出版项目专项资金上的支持，又希望在引进社会资本、建立激励机制等方面获得政策上的支持，突破传统出版单位的体制机制束缚。另外，推动传统媒体和新兴媒体融合发展，要遵循新闻传播规律和新兴媒体发展规律，强化互联网思维，坚持传统媒体和新兴媒体优势互补、一体发展，坚持先进技术为支撑、内容建设为根本，推动传统媒体和新兴媒体在内容、渠道、平台、经营、管理等方面的深度融合，而科普期刊要在这些方面取得实质性进展，还有相当长的路要走。

3. 推进科普期刊出版资源有效整合

出版资源是出版产业的重要组成部分，是贯穿于出版经营全过程的出版生产要素。随着出版业体制改革的不断深入，出版资源的有效整合越来越受到业界关注。按照中央提出的"三个一批"，即"做优做强一批、整合重组一批、淘汰退出一批"的要求，我国的出版市场布局正面临着大规模的调整，出版资源的整合将会以不同形式、在不同范围内展开，不断取得突破和进展。对科普期刊来说，推进出版资源的有效整合，就是要巩固科普期刊出版传媒阵地，提高科普期刊出版产业集中度，提升科普期刊出版资源品质，促进科普期刊出版资源开发利用，增强科普期刊出版单位综合实力和市场竞争力。

4. 加强科普期刊编辑出版队伍建设

要办出一流的科普期刊，必须有稳定的编辑队伍、一流的编辑力量和优秀的编辑人才。根据《中国科协科普人才发展规划纲要（2010—2020年）》，到2020年，要重点培育一批高水平的科普场馆专门人才和科普创作与设计、科普研究与开发、科普传媒、科普产业经营、科普活动策划与组织等方面的高端科普人才。科普期刊的编辑记者，是科普传媒人才队伍的重要组成部分，要力争将科普期刊编辑记者培养成为合格的科普传媒人才，提高从业能力，这不仅有利于科普期刊自身持续发展，更是科普期刊推动我国科技传播事业发展的积极举措。"十三五"期间，建议中国科协将科普期刊出版单位作为科普传媒人才的重要培养基地，在科普人才培养方面加大资金支持力度并加强业务指导。科普期刊出版单位也要进一步明确科普人才的培养目标和培养重点，大力培养年轻的科普传媒人才，创新科普人才的培养和使用机制，并把参与科普活动作为培养科普创作人才的手段，积极引导科普编辑记者参与中国科协、中国科普作家协会、中国科普期刊研究会等单位组织的科普活动，例如科普日、科技周、科普大篷车、科技下乡、数字科技馆等。

5. 探索建立科普期刊政府资助体系

科普期刊作为直接面向公众传播科学知识的载体，其出版行为所具有的公益属性不容置疑，其核心价值关系到全民科学素质的提高，关系到国家和民族的长远利益。在深化非时政类报刊出版单位体制改革中，绝大多数科普期刊出版单位已经进行体制改革，鉴于科普期刊在提高全民科学素质方面具有特殊的功能和作用，在积极引导科普期刊出版单位通过体制机制创新提高经营管理水平、增强经济实力的同时，国家有必要对科普期刊的发展进行扶持。"十三五"期间，建议国家在继续资助学术期刊出版的同时，探索建立科普期刊出版的政府资助体系，支持科普期刊加快发展。根据科普期刊的出版现状，建议遵循扶优扶强的原则，由中国科协牵头，采取项目支持的方式，以政府购买科普服务的形式，在青少年科普、农村科普、老年科普、国防知识科普、防灾减灾科普等领域设立一批重点科普项目，面向全国科普期刊公开招标，调动科普期刊出版单位的积极性，鼓励优秀科普期刊参与竞标，使那些办刊历史长、出版质量高、社会影响大的优秀科普期刊，通过独立或联合承担并完成这类科普项目，增强综合实力，体现自身价值，真正成为提高全民科学素质可以依靠的传媒力量。

6. 进一步发挥科普期刊在科普资源共建共享中的作用

科普资源共建共享，是贯彻落实《科普法》、增强国家科普能力、提高全民科学素质、建设创新型国家的重要举措。科普期刊所拥有的内容资源、专家资源、品牌资源和读者资源，都是重要的科普资源，因此，科普期刊是科普资源共建共享不可忽视的重要力量。"十二五"期间，在中国科协的倡导和中国科普期刊研究会等单位的组织下，科普期刊积极参与科普资源共建共享，如参与"振兴老区服务三农科技列车行"大型科普活动、"公众喜爱的科普作品"推介活动以及科普信息化建设工程等，社会反响良好。"十三五"期间，应进一步积极探索科普期刊参与科普资源共建共享的新机制，促进科普期刊在科普资源共建共享中进一步开发利用内容资源、专家资源、品牌资源及读者资源，更好地发挥其科普平台的作用。例如：在面对一些突发公共事件或社会热点时，不仅网络上各种信息鱼龙混杂、真假难辨，有时大众传媒的报道也是东拼西凑、莫衷一是，公众急需了解准确的科学知识，如果建立起科普期刊应对突发公共事件应急协调机制，就能很好地解决这个问题。通过建立专业、权威内容出口，统一急需传播的科学知识口径，保证科普期刊传播的内容是统一的、权威的，公众急需了解的科学知识，从科普期刊接收到的内容是准确的。这样，既能更好地体现科普期刊存在的价值，也能进一步提升科普期刊的社会影响力和市场竞争力。

（课题组成员：刘元珉　任胜利　张品纯　石朝云　程维红　佟健国　王志翔）

打造高质量、高影响力与高竞争力的中国科协科技期刊

中国科学院文献情报中心、清华大学出版社、
中国科学技术信息研究所课题组

一、中国科协科技期刊"十三五"面临的形势

（一）国际环境及主要科技期刊战略举措

1. 国际科技期刊总体情况

2014年世界有约28100种同行评议的英文学术期刊，只出版原创科研文章的期刊占期刊总量的95%。汤森路透的SCI数据库收录了8700种是科学类的学术期刊，这些都是引用率最高的优秀核心期刊。爱思唯尔的Scopus数据库收录了22000种同行评议的期刊。2008年，96%的科技期刊和87%的艺术、人类学和社科期刊有电子版本。目前，除去个别小期刊和人类学期刊，几乎所有的科技期刊都有电子版。

根据DOAJ（Directory of Open Access Journals）数据显示，截至2015年5月，一共有10582种开放获取的期刊，其中7246种是英文。

据预测，开放获取将持续成为学术出版下一个阶段的主要特征。它会是一个复杂的转型。科学共同体和出版商会协商出一个可持续发展的"金色OA"的发展模式。市场会压低APC（文章处理费）费用。出版商对"绿色OA"持争议态度，科研院所会更加接受这个模式。开放获取的内容不再局限于期刊内容，还会扩充到书本以及开放的教育资源。

数字化转型将继续进行，纸质订阅会持续下降。平板电脑会像台式机和智能手机一样，逐步取代纸质消费。

数据是未来科技出版的主要角色：①它将是科研输出的中心内容，期刊需要提供大数据的开放获取；②出版商需要了解数据的使用者以及数据内容的用途。对数据的分析性和发展性的使用是出版商的一个优势。

2. 国际科技期刊发展的主要特点与成功经验

近年来，随着科学技术的发展，科技期刊作为科技成果传播的重要载体，正在经历变革的挑战和转型的压力。在激烈竞争的形势下，国内外一批优秀科技期刊脱颖而出，成为改革与创新的佼佼者，正在引领科技期刊的发展方向，成为其他期刊学习和模仿的样板，成为科技期刊发展的范例。概括地看，国内外优秀期刊的成功有诸多共同之处。

（1）期刊定位清晰，办刊理念独特。不论是一些老牌的综合性期刊、专业化程度高的期刊，还是科普期刊，都有着明确的定位和独特的办刊理念，牢牢遵循自己的办刊宗旨和基本使命——为读者和

用户提供最活跃、最前沿的研究成果，提供新颖的观点和概念，提供新的发现和技术。

（2）内容质量一流，学术影响广泛。论文的学术质量是构成期刊声誉的主体。无论在传统出版时代还是数字出版时代，出版的核心价值都是内容。优秀的期刊是由优秀的论文组成。优秀期刊表征的是其优秀的论文质量，因而其评价指标才在同类期刊中名列前茅。优秀期刊的发文作者往往研究的是学术前沿或热点的问题，能够被国内外的同行所关注，引领性更强，影响力更大。

（3）质量控制严格，运行机制规范。优秀期刊都制定了严格合理的质量控制措施。在审稿程序、审稿人数、审稿要求、审稿要点以及审稿方式等方面都制订了非常细致而便于操作的指南或规范。重视同行评议在质量控制中的重要作用。优秀科技期刊都有一支水平高能力的同行评议队伍。

（4）主编学术声望高，编委学术能力强。主编是期刊的领军人物，许多优秀期刊的主编都在其自己的领域做出了卓越的研究工作，学术威望和学术能力为期刊赢得了信任和认可，对于期刊声誉的提升起到了举足轻重的作用。编委会对期刊声誉有着重要的贡献。优秀期刊在选择编委时很关注其学术权威和影响力，一般都由在本学科领域具有一定学术地位的学术带头人担任。编委会成员的学术威望和地位同样会提升期刊的影响力和声望，有助于吸引作者向期刊投稿。编委会成员担负着期刊审稿、荐稿、撰稿等职责，一个组织良好和高效运行的编委会能大大提高期刊的运行效率。

（5）编辑结构合理，团队能力超强。编辑团队的能力是期刊发展的最关键因素。优秀科技期刊都有一支结构合理、精干高效、能力超强的编辑团队，团队内部优势互补，分工明确，职责清楚，互相支持，守望相助，共同的目标、价值观和行为准则把编辑团队凝聚在一起。

（6）出版周期短，出版传播快。优秀科技期刊都非常注意传播效果，要把最新的科研成果迅速传播出去。在数字出版时代，由于网络技术的发展，大部分期刊都非常重视网络的传播，以最快的速度让新成果、新理论与读者见面。

（7）注重数字出版，平台功能强大。随着信息技术的发展和数字化成为科技期刊的主流传播模式，当今科技期刊的发展越来越倚重平台的建设，通过平台增强科技期刊的传播能力与影响能力。平台已经成为科技期刊发展的重要的推动力之一。借助于好的平台，科技期刊才能传播得更快速、更广泛。

（8）出版规模化，发展集群化。一些名刊大刊后面都有实力强大的出版集团，以集群化的形式运作和发展，如自然出版集团（NPG）、英国物理学会出版社（IOPP）、美国化学学会（ACS）、爱思唯尔出版社（Elsevier）等。这些大的出版集团拥有集团化、规模化出版模式、全球化的经营理念、灵活的价格策略、先进的信息技术平台，使得其旗下学术期刊的学术影响和经济效益持续增值，规模效应显著。这种先发优势给期刊之间的竞争带来前所未有的挑战。

（9）倡导开放办刊，善用传播手段。优秀期刊不会墨守成规，而是善于开拓进取，他们不仅在选择论文方面有创新的眼光，也具有创新思维，倡导开放办刊，吸取一切先进经验，通过举办和参加国内外学术会议等扩大对外交流，吸取最新技术办刊。优秀科技期刊非常重视利用各种新的技术和传播手段加强自身的宣传，将传播手段的运用作为期刊发展的助推器，善于利用大众媒体促进自身的发展。

（10）独特的品牌形象，稳固的竞争地位。优秀期刊通过多年的发展和培育，在读者作者中逐步建立起良好的口碑，形成了自己独特的品牌形象，拥有一批忠实的读者。品牌是科技期刊发展的无形资产，也造就了期刊不可动摇的核心竞争力地位，这是科技期刊经营制胜的重要法宝，也是期刊可持续发展的关键所在。

3. 国际科技期刊发展的主要趋势

随着经济和信息的全球化，世界科技、文化、经济一体化的不断推进，国际科技期刊发展正面临着日益激烈的市场竞争，呈现出以下主要趋势。

（1）期刊稿源全球化和国际化。科学无国界，科技期刊全球化的结果是稿源竞争更加激烈。科技期刊的竞争是争取高水平的国际论文，科技期刊中心随科学中心转移而转移。在出版竞争日益激烈的情况下，大型的出版集团采取全球化发展战略，其实质是对当今世界上最优秀的科学家的竞争。著名出版集团均已突破国家属地出版和市场的概念，多采用期刊资源国际化策略，不仅作者、编者和审稿专家国际化，而且科技出版后台（包括基础设施、编辑部及物流等）全球化。

（2）突出论文质量和创新性。全球化竞争的结果是，高水平论文越来越集中，著名的刊物稿源越来越充足，稿件水平也越来越高，刊物的影响也越来越大。科技期刊所有的竞争都集中体现在论文水平的高低上。没有论文质量的精品化，就没有期刊的高质量和高影响力。期刊的质量首先体现在论文的质量上，而论文质量水平主要取决于其科学上的创新程度和技术上的领先程度。

（3）重视质量控制与规范建设。随着科学交流系统出现的新变化，期刊的质控流程也进一步规范，如为了应对新型的学术不端、学术伦理等问题，各大出版机构和国际编辑学会纷纷修订和制定新的出版规范和伦理指南，建立了可靠的质量控制制度和措施，保障了科技期刊的内容质量和编辑出版质量。

（4）数字出版网络传播成为常态。数字形态将成为学术期刊的主要形态，未来多数学术期刊将以单一的数字形态（e-only）存在，这一趋势不可逆转。这种不同于传统意义的期刊形态，不是简单地将纸本期刊PDF（便携式文档格式）化，还包括：Web/HTML将是期刊内容的主要呈现格式和用户界面；以XML（可扩展标记语言）标引呈现期刊论文；数字学术期刊将把期刊论文内容变成活的知识工具。进一步的数字化还包括深度解析和利用内容、关联相关的内容环境、接受多媒体资源、增强交互、走向移动出版。这些都极大丰富期刊内容的丰裕度、细粒化和扩展。在这种情况下，编辑与出版流程也会不断优化。

（5）期刊运营借助于集团和平台。随着数字出版技术的发展，科技期刊依托数字出版平台传播已是必然。但是数字出版平台建设，既需要很大的资金投入，又需要一定规模的科技期刊资源做支撑，因单一科技期刊依托自建的数字出版平台传播效果有限。因此，科技期刊依托集团化的数字出版平台进行有效传播是必然的选择。国际科技出版集团特别重视通过资本并购实现集约化及多元化发展。

（6）出版市场不断走向细分。伴随着科技期刊出版集团规模的不断扩大，学科分化也越来越明显，即科技期刊按照学科、专业的进一步细分趋势非常明显，科技期刊信息服务出现综合和专门两种细分方向，综合性平台虽然占据市场的主体，但专门性、个性化的学科性科技期刊信息平台仍具有较好的发展前景。科技信息服务按照学科专业加剧市场细分的同时逐步转向以消费者为中心。国际科技出版集团利用数字出版平台不断开拓服务领域，实现差别化运营模式。利用品牌进行全方位推广，持续进行战略创新，推动商业模式升级。

（7）基于知识服务的期刊出版成为核心竞争力。时代在变迁，客户需要何种服务出版商就提供什么服务，这是保障期刊发展和出版商成功的重要原则。目前大多数出版商都开始从注重出版过程走向注重知识服务，为用户提供各种所需要的增值服务，如：建立以读者为中心的运营体系；提供优秀的科研决策、写作管理、工作软件等辅助工具，利用知识社区持续提供独特价值的信息服务，增加客户黏着度；充分应用新的技术，积极开发新型媒体及系列产品等。

（8）出版经营不断开拓新的市场能力。科技期刊的经营分为学术经营以及市场经营。学术经营就是对优秀科学成果的经营，也就是通过售卖内容、出版子刊等出版物获得收入，而市场经营则是通过大力开拓广告业务、发行或销售收入、举办会议或培训、收取作者的"出版费"等渠道获得多元化的收入。一些大的出版商则主要通过其数字出版内容、平台和提供的各种服务实现赢利。目前，国际出版界出现了一种新的资金筹集方式，即"众筹"，虽然在学术期刊还没有完全开展，但也是学术期刊运作的一个方向。

（9）出版模式走向开放获取策略。在数字化时代，科技人员和科研机构大力呼吁科技期刊出版界采用OA策略，OA策略将成为一个未来发展的必然趋势。OA运动是科学界充分利用互联网条件实现科学知识信息生产、出版、交流、传播的重要机制。据DOAJ统计，截至2015年4月，已有开放期刊

10441 种。有研究预计，到 2017—2021 年，开放出版论文将占全部论文的 50%，到 2020—2025 年，将达到 90%，很可能成为期刊出版的主流模式。各大出版商都制定了自己的开放出版策略。

（10）高端编辑人才的竞争趋于激烈。除了争夺优秀科学家，期刊出版领域对优秀编辑人才的争夺也进一步加剧。许多国外大的出版商为了开辟和争夺中国市场，以优厚待遇吸引中国出版单位的优秀编辑人员。从某种意义上讲，期刊之间的竞争就是编辑人才的竞争，拥有了编辑出版的高端人才和专业化人才，科技期刊才有可持续创新发展的动力和能力。

（二）国内科技期刊发展面临的新形势新要求

近年来，由于学术交流模式的变化、技术发展的驱动、期刊集约化运营的要求，科技期刊正在迈向一个新的发展阶段，具体表现在稿件处理的流程化与规范化、期刊内容的数字化、出版方式的集群化、内容传播的网络化、运营管理的国际化和市场化。

1. 更好地发挥科技期刊在创新驱动发展中的作用

创新驱动发展是我国科技发展的新战略。中国科协科技期刊要注重不同类型科技期刊的协同发展。在做好科技期刊推动学术交流与学科发展的同时，注意发挥好在行业与企业科技发展中的作用。一方面，中国科协的科技工作者群体中有相当多的是企业科技人员，中国科协科技期刊要注重发挥好在技术创新中的作用，推动着行业科技水平的整体提高。科技期刊正是通过记录和传播创新成果实现其价值，在技术创新方面承载着推动行业技术水平不断提升的责任。另一方面，中国科协科技期刊也要在促进科技成果评价、帮助企业获取科技信息以及培养企业科技人才等方面发挥出应有的作用，要加强科研机构与生产部门的相互了解，协助建立起科研机构与生产部门的联系，促进科技成果向生产力的转化。

2. 加快适应学术交流新常态的新要求

网络数字环境下，学术交流方式发生了革命性的变化，协同交互性、内容个性化以及更广泛的信息共享使得学术交流体系进入了一个全新的发展阶段。科技期刊要适应知识经济社会对信息传播速度快、范围广、质量高的新要求，越来越多的数字化期刊开始基于智能终端、移动设备等新载体发行，集多媒体、多平台于一体，这些新兴的载体使科技信息的传播渠道更为多元，也促进了期刊及期刊平台与读者之间的互动，促进了学术的广泛、快速和便捷的交流。

3. 大力发挥学会办刊的学术水平和专业优势特长

我国是科技期刊大国，相对于我国的国际地位、综合国力和科技研究水平，我国具有国际知名品牌和影响力的期刊还很少。中国科协科技期刊要把期刊出版质量放在品牌建设的战略高度去看待，探索中国科协科技期刊的品牌发展道路，树立中国科协科技期刊的品牌形象，从而更好地推动科协期刊实现更大的发展，这也是中国科协科技期刊出版界的社会责任的体现。

4. 大力推进科技期刊传统出版与新媒体融合发展

在互联网和移动互联网时代，科技期刊出版必须要树立和强化互联网思维，转变期刊出版观念，以内容为主，以平台为王，确立"互联网＋科技期刊"的办刊理念与思维模式，跨界发展，充分利用博客、微博、微信、APP、其他各种社交媒体、云计算、大数据等新技术，顺应互联网传播的移动化、社交化、视频化、互动化趋势，综合运用多媒体表现形式，推动期刊内容、渠道、平台、经营、管理等方面的深度融合，加强出版内容、产品和用户数据库建设，加强出版数据的采集、存储、管理、分析和运用能力，加快发展移动阅读、在线指导、知识服务、按需印刷、按篇出版、电子商务等新业态善于利用最新的技术解决科技期刊编辑出版中的效率和效能问题。

5. 大力推动科技期刊数字平台建设

集成出版资源，从单刊运营模式转向多刊参与的学科平台建设，通过刊群、集团等组织形式，形成科技期刊出版集群化，增强科技期刊的影响力和传播效果，这是国际大型出版集团已经给出的成功经验。他们通过集团内的稿件采编、在线发布、全文数据库以及集成专业领域内的各类资源与服务，成为一体化的网络出版平台。近年来，我国不少科技期刊加盟爱思维尔出版社、斯普林格网络平台（Springer Link）等国际大型的期刊平台以及学科集群化发展，中国科协一些期刊也采取这样的方式。

二、中国科协科技期刊"十三五"总体思路和主要目标

（一）总体思路

在中国科协"十三五"总体规划指导下，深入贯彻落实党的十八大和十八届三中、四中全会精神，紧紧围绕党和国家大局，密切追踪国家全面深化改革和创新驱动发展战略需要，大力发挥中国科协和全国学会办刊优势，大力增强科技期刊影响力，大力提升科技期刊引领和服务自主创新的作用。通过重大专项示范引领期刊发展、专项活动引导优秀论文汇聚我国科技期刊、集中优势资源传播和扩大期刊影响，加强评价导向，强化重点孵化，提升基础建设和管理服务水平，形成全方位推动科技期刊服务科技创新和广大科技工作者的工作格局。打造一批在本学科和专业领域内有较强影响力和专业辐射力的领航科技期刊，推动我国中英文期刊协调发展，深入服务科技创新和广大科技工作者，把科技期刊切实建成促进科技知识生产传播的重要渠道、促进学术交流的重要平台和促进学术生态建设的苗圃花坛。

（二）主要目标

经过5年建设，重点实施1个重大计划——中国科技期刊影响力提升计划，重点构建1个激励体系——中国科协科技期刊论文遴选激励体系，建设3项重点工程——数字出版与知识服务工程、国际科技期刊交流与合作工程和科技期刊智库建设工程。到"十三五"末期，建成中英文科技期刊协调发展、代表我国科技期刊发展水平的优秀期刊集群，服务创新驱动发展的重要科技文献信息库，学科完备、功能强大、资源丰富的科技期刊云平台，同时，中国科协成为我国科技期刊发展的重要智库和推动力量。

中国科协英文科技期刊数量在目前的86种的基础上增加20%～30%，其中80%进入Web of Science等国际主流评价系统，并且有部分期刊达到国际一流水平。中文科技期刊在国内学术评价体系中地位稳中有升，在学术界的地位和作用进一步提升，为科技创新和经济社会发展的贡献度进一步显现。实施中国科技期刊影响力提升计划，推动中英文期刊协调发展，全面提升中国科协科技期刊质量、影响力与竞争力。建设的10个学科期刊群和1个科技期刊发布平台运行状态良好。开展年度期刊论文评选活动，引导优秀论文向中国科协科技期刊集聚。建设推动我国科技期刊发展的智库——中国科技期刊发展研究虚拟中心，推动中国科协开展科技期刊理论研究和技术研发，为我国科技期刊发展提供智力服务。强化与中国科技期刊发展相关的基础能力建设，为科技期刊创造有利条件和发展环境。

三、中国科协科技期刊"十三五"战略重点和重大举措

（一）战略重点

充分发挥中国科协和所属全国学会作为学术共同体的办刊主体和主导作用，通过实施中国科技期刊影响力提升计划，以奖促建推动中英文科技期刊协调与平衡发展，切实发挥我国中英文科技期刊在国家创新驱动发展战略和国民经济发展中的重要支撑服务作用。通过开展专项活动，引导优秀论文向

中国科协科技期刊集聚，从源头上提升论文质量水平。推动科技期刊提升办刊理念，贴近和参与科研过程，推进学科建设和科技创新。以发布和传播创新性科技成果为核心，推动传统出版与新媒体融合，综合运用新媒体等多种手段，加大传播力度，显著提升科技期刊学术质量与影响力，显著提高科技期刊出版与服务效能，缩短从科研产出到出版到应用的时间。通过提升科技期刊的质量、影响力和竞争力，保持科技期刊与我国科技发展的协同与谐振，不断增强科技期刊对国家社会与科技经济发展的贡献力。

1. 以奖促建推动中英文科技期刊协调发展

通过以奖促建的方式，实施中国科技期刊影响力提升计划，激发科技期刊自身发展活力，推动中英文科技期刊协调可持续发展。要采取一切手段和措施，强化科技期刊的质量意识，加大科技期刊的选题策划和组约稿力度，盯住重要的研究项目、重要的科研人员、重要的学术会议，保持对学术动态的高度敏感，走出编辑部，融入科研和学术活动之中，增强主动意识，抓住创新先机，积极争取获得更多的最优质的稿源，将打造期刊品牌作为提高期刊影响力的重要手段，加强营销设计和宣传推广，提高为专家学者、读者作者和学术共同体服务的力度，强化品牌建设，与学术社区共同发展。

2. 加快适应科技期刊发展需求的技术和平台的研发与应用

在新的形势下，科技期刊必须重视将技术和平台作为加快自身发展的重要手段，通过技术的应用和平台的研发，推动科技期刊及其论文成果得到更快速、更广泛和更有效的传播，提高编辑出版的效率和效能，拉近科研成果产出到媒体发布的距离。从国家战略角度，建立我国自主的技术先进的科技期刊平台是我国科技期刊提高竞争能力的根本，从后发优势转化为更为强大的科技期刊发展能力。中国科协在科技期刊技术与平台的研发和应用上，需要加强引导和投入，发挥在技术的引领驱动作用，发挥平台的聚合推动作用。

3. 创新"互联网＋科技期刊"出版模式推动科技信息与成果传播

科技期刊编辑的职业责任不仅仅是争取稿源并在期刊上发表，更重要的是能不能将优秀稿件的影响力通过各种传播手段最大化。科学家关心论文的发表，更关注其研究成果的影响力。将科学家的研究成果最快速、最广泛地传播出去，是期刊编辑的核心职责。要树立互联网思维，有效利用新媒体等各种新的手段，通过互联网、移动互联网、社交网络等传播渠道，扩大期刊和论文的受众群体，增强其被检索、被发现、被下载、被阅读、被引用、被应用的机会，创新"互联网＋科技期刊"出版模式。

4. 推动数字出版与开放获取新业态的政策与应用

数字出版技术处于动态而不断创新的过程之中。要重视数字出版技术的政策支持和广泛应用，加快期刊出版从纸质到数字的转换，加快数字出版新技术在期刊出版中的试验和推广，加强优秀期刊的技术引领和示范效应，不断提高科技期刊的技术应用水平，提高科技期刊的影响力。同时，要跟踪开放获取这一新的出版模式与趋势，制订有效的开放获取政策，完善开放获取的资助体系，充分发挥利益相关方的作用，消除影响开放获取的各种障碍，加强包括机构知识库在内的基础设施建设，提高科技期刊和论文的显示度和传播力。

（二）重大举措

1. "十三五"组织实施的重点工作

（1）构建和完善推动中国科协科技期刊发展的工作新格局。在中国科协"十三五"总体规划指导下，紧紧围绕党和国家大局，密切追踪国家创新驱动发展战略需要，大力发挥中国科协和全国学会办刊优势，大力提升科技期刊影响力，大力发挥科技期刊引领和服务自主创新的作用。形成重大专项示范引领期刊发展、专项活动引导优秀论文汇聚我国科技期刊、集中优势资源传播和扩大期刊影响，加强基础建设，强化重点孵化，提升管理服务水平，形成全方位推动科技期刊服务科技创新和广大科技工作者的全新工作格局。

（2）建立学者和学术共同体参与办刊的动力机制。学者和学术共同体办刊是保障科技期刊质量和方向的重要前提。离开了科学家和学协会、学术机构，科技期刊就不可能有真正的发展。要从根本上研究解决学者和学术共同体支持期刊发展的动力机制，增强学者的社会责任，增强学者和学术机构办刊的积极性，争取国内学者和学术界对本土期刊的认可，吸引一流学者向本土期刊投稿，为本土期刊评审稿件和推荐稿件，将科技期刊有机纳入学术共同体的整体发展之中，在学术评价中认同学者和学术机构对科技期刊发展的贡献。

（3）促进中英文科技期刊有序而协调发展。我国中文和英文科技期刊在面临优秀稿件外流、办刊水平距国外一流期刊还有较大差距、服务创新型国家建设能力不足、期刊机制体制束缚较大等方面，具有相同的挑战，需要共同聚焦在助力创新驱动发展、服务国家创新体系建设这一核心任务上，凝聚中文和英文科技期刊的优质资源，探索中文和英文科技期刊协调发展的新常态。尤其要解决中文和英文科技期刊发展"互不通气""两张皮"等现象，在中文期刊增加英文题目和文摘的同时，鼓励英文期刊增加中文题目和中文摘要。

（4）强化编辑出版人才的培养与队伍能力提升。进一步加强科技期刊领军人才和骨干编辑人才的引进和培养，加大培训力度，加强课程体系的设计，选派更多的优秀编辑骨干到国外先进期刊编辑部或出版公司进修学习，加强编辑的职业道德和专业能力培养，提高业务素质和学科素养，强化编辑人员的学习能力，特别是新技术、新媒体、新平台的使用能力，改善编辑人才的待遇，加大奖励力度，创造良好的晋升和发展空间，调动编辑人员的积极性和主动创新的职业精神，增强心理归属意识、职业荣誉感和成就感。

（5）推动建立期刊发展和学术发展的良好的学术生态。科学研究—信息交流—编辑出版—学术传播是整个学术交流系统的重要链条，也是一个相互依存、相互支持、相互促进的完整的生态系统。要保持这一学术生态系统的健康和有序发展，建立风清气正的学术生态环境，明确科技期刊和期刊编辑所承担的社会责任和历史使命，恪守学术道德规范和编辑职业伦理，加强学术规范和制度建设，以国际先进的审稿制度和流程为参考，建立一整套有关科技期刊质量控制和流程规范的制度体系，优化审稿制度，规范审稿流程，重视学术质量控制，自觉抵制学术不端行为，促进学科建设和科技的良好发展。

（6）推进中国科协科技期刊基础设施建设。中国科协科技期刊数量已达1056种，主要以各出版机构对期刊数据进行存储与管理，呈现为地域分散、数据分散、硬件平台、操作系统、应用平台多样化等典型的软硬件资源和数据的异构性状况，既不便于期刊及数据管理，更不便于期刊文献的共享利用。需要建设基于大数据和互联网的科技期刊云平台，面向科技支撑提供知识服务，实现文献层面的知识整合与管理。该平台以基本信息检索与发现为主线，以面向科学研究服务方式为重点内容，以支撑工具为利用手段，以围绕中国科协期刊知识获取、知识组织、知识跟踪与服务为建设理念，以满足个性化定制的服务、满足知识组织与推送的服务、辅助选取与推送高质量科技文献的服务、发现与推荐专家学者服务等多种服务模式，实现具有知识关联、知识导航、知识提供和知识跟踪等多的科技支撑服务。同时，开发建设符合科协期刊的特点的科技期刊管理平台，实现在期刊层面的集成管理。

2. "十三五"启动建设的重大工程（"113工程"）

中国科协在"十三五"期间重点实施"113工程"，即：重点实施1个重大计划——中国科技期刊影响力提升计划，全面促进我国中英文科技期刊协调发展并成为服务创新驱动发展的重要力量；重点构建1个激励体系——中国科协科技期刊论文遴选激励体系，实现从源头上引导我国优秀科技成果向中国科协科技期刊集聚；实施3项重要工程——数字出版与知识服务工程、科技期刊国际交流与合作工程和科技期刊智库建设工程。"113工程"将推动中国科技期刊在"十三五"期间实现跨越式发展。

（1）实施和推进"中国科技期刊影响力提升计划"。

第一，优化评价体系。基于目前已经实施的精品期刊工程与中国科技期刊国际影响力提升计划评价工作实践经验，建立和优化面向我国中英文科技期刊的分类评价体系，发挥评价导向作用，确保择优遴选工作科学、严谨、规范。对评价指标体系的结构方面进行系统性研究和调节，主要调整原则包括：增加客观指标数据形成的定量评价指标部分，减少依靠主观判断形成的定性评价指标部分；增加从公开透明渠道获取的数据所形成的可监督、可验证的开放性评价指标部分，减少被评价单位自主申报、不能验证的封闭性评价指标部分；增加可连续监测动态变化的持续性评价指标部分，减少描述较短时间段的阶段性评价指标部分。根据学术期刊计量与评价研究活动的最新成果，应用更多的新型指标反映期刊的各方面情况。同时，优化经典指标的使用方式，进一步调整完善指标体系的结构和指标之间的权重配比，使评价体系更加科学、合理、高效。

第二，完善项目体系。在总结项目实施情况的基础上，适应新的形势要求，适当扩大支持范围，调整支持力度。我国自然科学期刊数量规模庞大。国家正式批准出版的自然科学类期刊总量为4900余种，其中中国科协科技期刊约占总量的1/4。目前精品期刊工程项目由中国科协独立实施，支持对象主要面向中国科协主管主办期刊及相关出版机构，国际影响力提升计划由中国科协牵头，与财政部、教育部、中国科学院、中国工程院、国家新闻出版广电总局等六部委联合实施，支持对象面向全国的英文版科技期刊。为了达到促进我国科技期刊全面发展进步，整体提高科技期刊的质量与竞争力，能够有效支撑我国科技事业全面进步和国家创新驱动发展战略的长远目标，从面向中国科协主管主办期刊扩展为面向全国中英文科技期期刊，打破部委的界限。从目前中国科协、六部委共同实施逐步增加在科技期刊建设和发展中同样具备管理建设资源的其他科技管理部门和专业部委。

第三，提升期刊服务科技创新的能力。我国的科技期刊发展必须关注和顺应国际学术出版活动的方向，包括科技期刊的学科布局、出版经营模式、管理服务思路、监测评价方法等方面。引导科技期刊及时了解国际科学出版领域的新思路、新观点、新技术和新产品，准确掌握我国科技期刊的发展现状、学科布局、竞争态势和主要问题，分析提炼国际科技期刊发展趋势和我国科技期刊的未来导向，同时结合世界科技进步进程，开展科学研究活动对学术期刊出版的需求分析。深化支持效能。科技期刊影响力提升计划作为长期执行的支持项目，将系统地监测支持效果，根据反馈的情况，对比整体执行效果与项目设计的预期总目标之间的异同，对比被支持期刊未来发展的期望值与实际状况之间的差距，进而通过分析研究，进一步完善项目工作的方案设计与执行方式。同时调研收集整理两个项目的管理过程存在的问题并提出改善措施；提炼受支持期刊发展的主要需求，从管理政策、学术资源等方面探索更多样化的支持模式。

第四，推进典型示范。影响力提升计划所遴选和支持的期刊，是经过科学评价体系和客观公正评选程序而遴选出来的各个领域中重要的科技期刊群体。这些被支持的优秀期刊以其整体的高质量示范作用，带动了我国科技期刊学术水平的提高。对被支持期刊的重要办刊经验、创新性经验思路、提升质量的措施以及拓宽扩大影响的渠道等方面进行及时总结提炼，以各种方式向全国的科技期刊进行推广和宣传。

第五，探索深入应用。影响力提升计划通过评价方式对科技期刊进行经费支持，还应开展大量的分析研究和调查研究工作，积累大量研究成果与评价数据。需要更加深入探索这些研究资源在各类科技管理决策与科研绩效评价工作中的应用。一方面，影响力计划评选发布的支持期刊目录和获奖级别可以为单篇科技论文评价、科技人员与团队的识别与评价、科研机构绩效评估、学科发展评价、科技政策实施效果评估等其他对象的科研评价工作提供全新的信息源。另一方面，影响力计划积累的研究成果和指标数据可以支持我国科技出版主要管理部门开展相关科技决策，帮助各个科技期刊主管部门制定支持科技期刊发展的相关政策，实现全面促进我国科技期刊发展进步的最终目标。

（2）构建中国科协科技期刊论文遴选激励体系。

通过建立科技期刊论文遴选激励体系，是激励广大科技工作者撰写高质量创新成果论文，维护我国科技期刊的成果首发权，提升我国科技期刊在国际科技界的话语权，推动科技期刊进一步提升引领自主创新能力的重要举措。激励体系包括三个层次：一是推动在中国科协科技期刊中普遍建立优秀论文遴选奖励机制，增强期刊对优秀论文的吸引力；二是推动中国科协所属学会建立对本学科领域的期刊优秀论文进行遴选奖励，发挥学术共同体对科技期刊学术水平建设的导向作用；三是中国科协统筹部署，组织部分全国学会按照统一机制和规范程序进行遴选激励，形成中国科协科技期刊论文遴选激励体系。

（3）实施数字出版与知识服务工程。

"十三五"期间，科技期刊在继续发挥质量控制和成果记载功能的同时，其作为知识工具承担交流服务的功能将得到极大加强。中国科协将结合国际学术出版趋势，以需求为导向，推动实施数字出版与知识服务工程，主要包括：一是中国科协牵头建设中国科技期刊云平台；二是支持有实力的学会及学会所属的期刊出版机构，牵头建设学科化期刊集群，形成某一学科的特色资源展示平台，同时对于技术力量单薄的单个期刊或小型出版社，建议加入国内外大型网络平台，甚至可加入多个网络平台，不主张以单个或几个编辑部为主体开发期刊的集成展示平台，资源和技术均不具备优势。

（4）实施科技期刊国际交流与合作工程。

以"中国科技期刊国际影响力提升计划"为抓手，提升我国科技期刊的国际地位、学术影响力和核心竞争力，力争与我国科学研究水平相匹配。鼓励并支持中国科协科技期刊直接参与国际竞争、展示、学术交流，在国际舞台展示"中国科协科技期刊"整体形象，建立平等、共赢的国际合作关系。充分发挥学术期刊在国际学术交流的重要作用，为广大科研人员的学术交流提供国际平台，推动英文科技期刊更好地服务创新型国家建设，促进优秀科研成果的对外传播与交流。

（5）实施科技期刊智库建设工程。

"十三五"期间，中国科协实施科技期刊人才工程，加大对科技期刊人才的多层次吸引和激励，引导科技期刊建立健全人才激励与考核评价体系。以学会为纽带，以出版单位为依托，以点带面，全面推进主编、编委会、学科编辑、运营管理人才的整体队伍建设，打造一批专业水平高、综合素质优异的期刊编辑、运营团队，带动中国科协科技期刊人才培养的全面发展。

四、条件保障和组织实施

中国科协"十三五"能不能有更快更好的发展，不仅取决于良好规划的制订，更依赖于从国家管理部门到编辑部自上到下各自发挥不同的作用，保障战略规划得到切实有效的实施和推进。中国科协、期刊主办单位、期刊编辑部各自履行不同的角色，承担不同的职责，但目标是一致的，那就是协力推动中国科技期刊不断迈上新的台阶。

（一）加强管理

1. 明确学术共同体对科技期刊发展的重大责任

中国科协及所属学会作为最重要的学术共同体，在科技期刊的发展中具有举足轻重的地位。中国科协及所属学会对科技期刊的关心、重视和支持，是科技期刊发展最重要的动力之一。学术共同体的学术资源、专家资源和社会资源将为期刊的发展创造良好的外部环境。要将科技期刊的发展纳入学会的计划和日常工作中。学会领导要设专人负责期刊工作。学会要保障对科技期刊的投入，在人力、物力、财力上给予一切最大限度的支持。

2. 按照国家部署稳步推进科技期刊体制改革

贯彻落实中央《深化文化体制改革实施方案》和国家新闻出版广电总局《深化新闻出版体制改革实施方案》部署，积极稳妥地推进中国科协科技期刊体制改革，完善期刊出版主管、主办和出版三级管理体系，进一步增强期刊出版单位发展活力，建立健全多层次出版产品和要素市场，大力推进全国学会主办科技期刊集群化建设与发展，积极进行出版管理体制改革的探索与创新，破解科技期刊出版单位"小、散、弱"的结构性弊端，实现科技期刊转型和升级，从而推动科技期刊好又快发展。

3. 完善科技期刊管理制度

中国科协作为期刊主管单位，须履行主管职责，加强对主管期刊的监督管理，保障期刊规范有序发展。梳理中国科协已有的有关科技期刊的管理制度，发现问题，根据当前新的环境和要求，制订中国科协科技期刊管理一系列制度，包括科技期刊编辑出版指南，提出科技期刊建设的基本要求，完善科技期刊质量控制规范、编辑规范和出版规范，为更多的期刊编辑部提供具有可操作具有引领性的期刊编辑出版指导。

（二）经费投入

计划对 5 个项目累计投入经费 4.75 亿元。

1. 中国科技期刊影响力提升计划（35000 万元）

面向全国科技期刊择优遴选，以奖代补，每一周期 3 年。

（1）中文期刊：2.5 亿元；面向全国择优支持 500 种，每刊每年支持 50 万元。

（2）英文期刊：1 亿元。共支持 150 种，每刊每年支持 50 万～200 万元。

2. 中国科协科技期刊论文遴选激励体系建设（3000 万元）

每年支持全国学会开展期刊论文遴选激励活动，每年 30 个，每个每年 100 万元。

3. 数字出版与知识服务工程（4000 万元）

10 个试点单位，每个单位每年支持 200 万元。

中国科技期刊云平台建设：2000 万元/年。

4. 科技期刊国际交流与合作工程（5100 万元）

科技期刊国际合作支持：50 万 × 100 个 = 5000 万。

国际展会等：100 万。

5. 中国科技期刊智库建设（400 万元）

研究项目：200 万。

教育培训：200 万。

（三）条件建设

1. 建立中国科技期刊智库

建立跨部委的虚拟的中国科技期刊发展中心（智库），按照委托任务的分工，以项目的形式，发挥专家的智慧和力量，在科技期刊的规划、理论、应用、技术、评价等方面加强前瞻性的研究与设计，配合中国科协的期刊规划和任务部署，发挥期刊智库在支撑中国科技期刊发展的重要作用，保障对中国科协和中国科技期刊提供持续的有效的咨询建议和政策建议，推动科技期刊的变革转型，适应新形势和新环境对科技期刊发展的新需求。

2. 建立科技期刊专家诊断分析制度

在现有的审读、年检等已有制度的基础上，建立对中国科协科技期刊的年度专家诊断制度，抽查一定比例的期刊，邀请科学家、技术专家和期刊专家对期刊编辑出版的质量（重点是学术质量和内容质量）进行诊断式分析，提出诊断分析报告，提出期刊在期刊定位、选题策划、栏目设计、内容组织等方面的问题，提出改进建议，5 年左右完成中国科协所有期刊的诊断分析。

3. 搭建中国科技期刊国内外学术交流平台

中国科协应进一步发挥在中国科技期刊发展中的作用，积极搭建科技期刊国内外学术交流的平台，吸引和鼓励科技期刊与国内或国际科技期刊加强业务合作、学术交流和理论研讨，使得更多的期刊编辑开阔视野，提高业务素养和职业技能，提升研究能力，推动期刊办刊水平的不断提高。

4. 全国学会要发挥好在实施规划中的主体作用

全国学会要在中国科协科技期刊"十三五"规划的总体部署中发挥主体作用，进一步加强办刊力量，带领和引导科技期刊以提高质量、影响力和竞争力为核心，确立总体发展目标和阶段性发展目标，以国际同类优秀期刊作为目标期刊，制订追赶计划，落实赶超措施，在数字出版建设、集群化建设和期刊出版人才培育等方面进行突破，突出期刊质量建设、影响力、传播力和竞争力等多个核心要素，打造精品科技期刊。学会要注重传统的宣传推广与新型传播手段的综合运用，着力打造在本学科或专业领域内有较强国内外学术影响力和专业辐射力的精品科技期刊。适应国家科技期刊的评价导向改革，将科技期刊所发表的成果是否有利于促进经济建设发展和社会文明进步作为自身最重要的评价标准。

（四）监督评估

1. 建立"十三五"规划监督执行小组

成立由中国科协领导、学会学术部、期刊专家参加的中国科协"十三五"规划监督执行小组，负责与中国科协领导及相关部门的沟通，负责任务的部署，监督规划执行过程，保障规划实施到位。该小组应定期召开会议，研究解决规划实施中出现的各种问题，落实解决措施，跟踪规划实施的效果。

2. 建立规划的管理与评估机制

规划的价值在于落实。要根据规划的实施需求，保障规划实施所需要的人力、物力和财力，以项目管理的要求，加强事前、事中和事后的监督检查和评估，建立动态的规划修正机制，及时调整偏离规划目标的可能倾向，保证规划的有计划地推进。对于规划执行得好的主办机构、编辑部和个人，要给予积极的奖励。对于规划执行不力的实施主体，则要给予警示、批评等惩戒措施，并限期改正。只有管理到位，规划才能得到有效的执行，科技期刊才能得到稳步的发展。

（课题组成员：初景利　张宏翔　梁永霞　马　峥　杜杏叶　张　昕

彭希珺　翁彦琴　马建华　刘凤红　吕　青　周津慧）

加强省级学会制度规范化建设，
进一步提升学会能力

山西省科学技术协会课题组

本研究以学会为例，通过研究学会内部治理结构的作用，分析学会参与社会治理的机制和现状，并提出相应的对策建议。

一、中外学会研究比较

（一）学会的外部环境分析比较

1. 登记注册制度

在美国，包括学会在内的非政府组织的登记工作，是依据归属各州政府的法律来进行登记注册，并不需要联邦政府来管理，学会也没有什么挂靠单位。

中国的学会作为社会团体，目前登记登记机关直接登记。登记机关是全国县级以上民政系统，并有专门的管理人员负责学会的登记、变更、年检、撤销等事宜。

2. 减免税制度

根据美国联邦政府国内税务局免税组织类型条款编号 501（C）（3）规定，如果一个组织所从事的研究对公众有利，那么，它就具有科学目的，就可获得相应的减免税。

我国的学会由于公益主体地位不明确，也影响了学会获取税收优惠和公益捐赠。虽然从事科学活动的非营利组织应是公益组织，可以获得税收优惠待遇。但依照《财政部国家税务总局关于非营利组织免税资格认定管理有关问题的通知》（财税〔2014〕13 号）和《全国性社会团体公益性捐赠税前扣除资格初审暂行办法》（民发〔2011〕81 号），全国学会很难获得公益性捐赠税前扣除资格。据统计，从 2008—2012 年，财政部、国税总局和民政部所审批的 5 批公益性社团名单中，先后累计获得公益性捐赠税前扣除资格的公益性社会团体共计 527 个，其中科技类组织共有 62 个，但全国学会及其所设基金会均未被纳入公益捐赠之类。由中央机关编制部门直接管理、免于登记的团体且获得公益性捐赠税前扣除资格的组织有中华全国总工会、中国红十字总会、宋庆龄基金会，但同为人民团体的中国科协及其所属学会无一进入名单。

3. 学会与政府的关系

在美国，不少学会与政府、国会的关系非常密切，双方的关系几乎都有制度化的规定。例如：1937 年，美国国会授予美国化学会"国家许可证"，为此化学会有责任为改善公共福利和教育而工作，为提高国民的发展水平而协助发展工业，同时还要求化学会做美国政府的顾问。1991 年，美国商务部吸收美国机械工程师学会为一成员单位。同时部分学会设有与美国工程师学会类似的"政府关系工作委员会"机构，负责与国会白宫有关的事务。在两者的关系中，在许多情况下，学会是社会商品的提供者，政府是这种商品中的最大购买者。

根据 2004 年中国科协调查，我国学会与政府部门的关系目前有四类情况。第一类，政府部门直接领导的官办学会。这类学会一般被认为政府部门的内设机构，学会有编制，人员有级别，工作有资金，而独立性相对较弱。第二类，半官半民的学会。这类学会一般被政府部门视为主体工作的附属物，人员全管，经费自筹。第三类，组织上挂靠业务上自立的学会。这类学会把挂靠单位的资源运用得较为充分，工作中的自主性较强。第四类，完全独立的社会团体。

（二）学会内部的环境分析比较

1. 治理结构

美国学会的组织结构清晰，责任明确，管理层治理明朗。会员大会、理事会、执行机构的责、权、利界定完全符合管理的需要，而且执行理事会精干。美国数学学会拥有 3 万名个人会员和 540 家机构会员，其理事会成员仅有 8 名代表。成员任期是一年，从每年的 2 月 1 日到次年 1 月 31 日为一个任期。有的成员可以连任。这个理事会相当于我们通常所说的执行理事会。理事会负责学会的所有事务。

中国学会的治理结构相对来讲比较复杂，必须考虑中国学会与政府之间的关系。从结构上讲，与美、日、德三国形式基本上一致，即由会员大会、理事会、常务理事会、会长组成。不同的是理事会会长、副会长和秘书长的人选均要由政府部门或政府相关的管理机构，事业单位的人事部门推荐。代表大会通常是三到四年开一次。理事会成员多是中国学会治理结构中的另一特征。

2. 执行机构设置

在美国，学会执行机构为秘书处，其特点是：①采用聘任制，由学会设置薪酬委员，向理事会、社会公开招聘秘书长，秘书长对理事会负责，而副秘书长人选是由秘书长聘任。②人员专业化水平相当高，管理效率明显。③人员服务意识强，会员是上帝的理念深深扎根。中国学会的执行机构也称之为秘书处，其秘书长可作为机构实际领导人来看待，并没有采取聘任制，而是由选举产生的。

3. 透明和开放机制

在美国，只要有时间，你可以从网络上下载到一本非常精美的学会机构年度报告。年度报告中有清晰的财务报告，重大活动报告，组织机构图，捐赠人员名单等内容。中国学会的开放程度不够，表明中国学会的透明度远远落后于其他众多发达国家。

4. 会员服务体系

美国学会都是直接接纳会员和管理会员，由总会直接收费，直接服务到会员。所有的会员都要登记在册；总会负责管理全国的会员会籍，掌握每一个会员的简历资料，其中包括专业兴趣、担任过的职务、会员等级变化、通信地址等。总会直接领导下的地方分会和专业分会并不直接掌握会员情况，总会每月要通知一次该分会的会员情况。采用直接管理方法最主要的一个原因是出于为会员服务的需要。美国学会的这种会籍管理中，有大量关于会员的信息和信息滚动。这是学会最主要的服务市场——会员最基本情况的信息情报。利用这些信息，可以系统地、分门别类地确定会员的需求，有助于制定出切实可行的工作计划，有助于学会的各种政策和活动建立在比较科学的基础上，美国的学会将自己的经验概括为——全力为会员服务，像经营企业一样经营学会。

中国学会会员管理体系的最大特征是分级管理。学会总部一般不直接接纳个人会员，只掌握团体会员、高级会员和外籍会员的会籍。虽然按会员规定，全国性学会可以接纳个人会员，但实际上是委托批准会员入会，一般会员都交由省级学会接受和管理。同样由于体制的原因，许多省级学会也设有关于一般会员的详尽的信息资料。全国性学会既不接纳也不管理广泛的会员，与地方学会又是业务指导关系。这样一来，学会就难以控制准确的会员人数，更谈不上对会员背景现状的了解，各专业分会也不清楚本专业委员会的会员状况。

5. 工作人员职业化体系

美国学会工作人员有三方面的特点。第一，工作人员职业化，工作人员通过社会公开招聘，以职业经理人的标准招聘专业管理人才。第二，薪酬设计是以市场需要和机构支付能力为基准的，以这样一批优秀的专业人员从事学会的管理工作。第三，学会工作人员的社会地位也相当高。由于专业人员进学会的管理层，学会工作人员具有专业的管理水平并能够以会员服务为基本目标。在这样严密的管理体系中，学会工作人员的社会地位并不逊于政府的工作人员，而且他们也担任政府部门的咨询顾问等角色。

中国学会特别是省级学会，人员大多为兼职，没有独立的薪酬体系，大多象征性地领一些补贴。

通过以上对美、中两国学会的宗旨与任务、机构设置、会员制度、开展的主要业务活动、财务收支以及学会所处的外部法律环境、内部的治理结构等情况的粗略比较可以看出，我国的学会与美国的学会有相同之处。随着国家全面深化改革的逐步深入，我国学会工作也进行了适应性的调整与提升。

二、山西省级学会基本现状

学会逐步建立和完善了各项规章制度，规章制度建立和完善有助于学会强化管理，完善内部治理结构，促进办事机构的科学管理和规范运行，引领带动学会全面提升综合实力和竞争能力。但与美国社团相比，我国的学术性社团，在社会和法律地位、功能与设立标准，会员体制与管理等方面仍然有很多不足。以山西省省级学会为例。

（一）山西省总体状况

山西省行业学会、协会立法工作相对滞后，现有的法规和规章制度并不完善，基层学会、协会基础制度建设也是良莠不齐。山西省科协下属 140 余个学会、协会、研究会制度建设发展极不平衡，较好的单位建立了基本的规章制度，但仍有为数不少的学会协会法规制度不健全，内部管理不规范。大部分学会、协会本身的民主决策、财务管理、资产登记管理等制度不健全。会员大会和理事会在民主管理和民主决策中的作用没有真正发挥，在一些重大事项、大额度资金使用等方面个人说了算的现象较为普遍。学会、协会的日常运行和监督管理，都需要有相应的法规和政策为依据，而现行的《社会团体登记管理条例》仅是一个程序性法规，没有与之相配套的具体制度，学会、协会的性质、地位、职能在法律上不明确，无法依据法律规范赋予其相应的责、权、利，使学会、协会的运行在一定程度上处于无序状态，远远不能满足承接政府职能转移的需求。

（二）试点单位状况

根据山西省省级学会发展情况，山西科协选择了有发展潜力并各具发展特色的省机械工程学会、省公路学会、省青少年科技教育协会为试点单位，通过理论研究，理论指导实践，科学性、针对性和预见性完善各项管理制度，吸取经验做法，探索省级学会制度规范化发展道路。

山西省机械工程学会在发挥社团优势，大力开展学术交流、科学普及、科技咨询等各项活动的同时，重视自身建设，注重夯实工作基础，发挥基层组织作用，学会整体工作水平稳步提升。山西省机械工程学会成立于 1951 年，是由全省机械、电子、铁路、交通、军工、冶金、化工、煤炭、轻工、纺织等跨行业的、以机械工程师和各大院校、科研单位的专家教授为主体，自愿结成并依法在省民政厅登记注册的学术性社会团体，是山西省科学技术协会的组成部分，挂靠在山西省机械电子工业行业管理办公室（原山西省机械电子工业厅），受中国机械工程学会的业务指导。学会现有团体会员单位80 个，个人会员 5000 余名。学会下设有机械设计、生产工程、企业管理等 23 个专业委员会。学会专家库现有各类专家 300 余名。学会始终坚持以服务为宗旨，开展了多种形式的咨询服务活动，为企业解决了大量的技术难题，不仅使学会活动更加贴近企业，服务行业，而且有效地加快了学会自身能力和整体实力的提高。

机械工程学会十分重视工作制度、工作程序，自身建设得到了进一步加强。学会遵循《中国机械工程学会章程》要求的宗旨和工作原则："遵守宪法法规、维护道德风尚；崇尚实事求是、弘扬双百方针；立足科技创新、促进技术进步；坚持民主办会、推动学科发展；强调以人为本、谋求社会福祉"，编制了《管理规章制度汇编》，涵括了目前学会工作的各个方面，初步建立起了较为完善的管理体系。5 万余字的《管理规章制度汇编》对秘书处及 8 个工作岗位职责一一进行了描述，进一步明确了秘书处各项工作责任；制定了《人事管理制度》《财务管理制度》《绩效考核奖惩办法》《会议管理制度》等 15 个管理制度和管理办法，对秘书处的各项工作进行了进一步规范。此外，还制定了《机械管理开发》杂志编辑程序、机械工程师资格认证工作暂行办法、机械企业安全生产标准化评审工作管理办法，使学会秘书处各项工作责任更明确，管理更科学。《管理规章制度汇编》的修订完成，将促进学会的管理水平迈上新的台阶，从而提升工作质量，增强学会工作能力，为学会工作全面健康可持续发展打好基础，为学会承接政府职能转移提供了基础保证。

三、学会治理结构思考

一般而言，大多数学会虽在登记注册和成立后，都建立了相应的规章制度和组织机构，但在实际执行过程中大多都流于形式，并没有严格地按照章程进行治理，甚至出现了一些学会被少数几个负责人把控的现象。如何加强制度建设，做好制度的系统化与有机整合？

第一，是应当进一步深化对制度功能的认识，不断加大推进工作制度化的力度。制度的功能在于规范和约束行为。由于行为主体存在人性弱点、行为能力差异以及行为环境的不断变化，制度规范和约束的功能指向往往侧重于消解人性弱点、增强行为能力和克服客观环境不利因素。长期以来，我们对制度的功能和力量重视不够，更多地强调思想教育和思想改造，虽然两者都很重要，但却有着明显的局限性。在推进制度建设的进程中，工作中经常出现的问题要从规律上找原因，反复出现的问题要从制度上找原因。坚持走科学化、规范化的道路，这是对制度及制度功能的深层次把握和运用。

第二，是应当着眼于机制的建立完善，努力实现制度在更高层面的系统整合。按系统论的观点，机制就是系统内在规律的表现形式与作用过程。在若干制度构成的系统中，制度的相互作用和实际运行就构成了机制。同样，好的机制能事半功倍，坏的机制却使坏者更坏并造成恶性循环。过去，我们也在研究制度、制定制度，但常常由于没有从完善机制的角度对制度进行系统研究，使制度不仅难以发挥预期的作用，甚至在一定条件下还会发生相反的运作。如果缺乏机制的约束，有制度而不执行或不能执行，往往比没有制度所产生的效果更坏，因为制度的权威受到了嘲弄。

第三，是应当注重发挥制度的整体功效，着力构建科学的制度体系。在一个更为宏观的背景中考察就会发现，要充分发挥制度的功能，还需要构建一个闭合的、关联的、科学的制度系统，这个制度系统中各部分既有分工、互不冲突又相互联系、协调配合，共同发挥作用，缺少任何一部分都会造成结构、功能和功效的缺失。在某种意义上，制度建设所追求的已不是某一项制度的创新，而是把注意力更多地放在加强制度间的联系和对接，对制度的功能进行整合，形成良性机制。作为一个整体，全局的各项制度之间应当协调一致，如果各部门的制度互相不能够协调一致，遵守制度的人就会感到无所适从，建立完整统一的制度体系，应当将各个部门制定的内容相似的制度进行统一设置。

第四，是要不断提高制度建设的质量和水平。制度也不是一成不变的，要根据组织或团体的发展而不断修订，适应新形势新任务的要求，针对一些容易出现问题的环节和工作中存在的漏洞，建立健全科学合理、具体实在、切实可行的制度。因此，制度应该尽可能全面，同时组织中每一业务环节、服务环节、管理环节以及利益可能波及细小方面都要有制度的身影，也就是说制度要无处不在，无时不有，深入到组织的各个环节角落。不然制度与制度之间的缝隙、制度本身的漏洞，都有可能导致投机事情发生。如果制度与制度之间矛盾交叉，更会导致有关部分无法执行，该制度效力的减弱，进而导致整个组织制度效用的减弱。对于已经不能适应目前管理需要的制度，要及时地进行修订，将不符合形势发展需要的规定予以废止，重新制定、完善适合管理需要的、统一的制度。

第五，是要以外部环境治理为抓手，不断提高社团组织的主动性。社会组织要积极搭建创新平台，提供公共创新服务方式，在非基本的公共服务领域，更多更好地发挥"第三方"的作用，促使学会在不断加强自身制度建设、积极投身参与社会管理、承接政府转移职能方面大有作为。社会组织及时与政府部门沟通对接，摸清政策，勇于担当，主动承接，在抢先成为承接公共服务的主体的基础上，努力争取成为各级政府向社会组织购买服务的第一批"卖家"。

四、"十三五"重点任务建议

党的十八届三中全会《中共中央关于全面深化改革若干重大问题的决定》强调：必须切实转变政府职能，深化行政体制改革，创新行政管理方式，增强政府公信力和执行力，建设法治政府和服务型政府。可见，"法治"与"服务"是政府职能转变的关键词。十八届四中全会强调制度建设，多项新制度全面推进依法治国，全会要求认真梳理已有制度，做好废、改、立工作。因此，"十三五"期间，我们重点应当对照党的十八届三中、四中全会精神，把握制度建设工作重点，修订完善已有制度，建立健全新的制度，使现行的规章制度更加具有明显的时代特征。用典型引路的方法，全面推广，组织山西省条件比较好的 30～50 个学会（协会）主要领导对山西省机械工程学会制订的规章制度、档案管理等进行参观学习、现场交流，结合各自的实际情况，制订和完善本学会（协会）的规章制度，为加强自身管理和承接政府部分职能的转移做好准备。具体来说，应把握好以下几方面的重点工作。

第一，各单位要本着阶段性与长期性、普遍性与特殊性、整改落实与建章立制相结合的原则，把制度建设作为解决问题的治本之策，以严肃的态度、严格的标准、严明的纪律狠抓落实，务求取得实效。

第二，统筹推进制度建设。要用系统的思维、改革的办法加强制度建设，注重顶层设计，把实体性规范与保障性规范结合起来。制度建设既要按照中央的统一要求，又要紧密结合各自实际，出台一些有针对性的制度措施。制度建设重在管用、长效，不要重复建立制度，不要层层制定相同的制度规范，坚决防止和克服一些地方部门单位在制度建设中搞形式主义的现象。

第三，对现有的制度进行认真梳理。要结合实际，对全省科协系统各学会、协会已有制度进行一次全面梳理，列出清单，认真做好废、改、立工作。对于实践证明行之有效、群众认可的制度，要予以重申，着力抓好落实；对于与现行法规制度相抵触、不一致的，要予以废止；对于与新形势新任务要求不相适应的，要予以修订完善；对于制度缺位的，要抓紧研究建立新制度，切实形成便于遵循、便于落实、便于检查的制度体系。

第四，规范制度内容、标准和流程体系。要注重制度整体功效，按照工作程序规范化、业务操作精细化的要求，建立科学规范的管理机制，促进每一个工作环节间严密地配合和有效地制约，使学会（协会）各项管理行为按照规章、规定、办法的要求有序地进行。要保持制度的连续性，不能朝令夕改，尤其在修改、完善制度时要履行一定的程序，讲清合理的依据，使制度规范顺乎人心、合乎众愿；重视制度的实效性，制度内容既要有宏观上、原则性的要求，更要有具体的可供操作的东西，尤其对具体工作流程要进行制度化约束和规范，避免工作的随意性；维护制度的严肃性，制度一经公布，对每个人都具有同样的约束性，必须严格依法依规办事，确保制度面前人人平等。

第五，完善制度执行机制。制度的生命力在于执行和落实，只有严格贯彻执行制度，制度建设才有实际效果。首先，要开展宣传教育。通过学习、座谈、讨论等方式，使学会（协会）工作人员真正认识到规范建章立制是工作要求、现实需要，牢固树立严格按制度办事的观念，养成自觉执行制度的习惯。其次，要强化制度执行。将制度进行分类、统一整理、编辑成册，提高制度执行力。最后，要抓好责任落实强化制度的执行效果。

第六，具体制度建议。

（1）探索建立学会执行机构工作人员职业化制度。建立学会秘书长、工作人员选举与招聘相结合的制度，最终实现公开招聘、择优上岗。按照职业经理人标准设立岗位标准，定期进行考核。以市场需要和机构支付能力为基准设计薪酬。努力建成高素质、高效率、高服务质量的秘书处队伍，逐步推行学会常设机构及秘书长的"职业化"。

（2）完善法人治理结构制度。从目前来看，学会法人代表由理事长、副理事长和秘书长担任，这样造成了法人治理结构的差异性。建设统一至学会理事长为机构法人代表，从制度上完成法人治理和日常执行工作的分离，确立理事会和理事长在机构治理中唯一的法人地位。

理事会由虚变实。学会执行理事会要精干，减少决策层次，提高决策效率。作为理事会可以扩大规模，可以设置"荣誉理事""顾问理事"等，切实做到理事要"理事"，务必做到责、权、利明确。

（3）完善为会员服务制度。建立以会员为主体的组织体制和"自愿、规范、服务"为核心的会员管理机制，是社会团体性质所决定的基本要求，也是学会改革必须突破的重要关口。长期以来吸收和服务个人会员是我国学会的薄弱环节。应建立和完善学会会员数据库，完善会员证号、登记码。掌握每一个会员的简历资料，其中包括专业兴趣、担任过的职务、会员等级变化、通信地址等。

（4）建立学会事务公开制度。对公布的事项和方式进行制度规范。例如公布学会机构年度报告，财务报告，重大活动报告，组织机构图等内容。增强学会的透明度和开放机制。

（5）尝试建立薪酬制度。薪酬设计是以市场需要和机构支付能力为基准，尝试把现在领取补贴制逐步引入规范的薪酬制。

（课题组成员：郝建新　苗洪泽　王继龙）

现代科普体系

建设

"十三五"科普信息化建设研究

中国信息通信研究院、互动媒体产业联盟、
工业和信息化部赛迪研究院课题组

一、"十二五"期间我国科普信息化建设存在的问题分析

（一）科普场馆服务中信息技术应用不足

据《中国科普统计》显示，2013 年底，我国科技馆已达到 380 家，科学技术博物馆的数量已达到 678 家。但这些科技馆和科学技术博物馆大多采用人工讲解的方式提供服务，只有部分博物馆（如陕西兵马俑等）初步采用了手持录音终端、在场馆中播放录像等信息技术手段提供讲解等服务。而提供的语音通常仅限于汉语和英语等少数语种。缺少利用信息技术手段提供观众临场感及满足个性化需求的相应服务。而在美国、瑞士等发达国家，对博物馆、科技馆中的展品提供多种语言的讲解播放设备供参观者自行选择相应的内容讲解。

（二）科普系统信息化建设缺少顶层设计

从上面科普信息化发展现状的统计可以看出，目前我国还没有针对各类科普网站进行统一的规划、建设和管理。一方面造成了对网络科普发展现状统计的困难，另一方面对于科普网站所提供的科普内容的科学性及有效性的缺乏统一的监督管理，也不利于优质的科普资源的共享利用。各科普网站或依托数字科技馆或数字博物馆自行建设、运行和维护，或者是某网站作为网站内容的一个组成或分支提供部分科普内容。从整体上看缺少国家层面的顶层设计。

（三）数字科普信息孤岛明显，科普信息共建共享有待加强

目前全国缺少逻辑上集中统一的数字科普信息资源库，各数字科技馆、科技类博物馆等的数字科普信息归各自所有，形成了一个个的数字科普信息孤岛，部分科普网站的科普内容雷同，缺少互动性，科普信息资源共享不足。中国大学数字博物馆总网站的建设是整合信息资源，促进科普信息共建共享的一个非常好的尝试，但其中还存在着可持续发展的相关政策措施的支持。

（四）已有信息传播资源有待利用

据工业和信息化部 2015 年 5 月发布的《2015 年 4 月份通信业经济运行情况》显示，移动用户数总规模达 12.93 亿户。移动宽带（3G/4G）总数达到 6.44 亿户，在移动电话用户总数占比提升至 49.8%（见图 1）。

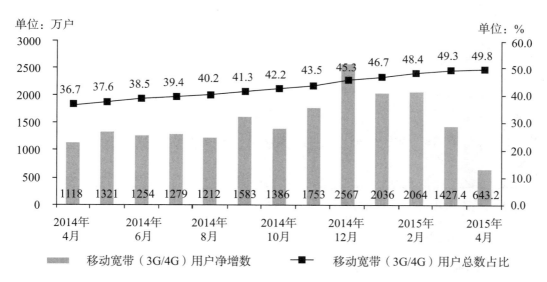

图1 2014年4月—2015年4月移动宽带用户当月净增数和总数占比情况

三家基础电信企业互联网宽带接入用户总数达到2.05亿户。"宽带中国"战略的加速推进，带动宽带提速进度加快，8Mbps及以上接入速率的宽带用户总数突破1亿户，占宽带用户总数的比重达48.9%（见图2）。

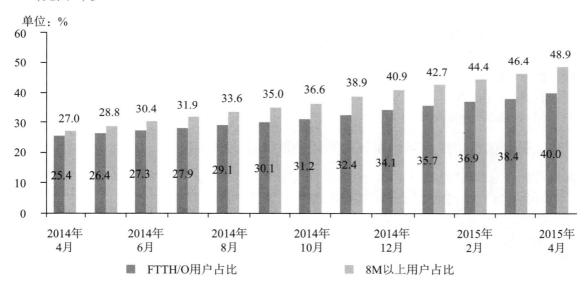

图2 2014年4月—2015年4月光纤接入FTTH/O和8Mbps及以上宽带用户占比情况

手机上网用户规模小幅回落，IPTV用户持续增长。移动互联网用户数回落至8.9亿户，同比增长4.9%，对移动电话用户的渗透率达到68.8%。手机上网的用户数回落至8.5亿户，对移动电话用户的渗透率达到65.5%（见图3）。无线上网卡用户规模维持在1600万左右。"三网融合"业务稳步推进，IPTV用户总数达到3695.3万户。

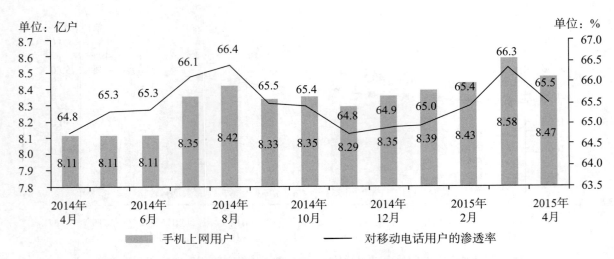

图3　2014年4月—2015年4月手机上网用户和对移动电话用户渗透率情况

截至2014年12月，我国网民规模达6.49亿，手机网民规模达5.57亿，中国网民人均每周上网时长达26.1小时。有70.8%的台式电脑、48.2%的笔记本电脑、85.8%的手机、34.8%的平板电脑以及15.6%的电视接入互联网。我国目前有网站335万，网站上拥有1899亿的网页。

上面这些数据表明，我国基础电信运营商已经组建了覆盖全国的宽带通信网络、并拥有了大量的规定、移动和IPTV的用户。与此同时互联网企业也构建了足够多的互联网业务平台并为众多的网民提供了形式多样的内容服务。这些均为科普信息的传播提供了非常好的网络、业务平台等信息服务基础设施。

而目前网络科普的传播方式，大多是采用自建网站、自创科普内容的方式进行，网站的知名度以及科普内容的数量均有限，充分利用电信运营商以及互联网企业所提供的信息传播渠道和受众将是打造"科普中国"的经济有效的方式。

（五）科普信息化建设与国家应急系统的联动作用有待建立

2014年国务院办公厅发布了《国务院办公厅关于加快应急产业发展的意见》（国办发〔2014〕63号），对发展应急产业做出了部署，中国科协在"十二五"期间也非常注重应急科普内容的创作和传播。但在我国应急产业发展总体布局与安排中却未将应急科普传播的内容纳入其中。如何将科普信息化建设与国家应急系统相结合，使得网络应急科普系统作为国家应急系统的一部分，发挥其应用的应急作用是今后一段时间应急科普建设应着重考虑的事情。

（六）网络科普资源创作大众参与度不够

科普资源开发大多由科协机构有组织地进行，通常是由数字科技馆、数字博物馆、各专业学会组织专家严格把关来进行创作。同时也有采用定期或不定期地由科协组织进行科普作品的评选活动。经过多年的努力，取得了非常大的成绩也创作出了群众喜闻乐见的科普作品。但是由于适合于网络传播的科普作品的表示形式不同于传统的书籍、杂志、报纸、板报、墙报、大篷车、博物馆展品等形式，而是采用音频、视频、动画、游戏以及数字化的文字等形式，需要由熟悉信息技术、特别是多媒体技术、互联网技术的专业人员和科技领域的专家共同完成。这样会出现众多的适合于进行网络科普资源创作的群体，如何在互联网上构建适合于大众参与的网络科普资源创作平台是需要着重考虑的问题。

（七）科普信息化建设保障体系有待建立

中国科协已经组建了科普信息化的领导小组，开始有序地进行科普信息化建设。但到目前为止，主要的工作在科普信息化建设项目的执行上，在科普信息化建设和运行保障体系方面所做的工作还不充分。

二、科普信息化建设方式分析

（一）科普服务流程

科普服务主要是通过将科普信息传播给科普受众的过程，包括科普作品创作，科普内容审查，科普著作的汇集存储，根据科普传播方式、科普对象的不同需要而进行的再创作，通过科普信息展示平台（科技馆、博物馆、大篷车、展示墙等）以及数字化科普信息服务平台（电视广播频道、互联网网站、移动 APP 商店、短信平台、IPTV 平台等）传播（展示）给科普受众等几个过程。

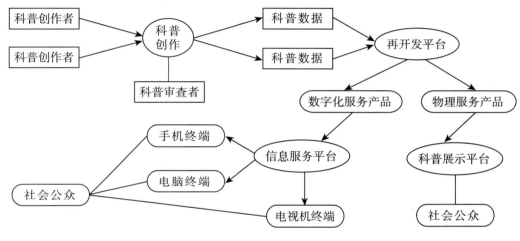

图 4　科普服务流程示意图

（二）科普信息化建设内容分析

科普信息化内容建设可贯穿于科普服务的整个过程。在科普作品创作环节可利用信息化手段（设计软件、网络科普创作平台等）进行做科普展品设计、文字、图片、音视频、游戏等类科普作品的创作；科普作品审查者可以通过网络平台对所设计或创作的科普作品进行审查把关，将通过审查和把关的科普作品存储于科普数据库；科普服务产品生产者根据提供科普传播方式等的不同需要对存储在数据库中的科普作品进行再开发（制作成展板、制作成展品、开发成适合利用各类网络传播、各种终端展示的各种媒体形式的科普作品）；将再开发后所形成的科普服务产品放置到科普展示平台（科普场馆）展示或提供给科普受众；在此环节中还可以根据展示的需要提供辅助的信息化手段（如可携带的科普展品介绍录音，或提供信息化交互式体验工具、展品信息的网络化推介等）提供科普服务的辅助工具。

科普信息服务平台可借助大数据处理手段向需要相应科普信息需求者主动推动科普信息给科普受众，科普受众也可以根据各自的需要利用网络获得相应的额科普信息。

除了上面所介绍的科普信息化内容外，在科普服务管理、科普信息知识产权保护以及根据科普服务商业模式的需求进行相应的信息化建设。

（三）科普信息化建设的方式分析

1. 针对科普场馆的信息化方式

针对科普场馆（如科技馆、博物馆、科普基地等）可考虑提供如下信息化建设。

（1）场馆信息与服务获取。利用网站提供科普场馆的科普互动信息或科普内容信息服务、科普场馆服务预订或购票服务。

（2）数字化导览服务。通过遍布各处的传感设备和移动终端，科技馆可以有效搜集用户位置、路径、参观轨迹等信息，同时通过网络和感知工具，形成场馆全面影像，据此，管理者可以进行人流密度监控，引导观众更好地进行参观。

（3）基于展项的交互式新体验。科技馆可以设计出线下实体展品与线上虚拟活动相结合的新的展览活动形式，提升用户参与体验。例如：中国科技馆基于展项的网络教育平台——"艾迪历险记"就是展项交互式体验的一个典型应用。

2. 利用通信网络平台的科普信息化建设方式

从本质上来讲，科普信息服务是信息服务的一种特定信息内容服务，科普信息内容和科普受众的不同可以选择利用不同的信息服务手段。基于网络的信息服务平台均是网络科普信息化的选择方式。

（1）基于网络的科普创作审查平台。组建网络科技创作平台，提供各类创作工具和素材，科普创作者可以利用该平台进行科作品创作或对提交科普审查者审查把关，科普审查者利用该平台对原创科普作品进行审查、把关和报送。

（2）科普作品存储和管理数据库。随着科普事业的不断发展，优秀的科普作品层出不穷，这些作品是我国宝贵的信息资源财富，需要很好地存储保护、有效地利用，更好地服务于我国经济建设和人民科学素养的提高。需要利用信息化手段组建数据库存储和保护数字化科普信息。

（3）科普信息服务平台。组建或利用各类科普信息服务平台，包括科普网站、移动 APP 商店、IPTV 平台、远程科普教育平台、应急科普网络平台、科普短信平台等。

三、"十三五"期间我国科普信息化建设需求分析

（一）"大众创业，万众创新"对科普信息化建设的需求

我国已经进入"大众创业，万众创新"的新常态。而"大众创业，万众创新"需要掌握科学知识的"大众"和"万众"。面对如此众多的需要了解所关注的创业或创新领域的相关科学知识，需要采用信息化手段传播科普知识才能满足当前社会对科普信息的需求。

（二）科普信息共建共享对科普信息化建设的需求

我国科普信息资源建设已经取得了不小的成绩，但相应的科普信息资源大多分散在各个科技馆、博物馆、专业网站等信息孤岛上。一些信息的格式、元数据等不尽相同，造成一个个的信息孤岛，科普信息共建共享还停留在规划和文件当中。需要通过科普信息化建设来改变当前科普创作和科普信息传播中存在的信息孤岛问题。

（三）大众参与科普创作对科普信息化建设的需求

科普本身是为大众服务的，"大众"也具有从事科普服务的责任和义务。在民间不乏具有数字化科普资源创作的创作者，但缺少为其提供创作的科普信息资源传播渠道。需要在科普信息化建设中考虑大众网络化科普创作平台。

（四）科普基础设施的有效利用对科普信息化建设的需求

我国在科技馆、科技博物馆、大篷车以及农村科普基础设施建设方面取得了非常大的成绩，部分科技馆、科技博物馆已经为众多的人员提供了科普服务。在节假日或寒暑假期间，部分优质科技馆、

科技博物馆大多人满为患，无法满足众多的科普服务需求。由于优质的科普基础设施资源大多集中在经济比较发达的地区，科普基础设施资源分布不均衡，造成了对科普服务有迫切需求的地区科普服务无法满足。借助信息网络技术，提供远程科普服务以及线上线下科普活动相结合的服务平台可以更好地发挥现有科普基础设施的作用，为更多的用户提供科普服务。

四、"十三五"期间推进我国科普信息化建设发展的建议

（一）加强科普信息化建设顶层设计，制定互联网＋科普行动计划

建议在中国科协的领导下，加强科普信息化顶层设计。依据国务院 2015 年 7 月印发的《国务院关于积极推进"互联网＋"行动的指导意见》（国发〔2015〕40 号），结合"互联网＋"科普的实际需求，制定互联网＋科普行动计划。

（二）深化信息技术在科普基础设施建设中应用

各级科协及所属学会要将信息化与传统科普活动紧密结合，大力推动信息技术和手段在科普中的广泛深入应用，积极探索融合创新模式。借助或打造科普活动在线平台，设置科普活动自媒体公众账号，开展微博、微信互动，微视直播，现场访谈线上互动等活动，促进科普活动线上线下结合。引导科技类博物馆、科普大篷车、科普教育基地、科普服务站等科普基础设施，利用现有科普信息平台获取适合的科普信息资源；推动和支持运用虚拟现实、全息仿真等信息技术手段，实现在线虚拟漫游和互动体验，把科普活动搬上网络。积极推动传统科普媒体与新兴媒体在内容、渠道、平台、经营、管理等方面的深度融合，实现包括纸质出版、互联网平台、手机平台、手持阅读器等终端在内的多渠道全媒体传播。

建议科普基础设施建设中提高信息技术的应用范围，在科普展品设计、科普服务过程汇总增加信息技术含量，方便用户接受和使用科普服务。

（三）构建大众可参与的科普创作网络平台

加快推进科普信息化、让科学知识在网上流行一定要保证有充足的内容，否则科普信息化就是无源之水、无本之木。建议充分利用云计算、大数据、移动互联网、互联网等先进的信息通信技术，对科普作家、科学传播专家团队、公众等各方参与科普的创作及科普信息内容进行指导和把关，构建科普创作资源统一管理、向用户提供统一的科普服务的网络平台。使科普内容更加丰富、形象、生动，满足不同受众的个性化的需求。

（四）构建科普信息数据库，拓宽科普信息的共享和再利用

依托现有科普网站、数字科技馆、数字博物馆所已有的信息数据库，组建全国范围内逻辑上集中统一的科普数据库。建立健全科普信息创作、加工处理、信息分发、信息服务和信息再利用的体系。提高"科普中国"品牌的知名度。加强科普信息数据知识产权管理机制，在知识产权充分保护的基础上，开放科普数据库，鼓励使用者在科普数据库基础上进行再创作，并向社会提供相应的再利用科普产品，提高科普信息数据库的利用度。

（五）充分利用社会已有传播渠道，扩大科普信息传播的覆盖面

建议研究与基础电信运营商、互联网企业合作的方式和方法。建议借鉴 2013 年度"教育部—中国移动科研基金"项目的合作模式，充分利用社会上已有的信息传播平台和渠道，扩大科普信息传播的覆盖面。

（六）组建应急科普系统，助力应急产业发展

建议组织整理优质的应急科普信息资源，与我国应急产业和应急系统联动，采用网络传播技术、大数据技术、云计算技术等为应急事件提供精准的多种形式的科普信息，以减少紧急事件对人们生产、生活可能造成的损失。

（七）完善科普信息化的政策措施

建议完善科普信息化的标准体系，充分发挥标准对科普信息化发展的规范和促进作用，加快制（修）订科普信息资源和科普服务标准，积极采用国际标准或国外先进标准，推动科普基础设施升级改造。建议加大财政税收政策支持力度，对列入优先发展的科普信息化建设工程的科普服务，在有关投资、科研等计划中给予支持。建议优化发展环境，完善相关法律法规，支持科普信息化发展。建立科普服务运行监测分析指标体系和统计制度。建立健全社会网络传播科普信息的相关机制，加强众创数字化科普作品的内容审查和版权管理机制。

（课题组成员：聂秀英　魏　凯　陈　曦）

"十三五"全民科学素质建设研究

中国科学技术大学课题组

一、"十二五"全国公民科学素质建设进展和存在问题的基本研判

在党中央和国务院已有顶层设计全面推动的前提下，"十二五"期间全民科学素质建设进入了快速发展车道，在中国科协的实施计划牵引中，取得了若干有较好显示度的建设成果。但由于行政事业供给型管理机制过强，无疑也留下了这一阶段建设工作的明显不足。

（一）对"十二五"全民科学素质建设突出进展的研判

（1）在政策建设与决策落地方面已有系列长足进展，其中最具标志意义的是：围绕《全民科学素质行动计划纲要（2006—2010—2020 年)》（以下简称"《纲要》"）这一主线，对全民科学素质提升这一国民现代化目标进行了持续的、不懈的工作推动，使这一国家进步的指标持续优化，突出表现在5 个方面。

第一，为使《纲要》原制定的全民科学素质建设四大行动（即 2006 年确定的：未成年人科学素质行动、农民科学素质行动、城镇劳动人口科学素质行动、领导干部和公务员科学素质行动）和四大工程（即：科学教育与培训基础工程、科普资源开发与共享工程、大众传媒科技传播能力建设工程、科普基础设施工程）能够进一步落地，在 2010 年颁布了《全民科学素质行动计划纲要实施方案（2011—2015 年)》（以下简称"《实施方案》"），使各项重点建设目标通过扩展进一步成为工作指标，使中国科协"纲要办"的主体职责得到更明确的刻画与建立。

第二，在"十二五"期间，通过多方努力和协调，中国科协成功地推进与 28 个省市自治区签订《落实全民科学素质行动计划纲要共建协议》，覆盖了全国绝大部分的省级区域，初步搭建了公共行政决策力量的全国性分布支持协作体系，这一布局为政府主导的纲要建设目标中心下移创造了良好的实施保障机制，有利于全国借助地方政府的行政与政策资源推动全民科学素质建设工程。

第三，在《实施方案》的有力推动下，《纲要》作为任务型指标特别规划出的五大重点人群和重点工程科学素质行动实施计划效果显著，已有力地改变了中国社会特别是基层社会科学素质提升意识薄弱、协调乏力的局面。至 2014 年底，全国已有 33 个中央级部委机构成为全民科学素质纲要实施共同组成部门，至少在机制建设上，已使大多数的中央资源系统进入了共商联盟，为进一步实质性的联合共建奠定了平台基础。全国 80% 以上县区已建立纲要实施的工作机构，使中国县级全民科学素质建设工作体系第一次得以大范围构建和覆盖。虽然县级科协目前的工作定位的创新优化仍待努力，但这一下沉到县域的平台体系使全民科学素质建设的任务延伸到中国的行政基层和社会基层，这对有中国特色的政府推动型社会事业的成功是必不可少的保障。

第四，通过持续的提升建设和全国测评工作的拉动，全国公民科学素质达标合格率从"十一五"中期开始进入快速提升通道，从"十二五"开始提升曲线更为强劲。（2003 年第五次全国调查比例

1.98%，2005 年第六次全国调查比例 1.60%，2007 年第七次调查 2.25%，2010 年第八次调查 3.27%，2013 年 12 省调查推断 4.48%。）这一达标率快速提升的过程，与中国社会进入知识化、信息化社会的进程加速是基本同步的，与国民生活水平进入中等收入阶段也是基本同步的，非常有力地印证了《纲要》开启的国民科学素质提升工程的时代价值。

第五，2012 年 9 月 23 日，中共中央、国务院下发《关于深化科技体制改革加快国家创新体系建设的意见》，明确提出 2015 年全国公民科学素质达标率超过 5% 的发展目标作为国家指标。这一中央文件中明确提出的发展指标，代表了国家顶层设计中对全民科学素质建设目标成果的全面认同。

（2）中国"十二五"阶段全民科学素质建设的成果无疑是显著的，在《纲要》和《实施方案》的统领下，诸多细分领域的诸多进展堪称丰富。但从中长时段的建设意义而言，我们认为有 3 项工作值得特别提出。

第一，中国在"十二五"期间，全面启动了以科学课程课标建设为核心的未成年人科学素质建设。2011 年 12 月颁布了初中阶段科学课程课标，2014 年 5 月启动了高中阶段的课标全面修订，这是一项立于基础、持续更新、功在长远的国民能力现代化工程。

第二，作为科普基础设施工程的重要模块，以科技馆为代表的主干性科普基础设施空间形成网络分布。2013 年年底，全国共有各类科普场馆 1837 个，科技馆（科技博物馆）已达 1058 家，青少年科技馆（站）779 家，全国常住人口 100 万人以上的中大型城市已有 60% 拥有 1 座以上科技类馆。可以说，这种短时段、高强度、资源协作、全国性布局的建设已相当彻底地改变了中国科普场馆类公共服务设施严重分布失衡，国民普惠性科技福利配置失衡的局面。

第三，至 2014 年年底，作为网络科普资源工程的重要标志，中国数字科技馆主平台建设初步成型，基于这一网络平台的子馆建设也有较快的推进。经过评估并达标的科技馆的数字子馆已达 31 座。2014 年 9 月，中国科协启动"科普中国微平台"建设，集微信、微博、微视、APP 等新媒介方式，打造中国移动端网络科普官方微平台，并向全国科普、科技与科技服务资源系统入驻式开放。2015 年 4 月 30 日，中国科协与腾讯"互联网 + 科普"全面合作协议正式签署，"科普中国"项目全面启动。作为传统意义上的公民科学素质建设主力军，中国科协在上述方向的进展让我们看到了在新媒介社会已有较大力度的工作与机制转型实践。

（二）对"十二五"全民科学素质建设中的明显不足的研判

虽然说"十二五"期间该领域的进展与潜在进展颇多，但以国家创新态势发展演化的全新要求而言，不足和遗憾也是显而易见的。

1. 全民科学素质基准的制订工作进展滞后

根据《纲要》明确提出的任务，制定《中国公民科学素质基准》是一项重要的约束性工作目标。根据国际主流国家公民科学素质建设的经验，逻辑上应该是按照基准进行对标性建设。即便在初期需要在实践中探索经验以支持基准的制定，但较长时段无基准目标的建设却是不正常的情况。我国的基准建设工作从"十一五"初期即正式起步制定，经过较多的波折，至"十二五"即将结束仍未有共识性方案，时间已长达十年，从而导致无基准的实践状态，这对全民科学素质建设和科学素质测评工作均带来了基础逻辑缺失的无奈。

2. 科学普及与科技研发的直接关联机制建设滞后

在国际社会，比较普遍的做法是国家支持的科研项目或重大工程经费，需按一定比例留出专门用于向社会和公众传播科研成果价值及意义的列支，所有科学团队都有义务和责任让公众理解科学与参与科学，从而实现后学院科学时代的开放科学和开放创新。实事求是地说，中国的科技界对科研与科普并举的机制建设从认识上和实践上均有关注及努力。"十二五"期间，中国科协、科技部、国家自然科学基金委、中国科学院等机构已有系列政策与机制探索的尝试，如多方会商向国家科教领导小组提出政策草案，探讨在国家自然科学基金与科技部若干科技计划中先行实验，举办了主题为"基础科学研究中的科学传播"的第75次"双清论坛"等。但直至"十二五"即将结束，上述工作均未落实到政策与制度层面。

虽然上述结果有若干体制机制方面的原因，但客观上造成了中国科技共同体从内向的小科学时代走向开放的大科学时代进程过慢，约束了创新科技向全社会、全体国民共享共有扩散的广度与丰度，从而与以全社会开放创新为范畴的"创新驱动发展"新国策的匹配度受到影响。

3. 科学传播与普及在信息服务业大平台上的集成融合明显薄弱

科学技术普及与普惠是现代国家全民福利和精神文明建设的基本内容。在"十二五"期间，作为全民科学素质提升重要工作的科普信息化工程以中国数字科技馆系统的搭建为标志性成果，但该平台系统财政投入不小，用户的参与应用强度和热度却不负所望，作为官办国字号的资源平台，即使与纯民间的小型科学传播公司果壳网相比，粉丝数量和黏度都明显逊色。

由于我国对国家科普职能的约束性分工，导致与国际社会不单独设计科普事业职能机构的模式有较大区别，在一定程度上对科普与公民科学素质建设与大信息服务业的融合构成了制约。例如，虽然已有33个部委机构参加了纲要办的联席会议机制，但大多数部委的参与仅限于很少人员的表层交流，这一点在项目组此前的专项调研中已有印证。在工信部、商务部、发改委等系列中央机构缺乏实质性开放参与的情况下，基于大数据、云平台、自媒体与社交服务的顶层设计与融合机制建设自然难以成型。

4.《科普法》修订与颁布实施细则的工作明显滞后

根据《纲要》在2006年正式确定的任务，要尽快启动《科普法》实施细则的制定工作。因为《科普法》2002年6月29日由全国人大常委会通过颁布，但该法只是纲要化形态，制订的只是原则性条款，相关实施细则基本阙如，导致实际操作性很差，基本上是案头法状态。但直至"十二五"末，这项任务依然难以启动。本届政府执政伊始，即鲜明地提出了"依法治国"的新大政方针，可以预见的国家治理走向是法制化走向——即公权力在法制的规约中运行的模式。《科普法》可以说在整个大科技口"赶了个早市"，但因为实施条款严重缺失，却极有可能在下一阶段"收了个晚集"，这是非常值得关注的"十一五"到"十二五"的工作缺陷。

二、对"十三五"整体发展态势与特征的研判与分析

从"十二五"最后一年的发展模式转型方向及"十三五"即将开局的决策走向来看，我们认为"十三五"将是我国科技社会事业深度改革的重要构建期，从发展模式与实施路径、公共政策与公共决策逻辑、文化结构与制度目标等方面都有很大可能会发生重大调整，从而为中国社会从中等收入国家跃升到国际引领的发达国家提供制度深改释放的关键力量。具体到社会科技与全民科学素质建设领域，系列新态势已成为"十三五"建设规划不容忽视的重要背景和决策依据。

（一）科技的全民开放性趋势已经非常鲜明地表现出来

世界的科技发展都经历了由小圈子的学院（科技共同体）科学向大圈子的后学院开放科学演化的过程，这也正是"公众了解科学（科学普及）—公众理解科学—公众参与科学"科技与公众关系三阶段的逻辑。

就新中国的实践过程而言，由于非常强的自上而下的科普定位和相当纯粹的公共事业定位，中国大众与科技共同体的参与性交流和互动式理解阶段来得很晚，可以说，真正到来是在"十二五"时期。第一驱动力来自互联网和社交新媒体，来自智能移动终端造成的"人人都有麦克风"。第二驱动力来自本届政府对科技创新和科技本身大政方针的重大变化，"全民创业，万众创新""创新创业创

客""众包科学""科学众筹"等科技创新突然变成了国家层面的大众目标、任务与机遇，于是，"公民科学素质"和"科普"骤然被加进了诸多全新的内涵目标。

（二）全民科学素质建设的新阶段要求公共资源与市场资源一体化助推"全民创业，万众创新"

"全民创业和万众创新"正在成为发展新常态下我国创新战略的重要选择。知识搜索、知识挖掘、移动出版、知识推送、在线学习、知识流程外包（KPO）等基于市场的服务机制正越来越频繁地利用开放科技的力量破除制度障碍，降低创业创新成本，已经对激发和释放全民智慧发挥了重要作用。一旦科普服务组织的市场准入条件进一步放宽，扶持激励机制和市场经营环境进一步完善，众多大、中、小、微型科普服务组织有望为我国大众创业和全民创新提供强劲动力。

众多致力于业态创新的科技＋科普的企业与事业组织正在兴致勃勃地为大众生活科学化、人民群众奔小康和获得参加当代社会事务的能力、为为数众多贫困家庭的孩子通过职业技术发展和科技普惠工程创造崭新的人生价值带来广阔机会，同时，也为社会的科学发展和创新型国家建设提供了新的选择方案。一个可以作为印证的发展趋势是：中国众多的科技园区已经流行在园区层级设立园区科技产业形象设计＋科技产品招商展示＋科技的公众传播推送的集成展示传播空间与网络空间。

目前，在全民创新创业浪潮推动下，公共的事业科普资源和市场的消费科普资源已经突破长期的历史瓶颈开始协同融合，预计在"十三五"阶段，基于PPP模式的政府公共资源与消费市场资源共同发力的局面有可能会成为一种流行趋势，引发并初步呈现横跨经济、社会、文化、生态等诸多领域扩散的新走势。在构建农业技术转移服务新体系、工业4.0版技术与产品推广服务、城乡智慧社区科学生活普惠服务、互联网科技信息服务等新社会需求领域有望让科技大面积的流行起来，从而有可能催生我国经济社会新型社会现代化历程上一次重大的全民科学素质水平的跃升。

（三）"十三五"全民科学素质建设要求扎根移动互联技术和信息服务业的新平台来展开

"十二五"后期，基于移动互联及社交的科普公共事业与商业科普消费即已呈现生机，虽然这种图景在国家宏观层面因为缺乏整合与组织而显得破碎和凌乱，但从传统模式向新媒介模式转型的趋势却已成为社会性共识。预计"十三五"开始，这一进程将以令人惊讶的速度与展开方式到来。

新一代信息技术与移动互联网应用是科普业态创新的热点领域，也是全民科学素质建设规划需要思考的重点领域。在微观的实践层面，一批引入新线上交互模式的科普公益或商业组织或自媒体团队，通过电子邮件、网络视频、微博、微信和手机客户端（APP）等渠道，发展面向公众、企业、项目、员工、市场的专业知识挖掘、定向知识推送与个性化知识协同服务，实现了消费科普与服务链接的经营创新、开源人力资源群落成长的同步发展。在移动互联和信息服务业如火如荼的环境下，草根性质的科普组织在服务全民学习、终身学习的过程中开始壮大力量，新业态科普组织利用市场资源整合与跨界协同为提升全民科学素质提供了新的驱动力量。

借助前沿探索中的市场力量进入构建科普服务体系并发挥重要作用，一方面可以更与时俱进地服务于新一代公民的科学教育，另一方面也可以更多元地借力新媒介丰富奇妙的内容表达手段和信息服务技术强大的渠道与平台力量，推动前沿科学技术普适化学习与应用，增强传播科学精神、科学价值、科学思想、科学方法的效果，为全民科学素养提升创造更优质的理解与参与环境。

（四）"十三五"全民科学素质建设要求前沿科技知识与创新成果能够快速而且普惠地传播给最广泛的民众

从当代社会目前发展阶段的发展特征来看，由于科技创新与社会创新已成为很强的主旋律，而且创新引领及覆盖的频率呈日益加快的趋势，因此，设计出快速传播和普及普惠地让民众理解与应用前沿创新知识的机制及方法，引领广大民众不断保持对新生活环境的熟悉和科技创新新前景的参与期待，这是"创新驱动发展"和"大众创业，万众创新"新国策获得源源不断动力的关键。

随着我国和全球科技创新频率的持续加强，形式多样的新技术传播服务明显加快了农业、工业、服务业和信息与互联网业交叉融合的步伐，同时，也使得科普服务与国民经济主产业相对疏离边缘的状况得到大改善，第一、第二、第三、第四产业对科普服务的需求从来没有像现在这样强烈和迫切。基于市场机制的科普服务新业态已经在"互联网＋"、工业4.0进入公众生活、科技与文化融合、经济与消费结构转型升级、企业创新知识扩散外溢、新型农业科技服务网络构建等生产方式演进领域发挥了关键作用。不仅是新业态科普服务机构正全力借助市场化手段推进前沿技术走向实际应用和市场应用，加速了高新技术产品走向现实生活民生需求，而且，主流的公共科普组织也开始思考前沿科技知识与产品如何走进大众生活的挑战性问题，并且已经提炼出了初步见到成效的运行方案。

三、对"十三五"全民科学素质建设规划重点任务的思考与建议

从前述我们对"十三五"发展态势及特征的研判可见，2016—2020年是中国社会重大转型的关键时段，即：从改革开放带来的生产力要素释放向紧密依靠创新驱动发展的重大转型，从发展中经济大国向全面发展的世界强国的重大转型。基于这一重大演进背景，在规划中，就非常有必要关注和立足国家发展模式重大转型、中国社会演化阶段跃迁、网络信息社会快速发育以及中国全面主动国际化四大发展趋势，来探讨全民科学素质建设的新内涵需求，研究并描述与此相应的任务与建设目标。

（一）"十三五"我国全民科学素质建设语境刻画下的任务规划

研究《纲要》《实施方案》工程和"全民科学素质测评"工程进入"十三五"时期的建设需求，关注中国社会利益分层的复杂演化特征、关注由此带来的新历史阶段中国特色的最新表征，关注国家发展重大转型的特色性任务诉求。凸显世界引领性国家对国民素质建设的自主性发展道路，削弱对美欧公民科学素质建设模式框架的沿袭性思路与操作方法，规划出"十三五"更贴近国民和国家发展特征的评价指标与建设思路。

中国当前阶段全民科学素质建设的创新诉求与内涵语境包括：创新驱动发展模式、创新普惠与发展普惠、创新生态系统思想、"全民创业、万众创新"新国策、创新自信与宽容文化，积极参与国际发展架构构建等。从特色性目标任务诉求的思考而言，例如：对全民科学素质建设"五大重点人群"和"五大重点工程"的重新识读、研究并提出适应"十三五"发展语境的目标任务分解、制定新一轮的《全民科学素质行动计划纲要实施方案（2016—2020年）》。由于中国特色的政府全面委托政务性群团机构主管科普与公民科学素质建设，因此存在着比较突出的政府各股力量及资源协同困难问题。为使这一关键机制障碍能更好地化解，建议在规划中以中国科协在《实施方案》中的定位责任为政策依据，借助信息化的集成技术力量和开放创新的资源配置思想，探究政府多部门、社会多主体协同建设机制的构建思路，提出以信息实时化生成的全民科学素质评价指数为抓手的监测评价实施方案。

（二）关于"十三五"重点任务的若干建议

作为中国科协的"十三五"规划，除了前瞻性的设计布局，自然需要考虑既有工作的延展与深化。作为预研性质的本课题，很难代替具体规划部门安排工作任务，因此按建议方式提出4项改革性重点任务和2项具体工作性任务作为正式规划时的参考与提示。

（1）启动的现状全民科学素质建设资源配置模式改革工程，改善低水平重复建设的发展生态。

在传统的运行习惯上，国家和地方财政的科普建设投入通常采用层层分解的办法，在有限的科协系统范围内分配资源。这种科普资源分配的模式和路径造成科普建设投入的碎片化，形成了低水平重复建设项目的内循环，弱化了资源供给和使用的效率。同时，这种投入方式增强了多部门国家资源协同合力

的阻隔，更影响了大型社会组织和企业进入科普业态的积极性，在一定程度上阻碍了优质高效和具有系统拉动能力的国家科普大项目的发育和集成，使基于顶层设计的科学普惠产业引领带动力量难以发育。

因此，实施新资源开放集成模式的重大项目引导，带动科普资源配置质量跃升是"十三五"规划的一项重要任务。

（2）改变科普产品服务供需失衡的局面，全面促进消费性科普产业创新发育。

在"全民创业，万众创新"和信息服务产业如潮席卷的趋势下，迫切需要弥补性地更多从消费中心立场——即消费拉动供给的立场来研判全民科学素质建设工程。这一转向的思考逻辑：①消费性科普或消费性前沿科技内容传播已成为亟待全面拓展的新领域；②迫切需要在"十三五"规划设计中通过改革调整供给模式，优化建设结构，加大资源投向培育科普产业市场主体和建设产业发展生态领域；③"十三五"期间，如何开放公共科普资源供需空间，促进消费性科普产业积极进入，这也是规划中需要智慧考量的改革命题；④市场性主导的科普推广机制有利于政府、社会和市场三股力量形成合力，提高科普资源投入强度和产出效率，有益于大幅度全民性提高公众科学素养，推动公民科学素质行动纲要的目标更高效率地实现。

（3）实施国家级科普服务平台开放共建工程，加速服务业态高端聚集和行业引领。

在传统政府科普资源配置模式制约下，传统科普企业形成了严重的路径依赖，影响了产品和市场创新的勇气。"十三五"期间，要着力引导一批十亿、百亿和千亿量级的市场主体进入国家提升全民科学素质的宏大体系中成为骨干力量。推进科普出版、科普影视、科普动漫与游戏、科普网站、科普旅游、科普会展、科普教育、科普创意设计服务等领域的特色科普产业实验、示范园区（基地）建设。重点培育工业4.0及行业前沿技术创新与传播服务、智慧城市推广与技术服务、基于"互联网＋"的社区健康与安全传播服务、智慧农业技术推广与服务等科技普及普惠新业态。发展科普产业"创新龙头组织"和开放产业协作体，建立和完善全民科学素质建设的事业产业融合生态圈，实现发展能力的全面提升。

（4）打造"全民创新创业"期待的服务体系与服务模式，释放科普服务的人口红利。

在"十三五"即将开局的中国，"全民创业，万众创新"新国策已把科技创新覆盖成全社会、全民化的发展诉求与生存福利，而科普事业与产业目前在全民性动员上仍然处在普惠面和强度上远远逊色的状况。"创新驱动发展"已成新常态上的主旋律，全民科学素质提升已经发育出了内涵性的新目标，科普或科技创新内容传播如何在主旋律中成为强音需要更新的规划理念。

实现上述发展目标的方向之一：将全民科学素质提升建立在科普信息化的新生存模式上。在数字化时代，科学素养是民众融入创新社会能力的核心指标。科技内容传播迫切需要与信息消费产业无缝链接，从而完全融入新兴服务业态中，大幅度提升全民"科学生活"与"参与科学"的与时俱进的能力。

实现上述发展目标的方向之二：将"科学变为时尚"的新传播理念推广。全民科学素质提升已经不仅仅是政府与科技协同体的使命，而是全民为了在创新社会获得"科学生活"和"参与科学"能力的自发诉求，同时也是科学普惠应该发放的全民福利。因此，为了让全民科学生存福利得以兑现，必须让科学变得非常容易流行、明白、好玩、易用，科技创新的科普化演绎应该成为规划中的重要内容。

（5）在制定《全民科学素质行动计划纲要实施方案（2016—2020年）》的基础上，对至2020年为评价节点的中国社会发展目标和全民科学素质建设目标图景简明刻画，研究"公民科学素质基准"的进行性制订思路。协调国家和民间相关资源，探讨科学知识化程度差异显著的中国社会各阶层不同的基准建设方案。

（6）布置开展"十三五"新历史阶段科普理论创新发展系列挑战问题研究，包括但不限于："科普"从单一普及内涵向普及与普惠并举内涵发展的理论诠释、切合中国发展内涵诉求的全民科学素质测评指标与测评范式研究、全民科学素质建设服务能力测评指标研究、全民科学素质建设读本编制、探索建立实时信息获取的全民科学素质监测评估指数生成平台等。

（课题组成员：汤书昆 李宪奇 方媛媛 杨俊朋 谢起慧 陈 曦 胡昭阳）

农村科普信息化发展模式研究

——以山西为例

山西科技新闻出版传媒集团课题组

一、农村科普信息化模式研究的必要性

（一）为农业结构战略调整指引方向

随着农业内涵的断延伸和扩宽，农业结构的深化调整，农业产业方式的断更新，对农业科技服务的要求越来越高。从单一种植业到大农业，从第一产业到第二、第三产业，从产中到产前、产中、产后，从数量扩张到质量效益的增长方式转变，都远远超出了现有农业科技推广服务体系所能适应的范围，原有的科普模式已不能满足农业科技服务的要求，所以，在改造传统产品的同时开发科普新产品，通过先进技术、手段、载体的应用，更好地提高农民科学素质，推广农业技术，提供全程服务，使农业产业达到高产、优质、高效、安全。

（二）为农业产业化经营提供技术支持

农业产业化要求，农业科技服务不能仅仅局限于农业的产中环节，要不断向农业产前和产后延伸，既要为产前的预测和决策服务，又要为产中基地建设的标准化服务，还要为产后的贮运、保鲜、加工、售后服务，为实现产业化经营的商品化、专业化、集约化、规模化和一体化生产提供支持。

（三）为建设现代农业提供动力

建设现代农业，是我国农业发展的方向。我国农业仍处于传统农业向现代农业的过渡阶段，推进现代农业建设任务繁重。要实现我国农业现代化的整体目标，必须使技术创新和制度创新相结合，实现农业科技服务体系的创新，为农业现代化的发展提供动力支持。

（四）为农民持续增收提供优质服务

发展农村经济，增加农民收入，必须提高农村经济的增长质量，使农村经济发展走上依靠科技进步和提高劳动者素质的轨道，建立科技主导型的增长模式。依据农民需求的不同层次，技术的不同类型，选择不同的技术、载体、模式与方法，努力提高农业科技成果的入户率和到位率，已成为当前农业科技服务的一项迫切任务。

（五）为实现农业可持续发展提供保障

农业可持续发展是指农村经济和社会经济全方位的持续发展。实现农业可持续发展不单纯地是追

求数量上的增加，而是要实现农民日益富裕、农业社会全面进步，使农村的资源环境、人口、经济和社会相互协调，共同发展。所以，在农村科普信息化模式建设中，要改变观念、增强生态、环境和资源意识，建立可持续发展的合理的技术供给和需求结构，使经济效益、社会效益和生态效益在资源、环境、社会、经济的平衡中得到同步提高。

（六）为培育知识型农民提供有效途径

农民是农业现代化的主体，对农业新技术的选择、对农业新标准的运用，均取决于其科学文化素质。目前我国农村地区教育资源严重匮乏，城乡之间在教育资源占有率上存在的差距超过城乡收入差距。提高农民科技水平，除了大力发展农村义务教育和职业教育外，农村科普信息化最为重要的一个职能就是运用先进的传播载体与方式，通过农业专家、涉农企业、各级农村中介组织等，根据农民需要组织科技培训、开展科技交流活动，培养一批示范户，带头人，促进广大农民的科技文化水平和素质提高。

二、山西农村科普信息化模式总结

（一）模式总结

根据农村科普信息化系统科普信息化主体、客体、载体、内容、环境等五个要素，参考我国学术界目前对科普信息化模式的归纳、总结，结合山西省农村科普信息化现状，本研究将对山西农村科普信息化模式进行如下总结。

1. 根据农村科普信息化服务主体的不同，可归纳为三种模式

（1）政府主导型模式。

政府主导型模式，就是指在政府的推动下，通过建立农村科普信息化平台发挥政府在促进农村科普信息化中的作用，这种模式的最重要特点即是它的公益性。具体来看，山西农村科普信息化模式又可分为以下几种。

① "政府＋企业＋服务站"型——中科云媒、农民远程教育培训系统。

"中科云媒"是山西省基层科普设施建设工程的主要内容，被国家财政部列入我国农村公共文化服务体系扶持项目，拨付专项经费。中科云媒由中科云媒信息服务平台控制中心进行后台管理，主要提供包括视频点播、数字报刊浏览阅读、供求信息发布浏览、农业气象信息即时发布、病虫害预警预报及防治方法、农资防伪识别及农产品溯源服务、农业政策解读、全省各地主要农贸市场每日最新市场行情及价格曲线等多项服务，为全省广大农民提供科普信息化服务。

百万农民电脑培训工程是山西近年科普信息化工作中规模最大、一次性培训人数最多、发动志愿者最众、涉及面最广的大型科普活动，由山西省科协、山西省妇联、山西移动分工合作、共同实施。基本模式是依靠山西多年来建设的网络文化服务站、科普惠农服务站、农科110服务站"三站"资源相整合，发动1万名大学生科普志愿者，奔赴全省119个县、市、区农村，对农民进行手把手、面对面的电脑科普培训，培养和造就一批有文化、懂技术、会经营的新型农民。

② "政府＋农户"型——农业广播影视、部分农业手机报。

山西农业广播影视的基本模式是由财政每年进行拨款，支持山西省科教影视网络中心制作并拍摄农村科普影视专题片，并通过市县科协、市县电视台、中科云媒终端、科普大篷车、科普网络电视台（CNKPTV）直接向广大农民推广。

为了更好地服务"三农"，山西省科协免费向农民赠送新农宝《农民版》《农资版》《果农版》《菜农版》《养殖版》手机报，开展新技术推广，帮助农民解决在实际生产中遇到的问题，对农民进

行较系统的远程教育培训。

③"政府＋专家＋农户"型——农科110热线、农业网站。

农科110热线是山西省科协、山西省财政厅在联合实施科普惠农计划中开发创建的一个现代化的农业科技信息服务快速反应体系。热线聘请有省农科院、省农业厅、山西农业大学等农业科研院所的百余名农业权威专家和生产实践一线专家，24小时随时解答农民问题。

此外，农业网站也是山西省科协开通的服务农民的科普信息化重要平台之一，它以聘请的农科110专家为专业知识、技术、服务支持，向农民提供现场咨询、视频会诊、技术下乡等服务。

（2）社会参与型模式——农易通数据库。

社会参与性模式，是指农村科普信息化的服务主体是以社会力量为主体的模式，政府适当给予政策、资金上的扶持。山西农易通数据库平台建设，是在大数据已经成功应用于医疗行业、能源领域、零售业等领域的形势下，由山西科技传媒集团提出了建设垂直应用于农业科技领域的大数据平台的方案。目前，这一体系于2014年提出，目前仍处在系统研发阶段。

（3）市场主导型模式——益民易购平台、部分农业数字报刊。

市场主导模式是指以企业、公司为龙头，以市场规律为指导，以盈利为目的农村科普信息化模式。益民易购平台的搭建，就是市场主导模式的成功探索。益民易购店是面向全省科普惠农服务站开放的一个科普电商平台，向全省农民提供质量高、价格便宜的惠农产品，农民朋友可以通过服务站的益民易购平台购买各种生活用品，同时农民朋友也可以通过该平台把农产品销售到城市社区去，服务站可以获得一定的服务费用。平台运作的基本模式是："一个益民易购店＝一台中科云媒设备＋一个科普惠农信息员＋一台刷卡器＋一台小票打印机＋服务站管理卡＋农民会员卡"。益民易购店采用连锁加盟的管理模式，统一配置电商平台，统一店面形象，统一货源，统一管理，加入益民易购可以让农资店淡季不淡，常年提供科普服务和商品销售服务，原来单一的农资销售变成了多样的商品销售，目前正在运营的30个益民易购店效果良好。

山西的农业数字报刊业务有一部分是属于以市场为导向进行自主经营的，例如：《今日农业》《村官手机报》等农业资讯类手机报。2010年，中国移动推出的"农信通"业务，并面向社会对12582语音咨询平台及百事易彩（短）信手机报两项业务公开招标。2011年以来，山西科技传媒集团已为中国移动农信通和百事易编发、提供信息500多万条，成为山西移动最大的科普内容提供商。

2. 根据农村科普信息化服务载体的不同，可归纳为三种模式

（1）传统媒体传递型模式——农业网站、农业广播影视、农业数字报刊。

自2007年开展了百万农民电脑培训后，全省有一部分农民已经学会运用网络浏览信息寻求服务；农业广播影视业在农村拥有更广泛更悠久的发展历史，农业手机报自从2008年3月创办以来也已经有了6年以上的历史，这些农村科普信息化的载体在目前看来，都可以认为是比较传统、已经为许多人接受的方式。

（2）新型媒体传递型模式——微信平台"农村微课堂"。

微信在我国从兴起到繁荣，也不过两三年的时间。相对于文化素质相对较低、新鲜事物接受较慢的农民群体而言，还是属于新型传媒载体。因此，在运用微信平台"农村微课堂"对农民进行培训时，还需要广泛发动大学生"村官"、村团干、村妇联以及农村经纪人、种养大户等手机使用相对集中、信息接收较快的群体进行信息的整合、传递。这种新型媒体具有针对性、实用性、互动性等明显优势。

（3）三网融合型模式——农科110服务体系、中科云媒、益民易购平台、农易通数据库。

三网融合型模式是指充分利用计算机网、公用电话网、移动通信网优势互补，促进信息资源的共享和开发利用的农村科普信息化模式。农科110服务体系、中科云媒媒跨媒介科普云服务平台以及农易通数据库就是基于三网融合的山西省农村数字化公共服务体系平台。

（二）各种模式分析比较

以上模式的划分是从不同维度来进行的，如果综合起来看，难免存在交叉、重合的问题。通过综合、归纳、分析，可以发现其中的优劣。

1. 政府主导型模式

优势：这一模式在信息管理、人才资源、协同配合和资金来源上都有着明显优势，这也是政府主导模式能够始终在农村信息化服务模式中居于首位的重要原因。同时，政府在政策使用、减免优惠等方面较其他模式有着天然的机会，这是政府本身所具备的一种潜质。

劣势：因为政府部门的主导会导致职能部门出现相互扯皮，推诿责任，利益始终会在各部门、各参与主体间博弈。此外，在具体的工作中，难免存在服务方式单一，农业信息的内容全面，但实用性、针对性和及时性不强，基层激励机制不健全，模式发展的可持续性不高等问题。

2. 社会参与型模式

优势：这种模式能充分发挥各参与主体的优势，组织信誉度高、凝聚力强、会员带动优势明显，不仅实现了与外部市场对接，而且有利于向农户提供专业性、针对性、实用性较强的信息和服务。

劣势：与此同时，这一模式也可能存在参与主体协同能力不足，对接不畅，成本较高且有一定的风险。

3. 市场主导型模式

优势：该模式的主要特征在于它的营利性，直接收取费用或间接收取费用。只有提供更优质的服务，才能带来效益，因此这种模式的优越性在于信息服务主体设备专业、信息丰富，渠道畅通，能更及时的把握最新的发展动态，提供更具有个性化的服务。

劣势：这种模式的营利性可能会带来农户积极性不高，消极抵制的后果。同时，该模式有极强的地域性，只适合在一些较发达地区实施。因此，目前这种模式在落后地区推广困难，就山西农村科普信息化发展实际，费用是通过合作企业为农民买单。

4. 传统媒体传递型模式

优势：根据中国科技新闻学会科技报分会2014年8月发布的《中国科技报转型情况调查报告》显示，电视、互联网、广播等传统科普信息化模式占据科普信息化模式的前几位，这与山西省农村科普信息化情况基本一致。科普广播影视、农业网站、手机报等传统科普信息化载体在全省农村已经有了一定的基础。

劣势：广播影视等虽然拥有更为广泛的受众，但地域性、针对性不强，而且广播电视节目虽然直观但不便存储和以后操作使用。农业网站、手机报受到农村电脑普及、费用等问题，受众也存在一定的局限性。

5. 新型媒体传递型模式

优势：有助于改善技术与信息资源供给不平衡的问题，具有平等、共享、海量的特征及泛在、精准、交互式特点，能够为专家与农户、科技与农业、科普信息与农村搭建及时性、实用性、便捷性沟通的桥梁，且投入成本低，影响范围大，社会效益好。

劣势：需要建立起长效的运行保障机制与稳定的专家技术队伍，并要求科普信息化内容要有趣、有知、互动性强，随时大政政策形势和政策导向，并结合现实生产生活需要。可持续性是这类模式重要的考量标准。

6. 三网融合型模式

优势：这一模式针对农村需求种类多、地域广、分散性强、个性化明显的特点，开发多功能、低价位、系列化的农业信息终端产品，充分发挥先进信息技术产品在广大农村地区的优势，全面、高效、快捷地为广大农民提供信息服务，降低农村用户获得农业信息的成本，加快农业科技成果向现实生产力的转化，实现农业技术推广手段和方式的根本变革，增加农民收入和提高农村可持续发展的能力。

劣势：对服务网络、技术实力、政策支持、传播队伍、保障机制的要求比较高。哪一因素的缺失，都会导致整个模式的运行受到影响。

三、农村科普信息化模式构建的对策与建议

（一）构建农村科普信息化模式需遵循原则

在我国农村，从经济发展水平、经济结构、自然条件到农作物品种、生产经营方式等都存在显著的差异，因为各地农村在经济收入、文化程度、思想观念、对欣赏事物接受程度等也存在各自的特点。因此农村科普信息化模式的构建应当遵循的基本原则就是因地制宜、与时俱进，既要不断更新理念以适应不断出现的新内容、新载体、新问题，也要适合一地特定对象的具体情况，具体说来，应当遵循以下几项原则。

1. 坚持政府主导

在农村科普信息化模式中，政府具有集中力量办大事的能力与优势。政府在协调农业部门、信息部门、科研推广单位、高新技术产业、农业组织及农户之间的关系上具有先天的优势。同时针对我国农民分散经营，经济水平低，农村科普信息化成本高，农民的思想观念保守等现状，农村仍需要政府在政策、技术、资金、制度上予以保障。因此，农村科普信息化模式的构建仍需要政府发挥积极的主导作用。

2. 扩大参与主体

新形势下，要做好农村科普信息化工作，就要充分运用先进信息技术，有效动员社会力量和资源，丰富科普内容，创新表达形式，通过多种网络便捷传播，利用市场机制，建立多元化运营模式，动员社会力量广泛参与，不断拓展农村科普信息化工作的人力、财力、物力、技术、信息投入，建设多渠道、多层次的农村科普信息化投入体系，将市场机制逐步引入到农村科普信息化工作中，同时政府也应适当给予支持，从而达到多方受益的效果。

3. 走低成本高收益之路

我国是农业大国，2012年全国农业人口占全国人口比重的64.71%。在农村科普信息化模式的构建中，不能直接借鉴发达国家的高投入、高成本的做法，而应该结合我国的国情，走低成本、集约化道路，以较低的投入产生较高的社会效益。

4. 以增加农民收入为直接目的

农村科普信息化的直接目的就是通过先进的手段、载体、内容，改进农村、农民的生产、生活方式，提升农民科学素质，从而直接促进农民增产增收，提高农村经济水平。只有真正为农民提供及时可靠实用的信息，让他们从中受益，才能激发农村科普信息化工作的活力，是农村科普信息化模式的构建形成一个良性循环。

（二）创新农村科普信息化模式的对策与建议

创新驱动关键在科技，基础在提升全民科学素质。习近平总书记强调，科学普及的重要性不亚于科技创新，要把抓科普工作与抓科技创新放在同等重要的位置。中央书记处要求，要积极适应全社会对科技知识、科技创新和科技推广应用的新需求，加大科普力度。农民是全民科学素质计划行动纲要

面对的四大人群之一，农村科普信息化工作要抓住科普信息化机遇，使之成为科普信息化整体工作的重要组成部分。2015 年，中央"一号文件"指出，农业农村工作要"主动适应经济发展新常态"，"推动新型工业化、信息化、城镇化和农业现代化同步发展"。

1. 政府主导，协同推进，推动推动科普信息化建设机制创新

（1）增强思想认识，创新模式研究。

要创新农村科普信息化模式，首先要强化社会各方面对于农村科普信息化重要性的认识。第一，要提高对国家《科普法》《全民科学素质行动计划纲要（2006—2010—2020 年)》《关于加大改革创新力度加快农业现代化建设的若干意见》等文件的认识与重视，为创新农村科普信息化工作提供精神动力和智力支撑。第二，加强对专业人才的培养，在科研院所、公司、企业等农村科普信息化服务主体建立一套行之有效的激励机制，鼓励相关团体和个人积极参与农村科普信息化工作。第三，各级地方政府及所涉行业部门的领导要采取各种行之有效的措施，为农村科普信息化模式创新提供相应的支持力度。

（2）坚持政府主导，提供资金支持。

充分发挥主导职能部门的牵头和主渠道作用，组织协调和带动各有关部门共同推进农业信息服务的发展与建设。一方面，政府要按照要继续加大对农业科普信息服务基础设施建设的投入力度，如基础设施、数据库、专家系统及多种信息产品的研制开发，实现农业自动化和智能化，加快网络设施的更新换代。另一方面，要不断加大对农村科普信息化模式创新的探索和实践过程中的资金投入，加强示范引导，对成效较好的模式进行宣传、实施和推广。

（3）建立法律法规，保障发展环境。

截至目前，中国还没有一套成熟的农村科普信息化法规来保证工作的有效开展。中国农业信息化的立法还很不完善，应当学习发达国家的先进经验，结合中国农业信息服务的实际情况，从农业信息化从基础设施建设，到信息内容采集发布传播，到农业信息服务人才的培训等方面出台一套完整的法律，从而保证我国农村科普信息化的又好又快发展，为创新农业信息服务模式提供法律政策保障。

（4）扩大参与主体，建立激励机制。

农村科普信息化工作在目前的情况下，更多地具有公益的性质，并不是一些社会参与主体本应承担的任务，也很难用行政命令的手段去强制其开展，因此，通过立法、改革、基金、众筹等方式，建立一定的激励机制，激励社会力量参与农村科普信息化工作也十分有必要。

2. 更新手段，丰富内容，创新方式，提高科普信息化精准服务水平

（1）发展信息化技术，提供技术支撑。

利用电话网、计算机网、卫星宽带网络等基础设施，集成远程呼叫技术、计算机网络技术和数据库技术等软件技术，搭建多途径、全方位、立体式的面向农村基层的信息服务网络，通过多种网络便捷传播，进行农业信息资源建设与共享，加强农民的科普信息化接受能力，利用科普信息化载体服务基层农业生产，创新农村科普信息化模式十分必要。

（2）加强内容建设，开启定制服务。

农村科普信息化中的核心内容，应不断加大对涉农科普信息资源的整合力度，一方面要逐渐打破像"信息孤岛""各自为政"等不良的信息现象，打造协同合作、上下联动的农村信息化门户网站体系。另一方面，要在农村科普化信息的内容要素上下足功夫，开展农村需求调查，根据不同对象的不同需求，开启农村科普信息化内容的"科学定制"和"会员服务"，加强科普学信息化的针对性，使他们切身感受到日新月异的信息技术成果带来的变化和实惠。

（3）结合各地情况，因时因地制宜。

农村科普信息化因各地不同的经济水平和主客观条件，不可能存在完全相同的发展模式。在社会主义新农村建设中，要结合中国农村的实际情况，按照农民的不同需求层次提供多样化的信息服务方

式，采取适合当地农民需求的农业信息服务模式。就当前情况，并不能完全摒弃传统的报刊、图书等形式，将传统形式与现代科普信息化模式有机结合，互为补充，因时因地制宜，共同创新农村科普信息化发展新模式。

3. 培育人才，发挥能动，确保科普信息化建设落到实处

（1）培育人才队伍，促进职业化进程。

优秀的人才队伍是农村科普信息化发展的重要力量。各农业院校和综合院校的涉农专业应设置相关专业，开设农业信息技术与管理的课程，或通过举办远程教育、培训班等形式，对农村科普信息化人才进行再教育，为创新农业信息服务模式提供智力支撑。在开展农村科普信息化人才培养的基础上，要想使人才队伍稳定，长久发挥作用，还应考虑农村科普信息队伍的职业化，为科普信息化工作人员提供一种稳定的职业选择，拥有独立的工作岗位，避免兼职人员因为其他工作的繁忙而导致的中断。

（2）提高农民接受水平，服务农业生产。

农村科普信息化的直接目的就是通过先进的手段、载体、内容，改进农村、农民的生产、生活方式，从而直接促进农民增产增收，提高农村经济水平。只有直接作用于农民，发挥科普信息化的指导实践作用，农村科普信息化模式的探讨才有现实意义。在实际中，就是要真正为农民提供及时可靠实用的信息，通过宣传、教育、培训、示范等手段，使传统农民向会知识、懂技术的新型农民转化，具备收集信息、分析信息、利用信息解决问题的意识和能力，并直接中受益，才能激发农村科普信息化工作的活力，使农村科普信息化模式的构建形成一个良性循环。

（3）发挥新媒体作用，引导农民成为自媒体。

近年来，我国农村基础网络设施不断完善，电脑、智能手机、平板电脑等个人移动终端逐渐普及。由此带来农村科普信息化过程中话语权的转移，普通农民也可以成为农村科普信息化建设的重要部分。面对新契机，如何正确引导农民，充分发挥以自媒体为代表的新媒体对农村生产生活的推动作用越来越引起重视。

农民的信息需求是农村科普信息化建设的动力之源和努力方向。要引导农民成为自媒体，促进农村科普信息化建设。一是要逐步增强农民科普信息技术应用能力，启发和培育农民的科普信息需求，激发农民参与农村科普信息化建设的热情。二是进行农村科普信息技术的应用与示范。鼓励种养示范户运用新媒体对周边农户进行信息辐射、带动和示范作用，与周边农户进行信息共享、通过人际传播的方式进行信息传递及开展信息咨询与服务。三是要降低农民参与科普信息化的成本。就农村居民的收入水平而言，有一部分难以承担信息产品和服务费用，这就需要各方通过技术和政策等手段共同努力降低农民参与信息化的成本，让其能用得起、用得上、用得好，充分享受信息化带来的好处。

（课题组成员：郝建新　石宝新　周荣庭　王秦俊　蒋凤云

栗争荣　石建国　陈海瑞　张宸荣　牛艳芹）

全国自然科学类博物馆人才结构
调研及队伍建设研究报告

中国自然科学博物馆协会课题组

一、全国自然科学类博物馆人才队伍建设需求分析

（一）创新型国家建设需要高端博物馆人才队伍提供助力

创新型国家的建设离不开各行各业顶尖的创新型人才，对于博物馆而言，一方面顶尖的博物馆人才为国家科技、文化建设提供直接的支撑；另一方面，优秀的博物馆人才也能更好地彰显博物馆的教育职能，通过激发青少年对科学文化的兴趣，为国家未来发展挖掘更多潜在人才，使国家的创新之路得以持续延伸和拓展。

（二）国家推动博物馆建设对人才队伍提出新要求

随着国家提出《全民科学素质行动计划纲要（2006—2010—2020年)》《中国科协科普人才发展规划纲要（2010—2020年)》和《科普基础设施发展规划（2008—2010—2015年)》等一系列规划纲要，我国的博物馆逐渐进入了一个蓬勃发展的时期。在这一时期，一方面，场馆数量获得了大幅提升，需要更多人投身博物馆发展事业中；另一方面，国家也积极推动博物馆人才队伍建设。在这样的大背景下，自然科学类博物馆应对人才队伍进行有序合理的建设，助推博物馆稳步健康的发展。

具体而言，在人才队伍类型上，应有明确的划分，从而使各类人才有明确的发展方向。而在人才队伍的质量上，则应注重高学历年轻人才的挖掘和经验丰富的高端人才的引进，前者为自然科学类博物馆持续发展提供动力，使博物馆具有持续创新与变革的能力；后者则能引领博物馆发展，为略显年轻的博物馆行业发展指明方向，保驾护航。总之，自然科学类博物馆的人才队伍应向创新、专业的方向发展，使博物馆的软实力与其硬件水平相匹配。

（三）博物馆自身发展需要以良好的人才队伍建设为保障

1. 各类场馆对人才总体需求略有不同，但均注重人才表达沟通与创新力

各场馆对于人才的需求主要可以分为两个方面，一方面是对人才类型的需求，另一方面是对人才能力的需求。首先，对于人才类型的需求，如图1所示，总的来说，各场馆都需要运营管理和展览策划方面的人才，具体对各类场馆而言，科技馆比较重视展示教育方面的人才，对科研人才的需求不高；自博馆对展示教育方面的人才需求较小，对科研人才则比较重视；专业馆非常注重展览策划人才，对展示教育人才的需求较小。其次，对于人才能力的需求，如表1所示，各类场馆都注重人才的创新能力和表达沟通能力，另外，科技馆和专业馆还重视教育活动实施能力，自博馆则注重人才对于

自然科学专业知识的掌握。

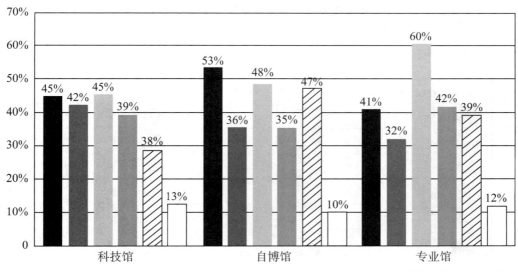

图1　自然科学类博物馆亟须人才的类型

表1　各场馆对人才队伍素质重要性的认识情况

人才素质重要性	科技馆	自博馆	专业馆
1	表达沟通能力	自然科学专业知识	表达沟通能力
2	创新能力	表达沟通能力	创新能力
3	教育活动实施能力	创新能力	教育活动实施能力

2. 各场馆不同岗位人才需求与岗位特征挂钩

通过对比三类场馆不同岗位人才需求可以看出，三类岗位都非常注重表达沟通能力，管理岗更注重管理能力和创造力，而专技岗和工勤岗更注重知识储备，以及教育活动、展览策划等专业实践性活动的实施能力。

总的来说，管理人员更注重运营管理方面的能力；而专业技术人员和工勤人员则更注重与展示教育、展览策划等相关的专业知识和专业能力。这也与他们各自的岗位职责相符，在进行培训方案设计时，应考虑到这一因素。

3. 各场馆不同职称人才需求与职称水平有关，随职称提升越发重视综合能力

通过对比不同职称的人群应具备的素质，不同职称的人员都非常重视表达沟通能力和创新能力，无职称人员以及初级和中级职称的人员更注重知识储备，以及教育活动实施能力、科普作品创作能力等岗位相关的能力，而副高职称和高级职称的人员在注重展览策划、教育活动实施等博物馆基本职能外，同时也注重管理能力和科学研究能力。总的来说，随着职称的提升，相关人员从注重专业知识向注重综合能力转变。这与对不同职称的能力要求相符，在进行培训方案设计时，应考虑到这一因素。

4. 各场馆人才培训需求

目前，各场馆在人才队伍培训方面，不论是内容还是形式都有许多值得改进的地方；而单个场馆的时间、精力以及资源都是有限的。因此，需要上级部门对人才培训进行统一的规划和组织。上级部门进行人才培训的主要形式为各类培训的举办，以下为各场馆对上级部门组织相关的人才培训的内容、形式、类型、时间的需求情况。

（1）专业知识、创新及表达沟通是场馆最注重的培训内容。在培训内容方面，如图 2 所示，各类场馆对于沟通表达、创新能力以及专业知识的培训都表现出了比较高的需求，这与之前各类场馆对于人才的能力需求相符，说明各场馆都注重人员的专业知识以及相应的创新和沟通表达能力。

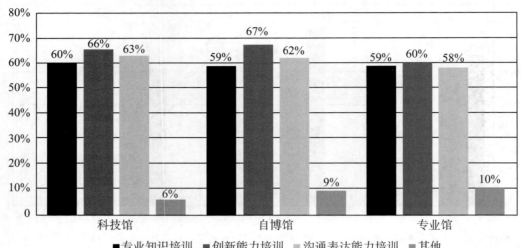

图 2　各类场馆期望上级部门组织员工培训的内容

（2）"实践为主，理论为辅"的培训形式最受欢迎。在培训形式上，如图 3 所示，三类场馆的意见也基本是统一的，其最期望的培训形式为实践为主、理论为辅的培训，有超过 2/3 的场馆都期望这种形式的培训；以理论为主、实践为辅以及纯实践类的培训也各有 1/5 左右和 1/10 多一点的场馆选择；而纯理论类的培训则只有极少数场馆选择。由此可见，场馆期望的主要是理论与实践相结合培训，而在理论与实践的比例方面，更多的应以实践为主。

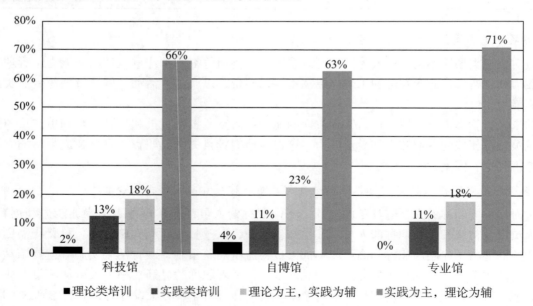

图 3　各类场馆期望上级部门组织员工培训的形式

（3）短期集训与在线学习是最受期望的培训类型。就培训类型而言，如图 4 所示，三类场馆最期望的两种培训为统一组织的短期培训和在线学习，之后为在职学历教育。由此可见，上级部门在组织培训的时候，可以考虑将线下学习和线上学习相结合，对于线下学习应以短期集训的形式为主，线上培训则能突破时间和地狱的限制，让更多人有更多的时候能接受培训。

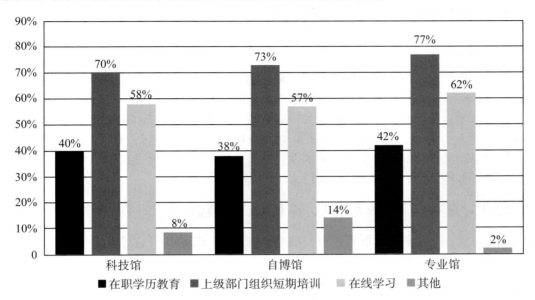

图4　各类场馆期望上级部门组织培训的类型

（4）一个月短期集中培训是最受认可的培训时长。对于短期培训的具体时间，如图5所示，为各类场馆的意愿，从结果可以看出，超过80%的场馆期望的培训时间为集中培训1个月。

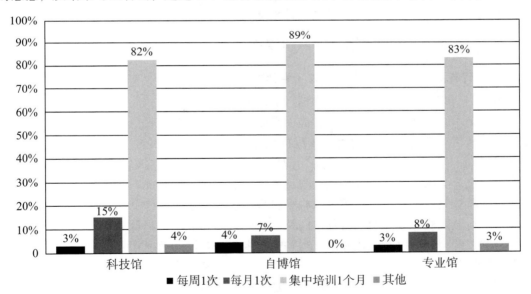

图5　各类场馆期望上级部门组织员工培训的时间安排

以上为通过问卷调查获得的全国自然科学类博物馆人才队伍结构现状、人才队伍建设现状及人才队伍建设的需求。具体而言，在人才队伍结构方面，主要分为性别结构、年龄结构、专业结构、学历结构和职称结构五个方面，其中，主要反映的问题是人员学历和职称偏低；对于人才队伍建设现状主要从招聘、培养和评价三个方面进行考量，主要的问题在于人才培养内容和形式比较传统，效果不是很好，范围覆盖不是很全面。总的来说，各场馆在人才队伍建设方面还有许多可以改进的地方。

二、全国自然科学类博物馆人才队伍建设策略

人才队伍建设的问题主要有以下几方面因素造成。一是社会大环境，社会对博物馆行业了解不够，热情不高致使该行业对人才缺乏吸引力。二是行业大背景，整个自然科学类博物馆行业一直以来的运营和管理风格都以平和稳定为主，导致在人才队伍建设方面也往往以平稳为主。三是场馆自身观念，场馆自身对人才培养的态度是否积极将会影响人才队伍建设的动力，如果场馆自身有非常积极的态度，将极大推动人才队伍建设的步伐。四是场馆自身能力，其主要包括两个层面：①统筹规划和决策能力，其帮助场馆清晰自身的定位及未来的发展方向，使人才队伍建设有据可依；②执行力，其帮助场馆能真正落实各种决策，使人才队伍建设真正能落到实处。

（一）提升对自然科学类博物馆人才队伍建设重要性、紧迫性的认识

鉴于各场馆目前在展示教育、收藏研究、展览研发、运行管理等软件建设方面，与国外先进水平还有非常大的差距，而这恰恰是博物馆可持续发展的根本。因此，在"十三五"期间，不论是国家、各级政府还是自然科学类博物馆本身都应着眼于加强软件建设的水平。就国家而言，在制定"十三五"全民科学素质行动计划纲要的过程中，应将自然科学类博物馆人才队伍建设的问题纳入其中；对于各级地方政府，应积极转变工作思路，将工作重心从场馆硬件设施建设转移到人才队伍建设上，加大对自然科学类博物馆人才队伍建设实践和理论研究的资源投入；而就自然科学类博物馆本身而言，也应更新自身的运行管理理念，馆领导在制定博物馆发展规划的过程中，应将场馆人才队伍建设放在重要而突出的位置，通过人才队伍建设推动场馆整体发展。

（二）建立自然科学类博物馆人才队伍建设标准，创设高效、动态化的人才管理模式

1. 建立完善的行业发展标准和岗位分级分类标准

根据本报告的研究情况，可以看出博物馆行业需要建立"金字塔式"的人才队伍，以实力雄厚且数量庞大的专业技术人才队伍为支撑，以精简而高效的管理团队为依托，以高精尖的研究队伍为金字塔塔尖，使人才队伍对于博物馆作用力处于纵向向上、横向向外的良性状态，促进人才队伍"金字塔"结构的良性动态发展。基于此，上级部门应着手建立一套完整的自然科学类博物馆行业发展标准以及人才岗位分级分类的标准，明确自然科学类博物馆的定位，并在此基础上理清博物馆所需人才的类型和所需要的具体素质，使各博物馆可以根据自身需求，构建适合自身发展的人才队伍。

具体而言，行业发展标准应明确博物馆的几大主要目标和职责；岗位分级分类标准可以分为三个层次：类别标准、能力标准以及职业标准。类别标准主要是对博物馆所需各类职位的性质进行提炼和概括，揭示博物馆各类岗位的主要特征，区分不同岗位的外延和内涵；能力标准主要确定胜任博物馆相应岗位所需具备的素质和能力；职业标准则是根据不同岗位的特点，确定任职条件，形成职务序列。

完善的行业发展标准和岗位分类标准的建立为博物馆的人才队伍建设提供了一个明确的标杆和指导，为博物馆人才队伍建设的具体推进工作提供保障。

2. 建立专门的职称序列和薪酬体系

职称评定和薪酬体系是对每个人在场馆中价值的认定。目前，博物馆方面的职称评定主要是文博系列，但对于自然科学类博物馆，特别是科技馆，与文化、历史和艺术类博物馆有比较大的差异，文博系列的职称评价体系与自然科学类博物馆的实际工作并非完全匹配，导致所做的许多工作无法得到认可，在一定程度上打击了员工工作的积极性。而在薪酬体系方面，由于自然科学类博物馆存在行业发展、岗位设置不明确的问题，在薪酬分配方面并未充分体现出各类人才的差异和价值。因此，上级

部门应根据自然科学类博物馆自身的特点，制定专门的职称序列和薪酬体系，以此作为吸引人才、激发人才工作积极性的一种方式。建立起专门的职称序列和薪酬体系，博物馆以此为基础将个人岗位要求与职称序列相互对应，既鼓励员工提升个人能力和水平，同时将个人事业发展与博物馆行业发展紧密联系，实现"互利共赢"的效果。

3. 优化人才队伍建设资金使用模式

对于人才队伍建设，上级部门在拨款时，应对款项的使用进行一定的限定，做到专款专用，保证资金使用效率。上级部门可以设立多个主题的人才定向培养发展基金，根据不同类型的人才需要，配给专项资金开展培训等相关提高人才水平的活动。另外，上级部门还可以通过项目的形式分配资金，通过项目锻炼人才队伍的同时，也使资金得到高效合理地利用。

4. 构建灵活的人才服务平台

良好的人才服务平台可以为博物馆的人才队伍建设提供支撑，具体而言，人才服务平台的建设主要有以下几方面作用：一是促进各博物馆间的信息互通、资源共享，为博物馆行业人才队伍建设提供更丰富的人才选择；二是为创新人才提供专门的服务，建立创新项目支持渠道和知识产权服务体系，一方面支持创新人才的创新工作，另一方面，也保护创新人才的创新热情和创新成果。

总的来说，人才服务平台，一方面是对行业内的人才数据进行整合，为博物馆人才队伍建设提供有价值的人才信息；另一方面，也为人才流动提供一个平台，使场馆间及相关行业间的人才流动更加通畅，从而促进各博物馆的人才队伍建设，形成博物馆系统专业化的人才服务平台。

（三）中国科协主导，自然博协配合，建立完善的培养机制，提升人才队伍水平

不论是人才需求无法得到满足还是人才管理存在问题，从根本上而言，都是缺乏合适的人才。博物馆是一个需要各种类型的人才维系和支持其发展的地方。上级部门应利用自身的资源优势，建立完善的培训体制，让全国自然科学类博物馆都能受益。

1. 中国科协统筹规划，构建体系完整、层次丰富的人才队伍培养机制

在"十二五"期间，针对自然科学类博物馆人才队伍培养，中国科协和教育部联合了清华大学、北京航空航天大学、华东师范大学等6所985高校以及中国科技馆、上海科技馆等7家科技场馆联合开展培养高层次科普专门人才试点工作，推出了教育硕士（科学传播教育）专业学位研究生联合培养工作。此外，全国高层次科普专门人才培养指导委员会在2014年的工作要点中还特别提到要研究制定全日制专业硕士层次的科普专门人才指导性培养方案，明确培养目标、核心课程、教学内容（知识点）、实践环节、学位论文选题和形式等。总体而言，"十二五"期间，中国科协对科普人才学历教育已做了比较多的尝试。

"十三五"期间，中国科协应进一步统筹规划，构建更加全面完善的科普人才队伍培养机制。一方面，在学历教育上，对已经开展的在职学历教育进行绩效管理，通过绩效考核进一步优化在职学历教育的方式方法，同时，积极开展和落实全日制学历教育的相关工作，为人才队伍培养提供更多的渠道；另一方面，应积极制定和落实人才队伍的在职培养方案，使人才队伍能获得可持续的成长和发展空间。从而进一步明确科普人才队伍培养的需求和方向。

根据中国科协制定的科普人才队伍培养方案，中国自然科学博物馆协会应进行积极落实和细化，针对自然科学类博物馆人才队伍的培养，制定出具体的培养实施方案。

2. 建立差异化的人才队伍培养方案

从前述对人才及人才培养的需求可以看到，不同类别的场馆、同类场馆的不同岗位、不同职称的人员其需求都呈现出差异。因此，有效的人才培训方案应该能体现差异性。差异性主要包括几个方面：培训内容、培训形式、培训深度和培训时间。

就培训内容而言，包括运营管理、展示教育、展品和展览策划以及科学研究这几个方面，涉及的知识包括教育学、传播学、自然科学、工程学、管理学等多个方面，而最核心的能力则包括表达沟通和创新两方面。因此，在设计培训内容的时候，可以将知识和能力两方面内容结合。就培训形式而言，可以分为理论培训和实践操作两方面，根据之前各场馆所提到的培训需求，实践和理论的比例可以为7∶3。理论培训可以以讲座、上课等形式为主，实践操练可以通过模拟情景、实地体验等方式展开。就培训深度而言，根据岗位及从业经验的差异，可以分为初级、中级和高级三个不同的程度，使培训更具针对性。就培训时间而言，根据之前的培训需求，大多数场馆比较喜欢短期集中培训，培训时间在一个月左右。确定了培训时间、内容、深度和形式之后，最关键的是针对不同的人员进行不同的培训，使培训效果达到最好。

3. 建立多样化的人才培训模式

开展集中的培训对人才进行培训的好处在于资源的集约使用，但集中到一地也存在时间和距离的问题，因此，除了统一集中的培训模式，还可以发挥新媒体等现代传播技术，建立多样化的人才培训模式，广泛借鉴社会上已经成熟的培训体系，创新博物馆系统的人才培训模式。另外，还可以建立区域性的人才培养基地，发挥大型场馆的资源优势，将其培训资源辐射给周围中小型场馆，一方面，促进中小型场馆人才成长的同时，也使大型场馆的价值得到进一步彰显；另一方面，场馆之间的互动也有利于资源的集约化和高效使用，使得各场馆能互补短长，并以此形成更多的合作机会，进一步促进彼此人才的成长。针对不同层次的人员开展针对性强的培训，例如针对博物馆的管理人才。

4. 建立专业化、职业化的人才评估体系

对于人才培训的效果，应建立一套标准的人才评估体系。人才评估体系可以分两个方面展开。一方面，需要评估的是有效性，即被培训者对培训内容的掌握程度；另一方面，需要评估培训有用程度，即被培训者是否能通过培训提升自己在工作中的能力，使自己工作开展更为顺畅。另外，评估还应有一个跟踪的过程，以确认培训的效果是暂时的还是长期的。

通过这样的评估，一方面用以优化培训方案，另一方面，也能对人才进行评判。科学的人才评估体系有利于人才培训工作的持续推进和完善。

5. 调动协会力量，增强培训的支持力度

我国博物馆大多是事业单位，通过政府拨款获得资金支持，因此在加强自身建设、提高队伍水平的时候通常会借助政府的力量。然而随着当前我国社会机构的不断增加，社会团体已经成为政府之外一支有力的队伍，为社会各方面的发展提供支撑。当前，为博物馆服务的社会团体力量也在不断加强，例如中国自然博物馆协会这样的机构，通过汇集一大批博物馆方面的专家，为中国博物馆发展提供前瞻性的建议，不断加强我国博物馆在世界范围内的地位。在科普人才队伍建设的研究过程中，同样需要充分调动社政府、场馆以及社会机构等多方力量，共同为我国科普人才队伍建设提供支撑。

（四）打造博物馆的品牌形象，提升场馆对人才的吸引力

在国际博物馆行业的发展历程中，博物馆始终承担着重要的社会责任，紧跟科学发展的步伐，反应现代科学的前沿，广泛辐射公众的社会生活。联合国教科文组织发文指出，博物馆作为非正规教育机构，是学校教育的重要补充，教育的职能应该作为所有功能的核心。在博物馆人才队伍建设的过程中，我们应该从教育的角度来看待博物馆事业未来的发展，打造博物馆的品牌形象，提升其在公众心中的地位，重新树立公众对博物馆的认识。

1. 利用现代化传播手段，集结科学技术、科学知识与科普人才

新时期的博物馆可以承担起科学媒介中心的角色，作为科学传播的重要载体，需要跟上时代变革的步伐，利用新的科学传播手段加强传播效果，同时也加大对自身的宣传力度。自然科学类博物馆的

相关上级部门或行业协会应积极利用各种宣传手段，针对科技馆、自然科学类博物馆和专业博物馆的不同特点，通过网络、电视、报纸杂志等多种途径，以公益广告、纪录片、微电影、文章、报道等多种形式，向公众宣传博物馆的价值和意义，以此鼓励公众更加积极地参加博物馆，对博物馆产生更多的了解和认同。基于此，自然科学类博物馆将科学内容、科学技术和科学人才相集结，实现博物馆行业的可持续发展。

2. 紧跟科学发展的步伐，打造一流展示，引领文化时尚

目前国际博物馆尤其重视与科学家的合作，时刻捕捉科学研究的动态，不断为新的科学进展提供展示的平台，一方面使得公众能够迅速地了解这一新的学术动态，另一方面也使得博物馆在展示内容上得以保持前沿性和先进性。在展览展示方面，国际博物馆的新形态展览不仅表现在新颖的选题，也表现在富有实验性的表达方式，强调多元观点的共存，展示手法更为大胆、新颖。同时，观念性展览、剧场式临展、户外临展等创新形态的展览不断涌现，逐渐推翻观众对博物馆展示的传统认知，推动博物馆的革新，形成目前国际博物馆展览新的趋势，引领文化时尚，让进入博物馆成为一种流行。

3. 融合科学与艺术，提升博物馆的市场价值和国际竞争力

博物馆，尤其是自然科技类博物馆里的藏品，展览以及研究，都为生命的多样性、进化历史提供了一个真实的证据，它们生动地展示了生命难以置信的多样性、奇特而智慧的生存方式以及彼此之间微妙的相互作用，从而将公众引入一个个奇妙的、未知的领域。同时，博物馆作为地球上数十亿年来生物演化密码的基因库，通过组合科学的逻辑和艺术的审美，形成了科学与艺术的对话，这种是真正的科学与艺术的结合。博物馆应从行业发展的角度来设计展览及相关教育活动，明确博物馆的市场化运作模式，协调各责任部门之间的关系，建立强大的社会化团队，注重与专家、社会力量、大众媒体以及其他组织机构的多方协作，建立成熟的商业化运作机制，从而提升博物馆的市场竞争力，促进整个科普产业的发展。总之，要想成为在国际上有影响力的自然科学类博物馆，应充分在馆内融合科学与艺术，将公众对博物馆的认识提高到一个新高度。

（课题组成员：王小明　宋　娴　庄智一　王　欣　胡　芳　刘　哲　蒋臻颖）

国家科技智库

建设

"十三五"科技思想库建设研究

国务院发展研究中心课题组

一、对科协事业发展"十三五"规划编制的决策性理论支撑

（一）智库的基本运作模式

中国科协在"十三五"时期构建高端科技创新智库需要按照一定的框架体系进行，本课题从四个视角出发拟定框架体系，见表1。

表1　构建高端科技创新智库的指标体系

视角	基本特征	具体说明
特色定位	智库以独立性和专业特色开拓属于自己的生存空间并享有一定的国际或国内影响力	智库的独立性确保了智库研究成果的客观性、公正性与权威性，并同"政治游说者"和"利益代言人"等角色相区别。中国特色新型智库大多受国家财政资助，因此，中国是典型的官方智库占比较高的国家。而民间智库的兴起和"思想市场"竞争日趋激烈，则在一定程度上对官方智库的独立性提出了更高的要求。此外，智库的专业特色则是智库专业化分工的结果，每个智库都应该具有不被其他智库替代的属性，即各自所擅长的不同的研究领域以及该研究领域内的专家
发展目标	智库以影响政府决策为首要目标，同政策制定者、学界、媒体等保持良好的关系	智库借政府之手发挥其对社会的思想影响，所以，智库的影响力是智库赖以生存和产生价值的重要源泉。可以把是否有新思想、是否有被决策层采纳的政策建言、是否与媒体及公众保持互动关系，视为衡量一个智库能否获取成功的标志
组织机构	智库是一种稳定的社会组织，有着常规性的组织与运行方式。在运作模式和人员管理上，智库也和学术不同	智库以集体的智慧服务于决策机构，通过发挥组织智商实现既定目标，即通过专家、学者的聚集所产生集体智慧成果服务于或者影响决策者。学术发展的过程高度依赖于"养士"机制和培养接班人机制；而智库则重在高薪"用士"
业务内容	主要关注政策研究而不是纯学术研究，能够比较广泛和深入地参与公共决策，或者是以学术研究为支撑开展决策咨询研究，强调时效性、实用性和政策性	智库一般不以纯学术研究和学科建设为己任，而是侧重于对各类公共政策问题的关注，这是智库有别于大学和研究机构的显著特征。但强调智库的政策导向，并不意味着智库的政策研究完全脱离学术研究，智库的学术研究是为了更好地开展政策研究，为政策研究服务

（二）中国科协在"十三五"时期构建高端科技创新智库的总体战略构想

1. 政策视角一：特色定位构建

（1）高端科技创新智库的基本表述。

中国科协在"十三五"时期构建智库的基本表述主要由两句话组成：中国科协未来要建成高端科技创新智库，成为中国特色新型智库的重要组成部分。

（2）高端科技创新智库的深刻内涵。

高端科技创新智库的内涵包括两层含义：第一，中国科协是高端科技创新智库；第二，未来中国科协要建成具备创新力、领导力、公信力和传播力的高端科技创新智库，在国家科技战略、规划、布局和政策等方面发挥重要作用，推进国家科技创新治理体系和治理能力建设。课题结合《关于加强中国特色新型智库建设的意见》（以下简称"《意见》"）对中国科协构建高端科技创新智库设置了四个预期方向，见表2。

表2　中国科协构建高端科技创新智库的四个预期方向

《意见》对高端科技创新智库的期望方向	本课题对中国科协构建高端科技创新智库的定位
创新引领	创新力
国家倚重	领导力
社会信任	公信力
国际知名	传播力

2. 特色定位一：中国科协是高端科技创新智库

定位依据是根据2015年1月20日，中办、国办印发的《意见》中第三条，构建中国特色新型智库发展新格局中提出的两点。

（1）建设高水平科技创新智库和企业智库。

科研院所要围绕建设创新型国家和实施创新驱动发展战略，研究国内外科技发展趋势，提出咨询建议，开展科学评估，进行预测预判，促进科技创新与经济社会发展深度融合。发挥中国科学院、中国工程院、中国科协等在推动科技创新方面的优势，在国家科技战略、规划、布局、政策等方面发挥支撑作用，使其成为创新引领、国家倚重、社会信任、国际知名的高端科技智库。支持国有及国有控股企业兴办产学研用紧密结合的新型智库，重点面向行业产业，围绕国有企业改革、产业结构调整、产业发展规划、产业技术方向、产业政策制定、重大工程项目等开展决策咨询研究。

（2）实施国家高端智库建设规划。

实施国家高端智库建设规划。加强智库建设整体规划和科学布局，统筹整合现有智库优质资源，重点建设50至100个国家亟须、特色鲜明、制度创新、引领发展的专业化高端智库。支持中央党校、中国科学院、中国社会科学院、中国工程院、国务院发展研究中心、国家行政学院、中国科协、中央重点新闻媒体、部分高校和科研院所、军队系统重点教学科研单位及有条件的地方先行开展高端智库建设试点。

3. 特色定位二：中国科协是中国特色新型智库的重要组成部分

中国科协与其他科技智库共同构成了中国特色新型智库的重要组成部分，他们之间既有联系又有区别。

（1）中国科协与其他科技智库的联系。

在《意见》中提到未来建成高端科技智库，包括中国科协、中国科学院、中国工程院等单位。这是几个单位都属于科技智库，具有相似性，其基本功能如下：科技智库主要是从科学技术影响和作用的角度研究事关全局的重大问题，从科技规律出发前瞻思考世界科技发展走势，开展科学评估，进行预测预判，对经济社会发展的重大问题提出前瞻性、建设性的建议等。

（2）中国科协与其他科技智库的区别。

这几个单位建设智库的目标相似，同属高端科技智库，但在具体功能上，中国科协与中国科学院、中国工程院的定位又有一定区别，见表3。

表3　中国科协与其他科技智库的区别

科技智库功能比较	中国科学院、中国工程院	中国科协
国家科技战略规划、政策制定	相关单位的专家学者通过一定的渠道分散参与，如部委召集等	通过多种灵活的组织模式集中高效参与
国家科技政策的科学评估	相关单位自身组织专家参与评估，客观性有限	通过院士专家等平台，组织第三方评估，客观性增强
国家科技发展走向的预测预判	依托相关单位的数据库进行分析和决策，数据资源有限	通过集成和整合相关单位的各类数据库进行分析和决策，大数据涵盖范围更广，使得预测更科学，预判更智能
决策咨询和建言献策	相关单位通过一定渠道上报	多平台多渠道实时上报和分享
科普	在某个特定的时间地点条件下，相关单位依托自身资源主要开展某个学科领域的集中科普	在某个特定的时间地点条件下，可同时开展多学科领域的综合科普

4. 政策视角二：发展目标构建

（1）中国科协构建高端科技创新智库的生命周期研究。

构建高端科技创新智库，需要经历一定的时间过程，构建高端科技创新智库，必然会经过从无到有、从初创到成熟的演进过程，据此，课题提出一个概念模型："高端科技创新智库生命周期模型"，并对其发展阶段进行表征。

（2）"高端科技创新智库生命周期模型"的含义和规律。

模型概述：一般构建高端科技创新智库要历经5个阶段：第一阶段：准备阶段；第二阶段：初创阶段；第三阶段：成长阶段；第四阶段：成熟阶段；第五阶段：深化阶段。我们把这五个阶段及其赋予的工作任务总结为"高端科技创新智库生命周期模型"。在不同生命周期阶段的演变过程当中，构建高端科技创新智库的工作任务各异，表现出不同的特点和规律。

定性解读："高端科技创新智库生命周期模型"表征的是一概念模型，一般来说，构建高端科技创新智库会按照从第一阶段到第五阶段的顺序循序渐进，不过，每个高端科技创新智库的内在条件和外力作用不同，其生命周期模型表征也会出现以下情况：第一，在某些强有力的驱动因素作用下，也有可能跨越其中的某个阶段，呈现跳跃式发展；第二，高端科技创新智库的发展不一定每个阶段都经历，有可能只经历其中的若干个阶段。

定量划分：可以用此模型指导科协开展智库建设工作，但更为科学可靠的方法是建立合理的定量指标进行生命周期控制，因此这里引入部分定量指标，以期更好地估算和把握阶段性目标，控制好时间节点，顺利完成科协在"十三五"规划中构建高端科技创新智库的任务，见表4。

表 4　中国科协构建高端科技创新智库的生命周期划分

发展阶段	起止年限 （年）	预期实现的总体目标	预期实现的阶段性定量目标
第一阶段：准备阶段	2015	制定"十三五"规划，拟定智库总体发展思路	完成"十三五"规划中智库建设的特色定位部分
第二阶段：初创阶段	2016	形成具体思路、分解任务等	完成智库建设的发展目标、组织机构部分
第三阶段：成长阶段	2017	中国科协争取在国内智库排名中占有席位	完成智库建设的业务内容部分，首先完成其中已经形成品牌化和规模效应的部分
第四阶段：成熟阶段	2018—2019	中国科协争取在国内智库排名中名列前茅，在国际智库排名中占有席位	完成智库建设的业务内容中的其他部分
第五阶段：深化阶段	2020	中国科协争取在国际智库排名中名列前茅	根据"十三五"规划的要求，比照智库建设的四个主体部分是否完成到位，如质量不过关则需找出原因，循环往复，加速完成

5. 政策视角三：组织机构构建

（1）充分利用已有组织。

中国科协的组织架构主要包括：内设机构和直属事业单位，见表 5，其和国研的组织架构是基本一致的，例如依托现有组织，可以工作任务为导向，建立灵活高效的临时性机构，通过多种渠道参与公共决策制定。

表 5　中国科协的组织架构

单位类别	单位性质	主要部门
内设机构	参公管理单位	计划财务部、组织人事部、调研宣传部、学会学术部、科学技术普及部、国际联络部等
直属事业单位	研究型事业单位	科普所等
	支撑型事业单位	信息中心等
	其他单位，包括基金会、企业、协会等	科学普及出版社等

（2）继续拓展新的平台。

一是院士专家工作站制度。深化院士专家工作站的科技创新平台作用，其作为新兴产学研合作的平台，完全符合创新发展需要，应进一步推动其在企业重大项目研发、高层次人才培养、促进科技成果转化、提高企业创新能力和综合竞争力、服务首都创新驱动发展方面发挥越来越大的作用。

二是第三方评估制度。要具备前瞻性眼光和系统性思维，发挥中国科协作为人民团体、第三方力量的独特优势，完善第三方评估制度，用科学的方法提高决策咨询质量，坚持问题导向，强化国际思维，集成各领域各学科专家的研究背景和专业优势，通过合作、碰撞产生高质量的咨询意见。

三是专家遴选制度。中国科协可以通过设立专家委员会集成专家库，对入库专家进行动态管理，对不同领域及学科专家的最新进展进行跟踪和汇总。建立专家库遴选制度，充分发挥各层次专家的专业优势，为国家发展献言献策，见表 6。可通过以上各类平台进行决策咨询和建言献策，使上报途径多样化。

表6 专家库遴选方法

根据业绩	根据专业领域	根据年龄	根据单位性质
首席专家	单一学科专家	退休专家	政府智库专家
突贡专家	复合学科专家	老年专家	高校智库专家
一般专家		中青年专家	科研院所智库专家
			民间智库专家

6. 政策视角四：业务内容构建

中国科协构建高端科技创新智库，其业务内容可从四个视角着手，分别为：决策咨询和建言献策、为科技工作者服务、科普、面向地方的工作部署。

（1）总体思路。

中国科协在"十三五"时期构建高端科技创新智库，要从四个视角着眼，根据其基本架构提出科技创新智库的通行标准，并将之前已有的工作基础融合到新的架构中，形成完整一致、前后贯通的高端科技创新智库构建思路。

（2）重点任务。

1）决策咨询和建言献策。

①国家科技战略、规划、政策等的制定方面。

A. 研究成果推介。

中国科协目前的研究成果主要包括研究报告和专报，具体改进方向如下。

a. 研究报告。

第一，选题方面要注重专题化，特别是涉及国家重大战略的问题的研究要形成专题，比如"一带一路"专题、京津冀协调发展专题、自贸区专题等。

第二，审批方面要注重流程化，根据其他智库的经验，研究报告的审批一般要经历多道领导的把关才能发表。

第三，成果发布注重系列性，例如官网发布的日本科技活动从业人员的现状和发展趋势印度科技人力资源的现状及发展趋势、巴西研究和开发人员的发展情况和特点、美国科技人力资源的现状及发展趋势，读者看起来比较零散，不成体系，可以综合为一个系列进行发布，并添加年份，如冠名为"2014年世界主要国家科技活动从业人员研究"，以后每年都开展部分国家科技活动从业人员研究并及时发布，这样就形成了一个系列研究，最后，将每年的系列研究分类入库，便于管理。

b. 专报。

可能由于涉密的原因，专报在中国科协官网没有发布，但是要让专报的作用更好地在智库建设中发挥作用，应该通过合理的方式强化专报一直以来在建言献策方面的突出作用。

第一，提炼课题形成专报。对于中国科协发布的各类招标课题，可以在申报阶段就提出要求，如课题结题后，请课题负责人在最终研究报告的基础上提炼至少一份专报上报给中国科协。

第二，严格把关专报质量。对各类招标课题进行结题答辩时，专报的质量可作为课题结题的一个必需项目，进行量化打分和评级。

B. 创办论坛年会。

为推动创新驱动发展战略实施，中国科协成立了"中国创新50人论坛"，旨在搭建高端思想交流平台，汇集国内外科技创新、战略规划和企业创新等各界顶尖人士和知名专家学者，围绕科技创新的重大战略问题进行研讨交流，推动解决中国创新发展有关问题。中国创新50人论坛是一个亮点，具体推进建议如下。

a. 参考成熟模式。

如"中国经济50人论坛"已经相对成熟，它是由经济学界的部分有识之士，在北京共同发起设立的学术论坛，其目的是繁荣和活跃中国经济的发展，为经济体制改革奉献才智。其宗旨是通过经济学家自由、深入地研讨和交流，激发彼此的创造力，为社会提供更多的优秀成果。论坛聘请经济学界名人吴敬琏、刘鹤等作为学术委员会荣誉成员等，纳入了经济学研究领域的一线学者。"中国创新50人论坛"可借鉴以上模式，邀请创新领域的一线专家学者进入核心领导层，尤其带领论坛逐步发展壮大。

b. 形成品牌机制。

第一，定期召开会议。可进一步借鉴"中国经济50人论坛"内部研讨会模式，它是论坛本身的一项非常重要的工作，每年举办3~4次，会议主题由论坛学术委员会确定。论坛内部研讨会仅限论坛成员、论坛企业家理事会成员和特邀专家参加，通过研讨会，共同探讨和总结问题存在的原因和解决问题的办法。

第二，成果结集汇编，每次内部研讨会的成果通过《"中国经济50人论坛"月报》（内部刊物）等方式上报有关领导和相关部门。"中国创新50人论坛"可借鉴以上模式，将每次开会的情况和形成的观点定期汇编出版物，通过合适的方式上报。

第三，设立专门网站，"中国经济50人论坛"官网（http://www.50forum.org.cn/），百度百科也可搜到其概况，"中国经济50人论坛"通过以上各种渠道进行推广宣传，最终将其品牌化，在国内外形成较大影响力。

②科学评估方面。

A. 完善创新评估体系。

2015年3月30日，《中国科协创新评估组织体系建设方案》公布，组织机构分工合理、分为常设组织和非常设组织，根据评估任务，常设组织为中国科协创新评估指导委员会，还组织了跨学科、跨领域的专家学者成立非常设组织：中国科协创新评估专家委员会、中国科协创新评估专家遴选与报告审查委员会，充分体现了社团组织灵活高效的特点。

B. 整合创新研究项目。

中国科协官网已经公开发布了创新战略研究项目招标，面向社会征集重大创新战略，研究项目如京津冀产业协同创新共同体建设研究，下一步的建议如下。

第一，每年可提前布置下一年的大型课题和子课题选题进行招投标，课题研究时间一般为一年，由学术委员会进行讨论和筛选，评定课题负责人，严格评审程序，包括开题、中期和结题答辩。国内外研究人员都可参与，研究人员构成鼓励多样化，可以是内部人员，也可邀请外部专家。

第二，对于重大的全局性、战略性问题，可临时增加相关课题，如中财办每年会交办一些重大课题。对于社会咨询课题较多，可部分采用外包形式公开招标。

2）为科技工作者服务方面。

课题将"为科技工作者服务的内容"分成宏观、中观和微观三个层面，中观层面主要包括三项调查：科技工作者调查、公众科学素养调查和青少年科技素养调查，分别提出其目前存在的问题和未来改进的方向，见表7。

①科技工作者调查方面。

第一，完善调查方式。一是增设问卷调查，可拟定若干开放式问题和封闭式问题由被调查者填写之后回收，由科协工作人员进行统计分析，最终形成报告；二是严格把关内容，如针对面访和座谈调查的提问和回答环节进行严格控制和把关；三是丰富收集渠道，尤其注重收集量化数据，建立各类数据库。第二，建立年度报告制度，通过上述基础工作的积累，完成年度报告，定期结集出版。第三，调整优化布局。按照科协关于科技工作者状况调查站点管理的要求，未来要继续调整优化调查站点布局，对不能按要求完成工作任务的调查站点要进行撤换，对超过运行周期的调查站点要进行定期轮换，进一步优化具体方案。

表7　为科技工作者服务的具体内容

宏观层面	中观层面	微观层面
为科技工作者服务	科技工作者调查	官网呈现权威化：目前官网上只有零星的报告，如2008年报告过久
		样本遴选体系化：目前看不出如何进行调查，没有系统介绍，可按全国——地区——省域——县域进行层级操作
		结果发布规范化：如官网上发布的三个层级报告命名不统一：黑龙江省县域科技工作者状况调查报告（2007）；西部地区科技工作者政策环境状况调查概述；2003年全国科技工作者状况调查圆满完成，可以建数据库清晰展现
		展现形式多样化：可以添加图表，丰富展现形式
	公众科学素养调查	官网发布权威化：目前官网上只有零星的报告，如2004年过久
		展现形式多样化：可以添加图表，丰富展现形式
	青少年科技素养调查	组织建设：依托科普所进行
		人力资源建设：在北京中小学开展试点工作，发动学校领导及相关部门进行

②公众科学素养调查方面。

第一，开展《全民科学素质行动计划纲要（2006—2010—2020年）》实施情况督促检查。检查工作要分阶段分地区开展，对其具体任务的分解和落实情况要详细做出结果汇总，并确定下一步的任务规划时间进度表。第二，截至2015年，中国科协已开展九次中国公民科学素质调查，每年都会形成《中国公民科学素质抽样调查结果报告》，在官网推出，建议把历年的报告作国内纵向比较研究，同时与欧美等发达国家作横向比较，以期得出更为全面客观的结论，把握我国公民科学素质的真实水平。

③青少年科技素养调查方面。

第一，青少年科技素养调查的组织建设方面，要依托科普所进一步完善。第二，人力资源建设方面，可在北京中小学开展试点工作，发动学校领导及相关部门进行。第三，渠道和内容建设方面，全国青少年科技创新大赛是青少年科技素养调查的一个展示平台，可以此为依托进一步拓宽青少年素养调查的渠道和内容。今后，第一，应继续办好大赛，在活动内容、活动形式等各方面不断汲取和积累国内外成功的经验，使创新大赛能够紧紧把握时代脉搏，突出创新精神和实践能力的培养，做出特色，树立品牌，继续扩大其在广大青少年和社会各界中广泛而深远的影响。第二，进一步与国际上青少年科技竞赛活动建立联系，从大赛中选拔出优秀的科学研究项目参加国际科学与工程大奖赛、欧盟青少年科学家竞赛等竞赛活动。第三，继续丰富大赛活动内容，大赛的活动内容包括两个系列，一个是竞赛系列，一个是展示系列。其中竞赛系列活动又包括两项，其一，青少年科技创新成果竞赛，其二，优秀科技教师评选。

3）科普方面。

课题将科普分成宏观、中观和微观三个层面，中观层面主要包括三项内容：科普资源整合、科普产业培育和科普人才培养，微观层面分别针对三项内容提出目前存在的问题和未来改进的方向，见表8。

表8 科普的具体内容

宏观层面	中观层面	微观层面
科普	科普资源整合	科普内容编制：包括纸质和多媒体，如教材、视频、音频等，如可通过大赛形式发动大、中、小学老师和学生制作
		科普展演形式：如"共和国的脊梁——科学大师名校宣传工程"会演活动、中国现代科学家主题展
		科技场馆建设：新场馆与旧场馆的布局优化
	科普产业培育	科普渠道开发：与腾讯进行战略合作推动"互联网＋科普"
		科普产业评估：如科技投入与产出测算模型化
		科普市场推广：推动科普产业在多平台、跨终端的全媒体推送
	科普人才培养	实践基地建设：2013年，认定了首批全国高层次科普专门人才培养实践基地
		人力资源建设：北京6所高校开展培养高层次科普专门人才试点工作

①科普资源整合。

A. 科普内容编制。

科普内容编制要源于生活，高于生活，鼓励原创，多方融合。第一，科普内容编制要丰富，力求形式多样，包括纸质和多媒体等，如图像、视频、音频等，第二，鼓励科普创作者参与，如可通过定期举办大赛的形式发动大、中、小学的老师和学生进行阶段性制作，形成原创内容素材库，进行作品初筛、深层加工和产品推广，选出的精品可进入各层次学生课程及教材。

B. 科普展演形式。

第一，要发挥"互联网＋"的优势，将新媒体与传统媒体有效衔接，如"共和国的脊梁——科学大师名校宣传工程"会演活动就充分利用了这个工具，实现了线上线下的联动，在官网进行主题宣传，在大学进行现场展演，激发了广大青年学者的爱国热情，预期效果超出想象。第二，要发挥群众优势，丰富展演内容，如可尝试举办民间科技作品主题展，从民间挖掘宝贵精神财富。

C. 科技场馆建设。

科技场馆建设包括固定科技场馆建设和流动科技场馆建设两个大类。第一，固定科技场馆建设。一是针对目前已有的场馆，其基础设施建设已经比较完善，后续的任务主要是旧馆新装。二是针对目前尝试启动的新馆，要充分利用场馆的地理位置条件、室内空间条件、展览陈设条件，合理运用现代声音、光效等设备，进行科学规划和合理布局。第二，流动科技场馆建设，目前，流动科技场馆项目圆满完成了"十二五"既定目标，受到各级党委、政府，特别是基层群众的充分好评，同时也顺利通过了财政部的项目绩效评价和项目绩效再评价，今后应进一步增加流动科技场馆项目数量，丰富其内涵和内容。

D. 科普渠道开发。

在"互联网＋"的背景下，科普渠道开发形式多样，内容丰富，包括互联网、固定IP端、移动手机端等渠道，涵盖了如内容推送、传媒交互、整合推广等方式，应充分利用这些新兴手段，引入创客，创新思路，推陈出新。

例如根据《中国科协科普部关于开展移动端科普融合创作选题申报的通知》（科协普函信字〔2015〕62号），中国科协科普部组织开展了移动端科普融合创作选题申报及评审工作，截至8月15日，共有126个团队申报选题361个。经专家评审，首批共入围67个移动端科普融合创作团队和118个选题，这些选题都是很好的科普素材，可进一步推动进行后续开发。

②科普产业培育。

第一，可以科普产业为基底，进一步融入其他类型产业。一是融入文化创意产业，可与"798"艺术中心合作，将科普与艺术相结合，推出创新展演方式，生动展现融合之美。二是融入旅游产业，可以北京各类特色科技馆、博物馆为依托，打造精品科技旅游线路，目标客户群可以覆盖大、中、小学生及其家长等。

第二，加强科协与互联网公司的深度合作，摸索"互联网＋科普"创新模式。如与阿里公司、京东公司等都可开展战略合作，进一步推动科普产业在多平台、跨终端的全媒体推送。目前，科协和腾讯公司的合作已建立良好开端，双方将全面推进"互联网＋科普"战略合作，着眼于移动互联网的发展趋势，增强科普在社交媒体中的影响力，推动科普内容、活动、产品等在腾讯多平台、跨终端的全媒体推送，推动科技知识在移动互联网和社交圈中的流行，共同营造"互联网＋科普"创新环境，推动大数据、云计算等在科学传播领域的发展与应用，提升科普的社会影响力，促进全民科学素质提升，引领移动互联网科普浪潮。

③科普人才培养。

第一，实践基地建设。2013 年，认定了首批全国高层次科普专门人才培养实践基地，可依托知名高校、科研院所、科技场馆等单位，逐步筛选出不同领域不同学科的实践基地建设，继续扩充和完善。第二，人力资源建设。北京 6 所高校已经开展培养高层次科普专门人才试点工作，今后还需进一步扩大参与的高校数量，增加试点名额。第三，科普课程设置。在高等教育专业设置中增加科普专业，学科等级可逐步提升，目前可将科普专业挂在哲学（一级学科）——科学技术哲学（二级学科）下进行招生，今后可逐步设立科普专业的一级学科。可在大学、中学、小学、幼儿园、学前班设立不同内容和难度的科普课程，培养不同层次的科普人才。

4）面向地方的工作部署方面。

①多主体关系的处理问题。

要处理好多个主体，几个层面的关系问题，包括中国科协与全国学会、中国科协与地方科协、中国科协与其他智库、中国科协与国际合作伙伴等的关系。几类主体在推进智库的工作中都很重要、不可或缺且各司其职。智库发展应是在各主体协同推进的力量中进行的，必须尽快建立一个利益高度平衡的机制，使各个主体能够进行良性互动，那么实现理想目标的进程就会加快。

②协同提升工作能力问题。

A．"善治"：要提升政策研究水平。

构建智库政策的提出必须通过充分的调研、研究和论证，同时，政策的制定也是一个动态反馈过程，需要不断修正和优化。要不断学习党的十八大和十八届三中、四中全会精神，尤其要加强依法治国理念的运用。智库研究涉及多个领域，应考虑中国科协的整体发展特征，结合历史条件以及未来规划等进行综合研判，因此，需要提升跨学科综合能力。同时加强综合集成研究。

B．"共治"：要协同多主体联合攻关。

在"十三五"规划背景下，要促进相关部门沟通：中国科协不仅要完成自身本职工作，也应和其他部委、地方政府等建立密切联系，共同推进。还可开展多主体、多区域的共建智库研究等。

二、主要研究结论

课题在对各类智库进行实地考察和文献分析的基础上，依据国务院发展研究中心作为官方（政府）智库的研究优势，提出具有理论与实践意义的研究结论如下。

（一）　总结国内外智库建设经验为中国科协构建智库提供参考和借鉴

对国内智库进行梳理，包括官方智库、研究机构智库、高校智库和民间智库四类，提出中国智库影响政府政策的途径，并对四类智库进行举例介绍。

（二）提出中国科协拟建国家级科技创新智库的总体战略构想和具体政策建议

在"十三五"时期，中国科协拟建智库，提出其总体战略构想为构建高端科技创新智库。依据课题总结的智库基本运作模式，从特色定位、发展目标、组织机构、业务内容四个角度分别提出具体政策建议。

1. 中国科协构建高端科技创新智库的特色定位

中国科协未来要建成高端科技创新智库，并成为中国特色新型智库的重要组成部分。高端科技创新智库的内涵包括两层含义：第一，中国科协是高端科技创新智库；第二，未来中国科协要建成具备创新力、领导力、公信力和传播力的高端科技创新智库，在国家科技战略、规划、布局和政策等方面发挥重要作用，推进国家科技创新治理体系和治理能力建设。

2. 中国科协构建高端科技创新智库的发展目标

课题提出一个概念模型"构建高端科技创新智库生命周期模型"，并对其发展阶段进行定性和定量表征。构建高端科技创新智库，必然会经过从无到有，从初创到成熟的过程。

3. 中国科协构建高端科技创新智库的组织机构

一是要充分利用已有组织建立灵活高效的临时性机构；二是要继续拓展新的平台，包括完善院士专家工作站制度、第三方评估制度、专家遴选制度。

4. 中国科协构建高端科技创新智库的业务内容

课题依据智库的基本运作模式，对于已经成熟的业务内容和未来将要开展的业务内容进行系统整合，从四个角度提出了可操作性的实施方案，分别为：决策咨询和建言献策、为科技工作者服务、科普、面向地方的工作部署。

（课题组成员：武　红　李国强　王继承　杨晓东　黄　斌　郭　巍　张　勇　杨　威）

"十三五"期间我国科技评估体系及评估制度建设研究

济南大学、山东省应用统计学会课题组

一、"十三五"期间我国科技评估发展态势

(一)"十三五"期间科技评估体系建设的发展态势

现在政府新一轮以"简政放权、转变职能"为核心内容的改革正在深入发展。政府改革带动科技社团改革,科技社团改革促使科协机关改革,科协改革又服务于科技社团改革和推动政府改革。这次科技社团和科协改革加强了与政府改革的互动和协同,形成改革的"三者"一体化、整体化,从而为科技社团改革发展带来了历史性机遇。国务院机构改革文件中也明确指出"重点培育、优先发展科技类等社会组织,按规定需要对企事业单位和个人进行水平评价的,政府部门依法制定职业标准或评价规范,由有关行业协会、科技社团具体认定",这有利于有关科技评估的职能向科技社团倾斜。

随着我国政府机构改革的进一步深入,各级党委和政府对社会组织工作日益加强重视和支持,这为社会组织开展科技评估提供了难得的历史性机遇,使其成为一种必然。政府购买社会组织服务项目和转移职能可以促进科技社团发展,实现公共服务主体的多元化。通过开展政府购买服务项目,科技社团能在很大程度上解决了经费来源问题,从而解决了专职工作人员的工资福利待遇,使开展科技评估能留住优秀人才并安心工作,能够跟好的开展科技评估工作,能更好地结合自身特点发挥积极作用。这势必促进科技社团进一步良性发展,实现了科技社团与政府的互相联系和互相监督,确保了科技社团不会被排斥在体系建设之外,使科技社团成为政府职能延伸的执行者,称为"第三方"评估的执行者。

(二)"十三五"期间科技评估体系中科技社团的发展机遇

我国正处于"十二五"规划的尾声和"十三五"规划的开始期间,在这一大背景下,科技社团的改革发展面临的历史性机遇。科技社团是推动现代经济科技发展的中流砥柱,科技社团以"第三方"身份开展科技评估是完善国家治理体系和实现国家治理能力现代化必不可少的条件,科技社团的发展有利于推进公民社会成长和社会治理。科协已经要把科技社团(学会)建设作为主体工作,摆在重中之重的位置予以重视和加强。

(三)"十三五"期间科技社团开展科技评估的必要性

"第三方"内涵。第三方科技评估制度中,第一方为评估需求方,一般指政府,第二方为项目承担方,第三方为与第一方和第二方没有利益相关关系的机构。第三方评估制度的引入,改变了原有的政府和项目承担方的责任形式,其实质是政府科技管理部门通过职能转变,分离出部分职能交给第三

方机构来完成。科技社团符合"第三方立场"的条件，应该作为第三方评估主体。

科技评估体系的不断完善为科技社团开展科技评估，提供科技服务职能、承接部分政府转移职能尤其是在科技评估方面的职能提供了千载难逢的机会，使其成为一种必然。

1. 开展科技评估是科技社团内在发展的必然要求

当今世界，科学技术的发展已经成为国家经济社会发展的强大动力，随着我国政府部门机构改革和转移职能的深入，政府相关部门应该本着建设服务型政府的原则，把不该交由政府的相关职能转移出来，尤其是在科技评估方面，应该把本应交给社会来做的诸如职称评定、项目可行性评估、行业科技准则制定、科技人员继续教育培训、科技人才发展计划制定等适合社会力量承担的社会公益性工作尽快交由科技社团等社会服务类组织来做，这符合国际惯例，坚持了科技社团公平、公正性原则，能充分发挥科技社团的作用。

随着我国市场经济体制的完善，民主法制的推进，科学文化的发展，对外开放的扩大，科技类社团的数量逐年增加。科技类社团在多样化中发展，形成了独具特色的科技类社团发展体系。这主要基于两方面的原因：①科技团体由较高学术造诣的优秀科技人才组成；②学会还具有人才和网络的硬件优势和具有价值中立性的软件优势。

由以上两个方面的绝对优势，科技社团完全有能力承接原先由政府部门承担的部分科技评估职能，如科技项目评估、论证、科技成果鉴定、技术标准制定、专业技术职务资格评审等。

表1 科技社团优势

优 势	表 现
接受政府职能转移的先天的优势	科技权威性。科技学会是有很多具有较高学术水平的科技人才组成的，聚集了各领域如自然科学、工程技术等方面的权威专家学者，拥有雄厚的人力资本跨部门、跨行业及多学科的网络组织优势 活动规范性。登记注册的独立法人的合法科技团体才能进行各项活动 很多科技组织与国际相关领域有稳定良好的合作关系 科技社团为非营利性组织，相对而言，具有客观公正的社会地
人才、网络的硬件优势及价值中立的软件优势	学会将事实和社会道德作为评判标准 学会没有团体私利及部门利益，具有中立性及公信性 学会遵从同行认可及社会认可的原则 学会服务和产品的价值稳定，保持时间相对长 学会服务和产品社会认可度较高

通过对科技社团以上两个方面绝对优势的分析，可以明确社会团体有能力来承接部分政府部门转移的科技评估职能。

2. 科技社团开展科技评估更能够得到同行和社会的认可

随着改革开放的深化和国家市场经济的不断完善和发展，政府职能转变的进一步深入，科技社团开展社会活动的活力、综合能力和社会公信力不断提高，在经济、社会、文化、科技创新中的作用和地位日益受到国家和社会的重视。科技社团作为科技发展的有效载体之一，既是学术性的社会组织，也是具有行业技能的科技型机构，完全可以协助政府有关部门承担相应的评估职能，在科技评估、科技奖励、人才评估等科技管理的社会事务中发挥作用。而现行科技评估体系中存在的评估体制机制不健全、评估体系不完善、评估方法不规范等问题，由此引发的一系列科技活动不端行为，给科技事业的发展盖上了巨大的阴影，在当前形势下，如何引导科技社团健康发展，更好地促进科技评估体系建设，建立起一个行业和社会的共同认可，这是科技社团首要任务。对此，科技社团完全有能力成为政府转移科技评估职能的合适的承接者之一。科技社团作为科技评估的主体力量，必然会成为中国特色科技评估体系的重要组成部分。

3. 科技社团开展科技评估体现了完善国家创新体系的要求

科技社团是促进科技创新的社会基本力量之一。科技社团组织开展或者资助的学术研讨会及主办的学术期刊构成了正式的科学研究的社会网络，强力推动了科学技术的发展。科技社团是营造科技创新文化的骨干力量。科技社团开展科技评估进行了多种不同渠道的探索，丰富了科技评估的内涵，营造了科技创新的氛围，加速了创新文化发展，吸收了广大科技工作爱好者的特长，充分发挥科技社团在科技评估体系建设中的作用，还有利于打破国家现行体制中行业分隔、部门分隔、人才分割、资源分隔等一系列问题，同时又加强了科技创新文化的培育，形成良好的创新文化氛围，使科技创新成为国家形象的主流。

（四）"十三五"期间科技社团开展科技评估的分工

我国现行的科技评估体系仍然是以政府为主导的，科技社团等其他社会服务类社会组织只占其中的一小部分，政府为科技评估的委托方，在科技评估中作为主要的领导方，行使委托授权、监督、验收、评价一系列权利，但这很难保证科技评估的公正和独立性，科技社团等其他社会服务类社会组织作为受托方，只能按照委托方的需求和要求去做，有些在专业领域看来不可为的为了收益也不得不为，这有违科技评估的初衷。为此，应该大力改革这种科技评估机制，政府在科技评估中主要负责对整个科技评估工作过程的规划、管理、协调、监督，营造良好的评估环境，同时承担其他评估主体所胜任不了或必须由政府来承担的少量评估任务，把其他大量的尤其是专业性很强的科技评估任务转移出去，交由市场来做、交由科技社团来做。由于各个社会组织的行业属性不一，不同的科技社团只能承担与其行业相对应或者相近的科技评估活动，不能越位评估。

针对公共类的科技评估项目，确立评估范围框架，政府是评估的委托方，提出评估需求，而科技社团和社会其他专业评估机构是受托方，委托方根据自己的需求和受托方都要根据自身的行业属性与科技评估客体、科技评估方法的匹配程度进行合理分工。

对于大型计划、条件平台以及战略性基础研究项目的评估由于事关国家发展的，也应该由政府来进行拍案，但也需要科技社团为代表的社会力量来参与，可以采取科技社团实施，政府监督总结，政府的评估方式是论证、审议、验收，科技社团的评估方式是制定、提案、建议。科技研究机构及科技评估机构（包括科技社团）的评估也应该由政府来承担，评估方式主要是评估、验收。政府部门的绩效评估和人员、科技成果的评估以及除战略性基础研究外的其他项目评估政府完全可以转移出去，交由科技社团等专业性强的评估机构来进行。

要充分发挥科技社团在行业中专业优势，科技社团可以承担相关专业项目、人员和成果的评估。科技社团应承担关于相关资格及等级资质等的评审职能，同时重大工程建设项目的可行性研究，标准定额，工期定额及用地指标等的编制及修订等，科技社团中专家的意见结果也应作为审批决策的依据。最后，专业评估机构主要承担计划中后期评估以及项目、人员、研究机构及成果的评估，尤其要把社会团体没有涉及评估内容作为工作重点，并灵活运用适宜的评估方式。对有些专业评估机构（政府下属事业单位及科研机构下属单位）其在履行"同体第三方"内部评估职能时，主要侧重机构和人员评估。

（五）"十三五"期间科技社团应该开展科技评估的内容

现阶段下，科技社团作为"第三方"开展科技评估既要紧跟国家政策的发展，又要有所突破。可以从自身熟悉的业务领域下手，开展科技奖励、科研项目评估、

科研机构评价、科技成果评价和技术鉴定、论文/专著评价、技术职称评定、工程教育专业认证、职业（专业）资格评定、院士等优秀人才的推荐、技术标准和规范制定等，也可以从承接政府转移职

能和政府购买服务下手。

二、"十三五"期间我国科技评估体系建设

（一）科技评估体系建设中需要明确的基本问题

1. 为什么评估

也就是评估的宗旨、目的和要求，这是开展科技评估的一个重要前提。目的要求不同，评估的内容、方式方法也就不一样。要使科技评估卓有成效，首先必须明确评估的宗旨、目的和要求，妥善解决为什么评估的问题。

2. 评估什么

解决这一问题的关键是要根据评估对象科学构建相应的评估指标体系。指标体系可以分为通用指标体系、行业（或部门）指标体系和专项指标体系。

3. 由谁来评估

构建科技评估体系时，应根据评估的目的和内容选择相应的评估主体。因为在评估体系中，各种评估主体应该存在着对评估对象的某种利益需求，否则评估主体就会失去评估的动力，造成事实上的评估主体缺位。可以提出适合科技评估的多元评估模型，模型的评估信息来源包含内部评估者和外部评估者。

4. 如何评估

方法选择是否恰当直接影响评估的成败和评估质量的高低，应根据评估对象的性质和特点，选择和确定恰当的评估方法。在科技评估的过程中，应把定性评估方法和定量评估方法有机结合起来，要各取所长，综合运用定量和定性方法，对评估对象进行科学评估。

（二）科技评估的总体思路

首先，要将评估"第三方"的身份由政府转移给转交给科技社团等第三方评估机构承接，保证评估主体的独立性。其次，科技社团要想成为真正独立的评估机构，必须先具备某些资质，这就需要先设立一定的考核标准对科技社团进行考核。符合条件的科技社团在进行科技评估时，要建立健全的科技评估体系，组建质量稳定的专家库，以及探索能灵活运用到实际评估工作中的多样的评估方法，同时还要政社分开，保证科技社团不是政府的附属物，保证科技评估过程的客观性。最后，还要营造良好的评估环境，提高科技社团的社会公信力，使得评估结果更加具有说服力。

政府要充分发挥在科技评估中监督者的作用，支持科技社团独立进行科技评估，在放权的同时也提供相关的资源，将评估工作落到实处。科技社团要秉承"政社分开，权责对等，严进宽出，完善体系，价值中立，社会参与"的原则，进行科技评估活动。

（三）科技评估的框架体系

政府要制订科技评估法律法规及政策，创造良好的科技评估环境，提出评估需求，合理使用评估结果。要制订科技评估需求发布制度、评估结果的正确使用制度等。以科技评估为导向，从委托方（政府部门）、受托方（事业单位、企业、个人等）和第三方（科技社团）三个层面，围绕科技项目、科技成果、科技人员、标准制定、技术鉴定和资格认定等主要内容，构建布局合理、运行高效、协调有序的"第三方"为主题的科技评估体系，充分发挥科技社团对科学技术发展、经济发展和科技创新文化的支持、引领及导向作用。

科协作为科技评估"领航员"，要对科技评估体系总体设计。要对评估机构的评估行为、责任提出明确要求。科协自身要建立科技评估培训制度；建立对评估机构的信用管理和短名单制度，建立对评估机构的制约机制和责任追究机制；建立评估机构的信息的公开与披露制度，以利加强社会监督；建立评估机构的投诉和仲裁制度。

科技社团参与科技评估中要对被评估方在评估过程中的某些事项提出明确要求。同时为了促进公共资源共享并体现政府在科技评估过程中对评估主体的信任，专家库的建设与管理最好由政府委托科技社团来建设，政府用于监督知情权，政府不宜再建自己的专家库，而直接从所建立专家库挑选相应专家。当然，即有较强实力的科技社团为便于对评审专家的管理，也可以建立自己的专家库。

（四）科技社团在科技评估体系建设中发挥的作用

1. 我国科技社团的特点和优势

我国科技社团大体可分为三种类型：基础型、应用型和结合型。科技类社团又可以按照各个学科类别的不同进行类别，科技社团会员的组成大多是本学科领域的知名专家或者实际工作的参与者。科技性是我国科技社团的基本属性之一，也是科技社团区别于其他社团的根本特点。公益性是我国科技社团的另一个特点，科技社团是为社会大众服务的公益性团体，带有一定的学术和专业性，也是具有一定规范的机构，服务对象包括政府机构、事业单位、社会团体、企业甚至个人。我国科技社团具有下述特点和优势。

（1）科技社团由广大科技爱好者组成的科技社团，是科技创新体系的重要组成部分，在科学研究、知识交流、科普、科技评估、人才资源培养、技术成果市场转化、科技服务等方面承担重要职能，是广大科技爱好者开展学术交流、提升自主创新能力以及服务国家、社会和科技创新的重要平台。

（2）科技社团作为科技思想库的智力优势性。科技社团聚集了行业、学科领域的专家资源，知识密集、人才荟萃。科技社团能够为广大科技工作者创造宽松的学术交流氛围，对自己爱好的研究进行自由讨论，充分发挥集思广益的优势。科技社团发挥自己的科学普及作用，加强科技社团与社会民众的交流，让民众了解科学，爱好科学，增强了全社会重视科学研究与发展投入的热情。

（3）科技社团作为科学共同体的学术权威性。科技社团是科技工作者基于学术研究和学术交流的需要而自愿结成的学术团体。经过长期的历史积淀和人才聚集，科技社团作为建立在同行价值认可体系上的科学共同体，在学术上具有社会公认的权威性。科技社团的一系列优势反过来又促进了科技社团的发展。

2. 科技社团是否具有"第三方"资格

构建科学合理的科技评估制度。科技社团是否具有以"第三方"身份参与科技评估的资格，这也是需要进行合理科学的评价的，具体该交由社会哪个主体来进行评价，这是需要考虑的。在我国，由于行政机制、市场化体制不健全，不论是交由政府还是企业都不能公开公正的完成好科技评估任务，科技社团是独立于政府和企业之外的第三方社会组织，交由科技社团等社会服务类中介组织进行科技评估，这是很多国家采取的惯例，虽然现阶段我国科技社团等社会服务类中介组织力量过于薄弱，是否能够承接得住、承接的好这还有待考量，但加快扶持科技社团发展，使其具有"第三方"的身份和资格来参与科技评估体系建设，这是现阶段刻不容缓的任务。在当前情况下，构建科技社团参与科技评估的"第三方"资格的认证体制机制，应该由政府相关部门提出标准和建设的方向，向社会购买政府服务，由科技社团等社会服务类中介组织根据需求加强自身建设，主动承接，企业等社会力量参与实施，并由政府、社会组织、企业和个人参与监督评价全过程。

3. 科技社团参与科技评估所面临的障碍

（1）相关法律法规不健全，政策支持力度不够。中国的科技评估机构权力掌握在政府手中，相关的第三方评估机构承担政府进行科技评估的职能，还不成熟，也不成形，缺乏一定的法律保障。

（2）科技社团自身管理和发展的法律法规缺失。相关法律法规中，科技社团等社会团体的地位和作用没有明确规定，对科技社团的权益缺乏必要保障。科技社团承接科技评估工作的相关保障政策缺位，对科技社团有关承接工作的管理指导及监督制度也不健全。

（3）科技社团社会公信力不够，进行科技评估缺乏说服力。尽管我国科技社团拥有相关专业领域的专家人才，具有"第三方"评估的身份，并且具有独特的与社会力量的联系，但是，长期以来，我国国家治理体系的主导者都是政府相关部门，"官方发言"制度已经成为衡量相关活动是否具有权威性的重要标准。科技社团由于没有过多"官方"背景，其主导或者参与的活动很难获得社会民众的认可和政府相关部门的采纳。科技社团在已承接的政府转移职能中，"行政干预科技评估过程""评估公信力缺失"等问题应该是科技社团目前普遍存在的问题。

（4）评估人力资源建设不合理，专家库建设问题多。科技社团中对科技评估专家的考核机制尚不健全，科技社团自身的评估专家也面临以下的问题：第一，有经验的评估专家紧缺；第二，评估队伍人员素质参差不齐；第三，缺乏一种渠道使有能力的评估专家参与评估工作；第四，对科技机构、人员的管理主要为内部垂直管理，缺乏协会监督管理；第五，对科技评估人员任职、培训与监督，科技评估报告质量尚未立法监控。科技评估工作的专业性非常强，往往需要具有技术、营销、法律专长和良好产业关系等不同知识背景的人才团队才能胜任。

（5）科技社团自身体系建设不健全。虽然科技社团相对于其他社会中介机构的优势就是其具有相对完整的组织网络构成，具有纵向和横向的体系优势。但由于科技社团本身的性质，资源费配不均和无固定收入等特点，导致社团的本身的体系不完善，在进行科技评估活动时，难免自顾不暇。

（6）评估理论方法不健全，方式单一。目前我国科技社团进行科技评估的方法略显单一，难以形成类似西方发达国家一样的科技评估文化环境，在多次实践中逐步形成完善合理的多种评估方法相结合的评估体系。目前运用最多的方法是同行评议，但是相对于西方国家较成熟的评价体系来说，显得有些单薄，也不能适应科技评估的实际需要。

（7）科技社团本身参与积极性不高。科技社团承接科技评估职能是大势所趋，但是很多科技社团工作思路目前还停留在计划时代，"等、靠、要"的思想还比较普遍，主动走出去、积极主动参与其中的意识仍显薄弱，加上科技社团本身是非营利组织，经费的缺乏再加之我国现阶段科技评估体系相关制度上的缺陷，导致科技社团在与其他组织竞争中处于不利地位，科技社团在参与工作中往往遇到更多的阻力和困难，这也进一步削弱了科技社团主动参与科技评估的积极性。

4. 科技社团进行科技评估产生障碍的自身原因剖析

（1）科技社团的管理偏行政化。长期以来我国科技社团本身发育不足，科技社团参与社会服务的积极性不强，国家行政体制干预过多。这就使得科技社团进行科技评估时形式过于烦琐，"行政化"大于"学术性"，去行政化面临较为突出的问题。

（2）科技社团内部发展不均衡。科技社团之间差距悬殊，整体实力需提高。社团内部发展不均衡表现在以下几个方面：有较好能力、能顺利承接政府职能的学会较少，整体实力还有待提高；科技社团民主自律机制不完善，受外部体制影响，一些科技社团的独立性偏差，真正以会员为基础、以理事会为领导机构的民主办会机制仍不健全；学会办事机构专职人员较少，专职人才队伍总量不足、素质不高的问题比较突出，职业化、专业化水平与工作需求有较大差距。

（3）经费投入不足。国家对科技社团培育扶持的经费投入不足，对科技社团基础支持少、专项支持散、社会支持弱的情况长期存在。在科技评估体系建设初期，政府转移的事项多、要求高、事务量大，科技社团投入了大量人力物力，在学会实力还没有整体提升的情况下，没有足够支持，工作就难以为继，甚至跑调走偏。

（4）自身定位不恰当。从科技团体未来的角色定位看，科技社团对自己定位不高，尤其在实际行动方面，服务能力还需要较大提升；特别是在近中期，科技社团发展的阶段性、过渡性性质比较明显，"养兵"和"打仗"的投入都远远不足以支撑其发展。在科技社团发展壮大的关键时期，坚持政府主导原则，给予其必要的保障性扶持和竞争性支持，对于科技社团提升自身服务能力、参与国家治理具有事半功倍的重要意义。

（课题组成员：朱孔来　刘学璞　季兰玲　姜文华　李　励　陈　政　王伊筠）

中国科协智库能力建设研究

中国城市科学研究会课题组

一、中国科协智库

（一） 中国科协智库的现状

1. 科协智库在现有的科协功能定位中较为分散

从科协对于自身的功能定位看，科协的章程还明确地指出"科协是中国共产党领导下的人民团体"，要在各种国家指导思想下，"为社会主义物质文明建设和精神文明建设服务……为科学技术工作者服务"。也就是说科协的功能定位要首先以党的领导为主要原则，兼有非营利组织的功能。

从科协自身履行的具体职能来看，科协目前的职能主要有：学术交流、科学普及、经济建设的科技咨询、国际民间交流、作为人民团体参政议政。

从上述分析看出，目前与科协智库定位相关的职能在科协的具体职能分工中还不突出，其智库功能被分割在各个领域，对于形成高效的智库体系形成了一定程度的阻碍。

2. 全国学会社团尚未形成统一的智库体系

根据现有科协的管理体制，目前由科协学会学术部对中国科协所主管的全国性学会、科技类社会团体进行监督管理，并负责综合性重点学术交流的组织协调工作，指导有关学会的学术活动。在过去的工作中，在学会基础建设发展、指导学会有序承接政府转移职能工作等方面取得了有目共睹的成绩。但是，在协调各学会建立智库方面，尚未充分发挥其网格型组织的优势。

其中一个主要的原因是：学会管理体制不顺畅，科技工作者对学会和科协认可低。挂靠在各种单位下的学会，成为联系科技工作者和协会的主要渠道。可是在"双重管理、分层管理、挂靠管理"的管理体制下，学会的生存状况令人担忧。双重管理体制弱化了学会作为科协组成部分的特性；分层管理体制肢解了科技工作者资源；学会在资源上不独立、在决策机制上不独立、甚至科技工作者对学会的公信度都在降低。而在现行体制下，科协并没有更多的能力可以整合资源共同构建统一的科协智库体系。

3. 当前政府制度环境对科技智库管理体制和运行机制制约较多

我国科技智库行政管理制度的方式属于国家控制型，政府对科技智库的态度更多的是管制而不是合作发展。在行政管理制度的内容上主要是规定了科技智库的管理原则、经营活动的原则、业务活动范围等。形成了我国当前对科技智库管理的双重管理原则、限制竞争和限制营利性经营活动的原则。在这些原则的指引下，我国目前政府对科技智库行政管理的效率比较低，从而在一定程度上抑制了科技智库发展的活力。

4. 我国科技智库组织管理体制和管理运行机制较为单一

我国科技智库的组织构成较为单一，大部分与政府都保持了紧密的联系，主要表现在资金来源、人员来源、内部管理体制上。根据中国科协的调查，目前，我国存在四类科技智库：第一类，官办科技智库，也就是由政府部门直接领导的科技智库，人员有级别、工作有资金，这一类与政府联系最为紧密；第二类，半官半民的科技智库，这类科技智库一般被政府部门认为是主体工作的附属物，人员全管，经费自筹；第三类，组织上挂靠业务上自立的科技智库，这类科技智库利用挂靠单位的资源比较充分，自主性较强；第四类，完全独立的科技智库。中国的科技智库大部分是从官办的事业单位中分离出来，同时法律规定科技智库的成立必须要找到挂靠单位，因此，大部分科技智库被打上了政府的烙印，都具有一定程度的行政色彩。

科技智库组织管理体制上的单一性使得一些地方、部门的科技智库在研究过程中的独立性受到影响，难以提出中立、客观的观点、意见和政策建议，使得科技智库的公信力受到了一定程度的影响。

此外，在管理运行机制方面，由于我国是典型的官方科技智库占比较高的国家，使得管理运行机制也具有浓重的行政管理色彩。科技智库对政府的依赖程度较强，政府智库运行有巨大的影响力。智库管理运行机制的单一性主要体现在科技智库对政府资金的依赖和对政府及企事业单位的挂靠关系上。在我国，科技智库几乎均为非营利的学术团体，其经费主要来源于财政拨款和活动经费。此外，我国的科技智库均需要挂靠在政府机构、企事业单位下，这也使得挂靠单位的行政管理体制大量的影响了科技智库的运行。

5. 科技智库的影响力不足

科技智库的最终目标在于通过决策咨询帮助服务对象改进决策水平，提高决策质量。我国科技智库的产品推广手段，大量还局限于一些传统手段，比如：在学术期刊上发表论文，召开一些专业的学术研讨会、国际会议等。而普通大众、新闻界、实业界、政策制定者并不能感受到智库成果，一定程度上减小了科技智库的影响力。

6. 法律环境制约了科技智库的发展

完善的法律法规体系，是科技智库与不同的合作主体开展活动的契约基础。在科技智库产生与发展的过程中，法律法规体系的建设是非常重要的一环，它决定了科技智库开展任何活动的基础。部分政府部门法规对智库开展经营性咨询、管理体制变更等方面仍然限制较多，不利于智库的市场化运作。

然而，当前我国科技智库在法律法规体系建立和完善的过程中所起到的作用仍然非常有限，导致当前法律法规体系的建设无法很好地满足科技智库自身发展的需要，推动科技智库良性发展上的能力有限。

7. 我国科技智库人才与政府部门间的旋转门机制亟待完善

欧美科技智库与政府部门之间的"旋转门"机制，使学界和政界、思想和权力之间通过科技智库这个平台实现了研究者与行动者、学者与官员的身份转换，从而有效保证了科技智库创新产品对国家政策的出台和实施。目前，我国官方科技智库人才到政府部门任职的情况很多，而半官方科技智库和民间科技智库则较少有直接到政府部门任职的情况，政府部门人才再回到智库特别是民间智库的相对较少，也就是说我国的"旋转门"只开了半扇。

（二）提升科协作为科技智库能力的建议

1. 国外科技智库成功运行经验

（1）注重情报产品的可实施性。

随着我国科技和社会经济的不断发展，科技领域对科学决策的需求日益增强，而科技领域的科学决策直接决定着社会经济的可持续性和发展质量。科技智库要为政府机关或其他机构提建议，定期或不定期地为相关决策部门提供情报产品，能够被实践部门所采纳并实施就显得十分重要。

德国开发研究中心（ZEF）始建于1995年，隶属于德国波恩大学（University of Bonn），拥有4个主要研究领域，分别是：政策和文化资源、经济资源、生态资源、交叉研究主题。ZEF的研究目的是为全球发展问题寻找解决方案。其主要的研究产品都具有以下特点：通过建立学科间的桥梁，沟通不同学科间的联系，形成集成性的情报产品，构建科学研究与政策决策之间的桥梁。上可以对决策者提供可靠的咨询服务，下可以对具体科学研究产生指导作用；而且建立了科学研究和技术开发与社会生产实践之间的桥梁，使科学技术转化为生产力的过程更加通畅；设计到具体科技产品时，该机构还与相关研究机构和专家开展实质性的合作，相关专家参与报告撰写。这种形式不仅有利于产品质量的保证，还有利于促进产品影响力的扩大。

（2）保持独立性与客观性。

首先，是体制的独立性。科学决策的咨询研究需要享有最高的研究自由度，并不受个别领导、行政部门或其他集团意志的干扰或束缚。然而对项目和经费基本来自于政府的科技智库而言，又如何能真正做到研究独立呢？答案是立法。例如，在美国国家研究院的成立法案中，既明确了其无条件接受政府咨询的义务，也赋予其自定规章制度、评选院士、获得经费等方面的权利。这一法案又分别于1870、1884和1914年进行了修订，1997年克林顿总统签署了《联邦咨询委员会修正案》，进一步明确了国家研究院在政策制定和公共服务方面的地位与作用。

其次，是人格的独立性。智库的主要职能是利用集体智慧，通过充分发挥组织智商来研究特定的政策问题，向决策者提供最优的理论指导、政策措施和解决方案，这一过程本质上是人的知识和思想产生的过程。对同属精英阶层的科学家和工程师来说，当其进入到智库的决策研究过程当中时，其人格的独立性直接影响到过程与结论的公正性。对于实施项目研究的委员会或课题组来说，同样也存在着集体人格的独立性问题。在影响人格独立性的各种因素中，为个人或机构牟取不正当利益是最主要的，这也正是为什么国外许多科技智库在项目的整个流程中始终强调甄别利益冲突的原因。

再次，是资金来源的多样化。资金来源多样化是保持科技智库研究独立性与客观性的重要支撑，没有多样化的资金来源很难保证研究的独立性和客观性。以布鲁金斯学会为例，其每年的预算收入有65%左右是来自民间的捐款，而来自政府部门的资金只占3%～4%，这有助于学会长期保持无党派的独立立场，且布鲁金斯非常注重收支平衡，使资金状况能够适应当前及长期研究项目的经费需求，并通过高效的基金管理运作，以确保各个研究项目的正常进行。

最后，是组织运作机制的合理性。组织运作机制的合理性主要体现在民主机制、监督机制和公开机制的建设等方面。民主机制是指成员间平等交流与合作，并允许专家坚持自己的学术意见。监督机制包括两个方面，一方面是坚决排除个体成员中一切潜在的利益冲突，另一方面是采取严格的成果评审制度，包括内部评审和外部评审。公开机制是向社会公开信息，使研究过程、参与人员及工作成果随时接受公众的检查。这一机制能够有效地避免来自非正当渠道和行为的干预，在更大的程度上保证研究的客观性。

（3）加强研究型团队的灵活多样性。

智库属于脑力型人才密集的机构，智库影响力的大小与智库内部研究人员素质的高低、研究成果质量的优劣密切相关。通过这些灵活的用人机制，保证了他们能够不断地为客户提供高质量的咨询结果。以高信誉、权威性、准确性作为研究成果的标准，获得客户的信赖。

2. 对科协智库能力建设的建议

中国科技智库建设路径必须在充分考虑本国文化特殊性的基础上借鉴国外智库的发展经验，寻找到一个真正提升中国科技智库的"软实力"和在国际上的影响力的办法，建设具有中国特色的社会主义新型科技智库。

（1）建设中国特色新型科技智库。

中国科协应抓住国家大力建设新型科技智库的机遇，发挥中国科协在推动科技创新方面的优势，在国家科技战略、规划、布局、政策等方面发挥支撑作用，使其成为创新引领、国家倚重、社会信任、国际知名的高端科技智库。

（2）建设专业型科技智库，重点强调科技智库产品的质量。

国外科技智库十分注重其产品质量，并将其作为一个科技智库的"生命线"。针对我国的具体实践，正在建设专业型科技智库的进程中，更应该注意以下几点：第一，注重提升产品质量，使得产品层次清晰，服务对象明确，这样既有利于产品在设计阶段的选题确定和架构，也有利于后期应用；第二，注重提升基础研究、政策研究和应用研究三个层次分支部门之间的合作关系，使得研究成果质量更高的同时也可以促进研究成果的"落地"。

（3）推动相关法律法规的制定，保持研究活动的独立性和客观性。

针对科技智库的独立性和客观性而言，更需要法律和制度的保障。发达国家通常通过立法的方式规定了各类智库的社会地位、团体性质、职能边界，使得科技智库在进行研究活动时，在法律框架的范围内可以自由选择资金来源、合作机构，在人事任用等方面也有较大的自主权，使得科技智库在研究活动的独立性和客观性上得到了重要的保障。

（4）深化组织管理体制改革。

从前述我国科技智库能力建设的问题来看，加快我国科技智库发展亟须进行系统性的组织管理体制和运行机制创新。中国科协应创新智库管理方式，形成既能把握正确方向、又有利于激发智库活力的管理体制。相关体制机制的创新应主要包括以下两点。

第一，完善科技智库多元化的资金筹措机制，健全信息披露和共享制度，大力推动民间科技智库的健康发展，形成多种科技智库协调发展和优势互补的共生机制。

第二，建议将伴随公共决策全过程的科技智库专家咨询纳入法定程序。借鉴欧美等的做法，尽快建立健全有关科技政策或公共政策决策智库咨询的专门性法律法规，把决策咨询纳入我国决策机制，使之制度化、法制化。

（5）深化经费管理制度改革。

中国科协应建立健全规范高效、公开透明、监管有力的资金管理机制，探索建立和完善符合智库运行特点的经费管理制度，切实提高资金使用效益。科学合理编制和评估经费预算，规范直接费用支出管理，合规合理使用间接费用，发挥绩效支出的激励作用。加强资金监管和财务审计，加大对资金使用违规行为的查处为度，建立预算和经费信息公开公示制度，健全考核问责制度，不断完善监督机制。

（6）建立中国特色的科技智库人才"旋转门"机制。

复合型、开拓创新能力较高的专业人才对智库和政府机构非常重要，因此需要借鉴美国顶尖智库人才的"旋转门"做法，建立中国特色的科技智库人才旋转门机制，让科技智库成员的身份在政府决策者、执行者与研究者之间转换，扩大半官方科技智库和民间科技智库的研究人员进入政府机构的机会，鼓励官员离职、退休后又进入科技智库，成为研究人员。使政府部门和科技智库都保持活力，强化科技智库决策研究和咨询服务的针对性与实效性。

（7）加大科技智库研究产品的推销力度，提高转化效率和社会影响力。

科技智库成果的社会传播其实是科技智库价值实现之本。因此必须通过研究成果的推销、转化和应用来扩大影响力。国内科技智库应重视思想和研究成果的推销和传播。除了传统的期刊、研究报告等途径外，还可以充分借助新媒体、新科技、社交网络与"云"的影响。通过研究成果的广泛传播，成为其与学术界、新闻界、实业界、广大民众以及官方联系的纽带，使更多的人了解到科技智库研究成果，拓宽成果应用转化渠道，提高智库产品的转化效率，已达到提升科技智库在社会上的品牌、声誉和影响力的目的。

（8）加强国际交流合作。

加强中国科协特色新型智库对外传播能力和话语体系建设，提升中国科协智库的国际竞争力和国际影响力。科协应建立与国际知名智库交流合作机制，开展国际合作项目研究，积极参与国际智库平台对话。坚持引进来与走出去相结合，吸纳海外智库专家、汉学家等优秀人才，重视智库外语人才培养、智库成果翻译出版和开办外文网站等工作。增加中国科协智库外事活动管理、中外专家交流、举办或参加国际会议等活动。

二、中国科协对学会智库发展的指导意义

（一）发展科协智库能力建设的意义

科技智库是现代国家科技政策咨询的重要机构，目的在于集思广益，针对特定问题进行研究，提出建言，并研究目前可能发生的各种问题，适时地提出预警。

而能力建设是个人、团体、组织和社会加强其识别和长期战胜发展挑战的过程。科协智库发展壮大的基础是增强自身能力，就是让自身变得强大。具体而言，有以下几点主要意义。

第一，加强能力建设是科协智库生存和发展的需要，有利于提高科协智库咨询服务能力，有利于打造科协智库决策咨询工作品牌，有利于建立符合自身特色的经营模式。

第二，加强能力建设是增强我国科技决策科学性的重要组成部分。随着我国改革开放向纵深推进，国际竞争日益激烈，社会和政策问题也日趋复杂，科技问题与政治、经济问题常常相互影响。这使得决策的难度也变得越来越大，因此对政府决策提出的要求也变得越来越高，加强能力建设是解决这个问题的唯一途径。

第三，加强中国科协智库能力建设有助于构建中国特色新型智库发展新格局。在中共中央办公厅、国务院办公厅印发的《关于加强中国特色新型智库建设的意见》中明确提出要构建中国特色新型智库发展新格局。中国科协作为我国科学学会与社团的领头人，应响应国家政策的引导，围绕建设创新型国家和实施创新驱动发展战略，研究国内外科技发展趋势，提出咨询建议，领导学会组织开展科学评估，进行预测预判，促进科技创新与经济社会发展深度融合。

（二）科协对我国学会智库能力建设的指导意义

1. 引导学会智库把决策咨询工作摆在十分突出的重要位置

中国科协智库建设将引导个学会加强决策咨询工作，着力强化决策咨询功能，把决策咨询工作摆在各个学会工作的重要位置，把加强学会决策咨询工作作为提升学会地位、扩大学会影响、促进学会事业发展的重要措施。在学会工作指导思想上，明确把强化学会智库功能、充分发挥建言献策作用作为学会工作的重要任务。在发展思路上，积极推进学会活动由学术交流为主向学术交流与科学普及和决策咨询并重转变。

2. 积极引导学会智库就重点热点问题展开咨询工作

把握方向、精心选题是确保决策咨询工作能否取得实效的关键。只有紧紧围绕政府关心、社会关注的重大问题开展调查研究，提出专家建议，才能引起政府有关部门的重视，才能收到良好的效果。为此，中国科协智库建设应积极引导各学会智库始终坚持围绕中心，服务大局，紧紧围绕现代化建设事业的重点、热点问题来组织开展决策咨询工作。

3. 加强学会智库的人才队伍建设

在当前人才管理体制不会发生重大变革的前提下，我国可以借鉴美国等西方著名智库的人才激励机制，从人事制度上建立起固定人员和流动人员合理配置的用人制度，对高级研究人员实行长期聘任制，对作为助手的中初级研究人员实行短期聘用制；同时建立访问学者制度，吸收社会各界知名人士参与自己的课题研究，拓展课题研究的社会基础。

对于长期聘用的高级研究人员，给予具有市场竞争力的薪资水平，可考虑按"能力工资＋工龄工资＋福利＋绩效工资"这样的薪酬结构体系，一方面按照研究能力给予能力工资，按照工龄给予工龄工资和福利，另一方面按照智库项目的收益给予其绩效，考虑了研究所需的长时间投入却没有产出的正常现象，又兼顾了智库项目的经济激励。对于作为助手的中初级研究人员，主要考虑在上升通道上进行激励，鼓励并资助其在职进修、培训甚至出国深造，在薪资体系上，可以采用"岗位工资＋绩效工资"的模式，主要收入来源于对项目的贡献而带来的绩效。

中国科协是网格型的组织，在组织调配各方面专业人才上具有下属各学会不具备的优势，科协智库建设也有利于加强学会智库的人才队伍建设。

4. 加强科协智库信息化平台建设

结合国家"互联网＋"的发展战略，中国科协是网格型组织，具有学科面广、覆盖范围广、深入基层等特点，科协智库的建设更应该抓住这个历史性机遇，积极建设信息化平台，实现信息资源的高度集成共享、项目进展的实时监督、项目需求发布等等功能，为网格化智库的建设提供高效的平台。

（课题组成员：徐文珍　李海龙　张　超）

打造中国科协科技评价公共服务平台可行性研究

中国电子学会课题组

一、研究概述

（一）研究背景

习近平总书记在 2014 年 9 月 29 日下午主持召开的中央全面深化改革领导小组第五次会议中指出"政府部门主要负责科技计划（专项、基金）的宏观管理，不再直接具体管理项目，通过统一的国家科技管理平台，建立决策、咨询、执行、评价、监管各环节职责清晰、协调衔接的新体系。"

当前国家对科技体制改革高度重视。国务院、科技部先后出台了《关于强化科技企业作为技术创新主体地位能力的意见》《关于改进加强中央财政科研项目和资金管理改革的若干意见》《关于加快建立国家科技报告制度的指导意见》《国务院关于改进加强中央财政科研项目和资金管理的若干意见》《国务院关于加快科技服务业发展的若干意见》等若干改革措施。

科技体制改革不断深化，国家科技管理平台建设步入快车道。在 2014 年浦江创新论坛开幕式上，科技部部长万钢表示："2014 年将启动公开统一的国家科技管理平台的建设，重点领域组织五到十个重点专项进行试点，2015 年到 2016 年要基本建成公开统一的平台，实现科技计划专项基金设立和预算配置的统筹协调。"

科技评价是科技管理的核心内容，科学、合理的科技评价体系是进行科技评价的基础。然而我国的科技评价活动长期以来一直存在着诸如科技评价组织管理体系"错位"、科学共同体在科技评价活动中发挥作用不足、评价方式缺乏多样性等问题。建立合理有效的科技评价体系对于营造良好的创新环境、激发科技工作人员的创新潜力具有重要意义。科技评价已成为推动创新性国家建设的重要手段，建立完善的科技评价体系已成为科技管理和政府决策的核心内容。

（二）研究意义

科技评价公共服务平台是一个开放高效的科技创新服务体系和保障体系。科技评价公共服务平台的建立能够为科技类公共服务活动的开展提供优质的基础设施，为科技类公共服务活动的有序开展创设良好的文化氛围，为提高科技创新的效率、改善创新创业环境、优化创新资源品质、降低企业和个人创新创业成本创造了不可或缺的基础条件。

1. 为科技类公共服务活动的开展提供优质的基础设施

科技评价公共服务平台的功能首先表现在要为科技类公共服务活动的开展提供优质的基础设施，主要包括三个方面的内容：首先，为将在该平台上所开展的科技评价类公共服务提供必要的优质的公共基础设施；其次，合理配置和公平利用公共资源，主要包括公共信息资源、公共财政资源、公共物资资源、公共人力资源以及公共服务资源；最后，维护和提升基础设施的质量和水平。

2. 为科技类公共服务活动创造良好的文化氛围

科技评价公共服务平台的另一个基本功能就在于为科技类公共服务活动的有序开展创设良好的文化氛围，主要反映在公共秩序、公共环境和公共关系等三个方面。首先，制定和完善"游戏规则"，建立和维护良好的公共秩序；其次，建立和优化有利于提高公共服务质量的良好的公共环境；最后，协调与科技类公共服务有关的良好的公共关系。

二、科技评价公共服务平台发展态势分析

（一）依托主体

进入 21 世纪之后，随着与世界经济社会的交往不断增多，政府职能的转变是完善社会主义市场经济、深化现代市场体系、机构改革的重要手段，同时也是建立中国科协科技评价公共服务平台的必然要求。完善中国科协科技评价公共服务平台，实现我国政府在科技评价方面的职能转移是基础。在社会团体不断发展壮大和日益成熟的今天，在不断要求科技评价体系完善的大背景下，政府转移部分科技评价职能迫在眉睫。同时，明确政府、科技社团及其他中介评价机构等各个科技评价主体在科技评价体系中的职能定位，也是构建中国科协科技评价公共服务平台的前提，是促进政府职能转变的基础。

1. 政府在科技评价中的引导作用

市场经济条件下的政府为非全能政府，应把不适合自身行使的职能逐步交给市场或社会组织进行，将政府能力集中在统筹规划、政策引导、组织协调、掌握信息、提供服务并创造良好环境上。因此，及时进行政府管理职能的调整，将政府"干不了或干不好的事"，下放给相应的社会组织，从而实现社会主义市场经济体所要求的政府管理机制。

因此，政府应将科技、教育、卫生、司法等部门中涉及科学技术方面的评审、认证、评估、鉴定等一些职能转移出去，这些工作的知识性和科技性决定了其对专业人士的需要。而政府在科技评价领域则主要应该履行的职责有 3 个。

首先，政府在科技评价中应履行科技发展规划、政策制定、管理、评价活动的组织协调、评价过程及结果监督、为评价营造良好的环境和氛围、提供立法和政策保障等职责，当好评价工作的"教练员和裁判员"，做好领导者的支持工作。

其次，政府还主要承担其他评价主体所胜任不了或者必须由政府来承担的少量的一些具体评价任务，如科技计划、条件平台和战略性基础研究的项目评价等事关科技战略全局及关系未来长远发展的评价活动，评价方法应该是"下评一级"，评价方式则主要是论证、审议和验收。

最后，各种研究机构及科技评估机构（包括社会团体等）的评价是也应该由政府来进行，评价方式则主要有评估、验收。

2. 科协在科技评价中的主体作用

当前，我国政府在整个科技评价体系中依然居于领导者的地位。以中国科协为主的社会团体则是主要的受托方，然而由于各社团的行业性质不同，各种社会团体只能承担与其所研究的领域相称的科技评价活动，不宜越位。即科技社团要根据自身的能力与评价客体、方法的匹配程度来进行合理的分工。

首先，中国科协可以利用其专业性强的特点，承担相关研究领域的项目、成果和人员的评价，要把成果评奖及举荐优秀人才作为中国科协参加科技评价活动的重中之重。

其次，政府科技计划的中期评价和后期绩效评估，人员及成果的评价，和除战略性基础研究之外的其他项目的评价完全可以转移给以中国科协为主科技社团来承担。

最后，中国科协为主的科技社团同时承担关于相关资格及等级资质等的评审职能，如自然科学领域的各专业的技术资格评审、认定；工程类专业的技术等级鉴定、评估、质检、监理及工程造价人员考试等。同时重大工程建设项目的可行性研究，标准定额，工期定额及用地指标等的编制及修订等，科技社团中专家的意见结果可以作为审批决策的依据。

（二）运行管理

1. 运行服务模式

科技评价公共服务平台的服务模式主要有：一是设立服务网站，通过信息网络，向社会开展科技文献、科技信息、科学数据等科技资源社会共享，接受社会信息查询；二是在产品开发设计、检验检测、安全评价、测试考评等方面接受社会委托开展技术服务，或提供基础设施资源供社会及企业使用；三是为社会培养专业技术服务队伍；四是提供科技创业孵化、创业投资、创业培训、技术转移与技术产权交易等基础性创业服务，满足创业需求。

2. 评价指标体系

在科技评价公共服务平台的服务运行绩效评估方面，通过深入调查和反复研究，制定切合平台特点的评估指标体系，主要在平台的管理和运行机制、平台基础条件和人员队伍、社会服务能力和服务效果、未来发展目标和主要措施等方面设立评分标准，在运行绩效评估过程中通过专家客观考核和评分，确定平台绩效评估考核的最后得分，作为确定评估等级的唯一标准。

3. 平台门户系统

为了在更高层次上整合集成科技评价公共服务平台资源，体现"整合、集成、共建、共享"平台建设方针，启动建设全国科技评价公共服务平台集成管理系统，设立专门的平台集成门户网站，为用户提供方便的"一门式"服务，打造中国科协科技评价公共服务平台。

三、科技评价公共服务平台重点任务建议

（一）总体思路

首先应该转换评价目标模式，由现在的"基于科技管理的科技评价"逐渐转变为"面向公共决策的技术评价"，评价主体由政府为主转变为以具有"第三方立场"的科技团体和其他社会中介机构为主，转变政府在科技评价方面的职能，加强政府对整个科技评价工作的规划、管理、协调、监督，为科技评价努力营造良好的环境，按照"职责明确、合理分工、方法改进、程序优化、注重实效"的具体原则进行科技评价改革。

（二）实施步骤

1. 完善组织实施模式

科技评价公共服务服务平台的组织实施方式主要是通过项目立项组织实施，采取定向组织、申报评审和公开招标等方式，启动平台实施。平台项目立项以项目单位、主管部门、科技部三方签订项目计划任务书和项目合同为标志，项目计划任务书和项目作为项目验收、中期检查和项目绩效评估的依据。

2. 建立健全立项程序

定向组织：主要根据科技发展需求和平台的总体规划，在充分调研的基础上，对不具备竞争条件的，组织相关单位制定具体实施方案，经考察及同行专家论证同意后，立项建设。

申报评审：召开专家咨询，制定年度平台建设项目申报指南，向全社会公开发布，主要由申报单位提出项目可行性研究报告，由主管部门择优推荐，经专家评审、现场考察及通过同行专家论证后，

立项建设。

公开招标：召开专家咨询，选择确定具备招标条件的平台项目，制定平台项目招标书，向全社会公布，按照招投标程序确定中标对象，经现场考察及同行专家论证可行性研究方案后，立项建设。

对于重大综合性平台立项程序参照定向组织立项程序启动建设，大致是：根据平台建设总体规划，组织专家咨询，确定需启动的平台；组织有关单位和专家研究编制平台建设实施方案，经向有关科研机构、高校、企业及相关行业主管部门的专家和代表征求意见后，修改完善形成实施方案送审稿；实施方案送审稿经省科技厅办公会议审定后，形成实施方案论证稿；实施方案论证稿经国内资深专家论证通过后，立项建设。对特别重大的涉及较多部门和行业的平台，组织召开听证会听取社会各界的建议和意见，方可立项建设。

3. 突出管理运行机制

科技评价公共服务平台主要实行理事会决策制、技术委员会咨询制、运行绩效评估考核机制、运行补贴制度、重大事项报告制度、产学研合作机制等。

理事会决策制。主要由科技部门、财政部门、项目主管部门及相关行业部门、项目承担单位和共建单位主要负责人等组成，理事会负责审定平台发展目标、审核年度资金预决算、聘任平台负责人等重大事项。对于大型仪器、工程文献等综合性平台，应成立多部门参加的理事会，理事会下设办公室负责日常管理。

技术委员会咨询制。主要由国内相关行业资深权威专家组成，主要负责审议公共服务平台的发展规划、年度计划与总结、重大任务，组织重大服务活动及相关技术咨询工作，要求有省外专家参加，承担单位成员不超过1/3。

运行绩效评估考核机制和运行补贴机制。主要通过制定科学的评价指标体系，规范绩效评价程序，组织中介服务机构对已通过验收的服务平台项目每3年开展一次绩效评估，评估结果作为运行补贴的主要依据。

重大事项报告制度。平台项目在执行过程中，项目负责人、项目目标、主要任务等发展变化的，应及时报告，综合性平台报理事会办公室。

产学研合作机制。主要体现在平台建设过程中，须签订产学研合作协议，技术委员会组成人员应有高校、科研机构和企业的专家代表参加，平台应强化向社会及企业开放服务功能。

（三）主要目标

到2020年，基本形成布局合理、特色鲜明、装备先进、功能完善、运转高效、资源共享的科技评价公共服务平台，为我国科技创新、高新技术产业及社会事业的发展提供持续有效的科技基础保障和条件支撑。

同时，以服务平台构建规范管理技术评价的服务平台，整合集成与技术相关的信息与数据资源，以方便、快捷、灵活的方式支持技术价值评价。通过科技管理水平的提高，保障评价质量持续提升，促进科技成果的快速转化。

服务平台的核心是：实现科技评价标准化（基于成果结构规范，提炼成果技术、管理和效益指标）、智能化（基于成果评价规范，通过举证替代打分）、接力化（基于技术创新度量规范，直观反映成果技术始态与终态的关联）。服务平台的总体目标有6个方面。

1. 提供科技评价管理全面解决方案

服务平台统一规范科技评价管理体系，集成基础规范管理、评价过程管理和门户服务管理三大核心功能，形成科技评价管理全面解决方案，持续积累可实时共享的成果资源。

2. 统一技术沟通语言

以结构化工具科学准确的表述科技评价的关键要素，以统一的度量标准衡量科技成果与生产力间的距离，从根本上统一各市场主体的基本沟通标准，提升其参与的深度、广度和沟通效率。

3. 建设现代科技成果转化项目库

按照国家标准对现有的科技成果信息进行加工，形成科技成果转化项目库，这种加工过程可以体现科技成果基本评价模式，平台上运行一组评价标准和制度。

4. 建立科技成果技术超市

按照国家标准语言表述的科技成果形成网上技术超市资源，为供需双方提供可信赖的基础决策信息，成果各受众方都可以通过标准语言表述各自的需求。

5. 推荐有投资价值的企业

采用企业价值评价理论和方法，实现对企业财务价值、技术创新和管理创新价值进行标准化评估，为投资机构提供投资价值分析。企业可以在技术创新的任何一个级别，引进风险投资机构。

6. 提供开放式创新平台

实时售出持有技术、实时购进所需技术是所有企业和研究机构实现开放式创新的必然途径。服务平台正是提供这种支持的服务体系。

（四）保障措施

1. 推进体制机制创新建设

面对经济社会发展新形势，推动科技评价公共服务平台建设，要求政府以及相关部门解放思想，创新科技工作的体制机制。推动职能转变，强化公共服务理念，逐步将科技工作的重点由以项目管理调整到建设科技评价公共服务平台，加强宏观调节，充分发挥市场配置科技资源的决定性作用上来。及时、科学地制定科技评价公共服务平台建设规划，出台相关的扶持政策，打造国家科技传播中心，全面促进科技评价公共服务平台建设。

2. 引导社会资本投入科技

充分发挥政府在投入中的引导作用，保证科技经费按一定的比例用于支持科技评价公共服务平台建设，并确保逐年增加。完善科技经费管理制度，加大对科技评价公共服务平台项目的支持力度。在政府增加科技投入的同时，鼓励企业、社会公众出资建设科技评价公共服务平台，政府给予经费补助。

3. 营造良好的人才工作环境

设立高层次人才引进资金，对科技评价公共服务平台引进的高层次科技人才可适当放宽条件实施补贴，优先解决其配偶、子女的户口及工作、入学、入托等问题。鼓励科技人员以成果、技术作为生产要素参与收益分配。

4. 加强平台的评估工作

开展政府引进的平台建设评估工作，建立和健全科技评价公共服务平台建设与运行的绩效考核机制，以促进形成有效的组织管理形式和运行机制。对于考核不合格的予以限期整改，整改不合格的予以直接淘汰。

5. 营造良好的宣传氛围

采用多种方式，及时宣传、总结和完善科技评价公共服务平台建设工作，营造良好的社会氛围，提高全社会对科技资源共建共享重要意义的认识，引导社会各界积极参与科技公共服务平台建设。

（课题组成员：王　桓　陈　强　马　良）

科技工作者之家
建设

"十三五"科协人才工作研究

中国人事科学研究院课题组

一、对"十二五"科协人才工作的总结分析

（一）加强科协人才工作的整体部署，形成了人才工作统筹机制

中国科协是中央人才工作协调小组的成员单位，在实施《国家中长期人才发展规划纲要（2010—2020 年）》中承担了重要任务。2010 年 6 月，中国科协召开了人才与调宣工作会议，总结科协系统人才工作的基本经验，研究讨论中国科协贯彻落实《国家中长期人才发展规划纲要（2010—2020 年）》的具体措施和办法。会后印发了《中国科协落实〈国家中长期人才发展规划纲要〉有关任务的实施方案》《中国科协落实〈国家中长期教育改革和发展规划纲要（2010—2020 年）〉任务分工的工作方案》《中国科协关于加强人才工作的若干意见》《中国科协科普人才发展规划纲要（2010—2020 年）》《关于加强继续教育工作的若干意见》《全国优秀科技工作者评选表彰条例》《关于进一步加强决策咨询工作，扎实推进国家级科技思想库建设的若干意见》等 7 个文件，对科协的人才工作进行了整体部署。

通过中国科协人才工作协调小组，对中国科协人才工作进行统筹协调和宏观指导。每年制定一个人才工作要点，召开一至两次成员单位联席会议，报送一次工作总结。通过这"三个一"，将科协人才工作力量凝聚起来，形成了工作合力。

（二）各级科协组织建设成效显著，联系和服务各类科技人员的领域和渠道不断拓展

据统计，截至 2014 年底，各级科协组织 3222 个，比 2010 年减少了 3938 个，精简比例为 55%；中国科协所属全国学会和委托管理学会 200 个，比 2010 年增加了 19 个；各省级科协所属省级学会3938 个，比 2010 年增加了 133 个。全国学会个人会员 437 万人，比 2010 年增加 25.6 万人；省级学会个人会员 712 万人，比 2010 年增加 130 万人。全国学会团体会员 56171 个，比 2010 年减少 13000 个；省级学会团体会员 184357 个，比 2010 年增加 20000 多个。企业科协 21931 个，比 2010 年增加 4000多个，个人会员 350 万人，比 2010 年增加 40 万人。高校科协 703 个，比 2010 年减少 26 个，个人会员 76 万人，比 2010 年增加 22 万人。街道科协（社区科协）11179 个，比 2010 年增加 750 个，个人会员 67 万人。乡镇科协 30236 个，比 2010 年减少 1859 个，个人会员 212 万人。农技协 110442 个，比 2010 年增加 7294 个，个人会员 1466 万人，比 2010 年增加 245 万人。其中，在民政部门注册的农技协 39593 个，占农技协总数的 36%。

（三）支撑经济转型发展和创新驱动发展的载体建设稳步推进，服务保障能力显著增强

推进"院士专家工作站"建设。截至 2014 年底，各级科协指导组建专家工作站 4200 个。2012—2014 年共计组织进站专家 82772 人次，平均每个工作站有进站专家 20 人次；组建专家服务团队 8794

个，参加服务团队专家141836人次，平均每个服务团队参加专家16人次。各方面认为，院士专家工作站建设，在提升企业技术创新能力，促进科技成果引进和转化，培养创新团队，服务地方经济和社会发展等方面发挥了实效性作用。

实施"海外智力为国服务计划"。截至2014年底，海智计划联系的海外科技团体已从最初的35家增至91家，遍布世界15个主要发达国家和地区；在全国设立海智工作基地44个，海智示范项目5个；协助各地开展海智洽谈活动1022场，洽谈项目4334项，落地项目533项；推荐海外人才861人，其中千人计划106人，入选各地人才计划409人；海外人才库条目总数达1110条，收集海外咨询建议251项。2012—2014年各级科协和两级学会共计引进海外高层次人才2317人。规划确定的主要量化指标基本完成（见表1）。

表1　"海外智力为国服务计划"目标完成情况

海外智力为国服务计划	"十二五"规划目标	"十二五"完成情况（截至2014年年底）
"海智计划"工作基地	20	44
联系的海外科技团体	100	91
海外人才数据库条目和接待海外科技人员参与为国服务活动人数	以每年10%比例增长	—

实施"科普惠农兴村计划"。2011—2014年，中央财政和地方财政投入科普惠农兴村奖补资金近20亿元，其中中央财政每年投入3亿元，共计12亿元，地方财政投入近8亿元。各级科协科普惠农兴村表彰奖励47207个（人）有突出贡献的农村专业技术协会、农村科普示范基地、农村科普带头人、少数民族科普工作队（见表2）。

表2　"科普惠农兴村计划"目标完成情况

科普惠农兴村计划	"十二五"规划目标	"十二五"完成情况（截至2014年年底）
表彰奖励先进单位和个人	13 000多个（人）	47 207个（人）
辐射带动的农户	不少于5000万户（占全国农户总数的20%）	—

广泛开展"讲理想、比贡献"活动（以下简称"'讲、比'活动"）。2011—2014年间开展"讲、比"活动的企业数共计115926个（次），参与"讲、比"活动的科技人员781万人次。2011—2013年间，"讲、比"活动中被采纳的合理化建议共计671026条。"十二五"期间共召开两次总结表彰大会，共计表彰544个先进集体，499名科技标兵，386名优秀组织者，基本实现了规划的目标任务（见表3）。

表3　"讲理想、比贡献"活动目标完成情况

"讲理想、比贡献"活动	"十二五"规划目标	"十二五"完成情况	
		2011—2012年度	2013—2014年度
先进集体	750	246	298
科技标兵	500	199	300
优秀组织者	500	199	187

科技思想库建设成效显著，科技工作者参与决策咨询活动规模化、常态化。2012—2014 年间，各级科协和两级学会共计提供决策咨询报告 38749 篇，其中获上级领导批示报告 11722 篇，占报告总数的 30%。举办决策咨询活动 18480 次，参加活动专家数为 16 万人次，平均每次参加活动专家约 9 人次。

（四）科技人才培养、评价、激励、交流合作等工作机制不断完善，科协人才工作职能优势日趋显现

科技人员继续教育制度化、网络化不断加强。2010 年中国科协印发《关于加强继续教育工作的若干意见》，着眼于发挥各级科协及所属学会在建设学习型社会、培养和造就科技人才队伍中的应有作用，进一步提升为科技工作者成长和成才服务的能力。据统计 2012—2014 年间，各级科协共计开办继续教育培训班 24497 场次，培训结业人数 377 万人次。

科技评价项目评价和人才评价机制不断完善。2012—2014 年间共计开展科技评价项目 21211 项，科技人才评价 89008 人。2012 和 2013 年进行专业技术职称评定 32258 人。

科技工作者的国际交流水平和影响力不断提升。2012—2014 年各级科协和两级学会共计加入国际民间科技组织 1980 个，任职专家 2675 人，参加国际科学计划 769 项，促成科技合作项目 2244 项，其中引进优质科技资源 966 项，参加国外、港澳台地区科技活动共计 8.9 万人次，接待国外、港澳台地区专家学者 9 万人次。

学术年会和学术会议已经成为科技工作者扩大交流合作的重大平台。2011—2014 年各级科协和两级学会共计举办学术会议 117871 次，参加人数 1820.7 万人次。交流论文约 372.7 万篇。①2012—2014 年举办国内学术会议 75851 次。其中高端前沿学术会议 18650 次，占 24.6%；综合交叉学术会议 24307 次，占 32%；学术服务会议 29744 次，占 39.2%。参加人数 1152 万人次。其中，企业科技工作者 238.6 万人次，占 20.7%。交流论文 245.7 万篇。②举办境内国际学术会议 5829 次。其中，高端前沿学术会议 3087 次，占 53%；综合交叉学术会议 1779 次，占 30.5%；学术服务会议 963 次，占 16.5%。参加人数 123.5 万人次。其中，企业科技工作者 34.6 万人次，占 28%；境外专家学者 13 万人次，占 10.5%。交流论文 33.4 万篇。③举办港澳台地区学术会议 1191 次。其中，高端前沿学术会议 507 次，占 42.6%；综合交叉学术会议 428 次，占 35.9%；学术服务会议 256 次，占 21.5%。参加人数 15.5 万人次。其中，企业科技工作者 3 万人次，占 19.4%。交流论文 3.7 万篇。此外，中国科协机关、省级科协 2012—2014 年共举办学术年会 191 次，全国学会举办学术年会 3228 次。

（五）科技人才表彰奖励制度日趋完善，以全国性表彰奖励为主体分层次、分类别、各方力量广泛参与的人才奖励体系初步形成。

2011—2014 年各级科协和两级学会表彰奖励科技工作者共计 480282 人次。其中 2011—2013 年表彰奖励的 369282 人次中，中国科协机关及直属单位 2118 人次，占 0.6%；省级科协 23168 人次，占 6.4%；副省级、省会城市科协 6094 人次，占 1.7%；地级科协 56573 人次，占 15.3%；县级科协 120672 人次，占 32.7%。全国性学会所属学会表彰奖励 60176 人次，占 16.3%；委托管理学会表彰奖励 467 人次，占 0.1%；省级学会表彰奖励 100014 人次，占 27.1%。2012—2014 年表彰奖励的 36.3 万人中，女性科技工作者 10.8 万人，占 29.8%，40 岁以下科技工作者 13.7 万人次，占 37.7%。

"十二五"期间，中国青年科技奖评选两届，共计 199 名青年科技工作者获奖（第十二届入选 100 人，第十三届入选 99 人）；"中国青年女科学家奖"共计评选出 50 位在科学领域取得重大科技成果的女性青年科学家；"全国优秀科技工作者"评选两届，共表彰 1935 名全国优秀科技工作者（第五届表彰 973 人，第六届表彰 962 人）；求是杰出青年奖共计表彰成果转化奖 50 人，实用工程奖 75 人。

（六）权益保障与科学道德和学风建设并重，服务保障科技人才工作呈现整体推进的新格局

积极反映科技工作者状况和诉求。2011—2014 年间，各级科协和两级学会反映科技工作者建议共计 136421 条，其中获得批示的建议 33630 条，占 24.7%，答复人大代表议案、建议和政协委员提案共计 10885 项。2012—2014 年见共计走访看望（慰问）科技工作者 156602 人次。

稳步扩大站点调查的范围。站点调查是党和政府了解一线科技工作者状况的重要渠道，是科协为科技工作者提供优质高效服务的重要窗口，对于深入了解科技工作者的工作生活状况，全面把握科技工作者的思想动态，准确反映科技工作者的呼声和诉求，维护科技工作者的合法权益，具有十分重要的意义。截至 2014 年年底，两级站点总量达到 800 多个（见表 4），包括 504 个直管站点以及 300 多个共建站点，涵盖了高等院校、科研院所、企业、医院、高新技术园区、中学、基层科协、全国学会等不同类型，现有调查站点本单位或者可直接联系的科技工作者数量超过 600 万人。通过这些站点持续、长期收集科技工作者状况基础数据，对及时、准确地了解和把握全国科技工作者的基本情况，发现科技工作者这个群体的变动趋势和内在规律。

表 4　调查站点建设目标完成情况

调查站点建设	"十二五"规划目标	"十二五"完成情况（截至 2014 年年底）
调查站点数	800	800 多个

加强科学道德与学风建设。开展科学道德和学风建设宣讲教育工作，对于培养造就大批德才兼备的一流人才，营造执着攀登科学新高峰的科研环境具有重要意义。据统计，2012—2014 年间共计开展科学道德与学风建设宣讲活动 586 场次，宣讲活动受众人数达 63 万人次，参加科学道德与学风建设宣讲专家数 2016 人次。2012 和 2013 年共计编写科学道德教育读本 29 种。

加大对优秀科技工作者宣传工作力度。2012—2014 年间各级科协共计宣传科技工作者 132133 人次。实施老科学家学术成长资料采集工程，截至 2013 年底，累计开展 304 位老科学家的学术成长资料采集工作，共获得各类手稿、书信、笔记、图片等实物原件资料 4.5 万余件，数字化资料 13.5 万余件，视频资料 17.8 万多分钟，音频资料 21.5 万多分钟，为做好科技人物研究与宣传保留了珍贵的资源，先后出版了 30 本采集工程书稿。中国科协发起实施了"共和国的脊梁——科学大师名校宣传工程"。2013 年五四青年节前后，中国科协与教育部联合，共同组织清华大学、上海交通大学、浙江大学、中国地质大学（武汉）、中国科学技术大学等五所高校在京举行"共和国的脊梁——科学大师名校宣传工程"会演活动，在北京掀起了一场弘扬科学精神的"红色旋风"。刘延东同志亲自出席会演活动启动仪式并在中国科协《关于"共和国的脊梁——科学大师名校宣传工程"有关情况的报告》上批示给予充分肯定，"共和国的脊梁——科学大师名校宣传工程"电视片荣获全国党员教育电视片观摩交流活动最高奖"特别奖"，产生了良好的社会反响。

（七）科普人才队伍建设、青少年科技教育等特色人才培养工作成效显著，成为科协人才工作的品牌

科普人才队伍不断壮大。中国科协编制了《中国科协科普人才发展规划纲要（2010—2020 年）》，对科普人才队伍建设进行全面部署。截至 2013 年，全国共有科普人员 197.82 万人；每万人口拥有科普人员 14.54 人。其中，科普专职人员 24.23 万人，占 12.25%；科普兼职人员 173.59 万人，占 87.75%。女性科普人员 74.41 万名，占 37.62%。科普创作人员 14479 人，占 0.73%。农村科普人员 75.11 万人，占 37.97%。注册科普志愿者 337.28 万人。在基层直接为公众提供科普服务的专兼职科普工作者 67 万人。

组织开展青少年科技实践活动。据统计，2012—2014 年间举办青少年科普宣讲活动共计92734 次，参加活动青少年人数达到7879 万人次，平均每次宣讲活动850 人次参加；播放青少年广播及影视节目5.4 万小时；组织5.7 万人次青少年参加875 次国际及港澳台科技交流活动，平均每次活动65 人次参加；组织110.4 万青少年参加7537 次青少年科学营活动，平均每次活动146 人次参加；编印青少年科技教育资料11817 种，总印数5048 万册，平均每种资料4272 册。注重培养选拔科技后备人才。据统计，2012—2014 年间举办青少年科技竞赛3.3 万项，参加竞赛活动的青少年12809 万人次，294 万青少年获各类奖项；举办青少年科技教育培训5.9 万次，培训人数1711 万人次，平均每次培训都有290 人参加。

加强青年和女性科技人才培养。通过举办博士生学术年会、女科学家高层论坛、青年科技企业家创新创业论坛等活动，发现和促进青年优秀科技人才脱颖而出。在各级科协和两级学会表彰奖励的科技工作者中，女性科技工作者和40 岁以下青年科技人才倾斜幅度逐年提高。2012 年表彰女性科技工作者占比28.6%，2013 年为29%，2014 年为31.5%。2012 年表彰40 岁以下科技工作者占比35%，2013 年为39%，2014 年为42.3%。

二、"十三五"科协人才工作面临的新形势新任务新要求

各方面认为，"十三五"科协人才工作既要认真总结和巩固"十二五"人才工作的成果和经验，妥善解决当前工作中存在的突出问题，加强对人才工作的科学管理和综合管理；又要坚持在大局下行动，认真贯彻落实中央对人才工作和群团工作提出的一系列新任务、新要求。尤其在国际人才竞争的大格局下，深入实施创新驱动发展战略、深化人才体制机制改革、加强党的群团工作以及解决当前工作中存在的突出问题等方面要准确定位、积极作为，开创科协人才工作新局面。

（一）在国际人才竞争的大格局中把握科协人才工作的新要求新任务

当今世界面临着愈演愈烈的政治、经济和文化等多方面全球一体化的大背景。从核心流动因素来看，全球化三个阶段的发展，是从贸易、商品，到金融、资本，再到人才的全球化流动过程。在人才全球化背景下，国际人才流动和人才竞争也表现出新的趋势。

——世界各国都面临高层次人才短缺的问题。落后的发展中国家迫切需要大量人才来改变自身落后的局面；发展较快的发展中国家迫切需要补充大量的高层次人才，来完成工业化、现代化以及产业结构调整的进程；发达国家因为经济规模庞大，仅仅保持经济增长势头，都需要补充大量的人才。另外，加拿大、澳大利亚等人口短缺，欧洲国家和日本人口老化。这些国家若要保持现有的人才规模，都需要补充大量外国人才。因此，从某种程度上说，世界各国都急需人才，尤其是高端人才，这使国际人才竞争呈现激烈的特征。

——各国的人才战略从面向国内人才资源到面向国内国际两种人才资源。美国考夫曼基金会的报告显示，2006 年美国的专利申请25% 来自国外移民。1995—2005 年间，美国工程及高科技公司25% 的创办人来自国外移民，其中一半在硅谷创业。全美的科学家和工程师当中，47% 是外来移民。2005 年，全美各地由移民人才创办的公司已经创造了520 亿美元的产值和45 万个就业机会。

——各国都日益重视人才制度的建设。人才争夺远比物质资源争夺更为复杂，人才是有多重复杂性的活资源。因此，人才资源的争夺不仅要依靠提供好的薪酬待遇、自身国力的强大，更要依靠创造能够适合人才长远发展的基础和环境，以及优化相关政策机制来吸引人才、留住人才。目前，各国都日益重视建立对人才使用、评估、成长的开放性环境，从过去注重人才使用的短期政策，过渡到有利于人才长期发展的制度建设上来。据联合国有关统计，2005 年全世界大约30 个国家制定了便利高技能人才入境的政策或计划。以美国为例，美国每年批准9 万个左右的工作签证，有14 万职业人才移民获得绿卡，移民绿卡发放达100 万张。2011 年11 月29 日美国众议院以压倒性的389 对15 票，通过了一项主要吸引中国和印度等高学历移民的法案。该案将在2015 年完全取消中国和印度职业移民的

国家配额上限，并将亲属移民的全国配额上限由7%增至15%。

（二）在深入实施创新驱动发展战略中把握科协人才工作的新要求新任务

在创新驱动的诸多要素中，人才特别是科学家、科技人才、企业家和技能人才等创新型人才是实施创新驱动发展的主力军。与世界科技强国相比，我国在科技创新方面仍有较大差距，存在着核心关键技术受制于人、原始创新薄弱、科技与经济间通道不畅、企业自主创新能力不强等问题。所有这些归根到底是人才问题。

——科技创新人才分布失衡。根据《2009年中国科技统计年鉴》测算，企业科技人员占全部科技人员比例仅为49.68%，有科技机构的企业占全部企业比重仅为5.3%。中国科学技术发展战略研究院对我国博士生毕业就业去向的调查显示，进入高校和科研机构的博士比例高达68%；进入企业的比例约22%，其中进入外资合资企业占10%，进入大型国有企业的比例为7%，进入中小型国有企业、集体企业和民营企业的比例合计还不足5%。而美国在企业从事研究开发的科学家与工程师占其科技人才的80.8%，英国为61.4%。

——创业创新能力不强。创业企业家尤其是新生代科技企业家，正在驱动着全球经济转型、变革、发展。创业能力建设已经成为人才资源开发最热的一个词语。由于创新创业教育环节缺失，我国各类人才创新创业意识和能力存在"先天不足"。2010年，课题组一项针对工程科技人才能力素质的问卷调查表明，我国与发达国家工程科技人员对"职业品德""终身学习""专业基础""技术技能""解决工程问题"等能力认知具有较高一致性；而对"商业知识和技能"、"交流与倾听"以及"跨文化理解力"等存在较大差异。创新创业能力素质缺失，造成了许多人才难以逾越横亘在技术与商业之间的"达尔文之海"。

——创新产出低、转化不足。据统计，我国科技人力资源总量达到3500万人，但大而不强。2002年日本一个研究小组以"国际性科学奖获得者""国际性科学院外国会员""论文被引用次数的世界排名"为参数，对各国拥有世界级科学家的情况进行比较研究。结果表明，我国总体排在第50名之后，不及印度等发展中国家。2014年国家知识产权局的研究表明，虽然我国通信设备制造等个别产业发明专利密集度基本达到美国专利密集型产业标准，但高专利密集度产业整体密集度水平偏低，平均发明专利密集度为41.6件/万名就业人员，仅为美国专利密集型产业平均密集度（708.5件/万名就业人员）的1/17。

（三）在深化人才体制机制改革中把握科协人才工作的新要求新任务

随着国家人才中长期发展规划的全面实施，人才体制机制改革和政策创新稳步推进，人才发展环境日益优化。但是一些制约人才发展和发挥作用的深层次问题和体制机制障碍尚未消除，人才创新创业的活力还没有充分激发和释放。

——科技人才供给与经济发展需求脱节。一方面，我国每年有各类院校的数百万毕业生进入就业市场，另一方面，失业或待业的毕业人群数量居高不下，甚至呈上升趋势。研究表明，我国工程和金融方面的毕业生只有10%左右具备全球化企业所要求的能力。2007—2008年度《全球竞争力报告》认为，在"科学家和工程师的可获得性"排名中，我国位于125个国家的第77位。

——人才评价"指挥棒"和"风向标"出现偏差。科技工作者职称状况调查显示，60%的科技工作者认为"职称重论文、重学历的倾向没有根本改变"；48.3%的科技工作者认为"现实中存在的论资排辈，能上不能下、能进不能出，干好干坏一个样等问题没有切实解决"。66%的科技工作者和职称管理者都认为，"完善评价标准，突出能力和业绩"是深化职称改革的重点。

——束缚人才流动的地域、所有制、身份等制度性障碍没有破除。在体制内，由于当前机关、事业单位和企业待遇体系不同，导致人才仅能"单向流动"，即：从机关到事业单位、到企业。在体制外，由于各地住房公积金、社会保险、户口政策、子女教育和医疗服务等方面存在差异，也使"人才难流动"。

——有利于激发各类人才创业创新活力的激励机制没有建立。2011 年，课题组对 472 位院士和百千万人选等高层次人才的激励需求调查显示，重要性评价排在前三位的依次是国家知识产权制度（66.9%）、荣誉制度（62.1%）和科技奖励制度（59.1%）。满意度评价排在后三位的依次是工资制度（22.1%）、科研评价（22.9%）和职称评价制度（28%）。同时，知识、技术、管理、技能等生产要素按贡献参与分配的政策没有落实到位。

——基层科技人才队伍建设工作相对薄弱。调查显示，在影响各类人才到基层和艰苦地区工作的关键因素中，排在前五位的依次是工资待遇低（8.59）、工作生活条件差（8.01）、激励保障政策落实不到位（5.39）、事业发展平台缺乏（4.19）、职业发展阶梯短（3.67）。

——工程科技人才开发国际化程度不高。调查显示，有 65.2% 的受访者认为国内工程师的技术水平远落后或者落后于发达国家同类人员水平；有 75% 的受访者认为，我国应该积极"建立国际等效的工程师培养、开发制度""推动我国工程师的国际资格互认"。各方面呼吁，继我国加入《华盛顿协议》后，应抓紧启动《工程师流动论坛协议》等国际工程师职业资格互认工作。这不仅是我国工程技术人员国际化的需要，也是我国企业和工程专业服务机构实施"走出去"战略的迫切需要。

——广泛参与的党管人才工作格局尚未形成。各方面反映，目前人才工作还主要政府唱"独角戏"的问题突出。市场（企业和用人单位）热不起来，学会协会等社会力量被边缘化。

（四）在充分发挥科协组织联系服务科技工作者的关键独特作用把握科协人才工作的新要求新任务

中国科协是我国科技工作者的最大群众组织，是党和政府联系科学技术工作者的桥梁和纽带，承担着"促进科学技术人才的成长和提高，反映科学技术工作者的意见，维护科学技术工作者的合法权益"的重要职责，在深入实施科教兴国战略、人才强国战略、创新驱动发展战略中发挥着重要的和不可替代的独特作用。

——《中共中央关于加强和改进党的群团工作的意见》印发。深刻阐述了新形势下加强和改进党的群团工作的重要性和紧迫性，科学概括了中国特色社会主义群团发展道路，对加强和改进党对群团组织的政治领导、思想领导、组织领导，发挥群团组织作用，推动群团组织改革创新提出了明确要求和一系列政策举措，是指导和推动党的群团工作不断开创新局面的纲领性文件。各方面认为，这既是推动科协事业大发展的重大机遇，更是一个严峻挑战，一定要抓住机遇，乘势而上，开创科协工作发展新局面。

——2015 年 3 月，中国科协党组印发了《关于贯彻落实中央群团工作部署加强和改进科协工作的意见》，对科协人才工作做出了全面部署。提出要充分发挥科协组织联系服务科技工作者的关键独特作用，加强科技人才队伍建设，支持优秀科技人才脱颖而出；健全科技工作者状况调查制度，及时反映意见建议和呼声；维护科技工作者合法权益，营造有利于创新创业的法治环境；大力推动对外民间科技交流，汇聚海外智力为国服务。要围绕政府职能转变、科技体制改革、社会治理创新需求，指导学会积极稳妥有序承接政府转移职能，努力拓展社会服务领域，深入探索承接政府转移职能的有效途径和成熟模式，建立符合公共服务特点的运行机制和监管机制。

（五）在切实解决当前工作中存在的突出问题中把握科协人才工作的新要求新任务

各方面认为，当前科协人才工作存在的问题是多层次、多方面的。既有功能定位、框架体系等顶层设计方面的问题，也有人才工作项目设计、组织实施等路径方法问题。突出表现在 3 个方面。

——缺乏对科协人才工作的整体规划。有专家认为，科协人才工作涉及方方面面，内容十分丰富，但存在"碎片化""雷同化"等问题。"碎片化"，一方面是指科协各职能部门之间、各类学会之间缺乏对人才工作的协同、统筹，多个点、多条线平行推进；另一方面是中国科协与省以下科协"上下联动"的工作机制还没有建立，引领性、聚合性的人才工作项目太少。"雷同化"主要是指科协人才工作的特点和特色不够鲜明，一些重大人才项目也没有嵌入或链接到的国家人才重点任务和重大人才工程之中。从顶层设计的角度看，2010 年 7 月中国科协出台《中国科协关于加强人才工作的若干意见》，更多偏重于贯彻落实《国家中长期人才发展规划纲要（2010—2020 年)》》《国家中长期教育改革和发展规划纲要（2010—2020 年)》的角度，而对科协人才工作的功能定位、结构框架、重点工作布局和重点任务尚缺乏整体规划设计。建议研究编制科协人才工作"十三五"专项规划。

——工作中存在一手热、一手冷的情况。热于抓项目、抓人头、抓工作推进；冷于抓基础、抓制度设计、抓监测评估。对一些涉及全局性的人才工作，比如科技人才统计、科技人才职业分类、能力素质标准制定、科技人才评价、科技人才继续教育以及工程师职称和职业资格改革等方面创新力度不够，抓手也不多。有专家认为，造成这种局面的原因，有国家层面顶层设计或政府职能转变不清晰、不到位等客观方面的问题，但主要是主观方面的问题。有专家认为，目前科协人才工作大多是基于项目或活动的方式展开的，这在一定程度上已经形成了个别单位的一种思维惯性。个别部门和单位也有"等"、"靠"、"要"等情况，因地制宜，结合实际大胆实践探索的动力不足。

——个别人才工作项目系统化、类别化、精细化程度不高。配套政策措施和动态跟踪机制也不完善。有专家认为，重规模、粗放型、"大呼隆"，这是目前全国人才工作的阶段特征，是发展过程中的问题。这种状况在科协人才工作中同样存在。如何处理好"量"与"质"、"多"与"精"、"实"与"活"的关系，更加重视对人才工作综合管理，更加重视对重大人才工作项目的品牌设计，更加重视人才制度创新和政策创新的系统性、整体性、协同性，是科协"十三五"人才工作迫切需要解决的问题，应当予以应有的重视。

三、对策建议

（一）指导思想

贯彻落实党的十八大和十八届三中、四中全会精神，统筹实施创新驱动发展战略和人才强国战略，以促进经济与科技紧密结合为主线，以创新型科技人才能力建设为重点，以激发各类人才创新创业活力为根本导向，加强人才工作顶层设计和人才工作载体建设，完善人才服务和权益保障机制，充分发挥科协组织联系服务科技工作者的关键独特作用，开创科协人才工作新局面。

（二）对策建议

1. 加强科协人才工作的顶层设计

结合"十三五"科协事业发展规划编制工作，研究制定科协人才工作专项规划，确立科协人才工作的功能定位、目标任务和重要举措；调整和优化人才工作的结构和布局，加强对重点人才工作项目的品牌设计和综合管理；建立健全科协人才工作机制和人才工作目标责任制；破除思维惯性和职能局限，促进人才工作与经济、科技、教育、金融等其他部门工作的关联复合，围绕产业链、创新链、金融链，打造科技创新人才成长发展链。

2. 完善科技人员继续教育

在科技人员继续教育中，普及创新创业知识和知识产权知识，全面提升科技人员创新创业意识与能力。实施中小微企业科技人员创新创业能力提升计划。加强科技人员继续教育网络平台，开发继续教育线上课程。

3. 构建我国工程师制度框架体系

以承接工程师职业水平评价职能为抓手，构建我国工程师制度框架体系，形成以工程教育认证为起点，以职业分类、能力标准建设为基础，以职业资格认证为核心，以继续教育和人才信用体系建设为保障的工程科技人才开发制度体系。

4. 创新科技人才评价办法

研究制定承接工程师职业水平评价实施办法，加强工程科技人员职业分类和职业标准体系建设。建立健全工程师职业水平评价管理与服务机制。积极推动我国工程师资格的国际互认。在推动《华盛顿协议》实施工作同时，适时启动加入《工程师流动论坛协议》《亚太工程师计划》《工程技术员流动论坛协议》等研究论证工作。

5. 助力经济转型升级

以增强企业自主创新能力为核心，以创新驱动助力工程为载体，组织各级学会和学会联盟围绕经济转型升级发挥支撑引领作用。整合学会人才、技术资源，广泛连接企业、高校和高新区科协，建立互联互通的科技成果信息服务平台，促进产学研用有效对接。加强学会服务站、专家工作站、科技信息服务站建设，引导学会创新资源融入产业链，助力企业技术创新能力建设。

6. 加强科技人才队伍建设

继续开展中国青年科技奖、中国青年女科学家奖、求是杰出青年奖评选。进一步规范和优化评选表彰工作，提高社会影响力。建立健全对优秀青年科技人才发展动态监测评估机制，强化个性化培养，搭建成长阶梯。实施支持"小人物"脱颖成才的"育苗工程"，加大对基层、中小微企业青年优秀创新选拔和扶持力度。完善两院院士候选人推荐制度，重视从中青年领军型科技人才和经济社会发展重点领域发现、举荐院士候选人。进一步加强科普人才队伍建设。

7. 加强国际交流与合作

在扩大开放，全方位加强国际合作中，全面提高民间国际交流合作水平，引导和推动更多的科技力量和科技资源积极融入全球创新网络。加大对国际民间科技组织后备人才的培养力度，积极推动我国更多优秀科学家到国际科技组织任职，不断增强我国科技界的国际影响力和话语权。进一步发挥海智计划的平台作用，推进海外人才离岸创业基地建设。

8. 增强科协组织的凝聚力

在统筹推进企业、园区、高校科协组织建设和农村专业技术协会建设的同时，加强基层单位和中小微企业、非公企业科协组织建设，把更多的科技工作者吸引凝聚到科协基层组织中来。完善领导干部和科协干部联系专家制度。从各类人才现实需求出发，增强人才工作的回应性和各类人才对科协人才工作的参与感、归属感、荣誉感和使命感。重视社交媒体的使用，以微信、短信等线上服务和沙龙、交流会等线下服务，拓宽协会学会与用人单位和各类人才之间沟通、联系和服务的渠道。

9. 加强政治思想引领，维护科技工作者的合法权益

充分发挥科协组织广泛联系科技工作者的组织优势和工作优势，大力宣传党的理论和路线方针政策，广泛开展"讲理想、比贡献"活动。健全科技工作者状况调查制度，及时反映意见建议和呼声，维护科技工作者合法权益。加强道德与权益工作委员会建设，探索建立以购买服务或联合律师事务所等机构建立法律咨询及维权平台，畅通科技工作者维权通道。

10. 加强人才基础性工作

创新科技人才分类体系和统计调查制度。借鉴美国 O＊NET 经验，探索建立以职业分类为基础、以职业标准为核心、兼顾多方（政府/企业/行业/高校）需求的科技人才职业信息网络，为打通科技人才培养成长链提供共性技术支撑平台。研究建立科技人才发展指数，加强对重点领域和重点产业科技人才状况的监测预测。研究建立重大公共政策和创新创业生态第三方监测评估机制，服务人才工作科学决策。

（课题组成员：蔡学军　黄　梅　谢　晶　孙一平　孙　锐）

"十三五"联合培养具国际影响力创新人才协调发展的研究

同济大学附属上海市肺科医院课题组

一、国内外文献研究

21 世纪是中华民族伟大复兴的世纪。从现在起到 2020 年，是我国全面建设小康社会、加快推进社会主义现代化的关键时期。世界格局深刻变化，科技进步日新月异，人才竞争日趋激烈。培养创新型国际化人才，国内外研究均倾向于探索建立精英人才与优质大众化相结合的国际化人才培养体系，在培养拔尖创新型国际化人才方面进行长期有效的探索和实践更加迫切，明确拔尖创新型国际化人才的目标定位和基本要求，提出"三个深度融合"等人才培养模式，形成以"五个国际化"为核心的人才培养改革新模式，通过遴选优秀人才进行培养实践，拓宽人才培养的国际化渠道有其重要性和紧迫性。

具有国际影响力的创新人才应该是具有创新精神和具有国际视野的优秀人才。培养具有国际视野和国际竞争力的创新人才应具备世界一流人才培养的基本经验。这类人才的需求也是多样化、多层次的，既可以是复合型的，也可以是应用型人才。国外吉尔福特、克里斯坦森列举了创新人才的有关特质，说明可能相关的因素，例如应该具有创新思维，具有不寻常的思路，好奇心，成就，承受不确定性，有寻求新知识的渴望；西蒙顿则从动态视角即受环境影响的酵素探索创新人才的特质，例如环境与实践的关系，具有独特性，独立性和多视角倾向。国内实践界对创新人才所含要素进行了说明。如：第四届中外大学校长论坛《国家中长期人才发展规划纲要（2010—2020 年)》提出创新人才必须愿意挑战学术权威，性格丰富，具有科学精神，创新精神，具有创新性思维，有主动交流，学校教育和实践锻炼，具有创新能力。国内刘宝存和冷余生等对创新人才必要条件进行了说明，如具有创新思维，创新能力，具有一定的知识储备，具有创新医师，创新精神，智力和能力，自由发展的个性，人生价值取向，献身精神和强健的体魄。国内根据多年形成的国际化培养人才的优势，再系统总结全英/双语培养效果的基础上，通过全英版与普通班的人才培养质量进行对照比较，提出通过加强全英/双语培养高素质国际化人才的设想。提出了拔尖创新型国际化人才的培养定位和基本要求，例如在培养定位方面提出需要全面培养人才的跨文化交际能力、实践能力、创新能力、就业创业能力和自主学习能力，同时需要突出跨文化交际能力和实践创新能力的培养，培养具有国际视野、强烈的创新意识、卓越的专业技能、深厚的公民素养、能直接参与国际合作和竞争的有社会责任感的具有国际影响力的创新人才；基本要求方面通过双语培养，引进先进的培养人才理念，采用国际化的培养模式和培养体系，充分利用前沿性、国际性的专业知识，在不降低培养人才要求的同时促进人才外语水平提高和学习能力发展，拓宽培养人才的国际视野和培养人才的全球意识，提高人才的国际竞争能力。例如国内外积极拓展人才培养途径，多渠道拓宽人才的国际视野，利用短期出国，加强对国际社会和文化的理解力，与国外机构联合培养人才，聘请外国专家，开辟国际化课堂，营造国际化文化氛围等多种方式，努力形成以中外语言文化交汇优势，以沟通中西文化为己任，以广泛的国际合作交流为渠道的国际化育人特色和较为完善的国际化育人环境。同样也要有明确的培养目标，进行创新人才培养的模式改革，为进一步深化人才培养模式改革奠定了基础。"国际化战略人才培养计划"力求通过外语人才培养模式改革，不拘一格选拔，培养外语拔尖创新人才，在培养国家发展急需的，能够在国际事务中承担重任的国际化战略人才方面探索和积累经验，发挥示范作用。培养具有坚定的国家意识、开阔的国际视野、深厚的人文情怀、精湛的专业技能、健康的体魄、高强的学习能力，以及可持续发展潜力的国际化人才。培养两个方向的人才：一是培养精通非通用语和英语，掌握对象国国情及区域文化，具备区域研究和跨文化研究的基本功，致力于对象国及区域研究的国家化战略人才；二是培养英语技能精湛，具备扎实的国际关系理论功底的具有国际影响力的创新人才。

深入贯彻落实党的十八大建设实施创新驱动的战略，把科技创新摆在国家发展全局的核心位置，培养具有国际视野的创新型人才。人才队伍是支持大国崛起的主体条件，加强高层次创新型科技人才队伍建设，培养和造就高水平具有国际影响力的优秀创新人才、科技领军人才和重点科技创新团队，同时进一步推进国家和省级科技计划和人才培养计划的实施。实施联合培养具有国际影响力创新人才协调发展的研究，是加快国内教育改革，提升教育质量的战略行动。实施联合培养创新人才将积极吸引汇聚国际创新力量和资源，集聚世界一流专家学者，合作培养国际化人才，形成对科学研究、人才培养、学科发展的立体支撑，将显著提升我国科技教育培养的质量和国际影响力，引领学科发展。

具有国际影响力的创新人才作为全球化背景下可持续发展的策略之一，不仅受到世界经济、文化和科技三大既有条件发展的影响，而且受到国内利益相关者的作用和影响。国外大学的国际化事业已经形成了政府、社会团体和大学互相协作、各司其职、三位一体的国际教育体系。与国际例如美国相比，中国还存在着一定的差距。总结国内外在培养创新人才方面的差距，中国需要进一步改善培养国际化创新人才的内部环境和土壤，促进国际化实践，培养具有积极性和自主性活力的创新型人才。国内高层次创新人才匮乏，人才创新能力不强，人才资源开发投入不足，尽管培养的形式是多样的，但是培养的深度和广度仍需加强。国外在培养人才方面的优势在于其本身具有国家化的氛围，又具有一定的国际交流规模。实施联合培养创新人才的研究是促进和深化医学国际合作的有力举措。联合培养创新人才发展以合作为契机，旨在建立新型国际合作模式，从现实需求出发，有选择、有重点地参加国际科技合作，形成多层次、多渠道、广领域的国际科技合作体系，更好地融入全球创新网络，这项研究将为促进国际联合培养创新人才的实质性，高水平和可持续的发展趋势作为铺垫。

培养全面发展，可相信与可共事的 Global Local 人才。全面发展是"Think Global，Act Local"的特色，培养创新型、创造型、国际化人才的核心科技工作者的模型。"全面发展""复合型"人才是新时代对人才素质的期望，培养人才的理念与人才培养特色不能成为空谈，必须找出实现目标的方法与载体。

对国际化人才的定义不只是英语的沟通能力，虽然国际范围内承认英语是国际沟通上最多国家使用的交流语言，把握英语能力是成为国际化人才所必需的。但在全球化与多元发展并行的新时代，仅依靠英语培养模式不能培养出新时代期望的国际化人才。国际一流的人才有两个新的核心能力，这包括了"Think Global，Act Local"的能力，这是指有能力让世界认识中国，让中国认识世界；有能力帮助中国企业走出去，也能帮助外国企业走进来。

另外，一流国际化人才必须拥有让世界愿意来学习与合作的商业思想、技术或文化，并能兼容来自不同文化、不同背景的人来共同合作。因此，国际化人才除了良好的英语沟通能力以外，更需要具有独特的沟通、思维、判断、创新、融合等做人与做事的能力。

国际化是培养人的手段，关键是要分析清楚通过国际化培养的人才的核心竞争力在哪里，而非国际化之差别。国际化的国际组合、国际师资组合等，都只是一个过程或载体，不是一个培养目标。这个目标是要培养出未来具有"国际有影响力"的人才。这需要能提出并实践让国际接受、尊重甚至学习的培养理念、愿景和人才核心能力的特色，让世界不同的人想来学习、交流与汇聚。

表1　创新人才定义的国内外比较

方式	关键词	归类
内容研究（国外）：列举创新人才有关特质，说明可能相关的因素。如：吉尔福特、克里斯坦森	a：创新思维 b：智商、需求、动机、幽默感、不受"现实"限制、古怪的行为、不寻常的思路、好奇心、成就、承受不确定性、风险偏好 c：寻求新知识	个人特质（b、f、g、n）
动态视角（国外）：受环境影响，说明创新人才的特点。如：西蒙顿	d：环境与事件 e：独特性、独立性、多视角倾向 f：兴趣广泛	创新思维（a、e、h、k）
内容说明（实践界）：对创新人才所含要素的说明。如：第四届中外大学校长论坛、《国家中长期人才发展规划纲要（2010年—2020年）》	g：愿意挑战学术权威、性格丰富、科学精神、创新精神 h：创新性思维 i：主动交流，学校教育和实践锻炼 j：创新能力	知识结构（c、m） 创新能力（j、l）
内容研究（国内）：对创新人才必要条件的说明。如：刘宝存和冷余生等	k：创新思维 l：创新能力 m：知识准备 n：创新意识、创新精神、智力和能力、自由发展的个性、人生价值取向、献身精神、强健的体魄	创新环境（d、i）

二、"十二五"进展的基本判断（包括成绩、经验和问题）

（一）成绩和经验

"十二五"期间，以同济大学为例，各项发展事业迅速，特别是经过"985工程"和"十一五"、"211工程"建设，在培养创新型人才方面取得了令人瞩目的成就。

第一，确立"知识、能力、人格"三位一体的全面素质教育和复合型人才培养模式。努力培养具有"工程基础、科学精神、人文素养、国际视野"的拔尖创新人才和高级专门人才。坚持"人才培养、科学研究、社会服务、国际交往"四大办学功能协调发展，努力强化服务社会的功能，实现大学功能中心化。以国家科技发展战略和地区经济重点需求为指针，促进传统学科高新化、新兴学科强势化、学科交叉集约化。与产业链紧密结合，形成优势学科和相对弱势学科互融共进的学科链和学科群，构建综合性大学的学科体系。在为国家经济建设和社会发展做贡献的过程中，提升学校的学术地位和社会声誉。

第二，人才培养质量稳步提高。大力加强人才培养基础建设，形成了综合性、研究型大学人才培养框架；全面实施质量保证体系，以优秀成绩通过了教育部组织的本科教学工作水平评估；实施质量工程，取得优异成绩，17个专业获国家特色专业立项、2个专业参加全国专业论证试点，38门课程获得国家级精品课程，2门课程被评为国家双语教学示范课程，176部教材入选"十二五"国家级教材规划选题，3名教师获国家级教学名师，5个教学团队被评为国家级教学团队，建设了10个国家人才培养模式创新实验区项目，承担国家大学生创新性实验项目257个，建设4个国家级实验教学示范中心，获得国家教学成果奖一等奖1项、二等奖6项；开展研究生培养机制改革，导师负责制为核心的研究生资助体系建立并逐步完善，研究生培养规模与质量都得到提升；学生就业率与就业质量不断提高，为社会输送了大批优秀人才，"十二五"期间，同济大学建设具有全球影响力的世界一流"可持续发展大学"为目标，从人才培养、科学研究、学科建设等方面入手，着力探索了面向未来的可持续发展模式，着力建设了一支高水平教师队伍，进一步加强了学科整合，推进科技管理体制、机制改革。同时，更加坚定不移地贯彻服务社会办学理念，进一步强化了国际化办学的传统优势。

第三，国际交流合作实现跨越。较好地完成了建构有特色、全方位、主动型国际交流与合作体系框架。在对德为主的合作基础上，发展为以对欧洲合作为中心的战略布局，拓展北美、辐射亚非，联手联合国机构，形成了具有同济特色的国际化模式。与台港澳地区的合作与文化交流进一步发展。形成国际合作平台机构体系，完善中德学院、中法学院、中德工程学院、联合国环境规划署－同济大学环境与可持续发展学院的建设，新建中意学院、同济大学联合国教科文组织亚太地区世界遗产培训和研究中心（上海）、中芬中心。海外校际交流与合作伙伴大学累计达到200多所，完成与世博会有关的大量国际合作项目和活动，国际交流项目稳步增长。引智工作富有成效，国际教学和科研合作向纵深发展，形成国际双向双学位联合培养特色，规模达到每年500多名，学生海外访学率按当年招生数计已达18%。加强留学生教育，建立留学生预科学院，初步建立英语课程平台，留学生数量与质量显著提升。

第四，实施内育外引战略，加快学科人才队伍建设。以同济大学附属上海肺科医院为例，瞄准海内外学术带头人和骨干团队，引进学科带头人一名、哈佛大学终身教授、"长江学者"刘小乐、中组部青年千人周大鹏教授。同时加强自有人才培养力度，鼓励申报人才培养项目。制订各类医院人才培养计划，目前已完成第一批优秀青年人才和新人培育计划的选拔，共有4名人员入库，举行梦想导师签约仪式。制订实施《中级职称聘任管理实施办法》，推进中级职称医务人员聘任工作，稳定专技人员队伍，加强后续人才储备。肿瘤科学科带头人周彩存获上海市领军人才项目，享受国务院特殊津贴。另有多人入选上海市人才发展基金资助计划、浦江人才计划、启明星计划、上海市卫生计生委青年医师培养资助计划等人才项目。

第五，加快科研平台建设，鼓励科教事业创新。①对各类研究平台及中心进行评估，建立统一的临床研究支持中心。完成转化研究中心三年计划评估工作。根据学科评估结果和专家建议，结合医院临床诊疗中心验收结果，以解决临床需求和开展转化医学研究为导向，完成诊疗中心资源重组，成立四个临床研究中心。中心内部设立亚学科、亚专业、亚学组，优化配套医技和实验室资源，为建设呼吸系统疾病临床研究中心体系搭建总体框架。②以重点实验室建设为抓手，提升科研攻关能力。调整结核基础实验室主任，实现实验室考核与绩效分配的挂钩。根据市科委评估报告，开展重点实验室整改工作。继续推进组织标本库建设，已达到市科委项目要求。初步建立结核病影像库。修订学术奖励方案。进一步加大学术奖励力度。2014年学术奖励金额累计达435.086万。③稳步推进培养人才单位建设。获同济大学教改课题子课题1项。顺利完成医学院呼吸系统整合模块课题的验收工作。新增硕导7名，目前共有博导15名，硕导27名。今年共招收博士生10名，硕士35名，带教本科实习55名，本科见习53名。2人获同济大学医学院优秀教师奖，1人获同济大学医学院青年教师讲课比赛三等奖。继续做好继续教育项目的申报、开办和备案工作。申报2015年度继续教育项目共11项，备案2014年项目7项。成功举办上海3·24结核病论坛、中德肺癌论坛、全国普胸外科新进展论坛等重大国际性学术会议。上海市肺科医院—柯惠电磁导航亚太临床应用培训中心和上海市肺科医院—胸腔镜肺叶切除术国际培训中心在会上揭牌成立。

总之，"十二五"期间，在同济大学全校教师和学生的共同努力下，我校认真落实"科教兴国"、"人才强国"、"自主创新"战略，精心实施"211工程"和"985工程"，学科结构得到优化，学科建设取得显著进步；教育质量迈上新的台阶，涌现了一批标志性的教学和科技成果；教师队伍整体素质显著提高，教职工收入持续增加；经费渠道得到较大拓宽，教学科研条件和设施得到明显改善；校区建设取得重大进展，校园面貌一新；国际合作特色鲜明、成效显著，国际知名度快速提升；学校综合实力处于国内高水平大学前列，基本构建了综合性、研究型、国际化的知名高水平大学的整体框架。

（二）存在的问题与不足

第一，虽然学校改革与发展的成就很大，但是与世界一流大学和国际知名高水平大学相比，学校还存在相当的差距，主要表现在：拔尖创新人才培养需要进一步加强，"育人为本"的理念仍需深入贯彻落实，知识灌输仍是教学主要方式、学生的创新意识培养不足，人才培养质量需要全面提升。

第二，学科发展层次与建设水平高度有待进一步提高，具有国际一流水平的学科尚待显著，强势与新兴学科发展尚需平衡，各门类学科布局有待进一步合理，学科建设资源有待整合。

第三，队伍建设成为制约学校发展的瓶颈，国际化师资不足，学术领军人物与创新团队建设水平需要加强，中青年拔尖人才不多，尤其是缺少潜在的大师级人才。

第四，自主创新与社会服务能力有待进一步增强，科研管理的体制改革进一步深化，基础研究较为薄弱，高水平科研成果和论文数量不多，高层次社会服务还要加强。

第五，同济大学在人才培养、科学研究、社会服务、国际交往等方面取得了快速发展。站在新百年征程的起点，面临新的形势，大学文化建设成为学校发展的迫切需要。我们必须清醒地认识到，当前，同济大学文化与世界一流大学相比还存在着较大差距，与学校发展需要相比还有许多不适应的地方，主要是：文化作为凝聚力在学校发展中的引领导向作用还不够突出，对师生员工思想道德素质的塑造作用还需进一步提升；对同济优秀文化传统的总结凝练、传播应用还有待进一步加强，年轻一代的教师和学生对同济文化传统了解还不够深入；校园人文气息还不够浓厚，在环境文化建设方面仍需要不断改进和完善；学校提供的文化载体与文化服务同广大师生员工和校友的需求还存在一定距离；学校文化传播力和影响力还需进一步增强；文化发展体制机制有待进一步完善，文化建设投入不足，等等。面对这些挑战，需要我们大力加强文化建设，全面提升学校文化软实力，为学校未来发展提供强大的精神动力和文化支持。

第六，国际化办学的深度和广度还需拓展，合作交流的国家和地区分布不尽合理，各院系国际化发展不平衡，高水平国际科研合作相对较少，国际合作保障体系尚未建立。对于困扰和制约学校发展的这些问题与不足，必须认真分析，制定对策，有效地加以解决。

三、"十三五"发展态势分析及"十三五"重点任务建议

"十三五"发展态势分析：2015年是"十二五"规划的收官之年，也是承上启下，开篇谋划"十三五"规划的展望之年。实施联合培养创新人才的研究是促进和深化医学国际合作的有力举措。联合培养创新人才发展以合作为契机，旨在建立新型国际合作模式，从现实需求出发，有选择、有重点地参加国际科技合作，形成多层次、多渠道、广领域的国际科技合作体系，更好地融入全球创新网络，立足学科人才双核建设，冲破思维定式，主动转型求变，编制一部集聚前瞻性、可行性、科学性的"十三五"规划。"十三五"在培养高级专门人才与拔尖创新人才、造就学术领军人物和积聚创新团队、开展高水平科学研究、服务国家与社会重大战略需求等方面取得显著的成效，为国家和上海发展做出更多成绩，为推动中国与世界的可持续发展做出重要贡献，为人类知识、智慧、文明、文化的积淀与传承发挥更加重要的作用。

（一）"十三五"重点任务建议

通过"十三五"建设，全面提高培养具有国际影响力科技工作者的质量，到2020年，努力在整体水平、综合实力、自主创新能力、国际竞争力有较大提升，国际知名高水平研究型建设取得较大进

展。突出中国特色,就是要始终坚持正确的政治方向和学术导向。为国家经济社会发展服务,为中国特色社会主义事业服务,为最广大人民的根本利益服务。突出中国科协的特点,就是以深入扎实的学术研究为基础,以学科门类齐全、高端人才荟萃、综合研究实力强的学会优势为依托,围绕马克思主义基本理论和中国特色社会主义理论体系,围绕培养具有国际影响力的创新人才问题,开展全局性、战略性、前瞻性、系统性、综合性的研究,推出现实性强、公信度高、影响力大的创新性理论观点和决策研究成果。

学校1~2个学科达到国际一流水平,5~8个学科达到国际先进、国内一流水平,10~15个学科建设取得快速发展,学科交叉融合有新的发展,学科布局得到优化。

学校在培养高级专门人才与拔尖创新人才、造就学术领军人物和积聚创新团队、开展高水平科学研究、服务国家与上海重大战略需求、创新体制机制等方面有所突破,学校的声誉与影响力显著提升,在推动和促进可持续发展方面发挥积极作用。

(二)"十三五"重点任务:进一步聚焦人才国际化培养建设

体系:依托于中国科技工作者的群众组织–中国科学技术协会下属的全国性科技学会,实现学科结合总体的模式,能够最终实现普及化。

平台:以中国科协提供的学科交流平台为契机,培养一批领先的培养人才模式和创新团体。

人才:以科协表彰奖励优秀科学技术工作者,举荐人才的任务为中心,培养学术及专业知识并重的人才,保持立于学术前沿。

三个层次的人才培养境界:第一层次是跟随者(follower),第二层次引导者(guide),第三层次的人才既是跟随者也是引导者(follower and guide)。

(1)巩固人才培养评估成果,推进研究中心发展。以解决实际问题为导向,以学科评估结果为依据,确保重点学科建设资源投入,强化传统优势学科行业地位和领先水平。以点带面,完善临床研究中心建设,以项目为导向,建立联合攻关机制,在中心框架下带动发展中学科与辅助学科同步发展。完成学科中期评估,纠偏学科人才发展路线,巩固学科人才评估成果。在完成国家临床专科建设项目的基础上,结合学科发展需求,成立新学科,着力发展培养具有国际影响力人才。

(2)完善亚学科建设试点工作,进一步推进亚学科人才建设。在研究中心建制下,跟踪、辅导亚学科建设进程,全力培育合格的亚学科带头人。在完善亚学科建设的前提下,推广各学科的亚学科的亚学科人才建设。定期举行各亚学科学术论坛,建立亚学科人才发展的长效机制。

(3)提升人才标杆学习意识。积极实施"走出去、请进来"学科发展战略,瞄准国内外医学学科建设标杆,加强与国际行业学会的合作与联系,尝试建立学科建设定点机构,固化合作关系。同时邀请国内外顶尖的学科带头人分享学科人才建设经验,指导学科人才建设。

(4)设计与国家人才战略相匹配的人才发展机制。根据学科发展重点攻关方向,针对性引进高层次领军人才和中层精英人才,补充人才梯队薄弱环节。重心上移,关口下移,资源前移,完善"高、中、青、专"多层次人才培养体系,与上级各类人才计划无缝对接,落实对应的目标管理与绩效考核制度。以亚学科建设为契机,配套落实亚学科带头人的支持和考核政策,实施岗位目标责任制,自我加压,定期评估。提升学科人才梯队建设的考核比重,为可持续发展储备充足的人才资源。

(5)完善基础实验研究体系,提升科研人才能力。以各学科科研需求为导向,完善研究支持中心功能,充分发挥中心基础研究服务作用。推进数据平台建设,建立大数据分析系统,充分利用资源合理进行人才培养。

(6)立足转化研究,推进科教事业发展,加大转化中心投入,促进研究成果转化。调整转化中心组织机构,补强中心人才力量。建立转化中心与一线的联动机制,围绕重大问题,聚焦重大的生物基础与转化研究。充分利用转化平台,在重大科技成果和高质量学术论文方面取得突破,力争取得临床标准、规范和技术的主导权。

（7）瞄准重大、重点科技项目，合理布局人才科研任务。利用重点攻关方向，充分利用丰富的资源，统筹部署转化与基础研究、重大研发、多中心研究等重大项目的研究任务，全力推动人才专业水平的提高。继续加大对国家自然科学基金项目申报和研究的支持与政策倾斜，加大考核和奖励力度。

（8）完善专科培训体系。制定并实施具有特色的专科培养方案，提高人才在专科基础理论和临床实践技能方面的能力。将专科医师培训工作与医院人才培养规划相结合，实现人才培养节点前移。

（9）加大人才与外省市院校的协作。继续开展培养工作。针对周边省市高质量人才加强教学宣传，拓宽人才准入，鼓励招收和带教国际学生，提高教学国际化程度。

（10）加强对外合作交流，扩大科研辐射面。巩固与周边省市单位的技术协作关系，组建区域科研、教学联合体，集中资源。通过牵头重大科研项目或国际合作项目，组织国内外相关科研机构联合攻关。继续鼓励主办具有国际影响力的学术活动和国家级继续教育项目，完善临床技术国际培训中心章程和准入机制，推广高级专科人才进修项目。

四、"十三五"主要指标和总体思路

（一）"十三五"主要指标

利用多种国际合作平台，力争全校在校学生国际交流率达到30%以上。人才培养产出方面，就业单位对各类毕业生5年的满意度在85%以上，到2020年，专任教师队伍4000人左右，其中引进海内外高层次人才500人左右，学校的生师比控制在（12~14）：1，国际师资比例从2%上升到4%~5%，教授、副教授占专任教师总数的比例稳定在65%左右，教师中具有博士学位教师比例在70%左右，正高职务的教师平均年龄稳定在50岁左右，使学校师资队伍结构和配置更加合理与优化。此外，形成一支专职科研队伍，人员规模1000人左右，其中，拥有大师级学者30名左右，国家级高层次人才100名左右，上海市与教育部人才计划300名左右，学校英才计划600名左右，国家与省部级团队30个左右。

到2020年，年科研经费总额达到并超过20亿元；基地建设取得突破性进展，争取新增加1~2个国家工程中心、1~2个国家重点实验室、3~5个省部级重点实验室；在参与国家重大科技专项、国家重大研究计划方面获得突破，"973计划"等重大研究计划上新增首席科学家7~8名；获得国家重大科研奖项15~20项。

（二）总体发展思路

"十三五"规划时应瞄准三个方向：第一，发挥优势，利用多年来培养人才方面取得的已有优势，在"优势"上做文章，能取得事半功倍的效果；第二，补缺点、补不足；第三，站在更高的立意上、角度上来定位发展。加强对文化人才的培养和引进，探索符合文化发展规律、体现文化特点的人才开发、评价、激励、育优、服务等机制，激发文化人才创新创作活力，让更多的优秀文化人才脱颖而出。加强文化建设队伍的培训工作，依托现有的国际交流平台，积极支持文化建设人才开展文化学习和交流活动。加强文化交流和文化互访，在国际舞台上积极展示同济形象。举办大学文化论坛等研讨活动，请各方面专家为学校文化建设出谋划策。进一步加强与世界知名高校、国内兄弟院校在文化活动方面的互动，加强文化交流，积极吸收大学文化建设的先进经验。依托孔子学院、海外游学计划等项目，进一步加强与外国政府、国际组织、世界知名高校在文化活动方面的互动，加强交流访问和文化输出，在国外高校中举办同济文化活动日，积极向世界展示同济文化。

全面贯彻落实科学发展观，同舟共济，以"985工程""211工程"等各方面建设为契机，进一步加快建设国际知名高水平研究型大学步伐。

第一，应对全球化与可持续发展趋势，全面提高教育质量，把可持续发展理念渗透到学科发展、人才培养、科学研究、社会服务以及校园建设中，探索面向未来的可持续发展教育模式，为推动中国与世界的可持续发展做出贡献。

第二，围绕培养卓越人才，进行从选拔方式到培养模式的全过程系统改革，以提高质量为核心，创新人才培养模式，形成规模适度、结构合理、水平一流、具有同济大学特色的卓越人才培养体系，为国家建设与发展培养高级专门人才和拔尖创新人才。

第三，实施人才强校战略，以建设高水平教师队伍、专职科研队伍和高水平管理队伍为重点，突出高层次人才的引进和培养，通过建立多种形式的人事管理、内部分配和薪酬激励制度，建设一支素质优良、结构优化、相对稳定、富有活力和创新精神的高水平队伍。

第四，转变学科发展方式，深化内涵建设，进一步加强学科的整合、集成和凝练，突出重点，建设一流学科。以强势学科为核心，结合并带动相关工学、理学、医学及经济管理、人文社科的学科领域全面协调发展。

第五，改革科技管理的体制和机制，建立和完善符合学校科学研究与服务社会需求并重的科研体系。建立高等研究院，开展高水平科学研究，培养优秀人才与获得高水平科研成果。

第六，继续坚持服务社会的传统和特色，在积极为国家人才战略和国家重大战略需求服务的同时，凸显为上海市转变发展方式、实现"四个率先"、建设"四个中心"和现代化国际大都市服务，推动环同济知识经济圈的深入建设与发展。

第七，保持国际化办学优势，完善"有特色、全方位、主动型、高水平"的学校国际合作体系，推进与世界一流大学和学术机构及跨国企业的合作，扩大国际合作办学、合作科研的深度和广度，提升学校在国际高等教育和学术组织中的地位和影响。

第八，开展可持续大学文化建设，加强文化传承和文化创新，使学校的文化导向更加鲜明，提升学校凝聚力与软实力；加强可持续发展校园建设，建设良好校园环境；促进现代大学制度建设，完善大学章程和学术委员会等学术组织建设，使得学校的育人环境和学术氛围得到更好培育；加强学校党的建设和思想政治工作，为学校的改革发展提供有力的思想和组织保障。

（三）进一步发展

首先，综合实力，明确发展目标，提出改革培养具有国际视野人才方面的举措，找准抓手，举措具有可操作性，应该具有国际、开放，学科结合总体的模式，能够最终实现普及化。

其次，应该打破框架，创立国内一流、特色详明、亚学科领先的培养人才模式；做到国内有名，具有一定规模及特色的培养体系；亚学科建设需要具有亚专科所独有的特色；建立大数据管理，具有标准且精准的数据库，数据管理规范化；就独有的培养国际化人才方面出版精品书（国内唯一，英文书），具有国际影响力。

最后，创建有特色具有国际视野及创新型的人才需要学术及专业知识并重，始终保持立于学术前沿；在培养人才方面需要足够时间和模式进行与国际接轨的培养方式。创新团队的组建，可以产出成批成果，以及不同方向人才，进而发挥团队的优势，其实国际化及具有国际影响力的人才培养，无正规规范，需要在实践中取得更直接的宝贵经验。

以同济大学人才培养为例，当今21世纪各种人才竞争日益激烈，存在外在和内在的竞争因素，团结合作才是是21世纪人才的必备素质。因此"竞争与合作是水火不相容的，我们要合作，不要竞争。"内在方面：比较"十一五"期间有明显改善，与其他名校仍有差距。人才缺乏，考核指标相对较低；外省市政策开放化，各类出国人才遍布于全国，竞争仍然激烈；未来需要吸引国内一流，有特色，爱岗敬业的人才：争取重大项目，国家自然科学基金项目；50%国家自然科学基金项目，以优博、优青占50%，增加博、硕士导师。措施方面：①东西部协作组，大数据研究；②规范的培养人才操作；③组建培养人才团队，形成特色引导模式；④完善各级人员培养目标与及要求，实现培养体系内差异化培养，使"长板"变得更加长，全面完善各级人才计划要求。同时要关注学科发展，尤其是亚学科建设、培养的人才应在国际交流方面具有创新性，能够引领相关专业的发展。在重大课题申请方面，积极地与转化研究相结合，实现国际协作，校内与校外培养模式联合攻关，发表具有影响力的重要文章，SCI影响因子至少大于10分。未来固定相关专业培养人员的研究方向，形成特定的专业方向，引领相关专业的国际化发展，为走向国际化做好充分的准备。国际化人才的培养还需要进行专业的宣传，"能做、能写、能讲"的人才才是21世纪所需人才，同时也应该做好专业化书籍的编写工作；达到高级别培养人才的模式。在当前大数据时代，应做好数据库的精准建立；支持精确的培养模式；开展大量转化研究。未来五年方向，在培养具有国际影响力的创新人才方面，应该走自己的路，打破框架，创建好环境，抓住机遇，"十三五"内涵质量提升同时，按需扩大规模，亚学科支持稳步推进，同时培养的人才特色更加鲜明，亚专业分开不分家，形成独联体，争取团队内一半以上走在前面，整个培养人才的流程需要优化。在内外竞争压力的前提下，进行合理规范地规划，以培养具有国际影响力的创新人才为导向，找准方向：按规划、节点稳步推进。加强国际交流与合作，实现标准、规范的基础建设计划，完善质量效率标准作业程序（SOP）。创新群体：注意基础培养模式的薄弱点，成熟完善优化培养模式后与国际合作。发挥各级人才特长，观念并一起，实现政策突破；学科发展离不开协作单位及政府资源的大力支持，有压力就有动力，如何实现具有国际影响力，如何形成具有自身特色的培养人才模式，是下一个五年的重要任务，基于目前强大的个体化的培养人才模式；区域协作模式，可以更好地发现短板，解决短板，为顺利凝练方向，实现培养出具有国际影响力的创新人才，数据被业界认同，且被国际高分杂志接受。按国际标准建设，同持续发展进一步优化改进的人才培养方式，为后人打基础，团队建设可以博采众长。

（课题组成员：苏春霞　李雪飞　任胜祥　赵　超　赵　静）

服务创新驱动发展平台建设

"十三五"科协组织服务创新驱动发展战略的体制机制研究

北京市长城企业战略研究所课题组

一、对国内外相关研究的综合分析

（一）国际科技组织实践及经验借鉴

对美国科促会、英国皇家学会、德国工程师协会等国外先进科技社团的对比分析说明，国外科技组织充分发挥学术社团组织优势，不断完善自身开展工作的体制机制，成为推动区域创新发展的重要动力之一，给我国科技组织发展带来启示。

经营主体多元化，以企业化运营为主，积极探索与政府、企业以及其他中介结构的公私合作模式（PPP合作模式）。国外科技社团组织经营主体多元，运营经费大多数都来自政府拨款、企业和基金、会费、社会捐赠等。以PPP合作模式为主，通过签署合同来明确双方的权利和义务，与其他经营主体形成一种伙伴式的合作关系，确保合作的顺利完成。科技社团以企业化运营为手段，积极探索产业化盈利模式，通过销售出版物、设立投资基金投资项目等方式，获取收益，推动自身发展。如美国电气电子工程师协会（IEEE）每年有2.5亿美元用于投资，由专门的委员会运作，现有105亿美元的储备金。

将科普教育纳入基础教育阶段课程体系，培养公民从小爱科学、学科学、用科学的良好习惯，实现公民科学素质的有效提升。美国科学促进会在科学普及方面不断开拓创新，成效显著。一是启动"2061"计划，致力于科学知识普及的中小学课程改革，以今天的学生培养未来具备科学素养的公民。二是实施科学家和工程师科学、技术、工程和数学（STEM）志愿者项目，帮助激发学生对科学和STEM职业的兴趣。三是创建ScienceNetLinks网站，为公民提供数以百计的基于标准的课程计划、在线学习资料、收集的特色资源，并为基础教育阶段（K-12）的老师、学生和家庭提供课外活动，备受公民赞誉。

充分发挥会员资源优势，建立健全科技成果转化服务机制。科技成果转化服务机制主要有三种发展模式：①国家资助设立的科技中介机构，如美国国家技术转移中心，日本中小企业事业团；②大学/研究机构创办的科技中介机构，如美国大学技术许可办公室、德国弗劳恩霍夫应用研究促进协会；③各种协会设立的科技中介机构，如德国工程师协会和德国工业研究联合会。

创建社会需求导向的科技人才培养机制，形成科技人才与社会需求的有效对接。美国科学促进会开展"科学与工程学生大众传媒实习项目"，安排大学生和研究生用通俗易懂的语言向公众阐释和传播复杂科学知识，努力促进社会对科学的理解。同时与其他机构共同成立"科学技术职业中心"，让公众了解科学发现的激动人心之处，铸造公众对科学的职业追求，并发起各种活动，为参与机构的教育家、科学家提供科学职业信息、训练和机会。

充分利用媒体力量，创新并丰富对外发声渠道，提升社会影响力。如美国科学促进会创办年会，邀请大众传媒参与活动，畅通科学家与媒体的沟通交流渠道，并运用推特、音视频、互联网等多种媒体技术进行会议推介。同时举办《科学》杂志与网络刊物《科学与外交》，为从事科学技术研发、项目实施和科技教育的相关人员提供交流合作平台。

健全公众参与机制，增加公众参与科技创新渠道。英国皇家学会为促进公众了解科学争论，提高科学家与公众更广泛地交流科学的技巧，设立了大量的讲座和活动，鼓励科学家、政府和工业界以及其他部门之间的对话。美国科学促进会设有公众参与科学和技术中心，积极推进公众参与科学和技术活动。

（二）科协组织体制机制建设研究

中国科学技术协会是中国科学技术工作者的群众组织，由全国学会和地方科学技术协会组成，具有横向领导、纵向指导的三级网络组织架构。

在创新驱动发展战略深入实施背景下，作为国家创新体系重要组成部分，科协组织在服务创新驱动发展方面，仍存在一系列体制机制问题。首先，科协组织正面临"系统性困境"，科协服务体系不够完备，缺少系统性服务能力，导致科协组织的社会认同度、贡献率和显示度比较低。其次，在改革完善科协组织建设及治理能力方面，科协组织存在"一会两制"、没有个人会员等结构性缺陷。第三，科协基层组织的属性值得探讨，在企业或高校成立所谓"科协"，从功能上无法很好满足个人和组织（企业或高校）的需求，既没有适应科技人员个人意愿，又可能增加组织的成本，导致内部机构的叠床架屋。

在"三服务一加强"的职能定位指导下，科协组织应该不断探索创新工作机制，提升自身服务能力。在科学普及方面，要营造"大科普"的理念，调动全社会的各种力量来关心科普工作的开展，参与科学文化的建设，提高人们对科普工作整体功能的认识；健全科普组织网络，形成政府引导、全社会共同参与的科普大协作格局；推进科普产业化，探索形成以市场为导向，以科普设施的兴建为龙头，以科普产品的开发、传播和生产为目的的产业化模式与格局；逐渐完善科普资源共建共享机制，形成"中国数字科技馆、中小科技馆支援计划项目、科普大篷车、科普教育基地、涉农科普载体创新计划"为一体的科普资源共建共享渠道。在科技期刊经营机制创新方面，期刊产业价值规律认为，期刊应按照内容—发行—广告—品牌这样的运营环节，在市场上生存和发展，科技期刊同样要遵循这样的原则。在学会学术方面，要加强科技社团学术交流组织模式、交流平台和交流形式的创新。

（三）科协组织服务创新驱动发展研究

创新驱动发展战略上升为国家战略，科协组织作为国家创新体系的重要组成部分，担负着科技服务的重要职能，如何界定科协服务边界与特征，选择科技服务路径，是"十三五"期间攸关科协发展的重大课题。山东省聊城市科协副主席王延飞认为，科协组织应该从服务全民科学素质提升、推动科技创新、开展决策咨询、服务创新文化建设、服务科技工作者、服务改革发展能力提高等六个方面参与科技体制改革、更好地在国家创新体系建设中发挥作用。青岛市科协党组书记、主席胡辛提出，在全面深化改革大背景下，有效指导、组织和协调好学会有序承接政府改革过程中转移出的社会化服务职能，是衡量科协组织参与改革成效的重要内容之一，也是学会实现自我完善、展现社会价值的迫切需要。辽宁省委、省政府决策咨询委员金太元根据系统论，从结构与功能的视角，提出要加快构建"科协特色科技服务体系"，以服务体系建设全面提升科协服务能力，彰显科协组织在国家创新体系中的服务价值。

二、对"十二五"期间科协组织服务创新驱动发展的工作评估

（一）"十二五"科协组织服务创新驱动发展取得的成绩

"十二五"期间，我国提出了创新驱动发展战略，旨在通过推动自主创新体系建设，提升我国自

主创新能力,实现我国向创新驱动发展的全面转变。科协组织作为我国自主创新体系建设中的重要支撑网络,以自身工作为基础,逐步围绕创新驱动发展战略开展了一系列相关探索与尝试,力争在创新驱动发展战略中发挥更大作用。

科学技术普及工作成效显著。深入落实全民科学素质行动计划,推动我国公民基本科学质素大幅提升。积极推动科普资源开发开放,科普信息化进程不断加快。进一步加强科普设施和条件建设,"四位一体"的中国特色现代科技馆体系逐步完善。广泛开展内容丰富、形式多样的科普活动,使科普资源最大限度地惠及基层群众。科普人才队伍不断壮大,一支专兼职结合、结构优化、规模宏大的科学素质工作队伍初步形成。积极探索科普产业化发展道路,探索形成了两种产业化发展模式。

学会成为科协工作主力军。学术交流活动繁荣发展,举办高端前沿、综合交叉学术交流活动数量比重平稳增长。不断加强学会能力建设,成效显著。推动学会与企业协作创新,着力打通科技工作者进军科技创新和经济建设主战场的通道。学会积极承担政府转移职能,成为科技治理体系现代化建设和深化科技体制改革的重要推动力量。

科技工作者满意度显著提高。积极开展人才举荐表彰工作,科技人才评价日渐活跃。基本建成"科技工作者状况调查课题、科技工作者调查站点体系和应急调查任务"工作体系,畅通反映科技工作者建议渠道。构建服务企业科技创新平台,探索为科技工作者创新创业服务模式。

国际交流与合作进一步深化。国际科技会议举办数量出现大幅增长,会议质量稳定提升。国际科技合作项目和任职国际民间科技组织专家明显增加,国际话语权进一步提升。以"海外人才离岸创业计划"为先导,带动"海智计划"提质增效,成为开展国际人才工作和服务创新驱动发展战略的重要抓手。

其他各类工作有序推进。围绕国家级科技思想库建设,推动决策咨询服务有序开展。科技评价活动日渐活跃,学会参与度逐渐提高。大力推进基层组织建设,尤其是高校科协和企业科协数量呈现持续增长态势。加强推进企业科协组织建设,努力引导创新要素向企业集聚。积极推进社区科协建设,"十二五"期间社区科协已基本实现全覆盖。

"十二五"期间,科协组织在服务创新驱动发展战略中做出了大胆的探索并体现出了五大优势。一是专业权威性强,科协组织作为独立第三方,地位超脱,利益中性,且能够引领学科发展和技术前沿,获取最新信息;二是人才智力雄厚,所属学会囊括本学科领域专家学者和技术人才,具备雄厚的科技人力资源,各级学会会员超 1300 万人;三是组织网络广泛,科协组织是一个具有较大覆盖面的网络型组织体系,具有跨部门、跨地域、跨行业和跨学科优势;四是科技性与社会性统一,科协组织既是科技属性的社会组织,是民间对外科技交流合作的桥梁,又具有社会属性,是科技治理现代化的重要推动力量;五是科普资源丰富,科普基础设施齐全,拥有包括图书、杂志、视频等多类型科普内容资源。

(二) 科协组织服务创新驱动发展的体制机制创新

1. 建成横向领导、纵向指导的网络化组织结构

科协组织具有国家、省、市、县四级科协组织金字塔式的纵向结构特征,这种纵向指导关系,有利于地方科协结合当地经济社会发展状况,创造性地贯彻中国科协的工作部署,提高工作实效性。同时它又具有扁平化的横向结构特征,即各级科协与同一级别的所属学会是领导关系,这种扁平化组织结构符合现代社会市场配置资源的需求,有利于克服政府的部门分割弊端,有助于破除部门利益固化的藩篱。

2. 形成多样化、多功能、多层次的组织形态

科协组织既具有高层次促进学科发展和原创性学术思想产生和储备功能的科学共同体的学会组织形态,又有面向社会公众致力于提高科学素质的乡镇、城市社区科普协会、科普作协等科普组织形

态；既有促进企业科技创新、促进科技成果转化的企业科协组织形态，又有促进大学科研院所将创新要素向企业汇集、搭建产学研技术联盟平台的高校科协组织形态；既有能满足政府组织决策科学化、民主化服务功能的组织形态，又有适合农民需求的农村专业技术协会组织形态，这种多样性、多功能、多层次复合型组织形态，符合现代社会结构多元化、多样性发展需求。

3. 落实调整基层组织工作机制和格局

初步建立了由中国科协常委会组织建设专门委员会领导和指导，中国科协组织人事部负责牵头抓总、规划协调、宏观指导，有关部门和事业单位各司其职、各负其责、协作配合的工作机制和工作格局，基本上做到了职责明晰、分工明确、形成合力。2009 年起，为充分发挥中国科协有关部门和事业单位在加强基层科协组织建设上的作用，中国科协组织人事部主导并组织建立了中国科协基层组织建设联席会议制度，研究协调有关科协基层组织建设事宜，并每年制定中国科协基层组织建设年度工作要点，从整体上加强科协基层组织建设的指导和落实，逐步形成了抓科协基层组织建设的工作合力。

4. 积极探索社会化科普工作新机制

在国家层面，中国科协通过实施科普信息化工程，积极探索通过政府购买服务，政府和社会资本合作方式，建立"公私合营、风险共担、互利共赢"（PPP）的科普公共服务新模式；通过公开招投标，遴选项目承担机构，组织开展科普内容创作及传播推广。积极推进公民科学素质建设共建机制。2014 年底，全民科学素质纲要实施部门成员扩大到 33 家，并与 28 个省市签署共建协议。在地方层面，山东省科协通过实施"山东数字科普工程"，探索出两种社会化科普运作新模式：一是与企业合作共建模式，该模式由地方科协与企业合作注册公司，共同开展建设和管理工作，企业出资出场所，地方财政每年列支运营经费；二是委托企业运作管理模式，该模式由地方科协与企业建立合作协议，委托企业开展站点网络建设和后期维护管理工作。

5. 深化学会学术工作机制创新

"十二五"期间，中国科协组织实施了学会能力提升专项，启动学会创新和服务能力提升工程，引导带动学会全面提升综合实力和竞争能力，推动学会去行政化进程，加快职业化社会化进程。

积极探索企业和各级学会协作创新的长效机制。科协组织开展了"企会协作创新计划"试点和创新驱动助力工程，引导学会以建立学会服务站、企会协作创新联盟、联合研发实验室的形式，参与企业创新发展转型升级。

6. 探索跨区域、跨领域协同创新合作机制

积极推进京津冀产业协同创新共同体建设，探索实现官产学研金用有机联合互动新模式。立足智力密集优势，着眼国内外市场需求，找准未来发展机遇，引导学会联合企业、科研机构共同打造产业协同创新共同体，推进区域创新发展。

（三）科协组织服务创新驱动发展的主要问题

科协组织服务创新驱动发展仍面临一系列问题，主要体现在五个方面。一是科普资源优势尚未充分利用。科普活动大多仅限于科技宣传，科普公共服务与群众需求脱节；科技工作者科普活动参与度较低，2013 年比重不足 30%；科普工作信息化手段运用不足，微博、微信等传播渠道利用率较低；科普内容方式落后于科技发展水平，众包、创客等新型模式体现不足。二是学会服务能力仍需进一步加强。学会职业化、社会化能力不足；学会在咨询组织机构设置、人员经费配备等方面薄弱，科技工作者参与决策咨询服务的积极性不高；决策咨询效果不高，受领导批示报告数量较少；承接政府职能转移尚处于被动地位，自主性不强。三是学术交流活动有待进一步优化升级。高端前沿、综合交叉、国际会议等数量减少，与国外先进科技组织相比，占比仍较低；期刊国际影响力不足；学术科技资源分散，孤岛现象严重；学术交流缺乏互动、评价、激励等相应机制。四是科技工作者服务水平有待提

高。科协自身奖项层次不高，亟须纳入国家奖励体系，人才表彰人数大幅减少；高端顶尖人才缺乏，青年科技后备人才培养不成体系，和教育系统分工不清；人才评价体系在激励人才创新创业方面倾向性不强；反映科技工作者诉求持续下滑，现有调查体系不能支撑全面、深入开展科技人才队伍调查的需要，动态监测水平不足。五是基层组织建设需要进一步加强。基层组织覆盖面不够，对基层一线科技工作者的凝聚力不强；组织松散，制度建设不规范，没有独立的办公场地，信息交流不通畅；组织的活力不够，没有经费来源，区县科协对乡镇科协没有经费支持；外企科协尚是空白。

总的来说，科协组织服务创新驱动发展工作尚未形成体系，仍缺乏主动融入创新驱动发展战略、开辟更为广泛的发展空间的动力。虽然科协组织在科学普及、科技工作者服务等单项服务方面具有比较优势，但是科协组织各项工作都是独立运作，少有交集，无法形成系统性的强大服务能力，而且，科协组织各项工作在服务创新驱动发展方面，基本都是以现有工作为主，尚未形成主动探索服务创新驱动发展的动力机制。我们认为，制约科协组织服务创新驱动发展动力缺乏的深层次原因在于体制束缚、机制缺位。

体制束缚主要体现在4个方面。

（1）缺乏顶层设计。科协组织尚未出台科学合理的服务创新驱动顶层设计和总体规划，导致各部门各行其是，各项工作支离不一，无法形成工作合力。

（2）学会存在双重管理体制，政社不分，严重阻碍学会发展动力与活力。学会在发展过程中，历史地形成了由成立时确定的业务主管单位以及申请加入后接受中国科协行政管理的双重管理体制，这种管理体制，一是拥有两个管理单位，不易形成合力。二是业务主管单位大多属于政府组织，很大程度上会影响学会的发展和决策，造成政社不分的现象，体制内缺乏竞争的环境严重制约学会的发展活力。

（3）各级组织间沟通交流体制不畅。中国科协与部分科技工作者组成的学会关系比较紧密，但与地方科协关系比较松散。同时，地方科协与地方学会的联系比与下一级科协的联系更加紧密。因此，中国科协与地方科协，地方科协与地方学会之间的沟通交流渠道有待进一步加强。

（4）资源配置市场化不足，组织结构与资源配置不匹配。科协组织"金字塔"式的组织架构与倒"金字塔"式的人财物配置，使得其组织结构与资源配置严重不匹配，导致基层组织经费来源有限，发展严重受阻。

因此，服务创新驱动发展战略的核心在于打破体制束缚，强化机制设计，要以需求为导向，加快去行政化进程，积极探索市场化、开放协同发展模式。

三、"十三五"规划建议

（一）科协组织服务创新驱动发展的战略定位和体制机制调整思路

1. 战略定位

"十三五"期间，科协组织在服务创新驱动发展战略中，重点是要在新型的政府—企业—社会关系中明确自身定位，突出科协组织跨行政边界的体制优势，找准服务创新驱动发展的切入点和着力点，在厘清工作边界基础上，主动融入创新驱动发展大局，努力打造成为我国创新驱动服务网络的关键节点。具体定位包括4个方面。

——国家创新服务体系建设的生力军。围绕国家创新体系建设，在强化企业创新主体地位、聚集创新资源、拓宽创新成果转化渠道、优化创新环境上取得新进展。

——科技创新治理体系建设的推动者。推动以创新评估为特色的专业科技智库建设，引导学会有序承接政府职能转移，推进科技创新治理体系现代化发展。

——服务经济转型升级的助推器。聚焦区域经济和企业创新需求，以创新驱动助力工程为载体，组织各级学会和学会联盟围绕经济转型升级发挥支撑引领作用。

——社会组织市场化转型的引领者。积极引导学会参与科技服务业市场竞争，探索形成社会组织市场化转型的有效路径，为其他社会组织转型做好路径示范。

2. 总体目标

力争到2020年，科协组织基本形成适合于服务创新驱动发展战略的良好体制机制，学会服务能力显著提升，各级组织活力充分激发，逐渐形成工作合力。在服务自主创新能力建设、大众创新创业、科技管理体制改革、人才队伍建设、民间科技开放合作以及地方经济发展等重点工作方面取得重要进展，发展成为创新驱动发展服务网络的关键节点。

（1）服务自主创新能力提升作用明显。在全国推动设立1000个协同创新共同体，打造具有国际竞争力的创新产业集群。建成院士专家工作站10000个，进站开展服务的专家达到10万人次。主办科技期刊6000种，其中英文学术期刊200种。打造200种具有较强国际影响力和专业辐射力的精品科技期刊。每年举办国内学术会议4万次，其中，学术年会3000次。推出自主创新成果10000项。

（2）服务大众创新创业成效显著。创建500个创新创业服务中心，推动大众创业，万众创新。建成50个海外人才离岸创业基地。全民科学素质水平提升10%。

（3）服务科技管理体制改革取得重要突破。提供决策咨询报告25000篇/年，其中获上级领导批示报告7000篇/年。举办决策咨询活动15000次/年。开展科技评价评估20000项/年。

（4）服务人才队伍建设切实加强。开展继续教育培训班20000场次/年。反映科技工作者建议5万条/年。表彰奖励科技工作者20万人次/年。引进海外高层次人才2000人/年。

（5）服务民间科技开放合作进一步加强。加入国际民间科技组织1200个。在国际民间科技组织任职专家达2500人。参加国际科学计划达800项。在华举办国际学术会议达5000次。促成科技合作项1500项，其中引进优质科技资源600项。

（6）服务地方经济发展成效显著。创建100个学会助力创新示范区，引导学会发挥人才、智力优势，服务区域经济社会发展。

服务创新驱动发展机制体制创新取得突破。学会治理、事业单位管理、各级组织间沟通交流等方面体制改革取得重要突破，探索新型管理体制、学会治理模式，服务效率不断提升。

表1 科协组织服务创新驱动发展目标

主要工作	具体目标	到2020年
1. 服务自主创新能力建设	协同创新共同体	1 000 个
	院士专家工作站	10 000 个
	——其中进站专家	10 万人次
	建设新型科研机构	100 家
	主办科技期刊	6 000 种
	——其中精品期刊	200 种
	举办学会会议	4 万次
	——其中学术年会	3 000 次
	推出自主创新成果	10 000 项
2. 服务大众创新创业	创新创业服务中心	500 个
	海外离岸创业基地	50 个
	全民科学素质水平	10%

续表

主要工作	具体目标	到2020年
3. 服务科技管理体制改革	提供决策咨询报告	25 000 篇/年
	——其中获上级领导批示报告	7 000 篇/年
	开展科技评价评估	20 000 项/年
4. 服务人才队伍建设	表彰科技工作者	20 万人次/年
	引进海外高层次人才	2 000 人/年
5. 服务民间科技开放合作	加入国际民间科技组织	1 200 个
	——其中任职专家	2 500 人
	参加国际科学计划	800 项
	在华举办国际学术会议	5 000 次
6. 服务地方经济发展	学会助力创新示范区	100 个

3. 调整思路

全面贯彻党的十八大及十八届三中、四中全会精神，深刻把握全球经济与创新发展的新趋势，正确认识中国经济新常态发展的历史新阶段，在全面梳理创新驱动发展战略关键着力点基础上，结合新时期新形势对科协组织的新要求，充分发挥科协作为党和政府联系科技工作者的桥梁纽带作用，以服务区域经济发展和企业创新需求为导向，以引导广大科技工作者在服务科技创新和经济建设主战场更加奋发有为为主线，围绕服务创新驱动发展重点工作，逐步推进科协组织体制改革，深入开展"六服务"体制机制创新战略行动，将科协组织建设成为创新驱动服务网络的关键节点。其中，打破体制束缚主要围绕深化科协组织管理体制改革、学会内部治理体制改革、事业单位体制改革等三个方面开展工作；建立完善服务机制主要是围绕科协组织服务创新驱动发展的工作框架，建立健全促进自主创新能力建设的机制、推动大众创新创业机制、促进创新治理现代化建设机制、创新人才服务机制、民间科技开放合作机制和服务地方经济发展机制、推动企业科技创新机制等七个方面服务机制（见图1）。

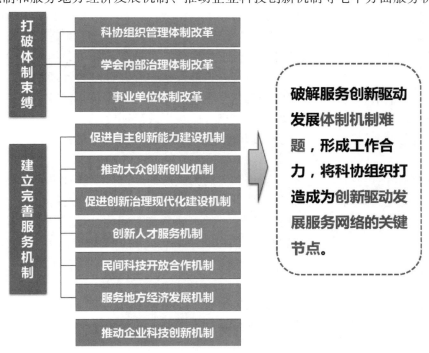

图1 科协组织服务创新驱动发展顶层设计图

4. 调整原则

明确定位，统筹规划。明确科协组织在服务创新驱动发展中的定位，并加强顶层设计和前瞻规划，围绕发展目标有序开展工作。

改革创新，完善机制。围绕时代特征和要求，推进科协组织体制改革，探索服务创新驱动发展新机制、新模式，形成高效完善的服务体制机制。

需求导向，市场运作。以服务区域经济和企业创新需求为导向，积极参与市场竞争，以市场力量决定科协组织资源配置。

联合协作，开放协同。吸引社会各方力量有效集聚，促进形成上下协同、内外联动、开放共享的工作体系。

（二）推动科协组织体制改革

1. 明确科协组织体制改革主要方向

（1）推动科协组织管理体制改革。

推动科协组织从以管理为主向以服务监管为主转变，包括3个方面。

整合统一机关部门职能。明确界定科协机关职能边界，将同一领域重点问题交由一个部门统一管理，防止职能交叉、多头管理。

学会管理方式变革。工作方式从发号施令转向系统协调、业务指导。指导学会在其章程框架内搞好改革，为学会改革和发展提供制定政策、创造条件、营造环境等方面的有效服务，增强学会对科协的向心力和吸引力。

事业单位管理方式变革。推进科协机关与事业单位从行政隶属关系转变为以契约为基础的伙伴关系；创新事业单位管理方式，减少直接管理，强化制定政策法规、监督指导等职责。

（2）强化学会内部治理方式变革。

加快政社分开进程。厘清职能机关与学会的关系，按照政社分开、管办分离的原则，积极稳妥地推进学会在机构、职能、财务、人员等方面与行政机关脱钩，真正确立学会的社会组织的法人地位。指导推动所属学会健全规范章程和职能，自主治理、自主运行、自主发展，依法依章程办事。

加强学会组织建设。支持学会民主办会，发挥好会员代表大会、理事会、常务理事会的重要作用，不断增强组织发展能力和社会服务能力。健全学会分支机构管理制度，引导学会建立和完善分支机构的管理办法，逐步实现对分支机构动态管理、定期评估、有进有出的管理模式。围绕战略性新兴产业和重大学科交叉前沿，支持学会联盟和专业学会群发展。针对科技社团特点，积极向有关部门提出开展分类管理的意见和建议，为学会发展提供良好的法规政策环境。

规范学会资金与财务管理。引导学会合理收取会费，合理筹措和使用社会资金；加强对分支机构的财务监管力度。

改革学会用人制度。支持学会实行以竞争和流动为核心的动态人事管理办法。鼓励选聘和向社会招聘学会专职人员。建立因岗选人、竞争上岗、优化组合、能进能出的用人制度。

健全完善会员服务管理制度。将只有团体会员的单轨制变为团体会员、个人会员双轨制，强化科协组织与科技工作者之间的直接沟通联系；以信息化手段创新会员管理方式，拓宽服务会员的渠道，提升会员服务水平。

（3）深化事业单位体制改革。

建立法人治理机构。明确事业单位独立法人地位，探索建立理事会、董事会、管委会等多种形式的治理结构，健全决策、执行和监督机制，提高运行效率，确保社会服务目标实现。

深化人事制度改革。以转换用人机制和搞活用人制度为核心，以健全聘用制度和岗位管理制度为重点，建立权责清晰、分类科学、机制灵活、监管有力的事业单位人事管理制度，实现由固定用人向合同用人转变，由身份管理向岗位管理转变。

深化收入分配制度改革。以完善工资分配激励约束制度为核心，健全符合事业单位特点、体现岗位绩效和分级分类管理要求的工作人员收入分配制度，逐步建立起机制健全、关系合理、调控有力、秩序规范的管理运行体系。

2. 以试点的方式加快体制改革进程

推进科协组织体制改革是一项复杂艰巨的系统工程，涉及面广、工作量大、战线较长，各种矛盾交织，因此，建议以试点的方式，选择一批有基础的机构先行先试，分步推进，尽快形成可复制可推广的经验模式，加快科协组织体制改革进程。

开展学会企业化运作试点，推进学会治理方式变革。科协组织应选择一批社会信誉好、发展能力强、学术水平高、实现服务成效显著、内部管理规范、市场竞争力强、职业化运营基础好的学会，率先开展企业化运作试点，以企业运作方式，积极吸收社会资源投入，实行多元化经营；建立以竞争选优、淘汰落后为核心的企业化人事管理制度，激发发展活力；加快在机构、职能、财务、人员等方面与行政机关脱钩，真正确立社会组织的法人地位，自主治理、自主运行、自主发展。

实施学会财政管理体制改革试点，推进学会财务自由化进程。科协组织应选择一批社会信誉好、财务清晰规范、有一定资金来源、法人地位明确的学会，以设立信托型专项基金的方式，实施财政管理体制改革试点，拓宽学会经费来源。专项基金以社会、企业捐赠，及学会内部会费收入、期刊销售收入、自有资产投资收益等为主要资金来源，委托或联合专业信托理财机构，以股票投资和固定资产投资为主进行基金投资管理，投资收益用于学会日常运作、奖励在学会各业务领域做出突出贡献的团队或者个人等方面。

扩大学会承接政府转移职能试点，推动社会治理现代化建设进程。科协组织应在已有工作基础上，应进一步扩大学会有序承接政府转移职能试点工作，以科技评估、工程技术领域职业资格认定、技术标准研制、国家科技奖励推荐等适宜学会承接的科技类公共服务职能的整体或部分转接为重点，进一步明确学会作为政府转移职能重要承接者、自主开展社会公共服务的定位、作用和标准，理顺管理体制，强化效果监督和评估，尽快形成可复制可推广的经验模式。

开展收入分配制度改革试点，激发科协组织工作活力。选取一批收入分配制度较为健全、人员管理较为规范、创新意识强的事业单位或者学会，率先开展收入分配制度改革试点，结合事业单位、学会特点，引入合同制、匿薪制、动态考核、末位淘汰等竞争性绩效管理制度，加大工作效率、工作能力和态度等指标在绩效考核中的比重，最大限度地激发工作人员的工作积极性和主动性。

（三）服务创新驱动发展战略的重点任务与机制创新

围绕科协组织服务创新驱动发展的工作框架，确立服务创新驱动发展战略的重点任务，建立健全促进自主创新能力建设的机制、推动大众创新创业机制、促进创新治理现代化建设机制、创新人才服务机制、民间科技开放合作机制和服务地方经济发展机制等六个方面服务机制。

1. 促进自主创新能力建设的机制

促进自主创新能力建设重点围绕三个方面开展工作：一是整合、集聚社会各类创新资源，构建社会化创新服务体系，为各类创新活动提供系统化服务；二是坚持把学术交流作为科协组织服务创新驱动发展的主要抓手，创新学术交流模式，激活自主创新源头；三是构建中国科协科技期刊数字平台，推动科技知识生产传播和交流（见图2）。

（1）构建社会化创新服务体系。

依托学会横向联系广泛优势，联合企业、科研院所、社会化科技服务机构，构建一批社会化科研机构、产业协同创新共同体、开放式创新网络平台等社会化创新服务力量联合体，为企业创新、重点产业领域关键技术创新等各类创新活动提供系统化服务，从而增强社会自主创新能力，促进科技成果

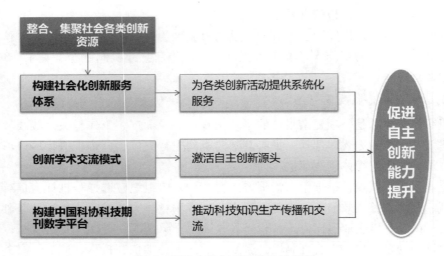

图2　促进自主创新能力建设机制

转化。

引导科技工作者积极参与社会创新创业，打造一批社会化科研机构。借鉴深圳华大基因研究院、深圳光启高等理工研究院等为代表的新型研发机构先进经验，以重大前沿科技创新需求为导向，组织引导各级学会，联系对接社会资本机构，打造一批以创业为导向、集"科学发现、技术发明、产业发展"为一体的社会化新型科研机构，推进科技经济紧密结合发展。具体来说，新型科研机构的定位是创业型科研机构，将具有产业前景的前沿科技探索与产业发展紧密结合起来。构建模式主要包括两种：一是企业创办，吸引科技工作者进驻；二是民办官助，属于民办非企业，深圳华大基因研究院就是这种模式。机构运作模式以企业化运作为主，实施人员聘用制，倡导投资主体多元化。构建主体主要包括中国科协、各级学会以及社会资本机构等，其中，中国科协主要职责包括：组织开展前沿科技创新前瞻研究，引导跨领域协同；组织优秀新型科研机构经验交流，开展相关培训；为各新型科研机构间、新型科研机构与国际相关领域机构、新型科研机构与社会资本机构之间搭建沟通交流的桥梁。各级学会主要职责包括：根据创新需求，组织或者引导科技工作者自发构建新型科研机构，以可保留编制、社会创新成果作为职称评定或者人才评价标准等方式激励科技工作者积极参与新型科研机构建设。社会资本机构主要负责为成果产业化提供资金保障（见图3）。

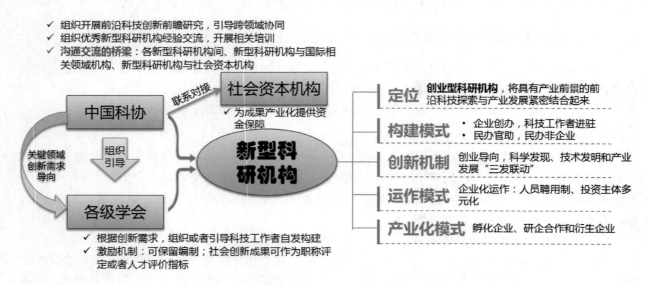

图3　社会化科研机构建设机制

　　集聚、整合各级学会、科研机构、社会化科技服务机构等各类科技资源，构建开放式创新网络平台。以社交网络、众包模式等为支撑，组织各级学会、高校科协，引进科技服务中介机构、行业组织等社会机构，有效聚集、优化、整合各类创新资源与要素，构建开放式创新网络平台，为社会和企业各类创新活动提供创新资源、综合解决方案等专业服务。其中，在各类创新活动中取得的新知识、新成果也将流入平台，形成一个动态的创新资源良性循环系统。平台提供的服务主要包括：帮助企业对接创新服务机构，发现有效资源；为企业提供开放式创新工具和方法，获取解决方案；提供开放式创新咨询服务，指导企业开展开放式创新活动；开放式创新培训、知识产权转移、技术分析、市场分析等其他专业支撑服务（见图4）。

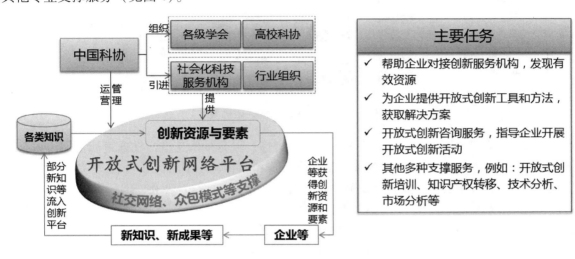

图4　构建开放式创新网络平台机制

　　依托各级学会和行业组织，打造产业协同创新共同体。设立专项基金，以行业共性问题和关键技术创新为导向，组织支持各级学会与行业组织协作建立产业协同创新共同体，围绕产业链部署创新链，围绕产业集群构建研发集群，推动产业与科技融合发展。同时，要创新产业协同创新共同体运营模式：一是要成立理事机构，设在主办学会，负责定期发布创新共同体的技术创新路线图，引导产业创新发展方向；二是实行临时性项目组制，根据创新需求组建项目组，开展联合研发；三是对接开放式创新网络平台，设立产业协同创新共同体专题网页，安排专人负责网页的资源整合、信息更新、成果发布、需求对接等，实现资源的开放共享、供需有效对接（见图5）。

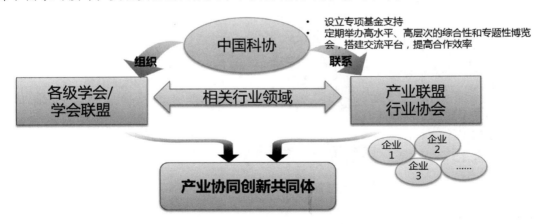

图5　产业协同创新共同体建设机制

（2）创新学术交流模式，激活自主创新源头活水。

聚焦科技前沿、经济社会发展重大需求，以学术界、产业界和企业界跨界交流为重点，充分利用互联网、新媒体等现代信息技术手段，探索"线上线下结合"交流新模式，打造集"交流—成果输出—成果应用"为一体的学术交流生态系统（见图6）。

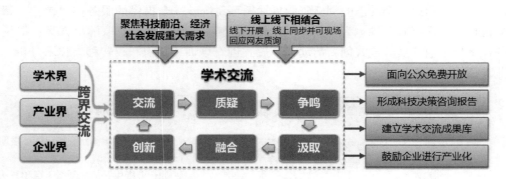

图6　学术交流生态系统构建机制

关于学术交流成果的输出和应用，主要包括四种渠道，一是学术交流活动通过社交网络向公众免费开放，二是引导学术交流参与者将学术交流成果形成科技决策咨询报告；三是建立学术交流成果库，形成数字档案，以供公共查阅；四是鼓励参与交流企业进行成果产业化。

在学术交流生态系统构建中，中国科协主要职责包括：一是弘扬科学精神、营造学术争鸣氛围、激发创新思维和智慧碰撞，推进学科知识理论体系原始创新；二是坚持突出实效、培育品牌，积极搭建不同形式、不同层次的学术交流平台；三是加大综合交叉、前沿高端、国际品牌等学术活动的支持力度。积极组织好高水平的学术会议和论坛，鼓励跨学科、跨领域的交叉和融合，发挥学术团体在组织协调协同创新中的积极作用，保障科技工作者学术自由，努力营造良好创新生态和浓厚学术氛围；四是支持指导学会开展学术交流示范活动，提升学会学术交流能力。

（3）构建中国科协科技期刊数字平台，促进科技知识生产传播和交流。

中国科协科技期刊数字平台主要功能包括，支持多元化在线出版发布；基于数字空间（DSpace）资源共享系统构建，实现开放存取；下设期刊学科领域信息网等，实现刊网融合；探索各种新媒体和新技术在科技期刊出版和传播中的应用（见图7）。

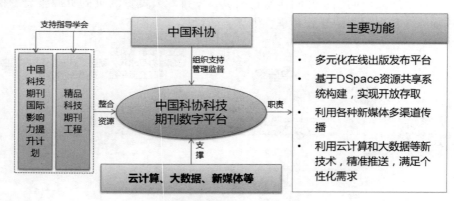

图7　构建中国科协科技期刊数字平台机制

中国科协主要职责包括：支持指导学会开展精品科技期刊建设和实施中国科技期刊国际影响力提升计划，面向科技经济发展需要，大力发挥学会办刊的学术和专业优势特长，重点支持期刊开展学术质量提升、数字化建设、集群化建设、期刊出版人才培育等工作，打造一批在本学科和专业领域内有较强影响力和专业辐射力的精品科技期刊；负责组织整合两大专项资源，以及平台的建设和管理监督工作。

2. 推动"大众创业，万众创新"的机制

在推动大众创业万众创新方面，主要包括两方面工作：一是实施科技工作者创新创业服务工程和海外人才离岸创业工程等两大工程，建成科技工作者创新创业服务中心、众创空间、海外人才连创业基地等三大创业创业载体，为科技工作者、海外人才创新创业提供服务；二是以互联网思维创新科普工作，打造全方位科普工作体系，促进全民科学素质提升，为大众创新创业奠定良好基础（见图8）。

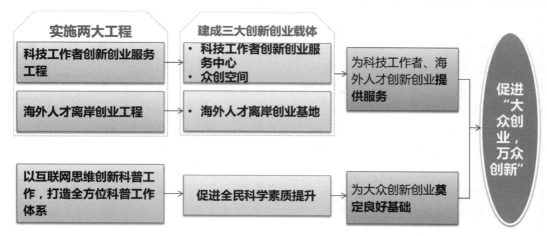

图8　推动大众创业万众创新的机制

（1）以实施"科技工作者创新创业服务工程"为抓手，激发广大科技工作者的创新活力和创业热情。

联合行业组织、科技服务机构等社会力量，加强以社交化为核心的众创空间、科技工作者创新创业服务中心等创新创业载体建设，并同期建设科技工作者创新创业网络服务平台，采用线上线下相结合的服务模式，打造富有科协特色的科技工作者创新创业服务体系，为科技工作者创新创业提供信息、培训、咨询、人才、研究等服务（见图9）。

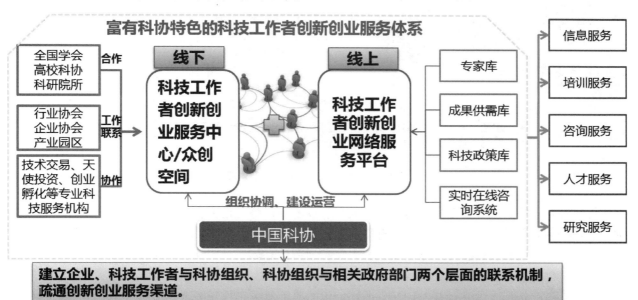

图9　富有科协特色的科技工作者创新创业服务体系

在科技工作者创新创业服务体系中，线下科技工作者创新创业服务中心/众创空间要积极引入外部服务资源，积极与全国学会、高校科协、科研院所建立合作关系，与行业协会、企业协会、产业园区等建立工作联系，与技术交易、天使投资、创业孵化等专业科技服务机构建立协作关系，联合协作，共同为科技工作者创新创业提供全方位服务。线上科技工作者创新创业网络平台要开发专家信息管理、成果对接管理、科技政策管理和实时在线咨询四大后台系统，建设专家库、成果供需库、科技政策库等数据资源库，实现线上和线下相结合的服务功能。

科技工作者创新创业服务体系主要为科技工作者提供信息、培训、咨询、人才、研究等服务。其中，信息服务主要是发挥专家库、成果供需库、政策库服务企业和科技工作者创新创业的作用；培训服务是充分发挥科协组织网络和智力资源优势，以提升企业和科技工作者创新创业能力为目标，积极开展创业辅导、创新方法、继续教育、科技知识等培训。咨询服务是面向各级各类企业，特别是科技型中小企业，有针对性地动员和组织院士专家深入企业开展技术咨询、技术服务；鼓励企业与院士专家团队建立长效合作机制。人才服务主要是通过开展组织项目洽谈、技术推广、人才招聘等多种形式的对接活动，促进企业与人才的高效对接。研究服务就是引导科技工作者面向市场和社会需求开展应用型研究，鼓励科技工作者联合企业加强新技术新产品研发工作等。

（2）加强海外人才离岸创业基地建设，吸引各类海外高端人才来华创新创业。

以建设代理服务机构的方式与地方政府建立会商机制，以"优势互补、创新驱动、先行先试"为原则，与地方政府合作共建服务海外高端人才创新创业的综合服务平台，并引进高层次智库平台、新型科研机构、产业协同创新共同体、孵化器、社会投资等机构入驻，创新招才引智政策，吸引华人科技工作者、海外华人创业者、留学生等海外高端人才来华创新创业，并为其创新创业提供项目评价、创业孵化、资金支持等全方位服务（见图10）。

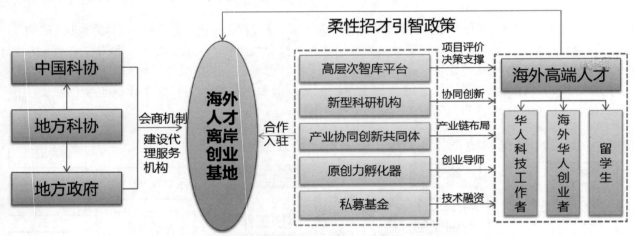

- **定位**：服务海外高端人才来本地创新创业的综合性服务平台
- **原则**：优势互补、创新驱动、先行先试

图10　海外人才离岸创业基地建设

优势互补：平台的建设要把科协组织的人才、技术等优势与地方良好的创新传统、雄厚的产业基础、优良的创新创业环境相结合，合力打造新的创新模式、创造新的经济增长点。

创新驱动：以科技创新为工作重点，着力完善创新生态体系，集聚更多优质创新要素和资源，推动地方经济创新发展。

先行先试：选择发展基础好、创新创业环境优的典型地区先行开展试点工作。

（3）以互联网思维创新科普工作，打造全方位科普工作体系，促进全民科学素质提升，为"大众创业，万众创新"奠定良好基础。

以先进技术推广、培养青少年科技兴趣等创新驱动对科普的需求为导向，利用"政府资本＋社会资本"方式，适应网络信息传播方式发展趋势，以科普信息化建设为龙头，充分运用互联网和先进信息技术，以"充分利用大众碎片时间""得粉丝得天下"等互联网思维改造科普内容生产、传播、服务等科普工作全过程，引导和动员科技工作者、企业等社会力量积极参与科普建设，打造"繁荣科普创作、拓宽科技传播渠道、完善科学教育体系、建立科普工作社会组织网络、培养科普人才队伍"等全方位科普工作体系，提升全民科学素质，激发创新兴趣，指引创业方向（见图11）。

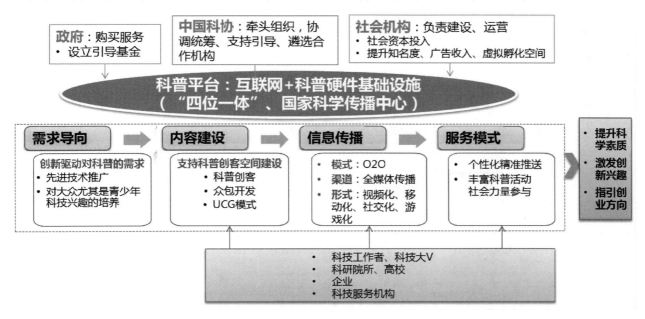

图 11　全方位科普工作体系

3. 促进科技创新治理现代化建设的机制

促进科技创新治理现代化建设，主要包括两方面内容：一是落实党中央、国务院关于中国特色新型智库建设的工作部署，构建以创新评估为特色的高端智库，推动科技决策民主化；二是引导学会积极承接政府转移职能，促进科技管理社会化，从而推进科技体制机制改革，实现科技创新治理现代化（见图12）。

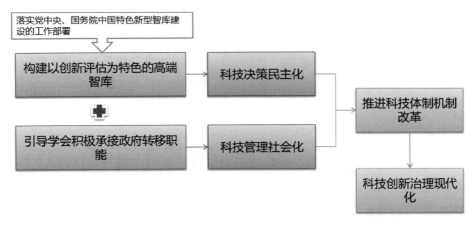

图 12　促进科技创新治理现代化建设的机制

（1）以构建创新评估体系为抓手，着力打造专业高端智库，在国家科技政策、成果转化等方面发挥支撑作用。

组织地方政府、各级学会、社会机构等成立"小中心大外围"的工作联盟，以人工智能、大数据、众包技术、云计算等为技术支撑，以事实型数据资源为评估基础，以洞察技术热点、技术前沿、识别学科、技术融合的方向和趋势为目标，建立多元化评价方法，对创新主体利用公共和社会资源开展创新活动的能力、价值实现及其交易风险进行评估，实现为国家创新力的全球定位提供参考，为创新资源配置提供决策依据，为科技成果转化提供手段等功能。

创新评估要建立多元化的评价方法，引入文献计量分析、经济回报率分析、业内评价分析、回顾式检验分析和定量指标分析方法，减少单一评价对投入和产出的局限认识。利用大数据技术实现从经验化评估向可视化评估的转变；并将评估流程建立在事实数据基础之上，增强公开透明和客观权威。

因此，创新评估体系应该具备五个主要功能：为国家创新力的全球定位提供参考、为创新资源配置提供决策依据、为科技成果转化提供手段、成为科技金融结合的纽带、保障经济产业安全（见图13）。

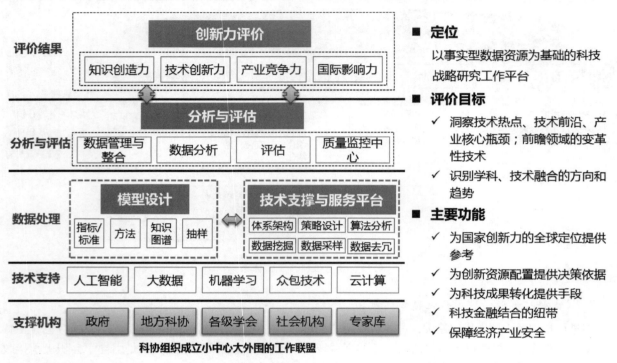

图 13　创新评估体系

其中，在为科技成果转化提供手段方面，建议开展科技成果评估，以其形成的成果数据库为基础，吸纳技术交易、社会投资等专业服务机构合作，搭建科技成果转化服务交易平台，为科技成果供需双方提供专题展会、交易咨询、技术评价、交易审核等服务（见图14）。

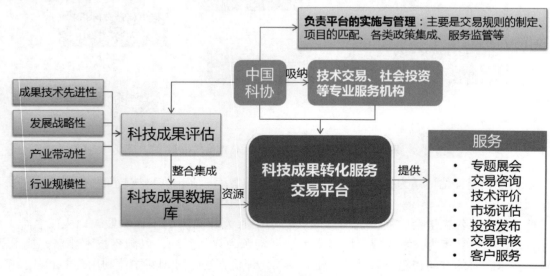

图 14　科技成果转化服务交易平台

（2）构建承接政府转移职能服务平台，增强学会承接能力和效率。

以"政府主导、科协主动、规则公开、严格监督"的原则，联合政府、各级学会共同搭建承接政府转移职能服务平台，为各级学会有序承接政府转移职能提供信息、咨询等服务。其中政府部门为平台提供转移职能清单；中国科协负责平台的运营管理，建立健全以科协为平台，有关政府部门指导支持，社会力量广泛参与的学会指导、扶持和监督体系，对承接职能的学会的实施绩效、履职尽责等情况进行评估评鉴和监督检查（见图15）。

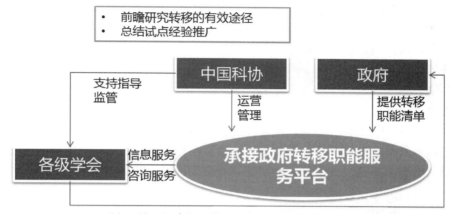

图15　承接政府转移职能服务平台

中国科协要引导和鼓励各级学会围绕政府职能转变、科技体制改革、社会治理创新需求，以科技评估、工程技术领域职业资格认定、技术标准研制、国家科技奖励推荐等适宜学会承接的科技类公共服务职能的整体或部分转接为重点，加强制度和机制建设，完善可负责、可问责的职能转接机制，指导学会积极稳妥有序承接政府转移职能，努力拓展社会服务领域，深入探索承接政府转移职能的有效途径和成熟模式，建立符合公共服务特点的运行机制和监管机制。同时，各级学会可以积极探索行业管理服务新模式，通过平台反馈给政府，让政府看到行业管理的新经验新模式并积极采用，并反向思维将其管理职能转交给学会。

4. 创新人才服务机制

以激发科技工作者服务创新驱动发展积极性为手段，以强化科技人才创新创业能力为导向，建立健全"人才培养、引进—人才评估—人才举荐、奖励"一体化人才服务体系，推动创新型人才队伍建设（见图16）。

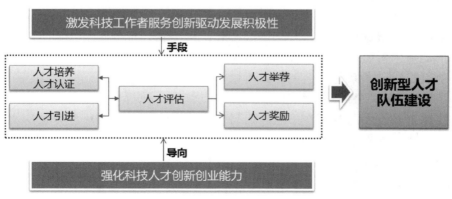

图16　创新人才服务机制

（1）建立健全创新人才培养、评价、流动机制。

创新人才培养方式。改革基础教育培养模式，尊重个性发展，强化兴趣爱好和创造性思维培养，建立以创新能力为导向的人才培养方式；重点培养领军人才、青年骨干和优秀科研组织，加强高端创新人才和产业技能型人才培养体系；鼓励人才培养机构顺应互联网发展趋势，积极探索O2O在线教育培养模式。

建立分类评价机制。根据不同创新活动特点和人才成长规律，建立分类评价标准，并加大科普创作、技术创业等在评价标准中的比重，激励科技工作者积极参与科普创作和创新创业。

建立健全人才双向流动机制。改进科研人员薪酬和岗位管理制度，支持科研人员在事业单位和企业间合理流动。发挥高校科协作用，试点高等学校设立一定比例流动岗位，吸引有创新实践经验的企业家和企业科技工作者兼职。

（2）构建完善的科技工作者工作支撑平台，及时准确反映科技工作者真实状况和想法，为更好地服务创新人才提供依据。

以大数据、云计算、人工智能等为技术支撑，完善调查站点工作平台，构建在线调查系统、网络舆情监测系统、调查数据统计分析系统和地方科协调查工作支持系统，共同构成科技工作者工作支撑平台，为中央及时准确掌握科技界信息、满足地方转型发展对人才支撑的需求提供服务（见图17）。

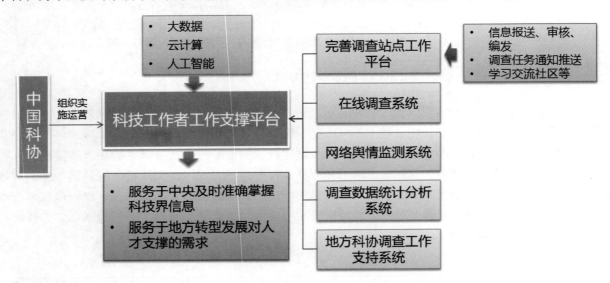

图17 科技工作者工作支撑平台

完善调查站点工作平台，重点是要加强信息报送、审核、编发，调查任务通知推送，学习交流社区等的建设，推动科技工作者状况调查更上一个台阶。具体实施层面：一是要在现有科技工作者调查站点基础上，根据科技工作者队伍规模和结构变化，进一步加大调查站点规模，优化调查站点布局，推动中国科协、省、市各级科协建立各自的调查体系；二是将科技工作者调查站点建设与基层科协组织建设联系起来，一方面可以将科技工作者调查站点广泛设在企业科协、高校科协等现有基层科协组织，另一方面可以将调查站点作为一种新型基层组织，在科技工作者密集的地方广泛建立调查站点，通过调查站点深入科技工作者之中；三是应充分运用大数据技术收集信息，建立数据采集、追踪、统计分析和预测于一体的调查数据平台，提高统计分析与预测能力。

5. 民间科技开放合作机制

充分发挥科协组织民间科技交流合作优势，依托"一带一路"重大战略机遇，加强"一带一路"科技交流合作；实施国际影响力提升一揽子行动计划，增强我国科技界的国际话语权（见图18）。

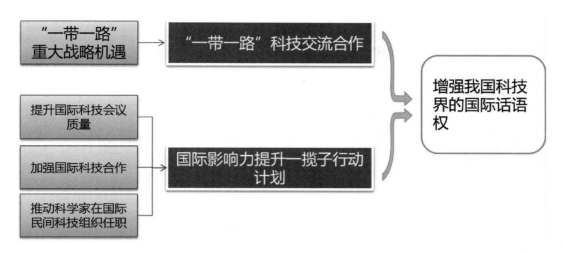

图 18　民间科技开放合作机制

（1）以人文交流和技术合作为切入点，加强与"一带一路"相关国家的科技交流合作。

科协组织应借鉴国际科学合作中"共同设计、共同运作、共享成果"的方式，组织引导两级学会、科技工作者和企业科协，积极配合外交部、科技部等部委，以技术合作为切入点，联合共建实验室或科研机构，以联盟或联合的方式，加强与"一带一路"相关国家开展科技合作，广泛开展学术交流，促进科技成果转移（见图 19）。

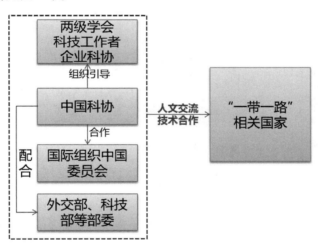

图 19　"一带一路"科技交流合作工作机制

中国科协可在国际科技组织中发挥作用，如开展专题研讨，扩大"一带一路"战略的价值认同。应根据学科特点，自下而上、自上而下和顶层设计共同驱动，形成实施规划和项目，服务国家"一带一路"战略。

（2）实施"国际影响力提升一揽子行动计划"，推动科协组织成为国际科技合作的战略高地。

与外交部联合设立专项基金，实施"国际影响力提升一揽子行动计划"，采取以奖代补方式，鼓励引进更多世界一流学者来华开展学术交流，坚持引进来与走出去相结合，支持在华召开更多高层次国际学会会议，提升国际学术会议质量；鼓励创新"海智计划"理念与实施方式，促进更多国际科技项目合作；采取直接奖励的方式，引导推动更多科学家在国际民间科技组织任职，不断增强我国科技界的国际影响力和话语权（见图 20）。

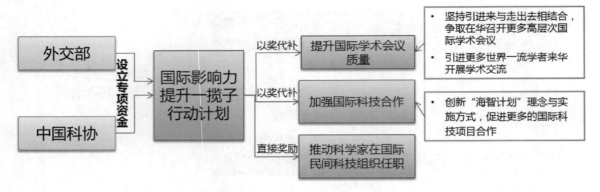

图20 国际影响力提升一揽子行动计划

6. 服务地方经济发展机制

主要开展两项具体工作：一是以学会为主体，实施创新驱动助力工程，设立学会服务站、创新联盟，加强会企联合，为地方经济社会发展提供科技服务和人才支撑；二是以基层科协和社会化创新服务体系为主体，以加强先进技术与模式引进推广、打造战略新兴产业协同创新共同体等方式，为传统产业转型升级、战略性新兴产业培育、现代农业发展、低碳城市与生态环境建设等提供人才和技术支撑（见图21）。

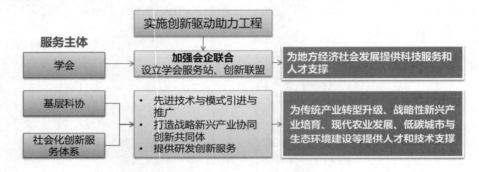

图21 服务地方经济发展机制

（1）全面推行"创新驱动助力工程"，充分发挥学会智力资源优势，推进学会为地方经济社会发展提供科技服务和人才支撑。

首先，由中国科协，地方政府、地方科协、企业多方共同推动，形成"由地方政府提出需求，中国科协宏观指导，地方科协协调配合，区域企业协助"的长效合作机制。采取以奖代补的方式，引导设立创新驱动助力示范区；采取购买服务的方式，鼓励所属全国学会承接地方政府关于产业升级、规划设计等重大、综合需求项目；联合设立转化基金，开展技术开发、标准研制、技术诊断、人员培训等项目。

一是地方政府提出需求。由省级人民政府推荐辖区内一个地市级城市作为创新驱动助力工程试点。试点地方政府根据当地实际情况，就经济社会发展、产业结构调整等方面的战略发展问题提出需求，并组织当地企业就技术路线设计、关键共性技术问题等提出具体需求，联合中国科协和全国学会共同在示范区设立学会服务站，为学会服务站提供必要的场地和人员保障，协助其开展工作。

二是中国科协宏观指导。中国科协根据学会和示范区实际情况确定实施创新驱动助力工程、建立示范区的方向原则、主要内容、组织模式、运行机制、保障措施，形成创新驱动助力工程服务方案。遴选有关全国学会与示范区的需求直接对接，组织专家实地调研，开展研讨，指导地方科协开展创新驱动助力工程，并对实施过程和实施成效进行监督和评估。

三是地方科协协调配合。省级科协做好与省政府和地市级政府的沟通协调，配合中国科协与省政府签订有关合作协议。地市级科协配合当地政府收集汇总需求信息，积极推动建立学会服务站或创新联盟，做好服务工作。地方科协要动员地方学会和相关组织积极与有关全国学会对接，参与创新驱动助力工程具体项目，提升地方学会服务经济社会发展能力（见图22）。

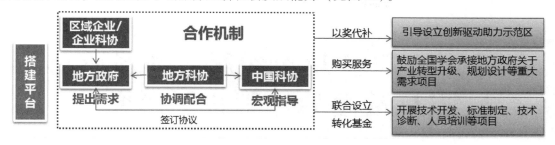

图22　"创新驱动助力工程"合作机制

其次，构建"中国科协宏观协调、全国学会具体实施、地方重点企业牵头对接"的运行机制，全国学会与重点企业以联合共建学会服务站和创新联盟的方式为企业创新提供服务。其中，中国科协主要发挥学科齐全、联系广泛的优势，将服务学会能力提升和服务地方经济社会发展有机结合，搭建好平台，做好服务。全国学会推荐有关院士专家组成具备解决需求能力和水平的专家团队，整合科研院所、高等院校、国有企业的各类创新要素，为示范区提供技术、人才、项目服务。试点城市重点骨干企业负责牵头，联合当地其他同类企业，形成产业集群，就共性技术难题提出需求，选派优秀技术人员组成协同攻关团队，与全国学会推荐的专家直接对接（见图23）。

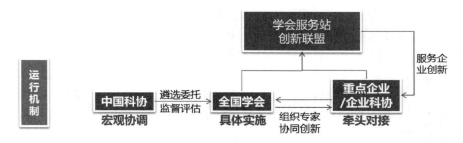

图23　"创新驱动助力工程"运行机制

（2）充分发挥基层科协组织和社会化创新服务体系作用，完善服务地方经济发展工作机制。

一是在传统产业转型升级方面，依托科普网络体系，向地方推广新技术及转型升级成功模式；利用"科技信息服务企业创新"项目库的国外专利信息资源，引进先进技术和先进模式，为传统产业转型升级提供技术和模式支撑。

二是在战略新兴产业培育方面，以积极推广引进先进技术和模式、搭建产业协同创新共同体和开放式创新网络等方式提供研发服务和技术支撑。

三是在现代农业发展方面，充分发挥农技协作用，依托农业科普体系，开展农业先进技术和模式的推广和服务；打造农业协同创新共同体，开展行业关键技术和共性技术的研发服务。

四是在低碳城市和生态环境建设方面，充分利用社会化创新服务体系，加强先进节能环保技术的研发和引进。

7. 推动企业科技创新机制

推动企业科技创新应重点围绕两个方面开展工作：一是整不断加强企业科协建设，加强科协服务企业的组织保障；二是探索科协组织为企业提供服务新模式，努力打造科协组织、企业双赢局面，为持久的合作提供动力。

（课题组成员：武文生　夏　蕊）

"十三五"科协组织服务创新驱动发展战略的体制机制研究

深圳市科技创业俱乐部课题组

一、"十二五"期间科协组织服务科技创新驱动发展的回顾

中国科协是中国科技工作者的群众组织，是党领导下的人民团体，与创新驱动发展战略的实施具有天然的联系，承担着创新驱动发展的重要使命。"十二五"期间，科协组织团结带领广大科技工作者增强自主创新能力、建设创新型国家做了大量富有成效的工作，切实履行了"三服务一加强"的工作职能，开创了科协工作的新局面。主要表现在以下4个方面。

一是致力于促进科学技术繁荣和发展，为经济社会发展服务。注重增强我国自主创新能力，积极参加国家创新体系建设，通过搭建不同形式、不同层次的学术交流平台，进一步提高学术交流质量和实效；推动产学研结合，采取院士企业专家工作站等形势，把更多创新要素向企业集聚，为加快构建以企业为主体、以市场为导向、产学研相结合的技术创新体系，促进科技成果转化为生产力发挥了重要作用；通过实施"学会能力提升专项"和"科技期刊国际影响力提升计划"等工作，全面提升学会在学术引领、组织协同创新、促进成果转化、培养举荐人才、强化咨询评估功能等方面的能力，激发学会和广大科技工作者创新活力，进军科技创新和经济建设主战场，努力成果国家创新体系的重要力量。

二是致力于促进科学技术普及，夯实创新驱动的群众基础。"十二五"期间，中国科协履行全民科学素质行动计划纲要实施工作办公室职责，围绕全面建设小康社会奋斗目标，奠定坚实科技和人力资源基础，将普及科学技术、提高全民科学素质作为重要任务。推动政府、企业、全民参与，广泛深入开展群众性、基础性、社会性科普活动，推动形成了社会化科普工作格局，为我国实施"大众创业、万众创新"战略积累深厚的群众基础和人才基础。

三是致力建设科技工作者之家，建设创新人才的精神纽带。"十二五"期间，中国科协各级科协组织努力打造在党委和政府同科技工作者之间的畅通稳定的双向沟通渠道，深入开展科技工作者状况调查，及时准确掌握科技工作者在就业方式、科研环境、生活状况、流动趋势、思想观念等方面出现的新情况新问题，反映和推动解决科技工作者关心的实际问题。

四是不断深化对外科技交流与合作，大力引进全球创新资源。"十二五"期间，中国科协及所属学会共加入各级科协及两级学会加入国际民间科技组织677个。其中，所属全国学会加入的组织405个，占59.8%，省级学会加入的组织252个，占37.2%。这些组织几乎覆盖了自然科学领域所有重要的国际组织，在民间国际科技交流研讨中，我国科学家的国际话语权和影响力明显增强。不断提升"海智计划"水平，依托深圳前海、上海自贸区、武汉光谷等创新创业密集区，建设海外人才离岸创业基地，运用更加灵活的支持手段和更有吸引力的政策措施，吸引各类海外高端人才来华创新创业。

二、科协组织在服务创新驱动发展战略中的优势及不足

（一）创新驱动发展战略的新要求

2014 年 8 月 18 日，习近平总书记主持召开中央财经领导小组第七次会议，研究实施创新驱动发展战略。习近平阐述了实施创新驱动发展战略的基本要求，提出 4 点意见。一是紧扣发展，牢牢把握正确方向。要跟踪全球科技发展方向，努力赶超，力争缩小关键领域差距，形成比较优势。要坚持问题导向，从国情出发确定跟进和突破策略，按照主动跟进、精心选择、有所为有所不为的方针，明确我国科技创新主攻方向和突破口。二是强化激励，大力集聚创新人才。创新驱动实质上是人才驱动。为了加快形成一支规模宏大、富有创新精神、敢于承担风险的创新型人才队伍，要重点在用好、吸引、培养上下工夫。三是深化改革，建立健全体制机制。要面向世界科技前沿、面向国家重大需求、面向国民经济主战场，精心设计和大力推进改革，让机构、人才、装置、资金、项目都充分活跃起来，形成推进科技创新发展的强大合力。要围绕使企业成为创新主体、加快推进产学研深度融合来谋划和推进。四是扩大开放，全方位加强国际合作。要坚持"引进来"和"走出去"相结合，积极融入全球创新网络，全面提高我国科技创新的国际合作水平。

（二）科协组织服务创新驱动发展战略的优势

在政府简政放权、职能转移的大背景下，在"有效市场"和"有为政府"双轮驱动的前提下，如何进一步统筹科技类社会组织的优势，激发形成三轮驱动的合力，对于营造创新驱动发展的生态环境具有重要意义。科协组织作为党委市政府联系科技工作者的桥梁和纽带，是科技类社会组织的大管家和总枢纽，联系着全国的专业学会和科技类社团，直接贴近科技工作者和企业创新需求，熟悉科技创新脉络。由于其地位的超脱性，在服务以人才为核心的创新驱动发展战略中具有先天优势。

一是体制机制优势。科协组织是党委领导下的人民团体，不同于政府部门依靠行政审批开展工作，相比较而言，科协地位超脱，可以从自身的定位和组织性质出发，创新性的设计针对创新驱动发展过中所需的一些具体工作，并通过这些工作达到科协组织的服务目的。

二是专业化服务优势。就一般意义上的科技服务而言，很多机构都能够参与，但要把科技服务上升到专业性、系统性、战略性，科协的优势就得以体现。科协组织往往可以针对某项需求，通过前期战略性研究、中期的跟踪判断、后期的信息反馈等提供全程的服务，成为建设服务型政府的有效补充。

三是组织优势。据统计，截至 2014 年底，国内各级科协组织 3222 个；中国科协所属全国学会和委托管理学会 200 个，全国学会团体会员 56171 个；各省级科协所属省级学会 3938 个，省级学会团体会员 184357 个；企业科协 21931 个，高校科协 703 个，街道科协（社区科协）11179 个，乡镇科协 30236 个，农技协 110442 个。这些科协组织，构成了一张庞大的循环网络，可以通过这张网络深入到我国创新驱动的任何一个环节。

四是专业、平台和渠道优势。各级科协组织的所属学会涵盖了我国各类型自然科学，是我国科技工作者的核心聚集地。仅 2014 年，各级科协和两级学会举办学术会议共 26592 次。举办国内学术会议 24353 次，举办境内国际学术会议 1852 次，举办港澳台地区学术会议 387 次。其中，高端前沿学术会议 7749 次，占 29.14%；综合交叉学术会议 9174 次，占 34.50%；学术服务会议 9669 次，占 36.36%。参加人数 438.7 万人次。其中，企业科技工作者 94.6 万人次，占 21.56%。交流论文 91 万篇，科协组织的科技交流活动，可以为科技工作者提供合作的平台，在交流中合作、创新。

（三） 科协组织服务创新驱动发展战略的不足

一是地方科协组织的边缘化现象明显，降低了其服务创新驱动发展的影响力。在国家层面，中国科协组织依靠全国学会和中央机构、科研院所等事业单位以及国企科协等之间的联系，具有较高的知名度。而对于地方科协组织而言，科协组织长期受制于科技行政部门的影响力，尤其是深圳等大规模依靠民营经济推动发展的后发地区，科协组织的影响力以及对科技工作者的凝聚力仍显不足。

二是科协组织面向经济主战场的意识不够强烈，自身的优势没有充分发挥。长久以来，科协组织疏于对创新驱动发展战略的理解，没有意识到创新驱动发展的紧迫感，工作思维和工作模式停留在固有阶段。服务"以企业为主体的技术创新体系"的工作仍待进一步深化。我国提出建设以企业为主题的技术创新体系，但从科协全委会报告和领导报告中可以看出，科协组织与企业之间的互动联系仍然匮乏。

三是重点工作仍有提升空间。如全国学会和地方学会的资源互通体制仍未实质性建立。以科技工作者调查和获得领导批示为主要目标，推动产业提升和发展的直接效果不明显。"海智计划"、"离岸基地"的效果评判机制和运作模式等有待完善，原始的会议、交流合作等形式的效果评价以及后续跟踪和服务链条有待建立。

四是缺乏对影响创新驱动微循环要素的关注，而自身的组织性质定位无法直接解决此方面难题。深圳科协针对科技人才的一项关于创新驱动发展的调查显示：认为影响自主创新的主要外部因素依次为：财政支持力度不够、缺乏相关政策支持、产学研合作难度较大、市场竞争残酷和知识产权保护不力等；影响企业自主创新的主要内部因素有研发投入不足、缺乏高素质技术人才队伍和缺乏有效的激励机制；影响本单位科技人员从事技术创新活动的主要因素有技术创新投入不够、缺乏创新战略规划、缺乏技术带头人和物质激励不够等。

三、科协组织服务创新驱动发展的案例研究

（一） 江苏省科协——发挥学会组织优势，服务创新驱动发展

江苏省科协服务创新驱动发展战略的总的特点是，利用科协的信息、网络资源为产学研提供人脉关系和产业发展的方向；利用科协的专业学会服务能力为企业技术突破提供支撑；发挥企业科协在服务创新驱动发展过程中的作用，构建扁平化的平等对话机制，破除科技研发中的行政思维，激发科技人才的创新激情等。

1. 江苏省科协学会工作的方式方法

一是牢牢把握党的十八大和十八届三中、四中全会精神，找准有利于发挥学会组织专业作用的定位。三中全会提出了社会治理体系和能力现代化的要求，要更加清醒地认识学会在社会治理体系和能力现代化中的作用，助推社会的公平发展。二是要严格建立能负责、能问责的自我发展机制，破除自我发展中的约束因素。通过学会组织建立更有权威的专家委员会开展各项工作。健全理事会、监事会的各项制度，确保学会的自我发展、自我约束、自我提升。三是加强党建强会，注重自然科学党委、学会专职班子党委组织建设。充分认识到学会组织作为一个社会组织的特殊性，在核心技术领域发挥重要作用的同时一定要注重政治性、先进性、群众性，把党的群众工作通过学会组织进行贯彻落实。四是加强秘书长专职化队伍建设。强调示范学会按照专业化、专职化的要求，在63个省级学会建立专职化秘书长工作班子；通过明确学会的岗位职责要求，激发学会工作人员的积极性，并通过面向社会招聘专门的社工人才队伍，补充壮大学会工作队伍。五是进一步加强会员队伍建设。合理的会员人才结构对于学会发展具有重要作用，注重吸引千人计划人才、双创人才（江苏省高层次创新创业人

才）进入会员队伍，注重吸引大学生、研究生进入学会组织，保持学会发展的旺盛活力。六是注重学会工作体制机制创新。重点扶持50家专特优精的学会群，形成内部的自我发展机制，不断承接政府职能转移，全方位参与社会管理。

2. 江苏省学会发展呈现的特点

通过调研江苏省军工学会、江苏省电子学会、江苏省化学化工学会、江苏省预防医学会，发现它们呈现出5个特点。一是学会制度建设情况完备。几个学会都建立了完善的会员管理与服务规定、人力资源管理制度、财务及资产管理制度、秘书处学习与工作交流制度等。二是承接政府职能转移情况较好。如江苏省化学化工学会、江苏省电子学会、江苏省军工学会受委托编制省市行业或产业发展规划，相关工程师资质认定工作，受委托起草相关行业政策、受委托开展学科与产业战略性研究等，相关研究获得省市领导的批示。三是学术及科技活动建成品牌。学会定期举办学术交流活动，激发了会员参与的积极性，如江苏省预防医学会组织的传染病技能竞赛、江苏省化学化工学会组织的全国大学生数学化学竞赛活动以及众多全国性学术会议。江苏省预防医学会设立并评选江苏预防医学科技奖等。四是注重发挥舆论阵地的作用。如江苏省化学化工学会出版有学术期刊《江苏石油和化学工业通讯》《江苏化工商情》，江苏省预防医学会出版有学术期刊《中国校医》《江苏省预防医学会》等，江苏省电子学会编辑有会议论文集等。五是各学会都注重发挥专业委员会的作用。召集专业团队，对相关问题提出有针对性的解决方案，通过奖励性措施，提高专业委员会在学会工作中的地位。

江苏省科协学会工作尤其是在服务学会能力提升服务创新驱动发展战略等方面在全国一直走在前列。2013年3月27日，江苏省科协印发《关于提升学会服务科技创新能力计划实施方案（试行）》，方案以机制创新引领发展，以"奖"、"项"资助为主要方式，分别设置了综合示范学会奖（一二三等奖各10个，分别奖励50万元、40万元、30万元），科技思想库项目30个（分别给予4万～5万元支持），学会牵头的协同创新服务示范基地10个（分别给予20万元支持），科技服务站100个（分别给予4万元支持），首席专家项目100个（每人给予2万元支持），学术重点创新45项（每个给予2万元支持），精品科技期刊项目10个（每个给予8万元支持），优秀学会网站项目5个（每个给予2万元支持），极大地激发了学会的积极性、主动性、创造性。2013年12月17日，江苏省委办公厅印发《关于进一步加强省科协及所属科技社团科技服务职能的意见》，更加明确了江苏省科协及所属科技社团进一步加强科技服务职能的10项重点工作，包括：①科技奖项评审，即奖励推荐、评审，省属学会设立科技奖项等；②科技评价和技术鉴定，即省属学会承担标准规范制定、项目评估、鉴定、咨询论证等工作；③人才评价，即职称评审、执业资格认证等工作；④专业技术人才培训和教育；⑤科普基础设施建设；⑥科普传播能力建设；⑦科普产业发展；⑧青少年科技教育；⑨对外科技交流与合作；⑩科技社团管理服务。意见明确了为科协及所属科技社团发展创造良好条件，要求强化统筹协调、稳妥有序推进、重视宣传引导，尤其是要求加大支持力度，将实施科技社团能力提升计划所需经费列入财政预算。2014年9月28日，江苏省科协根据江苏省人民政府办公厅意见要求，印发了《省科协所属学会有序承接政府职能转移职能试点工作座谈会精神贯彻落实方案》，积极推进22个承接政府职能转移试点项目的实施工作，成立试点工作领导小组，建立试点工作制度（学会项目负责人制度、例会督导制度、信息交流制度、分工负责制度等），制定22项承接政府职能转移工作的任务分工表，提出时间进度和责任人，做到有监督、有评估，保障了试点工作的快速推进。

（二）深圳市科协——打造国际创新驿站，引进国际创新资源

1. 创新驿站概念的提出

深圳国际创新驿站计划是深圳科协在长期服务创新人才和项目时经过多次案例积累和实践，于2012年提出的一个基于人才引进和服务的工作平台。创新驿站依托深圳市科协积累的国内外创新资源，以及深圳的创业创新环境，针对项目和团队引进服务链条缺失的现状，着眼于团队和项目早期的

落地服务，建立创新项目和团队引进的完整服务流程，使其成为项目落地、成长的中转站和加速器，在项目不具备办理工商注册等情况的前提下进行两到三个月的前期筹备服务。在项目进入驿站以后，由市科协的专业化服务团队免费帮助其进行项目推介、工商注册、企业选址、融资咨询等，保证项目及团队顺利落地。

2. 深圳科协打造创新驿站的背景

一是固有的创新人才流动模式被打破，引入国际人才成为未来发展趋势。随着改革开放的深入，国内自主创新的格局发生了深刻的变化。深圳本土成长的人才还不可能填补人才引进渠道萎缩造成的人才赤字，传统的境内人才资源整合模式已经难以支持深圳建设国家创新型城市的需要，唯一可行的中期替代方案是国际化的人才资源整合模式，从境外开拓新的人才引进渠道对于深圳而言已经是刻不容缓的课题。二是深圳市需要引入国际创新资源以寻求新的突破。从目前情况来看，深圳技术进步同样需要利用国际化来取得新的突破，通过国际范围内的技术合作和技术转移来实现深圳高科技产业的提升也是必要的选择。依靠境内创新资源整合的战略遭遇挑战，未来深圳创新资源增量部分的主要来源将转向境外，国际化逐步成为深圳建设国家创新型城市的内在要求。三是招才引智动作大、成效小，顶端人才水土不服会导致其流失。针对此项特点，深圳市科协提出了全天候、保姆式服务的国际创新驿站概念，使海外高层次人才落地以后便有一个办公的落脚地，提前进入工作状态，提前接触到深圳市创新创业的土壤。综上所述，国际创新驿站可以成为海外创新人才回国考察深圳、往返深圳与国外的临时落脚点；落户深圳时进行团队搭建、项目交流的办公场所；发展壮大时获取政府创新创业项目的信息集散地。

3. 深圳科协国际创新驿站的特点

一是临时性。创新驿站将根据团队人才数量和规模，为入驻团队提供 2 个月的免费入驻时间。在实际操作过程中，很多团队往往不到 2 个月便寻找到更好的场所进行孵化，而有的团队可能会延长一些，服务团队会与入驻团队进行实时沟通，根据实际情况适时调整。同样的，市科协引入的很多团队有的会直接落地其他产业园区或者企业，而不需要实际进驻创新驿站。这便催生了市科协提出"大驿站"的概念，将国际创新驿站做成是一个招牌，或是一个精神聚集地，现实中则意图打造一个创新创业的完整服务链条。通过加强与区级政府的交流和合作，通过共同创办创业园区形成市区联动的机制，进一步完善"人才引进—落地服务—创业服务—后续支持"的完整服务流程。

二是开放式。入驻创新驿站的团队可以是 3~5 个人，也可以是 10~12 个人，他们在入驻以后并没有明显的区域界限，而是按照"填数字"的方式哪里有空就坐哪里，极易形成一个学科交叉的物理群落，不同的专业与技术优势往往能够产生新的创新创业机会，也能够互相扩大人脉圈与产业圈，在信息交流中更加熟悉深圳的创新创业政策与扶持政策。

三是全免费。深圳市科协在上报市政府的方案中提出 3 个月的免费期，由市科协专业服务人员帮助驿站内的团队办理银行开户、验资、企业注册（民办非企登记）、税务登记、组织机构代码、出站场地推荐等事务的办理，按以往惯例计算，3 个月的时间可以办完以上所有流程，促使团队尽快落地。后经过与财政部门的讨论，为了激励市科协引进更多团队，加快创新驿站使用频率，同时也为了增加入驻团队的紧迫感，参照以色列等国相关驿站免费入驻的经验，最终确定了深圳国际创新驿站提供 2 个月的免费期。

四是选择性。入驻创新驿站的团队都需要经过专家评审，而评审的标准则是从深圳建设战略性新兴产业、未来产业等需求出发的。光启研究院因其在超材料学科的独创性和开拓性，获得广东省创新创业团队的资金支持，被深圳市政府选为 2010 年深圳十大自主创新工程，并列入深圳市"十二五"计划重点支持的科研平台机构；国创新能源团队获深圳市 2012 年孔雀计划最高额度 8000 万的资金支持；韩合集成电路研究院每年能够从韩国知识经济部获得 200 万~300 万美元的研发资助。圆梦精密制造技术研究院获 2013 年广东省创新团队 2000 万元和深圳市孔雀计划 4000 万元的资金支持。2012

年从美国引进的博普科技团队，主要进行科技和金融相结合的技术研发，目前已经在管理有关机构发行超过 10 亿元规模的金融产品，并成功吸引了一批具有麻省理工学院、斯坦福大学、普渡大学等教育和研究背景的人才落地深圳。更为重要的是，上述研究院的公共研发和产业化支持平台带动了深圳在新能源、新材料、精密制造等上下游关联产业的快速发展。

4. 科协组织所发挥的作用

一是创新驿站由科协组织来做的原因。从引进团队的经验来看，市科协和每个引进成功的重点团队的沟通次数都不下 50 次，从项目的征集、落地、基本建设以及后续的服务，需要一整套的工作架构，每一个环节都需要密切跟踪，帮助解决相关问题，稍有疏忽便导致优秀项目的流失，而科协作为地位超脱的人民团体，在专注于人才引进工作具有无法比拟的优势。科协可以针对某项需求，通过前期战略性研究、中期的跟踪判断、后期的信息反馈等提供全程的服务，成为建设服务型政府的有效补充。

二是创新驿站与孵化器的不同之处。国际创新驿站的建设，旨在发挥市科协在引进海外创新创业团队的专业化服务职能，在团队尚不具备入驻创业园区的条件下，提供免费的全程落地服务，从根本上区别于"创业园"模式。创新驿站从某种意义上来讲，是一种孵化前期的过渡，团队基本不具备融资的能力，如按照孵化器模式，因为收费和财务手续等问题，团队入驻驻创新驿站和入驻其他创业园区没有区别，创新驿站则没有存在的意义。

四、"十三五"期间科协组织服务创新驱动的体制机制重构

（一）进一步增强科协的社会影响力，吹响服务创新驱动发展的号角

一是树起科协组织大旗，凝聚最广泛的社会资源。进一步加大对科协组织的宣传力度，通过中国科协自上而下的推动，助力提升地方科协组织在党委、政府工作大局中的地位。实施科协组织形象提升工程，通过组织各种活动，提升科协组织在科技工作者尤其是企业科技工作者的威信，使科协组织成为吸附各类科技人才的"磁铁"，成为创新驱动人脉资源的循环系统。

二是围绕创新驱动助力工程，积极参与建设区域创新体系。继续组织全国学会深入各地、深入基层，积极参与区域创新体系建设，利用全国学会的专业和人脉资源，以及地方的市场以及技术需求，激发全国学会组织成为推动地方经济转型升级的源头创新加速器，加大在战略咨询、关键技术攻关、人才引进、项目推荐、产学研协同创新平台建设、成果转化等方面的工作力度。进一步实施全国学会、地方学会、地方企业协同创新工程，倡导建立学会组织与投资机构的战略合作联盟，谋划建设会企联合创新工程。

三是推动融合式创新，使融合成为科协的专有特色。充分发挥科协组织跨学科、跨领域的集成优势，致力推动创新技术、创新意识、创新精神的融合，致力推动交叉学科的源头创新，通过与其他各类型组织的接触合作，进一步探索"科技＋金融"、"科技＋文化"、"科技＋物流"、"科技＋民生"、"科技＋生态"等创新发展新模式，使创新活动有抓手，创新过程有方向，创新技术有市场。

（二）发挥人才优势，建设服务创新驱动发展的高水平智库。

一是推动"学会—高校智库联盟"建设。以国际视野开展前瞻性战略研究，对中国创新发展的路径与模式进行探索，尽快形成具有指导意义和决策咨询意义的大型智库联盟。

二是推动"中国科协—地方智库"建设。在全国范围内开展中国科协智库服务团建设，把服务地方党委和政府的工作大局作为决策咨询的立足点，围绕区域创新体系的建设，组织学会、专家开展调查研究，成为助力地方发展的智囊团。

三是打造独立第三方评价系统，推动建设科技资源分配机制。竖起具有高水平、高标准的独立第三方评价大旗，承接政府项目立项、评审、资助等各个环节，探索与专业智库相结合的独立第三方科技评价体系，以更专业的战略眼光对创新团队引进、重大科技工程布局、科研项目支持以及基础研究的投入进行评估；积极为科技工作者代言，探索科技项目与财政年度预算脱钩的管理方式，避免突击花钱、仓促立项；探索资本、市场、项目竞标参与者共同参与的项目验收机制，倒逼项目实施的效果。

（三）坚持面向产业，打造科协系统的技术服务队伍

一是实施民办非企科研机构布局工程。从深圳科协的案例可以看出，采用民办官助形式设立的光启高等理工研究院、华大基因研究院、国创新能源研究院等一批新型科研机构由于避开了官办科研机构在评价体制和运行机制方面的束缚，体现出极高的创新效率和内在的产业化动力，很好地解决了我国在源头创新领域长期存在的"两张皮"的问题。建议中国科协在顶尖人才引进的同时设立专项，由各级科协组织帮助他们建设民办非企科研机构，直接将技术面向产业应用。

二是实施双向离岸创业服务工程。中国科协与地方政府合作，共同建设离岸创业服务基地，为海外的人才团队开展技术转移、技术融资及离岸创业等提供服务，为国内的企业、人才参与国际竞争开展服务。力争在3~5年内在深圳、北京、上海、武汉、天津等地打造一批具有科协特色的海外创新资源汇聚中心、专业化离岸服务中心、创业项目加速中心、国际创客合作中心，海外项目人才储备中心、项目成果发布中心，在硅谷、德国、日本等地建设一批具有国际影响力的中国科协离岸创业服务基地。

三是实施科技成果转化帮扶工程。认真研究在市场经济状态下，助推科技转化助的方法，推动科学研究、技术开发、市场应用之间的联系。整合学会人才、技术资源、资本资源，提高对企业技术创新的支撑能力。利用科协组织地位超脱的优势，组织建设具有猎头能力的天使投资联盟，以投资企业的信息、技术和市场理解能力，聚焦、保护中小企业、创新型企业、初创企业的创新发展。

四是企业科协和科技传播馆建设工程。充分发挥企业开拓市场、技术推广、形象宣传的积极性，利用大科协组织支持建设企业小科协组织，支持有条件的企业，参照科普基地或科技馆的标准建设企业科技传播馆，推动其参与科普宣传、科技交流，履行企业社会责任。

（四）在服务"大众创业、万众创新"中勇当先锋

一是加强创业创新知识普及教育，使大众创业、万众创新深入人心。在全国科普日、学术交流月活动中增加创业创新知识普及教育专场活动；组织学会和团体会员举办针对本专业、本行业的科学普及、科技教育活动；常年开展各种类型的科学技术普及活动等。

二是鼓励开展各类公益讲坛、创业论坛、创业培训等活动，丰富创业平台形式和内容。填报内容为"鼓励学会组织和科技社团通过申报自主创新大讲堂等品牌活动开展公益讲座；组织学会主动联系会员企业与我市的重点创客基地进行对接，通过论坛、培训等活动拓展创客视野"。

（课题组成员：周路明　康　哲　孙业帅）

科协科技服务业发展模式研究

北京科技咨询中心课题组

一、"十三五"时期科协科技服务业的总体要求

2015 年是中国科协"十二五"规划收官之年，也是全面深化改革的关键一年，应从服务创新驱动的视角，研究科协科技服务业当前面临的机遇和挑战、未来发展目标和发展模式，为科学制定科协"十三五"规划提供支撑。

（一）发展思路

以邓小平理论、"三个代表"重要思想、科学发展观为指导，深入贯彻落实党的十八大和十八届三中、四中全会和习近平总书记系列重要讲话精神，调动广大科技工作者参与科技服务业的积极性，按照需求导向、人才为先、遵循规律和全面创新的总体思路，充分挖掘科协在人才、组织和技术信息等方面的资源优势，充分发挥科协联系党、政府和广大科技工作者的桥梁与纽带作用，以营造良好科技服务业发展环境为目标，以激发科协组织创新潜力为主线，以各地科协和各级学会的科技资源为载体，有效整合资源，集成落实政策，完善服务模式，培育创新文化，为服务创新驱动发展和建设创新型国家提供重要保障。

（二）基本原则

坚持创新驱动。充分应用现代信息和网络技术，有效集成科技服务资源，构建大数据资源共享平台。创新科普传播模式，积极发展新型科技服务业态。持续推进创新驱动助力工程。

加强政策集成。有效承接政府职能转移，加大简政放权力度，优化市场环境，充分发挥市场配置资源的决定性作用。

体现开放共享。充分运用互联网和开源技术，构建开放创新创业平台，促进更多创业者加入和集聚。加强跨区域、跨国技术转移，整合利用全球创新资源。推动产学研协同创新，促进科技资源开放共享。

重视人才培养。积极利用各类人才计划，引进和培养科技服务高端人才，服务创新驱动发展。依托科协组织、学会，开展科技服务人才专业培训。

（三）重点任务

按照《中共中央关于全面深化改革若干重大问题的决定》《中共中央、国务院关于深化科技体制改革加快国家创新体系建设的意见》《国务院关于加快科技服务业发展的若干意见》等文件精神，秉承科协多年来的优良传统，贯彻新常态下创新驱动助力、"互联网＋"、"中国制造 2025"、众创空间等国家层面创新发展的重大举措，发挥各级科协组织及所属学会的科技资源和人才优势，本研究梳理

出科协"十三五"期间发挥其科技服务能力和创新能力的重点任务。

1. 研究开发服务

促进科技信息资源的利用，完善科技资源开发利用体系。促进各组织工作人员借助大量的数据挖掘技术对科技信息资源进行挖掘。运用云计算构建科技资源共享平台。针对不同类型自发的产学研合作网络或产业研发联盟，要配合政府加强投融资机制创新。

2. 技术转移服务

把握技术转移逐步形成产业的契机，继续打造"千会万企金桥工程"品牌项目，促进我国技术产权交易所和市场的健康发展。用3～5年的时间，组织1000个以上的学会，与10000家以上的企业开展合作，实现新增产值1万亿元以上，切实通过技术合作、成果转化等方式提升学会服务能力和企业创新能力。丰富项目资源和网络体系，扩大"种子资金"申报范围和资助力度，加大"金桥工程"表彰资助力度。加强示范基地（项目）和合作基地建设，培育和扶持一批自主创新优质项目向国际推广。

3. 检验检测认证服务

建立中国科协科技评价中心，开展对我国重大科技战略决策、科技专项战略评估；加强与政府有关机构特别是科技部、教育部、人社部、国标委、财政部、发改委等综合部门的合作，对相关专职人员和评估专家进行培训；充分发挥中国科协的人力资源优势，加强对制造业信息化建设的指导，提供及时的科技咨询。鼓励地方科协、各级学会组织开展第三方检验检测认证、技术标准研制与应用、相关信息咨询等服务发展，协助各级政府和行业协会完善行业质量管理标准体系。大力支持检验检测认证机构与行政部门脱钩，由科协和学会为承接主体，配合行业协会和龙头企业进行转企改制，加快推进跨部门、跨行业、跨层级整合与并购重组，培育一批技术能力强、服务水平高、规模效益好的检验检测认证集团。

4. 创业孵化服务

以我国人才强国战略为核心理念，开发利用海外智力储备，搭建海外智力回国创业的孵化平台。支持地方科协和各级学会自主开展海智计划项目，探索启动海外人才离岸创业工程，探索形成更加灵活、更加方便、更高水平的海外人才回国或来华创业的新模式。总结创客空间、创业咖啡、创新工场等新型孵化模式的科技服务功能，吸纳新型创新主体作为科协的会员单位，成立专门的职能机构来管理它们的创业活动，挖掘它们的创新潜力。

5. 知识产权服务

通过开展知识产权战略巡讲、推广国际先进技术创新方法和先进专利技术。各地科协和各级学会面向企业一线科技人员开展有针对性、重实效的科技培训和服务活动，提高企业一线科技人员的创新思维和技术创新能力，帮助企业培养优秀创新工程师队伍。提升企业自主创新能力，促进企业产生一批拥有自主知识产权的专利技术。

6. 科技咨询服务

围绕科技发展与应用中的重大问题开展决策咨询，及时发挥学科进展的重大成果，对科技改变生活的基本趋势和潜在的突破做出判断，并为制定实施符合国情的科技政策提供决策参考。组织地方科协、各级学会和科技中介服务机构，推动高新技术企业、高新技术产业园区、经济开发区等建立院士专家工作站，为企业提供集成化的工程技术解决方案，重点围绕企业重大项目需求和技术创新难题，开展联合研发和攻关；依托全国学会行业专家资源，加强调研，梳理产业技术创新共性需求，组建跨行业、跨学科、跨地区的科技专家服务中心，有针对性地解决企业延续性技术创新难题，培养行业企业科技专家带技术和成果深入企业一线，加快现有先进技术成果的推广应用。积极应用大数据、云计算、物联网等现代信息技术，挖掘数据开发信息资源，创新服务模式，搭建网络化、集成化资源共享平台和科技咨询服务平台。

7. 科技金融服务

充分利用科协各类科技人员智力密集、人才荟萃的优势，促进科技和金融结合试点，探索发展新型科技金融服务组织和服务模式，建立适应创新链需求的科技金融服务体系。科协投资应当以"价值投资，服务增值"为核心理念，依托地方高新技术企业的股东优势，开展直接股权投资、资本市场投资、风险投资等，逐步发展产业投资基金和投资银行业务。

8. 科学技术普及服务

依托国家级科技思想库，提升各省市科协的科技服务工作能力和成效，跟踪国外的最新科技动态，服务社会各界与企事业单位决策者，扩大科技思想库的边界，以扎实有效的科技思想库建设带动科协事业创新发展。优化科普平台服务功能和科技规划咨询功能，推广"互联网＋科协"新兴科普模式，确保平台的科学性、时效性、原创性、互动性和无疆界性；大力整合科普资源，建立区域合作机制，逐渐形成全国范围内科普资源互通共享的格局；运用各类媒体资源创新科普传播渠道，加大科技传播力度；加大产品研发力度，建立移动科普信息平台、开发科普 APP 和电子版科技期刊等，开展增值服务。

9. 综合科技服务

将科协各个方面专业科技服务的创新服务能力进行集成化总包，在总体层面统一调配科协资源扩大综合科技服务优势，在产业全链条的高科技含量环节上集成创新，在产业集群和区域发展过程中打造科协科技服务品牌。

二、"十三五"时期科协科技服务业建设的重大工程

针对研究开发、技术转移、检验检测认证、创业孵化、知识产权、科技咨询、科技金融、科学技术普及等专业科技服务和综合科技服务领域，结合国际科技服务业的发展经验和我国社会经济发展现状，因地制宜地提出"十三五"时期科协科技服务业建设的重大工程，发挥科协对于我国科技服务业可持续发展的促进和指导作用。

（一）搭建科协组织大数据资源共享平台

1. 利用数据挖掘开发科技信息资源

2014 年 10 月 9 日，国务院印发了《国务院关于加快科技服务业发展的若干意见》。其中重点任务第六条指出要加强科技信息资源的市场化开发利用，政府已把对科技信息资源的市场化开发利用提上了日程。一方面，科协要促进各组织工作人员借助大量的数据挖掘技术对科技信息资源进行挖掘。另一方面，科协要促进科技信息资源的利用，完善科技资源开发利用体系。

在大数据的大背景下，科协运用数据挖掘技术，实现科学成果的定制化服务，建立集科技成果定制、科技成果展示、技术评估、成果交易、科技金融、创业服务等功能于一体的大数据平台，改造提升现有网上技术市场功能。平台的建设可分为大数据处理系统和综合评价服务对接系统两方面内容。其中，大数据处理系统，主要进行科技成果产出和需求数据的收集和分析。综合评价服务对接系统以专业的科技咨询服务人员为骨干，组织科技成果供需定制服务，完成科技成果供需主体的对接，并进行绩效跟踪和评价工作。

2. 运用云计算构建科技资源共享平台

科技资源的共享一直是科技界呼吁却没得到切实解决的问题，其中对科学数据、科技文献、大型仪器设备、自然科技资源等的共享环境条件建设反响尤为强烈。所以打破科技资源壁垒，实施科技资

源共享，是国家发展战略的必然要求。科协应当整合组织内部的科技资源，采用云计算模式，搭建面向全国的科技资源共享平台，为科技创新发展提供良好的环境，让科技资源得到科学管理和高效利用，解决我国科技资源分布不均给科技资源造成浪费和匮乏并存的现象。

3. 应用大数据建设中国特色新型智库

中共中央办公厅、国务院办公厅《关于加强中国特色新型智库建设的意见》中提出要重点建设50至100个国家急需、特色鲜明、制度创新、引领发展的专业化高端智库。2020年形成中国特色新型智库体系。庞大的数据资源及其潜在价值的深度挖掘，将有助于我们更好地把握热点，数据分析技术也可以帮助我们更为科学地预测各个科学领域的重大发展趋势，优化智库产品结构、产品形态和服务流程，通过最大限度地实现数据"增值"，进一步提升智库产品的竞争力和影响力。

首先，科协应该重点促进中国新型智库的发展，及时发展社会网络以获取大数据资源，保证数据的准确性、可靠性以及全面性。其次，组建集团式的专业操作团队，充分分析、呈现大数据，大数据本身的特质（尤其是与智库研究相关的属性）。再次，加强团队数据加工和分析能力，特别是人才、技术和基础设施（即数据平台建设）三个方面。建立专门的数据管理和分析部门，构建系统的数据分析方法，加强培养熟悉数据挖掘和分析技术的专业人才。最后，加强新型智库品牌宣传，提升品牌影响力。要丰富智库内容的表现形式和内容，提升受众的体验性和参与性，注重信息的共享。

（二）推广"互联网+科协组织"科普模式

1. 优化各科普平台的服务功能

目前科普网站等普遍存在原创作品少，信息更新慢，科普网站知名度低，社会影响力小，对网民的吸引力不强等问题。科协需要从6个方面开展工作：①确保互联网科普内容的科学性；②确保互联网科普内容的时效性；③确保互联网科普内容的原创性；④增强互联网科普的互动性、体验性和参与性；⑤降低城乡间的数字鸿沟；⑥加快优化互联网科技规划咨询功能等。

2. 促进科普网站之间的资源整合

互联网科普内容的一大特点就是表现形式丰富，为了使这种优势充分发挥起来，科协可从促进多个科普网站之间实现资源共享，促进科普网站与其他网络形式的合作，促进机关各部门和各级科协及学会组织的科普资源共享三个方面发挥作用。

3. 开拓科协"微内容"传播渠道

科协要促进"微内容"传播渠道的建设，例如建立科协的博客、微博和微信等等。

4. 促进科普内容移动端的传播

①建立移动科普信息平台；②开发科普 App；③推出科普手机报；④推出电子版科技期刊。

（三）建设多层次科技成果转化机制

1. 开展"中国制造2025"科技咨询

"中国制造2025"的目标是"建设一个网络、研究两大主题、实现三项继承、实施八项计划"。科协下设企业科协和各大学会，科协服务功能有搭建服务平台、培养高端人才、普及科学技术和服务社会治理等，在这些功能的基础上，科协可以通过为制造业科技人员提供科技咨询，为攻关"中国制造2025"核心技术贡献力量。科协主要需从以下两方面入手：一是充分发挥中国科协的人力资源优势，调动科技人才队伍，加强对制造业信息化建设的指导，提供及时的科技咨询；二是要利用中国科协独有的技术资源和社会网络推动工业技术的传播。

2. 设立工业标准化体系研究专项

科协应当在"中国制造2025"全面深化到中国制造业领域之际，提出针对它的标准化体系研究专项。高度重视发挥标准化工作在产业发展中的引领作用，及时制定出台"两化深度融合"标准化路线图，引导企业推进信息化建设。着力实现标准的国际化，使得中国制定的标准得到国际上的广泛采用，以夺取未来产业竞争的制高点和话语权。

3. 建立中国科协科技评价中心

开展长期跟踪，战略评估，提高科协进行评价的能力，建立中国科协科技评价中心，开展对我国重大科技战略决策、科技专项战略评估，发挥智库的作用，确立科协在我国科技体制中的独特作用，为学会开展科技评价工作创造实践的机会。

（四）整合科协资源服务广大科技工作者

1. 继续推广院士专家工作站深入基层

以院士专家工作站为载体的政产学研用创新平台，是科协在基层实践中摸索，在实际工作中提炼而成的新的政产学研用创新平台。院士专家工作站与企业技术中心、重点实验室、博士后流动站、创新团队等创新平台和载体的相互促进，优势互补，实现更高层面上的政产学研用协同创新。①以差异化平台建设促进高端智力为企业量身服务；②以"大联合、大协作"的工作方式整合协同创新资源；③以"顶层设计、制度建立、完善管理"构建长效机制。

2. 深化"金桥工程"服务创新驱动发展

随着社会管理改革的深入，科协要为广大科技工作者提供信息、疏通管理、搭建平台，引导专家学者走向社会、面向市场、深入企业，开展成果转化、科技攻关、项目合作活动。继续打造"千会万企金桥工程"品牌项目，用3～5年的时间，组织一千个以上的学会，与一万家以上的企业开展合作，实现新增产值1万亿元以上，切实通过技术合作、成果转化等方式提升学会服务能力和企业创新能力。

3. 探索启动海外人才离岸创业工程

"十三五"期间，科协开展科技服务物业的重中之重就是要通过前期的经验积累，找到能够适应经济新常态下促进我国科技人才队伍发展和建设的科学机制。因此，科协通过三个离岸创业工程试点的建设过程，应当及时发现存在问题，落实解决办法，总结经验，完善制度体系，为不久的将来规模化开展离岸创业项目奠定基础，以期成为促进科协发挥创业孵化服务的主打品牌。

4. 利用科协资源扶持众创空间发展

在"十三五"时期形成一批有效满足大众创新创业需求、具有较强专业化服务能力的众创空间等新型创业服务平台，以及孵化培育一大批创新型小微企业，并从中成长出能够引领未来经济发展的骨干企业，形成新的产业业态和经济增长点等系列发展目标。发挥科协的人才资源优势，组织科协会员单位负责人、优秀企业家、天使投资人、海归人才、两院院士成立创新创业导师团，与众创空间共同搭建创新创业交流平台，举办创业沙龙、创业大讲堂、创业训练营等创业培训活动。

（五）开创新兴融资渠道促进战略实施

1. 加强科协财政资金战略性引导

通过中小企业发展专项资金，运用阶段参股、风险补助和投资保障等方式，引导创业投资机构投资于初创期科技型中小企业。发挥国家新兴产业创业投资引导基金对社会资本的带动作用，重点支持战略性新兴产业和高技术产业早中期、初创期创新型企业发展。发挥国家科技成果转化引导基金作用，综合运用设立创业投资子基金、贷款风险补偿、绩效奖励等方式，促进科技成果转移转化。发挥财政资金杠杆作用，通过市场机制引导社会资金和金融资本支持创业活动。发挥财税政策作用支持天使投资、创业投资发展，培育发展天使投资群体，推动大众创新创业。

2. 完善科协创业投融资运作机制

科协发挥多层次资本市场作用，为创新型企业提供综合金融服务。开展互联网股权众筹融资试点，增强众筹对大众创新创业的服务能力。规范和发展服务小微企业的区域性股权市场，促进科技初创企业融资，完善创业投资、天使投资退出和流转机制。鼓励银行业金融机构新设或改造部分分（支）行，作为从事科技型中小企业金融服务的专业或特色分（支）行，提供科技融资担保、知识产权质押、股权质押等方式的金融服务。

3. 合力搭建综合性科技融资平台

近年来，企业的投融资渠道越来越多、越来越好，虽然其中政府的资助依然很重要，但国外"硅谷银行"模式将银行贷款与风险投资相结合的方式，依然值得借鉴，它使科技型中小企业不仅能较容易获得债务融资，而且还通过银行找到创业投资或风险投资机构，完善了由创业投资（VC）/私募股权投资（PE）、银行贷款、并购资本、上市融资等构成的投融资产业链，通过这个平台企业将获得一站式投融资服务。

三、"十三五"时期推进科协科技服务业的工作部署

科协科技服务业"十三五"组织实施的重点任务和重大工程只有细化落实到中国科协、地方科协、学会组织、企业科协和高校科协等各个层面，才能有利于科协统筹规划科技服务的工作部署。

（一）中国科协层面

"十三五"期间，科协组织要继续致力于促进科学技术繁荣和发展，更好地为经济社会发展服务。要继续致力于科学技术普及和推广，更好为提高全民科学素质服务。要继续致力于促进人才成长和提高，更好地为科技工作者服务。要继续着眼于建设科技工作者之家，当好科技工作者之友，更好地加强自身建设。

1. 实施创新驱动发展战略

实施创新驱动助力工程建设。首先，要设计系统的创新驱动助力工程服务方案，加强顶层设计。学会要根据自身和示范区实际情况，通过提前谋划和沟通协调，明确科协系统在国家创新驱动战略中的位置，合理划分与创新主体之间的边界，营造良好的政治环境。其次，统筹规划科协内部系统科技服务创新网络，完善工作体系。学会组织遴选有关全国学会与示范区的需求直接对接，专家实地调研，开展研讨，指导地方科协开展创新驱动助力工程，并对实施过程和实施成效进行监督和评估，创新驱动管理模式。

2. 建设国家级科技思想库

可以充分发挥科协组织的专业优势和政治优势，把为社会公众服务、为农村企业服务、为科技工作者服务与为决策者服务有机结合起来，促进科技成果和思想与服务企业的深入结合，形成一种立体化的工作格局，大幅度提升科协社会地位，扩大科协社会影响，塑造科协完整的社会形象，引领社会思潮。

3. 优化科普信息传播机制

中国科协要紧跟互联网发展步伐，建立和优化"互联网＋科普"的新型科普信息传播机制。一是要加强科普基础设施的建设，全面推进体验式科技场馆建设。二是要推进科普人才队伍的建设，充分发挥学会组织人才优势，使科技专家能跟人们零距离交流。三是要鼓励科技资源整合建设，支持学会、高校院所、企事业单位和特色园区等科普资源向社会开放。在与传统媒体合作的同时，要充分发挥新兴媒体科普传播作用，建立集实体科技馆、流动科技馆、数字科技馆于一体的科技馆体系，建设

中国科学传播中心或中国科普在线视频网站。

4. 开展学术交流质量认证

中国科协应与有关部门协商，并建立认证制度，大力拓展海内外的科技合作，从全国学会入手，对其举办的年会、届会进行认证，经认定的学术交流活动，科技人员发表的学术论文等同于在科技期刊上的发表，从而提高学术交流的质量，促进我国科技水平的提升。

5. 搭建科技成果转化平台

中国科协要运用大数据技术积极搭建科技成果转化平台，促进会企合作、技术诊断和项目对接。通过会企合作，使各级学会与企业实现科技信息、人才资源、创新成果等方面的共享，使学会的各类专业科技工作者与企业建立起长期稳定的、全面的科技合作关系，有利于提升企业的技术创新能力，发挥企业技术创新的主体作用，促进产业链、创新链的有机结合，打通科技和经济社会发展之间的通道，进而有助于推动区域创新体系的建设，同时凸显科协组织作为国家推动科学技术事业发展的重要力量的社会形象。

（二）地方科协层面

1. 储备科技工作人才资源

按照科技服务业发展需求，以院士专家工作站为基础，大力挖掘自主创新人才，加快储备科技工作人才资源，提升科技创新服务能力，增强科技创新服务的协同放大效益。科技人才资源的储备，以建设院士专家工作站为基础、以挖掘自主创新人才为主线。

2. 推动创新驱动工程开展

地方科协首先要积极配合当地政府收集汇总需求信息，结合当地实际，尽快制定切实可行的实施方案，落实责任、明确任务、建立机制，积极推动建立学会服务站或创新联盟，迅速实施创新驱动助力工程。其次要采取多种形式，动员地方学会和相关组织积极与有关全国学会对接，参与创新驱动助力工程具体项目，提升地方学会服务经济社会发展能力。同时要促进学会与企业之间的对接，要多措并举，提高服务实效。最后要凝聚起科协系统的整体力量，上下联动，形成地方科协协同推进，各级学会联合互动，使得创新助力驱动工程可以顺利开展。

3. 创新所属学会管理模式

为进一步加强地方科协对所属学会的管理，不断创新社会组织管理的理念和方法，促进地方科技社团的创新发展，提升广大科技工作者服务的水平和能力，地方科协要形成对所属学会的科学评价，进行管理模式的创新。地方科协要正式发布相关文件促进评价考核工作的开展，要在调研的基础上制定对所属学会的评价标准，要对所属学会的组织管理、自身建设、服务经济社会能力等内容进行量化考核。

（三）学会组织层面

中国科协所属全国学会包括理、工、农、医各个学科以及交叉学科、边缘学科在内的自然科学领域，涉及科学、技术、工程各个方面，而各个学会又是由所在的各个学科、领域的科技工作者构成的。各个学会要围绕科技创新、科学普及、人才成长和科技与经济结合开展各项工作，组织科技工作者积极参与国家科技政策、法规的制定和科学决策、民主监督工作，认真开展科学论证、咨询服务，提出政策建议，促进科技成果转化，为建立技术创新体系、提升自主创新能力做贡献。

1. 加强学会服务品牌建设

各学会要充分发挥其在学术交流中的示范引领作用，全力打造学会自身的良好品牌，努力形成学术活动的规模效应和品牌效应，提升学会的社会影响力。例如中西医结合学会、中医药学会与河北联合大学科协组织召开的"第五届中匈医学学术论坛",河北联合大学、市科协承办的"冀苏鲁皖赣五省学会第十六届焦化学术年会"都在各自领域取得了显著成效。这些学术交流活动层次高、质量好、影响力大,可为交流学术思想、集聚专家才智、开展建言献策搭起了稳固平台,也可以拓展专家们的合作领域,对于提升我国的科技创新和循环经济发展方面必将起到积极作用。

2. 发展智能制造协同技术

中国作为信息技术创新和应用的大国,同时也是全球的制造业大国,在这一轮信息技术和传统工业的深度融合中有非常独特的优势。如果能够抓住这一轮深度融合的机遇,实施创新驱动战略,结合技术创新、组织创新和商业创新,就有可能在以往工业相对落后的情况下实现弯道超车,达到全球制造业的先进水平。学会组织要符合新时期党中央、国务院工作部署和我国各领域科技经济社会发展要求,满足国家创新驱动发展战略的需求,要在推动各领域科技创新、促进科研交流合作、政府决策智库、科技成果转化和产业化等多方面发挥重大作用。

(四)企业科协层面

1. 打造科技创新交流平台

要通过广泛深入的学术交流,促进技术、信息等创新要素的无障碍流动,在研发、技术、工程、管理等各类人员间形成相互激励、互相启发的创新氛围,促进新思想、新创意的不断涌现。要适应当前科技和产业变革的趋势,把集成创新能力作为企业创新能力的重要方面。企业科协要围绕企业产品创新、工艺创新和管理创新,以科技人员协同创新为纽带,把不同领域和方向的创新资源聚集、聚焦到企业核心竞争力提升这一目标上来。

2. 激发科技人员创新动力

企业科协要善于汇集科技人员的智慧,树立典型,激发科技人员创新动力,服务于企业现代创新管理水平的提升。通过工程师资格认证、继续教育等渠道,加大对青年科技人员的激励,使他们跟上并引领创新潮流,使干中学、用中学、终身学习成为企业人才成长的有效机制。

(五)高校科协层面

1. 健全高校科技服务体制

在内部机制方面,高校科协秘书处要定期向广大会员公开有关科技服务工作事项,接受会员的监督,同时征求对下一步工作的意见和建议,提高工作的成效。高校科协要落实会员代表大会对科技服务工作的决策重要性。在管理体制方面,高校党委要创新本校科协科技服务工作的领导模式,明确其职能、地位和作用,将科协工作列入学校整体工作目标,加以管理和考核。在工作定位方面,由于高校科协是学术性群众团体,其工作方式和方法应该与工会和团委等其他群众性团体不一样,开展活动要注重学术性。在学术交流、科普教育方面,高校科协要贯彻"错位选择"原则,尽量与高校科技处或科研处工作重点不同,要有科协自己的特色,形成优势互补、分工合作的工作局面,促进科技成果转化。

2. 提高信息技术管理水平

各高校科协应该以网络平台建设为基础,以信息资源建设为核心,以服务科技工作者为宗旨,在科协全委会的领导下,建立基于网络的科协管理系统,并由科协秘书处或办公室负责日常的维护和管理;要建立并完善高校科协的组织建设、工作机制和标准规范体系,建设服务于高校科技工作者的信息资源服务体系。

四、"十三五"时期科协科技服务业发展的政策保障

"十三五"时期科协发展科技服务业应当加强顶层制度设计，坚持发展与规范相结合，坚持培育与监管相结合，注重政策推动与试点探索相结合；重点在组织协调、项目带动、监督评估和环境优化方面有所突破和提升。

（一）积极承接政府转移职能，建立健全支撑政策体系

在认真总结，仔细、全面梳理出科协能够承接、应该承接、希望承接的职能的基础上，科协应该积极与有关职能部门联络协调，建立有效沟通机制，争取承接更多适合学会承担的政府职能。推进科协有序承接政府转移职能，一定要先行先试，条件成熟后再逐步推进，并借鉴试点总结成熟经验，推进更多科协承接政府转移职能。重点选择自主发展实力较强的学会进行试点，利用试点的契机，理顺政府与科协之间的责任与权力边界以及二者的关系。

加强配套体制改革，加快推进现代社会组织体制构建，建立健全政府转移职能相应的法律法规，建立承接职能的资质标准，规定准入门槛；完善财政预算和税收制度，财政、税收等相关部门为学会承接政府转移职能提供扶持政策和专项支持，合理减免税收，为学会拓展功能提供条件。

（二）明确科协组织自身定位，完善前期战略规划方案

当前，随着新一轮改革的开启，科协科技服务业发展面临着很多机遇与挑战。调查显示，科协在新的形势下功能与角色定位在逐渐转化，参与社会治理、提供社会服务的功能逐渐凸显，政治功能则进一步弱化。科协在"十三五"时期要想因时而动、切时所需，抓住发展机遇，就必须对自身的定位认真进行研究，力求找准定位，做好战略规划，才能把握自身优势，在社会治理、经济社会转型发展中发挥更大作用。

站在发展的角度观察，科协的定位有向社会一端不断迁移的趋势，但其与国家的联系却不能割舍，科协在社会化发展的同时也要融入国家创新体系，为国家发挥智库的功能。科协定位向市场方向的发展则需更加审慎，不能因为过于强调市场化、商业化而损害科协所固有的互益性以及应当追求的公益性。

科协在明确自身定位时，应立足于自身在学术交流、科学推广和理论研究方面的优势，做自己真正擅长的工作，必要时可与其他相关主体（如行业协会、企业、科研院所）等合作，共同参与创新过程。

（三）建立综合监督评价体系，透明公开科技服务平台

在科协组织转移政府职能、发展科技服务业的过程中，必须加强对各地科协和各级学会的监督和评估，建立科协承接发展科技服务业的资质标准和规范；联合相关部门建立信誉评价体系，健全评价机构和评价专家的信誉制度；规范发展科技服务业的程序，出台包括申报、预算、采购、监管、评价等环节的工作机制；建立健全信息公开制度，制定购买预算，向社会公开发布服务需求信息和资金预算信息；提高监控技术，建立严格专业多元的监督机制，发展独立专业多元的外部监督机制，发展独立的第三方监督机构，如会计事务所、审计事务所等，发挥媒体监督、公众监督和专家监督的作用；完善内部监督机制，建立服务项目实施的动态管理与动态监督机制，及时发现问题、追究责任、采取补救措施降低风险；建立严格、专业、多元的绩效评估机制，创建开放性的评估系统，健全绩效评估多元主体参与机制；加强信息公开，建构一个程序透明、过程开放、公众广泛参与的科技服务平台。

（四）各级单位协同联动发展，推动工作平稳有序进行

在科协科技服务体系的建设过程中，中国科协、各有关全国学会和地方科协可采取协同配合、规范发展、强化服务、宣传表彰等多种方式进一步推动工作有序进行。

1. 注重协同配合，做好规划

加强同地方党委、政府相关职能部门之间的沟通联系与协同配合，切实发挥各级学会联系机构和专家广泛的优势，有针对性地开展人才和项目对接，为地方引进人才、智力提供支撑，做好创新驱动助力工程服务方案以及示范区管理制度的制定与实施，共同推动科协科技服务体系长效发展。

2. 力求合理布局，稳步推进

根据实际情况制定科协科技服务体系管理办法或实施意见，明确责任、措施和流程，保护学会有关专家的知识产权，合理设置科协科技服务体系阶段性目标，合理设置示范区建设标准和工作进度安排，有序推进，提高实效。

3. 增强服务意识，突出特色

中国科协发挥学科齐全、联系广泛的优势，将服务学会能力提升和服务地方经济社会发展有机结合，搭建好平台，做好服务。全国学会加强与院士专家和地方政府的双向沟通，及时了解最新科研动态和需求，提供科技特点突出、学会特色鲜明的服务，提高服务的时效性。

4. 多方共同推动，协作共赢

由中国科协，地方政府、企业三方共同推动，形成长效机制。采取以奖代补方式，引导设立科协科技服务体系示范区；采取购买服务方式，鼓励所属全国学会承接地方政府关于产业升级、规划设计等重大、综合需求项目；联合设立转化基金，开展技术开发、标准研制、技术诊断、人员培训等项目。

5. 促进上下联动，形成合力

各地方科协可参照中国科协科技服务体系的发展思路、基本原则和重点任务，结合本地经济社会发展实际，广泛参与到科技服务业的发展当中，探索新经验，总结新模式，丰富科协科技服务体系的工作内涵，形成上下联动、合力推进的工作格局。

（课题组成员：何素兴　季学猷　关　峻　邢李志）

科协组织体系
建设

"十三五"科协基层组织建设研究

中共中央党校党建部课题组

一、"十二五"期间科协基层组织发展的问题与困境

"十二五"期间，科协基层组织的覆盖面进一步扩大，组织制度建设趋向完善，科技工作者之家建设稳步推进，在开展科学技术普及活动、农村实用技术培训和推广活动、技术咨询和技术服务活动、组织科技工作者参加学术交流，反映科技工作者意见诉求并维护其合法权益等方面发挥了积极的作用。然而，科协基层组织在发展过程中面临的问题也是非常突出的。

（一）组织设置较随意

根据《中国科学技术协会章程》：科学技术工作者集中的企事业单位和有条件的乡镇、街道社区等成立的科学技术协会（科学技术普及协会）是中国科协的基层组织。但对于"科学技术工作者集中"和"有条件"这两个限定词缺乏必要的解释和界定，导致现阶段科协基层组织建立的标准不明，建或不建随意性很强。例如：清华大学建立有两个科协，分别是大学生科协和老科协（成员针对退休教师），但没有针对在职教师的科协组织，其中缘由无人解释得清。

（二）隶属关系不顺畅

根据《中国科学技术协会章程》，（科协基层组织）接受地方科学技术协会的业务指导，此外，乡镇科学技术协会联系指导农村专业技术协会。无论是"业务指导"还是"联系指导"，从科协自身组织体系的角度而言，科协上级组织对于科协基层组织只有"指导"关系，而无"领导"关系，导致科协基层组织与科协地方组织并不亲。比如有乡镇科协的负责人就表示：区科协对他们既没有经费支持，也没有补助，是空口白牙布置任务，做不做，做好做坏，全靠人情。

（三）自身定位不明确

科协基层组织对于自身优势、组织定位、组织目标并不十分明确，导致组织在实际开展活动的过程中，容易与其他组织和机构产生交叉，进而出现被挤占甚至取代的现象。以农业实用技术推广为例，科技局、农技协、乡镇科协都在做，其中科技局是行政部门，农技协是有独立法人地位的社团（归农业口管），乡镇科协是群团组织（联系指导农技协），现阶段乡镇科协显然并没有体现出区别于科技局、农技协在这一领域的优势和作用，以致有的受访者就提出不了解三者之间的区别，认为三者完全可以合并。再以联系科技工作者为例，有受访者表示如果要提高专业技能，学会将是更好的选择，如果要进行联谊或利益表达，工会将会更加有利，那么科协基层组织在吸引科技工作者方面区别于学会和工会的优势似乎还不明确。

（四）经费人员无保障

一部分基层科协组织缺乏基本的工作条件，既没有固定的工作经费，又没有专职的工作人员，组织常年没有开展活动，机构本身形同虚设。大量的基层科协组织，有少量的工作经费，有兼职的工作人员，工作更多是应付完成上级组织交办的各项任务，缺乏积极性和主动性。例如：对福建省企业科协的调查问卷显示，制约企业科协发挥作用的主要因素排在前三位的分别是：工作经费不足（47.2%）、科协的号召力和凝聚力有限（43%）和缺少专职工作人员（37.7%）。其中，号召力和凝聚力有限既是原因也是结果，在经费人员困难的情况下，组织的号召力和凝聚力很难提高。又如：《中国科协关于加强城镇社区科普工作的意见》要求社区需要确定一名以上科普专干以保障社区科普工作有专人负责，但实践中由于社区居委会工作人员大都是合同聘用制，不仅流动性大而且往往身兼数职，很难做到专人专干。甚至有地方街道负责人表示，由于科普工作没有专职人员，科普活动室只能隔天分时段开放。

（五）作用发挥不突出

乡镇、街道社区的科协工作大多以完成上级要求为主，缺乏对广大群众的吸引力，例如：有的社区科普设施内容陈旧，主要应付上级检查而无群众日常使用；有的乡镇科协活动都是县里组织，乡里配合，缺乏实行性与针对性。企事业单位的科协工作由于无法很好地反映科技工作者诉求，维护科技工作者权益，对科技工作者吸引力不强。例如：科协基层组织对于科技工作者中普遍关心的知识分子政策、专业技术资格评定、科技成果评定等问题，基本上处于无能为力的状态，使广大科技工作者很难对科协产生"家"的感觉。

由于上述问题的存在，现阶段科协基层组织在实际发展过程中面临着一个发展的困境，即：作为一类具有政治优势的组织，它的基层组织并没有得到同级党委相应的重视，有研究指出科协基层组织有地位逐渐降低、职能逐渐萎缩的倾向；作为一类具有群众优势的组织，它的基层组织无法有效地反映和维护科技工作者的意见和权益，有研究显示在科技工作者心目中，并没有把科协基层组织当作"家"，科协作为"科技工作者之家"名不符实。

更需要引起注意的是：政治地位和群众基础的弱化在实践中会相互促进，进而使科协基层组织的发展陷入一个恶性的循环。当科协在同级组织机构中的地位降低、功能萎缩，它就更无资源无能力为科技工作者服务，对科技工作者的吸引力、凝聚力就会进一步降低；同时当科协基层组织无法联系和团结广大的科技工作者，它就无法履行好作为党和政府与广大科技工作者之间的桥梁和纽带的作用，它对于党和政府的重要性及存在的价值将会进一步降低。

二、科协基层组织发展的新机遇

党的十八大以来，以习近平同志为总书记的新一届中央领导集体锐意创新，以极大的政治智慧和改革魄力引领着中国社会发生着日新月异的变化。对于科协基层组织而言，在这一轮改革发展的进程中，存在着诸多现实的、可争取的、能把握的发展机遇，具体表现在3个方面。

（一）科技创新的重要性愈加凸显

十八大报告明确提出要实施创新驱动发展战略，强调"科技创新是提高社会生产力和综合国力的战略支撑，必须摆在国家发展全局的核心位置"，这充分体现了党对科技进步和创新的高度重视，将科技创新作为战略支撑放在了国家发展全局的核心位置。同时，李克强总理在2015年政府工作报告中也明确指出，"当前经济增长的传统动力减弱，必须加大结构性改革力度，加快实施创新驱动发展战略，改造传统引擎，打造新引擎。"大众创业、万众创新成为推动中国经济提质增效升级的"双引擎"之一被写入了报告之中，显示出创业和创新对现阶段中国经济转型和保增长的重要意义，以及政府对于创新的重视程度。事实上，早在2014年的夏季达沃斯论坛开幕式上，李克强总理就表示要借改革创新的"东风"，推动中国经济科学发展，在960万平方千米土地上掀起"大众创业""草根创业"的新浪潮，形成"万众创新""人人创新"的新态势。由此可见，宏观上对科技创新战略核心地位的强调以及微观上"万众创新"态势的形成都将在全社会营造出对科学技术的强大需求，这为科协基层组织立足自身优势，发挥科技强项，服务经济社会发展提供了广阔的前景。

（二）群团组织的作用更加突出

包含中国科协在内的群团组织，很多是从革命战争年代开始形成，是在中国共产党的领导下发动群众、组织群众、联系群众的桥梁和纽带，由于其在革命战争年代的突出贡献，建国初期将其定位为群团组织，获得了不同于一般社会组织的特殊地位，成为介于政治组织和社会组织之间的一种特殊的组织类型。然而，建国60多年来，随着市场经济的发展和社会的转型，我国社会的组织结构发生了巨大的变化，对群团组织的地位和作用也提出了重大的挑战。在新的形势下，中共中央政治局审议并通过了《中共中央关于加强和改进党的群团工作的意见》，强调"新形势下，党的群团工作只能加强，不能削弱；只能改进提高，不能停滞不前"，将群团工作定位为"党治国理政的一项经常性、基础性工作，是党组织动员广大人民群众为完成党的中心任务而奋斗的重要法宝"，重申并凸显了群团组织的地位和作用。在要求群团组织自觉接受党的领导的同时，强调群团组织要更好地融入基层、融入群众，克服机关化、脱离群众的现象，为下一步群团组织的发展指明了方向。在中央不断加强和改进党的群团工作，尤其是要增强群团组织服务最广大普通群众能力的新形势下，科协基层组织有望获得更多资源，在发挥群团组织联系群众、服务群众、凝聚群众作用的同时，加强自身的组织建设和队伍建设，更好地实现科协基层组织的均衡发展。

（三）基层的服务格局正在构建

十八大报告明确提出："以服务群众、做群众工作为主要任务，加强基层服务型党组织建设"，之后中共中央办公厅印发了《关于加强基层服务型党组织建设的意见》，就加强基层服务型党组织建设进行了重要部署。提出基层服务型党组织建设主要有5项任务，分别是：强化服务功能、健全组织体系、建设骨干队伍、创新服务载体和构建服务格局。其中构建服务格局要求"基层党组织要带动群众组织、自治组织和社会组织开展服务，协调面向基层的公共服务、市场服务和社会服务。"就群众组织而言，专门提出要"深入开展以服务为主题的党建带工建、带团建、带妇建活动，充分发挥群众组织服务作用。"科协作为重要的群团组织之一，也要充分利用基层服务型党组织建设这一契机，尤其是对于科协基层组织而言，在党组织服务格局的构建过程中，如何立足自身发展优势，找准合适的切入点，有效地纳入基层"大党建"的服务格局中，对于科协基层组织的下一步发展也将具有举足轻重的意义。

三、"十三五"期间科协基层组织的发展方向

鉴于科协基层组织发展面临的问题和困境，结合当前的形势发展和需求变化，建议科协基层组织在"十三五"期间总体上需要明确目标、发挥优势、顺应形势。

（一）明确目标

《中共中央关于加强和改进党的群团工作的意见》明确指出："党的群团工作是党组织动员广大人民群众为完成党的中心任务而奋斗的重要法宝"，可见群团组织的价值在于组织和动员广大的人民群众，凝聚到中国共产党周围，投入到党的中心任务之中。对于中国科协而言，中央书记处明确提出：

"哪里有科技工作者，科协工作就要做到哪里；哪里科技工作者比较密集，科协组织就要建到哪里；哪里有科协组织，建家交友活动就开展到哪里"。习近平总书记在中国科协八大祝词中也指出："加强对科技工作者特别是基层一线科技工作者的关心和爱护，协调各方力量为他们多办得人心、暖人心、稳人心的好事、实事，把广大科技工作者更加紧密地团结在党的周围"。由此可见，中国科协的价值在于联系和团结广大的科技工作者，将他们凝聚到党组织周围，投身到党的中心工作之中。

然而，在实践中，群团组织却出现了反向发展问题，即"原先具有动态延展性的外围组织，不但失去了延展的可能，而且日益政党化，结果导致外围组织的反向发展，即原来不断向社会深处延伸的外围组织，不但停止了延伸，而且在服从党的领导过程中日益趋向政党化、官僚化"，群团组织对群众的吸引力降低，在群众中的深入度降低。科协基层组织也面临上述问题，日常工作更多体现上级组织或同级党政部门的意图和要求，对广大科技工作者缺乏应有的吸引力和凝聚力。

为此，"十三五"期间科协基层组织需要更加注重提高对广大科技工作者的吸引力和凝聚力，真正成为党和政府联系科技工作者的桥梁与纽带，组织和引导广大科技工作者为全面建成小康社会、实现中华民族伟大复兴的中国梦贡献力量。

（二）发挥优势

组织的发展关键在于自身优势的充分发挥。对于科协基层组织而言，其优势主要体现在以下两个方面：一是性质优势，二是专业优势。

就性质优势而言，科协是重要的群团组织，兼具政治性和群众性的特点。与政治组织相比，其群众性的特点更容易联系和团结广大的人民群众。毛泽东同志就曾经以工会为例，指出了群团组织与政治组织的区别，他说"工会与作为工人阶级先锋队的共产党不同，工会是工人阶级的社会组织，其成员应当包括除了少数破坏分子以外的绝大多数工人，既包括进步的工人，也包括不很进步的工人和落后的工人"。在这一点上，科协的作用更为显著，很多的科技工作者并不一定是党员，但他可以是科协的会员，通过科协这一纽带，团结在党组织周围。

与一般的社会组织相比，科协作为群团组织的政治优势也是非常明显的。尤其是科协同时还是八大人民团体之一，具有特殊的政治地位，它是中国人民政治协商会议的发起单位之一，在政协中有单独的界别，有利于会员及会员单位利用科协自身的组织渠道进行有效的参政议政。同时，去年通过的《关于加强社会主义协商民主建设的意见》里明确提出："积极开展人大协商、人民团体协商、基层协商，逐步探索社会组织协商。"由此可见，与一般的社会组织相比，科协无论是在既有的协商渠道、协商效果还是在今后协商民主发展的过程中都占据更为重要的地位，发挥更为重要的作用。

就专业优势而言，与其他的群团组织相比，科协联系了大量的科技工作者，在专业技术方面的优势非常显著。随着创新驱动发展战略的实施以及大众创业、万众创新态势的形成，全社会对于科学技术的普及与创新都有强大的需求，这将为科协基层组织的发展带来源源不断的动力。

为此，科协基层组织如果能够专注于群众性、政治性、专业性这三个优势领域，在既有基础上进一步加强并有所提升，将有助于增强组织的核心竞争力，进而提升组织的吸引力和凝聚力。

（三）顺应形势

党的十八届三中全会提出："全面深化改革的总目标是完善和发展中国特色社会主义制度，推进国家治理体系和治理能力现代化"。相较于过去的管理，治理理念的提出体现了党在执政理念和执政方式上的一种转变，要从过去更多依靠党和政府的"一元式管理"向"多元化治理"的方向发展。

体现到基层社会，《关于加强基层服务型党组织建设的意见》不仅强调了基层党组织在适应新形势的过程中要增强服务意识和服务能力，而且还要求基层党组织要构建服务格局，也即是"要带动群众组织、自治组织和社会组织开展服务"，不再是党组织一家来提供服务，而是要在动员多方力量的基础上，"协调面向基层的公共服务、市场服务和社会服务"。

对于科协基层组织而言，在立足和发挥自身优势的基础上，要进一步顺应发展的形势，将自身的组织建设纳入到基层社会治理服务格局构建的环境之中，与基层党组织、基层的工、青、妇等其他群团组织以及活跃在基层的社会组织加强协作，打破条块之分和门户之见，针对基层的具体问题共同寻求更加合理、高效的解决对策。

此外，近年来社会创新的理念也愈来愈受到国内外政府和学界的关注。社会创新强调的是跨部门的合作，即：政府充分调动民间力量的参与，企业越发注重品牌和产品的社会效益，社会组织开始引入商业的经营理念和方式，部门之间的界限日益模糊，资源在不同部门间自由流动和重新整合，进而产生出更好的实现社会价值的方法。它是在多元治理基础上的进一步发展，印度的帮助贫困人口解决信贷需求的小额信贷模式、发起于英国的为发展中国家的产品出口争取更合理价格的公平贸易运动、根植于现实生活的开设一家依赖志愿者服务和公众捐赠商品的慈善商店等都是社会创新的成功案例。科协基层组织兼具政治性和群众性的特点，有利于打破部门间的边界，通过社会创新的方式，调动和整合多方资源，进而寻求和创新解决社会问题的方法，同时增强自身的吸引力和凝聚力。

四、科协基层组织发展的具体建议

为了加强科协基层组织建设，更好地发挥科协基层组织在全面深化改革、推动科技发展和服务经济社会发展中的积极作用，更好地履行党和政府联系科学技术工作者的桥梁和纽带的职责，建议"十三五"期间科协基层组织在职能定位、领导体制、队伍建设和组织协作方面进行适当地调整与完善。

（一）职能定位

《中国科学技术协会章程》规定了科协基层组织承担五项主要任务，分别是：①开展社会化科学技术普及活动，引导人民群众崇尚科学，抵制迷信，移风易俗，破除陋习，倡导科学健康的生活方式和文明节约的消费模式，促进资源节约型、环境友好型社会建设；②组织和动员科学技术工作者积极参加学术交流和科学技术普及活动，促进讲科学、爱科学、学科学、用科学社会风尚的形成与发展；③开展农村实用技术培训和推广，引导农民树立科学发展理念，培养有文化、懂技术、会经营的新型农民，提高农民科学文化素质，促进社会主义新农村建设；④开展技术咨询、技术服务等科学技术活动，促进技术开发、技术转让，增强企业自主创新能力，促进以企业为主体的技术创新体系的建立；⑤反映基层科学技术工作者的建议、意见和诉求，维护其合法权益，促进其生活和工作条件的改善。以上任务的设定较好地涵盖了科协基层组织的主要职能，在此基础上，为了适应形势的变化，突出科协基层组织自身的优势，建议科协基层组织可以适当突出和加强以下三项职能。

第一，在科普方面，科协基层组织要突出群众性和专业性的优势，加强科学健康生活方式的倡导和全民理性思维能力的培养。

随着科技的发展，人民的生活方式被不断地刷新，同时公众与前沿科学之间的鸿沟也日益巨大。就生活方式而言，从鸿雁传书到电话问候再到微信微博，科技不断改变人们的生活，使其更加便捷、高效。但是在这一过程中，大量的社会问题也会随之出现，例如"低头族"的出现，在虚拟空间聊得热火朝天，到了现实社会却不知如何交流，人与人的关系愈加淡漠；又如电子产品更新换代越来越快，看上去还好好的手机很快就会被时间所淘汰，变成虽然可用但被束之高阁的电子垃圾。科技在改变生活的同时，人们也开始为科技所累。因此，科协基层组织在对全民进行科学普及的时候，不仅仅需要将重点放在某一项技术的应用和推广，更应该是一种综合性的思想理念的倡导。科学是现代文明的重要组成部分，而现代文明的精华是思维与思想。重大的科学发现、科技创新背后都是基于理念和思想的突破，所以好的科普必然是需要去改变人们的思想，进而引导人们树立健康、积极的生活观念和生活态度，更好地利用科技创造美好生活，提升幸福指数。

就全民理性思维而言，在知识爆炸的时代其重要性更为突出。当今时代，知识更新越来越快，知识存量呈几何倍数增长，无所不知的通才已经不复存在，每个人终其一生努力学习，也只能掌握并熟悉为数不多的几个领域，这就为谣言和虚假信息的传播创造了条件：在个人知识不足以了解事情全貌的情况下就需要借助于他人的知识和成果。抵制对二甲苯（PX）、转基因激辩、食物相克等诸多信息借助网络和媒体迅速传播，谣言与真相并存，其中谣言由于其观点突出、结论夸张、论证简单更容易吸引眼球，在公众中广为传播。谣言本身是经不起理性推敲的，只要有一般的科学常识，再加一些逻辑推理的能力就能发现其破绽，但由于公众理性思维的缺乏，加上碎片化阅读的习惯，使谣言和虚假信息有了成长发酵的土壤。这就需要科协基层组织一方面以公众乐于接受的方式普及科学的常识，另一方面培育公众的理性思维能力，以批判的、实证的、发展的眼光分析问题，强调以事实、数据和逻辑来说话，让谣言无处藏身，减少不必要的社会恐慌。

第二，在技术创新和推广方面，科协基层组织要突出专业性的优势，从推动产学研相结合的角度，打通科协基层组织之间的边界，联动发展促进协同创新。

现阶段，企业科协、园区科协、高校科协、乡镇科协等虽然均属于科协基层组织，但彼此之间分隔明显，不同组织之间交集甚少，没有产生应有的联动效应。科协基层组织可以考虑建立联席会议制度、结对活动制度等，将不同领域的科协基层组织有机地结合起来，进行资源的整合与优化，在企业、农户、学者之间搭建沟通、联系的平台，让研究者可以了解实际的问题与一线的需求，让生产者能够得到最新技术的指导及个人专业方面的培训。

例如北京大兴区长子营镇科协与当地农艺协会（农技协）近年来就积极引进北京市农林科学院等科研单位的科技成果，并通过会员转化吸收，实现了显著的经济和社会效益。在这个案例中，科协指导农技协引入了科技工作者的新技术，推动了科技成果的转化。但其中也有继续发展的空间，例如镇科协是否可以与科研单位的科协组织建立对口联系，让科研单位的师生在研究阶段就有更强的针对性，同时引导学生在毕业以后进行相关领域的创业，条件允许的情况下帮助创业者提供或寻找部分创业资金等，都将在推动产学研结合的基础上，增强科协基层组织的作用力和影响力。

又如，对福建企业科协问卷调查的结果显示，影响企业科技人员参与科协组织活动积极性的主要因素排在第一位的就是缺少进修学习的机会（63.8%），如果基层科协组织之间能够进一步加强沟通和联系，建立企业科协与高校科协的合作机制，对于高校师生了解企业需求，企业科技工作者增加进修学习机会也会有重要的推动作用。

第三，在决策参与方面，科协基层组织一方面要发挥群众性的优势，面向公众普及相应的科学常识，另一方面要发挥政治性的优势，积极提供相应的咨询服务，参与到重大决策社会稳定风险评估机制之中。

近年来，以PX为代表的公众参与事件日益增多，其中一部分甚至以群体性事件的方式出现，这表明公众的权利意识和参与意愿显著提升，但参与的渠道和参与的方式还有待完善，这其中科协基层组织大有可为。

一是在公共事件中，发挥群众性的优势，及时面向公众普及相关科学常识。在既有的一些公共事件中，政府的信息发布虽然权威，但正是因为其权威性，所以在数量上，它必然是有限的；在表达上，它是扼要的、纲领性的，有文件语言的风格；在时间上，它会有一定的时滞。科协是以科学技术作为专业支撑的群众组织，它可以在信息发布上弥补政府信息的不足，及时、不断地针对公众的各类困惑与谣言，发布有针对性的、通俗易懂的科普信息，传播知识，粉碎谣言，让公众能够在掌握基本科学常识的基础上，理性地参与到各类公共事件之中。

二是在涉及相关领域专业决策时，发挥政治性优势，积极参与到公共政策决策过程中。《关于加强社会主义协商民主建设的意见》提出"建立完善人民团体参与各渠道协商的工作机制。对涉及群众切身利益的实际问题，特别是事关特定群体权益保障的，有关部门要加强与相关人民团体协商"。科协基层组织要积极参与到公共政策的决策之中，突出其专业性的优势，为基层党委和政府的决策提供相应的咨询与参考。特别是涉及群众切身利益的一些专业性问题，如：PX项目的引进、垃圾焚烧厂的建设等，需要建立和完善重大决策社会稳定风险评估机制，科协基层组织因为其群众性、专业性和政治性的优势，可以成为一个重要的、独立的参与主体，其评估结果对最终决策应当具有实质性的约束力。

总而言之，对于科协基层组织，职能的加强和拓展，目的不在于扩编、扩权，而在于立足自身优势，找到与社会需求的有效结合点。只有找到社会需求，能够服务并满足社会需求，基层组织的设置才是有意义的，组织也才能在服务与发展的过程中不断增强自身的吸引力和凝聚力。由此引申，科协基层组织设置的原则，应当是社会需求与组织职能的有效结合，当社会有需求，组织能满足，则建议建立科协的基层组织，否则则建议进一步寻找两者的结合点，等时机成熟时再建立。

（二）领导体制

科协在组织体系上大致可以分为全国领导机构、全国学会、地方科学技术协会（简称地方科协）和基层组织四个部分。其中，全国领导机构、全国学会和地方科协有完善的组织建制，参照公务员法管理，具有相应的行政级别。与上述三部分不同，基层组织在建立上并没有硬性要求，"科学技术工作者集中的"企事业单位和"有条件的"乡镇、街道社区建立科协基层组织，接受地方科协的业务指导。这样的制度设计使科协基层组织的工作开展很大程度上取决于隶属单位领导的重视程度和地方科协领导的推动程度。

大量的科协基层组织的调研结果显示，科协基层组织作用的发挥取决于隶属单位领导的重视程度。因为科协基层组织的设立并非来自相关文件或主管部门自上而下的行政要求，科协基层组织的活动也没有相关的考核或评价指标，同时在组织设置上，很少有科协基层组织是独立建制，并有专职工作人员（比如：高校科协大多挂靠在科技处，有一名科技处的领导兼管；又如乡镇科协往往采取"就近"原则，由农业服务中心副主任、镇办公室分管农业的干部、农技站站长、分管农业的副乡长或科技办公室主任监管乡镇科协工作；企业科协往往配备一名企业高管挂帅但日常工作主要由一名中层干部监管等）。因此，科协基层组织的工作状态呈现出"上面布置什么就干什么"、"想到什么就干什么"的情况。例如有研究报告显示，在一些乡镇，农民对于农业技术的普及和推广是有需求的，但由于当地领导不重视科协的工作，实际分管领导和工作人员又都是身兼数职，对于这类既没有硬性考核、又无法引起领导关注的工作大家都无暇顾及。又如，在企业中也有类似的情况，有被调查者就提出："企业科协好坏就是老总一句话"。企业是以盈利为目的，科协又没有立法保护，做与不做取决于领导重视不重视。

科协基层组织的工作状态同时还与地方科协的推动程度有关。按照《中国科学技术协会章程》，科协基层组织要接受地方科协的业务指导，但是也有科协基层组织反映缺乏上级的指导。例如：对福建企业科协的调查显示，20.4%的企业科协认为缺乏上级科协指导是制约企业科协发展的重要因素；有的高校科协的负责人就反映，需要上级科协通过开展项目或活动的方式来推动科协基层组织的发展，全凭自觉是不行的；有的乡镇科协的领导就反映资金申请苦难，材料报到上级科协，石沉大海，长此以往就没有积极性了。

地方科协的推动程度会间接地影响科协基层组织所在单位领导的重视程度。一方面，地方科协组织可以发挥在本地区的影响力，去游说、动员企事业单位或乡镇、街道社区的领导，提高他们对于科协组织的重视程度，使本地区形成重视科协组织的氛围；另一方面，也是更为重要的，地方科协组织可以通过开展一些相关的项目、组织一些学习交流的平台、设置一些奖项和评优活动，使基层科协组织在参与的过程中，能够有所作为、有所成绩，以实际的行动来赢得所在单位领导的重视。

目前很多地方科协在推动基层科协组织发展方面做得并不理想，很大程度上由于地方科协领导的专业性缺乏。大量的地方科协领导在上任之前，不仅没有在科协的相关部门工作过，而且没有承担过与科协相关领域的实际工作，很多领导的任命更多地体现了地方的党委及组织部门干部安排的需求，也即是一些领导多年在自己原来的岗位上工作兢兢业业，但由于职数限制，无法在原单位进一步提拔任用，因此在退休之前，为了解决这部分领导的级别问题，就安排到科协来承担领导职务。这使得地方科协的领导既缺乏专业素养，没有相关的专业经历，又缺乏工作动力，退休在即进一步晋升无望，无力再推动相关改革创新。

为此，建议改革地方科协领导的任命方式，给予上级科协组织更多的发言权，而不仅仅是由本级党委和组织部门决定。这一做法也是为了避免地方科协组织和基层科协组织官僚化、行政化的倾向。

基层科协组织是与群众直接发生联系的科协组织，它需要深入到群众之中，通过服务群众进而达到领导群众的目的，为了保持基层科协组织的群众性，我们认为不宜自上而下通过行政性的手段，硬性规定组织必须全覆盖，增加各类考核指标对科协基层组织工作进行全面考核，明确组织的行政级别或要求由相应级别的领导兼任协会会长或秘书长，上述行政性的做法会增强组织的官僚化和行政化倾向，不利于科协基层组织根据所在单位或地区的实际需要，密切联系科技工作者，服务本单位或本地区经济社会发展。

地方科协是有独立的组织建制和相应的行政级别，地方科协在科协领导机构和科协基层组织之间发挥着重要的承上启下的作用，它需要将行政化的领导转变为专业化的指导，这对于地方科协的专业性提出了很高的要求。如果地方科协的领导不具备相关的专业素养和领导能力，就会造成中国科协很多面向基层组织的发展意图、规划项目难以通过地方科协有效的贯彻落实下去，影响了科协基层组织的凝聚力和影响力。此外，地方科协组织的行政化倾向过强，只会利用自上而下的命令手段布置工作，不会通过社会化的方式指导工作，也会造成行政化的地方组织与社会化的基层组织之间的脱节，不利于科协基层组织的发展。

为此，我们建议在地方科协的重要领导岗位安排上，要增加上级科协组织的发言权，可以由科协组织推荐相应的人选，或由科协组织提出相应的岗位要求，增强地方科协领导的专业素养，加强组织的专业性，减少组织的行政化倾向。

（三）队伍建设

现阶段，科协基层组织的人才队伍建设亟待加强。大量的科协基层组织没有专职的工作人员，兼职人员精力分散、专业性不高、缺乏有效激励，从而导致科协基层组织的工作难以取得实质性进展。

企业科协的情况相对较好，对福建省企业科协的调查问卷显示：有43.4%的企业科协设立专职管理人员，平均每家企业配备3.3个专职管理人员；有94.7%的企业设立兼职管理人员，平均每家企业配备6.14个兼职管理人员。部分企业同时配备了专、兼职管理人员。乡镇街道的情况比较令人担忧，以福建省永春县为例，该县大多数乡镇（街道）科协组织在20世纪80年代组建时"一阵风"，组建后就"撂空"，早已名存实亡，或者有机构没编制，领导班子和工作人员配备不到位，加之工作人员都是由乡镇（街道）干部兼任，工作队伍不稳定。由于乡镇（街道）不够重视，村（社区）科普协会随着村（社区）换届不知所踪。高校科协的状况更发人深省。科协在高校是有活动为抓手的，例如全国青少年高校科学营、大学生科普作品大赛等，但由于高校科协的工作往往挂靠在科技处，负责老师身兼数职，科协工作既没有考核，也没有额外激励，所以老师们不愿意抓，也抓不过来，最后很多原本是科协的活动转而委托团委来实施。

由于科协基层组织作为科协组织体系的末端，需要与群众广泛接触，更多地体现群众组织的特点，因此不建议将行政化的管理方式应用到科协基层组织人才队伍的建设之中，尤其不提倡赋予具体工作人员相应的行政级别、不提倡以行政考核的方式对工作人员的工作进行考核。建议对科协基层组织的工作人员采用社会化的管理方式和激励方式。

一是社会化的管理方式。科协基层组织作为群众组织，可以借鉴社会组织的人员管理模式，一方面日常管理可以在社会上招募致力于科学事业发展的热心人士来承担，例如北京市大兴长子营镇科协主席、农艺协会理事长吴宗智，他长期在乡镇从事农村科技推广工作，对于这一领域有热情、有想法、有经验，目前退休后专心担任农艺协会理事长。科协基层组织需要在基层更多地培养、挖掘这样的骨干人才，让他们来做科协基层组织工作。另一方面，遇到大型活动或者重要项目，人手不足时，可以通过招募志愿者的方式来完成。

二是社会化的激励方式。对于科协基层组织的工作人员而言，承担了相应的工作，就需要有所激励。激励可以有多种表现形式：一是经济激励，科协基层组织在承担上级活动或者独立开展项目时，需要在预算中专门列出一部分作为一线工作人员的劳务成本，以体现其劳动的价值；二是荣誉激励，地方甚至全国科协可以定期或不定期地面向基层科协组织评选优秀基层工作者，给予相应的荣誉；三是发展激励，对于长期在科协基层组织工作的工作人员组织定期的培训、考察等学习活动，增长其职业技能，提升其专业素质。

（四）组织协作

当前，基层服务型党组织建设正在各地持续推进。《关于加强基层服务型党组织建设的意见》要求"基层党组织要转变工作方式、改进工作作风，把服务作为自觉追求和基本职责，寓领导和管理于服务之中，通过服务贴近群众、团结群众、引导群众、赢得群众。"在强化服务功能的基础上，基层党组织需要通过构建服务格局，发挥群团组织、自治组织、社会组织的作用，来更好地实现服务群众的目的。在这一形势下，科协基层组织可以主动融入基层服务格局之中，加强同党组织、工、青、妇等其他基层群团组织以及社会组织的沟通与合作，资源共享、优势互补，在服务的过程中为科协基层组织赢得地位、赢得信任。

例如北京三正企业有限公司智慧城市研究中心主任兼三正科协秘书长就表示：三正科协在服务科技工作者方面，就将科协的工作与党支部的活动、工会的活动结合起来，虽然侧重点不同，但这几个部门所做的事情都是服务员工，既然做同样的事情，那么把相应的经费调在一起，统一来使用，效果更显著。

又如：福建永春县科协立足本县实际提出加强科协基层组织工作可以积极探索"支部＋协会＋农户"的发展新模式，在党组织的协调和带领下，引导和支持种养大户、涉农企业、合作社、家庭农场等组建农技协，扩大科协基层组织的覆盖面。同时打造群团组织服务链，乡镇（街道）科协与工会、共青团、妇联、残联、计生协会等群团组织，主动融入乡镇（街道）工作大局，整合资源，集聚合力，做好维护权益、职工培训、创业就业、志愿行动、美丽家庭"五链"文章，打造群团组织服务链，助推宜居城镇、美丽乡村建设。

为此，提出两点建议：一方面基层党组织可以将基层科协组织作为服务群众的重要载体，纳入到服务型党组织建设的格局之中；另一方面基层科协组织也可以主动融入本单位或本地区的中心工作，与党组织、其他群团组织、社会组织加强沟通、合作共赢。

（课题组成员：张志明　祝灵君　谢　峰　蔡志强　郑　琦）

新时期加强乡镇科协建设的思考

福建省永春县科协课题组

乡镇科协是科协组织体系中最基层的组织，是乡镇党委和政府联系科技工作者的桥梁和纽带，直接面向广大农村和农民，是提升农民科学素质的重要实施者，是落实上级科协各项政策的重要保障，加强乡镇科协建设意义重大。课题组通过对福建省永春县所属乡镇科协建设情况开展调查研究，同时了解泉州市、福建省乃至全国其他地方乡镇科协建设情况，借此分析、掌握乡镇科协建设情况，查找薄弱环节，总结提升经验，探索新时期加强乡镇科协建设的对策建议，旨在为中国科协研究和编制"十三五"事业发展规划提供有益参考。

一、永春县乡镇科协建设现状

永春县现辖 18 个镇、4 个乡，共有 27 个社区、209 个村。早在 1983 年永春县 21 个公社都成立科普协会，1984 年各公社科普协会都配备专职秘书长，1984 年底全县 229 个村（大队）都成立科普分会，1985 年各公社科普协会改名为科学技术协会，各村（大队）科普分会相应改名为科普协会。

2010 年 3 月，福建省委组织部、省科协出台《关于加强以党的建设带动科协建设的意见》。2013 年 11 月，泉州市委组织部、市科协配套出台《关于加强以党的建设带动科协建设的实施意见》。2010 年 9 月，福建省委、省政府出台《关于进一步加强新时期科协工作的意见》。2014 年 5 月，泉州市委、市政府配套出台《关于进一步加强和改进新时期科协工作的实施意见》。在永春县委、县政府高度重视和正确领导下，乡镇科协建设取得显著成效，科普工作基本能够正常开展。

2013 年 8 月，永春县委组织部、县科协下发《关于做好乡镇科协换届选举工作的通知》文件，要求全县 22 个乡镇对科协进行换届，推行科协主席由分管领导担任，秘书长由农业综合服务中心或经济社会事务服务中心主任兼任，委员会人数根据乡镇的大小和委员的分布情况，由 5～11 人组成。委员通过等额选举产生。委员会不设常委会。截至 2013 年底，全县 22 个乡镇科协全部完成换届。全县有乡镇科协主席 22 人、副主席 22 人、委员 146 人，基本实现有机构、有人员、有活动。同时成立乡镇和村（社区）科普志愿者队伍，现有乡镇科普志愿者 420 人，村（社区）科普志愿者 1180 人。推行村级农技员、文化协管员兼任科普宣传员制度，全县共有科普示范乡镇 3 个、示范村（社区）80 个、示范户 1530 家、科普宣传员 236 人。组建各类农技协 140 个，其中示范性农技协国家级 4 个、省级 3 个、市级 10 个；建立科普示范（教育）基地 66 个，其中国家级 3 个，省级 7 个，市级 14 个；培养科普带头人 33 名，其中国家级 2 名，省级 5 名，市级 9 名；建设各级科普惠农服务站 37 个、科普宣传栏 236 个、科普画廊 4 个、科普活动中心（室）236 个、专题科普展馆（厅）5 个。2014 年通过开展科技活动周、全国科普日、文化科技卫生"三下乡"等活动，举办科普活动 57 场（次），参加科普活动 81430 人次；开展技术咨询 18 次，举办实用技术培训 43 场（次），受训人口达到 2831 人，建设永春县"三农"网络书屋子书屋 358 个。自 2006 年中国科协实施"科普惠农兴村计划"项目以来，共有 21 个单位和个人获得中央、省财政奖补资金 180 万元。

二、乡镇科协建设存在的问题

乡镇科协是推广科学技术、普及科学知识、开展群众性科普活动的重要力量，在提升农民科学素质，服务农村发展方面发挥着重要作用，取得一定的成绩的同时，也存在以下问题。

一是乡镇科协职级待遇不明确。上级有关部门已出台文件明确乡镇工会主席、共青团书记、妇联主席为正股级（如由副科级担任主要负责人，则副职为正股级），而科协部门至今未明确。

二是乡镇科协换届选举不按期。工会、妇联已与乡镇党委实现同步换届，共青团三年一届。而除少数乡镇科协外，大部分未能按期换届，届中人事调整后也没有依照章程和有关规定产生新领导班子。

三是乡镇科协组织机构不健全。大多数乡镇科协组织在20世纪80年代组建时"一阵风"，组建后就"摞空"，早已名存实亡，或者有机构没编制，领导班子和工作人员配备不到位，加之工作人员都是由乡镇干部兼任，工作队伍不稳定。由于乡镇不够重视，村（社区）科普协会随着村（社区）换届不知所踪。农技协发展滞后，科普示范带动效应不明显，影响辐射能力不足，指导服务难。

四是乡镇科协职能作用不明显。由于乡镇科协得不到足够的重视，建设滞后，没有一个明确的工作目标和与之相适应的配套制度、措施，工作基本处于一个"上级安排什么，就干什么"、"想起什么，就干什么"的状况。科协工作人员由乡镇干部兼任，没职级经济待遇，工作热情不高，科普业务不熟悉，工作不知所措，难以开拓科普宣传工作新局面，未能充分发挥科协部门的职能作用。

五是乡镇科协物质基础无保障。由于乡镇没有预算科普专项经费，没有配备科普宣传车和相应的科普设备设施，必要的物质基础得不到根本的保障。作为科普工作主力军的乡镇科协，大多是被动接受县科协的安排和布置，开展科普工作手段落后、活动载体单一、覆盖面不宽，难以满足广大农民群众的科普需求。

三、新时期乡镇科协的主要任务

党的十八大报告把科技创新摆在国家发展全局的核心位置，提出实施创新驱动发展战略。当前，农业先进科技的普遍应用，仍然是我国农业生产技术升级的薄弱环节。乡镇科协是农民科学素质提升工程的实施者，是农业科技的广泛推广使用的推动者，要发挥农村专业技术协会、科普示范基地、科普带头人等载体的作用，广泛开展农业科技推广和咨询服务，促进现代农业科学技术的普遍应用，服务农村发展和农民增收。

开展或协助开展农村实用技术培训和先进适用技术推广；协助开展科普乡镇创建和农村科普示范基地建设；协助开展农函大教育和农民技术职称评定工作；配合上级科学技术协会组织开展的各项农村科普工作；引导农民树立科学发展理念，培养有文化、懂技术、善经营的新型农民；提高农民科学文化素质，促进社会主义新农村建设。

开展社会化科学技术普及活动，引导人民群众崇尚科学，抵制迷信，移风易俗，破除陋习，倡导科学健康的生活方式和文明节约的消费模式，促进资源节约型、环境友好型社会建设。

开展或协助开展科技活动周、全国科普日等活动；协助开展科普示范单位的创建；促进讲科学、爱科学、学科学、用科学社会风尚的形成与发展。

开展技术咨询、技术服务、技术培训等科学技术活动，促进技术开发、技术转让，增强企业自主创新能力，促进以企业为主体的技术创新体系的建立。

反映基层科学技术工作者的建议、意见和诉求，维护其合法权益，促进其生活和工作条件的改善，举荐人才，促进科技工作者的成长和提高。

四、新时期加强乡镇科协建设的对策建议

党的十八届三中全会指出，"要紧紧围绕使市场在资源配置中起决定性作用"、"正确处理政府和社会关系，加快实施政社分开"、"适合由社会组织提供的公共服务和解决的事项，交由社会组织承担"。各级党委、政府要充分认识新时期加强乡镇科协建设的重要意义，乡镇科协要充分认识各级党委、政府加强新时期科协工作战略决策的重要性，要站位全局、融入全局，主动作为、主动服务；有所为有所不为，坚持"大联合、大协作"的工作方式，在当地党委、政府的坚强领导和指导下，靠有为争取地位，靠服务凝聚力量，靠激情支撑奉献，靠协作扩大影响，靠成效赢得支持，靠发展增强活力，为建设宜居城镇、美丽乡村，实现"中国梦"贡献力量。

（一）加强基层组织建设，为乡镇科协建设提供组织保障

1. 健全乡镇科协组织机构

推行科技副乡镇长（街道副主任）兼任科协主席，村级农技员、文化协管员兼任科普宣传员制度，配备专职或兼职科协干事兼任秘书长。实施村（社区）科普协会"全覆盖"工程，由1名村（社区）的"两委"班子成员兼任科普协会负责人。鼓励有条件和自然村落、小区、楼幢等组建科普分会或小组。

2. 推动乡镇科协按期换届

2016年福建省、市、县、乡四级党委将同步换届，一般情况下，乡镇的工会、妇联等群团组织也跟着换届，省组织、科协部门要联合出台文件，推动实现乡镇科协与乡镇党委同步换届，依照章程和有关规定产生领导班子。成立委员会，人数根据乡镇的大小和委员的分布情况，由5～15人组成。委员通过差额选举产生。委员会一般不设常委会。以乡镇科协换届为契机，选准配齐乡镇科协领导班子，提高乡镇科协组织凝聚力和战斗力，努力把乡镇科协组织建设成为科普宣传的坚强阵地和科技工作者之家。

3. 提高乡镇科协干部素质

切实加大乡镇科协干部的培养、选拔、交流、使用和管理力度，不断优化科协干部队伍结构，提高科协干部素质。加强业务培训，由市科协联合市委组织部、党校等单位举办乡镇科协主席培训班，由县（市、区）科协联合县（市、区）委组织部、党校等单位举办乡镇科协秘书长和村（社区）科普协会负责人业务培训班，分期分批普遍轮训，将科普宣传有关法律法规和科协"三服务一加强"工作职能贯彻到基层，不断增强他们的事业心和责任感，发挥乡镇科协组织承上启下的枢纽作用和科技普及推广工作的"二传手"作用。

4. 扩建乡镇科协基层组织

农技协是乡镇科协最重要的基层组织，应由组织、农业、科协等部门联合出台文件，制定"十三五"期间农技协组织发展规划。要紧密结合新农村建设、产业结构优化和发展"一乡一业、一村一品"实际，按照"民办、民管、民受益"和"先发展、后规范，边发展、边规范"原则，采取"政策引导、规范指导、激励利导、考评督导"措施，积极探索"支部＋协会＋农户"、"企业＋协会＋基地＋农户"发展新模式，引导和支持种养大户、科普基地、涉农企业、合作社、家庭农场等组建农技协，扩大基层组织覆盖面。

（二）加强规章制度建设，为乡镇科协建设提供政策支撑

1. 出台《乡镇科协工作细则》

抓好《中国科学技术协会章程》的贯彻落实，指导、督促各省、市、县科协研究制订《实施细

则》。结合各县实际，研究出台《乡镇科协工作细则》，作为指导乡镇科协开展工作的纲领性文件。按照党的十八大提出的"完善党内选举制度，规范差额提名、差额选举，形成充分体现选举人意志的程序和环境"精神，建议在乡镇科协换届时试行"委员等额提名、差额选举""主席等额提名、等额选举"制度，今后逐步推行"等额提名、差额选举"制度。差额不少于20%。秘书长由主席提名，委员会通过。

2. 出台新时期加强科协工作文件

各级党委、政府要制定落实《关于进一步加强新时期科协工作的意见》，重点增加新时期加强乡镇科协建设的内容。建议由中国科协或各省科协向编制部门争取乡镇科协编制，建议省科协与组织人事部门联合出台政策，明确乡镇科协主席为副科级、副主席为正股级、秘书长为副股级待遇。

3. 推动建立科学素质共建机制

各级政府要按照"政府推动、全民参与、提升素质、促进和谐"的工作方针，以全国科普示范县、全省科普先进县（市、区）创建活动为抓手，贯彻落实好国务院《全民科学素质行动计划纲要》，把全民科学素质建设列入经济社会发展总体规划，把全民科学素质工作目标任务纳入文明城市、宜居城镇、美丽乡村等的考评范畴。鉴于福建省政府已与中国科协签订公民科协素质"共建协议"，建议以省政府或省政府办公厅的名义下发文件，要求各地健全"大联合、大协作、大科普"工作机制，认真落实好"共建协议"，切实发挥"政府推动"作用，推动建立公民科学素质工作目标责任考核机制。乡镇党委、政府要抽调人员、安排经费，支持乡镇科协在全民科学素质建设中发挥牵头作用。要明确各成员单位职责，落实责任制，加强协同协作，以共建机制推动形成社会化科普工作格局，确保实现"十二五"、"十三五"规划确定的公民具备基本科学素质的目标。

（三）创新科普活动载体，为乡镇科协建设搭建服务平台

1. 打造农村党建综合体

加强以党的建设带动科协建设，不断扩大党的工作和科协工作覆盖面，创新乡镇科协工作方式，打造以"一网（便民服务网）、一室（多功能活动室）、一会（农村专业技术协会）、一栏（科普宣传栏）"为载体的农村党建综合体，全面提升基层科普服务水平。"一网"，即构建一个点面结合、上下畅通、快速高效的便民服务网。依托党支部设立党员综合服务站，加挂便民服务室牌子，由村干部、科普宣传员和科普志愿者轮流坐班，提供科普服务。由科普带头人、科普志愿者申请建设科普服务点。开通永春县科协信息网和永春县三农科普网络书屋。"一室"，即设立一个集干群议事、科普宣传、技术培训的多功能活动室。"一会"，即组建一批农村专业技术协会。鼓励党员成立农村专业技术协会，把优秀的会员培养成党员。"一栏"，即建设一个规格统一、设计规范的科普宣传栏，以便能够及时张挂科普挂图、张贴科普材料。加强科普宣传，让党员群众切实感受科普就在身边，切实提高公众科学素质。

2. 打造群团组织服务链

乡镇科协与工会、共青团、妇联、残联、计生协会等群团组织，要主动融入乡镇工作大局，整合资源，集聚合力，做好维护权益、职工培训、创业就业、志愿行动、美丽家庭的"五链"文章，打造群团组织服务链，助推宜居城镇、美丽乡村建设。①延伸维护权益链，即建立职工、妇女、儿童、残疾人、科普工作者维权岗，整合各职能部门行动，统筹安排，统一行动，提供维权服务。②延伸职工培训链，即充分发挥各职能部门创设的载体作用，加强职业技能培训，扩大培训覆盖面。③延伸创业就业链，即联合有关部门，建立求职供职信息网，及时发布供求信息，开展创业就业培训。④延伸志愿行动链，即整合志愿者服务队，开展卫生保洁、心理咨询、科普宣传、亲情陪伴、生育关怀、康复指导等多种志愿服务行动。⑤延伸美丽家庭链，即打造"美丽家庭"示范村、示范街、示范小区、示

范户。

3. 实施科普"三大"工程

实施"科普惠农工程"，即紧密围绕"百姓富、生态美"要求，大力开展农村实用技术培训，组织科技人员开展技术咨询、技术推广和技术服务，协助实施"科普惠农兴村计划"，引导、培育、扶持一批示范效果好、带动效应大的农村专业技术协会、农村科普示范基地和农村科普带头人，通过典型引路、示范辐射，培养新一代有文化、懂科技、会经营的新型农民。实施"科普益民工程"，即结合文明社区、美丽社区建设，加强社区科普活动中心和科普志愿者队伍建设，组织内容丰富、形式多样、喜闻乐见的经常性、社会性、群众性的科普活动，使社区居民在休闲中感受科普，逐渐养成科学、文明、健康的生活方式。实施"科普场馆工程"，即各级政府要增加投入，公益性科普设施建设要纳入城乡规划建设和基本建设计划。财政、科技、教育、计划等部门要充分发挥自身职能，积极支持科普设施建设。乡镇、村（社区）、企事业单位要充分发挥、利用现有科普资源，按照"共建共享"要求，鼓励和引导社会力量建设专业科普馆、科普活动中心（室）、青少年科学工作室、科普教育基地、企业科普展示馆（厅）、科普宣传栏等科普基础设施，免费对社会公众开放，努力为公众提供优质高效的科普服务。

（四）完善考核评价机制，为乡镇科协建设提供强大动力

1. 完善考评内容

一是市科协要将乡镇科协工作纳入年度绩效考评体系，作为考核评价县（市、区）科协、干部职工工作实效的重要依据和工作能力、工作水平的重要内容。二是县（市、区）委、县（市、区）政府要将科协工作纳入年度绩效考评体系，作为考核评价乡镇经济社会发展工作实绩的重要内容，借助党委、政府的权威，强势推动乡镇科协工作。三是县（市、区）直有关部门要将科协工作纳入考评体系，助力推动乡镇科协工作。组织部门要贯彻落实以党的建设带动科协建设工作的《关于进一步加强新时期科协工作的意见》，将科协基层组织建设纳入党建考评内容；综治部门要将反邪教工作纳入平安乡镇考评内容；农业部门要将公民科学素质建设纳入美丽乡村考评内容；精神文明创建部门要将科普场所纳入文明县城、文明乡镇、文明村（社区）考评内容。

2. 运用考评结果

对考评成绩突出的集体和个人，予以表彰奖励，在评先评优、推荐使用中优先考虑。对考评成绩不理想的集体和个人，给予约谈、通报、整改。

（课题组成员：张金发　高金全　陈国成　赵世忠　黄炳足　徐清华　李春喜　陈春丽）

非公企业中科协组织建设与工作机制问题调研

——以福建省为例

福建省科学技术协会课题组

一、福建省企业科协现状及成效

（一）企业科协发展概况

福建省企业科协的发展始于20世纪80年代初，随着改革开放的深入和社会主义市场经济的建立和完善，企业科协历经曲折，走过了快速发展、萎缩、复兴的历程，近十年来福建省企业科协数量走势参见图1。

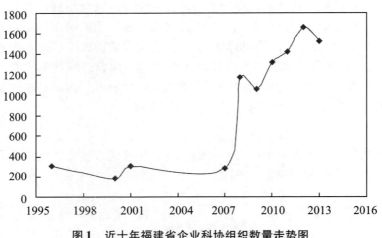

图1　近十年福建省企业科协组织数量走势图

"九五"期间（1996—2000年），在市场经济汹涌浪潮的冲击下，原先以国有企业为主体的企业科协组织逐年减少，还有一部分是名存实亡。

为止住颓势，在新世纪到来以后，省科协通过深入调研，及时调整了突破方向，提出了积极稳妥地在非公有制企业中发展科协组织的工作思路，实现了巩固中的发展。

2008年，福建省科协将企业科协的管理职能转移到了省科技咨询服务中心，希望给企业科协工作注入更多的市场动力。当年，全省企业科协组织的数量从上年底的284家爆发式地发展到了1169家，然后逐年稳步增长。至2014年底，全省共建立企业科协1676家，拥有会员11.63万人，其中，大专学历以上毕业的人员有4.72万人（约占全省69万科技工作者的6.8%），具有中级以上技术职称的人员有2.86万人，中、高级技工1.66万人。在全省企业科协中，非公企业科协1546家，占到总数的92.2%。部分地市的非公企业科协占全市企业科协总数量的95%以上，如泉州作为我省非公有制经济活动非常活跃的地区之一，是全省在非公企业中最早组建企业科协的地区，现有企业科协473家，其中非公企业科协467家，占全市企业科协总数的98.7%。福建省企业科协区域分布见图2所示。

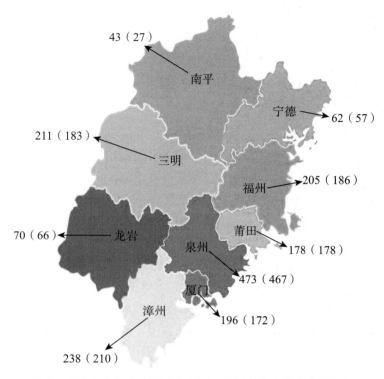

图2　福建省企业科协区域分布图（括号内为非公企业科协数）

目前，福建省企业科协所在企业涉及的行业主要有：机械机电、电子信息、轻工纺织、农林牧渔、建筑建材、石油化工、冶金矿产、医药产业、环保产业、水利水电、汽车及配件、专业服务、机构组织、其他等，分布如图3所示。

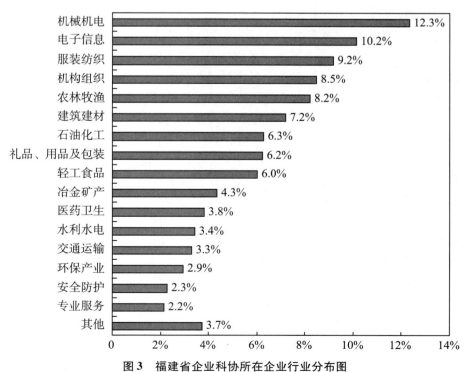

图3　福建省企业科协所在企业行业分布图

企业科协制度建设进一步加强。2009 年以来，省科协联合省直有关部门，先后制定出台《关于进一步加强企业科协建设的意见》《开展讲理想、比贡献活动的奖励办法》和《关于开展"院士专家企业工作站"建设的实施意见》；2010 年省委组织部、省科协联合印发《关于加强以党的建设带动科协建设的意见》，其中对企业科协建设和企业人才队伍建设提出规范化的要求。2014 年底，根据全省企业科协建设的新情况和新问题，省科协下发了《新时期加强企业科协建设的意见》，提出了下一步企业科协建设的任务目标和要求。

（二）企业科协工作的典型做法

1. 利用科协智力资源，促进创新要素向企业集聚

福建省企业科协利用"院士专家八闽行""6·18""金桥工程"等活动作为重要平台，组织院士、专家深入企业开展科技咨询服务、科技交流合作，与科研院所、高等院校、职业技术院校间建立交流协作机制，促进了企业产业的发展，如光谷（福建）通信有限公司与中科院过程工程研究所的"氧化锆粉体产业化技术研究"在第八届中国·海峡项目成果交易会成功签约的院士项目，总投资 1 亿元，产业化后产值 10 亿元。

通过建立院士专家工作站，引智聚才，促进更多创新要素向企业聚集，提高了科技成果转化水平。2012 年 7 月，厦门爱德森院士工作站与签约院士联合研发，合力攻关，成功开发出世界首台可变阵列涡流检测仪（Various array eddy current testing，简称"变阵涡流"），该仪器功能具有完全自主知识产权，其功能定义也将写入相关国家标准中。此外，麦克奥迪集团院士站"基于数值微镜（Digital Micro－mirror，DMD）的共聚焦显微成像系统的研制"也获得国家科技部科技支撑计划立项，并于 2012 年 1 月 1 日正式启动。

2. 组织科技工作者开展群众性的技术创新活动，促进企业自主创新能力提升

企业科协还从企业紧迫需求出发，引导企业科技工作者围绕突破关键技术和共性技术，积极参与科技攻关、科技立项、技术发明、技术革新，不断增强企业核心竞争力。

久和菌业有限公司在追求双孢蘑菇"最佳"培养基的技术攻关过程中，科协充分发挥科技人员的主力军作用，积极协调沟通，组织举办 3 次县内外食用菌专家参加的技术研讨活动，上下内外共同努力，通过改良后的培养基生产的主要产品双孢蘑菇，商品质量得到提升，成本比前降低，效益明显提高，9 月份以来，在同样产量的前提下，月生产效益增长 0.8 万元以上。

另外，开展"讲、比"竞赛是福建省企业科协激活企业科技进步和技术创新活力的有效手段。企业科协以技术创新、技术进步为先导，以"讲、比"活动为载体，搭建技术创新平台，紧密围绕企业的发展，以生产经营技术中的重点、难点、关键点、利益点、切入点，建立了相应的组织机构和工作制度，广泛组织和发动科技人员积极开展技术改造、技术攻关、产品开发、科学管理、节能降耗、推动新技术、新工艺的推广应用，为降低成本，提高经济效益，在促进企业精神文明建设和企业技术进步中发挥重要作用。如福建森达电气股份有限公司成立了以董事长为主任，总经理为副主任，各部门经理为小组成员的"讲、比"领导小组，领导小组下设办公室，办公室设在技术中心，负责日常工作。领导小组共同研究制定"讲、比"活动年度工作计划，制定企业开展"讲、比"活动的考核标准，进行定期检查与考核评估。对成绩显著的人员或班组，通过奖励进行支持。森达科协结合企业技术创新需求开展"讲、比"立项，已获得 19 项实用新型专利，2013 年有 4 个产品通过新产品新技术鉴定，自主研发的高低压成套产品及其配套系列产品获得福建省自主创新产品奖、福建名牌产品、质量可信产品等荣誉，直接提高了企业核心竞争力，经济效益超过 5000 万元。"讲、比"活动的立项，从小发明、小创造、小革新，到新产品研发、新工艺改进、新设备调试，涉及企业生产经营的各个方面。企业通过开展"讲、比"活动，凝聚和吸引了一大批企业科技人员和技能人才，围绕企业科学发展目标，推动企业节能、降耗、减排、增效，提高企业创新能力，获得了实实在在的效果。讲比活动

开展以来，共计 25 人、4 个班组获得表彰奖励，兑现奖励金 7.8 万元，大大激励了科技人员参与活动的积极性。

3. 发挥桥梁和纽带作用，促进企业的和谐发展

企业科协是企业"科技工作者之家"，代表科技人员的利益，反映他们的意见和要求，维护他们的合法权益，并为科技人员的成长提供良好环境，同时也为企业主稳定了人才队伍，激发了员工的创新热情。一是开展表彰奖励活动，调动广大科技人员的积极性、主动性和创造性。如福建闽江源绿田实业投资发展有限公司，为了充分挖掘员工潜能，吸引、留住人才，不断增强企业的创新能力和可持续发展能力，公司制定了以人为本的、操作性强的创新激励奖励制度，成立"创新项目评审小组"，统一组织和领导"创新项目"的奖励评定工作。每年有 30 多名科技工作者参加活动，共表彰 12 个优秀项目和 20 名先进个人。为扩大活动影响，奖励额度逐年提高并兑现，奖励金额每年 60 多万元。二是听取科技工作者意见和建议。如新洲林化是一家外资企业，企业老板积极支持科技人员在企业内开展的"QC"小组的活动，一年中收集各种合理化建议 14 条，为企业提高产品质量，节能减排、降低原材料成本消耗取得较好效益。当年采纳建议 6 条，通过技术攻关和改造，降低了成本消耗，节省成本 10 多万元，一些老板们感到头痛、一时无法解决的问题，通过企业科协和科技人员的活动不断地得到解决。三是强化继续教育，提高科技人员科学素质。如福建新世纪电子材料有限公司科协组织多层次活动，2010 年 3 月邀请厦门大学电子工程学院专家举办"高性能覆铜板用胶粘剂技术培训班"；5 月组织"科普知识趣味问答"；7 月组织"谁与争锋"技术竞赛；10 月份邀请大连理工大学化工学院专家举办"科普下企业专家行"活动，举办两场次"覆铜板制作培训班"，培训员工达 300 人次，发放资料 1000 份，公司科协还设立科普画廊，每月资料更新一次，还设立科普图书角。通过各种活动极大提高员工科学素养，受到员工欢迎和企业管理层的高度评价。

4. 开展教育实践活动，提高企业创新文化氛围

福建省企业科协围绕增强企业技术创新能力，以"节能、降耗、减排、增效"为重点，组织科技工作者开展比专业水平和技能、比员工科学素质、比创新思路、比合理化建议、比技术专利、比科技成果转化等创新实践活动，把企业自主创新与群众性创新结合起来。

如京泰管业有限公司科协定期组织开发研讨活动，针对市场需求探索产品技术自主研发，处于国内领先水平，年节约铜 5000 多吨，年创产值 1 亿多元。

又如福建省德鑫机械制造有限公司企业科协成立以来，结合生产实际，组织各类培训 15 次，累计 30 多课时，使新引进的新工艺瓣技术能在员工之间及时交流。并策划了数控编程及各种铸造工艺创新等形式多样、密切企业生产实际的活动，在员工间掀起"比、学、超"的热潮。为企业获得"福建省高新技术企业"、"最佳供应商"以及"龙海市纳税大户"、"龙海市十佳民营企业"等荣誉称号立下汗马功劳。

二、非公企业科协工作的不足及原因分析

（一）存在的问题

目前福建省非公企业科协存在一些问题，主要表现在：一是非公企业科协整体覆盖面比较小，仅占规模以上非公企业的 7.7%，近三年大体上维持着零增长。从企业规模上看，建在中小型企业较多，建在大型企业较少。从区域分布上看，存在地区发展不平衡的现象，部分设区市企业科协数量与其经济地位不相称。二是已建企业科协活力不强。有 27% 的企业科协 2013 年没有开展任何活动，基本处于"休眠"状态。甚至少部分科协组织已经有名无实，其中有 60% 左右的企业科协没有专职人员，

10%左右的企业科协2013年工作经费在3万元以下，基本是处于无人管、无经费的状态。三是工作机制与活动内容与非公企业、科技人员的需求不相适应。抽查的情况表明，有一半以上的科技人员和企业希望企业科协可以在职称评定和项目引进方面给予帮助，但根据目前企业科协开展的活动表明，大部分企业科协仅在技术培训方面满足了企业科技人员的部分需求，在其他方面与科技人员和企业的需要还存在较大差距。

（二）原因分析

1. 体制原因

一是科协组织体制存在结构性缺陷。科协内部的"领导"和"指导"两个体制的混存或异化是影响企业科协工作的重要因素。"两导"体制混存造成该作为"领导"角色的部门变成了"指导"，该作为"指导"角色的部门变成了"领导"，上级科协对自身是"领导"还是"指导"角色模糊不清，必然造成系统执行能力的弱化，比如，科协组织与全国性学会是领导关系，与地方科协是指导关系，因此出现了与所属学会关系比较紧密，与其同系统的地方科协、基层科协、企业科协关系比较松散的矛盾。这种科协体制的结构性矛盾，对科协基层组织建设产生了较大的影响。另外，科协目前会员制也存在缺陷，同级学会是科协的团体会员，而下一级科协不是团体会员。而且，科协目前只有团体会员，而没有个人会员，与其他群团相比，科协的工作更难落实到个人，其联系和服务的职能只是落到了所属团体会员身上，实质上并没有直接地落实到科技工作者个人身上。

二是组织网络不健全。我国科技工作者约为6800万，参加科协组织的只有1595万人，不到整个科技队伍的1/4。福建省规模以上的非公企业中，仅有约7.7%的企业建立了企业科协组织，科技工作者组织化的程度不高，科协组织覆盖面不广，是当前科协组织制度建设的一个突出矛盾，与中央书记处"哪里有科技工作者，科协工作就要做到哪里；哪里科技工作者密集，科协组织就要建到哪里"的要求仍存在较大差距。由于组织覆盖面太窄，科协的服务科技工作者的根本职能无法顺畅地到达终端。而大批在企业的科技工作者，游离于组织之外，其意见诉求也无法顺畅地上传，科协系统的"微循环"还未打通。

三是工作重心不稳或多变。科协组织的本质是什么？如何建设科协组织？在开展科协活动过程中能做什么，可以做什么，不能做什么。这些问题一直是困扰着企业和科协工作者的问题。《中国科学技术协会章程》规定了科协的工作职能和任务，主要包括学术工作、科普工作、决策咨询和培养人才的职能和任务。从调查情况看，多数企业科协对自身的定位并不清晰，工作任务不明确，更多的等同于企业的一个研发部门或管理部门，完全按照企业领导的意志开展工作，而不是作为一个科技工作者的组织，在上级科协的指导下，按照《中国科学技术协会章程》开展工作，为科技工作者服务，为提高全民科学素质服务。由于职责不明，重心不稳，相当数量的企业科协在企业内部逐渐被边缘化。所以，科协工作必须从内在的功能上去思考，找到自己在企业经营环节中存在的价值。这样才能真正实现科协工作在新时期为企业和广大科技工作服务的职能。

四是科协资源优势发挥不明显。通过调查发现，目前，企业科协在利用科协系统的智力资源为企业服务，与高校、科研院所建立沟通机制，以及主动争取地方政府在政策、经费及奖励方面的支持等方面，与企业和科技人员的需求还存在较大差距。对现阶段企业科协的对外交流情况进行调查情况，包括与高校、科研机构（图4）以及政府有关部门（图5）的交流合作情况，调查结果可以看出，有14%的企业表示没有与高校、科研院所有交流合作，与政府有关部门的交流合作情况略强于与高校、科研院所，但也有4.9%的企业从未与政府部门交流合作。这其中反映出企业科协在整合资源、加强交流方面作用的缺失。同时，反映出上级科协对企业科协工作指导力度不够。

五是专业专职人员缺乏。从前面数据分析得知，有43.4%的企业科协设有专职工作人员，公有企业中设立的专职工作人员的占比仅为22.6%，有81.5%的企业科协秘书长为兼职。许多企业仅配备一

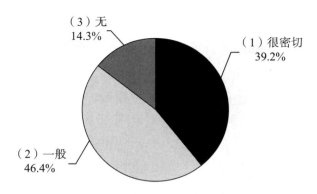

（3）无
14.3%

（1）很密切
39.2%

（2）一般
46.4%

图4　企业科协与高校、科研机构的交流情况

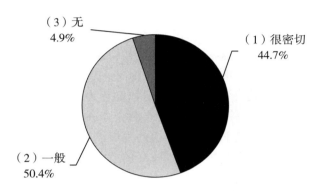

（3）无
4.9%

（1）很密切
44.7%

（2）一般
50.4%

图5　企业科协与政府有关部门的交流合作情况

名企业高管负责科协的日常工作或由一名中层干部兼管科协工作，他们常常是身兼数职，因此造成科协工作人员精力分散，疲于应对，创造性思维受到限制，创新性工作没有精力开展。长此以往，逐渐形成了企业科协工作游离于企业创新工作之外，科协工作愈发不被重视。

同时，企业科协干部的自身素质、业务水平、创新能力、工作方法在一定程度上跟不上时代的发展和要求，失去了应有的凝聚力和向心力。一些新的企业科协干部对科协的宗旨、性质、地位、任务不甚了解、企业科协在开展工作中，遇到困难和问题时，不积极主动寻求帮助和指导，缺乏开拓进取精神和发现意识，导致企业科协相关工作不能有效、及时地开展起来。而且，通过后期回访发现，许多企业科协管理人员变动后，现在的工作人员对于以前的工作知之甚少，对接下来的工作也毫无头绪，即使有很强的工作积极性，有时也无从下手，致使一些企业科协常规工作都做不好，更谈不上开展创新性工作，从而严重制约了企业科协的良好开展。

2. 机制原因

一是建设目的性不明确。通过本次调查问卷，对福建省非公企业当初成立企业科协的主要动因进行了调查，发现一些非公企业科协对自身建设没有明确的目标。有31%的非公企业成立企业科协是由于当地政府部门或上级科协的要求，还有5%的企业仅仅是比照其他企业做法，跟风设立（见图6）。

调查结果还表明，分别有16.7%和51.1%的非公企业科协没有明确的工作职责和具体的工作考核指标，通过调研发现，部分企业对企业科协的宗旨任务不了解，对企业科协工作不关心，对于企业科协的功能作用不认同，对企业科协参与科协统一组织的活动不支持，造成部分企业科协工作难开展、生存难维持。企业科协必须从内在的功能上思考自身的定位，找到自己在企业生产经营环节中存在的价值，才能在企业创新发展中有所作为。

二是组织管理不规范。首先，企业科协在组织管理上不够规范，从"机构层级和管理制度"部分的数据分析得知，只有18.5%的企业科协是独立建制的。在"科技人员入会和工作职责"方面的数据

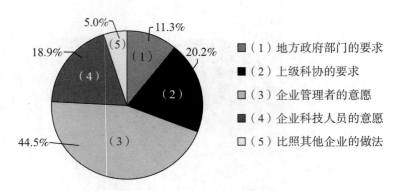

图6　非公企业当初成立企业科协的最主要原因

显示，有32.9%的企业科协会员入会时未办理审批手续，16.7%的企业科协没有制定明确的工作职责，绝大多数的企业科协并未制订专门的工作计划，和具体的工作任务指标，约15%的企业科协没有定期向企业领导汇报工作的工作机制。这些管理不规范，机制的不健全，造成企业科协的工作随意性强，缺乏计划性，严重影响了科协工作的开展。

同时，由于国家对现有企业科协的政策支持力度和宣传力度不够，企业科协的法律处于空白地位，有关企业科协的政策性文件凤毛麟角，社会公众对企业科协的知晓度低，企业科协资产无法界定，以及上级科协扶持力度低，无法为非公企业科协的发展创造良好的环境。以上几点原因都在一定程度上造成了目前企业科协工作任务不具体，缺少统一的规定动作，不利于发挥企业科技人员的积极性、主动性和创造性，极大地制约了科协作用的发挥。

三是缺乏统一的评价体系。目前，对企业科协的评价往往停留在表面，如建制情况、经费情况、开展活动情况等，而信息来源主要依赖于查看资料、定期抽查调研、组织问卷考评、群众座谈、、听取汇报等考核方法，缺乏统一的比较完善的考核评价体系。由于评价体系的缺失，不利于企业及上级科协对企业科协工作的督促检查、考核，不利于奖惩制度的建立和落实。每年评优主要是通过逐级推荐的形式，而基层科协缺乏统一的标准，往往是通过关系文字材料以及平时形成的印象进行推荐，这样，积极性、主动性和创造性没有得到充分的调动，影响企业科协工作的整体发展。

四是经费保障机制不健全。从"科协经费"数据分析得知，66.4%企业的企业科协的工作经费保障方式是按实际使用拨付，仅有11.8%的企业对经费是单独预（决）算。其中，87.8%的企业的工作经费来自企业拨款，特别是外商投资和港澳台投资企业，比例达到了90%以上，只有不到10%的企业科协的经费来自创收自筹。总体来说，目前企业科协的经费的来源渠道较为单一，缺乏经费保障和正常增长的机制。由于科协经费来源的局限性，以及企业科协自身创收困难，造成工作经费落实不到位，数额少等问题。从实际调查情况得知，较多中小型企业没有专项活动经费，有的一年的工作经费仅1万~3万元，这远远不足以企业科协组织活动的开展。虽然部分企业科协曾经利用科技咨询进行过创收，但是现在面临着观念和制度的难题，咨询项目发展受挫。因此，企业科协由于经费保障机制的不健全，对科协组织的正常运行，以及整体功能的发挥产生了较大影响。

三、未来发展的对策建议

（一）提高对非公企业科协必要性和重要性的认识

在国家强调创新、强调科技是第一生产力、强调企业是创新的主体的新形势下，在国家鼓励企业自主创新，与国际接轨的大背景下，在非公企业迅猛发展、作用凸显的大趋势下，非公企业科协作为推动企业成为技术创新主体的重要力量，作为地方党委、企业管理决策层联系企业科技工作者的桥梁和纽带，具有发挥更大作用的舞台。各级科协一定要认清形势，正确认识把握科协工作在党和国家全局中的定位，明确新时期、新阶段对科协工作的新要求。这样才能目标更加明确、职能更加科学、定位更加准确、任务更加具体、特点更加鲜明，工作的针对性和实效性才能更加增强。企业管理决策层要充分认识到企业科协在推进企业科技创新、人才培养、产学研平台搭建、交流沟通等方面工作的重要作用，认识到企业科协不是可有可无，更不是增加负担。只有认识上提高，思想上统一，才有可能在工作上重视，保障上支持，才能使企业科协建设保持健康可持续发展，进一步为企业科技创新、人才培养和企业文化建设服务。

（二）准确把握非公企业科协的职能定位

企业科协的职能定位应把握两点：首先，企业科协是在企业党政班子领导下的技术创新部门。非公企业独立经营，独自承担风险，企业科协和其他部门一样，都必须围绕企业的战略来设置和发挥功能，必须服从和服务于企业。其次，企业科协既是企业科技工作者自发的群众组织，又是科协在企业中建立的基层组织，应按科协章程独立自主地开展"以人为本"的建家交友活动，荐人才、聚人气、齐人心。因此，企业科协必须结合企业的实际情况找准自身的位置和发挥自身功能优势，要做到与企业的其他部门在组织上有联系但不重复、在工作上有交叉但不替代，才能取得各方支持，进一步扩大自身的生存和发展空间。

企业科协的工作职能定位应该是：成为党和政府联系广大非公有制企业科技人员的桥梁纽带；成为企业管理决策层联系科技工作者的桥梁和纽带；成为企业"科技工作者之家"，竭诚为企业科技工作者服务；以促进企业的科技进步和生产经营为出发点和立足点，积极为企业的技术进步和创新服务；积极开展科普活动，为企业职工科学素质提高和企业文化建设服务。

（三）努力扩大非公企业科协覆盖面

各级科协要按照"广泛覆盖、联合推进、突出重点、注重实效、以人为本、造福企业"的原则，有计划、有组织、分步骤地推进非公企业科协组织建设工作。在推进这项工作中，要做好区域内非公企业数量、规模、行业及科技人员状况调查，制订切实可行的工作计划，切忌一窝蜂，或搞行政指令，更不能弄虚作假。要尊重企业业主的意愿，通过真诚的服务取得支持。

一要按照《企业科协组织通则》，把握标准，简化程序，成熟一个建立一个，建立一个巩固一个，切实把企业科协激发创造活力、服务企业创新的重要作用充分发挥出来。

二要以非公企业比较集中的高新技术产业开发区、经济技术开发区、各级各类科技园区或产业集聚区等为重点，联合园区管理部门，共同推进这项工作。力争到"十三五"期末，实现福建省规模以上科技型工业企业科协组织建设覆盖率为50%以上，各级各类高新区、经开区等园区科协组织建设全覆盖的目标。

三要加强典型宣传，培育一批生产经营好、科技人员较为集中、对企业科协作用认识到位、工作成效显著的典型企业，发挥典型的示范效应，做好成功模式的推广和宣传工作。

四要积极探索在行业组织、区域建立科协组织的新途径和新方法，不断拓展科协组织的覆盖范围和工作领域。对于暂不具备成立企业科协组织条件的企业，可建立科协联系人制度或通过工会、共青团等社会组织，共同动员和组织企业科技工作者为企业发展做贡献。

（四）加大对非公企业科协的支持力度

一要完善制度，理顺关系。企业科协的职能管理部门缺位是当前存在的突出问题。各级科协要把企业科协工作放到与当前形势发展相适应的位置。从上而下，由中国科协协调成立跨部门（国资委、经信委、工商联等部门）的协调小组，设立专门管理服务机构，做好顶层设计，出台政策保障、经费扶持等管理制度和建立统一激励机制，明确科协作为推动该项工作的职能管理部门，理顺工作关系，将企业科协是服务和推动企业科协创新等重要力量纳入各级党政、部门的重要工作，列入各级党政部门的绩效考核范畴。

二要加强协调，改善条件。各级科协要为企业科协争取生存权利，营造工作环境，改善工作条件。①引导企业科协开展咨询服务、技术服务、成果转让等活动，加大合理的创收力度。②要按照《科普法》《全民科学素质行动计划纲要（2006—2010—2020年）》和《科学技术普及条例》有关规定，争取企业科协的科普活动经费。③积极协调企业管理层，争取非公企业科协独立建制，设立专职企业科协秘书长，并在人员、经费、场所等方面给予支持。④加强与地方党委、各级科协的联系，积极争取地方党委、政府从人才智力引进、技术创新、项目引导、表彰奖励、管理服务等方面的工作支持和资金投入。

三要拓展渠道，举荐人才。企业科协要把育才、荐才、引才、护才作为重要使命，认真履行人才培养职责，通过搭建学术交流平台发现人才、通过组织培训活动培育人才、通过优秀企业文化建设吸引人才、通过宣传表彰激励人才、通过建设"科技工作者之家"凝聚人才，通过维护科技人员合法权益爱护人才、通过科协系统渠道优势举荐人才。要积极整合科协和其他政府部门资源，积极举荐企业优秀人才参与福建省杰出科技人才、有突出贡献中青年专家、享受政府特殊津贴专家和福建青年科技奖、运盛青年科技奖、紫金科技创新奖、吴孟超青年医学科技奖等评选，积极举荐企业在工程科学技术方面做出重大的、创造性的成就和贡献的专家参加福建省科协推选中国工程院院士候选人。

四要加强培训，提高素质。非公企业科协要努力形成科学、民主、有团体特色的领导决策体系和执行体系。在选举科协干部特别是科协秘书长的时候，要选举那些有知识、有能力、有亲和力、有责任心、有威信、真正热爱科协工作的同志走上企业科协领导岗位。同时，要加强对企业科协干部、特别是企业科协秘书长的培训，定期对企业科协干部举办培训班和讲座，不定期进行轮训和工作经验交流会，培养一支"肯干事、会干事、能干成事"的企业科协专（兼）职干部队伍，使企业科协的工作更加适应新的形势和企业发展需要，形成对企业发展能发挥作用，对科技人员有吸引力的工作局面。

五要加大表彰，激发热情。中国科协应充分发挥协调作用，力争促成省、市两级政府恢复"讲、比"评选表彰工作，并加大优秀企业科协和优秀企业科协干部的表彰，并给予一定的物质和精神方面的奖励，通过网站和期刊宣传他们的先进事迹，肯定他们的辛勤劳动，提高科协干部的工作热情和敬业精神。

（五）探索与企业需求相适应的工作方式

非公企业由于重经济效益的特性，更加注重科协对企业创新发展的作用。因此，科协应在市场经济条件下，根据本企业的优势和需要，积极推动和组织开展群众性创新活动，探索既受企业科技工作者认可，又适合企业发展的特色活动，逐步建立一套完善的组织管理方法和激励机制，为企业技术创新、人才培养和产学研用合作服务。企业科协可通过参与实施中国科协"金桥工程"、"海外智力为国服务行动计划"、"企会协作创新计划"、院士专家工作站建设、创新方法培训、科技信息推广等服务企业科技创新活动；借助科协系统的智力资源和平台优势，参与开展科技立项、专利申请、职称评定等工作；积极组织院士专家团队、海外专家团队、全国各级学会专家团队赴企业开展科技服务，大力实施"创新驱动助力工程"。

企业科协可联合各级科协、学会，组织有针对性的学术交流，以"走出去，请进来"的方式和报告会、专题讲座、经验交流会、培训等形式，开展多层次、高质量、针对性强、专业对口的学术和技术交流。

企业科协可面向内部职工，根据本单位特点和企业文化建设，在企业领导班子的支持下，结合科协重大科普活动（如科技周、科普日）和企业内部创建科普车间和科普文明班组等活动，开展主题鲜明、内容丰富的科普宣传，按时更换科普画廊，出版科普板报，定期播放科教电影（录像），积极推进企业文化建设，提高广大干部职工的科技文化素质，倡导科学、文明、健康的生活方式。

企业科协可面向社会公众，将科学文化知识融入企业产品或服务中，开展以产品技术为中心科普咨询活动。开展与产品销售有关的科普咨询服务；举办面向消费者的企业产品应用讲座，把产品和服务作为科普内容的载体，在宣传本企业产品的同时，起到传播科协知识的作用。

（六）提升为企业科技工作者服务能力

非公企业科技人员归属感较差，凝聚力不足，需要企业科协更加努力地建好科技工作者之家，利用优质的服务不增强科协组织的吸引力。

一要拓展企业管理决策层同科技工作者联系的双向沟通渠道。建立常态化、规范化、制度化的调研制度。通过座谈会、调查问卷等形式，准确了解和把握科技人员的思想状况、发挥作用情况、需求、意见和建议，及时向企业管理决策层及有关部门反映，为企业科学决策提供参考，发挥好桥梁和纽带作用，促进和谐企业建设。

二要搭建学术交流平台，促进人才的成长和提高。围绕企业的技术进步和生产经营实际，组织开展各种类型的学术活动，组织论文和专利评审，编印学术刊物和论文集等，促进企业文化建设。围绕企业知识产权问题，组织开展创新方法培训、科技信息服务、知识产权专题讲座等活动，提高企业科技人员创新意识、拓宽创新视野、增强知识产权保护意识和提供维权咨询服务。

三要开展科技工作者的表彰奖励和宣传活动。通过报纸、期刊、网站等各种形式，充分展现当代科技工作者的精神风貌，大力宣传科技进步对企业发展的重要作用，努力营造"尊重知识、尊重劳动、尊重人才、尊重创造"的良好氛围。

四要重视企业科技工作者的专业发展需求。企业科协要积极参与组织企业科技立项、专利申请、职称评定等工作，为他们在职务晋升、待遇提高、工作保障、住房改善等方面提供支持和帮助。完善优秀科技人才举荐表彰宣传机制，支持企业优秀人才进入各级人才计划（工程），参与或牵头组织开展重大科技计划项目研究。

五要探索建立政府委托科协组织承接社会公共事务的机制。联合国资委、工商联、人社厅等部门研究制定科协组织开展非公企业科技人员评价社会化服务的实施办法，比如目前福州、莆田等地科协已开展企业科技人员职称评定工作，使为企业科技人员服务功能得到拓展，受到广大企业科技工作者的欢迎。

六要发挥各级科协的优势资源。以国家的相关政策和管理制度为依据，联合科协、有关部门，探索和完善组织非公企业科技人员开展技术开发、技术转让、技术咨询、技术服务等活动机制方法，为科技人员服务经济建设和社会事业发展提供支持。

（七）进一步加强非公企业科协组织规范性建设

从本次调研情况看，非公企业科协组织发展、会员管理、工作程序不够规范问题比较突出，对企业科协自身建设及作用发挥影响较大。必须在总结实践经验的基础上逐步规范非公企业科协组织建设工作。

一是要推进调研普查制度化。推行建立月、季报制度，对非公企业的科协组织设置情况、员工和会员情况、企业经营状况等进行动态记录，认真做好数据采集和统计汇总工作，切实摸清底数，实现数据动态更新和信息共享，为合理制订发展和组建计划，探索适合实际工作机制打下基础。

二是要坚持组织发展程序化。成立企业科协，应参照《企业科学技术协会组织通则》的有关规定，履行必要程序，向所在地科协提交书面申请和必要材料，获批复文件后方可成立。企业科协要建立健全会员登记制度，对所属会员登记造册，及时增减。科协主席、秘书长、主要管理人员调整，以及组织机构撤并、注销等，均应向所在地科协提交申请报告或报备情况。积极推动建立区域性企业科协秘书长联盟组织，密切地方科协与企业科协、企业科协相互之间的互动。

　　三是要建立日常工作的机制化。各级科协应指导企业科协组织建立完善各项制度，逐步形成企业科协日常工作机制。完善各级科协业务指导工作机制，定期听取汇报制度、制定年度业务指导工作计划制度、深入企业开展调查研究制度，挂钩扶持制度等。企业要建立领导班子成员联系科协制度，要设置专门的工作机构和管理人员（主席、秘书长等），要有一定的工作经费和办公场所。四是要推进考核工作的常态化。企业科协应实行定期向企业领导和上级科协沟通、汇报工作的工作机制，及时提交企业科协相关统计数据。各级科协应积极促进建立企业科协绩效考核评价体系、激励机制和年度工作统计考评制度，提高企业科协的创新度，完善企业科协工作考评机制。

（课题组成员：梁晋阳　吴瑞建　杨　勇　雷德森　林光宇　万红雨　黄忠平
　　　　　　　李明欧　郭兆楚　林高欣　钟　韬　李洁莹　林　悦）

民间科技人文
交流机制建设

"十三五"对外民间科技合作研究

中国经济社会系统分析研究会课题组

一、"十三五"期间国内外形势与需求

"十三五"期间，随着经济与科技的全球化，使得国际民间科技合作成为各国政府制定发展战略的重要组成部分，并且日益呈现出合作主体多元化、合作内容高科技化、合作形式多样化、合作模式平台化等新趋势。

（一）合作时间周期从短期向长期发展

随着环境、气候和能源等这些人类社会共同面临的全球问题不断带来挑战，解决可持续发展过程中的一系列问题成为现代科学研究的重要目标。因此，系统性、长期性、综合性的全球大科学计划的兴起和发展便成为新世纪科学研究的重要特色之一。

由于大科学的内容面向解决全球共性的问题，科学系统建设、科学目标、投资规模和科学技术的复杂性及尖端性往往超出一个国家能够胜任的范围和能力，因此合作往往在多个国家间开展。在面临的综合性和长期性的全球问题的情况下，这必然使得日益国际化的科技合作出现了大量的除了科学研究本身以外的沟通和协调工作，因而国际民间科技合作在跨地区、跨国界间进行资源协调配置、组织合理实施的过程中呈现出多阶段的长期性。

（二）合作层次向国家级高层间的合作发展

单一民间合作向民间融合合作发展转变。早期常见的非政府间的科技合作是根据国家间的需要，为解决某一领域特定的问题而开展的合作与研究。当前，影响可持续发展的能源、环境等一些全球性的问题已经引起各国政府的高度重视，越来越多的国际民间科技合作突破了原来的单一合作的局限，国际组织逐渐扮演着重要的角色，民间对外科技合作规模同步扩大。

（三）合作从以发达国家为主的单极型向平等互利的多极型转换

发达国家从世界各国聚集脑力、资金和技术资源，解决了知识生产要素的优化配置问题；发展中国家和地区通过研发主体与发达国家的科研机构进行合作，获得了自己所急需的研发经费，培养了技术力量，有效提升了科学技术的整体发展平台。因此，民间国际科技合作已向平等互利的多极型转换。

（四）科技创新成为参与国际民间科技合作的重要战略组成部分

伴随着经济的全球化，科学技术的发展也日益呈现出全球化趋势。科技的全球化离不开合作，开展国际民间科技合作与交流，整合国际科技、人力、自然和资金资源，促进本国、本地区在某领域取

得突破性进展，提高自主创新能力，实现科学技术的跨越式发展已成为各国发展战略的重要组成部分。

各个国家明确合作、参与和竞争的发展理念，积极参与重大国际民间科技合作，参与到科技全球化进程中，吸收全球科技资源，强化国际科技创新能力和国际化程度，不断提高自身创新能力和国际竞争力。不同国家、不同组织在共同的合作目标和框架内的国际民间科技合作，促进了国际民间科技合作创新机制的发展，从而推动了科技创新成果的产生。因此，加强科技创新已经成为各国制定民间科技合作发展战略的共识。

二、我国民间科技合作的主要问题

（一）合作的广度和深度不够

特别是中小企业的国际科技合作能力较差。我国的民间科技合作主要以参与国际各类组织或者活动为主体，基于经济活动的民间科技合作交流尚不广泛，企业的民间科技交流没有引起科协的高度重视。基于重大项目的国际民间合作项目少，合作内容不深入的情况比较普遍。

（二）参与和主导国际民间组织缺乏经验

我国科学家在国际科学组织中任重要职务者较少，有些重要的国际学术会议缺少中国科学家的声音，有影响的国际科学组织的总部或分支机构设立在我国的甚少，这与我国应拥有的国际地位不相称。虽然近年来，我国科技领域研发体系日益完善，科技队伍规模水平提高，在某些重要领域取得了一系列重大成就并具有一定优势，科技投入短缺的矛盾已得到相对缓解，但基础研究发展仍存在一些障碍，表现为：不能广泛参与国际科学前沿俱乐部的合作与交流，不能及时地掌握和分享国际科技前沿的信息和数据，国内大量模仿型、低水平的跟踪研究游离于国际科学主流之外，缺乏具有广泛影响力和国际开拓能力的科学活动家群体，在国际合作中往往处于被动受援的地位等。

（三）对参与国际民间科技合作的规则缺乏了解

对于大部分中国民间参加的国际合作组织来说，中国仅是参加国，各组织所倡导的活动往往以牵头国家为主，中国的声音并不响亮。

（四）缺乏重大合作平台

据国际组织年鉴统计，全世界各种国际组织有2.8万多个，其中政府间国际组织有4000多个，非政府间国际组织有2.3万多个。大量非政府组织迅速崛起，其活动范围深入到政治、社会、经济、军事、文化、教育、卫生、金融、贸易、科技、安全和人类的衣、食、住、行等诸多领域，并大量介入本国、双边、多边、地区和国际事务，大大拓宽了国际关系行为主体的范围，反映了当今国际关系民主化的发展趋势，在客观上也有利于协调各方利益，促进共同发展。富于理性的、积极的非政府组织的双边、多边、地区和全球范围的国际活动，得到国际社会和各国政府的广泛承认。以前我国在这方面考虑不多，做的工作也不足。未来可以更多地倡导对我国经济科技发展有利的计划或项目。

（五）机制体制上需要重大突破

我国地方之间内在的经济联系还不够紧密，地方之间相对独立，不能统一协调运作，还没有形成一个比较理想的横向经济联系的局面，这种状况十分不利于对外科技交流合作事业。

信息传递缺乏应有的渠道。主要问题体现在基础数据不足，特别是与经济环境，社会环境有关的基础数据不足，发表的数据有的也不准确。

三、"十三五"期间民间科技合作的发展思路和战略目标

（一）发展思路

结合创新驱动发展战略，统筹规划，将民间科技合作上升为国家发展战略。

结合民营企业走出去战略，全面推进民间国际科技合作。

结合"一带一路"战略，在深入经济合作的同时，深入推进沿线国家的民间科技合作。将民间科技合作纳入到企业走出去的整体战略和计划中。

（二）战略目标

"十三五"期间，对外民间科技合作的主要目标为以下六个。

（1）搭建 2~5 个国际民间科技合作的重要平台。

（2）签订 5~10 个国家间民间科技合作战略意向。

（3）培养一批民间科技合作优秀人才。

（4）组织 5~10 次国际民间科技合作重大活动。

（5）引导一批重点支持国际民间科技合作的资金。

（6）建立民间科技合作专家库和案例库。

四、"十三五"期间支持民间科技合作的主要任务

（一）深入实施民间科技合作战略

1. 必须高度重视国际科技合作对国际关系的作用与影响

科技因素构成当今国际关系的重要领域。各国为发展本国科技实力，通过其对外科技政策而建立的国际科技联系已成为当今国际关系的一项重要内容。在经济全球化背景下，各国加强国际科技领域的交流与合作，对促进各国科技事业的发展和社会进步，对推进人类和平与发展的崇高事业具有重要作用。

2. 加强政府和民间科技组织的紧密联系

从近年国际非政府组织活动的主要态势看，世界多数国家成熟的或比较成熟的非政府组织与联合国的专门机构、与各国政府的合作日益加强。在全球治理中，国际社会、各国政府，要重视同公民社会和私营部门的合作。目前世界上许多国家和国际社会的许多领域，非政府组织都从过去政府的"附属物"、"辅助者"、"被咨询者"，或者"批评者"、"反对者"，转变成为政府的"合作伙伴"，许多国家政府间的活动在非政府组织中得到越来越多的体现我国应积极借鉴国际上的成功经验，从国家层面加强协调，积极推动民间组织与政府形成积极的"合作伙伴关系"。

3. 以经济促政治、以民间科技交流促进总体外交发展的工作

随着非政府组织（NGO）活动在全球范围的迅速发展，近年在全球、地区、多边等许多非政府组织的外交活动中，一些"五'独'（毒）分子"也混入其间，对我国际声誉和国家安全造成了消极影响与伤害。对此，我国应从维护国家和民族总体利益的战略高度，加大对国内出席 NGO 国际会议的民间组织的协调，形成合力，在国际会议上，表明立场，维护国家利益和国际声誉。我国科技民间社团可以在这方面发挥作用，同时，在有关方面的统一协调下，还可以争取开展"未建交国"的民间科技交流工作。

4. 积极参加联合国系统内各专业技术非政府组织的有关会议和活动

联合国是政府间多边外交的舞台，也是非政府组织多边外交的舞台。在科技领域，中国也越来越需要通过本国的非政府组织在联合国、在世界范围内反映本国的利益和愿望，从而影响国际性的决策或协议。参与联合国系统非政府组织活动，不仅有利于我们在联合国系统内积极发挥咨询、决策、监督和影响决策的作用，也有利于在政治、社会、经济、安全等多领域传达中国的声音，维护国家利益，宣传我国立场，扩大国际影响。

5. 进一步扩展合作领域，积极拓宽合作渠道，丰富合作内容

面对人类共同关心的问题，需要进一步推进世界高科技前沿领域的国际合作，集中力量在有优势的学科领域取得重大突破。国际科技交流与合作的渠道广阔，方式灵活多样，包括：综合性科技贸易展示活动、科博会的展览会、技术成果交易和经贸洽谈、国际论坛、高层演讲、网上交流、人才的交流、各国科研机构之间的合作等。同时，还可以充分利用政府间交往、民间机构交流等，开展双边、多边多种形式的交流活动，促进多边、双边、全球、地区、国家间的科技合作。

6. 要积极为民营企业拓展国际生存发展空间

国家经济全面深化改革，"一带一路"战略的实施，为民营企业带来了科技创新的重要机遇，民营企业的对外科技交流与合作成为重要的发展方向。民营企业在启动民间投资、拓宽就业渠道、优化经济结构、促进经济增长、推动工业化和城市化的进程中，发挥着不可替代的积极作用。科技交流要为民营企业实现经营国际化和增强国际竞争力创造一个良好的平台。

7. 提高民间组织的自身能力建设

要提高中国民间组织的国际科技合作能力与水平，最终取决于民间组织自身的能力建设。这些能力包括：具有提供高质量的项目能力；明确表达自身使命的能力；具有发展和创新的能力；具有回应紧迫需要和突发事件的能力；具有适应外部环境的能力；具有筹资和制定发展战略的能力；具有组织管理的能力；具有培训人员、履行职责、并能够依据专业化标准进行运作的能力。中国的民间组织国际科技交流合作能力建设尚处于初级发展水平，提高其参与国际活动的能力仍然任重道远。

（二）搭建民间组织国际交流平台

1. 鼓励民间组织与国际组织合作，提高中国民间科技组织的国际交往能力

20世纪70年代初，国际组织和民间科技组织就开始尝试探讨合作的可行性并付诸实践，世界银行、国际货币基金会、亚洲开发银行、联合国粮食与农业组织（FAO）、联合国开发计划署等国际组织都特别重视与NGO的关系，纷纷通过成立NGO中心和网络、召开NGO磋商会议、合作执行项目等方式加强与NGO的交流与合作。在这方面，我国也应创造机会提高民间科技组织参与国际交往的能力。

2. 提升民间科技组织的政府咨询决策地位

谘商地位是联合国与NGO之间正式关系的核心，也是NGO积极参与联合国事务与国际事务的重要途径。截至2011年，在全世界拥有联合国经社理事会（EOCSOC）NGO谘商地位的3534家机构中，中国的NGO只有44家（其中包含香港和台湾地区的NGO组织），仅占1.2%。这与中国的实力地位是很不相符的，也说明中国NGO国际参与度的有限性。实际上，目前大多数中国大陆地区的NGO参与国际事务都局限于参加国际会议和区域活动，鲜有真正形成实体类的NGO在海外设立的办事处和工作执行机构，与台湾地区的"慈济"相比落后很多。

3. 搭建NGO国际交流的平台

鼓励NGO与国际组织的合作，提高中国NGO的国际交往能力成为中国NGO国际化道路中的必要

选择。政府要在观念上加以转变，学会借力，认识到 NGO 在民间外交中的独特作用，例如，自然之友的负责人提到，在中国参加气候谈判的过程中，国家代表团对 NGO 的工作认可度较高，期待 NGO 能够参与进去，并提供关于谈判技术细节等有技术含量的建议，将对谈判国之间的沟通和推进共识形成很大的帮助。

4. 要关注民间科技组织的国际交往能力建设

在搭建国际交流平台方面，中外民间组织论坛是很好的尝试。自 2008 年开始，中外民间组织论坛已经成功举办三届，论坛的参与者来自全球 33 个国家，包括国内外政府机构、基金会、学术机构、民间组织机构的代表。通过此论坛可以积累民间科技组织工作管理经验，使中国的民间参与者更好地参与多方交流与合作，促进自身的成长，也有利于推动我国民间组织走向国际化。在加强民间科技组织自身国际化能力建设的基础上，进一步鼓励具有较好资质和能力的中国民间科技组织参与更多的国际和区域民间组织联盟，或参与国际机构民间组织委员会（或工作小组）的事务，以获得更多参与国际事务的机会，向世界发出中国的声音。

（三）完善民间科技合作法律法规

赋予合法性身份。中国的民间科技组织，尤其是草根民间科技组织面临的最大生存与发展障碍在于合法身份的获得。我国现行法规仍然实行业务主管单位与登记管理机关双重管理体制，而政府部门一般不愿做民间组织的业务主管部门。登记门槛过高使得中国实际存在大量不能获得注册登记的民间科技组织，据课题组调研发现，未登记的民间科技组织比注册登记的组织更多、更广泛。这种现象的存在不利于政府的有效管理。中国处于转型期，对于迅猛增长的民间科技组织，只有容纳才能主导，相关政策宜疏而不宜堵。

（四）以科协的组织体系为抓手，全面推进对外民间科技合作

1. 企业科协是民间科技合作的重要环节

中国科协要与国资委研究制定关于加强企业科协工作的意见，各级科协要进一步推动科技工作者密集的国企以及民营企业、高新技术园区加强科协组织建设，推进民间企业间的对外科技交流。企业科协的发展要服务于企业科技创新和民间科技合作的大局，充分调动广大科技人员的积极性，凝聚创新合力，成为民间企业间的对外科技创新交流的平台、企业创新集成的纽带、激励科技人员创新的助推器、企业战略发展的参谋部、企业开放创新的桥梁、科技人员创新活动的护航员、展示产业科技创新的普及平台。

2. 加强高校科协的对外合作交往力度

中国科协已会同教育部印发《关于加强高等学校科协工作的意见》，省级科协要联合当地教育部门加强高校科协组织建设，努力推动高校特别是有影响力的高校成立科协组织，支持有关省市建立"高校科协联合会"，为高校师生开展国际学术交流、创新创业提供平台，利用科协的组织网络优势和高校的人才智力优势，服务学术繁荣，营造良好学术环境，推动知识创新和原始创新，促进高校科普资源的开发共享，发挥科技思想库作用服务转型升级，推进高校对外交流协同创新与合作，促进产学研用结合等。

3. 加强全国科协系统的对外民间交流合作的指导协作

对外民间交流合作要采取上下联动的方式携手地方科协共同实施。要做好基础性工作建设。一是以学会为主体，在现有学会网络数据库的基础上建设中国科技创新网，促进对外民间交流共享、加快成果转化；二是以大学科为依托启动学会联合体建设，全面推进对外民间交流；三是围绕"一带一路"、"东盟自由贸易区"国内"金融自由贸易区"的发展和重点区域战略，建设一批以学会为主导、

官产学研用金紧密合作的对外合作创新共同体；四是人民团体协商机制建设，建立科协搭台、党政领导参与的科技界定期协商机制；五是建设全国科协基层组织网。全国和地方学会、科协之间要加强联系协作、形成合力，共同推进对外民间交流工作，形成更强的工作合力。

4. 全面加强各级学会的对外交流与合作能力建设

学会工作是科协工作的主体。要根据创新驱动发展的任务要求，进一步强化职能、改进作风，提高对外交流与合作水平和服务能力，激发各级学会的对外交流与合作活力，真正担负对外交流与合作科技创新和经济建设主战场的主力军作用。在"学会能力提升专项"阶段性成果的基础上，进一步聚焦改革难点，深化学会对外交流与合作能力与机制建设，拓展对外交流与合作创新和服务职能。优化整合项目，稳步扩大规模，以奖代补、以奖促建，持续稳定支持对外交流与合作项目，发挥优秀学会群的"火车头"牵引带动作用，支持对外交流与合作创新驱动助力、学术交流示范、学科发展引领与资源整合集成、承接政府转移职能，夯实科协工作的主体基础。

（五）加强组织管理，创新服务模式，深入推进民间科技合作服务

1. 完善民间科技合作运行机制

建立民间科技合作服务专门管理机构，实行人财物相对独立的管理机制；建立理事会领导下的主任负责制等多种组织模式，形成由资源拥有方、管理方、使用方共同参与的决策、执行、监督等机制；建立民间科技合作服务参加单位责、权、利清晰的组织协调和利益分配机制，完善民间科技合作参加单位准入、退出机制和协议制度；制定并落实有效保障平台管理、共享服务、利益分配等方面的管理制度体系。

2. 深化民间科技合作专题服务

建立以公益性服务为主体，市场化服务为补充的多元化服务体系，完善适应民间科技合作特点的共享服务机制；推动围绕民间科技合作需求开展主动服务和跟踪服务，针对国家民间科技合作创新和经济社会发展相关主题领域开展综合性、系统性、知识化的专题服务；引导民间科技合作开展资源深度挖掘与集成，形成有价值的资源产品，开展专业化增值服务；发挥科技中介服务机构的桥梁纽带作用，扩大民间科技合作服务范围；加快建设社会管理领域的民间科技合作支撑体系；充分运用信息技术等先进手段，建设网络化、广覆盖的民间科技合作公共服务平台。

3. 加强民间科技合作门户系统建设

进一步完善民间科技合作门户系统建设，以民间科技合作信息共享促进民间科技合作资源共享。实现海量信息的有效整合、快速检索、准确导航和远程服务。要不断丰富和充实民间科技合作资源信息，不断提高信息准确性、完整性、权威性和科学性，不断提升服务水平，建设国家民间科技合作和科技资源共享服务门户网站，实现跨平台、跨领域的民间科技合作资源数据整合、检索和管理，提高民间科技合作服务的效率和效果。

4. 深入开展民间科技合作资源汇交工作

推进民间科技合作信息公开和资源汇交共享。完善民间科技合作资源汇交工作机制和管理流程，结合不同领域民间科技合作资源特点，加强汇交标准规范制定和完善。逐步探索建立国家民间科技合作报告制度，把国家支持的民间科技合作活动产生的科技成果和资源，包括研究目的、方法、过程、技术内容、检测数据，按照规范程序向公众开放，提高民间科技合作信息数据的利用效率。

5. 营造民间科技合作资源共享的良好文化氛围

大力倡导民间科技合作平台共建、共享、共赢的理念，逐步破除民间科技合作资源自我封闭、条块分割、信息滞留和垄断等思想羁绊。加强运行服务的先进典型和成功经验的宣传和推广，奖励表彰成绩突出的民间科技合作团队、个人以及管理部门，并在资源配置、计划项目等方面予以政策

倾斜。利用各种媒体定期组织展览、论坛等活动，宣传展示民间科技合作工作成效，增进社会各界对民间科技合作工作的认可与支持，形成全社会积极参与、支持民间科技合作工作的良好氛围与环境。

（六）加大政府投入、鼓励民间科技合作的社会化投入，创新服务模式，推进民间科技合作的发展

1. 加大民间科技合作的政府投入力度

加大财政部门对民间科技合作系统建设和应用的支持力度，合理确定各类科技引导资金向民间科技合作投入的规模和投向，积极探索"政府投入、政策补贴、税收优惠、资源补偿"的多方位政府支持渠道，建立"政府引导、市场运作、企业管理"的各类民间科技合作模式；设立各类民间科技合作专项资金，支持各类中小型民间科技合作工程建设，加强对各类民间科技合作服务体系关键环节的支持。建立和完善适应民间科技合作系统发展的多渠道投融资体制，建立风险投资机制，鼓励国内外风险投资基金来国内设立机构发展民间科技合作业务。

2. 鼓励民间科技合作的社会化投入

鼓励社会资金对民间科技合作的投入，对适合社会投资的各类民间科技合作项目，通过规范的市场运作，吸引社会资金投资民间科技合作；采用民间科技合作项目的外包（ITO）、业务服务外包（BPO）、公私合作建设（PPP）等市场化运作模式，降低民间科技合作成本，提高民间科技合作项目的运行效率。

对于非政府投入为主的民间科技合作项目，以及专业化民间科技合作服务企业，按照创造经济效益、自主创新程度、典型示范作用等原则，通过先评估、后补贴方式予以支持。鼓励民间科技合作项目以合资、合作、特许经营等多种方式，在兼顾经济效益与社会效益的同时，参与公益性民间科技合作项目的运营。

3. 优化民间科技合作的社会化服务体系

建设社会化、网络化的民间科技合作服务体系，大力培育和发展民间科技合作中介服务机构，引导民间科技合作服务机构向专业化、规模化和规范化方向发展。充分发挥市场在民间科技合作资源配置中的基础性作用，充分发挥企业在民间科技合作服务创新中的主体作用，充分发挥国家科研机构的骨干和引领作用，充分发挥大学的基础和生力军作用，进一步形成民间科技合作创新的整体合力，为民间科技合作提供良好的制度保障。

4. 规范民间科技合作市场

加强民间科技合作的行业监管，尽快形成有效的民间科技合作服务市场竞争格局。对于民间科技合作的重大工程专项，在统一监督管理下，实行适度开放。适合独立运营的民间科技合作项目，采用"政府授权、投资受益、市场竞争"等方式，进行独立的商业化运营；推进民间科技合作信息资源的深度开发利用，鼓励民间科技合作信息资源服务机构采用商业化运营模式为政府或企业提供民间科技合作信息资源服务；本着"谁投资谁受益"的原则，鼓励社会资本进入大型民间科技合作项目和重大民间科技合作工程专项的建设和运营市场。

5. 良性互动推动优秀民间科技合作项目发展壮大

针对"特点强、影响大、效率高、收益好、前景广"的民间科技合作系统，通过系统、有序的宣传推介活动，提升以"民间科技合作"为特色的区域品牌或行业品牌，提升区域或行业的知名度和美誉度。以民间科技合作集聚带动各类人才的引进，形成"以平台凝聚人、以事业留住人、以环境吸引人"的民间科技合作人才创新战略。形成以民间科技合作项目建设带动人才引进，以人才集聚促进民间科技合作项目引进和以商招商的良性循环。

（七）深化人才队伍建设

1. 加强人才队伍建设

政府创造条件，通过制度创新把民间组织的人才结构更加优化。发挥科技领军人才的国际影响，吸引和培养年轻专业科技人员，吸纳一批学术上有造诣、技术上有专长、管理上有经验、社会上有影响的专家、学者来参与科技型民间组织的工作。

2. 加强民间组织管理的规范化建设，强化自律机制

加强对行业协会、学会和社会中介机构的管理和监督，强化民间组织的内部管理。加强社团领导班子建设。民间组织主要负责人要不断提高政治素质和法律意识。

3. 优化人才培养和引进环境

建立民间科技合作领域科研人才专家库，建立健全民间科技合作科技人才激励机制和有利于创新人才成长的环境，建立公平、公正和透明的科技人才选聘机制，面向国内外聘用民间科技合作高层次领军人才。制定人才发展战略，加大对引进高端人才的支持力度。鼓励企业聘用高层次外籍科技人才，允许高等院校和科研院所的科技人员到企业兼职从事民间科技合作工作，支持企业吸引和招聘外籍科学家、工程师等。

4. 培养和吸引领军人才

支持科技领军人才主持或承担民间科技合作相关项目，形成该领域研究与开发的梯队。将民间科技合作创新人才纳入国家高层次创新人才培养工程，着力培养一批高水平科研带头人。同时，加快培养一批通晓业务、擅长管理、具有战略眼光和全球视野的管理人才，形成一支适应全球化竞争的民间科技合作管理人才队伍。

5. 加强创新团队的国际培养与合作

以国家重点实验室、技术公共服务平台、产业基地等为依托，通过互派访问学者、博士后联合培养、项目团队合作等方式，从人才、项目与基地可持续创新角度，培养能够承担民间科技合作重大项目的高层次人才和创新团队。

6. 加强复合型人才培养

培养一批明教科技合作的复合型人才，包括行政决策与政策制定型人才、产品开发与应用型人才、关键技术研究型人才、不同学科专业交叉型人才。

7. 提升"海智计划"水平，拓展海外人才服务的渠道

"海智计划"要顺应新形势，在现有工作基础上调整工作定位，总体策略是按照点面结合、对接供需、拓宽途径、健全网络的要求，加快实现"海智计划"的创新升级，形成吸引海外人才服务国家创新驱动发展的重要渠道。海外人才离岸创业基地建设要与"创新驱动助力工程"互为支撑，以"海智计划"为牵引，搭建海外人才发挥才能的综合性平台。各地科协要发挥人才引进的主渠道作用，在知识产权保护、创新创业配套服务体系建设、完善相关政策等方面加大服务力度，营造良好的创新创业环境。

（八）加强民间科技合作网络和数据库体系建设

要加强政府部门和科技型民间组织之间的信息沟通。在战略指导、信息交流、项目支持等方面加强沟通。提供经费等支持，动员相关的民间组织、各地的科技团体，建立世界主要国家的专家研究基础信息库和中国科学研究专家资料库。

五、"十三五"期间支持民间科技合作的重大工程

(一) 国际民间科技合作重要平台专项

1. 搭建若干的国际性协会、组织,重大合作项目

地把"民间科技合作"纳入国际科技合作体系之中,以获得尽可能全面的认识和把握,从而有利于对主要国家科技发展前瞻性的准确把握和判断。国内相关民间科技组织应完善与国外主要科技组织之间的交流机制,决策机构应有效利用民间科技合作这个平台,就前瞻性、产业化等科技问题主动与国外交流,准确发送我国的观点与主张,改善我国民间科技力量的形象。

2. 高度重视,及时追踪、分析国外科技进展情况

必须从维护国家利益和经济发展的高度,及时追踪、分析国外重大科研成果,从中把握有关我国民间科技合作的价值取向和重要趋势。

3. 加强民间智库的国际合作

目前国外的一些知名智库正积极同我国的一些智库机构开展合作。我国政府和相关部门应该充分利用这一机会,有意识地通过民间活动、民间组织介入国外智库的中国问题研究。通过项目合作、招标、互派等介入活动,有意识地影响国外智库的当代中国研究。

(二) 国际民间科技合作战略专项

1. 统筹国内民间科技组织力量和资源,建立国际科技战略咨询研究机制

建立研究系统和管理平台,统筹国内外相关研究队伍、项目、数据等资源,发挥国内、国际和企业"三位一体"深度融合和学科交叉、专家云集的特色与优势,健全统分结合、规范有序、科学高效、富有活力的组织体系和运行机制。

2. 完善重大科技创新政策课题国际选题机制

提升重大科技问题研究和咨询的综合性、系统性、针对性。根据问题导向与趋势导向相结合的原则,聚焦科技促进发展和促进科技发展,从科技规律出发前瞻思考世界科技发展走势,从科学技术影响和作用的角度研究国际国内经济社会发展的重大问题,吸收国际重要科技组织参与组织开展国际研究。

3. 以重大产出为导向,持续推出高影响力的民间科技品牌产品

构建民间科技组织产品序列,形成咨询报告、月度快报、科技内参、年度报告和专题报告、有关学术刊物及数据库等向中央、全国乃至全世界定期发布的系列产出。

4. 美欧日韩俄重点突破

深化与美欧日韩俄的民间合作,敲定若干个国家间民间科技合作战略意向。继续发展高层交往,加强与重点国家重点组织的实质性合作。

(三) 国际民间科技合作重大活动专项

以"协同融合共赢,引领智能社会"为主题,办好世界机器人大会,邀促进机器人领域国际合作,吸引人才、信息、技术等创新要素向国内集聚,推动形成不同层次、不同形式的产业联盟和协同创新共同体。举办青少年机器人国际邀请赛培育创新创业后备人才。

创新"海智计划"体制机制,凝聚更多海外高端科技人才为我国经济社会发展服务。

坚持引进来与走出去相结合,争取在华召开更多高层次国际学术会议,引进更多世界一流学者,推动中国科学家在国际组织中担任领导职务,加大中国科学家获得国际大奖的推荐力度,支持更多的

优秀青年科学家走向国际舞台，增强我国科技界的国际话语权。

深化国际科技交流合作，进一步加强与国际科联及 31 个国际科技联合会、世界工程组织的联系和交流。

（四）民间科技合作网络专项

1. 完善民间科技合作网络运行机制

探索门户网站和合作网络理事会领导下的主任负责制等多种组织模式，形成由资源拥有方、管理方、使用方共同参与的决策、执行、监督等机制；建立民间科技合作网络参加单位责、权、利清晰的组织协调和利益分配机制，完善民间科技合作网络参加单位准入、退出机制和协议制度；制定并落实有效保障平台管理、共享服务、利益分配等方面的管理制度体系。

2. 深化门户网站和合作网络专题服务

建立以公益性服务为主体，市场化服务为补充的多元化服务体系，完善适应门户网站和合作网络运行服务特点的共享服务机制；推动门户网站和合作网络围绕需求开展主动服务和跟踪服务；形成有价值的资源产品，开展专业化增值服务；在用户集聚地区设立服务工作站，扩大门户网站和合作网络的服务范围。

3. 建立健全科技平台绩效考评制度

进一步完善民间科技合作网络运行服务绩效考核指标，重点考核民间科技合作网络提供公共服务的质量和数量，鼓励优质服务；建立定期考核评估制度和动态调整机制；建立民间科技合作网络运行服务管理监督系统；健全用户评价监督机制。

4. 继续开发国外的科技专利信息，建立科技资源库、项目库

要充分发挥市场在创新资源配置中的决定性作用，鼓励社会专业化机构依托信息服务平台，围绕产业链开展专利分析挖掘和运营服务，将产学研通过资本手段进行紧密焊接，有效激活沉淀的成果，提高转化效率。

（五）一带一路民间科技合作专项工程

1. 实施"一带一路"重大应用示范工程

以市场为导向，以企业为主体，以规模化民间科技合作和产业化为目标，构建以"一带一路"民间科技合作为核心的应用创新体系。实施"一带一路"重大应用示范工程，试点示范、带动全局。通过关键技术突破带动相关装备制造业的创新和发展；通过制定行业标准抢先占领国内市场；通过应用创新带动其他相关产业的创新和发展；通过产业环境优化带动相关政策体系的创新和发展。

2. 鼓励地方科协在民间科技合作中积极探索、先行先试

各地方应建立相应的民间科技合作组织协调管理机制，鼓励设置"一带一路"民间科技合作专职管理机构，负责本地方民间科技合作的实施和过程管理。要从自身需求和实际资源出发，各级科协负责"一带一路"民间科技合作的组织管理与实施。搭建各具特色的地方民间科技合作服务体系。发挥贴近社会、贴近服务、企业、贴近需求的自身优势，开展"一带一路"民间科技合作的推广服务。积极出台保障民间科技合作持续发展的地方性法律法规及有关政策措施，推动地方民间科技合作成为支撑区域经济社会发展的重要载体，成为提升基层科技服务能力的重要抓手。

3. 强化多边合作机制作用

加强科技合作，共建联合实验室（研究中心）、国际技术转移中心、海上合作中心，促进科技人员交流，合作开展重大科技攻关，共同提升科技创新能力。

发挥上海合作组织（SCO）、中国－东盟"10＋1"、亚太经合组织（APEC）、亚欧会议（ASEM）、亚洲合作对话（ACD）、亚信会议（CICA）、中阿合作论坛、中国－海合会战略对话、大湄公河次区域（GMS）经济合作、中亚区域经济合作（CAREC）等现有多边合作机制作用，相关国家加强沟通，让更多国家和地区参与"一带一路"建设。

4. 继续发挥沿线各国区域、次区域相关国际论坛、展会的作用

发挥博鳌亚洲论坛、中国－东盟博览会、中国－亚欧博览会、欧亚经济论坛、中国国际投资贸易洽谈会，以及中国－南亚博览会、中国－阿拉伯博览会、中国西部国际博览会、中国－俄罗斯博览会、前海合作论坛等平台的建设性作用。支持沿线国家地方、民间挖掘"一带一路"历史文化遗产，联合举办专项投资、贸易、文化交流活动，办好丝绸之路（敦煌）国际文化博览会、丝绸之路国际电影节和图书展。倡议建立"一带一路"国际高峰论坛。

5. 加强人才交流

扩大相互间留学生规模，开展合作办学，中国每年向沿线国家提供1万个政府奖学金名额。沿线国家间互办文化年、艺术节、电影节、电视周和图书展等活动，合作开展广播影视剧精品创作及翻译，联合申请世界文化遗产，共同开展世界遗产的联合保护工作。深化沿线国家间人才交流合作。

六、保障措施

（一）建立健全民间科技合作的保障体制和机制

1. 加强民间科技合作工作的统筹协调和组织领导

中国科协等部门成立国家对外民间科技合作工作协调领导小组，负责对外民间科技合作整体发展规划和相关政策法规的制定工作。建立和完善对外民间科技合作部际联席会议和省部会商机制，加强对对外民间科技合作重大事项的协商和跨部门、跨地方工作的协调。进一步发挥对外民间科技合作专家顾问组以及行业协会的咨询作用，保障对外民间科技合作工作规范、有序地开展。各地方要根据本地特点和需求，成立本地方对外民间科技合作工作协调领导小组，采取有效的措施，加强本地方对外民间科技合作。

2. 建立健全开放共享法规制度和政策措施

结合不同对外民间科技合作的特点，分步推动促进对外民间科技合作资源共享法律法规的制定。研究实现对外民间科技合作与科技计划、科研基地等工作衔接互动的政策措施。研究制定对外民间科技合作重大项目认定、运行服务、考核评估等方面的管理制度，形成科学的组织管理机制。制定和完善相应的法律法规，促进对外民间科技合作资源开放共享。加大鼓励自主创新的财税、金融和政府采购政策在对外民间科技合作领域的落实力度，完善支持对外民间科技合作企业财税政策，引导和鼓励科研单位优先对外民间科技合作。

（二）理顺对外民间科技合作的投融资模式和服务运行模式

1. 构建稳定多元的对外民间科技合作投入机制

加大政府对民间科技合作的支持力度，以中央财政资金为引导，带动地方财政和社会投入，支持区域对外民间科技合作公共服务平台建设。各级财政根据需要安排对外民间科技合作工作资金，重点用于对外民间科技合作服务的补贴。中央财政经费主要支持跨部门、跨行业、跨地区的对外民间科技合作项目。各级财政对民间科技合作投入的增长幅度应大于同期科技投入的增长。发挥财政资金的引导作用，鼓励社会资本参与对外民间科技合作，建立合理的资金投入和利益分配机制，逐步形成国

家、部门、地方和社会共同投入的对外民间科技合作新模式。

2. 鼓励社会资金对民间科技合作的投入

建立和完善适应对外民间科技合作的多渠道投融资体制，建立风险投资机制，鼓励国内外风险投资基金投资对外民间科技合作业务。对适合社会投资的项目，通过规范的市场运作，吸引社会资金投资对外民间科技合作；采用市场化运作模式，降低建设和运行成本，提高对外民间科技合作运行效率。

3. 创新对外民间科技合作项目运营管理机制

加强对外民间科技合作信息资源开发利用项目的行业监管，鼓励企业以合资、合作、特许经营等多种方式，参与公益性对外民间科技合作服务信息平台建设和运营。

（三）创新支持对外民间科技合作发展的政策体系

1. 加强法律法规建设，推进对外民间科技合作

在对外民间科技合作项目、对外民间科技合作信息资源开发利用和运营等方面给予相关的扶持政策，制定对外民间科技合作战略及发展规划，将对外民间科技合作纳入国家对外科技合作重点发展领域，营造良好对外民间科技合作发展环境。

2. 健全对外民间科技合作统筹协调机制

强化对外民间科技合作总体部署和宏观管理，发挥部门和地方的积极性，形成多层次、多渠道加强对外民间科技合作工作的格局。健全对外民间科技合作专家咨询机制，加强重大对外民间科技合作政策制定、重大对外民间科技合作计划实施与对外民间科技合作的统筹协调。探索建立中央与地方、企业联合推进对外民间科技合作的机制。加强对外民间科技合作宏观战略与政策研究，前瞻部署、系统推进我国对外民间科技合作的发展。

（四）提升对外民间科技合作的全社会环境保障体系

1. 加大对外民间科技合作专业化人才队伍的培养和激励力度

对外民间科技合作依托单位要设置负责对外民间科技合作管理和运行维护的专职岗位，并提供必要的福利与待遇保障。要建立一支高效精干的对外民间科技合作日常管理运行人员队伍，稳定一支结构合理、专业化的技术创新与服务人员队伍，凝聚一支热心对外民间科技合作事业、高层次的专家队伍。制定符合对外民间科技合作工作特点的人员绩效评价标准。加强参与对外民间科技合作工作各种类型人员的培训和交流，加大对对外民间科技合作人员队伍的激励和表彰。

2. 加快对外民间科技合作信息安全保障体系建设

积极开展对外民间科技合作安全风险评估，加强对外民间科技合作安全理论研究，建立和完善对外民间科技合作安全测评体系、合作信任体系、安全监控体系和安全应急处理体系。

3. 加大对民间科技合作重大问题的研究力度

在积极参与国内外对外民间科技合作项目建设经验交流和理论研讨的同时，充分发挥产学研联盟、科研院所、行业协会等的作用，加强对民间科技合作面临的重大问题的分析研究，促进对外民间科技合作更好地服务于经济和社会发展的大局。重点加强对民间科技合作管理体制、工作机制、发展战略与政策的研究，探索符合对外民间科技合作应用发展需要的推进机制和建设模式；加大对民间科技合作项目统计指标、水平测试、绩效评估等重大问题的研究力度，建立科学的对外民间科技合作绩效评估和水平测试体系，对有关政策和资金投入效果进行综合评价。

（课题组成员：陈宝国　冯　卫　刘金芳）

科协事业保障条件和基础设施建设

"十三五"科协事业保障条件和基础设施建设研究

财政部财政科学研究所课题组

科协是"为经济社会发展服务，为提高全民科学素质服务，为科技工作者服务"的社团组织，当前国家治理需要社会组织强化作用，创新驱动战略需要科协加强服务作用，置此背景之下，科协"十三五"规划就显得格外重要。本研究结合"十三五"面临的形势与需求，设计"十三五"时期中国科协事业保障条件和基础设施建设规划方案。

一、科协事业保障条件和基础设施建设"十三五"面临的形势与需求分析

（一）"十三五"时期科协事业保障条件和基础设施建设面临的机遇

1. 党和国家重要文件、全会精神及高层领导重视为科协发展提供重要机遇

党的十八大以来，我国进入全面深化改革的攻坚时期，科技创新成为经济社会发展的主要驱动要素、产业发展的核心竞争要素及惠及人民大众的有效手段。为应对经济发展新常态和经济转型，"大众创业、万众创新"成为经济发展的发动机，以人为创新核心的"双创"，需要科技的发展、创新和普及作为重要支撑。中国科协作为中国科技工作者的群众组织，坚持以科技工作者为本，作为党和政府联系科技工作者的桥梁和纽带，在提高中国公民的科学素养、科学人的整体素质以适应时代要求方面、在推动国家科技事业发展方面始终发挥着重要作用。只有发挥好科协的作用，服务好科技工作者，科技创新的作用才能更好地体现。

《全民科学素质行动计划纲要（2006—2010—2020年)》和《全民科学素质行动计划纲要实施方案（2016—2020年)》也对发挥科协作用、提升全民科学素质提出了要求，对科协自身建设和更好地发挥作用是重大促进。

2. 国家治理现代化为科协组织发挥作用提供了历史机遇

随着十八届三中全会提出国家治理的理念和国家治理现代化的目标，治理主体的多元化和多主体共治善治将成为必然。社会组织是国家治理的重要主体之一，将会发挥越来越重要的作用，科协作为科技领域重要的社会组织，无论是自身发展还是在经济、社会中发挥职能作用都将面临前所未有的发展机遇。

3. 借力创新驱动战略，开创科协工作新局面

党的十八大明确提出要实施创新驱动发展战略，强调科技创新是提高社会生产力和综合国力的战略支撑，必须摆在国家发展全局的核心位置。全球范围内新一轮科技革命和产业变革带动了关键技术交叉融合、群体跃进，为我国实施创新驱动发展战略提供了重大机遇。创新驱动战略核心是创新，创新离不开创新的人和环境，这些都与科协的"三服务"密切相关，实现创新驱动发展战略，迫切需要

科协进一步发挥更加突出的作用。

4. 政府职能转变为科协组织的发展带来更多的空间

党的十八届三中全会提出激发社会组织活力,加快实施政社分开,推进社会组织明确权责、依法自治、发挥作用。适合由社会组织提供的公共服务和解决的事项,交由社会组织承担。十八届四中全会强调依法治国,发挥人民团体和社会组织在法治社会建设中的作用。《中共中央关于加强和改进党的群团工作的意见》强调必须坚持党对群团工作的统一领导,坚持依法依章程独立自主开展工作。现阶段政府职能转变的目标之一是建立法治政府,通过政府机构改革以加速职能转变,实现政企、政事、政社分开,为社会组织参与公共管理和公共服务提供了更多的机会。

5. 全面深化财政改革,为科协工作带来了新的机遇

三中全会公报要求"完善立法、明确事权、改革税制、稳定税负、透明预算、提高效率,建立现代财政制度,发挥中央和地方两个积极性",2014年《深化财税体制改革总体方案》的出台,表明体制改革正逐步向更深层次发展,新一轮财税体制改革是一场关系国家治理体系和治理能力现代化的深刻变革。改进预算管理制度、深化税收制度改革以及调整中央和地方政府间财政关系等三方面内容成为深化财税体制改革的关键与重点。全面深化财政改革,目标是建立更加公平、公开透明、科学、法制规范和健康可持续的现代财政制度,这对于科协事业条件的保障、科协发展面临的税收政策、科协财政管理体制的完善等都将产生积极的作用,带来新的机遇。

6. 全球化新趋势和新技术革命促使科协组织向更深、更广发展

中国加入WTO以后,一方面需要成立相应的组织形式与国外的商会或协会打交道;另一方面,发展国内的行业协会有助于国内行业的专业化、规范化、国际化,同时也有利于保护国内企业的整体利益、国家和社会的公共利益。此外,随着对外开放向纵深发展,一大批境外行业协会、组织等纷纷进入中国,它们不仅带来了新的理念和机制,也从另一个方面促使我国加快了对相关法律法规完善的步伐,并形成对现行体制改革的压力和动力,这些均有利于中国协会组织向规范化、专业化、国际化方向发展。

(二)"十三五"时期科协事业保障条件和基础设施建设面临的挑战

1. 新常态背景下经济增长和财政收入增长放缓、财政收支矛盾加剧

目前,我国经济正处在调结构、转方式的关键时期,国内经济面临潜在增长率下降的趋势,财政收入迈入中低速增长,而支出却刚性增长,收支矛盾进一步凸显。

我国经济发展进入新常态,需要实现对传统引擎的升级改造与对创新引擎的积极打造,适宜的创新环境要靠政府、社会组织等来共同营造。但长期以来,由于教育体制、人才体制、科研立项、经费管理等方面存在弊端,严重制约创新驱动发展潜力的发挥。科协组织要从体制创新改革中获得经济效率提高的新动力,只有效率提升了,才可能保证科协发展的延续性和有效性。

2. 体制改革(事权与支出责任)的挑战

科技事权体现政府在科技公共事务和服务中承担的职责和任务,支出责任是政府履行科技事权的财政支出义务。中央与地方、地方间科技事权与支出责任划分是科技体制改革和财政体制改革的重要内容。明确事权是理清支出责任的前提,只有政府间事权划分合理化,支出责任才能合理化。首先,科协作为我国科技事权的重要组成部分,由于其业务涉及面广,而且分散到不同层级的政府和不同部门中,很多事务需要协调,增加了科技事权划分的复杂程度;其次,转移支付制度改革将是逐步缩小专项支付,扩大一般转移支付,而科协过去对地方的体制中专项是重要的一块,如何深化体制改革,保障甚至加强科协的管理职能,对科协将是一个不小的挑战。

3. 预算改革方面的挑战

深化财税体制改革方案的出台和新预算法的实施，部门预算被赋予了更多的要求，更高的标准。深化部门预算改革必须落实好党的十八届三中全会精神，即以建立现代预算制度为先行，实施全面规范、公开透明的预算制度；建立跨年度预算平衡机制，优化支出结构；提高预算管理绩效，加大公共资源统筹力度，增强改革的系统性、协调性、关联性。作为部门履职与事业发展的物质基础，部门预算改革与全会部署的科技、教育等相关领域改革具有很强的关联性和互动性。

首先，年度预算的法制化、公开透明、科学规范、细化以及全口径预算管理体系等要求，对包括科协在内的预算管理都提出了新的要求。其次，《国务院关于实行中期财政规划管理的意见》（国发〔2015〕3号）强调，对于农业、教育、科技等方面涉及财政支持的重大政策，有关部门应与财政中期规划衔接，结合有关财政政策以及相关行业、领域事业发展规划，同步编制部门滚动规划，对规划期内的预算支出实行总量控制和跨年度平衡，并以三年为周期实行滚动管理。通过对未来三年重大财政收支情况进行分析预测，对规划期内一些重大改革、重要政策和重大项目，研究政策目标、运行机制和评价办法，通过逐年更新滚动管理，强化财政规划对年度预算的约束性，有利于预算统筹安排，优化支出结构，对与涉及面广、事权复杂程度高的科协挑战不小。最后，预算改革不仅关注预算资金的使用和分配，更关注预算资金的产出和结果，新预算法已将讲求绩效原则写入其中。盘活存量、用好增量是加强部门预算管理的重要举措，也是提高资源配置和使用效率的有效手段。完善预算绩效管理制度体系，要求制定分部门、分行业的预算绩效管理制度，扩大绩效目标管理和绩效评价、再评价、重点绩效评价范围，逐步实现绩效管理全覆盖，目前特别是科研项目的绩效，成为社会关注的焦点和诟病的重点，进一步改善管理，提高绩效，也是科协预算管理中面临的挑战。

4. 建立健全内控制度是科协加强管理面临的重要任务

《行政事业单位内部控制规范（试行）》（财会〔2012〕21号）（以下简称"《规范》"），要求各部门建立适合本单位实际情况的内部控制体系，并于2014年1月1日开始在全国范围内的行政事业单位中正式实施。在《规范》发布前，行政事业单位大多未建立内部控制体系，尽管在相关制度中涉及一些内控要求，但分散在各自的制度中，不系统、不规范，而《规范》从国家层面要求行政事业单位必须建立内部控制体系，为单位建立和实施内部控制提供标准，提出强制性要求。对于以往大部分制度管单位，只有财务制度管具体的情况，内控体系的建立能有效填补该管理空白。财政部颁布《财政部内部控制基本制度（试行）》（财办〔2014〕40号），自2014年11月1日起正式实施，标志着财政部内部控制工作全面启动。"按照分事行权、分岗设权、分级授权，强化流程控制"，突出了用制度管权、管事、管钱，这既落实了十八届四中全会依法治国的要求，又体现出内部控制的核心理念。在此背景下，加快建立科协内控体系，有利于提高科学管理和效能建设，为建立和实施内控制度提供法律依据和技术标准，做到有章可循。

二、"十三五"中国科协事业保障条件和基础设施建设规划方案

习近平总书记在中国科协第八次全国代表大会强调提出："科协组织要继续致力于促进科学技术繁荣和发展，更好地为经济社会发展服务；科协组织要继续致力于促进科学技术普及和推广，更好地为提高全民科学素质服务；科协组织要继续致力于促进科技人才成长和提高，更好地为科技工作者服务"。这是"十三五"时期中国科协工作的行动指南。

以此为纲领，"十三五"时期，中国科协事业保障和基础设施建设应以习近平总书记系列重要讲话精神为统领，全面贯彻党的十八大和十八届三中、四中、五中全会精神，担负起党领导的人民团体的政治责任；高举"创新驱动助力工程"旗帜，加大经费保障力度，发挥财政资金的主导作用，建立

财政投入的长效保障机制，并鼓励多渠道投入，以使得科协工作在科技创新和经济建设主战场奋发有为；以科普信息化为龙头，强化对网络平台和应用系统建设的支持力度，全面提升公民科学素质纲要实施水平；以财税政策为保障，探索基金、彩票等多种形式支持科协事业发展，建立事权与支出责任相适应的科协管理体制；以加强预算管理和内控制度建设为重点，强化预算管理与中期财政规划和科协事业发展规划的衔接；以"学会创新和服务能力提升工程"为载体，全面加强各级学会的能力建设；以加强基层组织建设和科技人才队伍建设为重点，支持完善科协系统干部培训与人才培养机制，激发科技工作者的创新活力。

（一）经费管理

1. 发挥财政投入的主导作用，建立长效保障机制

2011年5月29日中国科学技术协会第八次全国代表大会通过的《中国科学技术协会章程》第九章规定，中国科协经费来源包括：财政拨款、资助、捐赠、会费、企事业收入和其他收入。"十三五"期间，应进一步发挥财政资金的主导作用，加大对科协的经费保障力度，切实保障全民科学素质建设和开展科普活动等的经费需求。

一是积极争取公共财政投入，逐步提高对重点任务的经费投入额度，形成长效保障机制。各级财政部门应在保证本级科协机构正常运行的基础上，确保科普专项经费逐步增长。

二是积极争取政府各有关部门支持，为科协系统开展学术交流、科学普及、决策咨询、技术服务、继续教育、与相关境外非政府组织交流合作等活动，以及基础设施建设和后勤服务等提供必要的政策支持和资金保障。

三是对科协开展的"科普惠农兴村计划""社区科普益民计划"等重大惠及民生科普活动，地方财政给予配套经费保障。各级财政在年度预算中对科协开展的全民科学素质建设工作、优秀学术论文评选、青年科技奖评选等经费给予必要的安排，全国科普日、青少年科技创新大赛等重大专题科普活动另有专项财政经费保障。

四是学会挂靠单位要为学会开展活动创造良好的条件，提供必要的经费支持。各单位可以通过交任务、给课题的方式支持学会工作，也可以将社会性、技术性强的职能工作委托学会办理。

2. 建立学术交流、科学技术普及和奖励等专项基金

构建总体布局合理、功能定位清晰、具有中国特色的学术交流、科学技术普及专项基金体系，建立目标明确和绩效导向的管理制度，形成职责规范、科学高效、公开透明的组织管理机制，更加聚焦国家目标，更加符合科技创新规律，更加高效配置科技资源，更加强化科学技术普及与经济社会发展紧密结合，充分发挥学术交流、科学技术普及和奖励等专项基金在提高社会生产力、增强综合国力、提升国际竞争力中的战略支撑作用，促进科学技术的繁荣和发展，促进科学技术的普及和推广，促进科学技术人才的培养。

3. 发挥财政资金的乘数效应，鼓励多渠道投入科协事业

财政资源的稀缺性和部门需求的无限性是一对永恒的矛盾，因此，财政资金在保障科协必要经费投入、发挥财政投入主渠道作用的基础上，也应更多地发挥"四两拨千斤"的乘数效应，鼓励和引导民间资本参与科协事业发展。"十三五"期间，应积极倡导企业和社会单位对科技活动、全民科学素质建设、学术交流进行资金投入，广泛吸纳境内外机构和个人的资金，并推动人大、政府制定有利于社会投入的优惠政策。支持社会力量兴办科普事业，支持科协事业单位和学会等通过提供各类科技、社会服务获取相应的收入，弥补财政投入资金的不足。

（二）财税政策保障

1. 建立事权与支出责任相适应的科协管理体制

事权和支出责任是划分政府间财政关系的基础。事权是法律授予的、政府管理社会公共事务的权力，即一级政府在公共事务和服务中应承担的任务和职责。支出责任是政府承担的运用财政资金履行其事权、满足公共服务需要的财政支出义务。党的十八届三中全会通过的《中共中央关于全面深化改革若干重大问题的决定》指出，要建立事权和支出责任相适应的制度。合理界定并清晰划分中国科协和地方科协以及学会的事权，在此基础上建立与之相适应的支出责任，是"十三五"时期科协管理体制的重要任务之一。按照外部性、信息复杂程度和激励相容三原则，适度加强中央事权，明确中央与地方各自的事权和共同事权。同时，建立规范的科协系统转移支付制度，压减、归并中央专项转移支付，增加一般性转移支付比例。

2. 进一步完善捐赠公益性科普事业相关税收政策

公益性捐赠是指按照《中华人民共和国公益事业捐赠法》规定向非营利公益事业的捐赠支出。作为我国社会组织的重要筹资渠道，公益性捐赠对于发展壮大社会组织、推动我国公益科普事业发展、完善社会保障体系具有重要意义。现阶段，我国并没有专门的公益性捐赠税收优惠法律法规，更多的是散见于各类法规条文中。归纳一下，政策规定主要体现在以下几个方面：一是公益性社会团体捐赠税前扣除资格认定；二是捐赠税前部分扣除政策规定；三是捐赠税前全额扣除政策规定。一方面我国公益性捐赠税收优惠政策实施激励了社会捐赠行为，一定程度上推动了公益事业发展；另一方面，由于我国相关法规不健全，导致公益性捐赠税收优惠政策在落实上的效果大打折扣。目前各省市政策不一，管理不规范。尤其体现在社会团体捐赠税前扣除资格认定上，确认程序、资格范围差异较大。因此，"十三五"期间，应进一步完善捐赠公益性科普事业个人所得税减免政策和相关实施办法，清晰界定捐赠税前扣除资格认定，明确捐赠程序和资格范围，真正推动我国公益性科普事业发展。

3. 探索福利彩票支持科协事业发展

据民政部网站消息，从 1987 年创立至 2014 年 3 月 14 日，中国福利彩票累计销量有 10000 亿多元，累计筹集公益金 3100 亿多元，按照现行政策，发行福利彩票所筹集的公益金，50% 上缴中央财政，在社会保障金、专项资金、民政部和国家体育总局之间按 60%、30%、5%、5% 的比例分配，主要用于补充社会保障基金，支持青少年学生校外活动场所建设和维护，教育助教助学，困难群体大病救助，补助城乡医疗救助基金，发展残疾人事业、红十字事业以及扶贫、文化、法律援助、大型体育赛事等。至今，福利彩票公益金已经资助了 30 多万个设施类和非设施类项目。"十三五"期间，可积极探索福利彩票，支持科协事业发展，如科普场馆建设、学术交流等活动。

（三）基础设施建设

1. 加大财政对基础设施建设的保障作用

落实国家《科普基础设施发展规划（2008—2010—2015 年)》，将科普基础设施纳入经济社会发展规划和基本建设计划，通过改建、扩建、合建、新建等方式，不断改善科普基础设施条件。加快科技馆建设，完善各个地方科普活动中心建设。强化部门联合，优化资源整合，大力开展"一站、一栏、一员"（科普活动站、科普宣传栏、科普员）等基层科普设施建设，充分利用农村文化礼堂、村务公开栏、科普画廊等资源，经常性的举办形式多样的科普活动，力争到"十三五"期末，县（市、区）主城区公众活动场所建有 5 处以上科普画廊，100% 的乡镇、街道、社区，90% 的村完成站、栏、员建设任务。鼓励社会力量参与建设专业科技场馆等公益性科普设施。支持建立企业科普展示馆和社区特色科普馆，并向公众开放。引导企业、各自然科学学会，根据自身特点，向公众开展科普宣传。

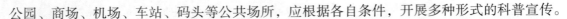
公园、商场、机场、车站、码头等公共场所，应根据各自条件，开展多种形式的科普宣传。

2. 探索运用 PPP 模式，支持科普类基础设施建设

PPP，即政府与社会资本合作模式。为缓解地方政府财政压力，推进公共服务领域改革市场化，加速我国经济转型，PPP 成为我国经济发展"进入新常态"、"适应新常态"而同时还要"引领新常态"的必然选择。国务院常务会议明确要求各地加快推进 PPP 项目的实施，财政部、发改委等相关职能部门已相继出台了一系列指导文件，各地也陆续出台操作指南，使各地 PPP 项目的落地正式进入实操阶段。PPP 模式打破了过去认为只能由政府运用财政资金来做的一些公共基础设施、公共工程、公共服务项目的传统认识框架，其正面效应可从政府、社会和企业三个角度来体现。"十三五"期间，科协应着力探索运用 PPP 模式进行科普类基础设施建设，认真筛选和识别可运用 PPP 模式进行运作的项目，制定规范的操作流程，扎实推进 PPP 模式推进科普类基础设施建设。

（四）信息化建设

1. 加大投入力度，强化信息化建设基础

"十三五"期间，各级科协及所属学会应加大科普信息资源和传播渠道的统筹整合，积极争取政府和社会各方的支持，加大对科普信息化建设的投入。加强科普信息化专门人才队伍建设，特别是高层次专门人才和基层实用人才的培养，逐步完善人才队伍的培养、管理与保障制度。建立完善以公众关注度为科学传播绩效评价标准的评价体系。加强科普信息化建设理论与实践研究，总结推广经验，对在科普信息化建设工作中的优秀组织和个人进行激励表扬。

2. 充分运用市场机制，创新科普运营模式

"十三五"期间，各级科协及所属学会应积极争取将科普信息化建设纳入本地公共服务政府采购范畴，充分发挥市场配置资源的决定性作用，依托社会各方力量，创新和探索建立政府与社会资本合作、互利共赢、良性互动、持续发展的科普服务产品供给新模式。中国科协应会同财政部等有关部门、社会各方面大力推动实施科普信息化建设工程，充分依托现有企业和社会机构，借助现有信息服务平台，统筹协调各方力量，融合配置社会资源，建立完善科普信息服务平台和服务机制，细分科普对象，提供精准的科普服务产品，满足公众多样性、个性化获取科普信息的要求，引导和牵动我国科普信息化建设水平的快速提升。

（五）预算管理与内部控制体系

1. 规范项目管理与预算管理，强化预算执行

近年来，为全面推行项目预算管理，提高科学化、精细化管理水平，国家出台相关政策措施，加强预算编制，推行预算评估，规范预算执行，开展绩效评价，提高了资源配置的科学性，有效规范了项目经费的管理。但也存在一些问题和不足，尚需进一步加强和规范。"十三五"期间，应充分发挥项目承担单位在科技管理过程中的组织、协调、服务和监督作用，进一步强化单位领导的责任，提升预算管理和预算执行的责任意识，建立行之有效的预算管理体系，落实预算管理责任链，将预算管理科学化渗透落实到预算管理单元中去，促进预算管理与项目管理的紧密结合，以及预算执行与预算编制的一致性。

2. 强化预算管理与中期财政规划和科协事业发展规划的衔接

2015 年 1 月 23 日，国务院发布《国务院关于实行中期财政规划管理的意见》（以下简称"《意见》"），指出"为加快建立现代财政制度、改进预算管理和控制，将在全国实行中期财政规划管理，研究编制三年滚动财政规划。"这是我国预算管理制度改革，乃至财税体制改革的一项重大举措。中期财政规划，是在分析预测未来 3～5 年重大财政收支情况的基础上，编制形成的跨年度财政收支方

案。《意见》要求，"凡涉及财政政策和资金支持的部门、行业规划，都要与中期财政规划相衔接。强化中期财政规划对年度预算编制的约束，年度预算必须在中期框架下进行。"这就对各部门"十三五"期间的预算管理提出了更新更高的要求。科协作为国家部委和一级预算单位之一，自然也不例外。由于中期财政规划涉及与国民经济和社会发展规划及专项规划、区域规划的衔接，这就要求，科协在编制部门预算时应主动与中期财政规划和科协"十三五"事业发展规划相衔接，在对总体财政收支情况进行科学预判的基础上，重点研究确定财政收支政策，做到主要财政政策相对稳定，同时根据经济社会发展情况适时研究调整。中期财政规划是中期预算的过渡形态，"十三五"期间，科协应积极研究本部门中期预算的编制和强化执行，为使中期财政规划渐进过渡到真正的中期预算做好前期研究和实践准备。

3. 探索科协预算绩效指标体系建设，加强绩效管理

预算绩效管理是政府绩效管理的重要组成部分，加强预算绩效管理的根本目的是改进预算支出管理、优化财政资源配置，提高公共产品和服务的质量。目前，财政部已明确要求所有的项目预算申报需同时报送预算绩效目标申报表，包括绩效目标和绩效指标的设立。2013年财政部印发了《关于印发〈预算绩效评价共性指标体系框架〉的通知》（财预〔2013〕53号），包括项目支出、部门整体支出和财政预算三个维度。"十三五"期间，财政部要求制定各个行业和部门个性绩效指标的设计。科协应积极探索本行业预算绩效指标体系的建设，通过指标设计、制度流程规范建设，切实加强预算绩效管理，提高财政资金使用效益。

4. 加强内控制度体系建设

建立和实施内部控制，是党的十八届四中全会提出的明确要求，是推进政府治理现代化的应有之义。十八届四中全会审议通过的《中共中央关于全面推进依法治国若干重大问题的决定》明确提出，对财政资金分配使用、国有资产监管、政府投资、政府采购、公共资源转让、公共工程建设等权力集中的部门和岗位实行分事行权、分岗设权、分级授权，定期轮岗，强化内部流程控制，防止权力滥用；完善政府内部层级监督和专门监督，改进上级机关对下级机关的监督，建立常态化监督制度；完善纠错问责机制，健全责令公开道歉、停职检查、引咎辞职、责令辞职、罢免等问责方式和程序。

"十三五"期间，科协应按照十八届四中全会的要求，立足于强管理、防风险、促发展，结合该部门业务特点，采取"一、二、三、四"工作法，注重痕迹化管理，提高自身"免疫"功能。"一"是厘清一个概念，即痕迹化管理，就是通过对管理权和监督权运行的文书、签字、数据、档案等关键痕迹的管理，为岗位风险的识别、评价、控制、监督、问责提供原始依据。"二"是实行两个结合，即有形无形相结合、内查外调相结合。"三"是做实三个环节，即以风险防控点为基础，明晰岗责，合理留痕；以签字环节为核心，明确责任，强化落实；以信息化为保障，规范标准，减少失误。"四"是达成四个目标，即解决权力运行的"边界不清、职责不明"问题、解决风险查找的"避实就虚、空泛无着"问题、解决防控制度的"流于形式、约束无力"问题、解决监控责任"虚位、缺位、挂空挡"的问题。

（六）基层组织发展和科协干部培训与能力提升

1. 探索基层组织发展新方式，促进基层组织健康发展

在一些科技园区已经建立科协组织的基础上，推动、指导其他各园区成立科协组织。加大企业科协组织发展力度，鼓励和支持具备条件的民营科技企业建立科协组织。积极为科研机构、高校和企业等的科协组织搭建交流沟通和资源共享平台，探索高校、院所科协与企业科协、园区科协之间的有效对接机制。支持各类农村专业技术协会探索与农村专业合作社合作的新方式。完善企业科协登记、审核等规范管理工作。采取指导、合作和参与等形式，与科技园区各类社会组织建立联系，科协工作与

科技园区自主创新活动形成有效互动。

2. 深化科协机关和事业单位干部人事制度改革

按照"德才兼备、以德为先"的原则,创新和完善干部选拔任用机制,健全领导干部考核评价办法,完善干部选拔监督制度,加大干部交流轮岗和培训力度。推进事业单位人事制度改革,建立和完善有关管理办法。

3. 加强科协团体工作人员队伍建设

促进落实学会和企业科协、街道科协、高校科协以及其他基层组织所需的专兼职工作人员,建立一支热爱科协事业、社会活动能力强的基层组织工作人员队伍。坚持举办科协团体专兼职干部培训活动,完善培训内容,创新培训方式,强化培训效果,不断提高工作人员的政治素质和业务能力。

（课题组成员：赵福昌　程　瑜　龙小燕　余贞利）

"十三五"科学文化和创新文化建设研究

中国科学院大学课题组

一、"十二五"期间科学文化和创新文化建设的基本成效和发展评估

(一)"十二五"期间该领域发展的基本成效

1. 创新文化氛围的初步构建

在中国科协"十二五"规划当中,与科学文化和创新文化直接相关的表述为重点工作第 33 项,包括两部分内容,一是"推进文化建家活动。制定实施《科协文化建设纲要》,修订《科协工作行为规范》,树立科协系统先进典型,积极弘扬正气,倡导团结和谐、积极进取、健康向上的良好风气。加大对科协会徽、形象标识的宣传力度,研究确定科协会旗、会歌、会训、组织开展丰富多彩的文体活动";二是"弘扬创新文化。加强科协理论研究,总结推广科协工作中的好做法、好经验,提炼形成具有规律性的思想认识和观点,指导科协实践,办好《科协研究》,为科协工作提供研究交流平台。"通过一系列的活动,创新文化氛围初步构建。

2. 加强科学道德与学风建设

进一步加强科学道德与学风建设。组建科学道德与学风建设宣传教育专家队伍,编写科学道德教育读本,开展宣传教育活动,举办科学道德建设论坛。加大科学道德与学风建设的宣传力度。中国科协推动科学道德诚信体系建设,引导广大科技工作者加强自律,提升科学道德学风建设水平,努力营造有利于科技创新、人才成长的良好环境与氛围。全社会重视科学道德与学风的良好态势进一步形成。

3. 发挥学会的作用,加强学术平台交流建设

发挥学会作为国家创新体系组成部分的重要作用。围绕科技重要领域搭建不同形式和层次的学术交流平台,营造民主、自由的学术氛围,启迪科学思维,激发创新活力。搭建学术交流平台。举办各类型学术会议,倡导自由探究,鼓励学术争鸣,活跃学术氛围,促进原始创新。丰富和创新学术交流形式,加大精品科技期刊工程实施力度,提高科技期刊论文质量。通过进一步发挥学会的作用,学术交流更加广泛。

4. 加强科技人才宣传、创新方法宣传与培训

实施知名科学家学术思想传承计划,组织著名科学家的学术思想系列研讨活动。宣传优秀科技工作者。实施老科学家学术成长资料采集工程。建立"中国科技名人堂",展示我国科学家形象。宣传老一辈科学家坚持真理、诚实劳动、亲贤爱才、密切合作的职业道德。利用大众媒体宣传科技工作者。激发科技人才的创造活力。开展创新方法宣传培训和知识产权战略巡讲等活动,提高企业一线科技人员的创新思维和技术创新能力。通过这些活动,宣传科学精神,普及科学方法。

5. 促进创新人才成长

开展科技工作者状况综合调查和专题调查，掌握科技工作者的状况和诉求，建立健全科技人才评价与激励机制，营造科技人才健康成长的良好社会环境，为科技工作者发挥聪明才智创造条件，推动用好、用活科技人才。加强对科技工作者的人文关怀和心理疏导。发挥科技社团在同行评议中的积极作用，不断提高奖励的规范化水平。发现、培养具有发展潜力的青年科技创新创业领军人才，提高青年科技工作者的创新创业能力。

"中国科协已经设立了科学文化建设专项。中国科普研究所成立所内设机构：科学文化研究促进中心，建立专家顾问组、科学文化建设委员会、研究组，研究制定国家科学文化建设纲要，引进翻译一批科学文化研究成果，设立科学文化建设研究专项研究制定大纲、标准，动员有关社会力量开展研究；提炼、总结、介绍科学共同体文化、促进科学思想、和科学精神的弘扬和传播。当前中国科普研究所正在计划引进西方更多介绍科学共同体内部文化及社会中科学文化著作，为我国科学文化事业的研究发挥理论借鉴作用"。

（二）"十二五"期间该领域发展评估

1. 科学文化建设工作落实不足

就直接相关的这两部分内容而言，由于受到规划制定初期各种条件的限制，当时主要是围绕科协系统内部工作人员的科学文化和创新文化建设而进行的规划，例如《科协文化建设纲要》，在执行的过程当中，最后落实为《中国科协机关工作人员行为规范（试行）》（科协办发厅字〔2014〕32号）。这一文件规范的重点是中国科协机关工作人员，不包括学会，更不是站在全社会科学文化建设的高度，因此不可能产生广泛的影响力。就其他工作的落实情况而言，与社会对中国科协的期望相比，也存在一定的距离。

另外，与科学文化和创新文化间接相关的工作包括重点工作第23项"宣传优秀科技工作者"和第24项"加强科学道德与学风建设"。宣传优秀科技工作者的目的在于宣传这一群体所具有的"坚持真理、诚实劳动、亲贤爱才、密切合作"的道德品质，有利于在全社会形成崇尚科学的社会风气。加强科学道德与学风建设的目的在于推动科学家群体的自律意识，提高该群体的学术道德水平。

就这两项工作的落实情况而言，宣传优秀科技工作者工作开展的较为扎实，并且在社会上产生了广泛的影响，吸引了各个阶层的公众参与。对于科学道德与学风建设而言，虽然中国科协、学会、高校和地方都为之付出了巨大的努力，但从成效来看，效果并不理想。主要原因在于还没有从灵魂深处打动公众，不可能内化为科技工作员和公众的实践。当然，这一建设的目标"任重而道远"。

2. 科研评价不足

2003年5月，国家科技部联合教育部、中国科学院、中国工程院和国家自然科学基金委发布了《关于改进科学技术评价的决定》。但以下问题持续存在，而且非常突出。

不合理的科研评价折算法作为科研评价方法的科学性受到了质疑。现有体制对不同性质的科研工作或者性质相同、层次不同的科研工作用虚拟的折算当量将其统一，然后再进行人为的比较和评价。各种折算的合理性备受争论。

不合理的利益导向引发了学术上的急功近利行为和浮躁心理。各地普遍根据四大指标来衡量学术水平，即论文指标、经费指标、项目指标、奖励级别指标。文章发表刊物的级别、经费数额、承接科研项目的级别、获得各级奖励的多少等构成了一个机构、一个科研工作者的衡量标准。在这样的评价导向制度下，重视项目经费、论文数量等的价值取向不利于创新的培育与发展，也缺少了学术创新。

事实上，从科研评价的信息基础出发，可将科研评价方法分为三类：基于专家知识的主观评价方法、基于统计数据的客观评价方法和基于系统模型的综合评价方法。其他常见的分类法还有同行评议方法、德尔菲法、文献计量方法、层次分析法和综合评价法等，都可以归纳到上述三种分类法中。由于科研评价问题产生了不利于创新发展的导向，也制约了科研人员的积极性与创新性。

二、对"十三五"时期发展形势的判断、发展问题的分析、发展趋势的预测、规划制定的建议

（一）"十三五"时期发展形势的判断

1. 科学文化和创新文化的建设是新时期经济发展的排头兵

新时期的经济发展主要依靠科技、依靠创新。习近平于2015年5月27日在浙江召开华东7省市党委主要负责同志座谈会并指出，我国经济社会发展前景广阔，同时面临不少困难和挑战，调结构、转方式、促创新任务仍然艰巨。促进经济增长由主要依靠投资、出口拉动向依靠消费、投资、出口协调拉动转变，由主要依靠第二产业带动向依靠第一、第二、第三产业协同带动转变，由主要依靠增加物质资源消耗向主要依靠科技进步、劳动者素质提高、管理创新转变。要深入实施创新驱动发展战略，要推动科技创新、产业创新、企业创新、市场创新、产品创新、业态创新、管理创新等，加快形成以创新为主要引领和支撑的经济体系和发展模式。要依靠科技、依靠创新，就要文化先行。所以说文化建设是排头兵。

2. 加强科学文化和创新文化是实施创新驱动发展战略的要求

"十三五"时期是我国建设创新型国家的重要时期，也是开展"大众创业、万众创新"的新时期。"十三五"期间经济和社会发展出现了新常态，科学文化和创新文化建设要主动适应和引领新常态，以增强科技创新的支撑引领作用。面对大众创业、万众创新的新形势，需要进一步加强创新的环境建设，营造开放合作、良性互动的氛围和土壤，以全面实现规划纲要、建设创新型国家。要充分调动各领域人才和公众参与创新的积极性。弘扬科学精神，加强科学文化和创新文化建设，提高公民科学素质，引导公众创新意识，培育创新精神，形成尊重科学、重视创新的文化氛围。才能做到全国一盘棋，才能实现真正的和谐发展、高效发展，从而形成多赢的局面。

3. 科学文化和创新文化的影响正深入人心，走向大众

随着国务院办公厅在2015年3月2日发布的《国务院办公厅关于发展众创空间推进大众创新创业的指导意见》的公开，随着创客空间、创业咖啡、创新工场等民间自发创业孵化模式的宣传，一种由国家提供政策、环境、信息、服务乃至基金，由科技人员、大学生等作为创业主体，吸引民间资本的整体创业大态势已经形成。《指导意见》中指出，"营造创新创业文化氛围。积极倡导敢为人先、宽容失败的创新文化，树立崇尚创新、创业致富的价值导向，大力培育企业家精神和创客文化，将奇思妙想、创新创意转化为实实在在的创业活动。加强各类媒体对大众创新创业的新闻宣传和舆论引导，报道一批创新创业先进事迹，树立一批创新创业典型人物，让大众创业、万众创新在全社会蔚然成风。"在新的时期，通过创新文化氛围的营建，将进一步推动创新创业的热潮。

（二）发展问题的分析

1. 缺乏本地化思考，盲目跟风，园区林立，项目难觅

科技发展、创新创业，一定要跟本地环境相结合，跟自身条件相结合，不能好大喜功，迎合奉上。比如目前全国有2/3的省、自治区、市都提出要建立产业大省、强省，许多地区一哄而上设立"经济开发区"、"产业园区"、"高新技术区"、"动漫园区"、"数码园区"、"游戏园区"等园区。但很多园区的产出效益极低，缺人、缺钱，正面临骑虎难下的尴尬境地。如果不靠政府在地租、房租、贷款等方面的特殊政策，很难维持发展，更难形成市场竞争力。这样下去，新的园区很可能会重蹈以

前一些老园区的覆辙。究其根源，就在于一些地方忽视了自身的发展条件，违背产业的发展规律。

因此，必须因地制宜，制定正确的产业发展战略，慎重考虑在所有要发展的项目当中能发展什么，能做好什么。中国区域经济、文化资源和发展水平差异较大，只有从自身实际出发，找到产业发展的制高点和突破口，才能真正造福于民。

2. 忽视产业发展规律和体制改革规律，盲目求新求快，欲速则不达

无论是哪种形式的创新，如技术创新，体制创新，都要遵从事物发展的基本规律，逐步改变。如果一下子完全颠覆既有的体系，全部采用新模式，现有的人员根本无法适应，在执行起来也效果不佳。因此，揠苗助长式的创新不可取，急功近利的心理要不得。

大浪淘沙，潮退之后留下的才是磐石，文化要的是持久。无论是科学文化还是创新文化，既然是文化，都是要有时间的沉淀，有深厚的积累。不然就是阳光下的肥皂泡，美丽而脆弱。

因此，需要追寻那种真正意义上的创新，对人类社会有真正帮助、可以持续得到广泛应用的创新。而不是为了噱头而造出来的一些概念式的创新。概念式创新在国内的科研项目申请上表现得较为突出，很多科研人员并不是在根本的方式方法上下工夫，而是编造一些新名词，或迎合一些新提法，移花接木到既有的技术上，从而获得评委青睐。这种投机取巧的"创新"显然无异于造假。

3. 高端创新能力不够，自主创新能力不强

最体现一个国家现代工业实力的产品是芯片，而我国第一大进口产品就是芯片。中国集成电路芯片 80% 依靠进口，在这方面消耗的外汇超过石油，成为第一外汇消耗大户。为了指甲大小的芯片，中国每年进口付出的代价超过 2000 亿美元。全球半导体市场规模超过 3000 亿美元，而国内制造的芯片只占国内市场份额的不到 10%。国务院发展研究中心发布的《二十国集团国家创新竞争力黄皮书》指出，我国一年制造 11.8 亿部手机，3.5 亿台计算机，1.3 亿台彩电，都是世界第一，但嵌在其中的芯片专利费用却让中国企业沦为国际厂商的打工者。

我国自主创新能力不强，表现在许多方面。例如：我国科技进步对经济增长的贡献度只有 24%，在世界 50 个主要国家中我国排行 24 位，排在印度和巴西之后；美国科技进步对经济增长的贡献度达 60% ~70%。我国对外技术的依赖程度高于 50%，美国、日本只有 5% 以下。事实表明，提高自主创新能力，是增强国家经济实力的关键。我国每年有数万项科研成果，发表论文数量世界第一，可成果转化率却只有 25%，形成最终产品的不到 5%，科技进步贡献率不足三成。这也说明了我们的一些科研在方向上走了"贵族路线"、"偏门"，研究与生产严重脱节。

（三）发展趋势的预测

"十三五"时期，将以全面科学发展为主题。以全面科学发展为主题，体现了以科学发展观为指导，包含了在现代化建设全局中全面贯彻落实"以人为本、全面、协调、可持续发展"的要求。它是"十二五"规划以科学发展为主题的延续和提高，是基于"十一五"初步进入科学发展轨道——"十二五"基本进入科学发展轨道——"十三五"将全面进入科学发展轨道的科学分析，体现了全面科学发展仍然是时代的要求，是关系改革开放和现代化建设全局的主旋律。在新时期，坚持科学发展是硬道理的本质要求，就是坚持全面科学发展。

"四个全面"战略布局是党中央十八大后做出的重大决策，是统领我国发展的总纲。其中，全面建成小康社会是战略目标，全面深化改革、全面依法治国、全面从严治党是战略举措。坚持全面科学发展与这"四个全面"息息相关，贯彻"四个全面"的始终。

科学文化建设是坚持全面科学发展的灵魂，创新文化建设是坚持全面科学发展的核心。在"十三五"时期必将成为各地全力发展的重点。

其中，科学文化建设的重点是科学精神的建设，唯实、求是、创新，让科技工作者树立正确的科技价值观，让大众建立起尊重科学、应用科学的习惯；创新文化建设的重点是以市场为导向，注重原

发创新，持续创新，把创新当作一种习惯。

（四）规划制定的建议

1. 总体思路与目标

中国科协的使命，要求科协必须全面推进科学文化和创新文化建设，提高科协组织的创新活动和文化凝聚力，为提高科技工作者的自主创新能力提供制度和文化环境上的保障。中国科协作为连接和沟通科技工作者与党和政府、社会民众之间的桥梁，将以卓有成效的社会行动贡献于创新型国家建设事业，贡献于中国科学文化和创新文化的建设事业。

着力倡导科学文化，发掘科学文化的实践价值，重视发挥科学文化的基础性、先导性作用。发挥科学技术作为精神力量的文化功能。科技界要把提高全民科学文化素质真正视为己任，在全社会普及科学知识、倡导科学方法，重视弘扬科学精神。把科学文化建设放在践行社会主义核心价值体系的重要位置，在社会上形成倡导科学思想，掌握科学知识，采取科学态度，运用科学方法的风气。鼓励创新、完善评价体系、加强制度创新，营造有利于科技创新的文化氛围。

2. 重点任务

中国科协"十三五"时期科学文化和创新文化建设的重点，应该突破内部建设的限制，从全社会发展的角度来重新定义和规划科学文化和创新文化建设工作，提高全民的创新意识，塑造全社会崇尚科学的氛围，为实现《全民科学素质行动计划纲要（2006—2010—2020 年)》所确定的目标服务。

——把科学文化和创新文化建设放在践行社会主义核心价值体系的重要位置。科学发展、创新创业，文化先行。十三五时期，要把科学文化和创新文化建设放在践行社会主义核心价值体系的重要位置。要加强科学精神与人文精神的融合和统一，进一步发挥精神支撑和精神动力的强大作用。要大力宣传在创新科学技术和普及科学技术方面做出突出贡献的优秀科技工作者，重点宣传中青年优秀科技工作者、基层一线科技工作者和全国优秀科技工作者，激发科技人才的创造活力。

在大力宣传科学思想、传播科学知识、倡导理性思维、推动科学发展等科学精神的同时，大力倡导以人为本、弘扬传统文化、鼓励创新创业等人文精神。倡导科学精神，倡导自由探究，鼓励学术争鸣，促进原始创新。引导与重塑价值观，增强科研工作者的责任感、使命感、创造力，推动科学发展。倡导人文精神，培育创新的土壤与环境，增强全社会的认同感、归属感、凝聚力，提升思想道德境界。倡导科学精神与人文精神的统一，宣传科学思想，倡导科学精神的弘扬，形成鼓励创新的文化氛围。

——建设良好的创新文化生态环境。新时期要着力营建良好的创新文化生态环境。创新需要土壤与环境，要培育与构建一种鼓励创新、重视创新的生态环境。为科技工作者提供优质高效服务的渠道进一步拓展、内容更加丰富、方式不断创新，进一步改善优秀科技人才脱颖而出的环境。在新的时期，对科学文化建设和创新文化建设提出了新的要求。要尊重科学研究的规律，形成科学规范的科研评价体系。尊重创新与创业的规律，营造有利于创新与创业的生态环境，使科研人员的积极性与创新性能够充分调动与发挥出来。"互联网＋"、创客现象等都是新时期出现的新的发展形态。"互联网＋"将形成更广泛的以互联网为基础设施和实现工具的经济发展新形态。需要创新意识和人才的注入。创客文化、车库文化都是大众创新精神勃发的结果。在支持创客群体成长中培育创客文化，以利于创业创新。要为创客群体和创客文化的发展创造适宜的软环境和硬环境。在创新创业、教育、投融资、税收以及人才培养等诸多方面为创客群体创造良好的发展环境。推动全社会形成崇尚创新创业的文化氛围。只有发扬中华文化包容并蓄、共生共荣的优秀传统，培育以合作共赢、互助互利为主题的创客文化，中国的创新创业才能快速开创出新的局面。

——加强创新人才队伍建设。科研人员的成长具有规律性，要着力培育创新人才队伍。要形成尊重知识、尊重人才的良好风气。尊重科研人员的个性与特点，着力培养科研人员的创新意识与创新动力，鼓励公众参与创新创业的热情，充分发挥科学共同体的作用，充分挖掘科研人员的创新创业智慧，开发与形成一支稳定的创新人才队伍。应建立科学的人才评估和考核机制，加强创新人才成长的生态体系建设，在科研政策和待遇标准上兼顾公平，实现创新人才的成长与良性发展。要将培养高素质的创新人才定位为教育的基本目标，并使教育的各个方面、各个环节都紧紧围绕着这一目标有效运转。努力形成鼓励自主创新的教育体系，营造尊重知识、尊重人才的自主创新社会环境。

——加强学术诚信建设。通过科学道德与学风建设的宣传，宣传老一辈科学家的科学精神，在全社会形成崇尚科学、热爱科学、求真务实、重视学术道德的良好风气，不断提高全社会的思想道德水准。加强学会的科学道德建设，使科技工作者进一步增强维护科学尊严的自律意识，提高自律性。强化学会的监督责任，加强对科研活动的监督与规范。通过制度约束，加强学术诚信建设。建立学术不端行为独立调查机制。完善科研制度建设，形成公开公平的考评机制，完善科研绩效制度，为科研人员开展创新活动提供良好的环境，使科研人员安心、静心、甘于、乐于从事科研活动，激励科技工作者敢于质疑，乐于创新。

——弘扬创新文化，提高全社会公众的科学素养。弘扬创新文化，倡导团结和谐、积极进取、健康向上的良好风气。形成尊重创新、鼓励创新的良好氛围。随着公众日益增长的科学知识需求，进一步加强创新教育。加强科学普及，提高全社会公众的科学素养，提高持续的创新能力。只有高品质高素质的人，才能具有创新能力。形成热爱科学、敢于创新、具有较高科学素质水平的宏大公众群体，形成创新型人才辈出的良好局面。促进科普公共文化服务均等化，使公众充分享受科技发展带来的成果，激发公众的创新热情，凝聚全社会的创新合力，推动良好的创新氛围和创新文化的营造。科技创新需要有深厚的群众基础和广泛的社会共同参与，才能形成大众创业、万众创新的良好局面。

三、对科协事业发展"十三五"规划编制的决策性理论支撑

（一）科学文化是创新的源泉和动力

西方近代启蒙文化推动科学发展以后，科学也在改造文化，被科学改造后的文化就是科学文化，它又会反作用于科学，同时去影响经济和政治。科学通过文化渗透产生了积极长远的社会效应。科学发展中的那种追求真理的文化品质，以及它带动起来的民众崇尚科学的精神氛围，代表了人类的共同利益，超越了经济的局限性，并不断为经济的持续发展开拓更为广阔的空间。科学文化对科研活动的推动作用已为中外科学研究的发展所证实。科研机构所制定的方针政策、在探求科学真理的过程中所形成的科学精神、团队精神及良好的科研环境等，都是科学文化的重要体现，是科学原创性的不竭源泉和动力。

（二）创新文化对科研活动具有强大的支撑作用

创新是指以现有的思维模式提出有别于常规或常人思路的见解为导向，利用现有的知识和物质，在特定的环境中，本着理想化需要或为满足社会需求，而改进或创造新的事物、方法、元素、路径、环境，并能获得一定有益效果的行为。科技创新是社会生产力发展的源泉。创新是科学活动的源泉，科技创新指科学技术领域的创新，涵盖两个方面：自然科学知识的新发现、技术工艺的创新。文化是一种软实力。创新文化已经成为科研活动的核心竞争力之一。创新文化对科研活动具有强大的支撑作用。需要树立创新观念，充分发挥文化力的支撑作用。

（三）创新文化建设是一个长期的过程

创新文化是指与创新相关的文化形态。它主要涉及文化对创新的作用；如何营造一种有利于创新的文化氛围。创新文化能够激发科研的活力。创新文化建设的过程，是科研活力激活的过程。创新文

化要求科研工作者在工作中创新，并且以宽容，支持的态度去鼓励创新。创新使得科研活动更加活跃。创新文化建设不是特指某一个时间段，创新作为一种文化，长期作用于科研活动中。创新文化建设是营造一种有利于创新的文化氛围，鼓励创新，包括在创新领域上的创新。要通过环境氛围的营造、创新激励机制的建立，实现从观念引导到行动实现的过程。

四、本课题组提出的具有理论与实践意义的研究结论

科学文化与创新文化建设是一项长期工作。文化是一种随风潜入夜、润物细无声的作用。中国科协要着力倡导科学文化和创新文化的建设方向，将科学文化和创新文化建设作为社会主义核心价值观的引导，弘扬科学精神，切实增强传播社会主义核心价值观的责任意识和能力，将科学精神作为科学家从事科学研究考评的重要内容。有效发挥科学共同体的作用，进一步提高公众的科学素养，调动科研人员与公众的创新创业热情与动力，培育创新意识与创新精神，营造全社会的创新文化氛围建设。

中国科协"十三五"时期科学文化和创新文化建设的重点，要从全社会发展的角度来规划科学文化和创新文化建设工作，提高全民的创新意识，积极发挥学会的作用，有效发挥基层科协的作用，塑造全社会崇尚科学的氛围，为实现《全民科学素质行动计划纲要（2006—2010—2020 年)》所确定的目标服务。

结合中国科协的自身定位与可操作程度，从社会发展需要出发，规划如下重点工作：中华脊梁宣传工程；创新典型人物宣传工程；科学文化丛书出版工程（社会科学文化建设工程，包括图书、报纸、杂志、网站、微信等各种媒体）；社会化建设科学传播研究中心；区域创新文化建设工程。

建议开展如下工作。

第一，适时启动研究面向 2049 的科学素质纲要，对科技知识及和科学素质培养做出总体规划和系统安排，动员全社会力量为提高全民科学素质做贡献。

第二，实施全民科学素质学习工程，全面推动我国公民科学素质建设，通过发展科学技术教育、传播与普及，尽快使全民科学素质在整体上有大幅度的提高，实现到 21 世纪中叶我国成年公民具备基本科学素质的长远目标。推动形成全民学习、终身学习的良好氛围。

第三，建立创新生态系统建设工程，为创新创业提供良好的科技机制，形成有利于创新的生态系统。

第四，建立创新文化评估制度，形成有利于创新的文化氛围，促进科学和谐发展。逐步探索建立一套适用于评价创新文化发展速度、发展水平、发展潜力以及投入产出效益的评价指标体系。

第五，对《科普法》进行修订，对相关条例及配套政策进行补充修订。

第六，加强创新人才队伍建设。建立健全人才评价机制与奖励制度。广泛开展面向基层的科普活动，在全社会营造尊重劳动、尊重知识、尊重人才、尊重创造的浓厚氛围。

（课题组成员：李志红　陈印政）